中文版

Flash CS6 标准教程

王智强　编著

中国电力出版社
CHINA ELECTRIC POWER PRESS

内容提要

本书从实用的角度出发，用作者精心设计的实例逐步对 Flash CS6 进行详细讲解。在理论知识讲解方面，注重 Flash CS6 基本知识与使用技巧的传授；在实例制作方面，则注重实战，贴近实际。详细的步骤说明和精巧的图示，使学习过程变得更加轻松和易于上手。

全书共分 12 章，内容由浅到深，包括 Flash CS6 软件的基本知识与基本操作、图形的绘制与编辑、外部素材的应用、图层与帧，元件、实例与库、Flash 基本动画与高级动画的创建、Flash 多媒体中声音与视频的应用、Flash ActionScript 和组件的应用等。所用实例涉及范围比较广，涵盖了广告动画、手机软件开发、Flash Banner 横幅广告、多媒体、教学课件、Flash 游戏、Flash 贺卡、Flash 网站等诸多领域。

随书赠送 1 张多媒体教学光盘，除了收录了本书所用的素材文件、制作源文件和最终效果文件外，还配有多媒体动态演示，从而方便读者学习使用。

本书选例综合全面，深度逐级递进，具有很强的实用性，不仅可作为动画设计与制作初学者的入门教材，还可作为广大 Flash 爱好者、网站和课件设计人员以及高等学校的相关培训教材。

图书在版编目（CIP）数据

中文版Flash CS6标准教程 / 王智强编著. —北京：中国电力出版社，2014.1（2020.9重印）
ISBN 978-7-5123-4910-0

Ⅰ.①中… Ⅱ.①王… Ⅲ.①动画制作软件－教材 Ⅳ.①TP391.41

中国版本图书馆CIP数据核字（2013）第215906号

中国电力出版社出版、发行
（北京市东城区北京站西街 19 号 100005 http ://www.cepp.sgcc.com.cn）
三河市百盛印装有限公司印刷
各地新华书店经售
*
2014 年 1 月第一版 2020 年 9 月北京第八次印刷
787 毫米×1092 毫米 16 开本 22.5 印张 551 千字 4 彩页
印数14001—15500 册 定价 39.00 元 （含1DVD）

前言

作为目前使用最广泛的动画制作软件之一，Flash 是一款交互式矢量图形编辑与动画制作软件，能够将矢量图、位图、音频、动画、视频和交互动作有机地、灵活地结合在一起，由于 Flash 生成的动画短小精悍，并采用了跨媒体技术，同时具有很强的交互功能，所以使用 Flash 制作的动画文件在各种媒体环境中广泛应用，例如，使用 Flash 制作的网页动画、Flash 小游戏、故事短片、产品广告、Flash 站点、动漫、MTV、贺卡、教学课件多媒体光盘以及手机中的 Flash 短片、屏保、游戏等。

本书内容与结构

《中文版 Flash CS6 标准教程》是一本零基础自学标准教程，从基础知识入手，以“知识要点”+“实例指导”+“综合应用实例”的模式深入浅出地对 Flash CS6 进行详细讲解，从而使读者在学习理论知识的同时，可对照实例进行操作，以加强实践环节，从而能够迅速掌握 Flash CS6 的基本设计方法和技巧。

本书共分 12 章，始终贯穿“学以致用”的宗旨，理论与实际结合，选例典型，实践性和针对性都很强，不仅可以带领读者学习 Flash CS6 软件，而且还对软件在不同领域的具体应用进行了介绍。

本书具体内容如下：

热身篇：

讲述 Flash CS6 的一些最基础的软件知识，读者通过学习可以掌握 Flash CS6 的基本常识、工作界面、基本操作等知识，本部分有 1 章的内容。

⊙ 第 1 章：初识 Flash CS6。本章主要讲解了 Flash CS6 的发展历史、技术与特点、应用范围、新增功能、工作界面与基本操作等，并通过“自由的鱼”实例讲解了如何创建 Flash 动画文档、如何对创建的文档进行基本属性设置、测试影片与动画文件的保存等，从而整体地对 Flash CS6 软件进行初步认识。

起跑篇：

讲述 Flash CS6 进行动画制作的相关知识，读者通过学习不仅可以掌握 Flash CS6 图形的绘制与编辑、图层、帧、元件、实例与库等动画制作的基础知识，还可以掌握 Flash CS6 各种动画的创建方法与技巧，本部分包括 6 章的内容。

⊙ 第 2 章：绘制图形。本章主要讲解 Flash 图形基础知识、导入外部图像、“工具”面板中各个绘制工具和文本工具的使用方法与技巧，同时配合实例“圣诞树”、“鲸鱼”和“甲壳虫”对所学工具知识进行巩固。

⊙ 第 3 章：编辑图形。本章主要讲解了 Flash 选择对象、变形对象、移动对象、3D 变形、改变对象形状、合并对象、排列组合对象、剪切复制对象以及文字编辑等知识，同时配合实例“房子”、“立体图形”和“祝福贺卡”对所学编辑图形知识进行巩固，最后再通过一个“简单拼图”的绘制实例对本章所学的知识进行综合应用练习。

- ⊙ 第 4 章：图层与帧的应用。本章主要讲解了“时间轴”面板中图层与帧的具体操作知识，同时配合实例“快乐大自然”动画对所学操作知识进行巩固。
- ⊙ 第 5 章：元件、实例与库的应用。本章主要讲解了 Flash 动画的三大元素——元件、实例与库的含义、三者间的关系以及它们的基本操作等知识，同时配合实例“孕育”和“圣诞老人”对所学知识进行巩固，最后再通过一个“一起上学去”实例的制作对本章所学的知识进行综合应用练习。
- ⊙ 第 6 章：基本动画的制作。本章主要讲解了 Flash CS6 基本动画的相关知识，包括逐帧动画、传统补间动画、补间动画以及补间形状动画等，同时配合实例“乌龟”、“放鞭炮”、“礼物”、“圣诞老人”、“飞碟”和“形状控制动画”动画对所学知识进行巩固，最后再通过一个“荡秋千”实例的制作对本章所学知识进行综合应用练习。
- ⊙ 第 7 章：高级动画的制作。本章主要讲解了 Flash 软件提供的多个高级动画，包括运动引导层动画、遮罩动画以及骨骼动画等，同时配合实例“地球”、“水晶”、“挖掘机”和“袋鼠”动画对所学知识进行巩固，最后再通过一个“潜水员”实例的制作对本章所学知识进行综合应用练习。

加速篇：

讲述 Flash CS6 软件中声音和视频等多媒体的应用、ActionScript 和组件的应用，以及文件优化、导出与发布等知识，如果将这些内容加以掌握，则可以在 Flash 世界中尽情驰骋，本部分包括 4 章的内容。

- ⊙ 第 8 章：多媒体的应用。本章主要讲解了 Flash 软件在多媒体方面体现的两个元素——声音和视频的相关知识，包括导入声音、编辑声音、压缩声音、导入 Flash 视频以及使用 Adobe Media Encoder 编辑 Flash 视频等，同时配合实例“圣诞树”动画、“3D Laptop.flv”和“preview.flv”视频文件对所学知识进行巩固。
- ⊙ 第 9 章：ActionScript 的应用。本章主要讲解了 ActionScript 的发展历程、ActionScript 3.0 的新特性、ActionScript 语言及其语法、对象、动作面板以及比较常用的一些基本 ActionScript 动作命令，同时配合实例“飞速机车”动画、“卡通相册”动画和“立方体”动画对所学知识进行巩固，最后再通过一个“多媒体”实例的制作对本章所学的知识进行综合应用练习。
- ⊙ 第 10 章：组件的应用。本章主要讲解了 ActionScript 3.0 组件的使用优点、类型、体系结构、“组件”面板以及一些比较常用的组件，同时配合实例“视频播放”动画对所学知识进行巩固，最后再通过一个“网站会员注册”实例的制作对本章所学的知识进行综合应用练习。
- ⊙ 第 11 章：文件的优化、导出与发布。本章主要讲解了 Flash 影片文件制作完成后的优化、导出、发布以及为 Adobe AIR 发布等操作知识，同时配合实例 “火枪手”和“象形文字”动画对所学知识进行巩固。

冲刺篇：

讲解了 Flash 应用范围的诸多精彩实例，包括 Flash 广告、Flash 贺卡、Android 手机应用程序制作、Flash 课件制作以及 Flash 网站等，通过这一部分，可以学习不同类型动画的制作构思与整体的流程，拓展实际应用能力，提高软件使用技巧，从而快速地掌握设计理念和设计元素，顺利达到实战水平。本部分有1章的内容。

⊙ 第12章：Flash动画综合应用实例。通过五个实例学习使用Flash制作广告、贺卡、Android手机应用程序、课件以及网站的方法与操作思路。

本书图文并茂，通俗易懂，不仅有详细的知识讲解而且还有丰富的实例操作，并且所有实例都有详细明确的操作步骤，读者只要跟着书中的提示一步一步的操作，就可以掌握书中所讲的内容，制作出具有一定水平的动画作品。

光盘使用说明

为了方便广大读者学习，本书附有1张多媒体教学光盘，收录了多媒体教学视频、范例源文件、素材文件与最终效果文件，以便读者随时调用。

本书配套多媒体教学光盘运行环境为Windows XP/Vista，在使用之前请将计算机的屏幕分辨率设置为1024*768像素，否则将不能完全显示操作界面，另外，用于演示的计算机必须配有声卡和音箱，同时建议将光盘中的所有文件拷贝到计算机本地硬盘中，以便更加流畅地观看教学录像。

观看多媒体教学

1. 将光盘放入光驱。
2. 双击桌面上的“我的电脑”图标，再双击光盘图标，打开光盘窗口。
3. 双击光盘中“多媒体教程”文件夹中的“start.exe”文件，启动多媒体教学。
4. 选择要学习的章节，然后选择具体知识点，即可开始播放相应的多媒体教程。

作者感言

本书由王智强执笔完成，感谢中国电力出版社大力支持，同时感谢您选择了本书，希望本书能为广大Flash爱好者、动漫、网站、手机开发者与课件设计制作人员等提供有力的帮助。另外，本书内容所提及的公司及个人名称、产品名称、优秀作品及其名称，均所属公司或者个人所有，本书引用仅为教学之用，绝无侵权之意。限于作者水平，书中难免会有疏漏与不妥之处，敬请广大读者批评指正，不吝赐教。如果读者对本书有意见和建议，可以发送到邮箱btwzqjl@163.com，同时也可以加入QQ群“8983255”，在线进行图书学习指导！

王智强

2013年6月

▲“自由的鱼”动画效果
（详见第 1 章）

▲“圣诞树”图形绘制实例效果
（详见第 2 章）

▲“鲸鱼”图形绘制实例效果
（详见第 2 章）

▲“甲壳虫”图形绘制实例效果
（详见第 2 章）

▲“房子”图形绘制实例效果
（详见第 3 章）

▲“祝福贺卡”图形绘制实例效果
（详见第 3 章）

▲“天气图标”图形绘制实例效果
（详见第 3 章）

▲“简单拼图”图形绘制效果
（详见第 3 章）

▲“快乐大自然”图层实例效果
（详见第 4 章）

▲“圣诞老人”实例效果
（详见第 5 章）

▲“孕育”实例效果
（详见第 5 章）

▲“一起上学去”元件实例效果
（详见第 5 章）

▲“礼物”动画效果
（详见第 6 章）

▲“放鞭炮”动画效果
（详见第 6 章）

▲“荡秋千”动画效果
（详见第 6 章）

▲“飞碟”动画效果
（详见第 6 章）

▲“乌龟”逐帧动画效果（详见第 6 章）

▲“圣诞老人”动画效果
（详见第 6 章）

▲“袋鼠”动画效果
（详见第 7 章）

▲“地球”效果
（详见第 7 章）

▲“潜水员”效果
（详见第 7 章）

▲“水晶”动画效果
（详见第 7 章）

▲“挖掘机”动画效果
（详见第 7 章）

▲“圣诞树”动画效果
（详见第 8 章）

▲“飞速机车”动画效果
（详见第 9 章）

▲“卡通相册”动画效果
（详见第 9 章）

▲“卡通相册”动画效果
（详见第 9 章）

▲“卡通相册”动画效果
（详见第 9 章）

▲“卡通相册”动画效果
（详见第 9 章）

▲“立方体”动画效果
（详见第 9 章）

▲“立方体”动画效果
（详见第 9 章）

▲“多媒体”动画效果
（详见第 9 章）

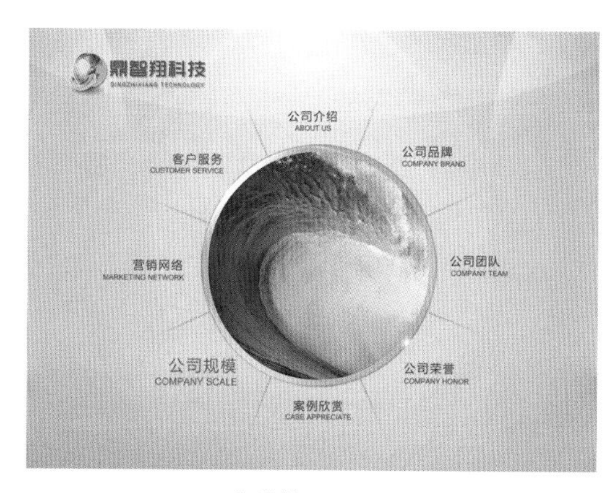

▲“多媒体”动画效果
（详见第 9 章）

▲“视频播放”动画效果
（详见第 10 章）

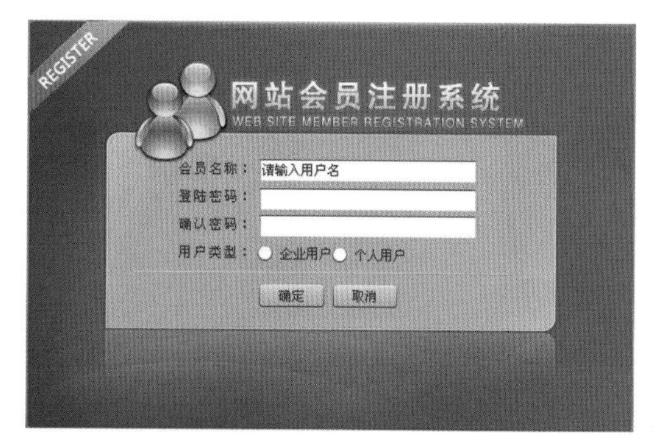

▲“网站会员注册系统”动画效果
（详见第 10 章）

▲“象形文字”动画素材效果
（详见第 11 章）

▲“火枪手”动画素材效果
（详见第 11 章）

▲“安卓手机应用程序”动画效果
（详见第 12 章）

▲“圣诞贺卡”动画效果
（详见第 12 章）

▲“汉字学习课件”动画效果
（详见第 12 章）

▲“汉字学习课件”动画效果
（详见第 12 章）

▲ 企业网站“HOME”栏目效果
（详见第 12 章）

▲ 企业网站“ABUOT US”栏目效果
（详见第 12 章）

▲ 企业网站“COMPANY NEWS”栏目效果
（详见第 12 章）

▲ 企业网站“PRODUCTS”栏目效果
（详见第 12 章）

▲ 企业网站“CONTACT US”栏目效果
（详见第 12 章）

▲“旅游广告”动画效果
（详见第 12 章）

目　录

第1章

初识 Flash CS6

在开始系统地学习 Flash CS6 之前，首先需要了解一下 Flash 是什么样的软件，能够做什么，并掌握 Flash CS6 的一些基本操作，从而为以后的学习奠定基础。

- Flash CS6 简介
- Flash CS6 的工作界面
- Flash CS6 的基本操作
- 实例指导：创建一个 Flash 动画文件

1.1 Flash CS6 简介

Flash 是一款集动画创作与应用程序开发于一身的软件，是目前使用最为广泛的动画制作软件之一。目前最新的零售版本为 Adobe Flash Professional CS6（2012 年发布），也是本书要讲解的软件版本。由于 Flash 生成的动画文件小，并采用了跨媒体技术，同时具有很强的交互功能，所以使用 Flash 制作的动画文件在各种媒体环境中被广泛应用，例如，使用 Flash 制作的网页动画、故事短片、Flash 站点以及在手机中应用的 Flash 短片、屏保、游戏等等。Flash 软件以其简单易学、功能强大、适用范围广泛等特点，逐步奠定了在多媒体互动软件中的霸主地位。

1.1.1 Flash 发展史

Flash 是一款有着传奇历史背景的动画软件，如果追溯 Flash 的历史，要从 1995 年开始。一家名为 Future Wave 的软件公司发布了一个 FutureSplash 动态变化小程序，它的主要目的是为 Netscape 开发的全新网页动画浏览插件，这个软件就是 Flash 的前身。1996 年 11 月，Future Wave 公司被著名的多媒体软件公司 Macromedia 公司收购，Macromedia 收购 FutureSplash 原本是为了完善其看家产品 Director，但在互联网上推出 Flash（Flash3.0）后，获得了空前的成功，于是将 Flash 和 Director 进行重新定位，Flash 被应用于互联网中。经过这些年软件功能与版本的不断更新，逐渐发展到如今的 Flash CS6 版本。在 Flash 软件发展历程中，经历了两次软件收购事件、多次重大功能的更新，经过多年的锤炼使 Flash 发展成为动画制作与应用程序开发方面的龙头软件。

自 Flash 进入 4.0 版本以后，原本的 Shockwave 播放器就变成了仅供 Director 使用，而 Flash 4.0 开始有了自己专用的播放器，称为“Flash Player”，不过为了保持向下兼容性，Flash 制作出的动画则仍旧沿用原有的“.SWF”扩展文件名。

2000 年 8 月 Macromedia 推出了 Flash 5.0，支持的播放器为 Flash Player 5， Flash 5.0 中的 ActionScript 已有了长足的进步，并且开始了对 XML 和 Smart Clip（智能影片剪辑）的支持。ActionScript 的语法已经开始定位为发展成一种完整的面向对象的语言，并且遵循 ECMAScript 的标准（就像 JavaScript 那样）。

在 2002 年 3 月 Macromedia 推出了 Flash MX，2003 年 8 月推出了 Flash MX 2004。2005 年 4 月 Macromedia 公司被 Adobe 公司以 34 亿美元收购，两个巨头公司合并后，Flash 开发的脚步并没有停止，于当年 10 月发布了 Flash 的新版本 Flash 8.0，它是 Flash MX 2004 的升级版本，在此版本中加入了很多类似 Photoshop 软件中的元素，如滤镜与混合，并增强了文字、视频的编辑功能，为动画效果和编辑带来很大的便利，除此之外，手机方面应用的加强也可以看出 Adobe 公司进军手机市场的决心。

经过两年的调整，Adobe 公司对 Macromedia 公司的原有软件以及 Adobe 公司的软件进行整合，于 2007 年 4 月推出了 CS3 系列软件，其中就包括 Flash CS3。Flash CS3 无论在界面上还是在性能上都进行了重新调整，与 Adobe 其他产品紧密结合，将其与 Photoshop 和 Illustrator 进行整合，从而为 Flash 创作提供了极大的便利，并开发出全新的面向对象的语言 ActionScript 3.0，使得 Flash 的 ActionScript 不再是一个简简单单的脚本语言，而摇身变成一种强大的高级程序语言。

2008 年 9 月 Adobe 公司又推出了 Flash CS4，Flash CS4 不仅仅是界面的修改和绘画工具以及 ActionScript 3.0 的完善，而且对动画的形式进行了彻底改变，Flash CS4 新增加的动画补间效果不仅仅是作用于关键帧，而是可以作用于动画元件本身，并加入了骨骼工具与 3D 功能，这些改变使得 Flash 不再是简单的网页动画工具，而是一款非常强大的专业动画制作软件。

2010 年 4 月 Adobe 公司推出了 Adobe CS5，其功能有六大特点：XFL 格式（Flash 专业版）、文本布局（Flash 专业版）、代码片段库（Flash 专业版）、与 Flash Builder 完美集成、与 Flash Catalyst 完美集成、Flash Player 10.1 无处不在。

经过近两年的发展，Adobe 公司于 2012 年 5 月推出了 Flash 的最新版本 Flash CS6。此次版本更新的重点主要是整体性能的提升，而非单个功能的增加与创新，新版本在兼容性及开放性两方面的提高更是让人叹服。其中，HTML5 得到真正支持，另外，新增的 CreateJS 插件支持也进一步模糊了 ActionScript 与 JAVA 的界限，提高了 Flash 的开放性。多平台（设备）的支持可以说是 Flash CS6 非常重要的功能。由于提供了虚拟界面进行调试，传统的 Flash 使用者很容易开发基于手机、平板的互动程序，从而实现 Flash 的跨平台使用。

1.1.2 Flash 技术与特点

Flash 是以流控制技术和矢量技术等为代表的动画软件，能够将矢量图、位图、音频、动画、视频和交互动作有机地、灵活地结合在一起，从而制作出美观、新奇、交互性很强的动画效果。它制作出来的动画具有短小精悍的特点，所以软件一经推出，就受到了广大网页设计者的青睐，被广泛应用于网页动画的设计，成为当今最流行的网页设计软件之一。

与其他动画软件所制作出来的动画相比，Flash 动画具有以下特点：

- Flash 动画受网络资源的制约比较小，利用 Flash 制作的动画是矢量的，无论将其放大多少倍都不会失真。
- Flash 动画可以放在互联网上供人欣赏和下载，由于使用的是矢量图技术，具有文件体积小、传输速度快、播放采用流式技术的特点，因此动画是边下载边播放，如果速度控制得好的话，则根本感觉不到文件的下载过程，所以 Flash 动画在互联网上被广泛传播。
- Flash 动画制作的成本非常低。使用 Flash 制作的动画能够大大地减少人力、物力资源的消耗，同时在制作时间上也会大大减少。
- Flash 动画在制作完成后，可以把生成的文件设置成带保护的格式，这样维护了设计者的版权利益。
- Flash 的播放插件很小，很容易下载并安装，而且在浏览器中可以自动安装。
- 通用性好，在各种浏览器中都可以有统一的样式。
- 和互联网紧密接合，可以直接与 Web 页连接，适合制作 Flash 站点。
- 多媒体与互动性强。在 Flash 中可以整合图形、音乐、视频等多媒体元素，并且可以实现用户与动画的交互。
- 具有跨媒体性。Flash 不仅可以在计算机上播放，还可以在其他任何内置 Flash 播放器的移动设备上进行播放。
- 简单易学，普及性强。Flash 简单易学，不必掌握高深的动画知识，就可以制作出令人心跳的动画效果。

1.1.3 Flash 的应用范围

Flash 软件因其容量小、交互性强、速度快等特点，在互联网中得到广泛应用与推广。在互联网中随处可见使用 Flash 制作的互动网站、各种类型的艺术影片、Flash 广告、导航工具、多媒体网站等，同时 Flash 软件还被广泛应用于移动设备领域，人们可以使用手机设置 Flash 屏保、观看 Flash 动画、玩 Flash 游戏，甚至使用 Flash 进行视频交流等，Flash 已经成为跨平台多媒体应用开发的一个重要分支。

1．网站动画

在早期的网站中只有一些静态的图像与文字，页面显得十分呆板，后来又出现了一些 Gif 动画图像，但 Gif 动画制作既费时又费力，而且动画表现效果并不理想。Flash 的出现则改变了这种现象，使用 Flash 可以更好地表现出图像的动态效果，而且生成的文件很小，可以很快显示出来，所以在现在的网页中越来越多地使用 Flash 动画来装饰页面的效果，如 Flash 制作的网站 Logo、Flash Banner 条等，如图 1-1 所示。

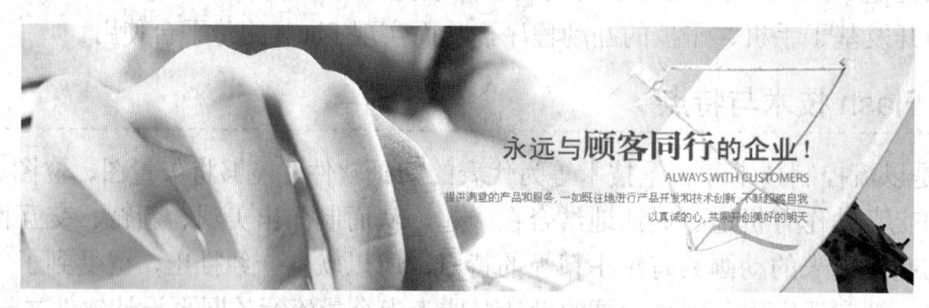

图 1-1　网站 Flash Banner 条

2．Flash 产品广告

Flash 广告是使用 Flash 动画的形式来宣传产品的广告，主要用于在互联网上进行产品、服务或者企业形象的宣传。Flash 广告动画中一般会采用很多电视媒体制作的表现手法，而且其短小、精悍，适合网络传输，是互联网上非常好的广告表现形式，如图 1-2 所示。

3．Flash 游戏

Flash 是目前制作网络交互动画最优秀的工具，支持动画、声音以及视频，并且通过 Flash 的交互性可以制作出简单风趣、寓教于乐的 Flash 小游戏，如图 1-3 所示。

图 1-2　Flash 产品广告

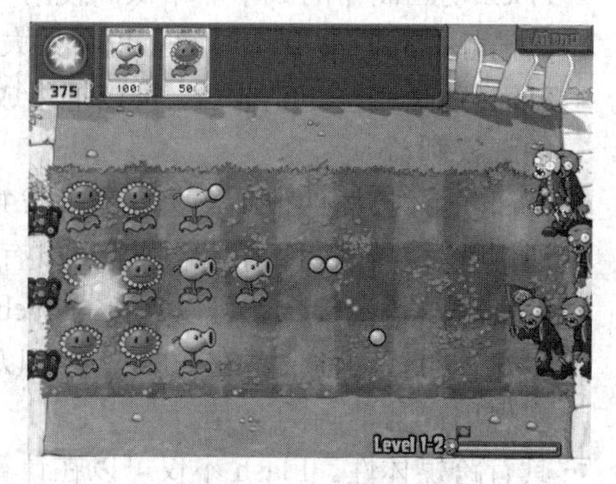

图 1-3　Flash 游戏

4．Flash 动漫与 MTV

由于采用矢量技术这一特点，Flash 非常适合制作漫画，再配上适当的音乐，比传统的动漫更具有吸引力，而且使用 Flash 制作的动画文件很小，更适合网络传播。此外，使用 Flash 制作的 MTV 已经逐渐走上了商业化的道路，很多唱片公司开始推出使用 Flash 技术制作的 MTV，开启了商业公司探索网络的又一途径，如图 1-4 所示。

5．Flash 贺卡

Flash 制作的贺卡与过去单一文字或图像的静态贺卡相比，互动性强、表现形式多样，并且文件很小，在一个特别的日子为亲友送出精心制作的 Flash 电子贺卡，可以更好地表达亲人、朋友之间的亲情与友情，如图 1-5 所示。

图 1-4　Flash MTV 动画

图 1-5　Flash 贺卡

6．教学课件

使用 Flash 制作的课件可以很好地表达教学内容，增强学生的学习兴趣，现在已经被越来越多地应用到学校的教学工作中，如图 1-6 所示。

7．手机应用

Flash 作为一款跨媒体的软件在很多领域得到应用，尤其是 Adobe 公司逐渐加大了 Flash 对手机的支持，使用 Flash 可以制作出手机的很多应用动画，包括 Flash 手机屏保、Flash 手机主题、Flash 手机游戏、Flash 手机应用工具等。并利用 Flash AIR 可以实现跨操作系统的集成平台，开发出在安卓与苹果系统下都可以运行的软件程序，像现在的 webqq、三国杀等，它能够跨平台，而且有着很好的用户体验，如图 1-7 所示。

图 1-6　Flash 教学课件

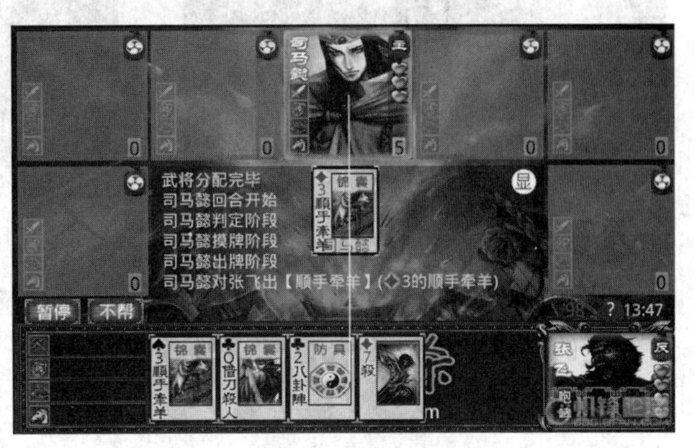

图 1-7　Flash 手机游戏

8．Flash 网站

Flash 具有良好的动画表现力与强大的后台技术，并支持 html 与网页编程语言的使用，使得 Flash 在制作网站上具有很好的优势，如图 1-8 所示。

图 1-8　Flash 网站

9．Flash 视频

自从 Flash MX 版本开始全面支持视频文件的导入和处理，在随后的版本中不断加强了对 Flash 视频的编辑处理以及导出功能，并且 Flash 支持自主的视频格式“.flv”，此格式的视频可以实现流式下载，文件非常小，可以通过 Flash 实现在线的交互，所以在互联网中得到大量应用，现在很多大型视频网站采用 Flash 视频技术实现在线视频的点播与观看，如图 1-9 所示。

10．多媒体光盘

过去多媒体光盘一般都是使用 Director 软件来完成，但是，现在通过团队合作与开发也可以使用 Flash 来制作多媒体光盘，如图 1-10 所示。

图 1-9　Flash 视频

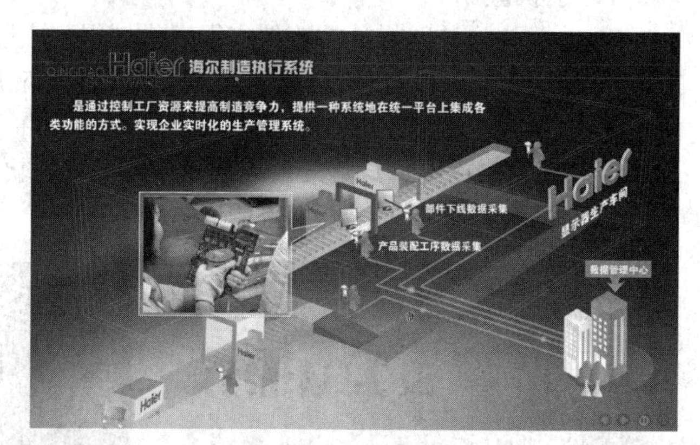

图 1-10　Flash 多媒体光盘

当然，Flash 软件的应用远远不止以上这些方面，它在电子商务与其他的媒体领域也得到了广泛的应用，在此仅列出一些主要的应用范围，随着 Flash 技术的发展，Flash 应用范围将会越来越广泛。

1.1.4　Flash CS6 新增功能

Adobe Flash CS6 是创建动画和多媒体的强大的软件。在台式计算机、平板电脑、智能手机和电视等设备中都能呈现一致效果和身临其境的互动体验。Flash CS6 相比较以前的版本，在移动设备的应用得到长足改进，做得更加完善，使之更加适应了移动设备的快速发展。

Flash CS6 新增功能如下：

1．文本布局

Flash CS6 软件内置强大的工具集，具有排版精确、版面保真和丰富的动画编辑功能，能帮助用户清晰快速地创作作品。

2．生成 Sprite 表单

Flash CS6 可以导出元件和动画序列，以快速生成 Sprite 表单，改善游戏体验、工作流程和性能。

3．对 HTML5 的新支持

以 Flash CS6 的核心动画和绘图功能为构建基础，利用新的扩展功能（单独提供）创建交互式 HTML5 内容。导出为 JavaScript 以面向 CreateJS 开源架构。

4．行业领先的动画工具

Flash CS6 使用时间轴和动画编辑器来创建和编辑补间动画，使用反向运动为人物动画创建自然的动画。

5．高级文本引擎

通过“文本版面框架”获得全球双向语言支持和先进的印刷质量排版规则 API。从其他 Adobe 应用程序中导入内容时仍可保持较高的保真度。

6．Creative Suite 集成

使用 Flash CS6 软件对位图图像进行往返编辑，然后与 Adobe Flash Builder 4.6 软件紧密集成。

7．专业视频工具

借助随附的 Adobe Media Encoder 应用程序，将视频轻松并入项目中并高效转换视频剪辑。

8．滤镜和混合效果

为文本、按钮和影片剪辑添加有趣的视觉效果，创建具有表现力的内容。

9．基于对象的动画

控制个别动画属性，将补间动画直接应用于对象而不是关键帧。使用贝赛尔手柄轻松更改动画。

10．骨骼工具的弹起属性

借助骨骼工具的动画属性，创建出具有表现力、逼真的弹起和跳跃等动画属性。强大的反向运动引擎可制作出真实的物理运动效果。

11．轻松实现视频集成

可在舞台上拖动视频并使用提示点属性检查器，简化视频嵌入和编码流程。在舞台上直接观赏和回放 FLV 组件。

12．反向运动锁定支持

将反向运动骨骼锁定到舞台，为选定骨骼设置舞台级移动限制。为每个图层创建多个范围，定义行走循环等更复杂的骨架移动。

13．精确的图层控制

在多个文件和项目间复制图层时，保留重要的文档结构。

14．广泛的平台和设备支持

Flash CS6 中将 Adobe Flash Player 和 AIR 设置为最新版本，可以使用户针对 Android 和 iOS 平台进行设计。

15．创建预先封装的 Adobe AIR 应用程序

Flash CS6 中可以使用预先封装的 Adobe AIR captive 来创建和发布应用程序。简化应用程序的测试流程，使终端用户无需额外下载插件即可运行。

16．Adobe AIR 移动设备模拟

Flash CS6 中可以模拟移动设备中的屏幕方向、触控手势和加速计等常用的互动应用，来加速作品的测试流程。

1.2 Flash CS6 的工作界面

在默认情况下，启动 Flash CS6 软件后，系统会自动弹出一个启动向导界面，如图 1-11 所示，用于快速访问最近使用过的文件、创建不同类型的文件以及使用教程资源等。

图 1-11 Flash CS6 启动向导界面

提示 如果想每次启动时不显示启动向导界面，可以勾选界面框左下方的“不再显示”复选框，这样，在下次再启动 Flash CS6 时，不会显示该启动向导界面；如果想重新显示启动向导界面，可以通过菜单栏中的“编辑”/“首选参数”命令，在弹出的“首选参数”对话框中将“启动时”选项设置为“欢迎屏幕”。

在 Flash CS6 启动向导界面中单击“新建”下方的“ActionScript 3.0”命令，创建一个新文档，出现 Flash CS6 默认动画编辑工作界面，由菜单栏、标题栏、编辑栏、工作区域、舞台、“时间轴”面板、“属性”面板、“工具”面板以及其他面板所组成，如图 1-12 所示。

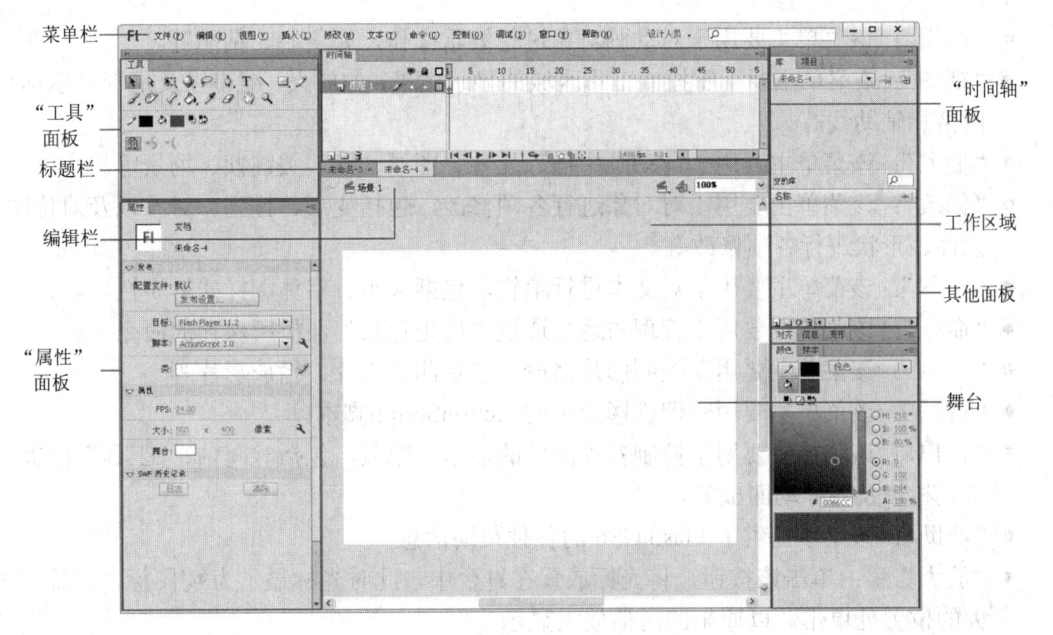

图 1-12　Flash CS6 工作界面

掌握并熟悉工作界面是进行 Flash 操作的基础，接下来便对工作界面中各个组成部分的作用及使用方法进行讲述。

1.2.1　菜单栏

菜单栏处于 Flash 工作界面的最上方，其中包含了 Flash CS6 的所有菜单命令、工作区布局按钮、关键字搜索以及用于控制工作窗口的 3 个按钮——最小化、最大化（还原）、关闭，如图 1-13 所示。

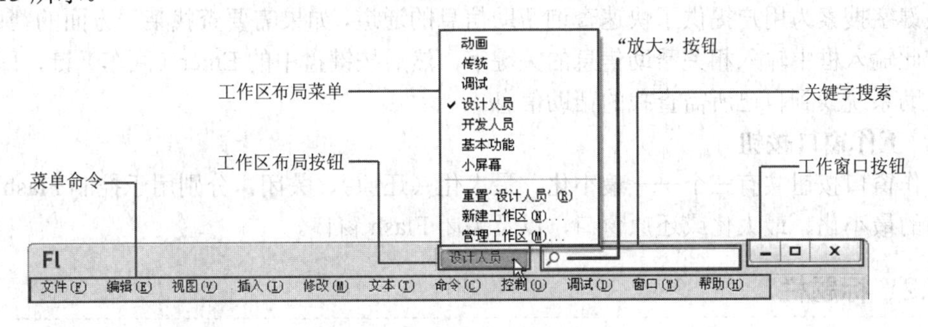

图 1-13　Flash CS6 菜单栏

提示

当用户的屏幕分辨率比较低的时候，菜单栏将以两行显示；如果屏幕分辨率高的时候，则将以一行显示。

1．菜单命令

菜单命令包括 Flash 中的大部分操作命令，自左向右分别为"文件"、"编辑"、"视图"、"插入"、"修改"、"文本"、"命令"、"控制"、"调试"、"窗口"和"帮助"。

- "文件"：该菜单主要用于操作和管理动画的文件，包括比较常用的新建、打开、保存、导入、导出、发布等。

- “编辑”：该菜单主要用于对动画对象进行编辑操作，如复制、粘贴等。
- “视图”：该菜单主要用于控制工作区域的显示效果，如放大、缩小以及是否显示标尺、网格和辅助线等。
- “插入”：该菜单主要用于向动画中插入元件、图层、帧、关键帧、场景等。
- “修改”：该菜单主要用于对对象进行各项修改，包括变形、排列、对齐以及对位图、元件、形状进行各项修改等。
- “文本”：该菜单主要用于对文本进行编辑，包括大小、字体、样式等属性。
- “命令”：该菜单主要用于管理与运行通过“历史记录”面板所保存的命令。
- “控制”：该菜单主要用于控制影片播放，包括测试影片、播放影片等。
- “调试”：该菜单主要用于调试影片中的 ActionScript 脚本。
- “窗口”：该菜单主要用于控制各种面板的显示与隐藏，包括时间轴、“工具”面板、工具栏以及各浮动面板等。
- “帮助”：该菜单提供了 Flash CS6 的各种帮助信息。
- “放大”：单击该按钮，将光标放置在舞台中，此时光标显示为图标，在需要放大的位置处单击，以原来的两倍放大显示。

2．工作区布局按钮

工作区布局按钮用于设置 Flash CS6 工作界面的布局。单击工作区布局按钮可以弹出工作区布局菜单，在此菜单中包含了七种默认的布局方式与自定义布局方式的相关菜单，七种默认的布局方式分别为“动画”、“传统”、“调试”、“设计人员”、“开发人员”、“基本功能”、“小屏幕”，创作者可以根据工作习惯来设置适合自己的工作区布局，例如程序开发人员可以选择“开发人员”的工作区布局、动画设计制作人员可以选择“设计人员”工作区布局，也可以自定义自己合适的工作区布局。

3．关键字搜索

关键字搜索为用户提供了快速查询帮助信息的通道，如果需要查找某一方面的帮助内容，直接在此输入框中输入相关帮助信息的关键字，然后按键盘中的 Enter（回车）键，即可通过在线帮助系统找到自己所需查找的帮助信息。

4．工作窗口按钮

工作窗口按钮共有三个——最小化、最大化（还原）、关闭，分别用于控制 Flash CS6 工作窗口的最小化、最大化或还原窗口，以及关闭 Flash 窗口。

1.2.2 标题栏

标题栏用于显示 Flash CS6 中打开文档的名称，如果有多个打开的文档，那么当前编辑的文档名称将以高亮显示，并且需要编辑哪个文档时，只要在该文档的名称上单击，即可切换到此文档的编辑窗口中。

1.2.3 编辑栏

编辑栏处于标题栏的下方，用于控制场景与元件编辑窗口的切换，以及场景与场景、元件与元件之间的切换，并且还可以通过单击右侧的 100% 按钮，在弹出的下拉列表中设置舞台窗口的显示比例，如图 1-14 所示。

图 1-14　编辑栏

1.2.4　工作区域和舞台

舞台是指 Flash 中心白色的用于编辑动画的区域，它是动画对象展示的区域，也就是最终导出动画，以及动画的显示区域。如果动画对象在舞台外，那么在最终导出动画后将不会显示出来，根据动画的需求，可以对 Flash 舞台的宽度、高度、背景颜色等属性进行设置。

工作区域包含舞台，是整个编辑动画的区域，其中白色的舞台区域是动画实际显示的区域，而除舞台之外的其他工作区域，即外面灰色的区域，动画对象在动画播放时不会被显示。

1.2.5　“时间轴”面板

“时间轴”面板是进行动画创作的面板，包括两部分——左侧的图层操作区域与右侧的帧操作区域，如图 1-15 所示。

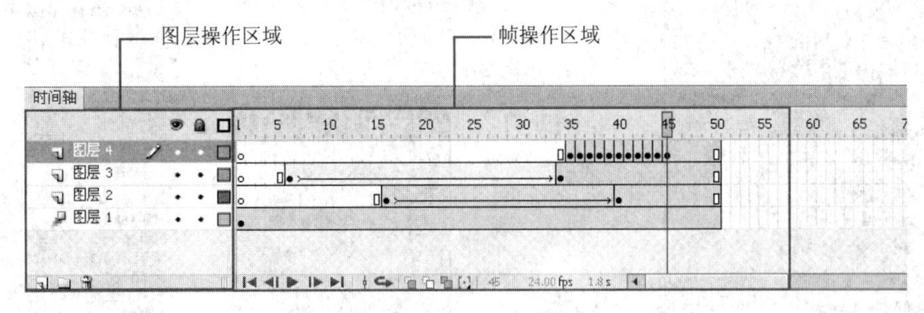

图 1-15　“时间轴”面板

图层操作区中的图层由上到下排列，上面图层中的对象会叠加到下面图层的上方，在图层操作区，可以对图层进行各项操作，如创建图层、删除图层、显示和锁定图层等。

帧操作区域对应左侧的图层操作区域，每一个图层对应一行帧系列。在 Flash CS6 中，动画是按照时间轴由左向右顺序播放的，每播放一格即是一帧，一帧对应一个画面，在对动画进行编辑操作时也就是对帧操作区域的帧进行编辑，如插入帧、删除帧、复制帧、粘贴帧、创建各种类型动画等。

1.2.6　“工具”面板

“工具”面板是制作 Flash 动画过程中使用最频繁的面板，提供了用于绘制图形与编辑图形的各种工具，如图 1-16 所示。

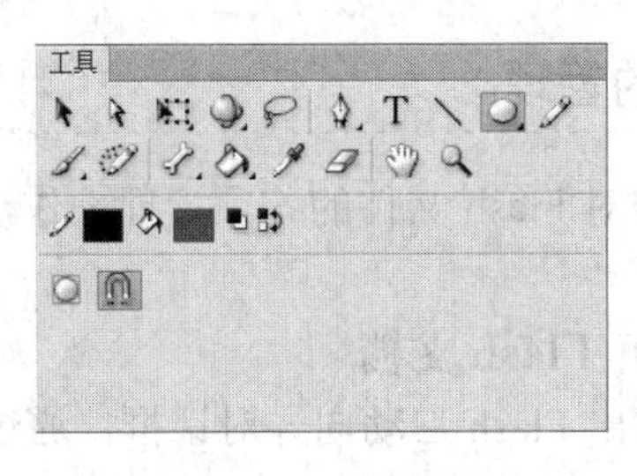

图 1-16　“工具”面板

1.2.7 “属性”面板

“属性”面板是一个非常实用而又比较特殊的面板，在“属性”面板中并没有固定的参数选项，它会随着选择对象的不同而出现不同的选项设置，这样就可以很方便地设置对象属性。如图 1-17 所示是选择“椭圆工具”后出现的与该工具相关设置的“属性”面板。

1.2.8 其他面板

在工作区域右侧还有许多其他常用的面板，如“库”面板、“对齐”面板、“信息”面板、“变形”面板等，这些面板可以随意的打开或关闭，并可以将一些面板组合在一起组成一个面板组，方便面板的管理。

还有更多面板并不能全部展现在工作界面中，需要使用它们时，可以单击“窗口”菜单下的相应命令来将其打开，打开的面板将浮动于工作界面之上，如图 1-18 所示就是单击菜单命令显示的“信息”面板。

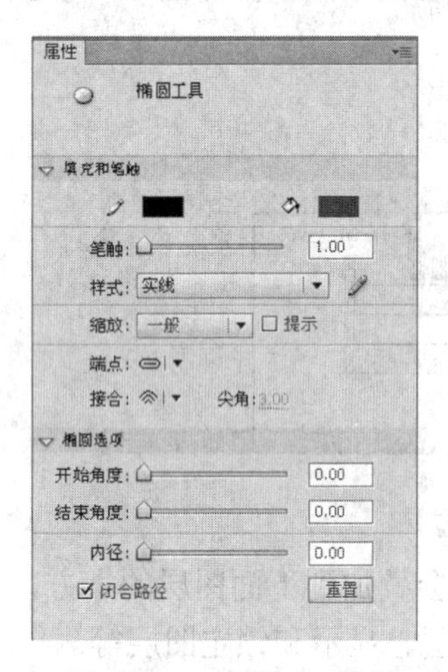

图 1-17 “属性”面板

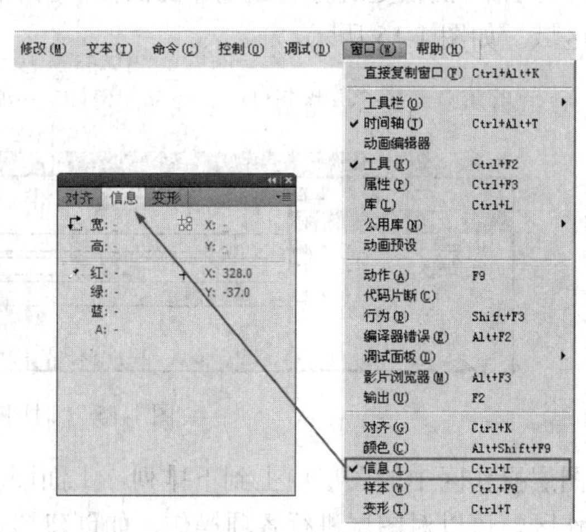

图 1-18 打开的“信息”面板

1.3 Flash CS6 的基本操作

了解了 Flash CS6 的工作界面后，先不要急于马上进行动画创作，“工欲善其事，必先利其器”，首先需要掌握一些最基本的 Flash 操作，以便为日后学习相关工具操作、对象编辑以及动画的创建打下扎实的基础。

1.3.1 Flash CS6 文档的管理

对 Flash 文档的管理也就是对 Flash 文件的各项管理操作，包括新建文档、打开文档、关闭文档与保存 Flash 文档。

1．从启动向导创建与打开 Flash 文档

启动 Flash CS6 后，首先弹出 Flash 启动向导对话框，通过它不仅可以打开最近编辑过的 Flash 文档，还可创建新的项目，以及通过模板文件来创建所需的工作项目等。

- 打开最近的项目：在“打开最近的项目”一栏可以显示最近编辑过的 4 个 Flash 文档，单击相应的 Flash 文档名称，即可打开相应文档。如果需要打开其他的 Flash 文档，可以单击下方的“打开”命令，在弹出的“打开”对话框选择所要打开的 Flash 文档名称即可，如图 1-19 所示。

图 1-19 “打开”对话框

- 新建：在“新建”一栏中可以选择所要创建的 Flash 文档类型，用户可以选择创建 ActionScript 3.0 脚本的 Flash 文档，也可以选择创建 ActionScript 2.0 脚本的 Flash 文档。创建的第一个 Flash 文件默认名称为“未命名-1”，如果继续创建 Flash 文档，则名称依次为“未命名-2”、“未命名-3”至“未命名-……”，依次类推。此外，用户还可以通过其他类型的 Flash 项目来创建相应的文档，如选择“ActionScript 文件”命令，将可以创建出新的 Flash 脚本文件。

2．通过菜单命令打开与创建 Flash 文档

除了可以使用启动向导对话框打开或创建 Flash 文档外，还可以通过单击菜单栏中的相关命令来打开已有的 Flash 文档或创建出新的 Flash 文档。

- 打开最近编辑过的 Flash 文档：单击菜单栏中的“文件”/“打开最近的文件”命令后，会弹出最近编辑过的 10 个文档的菜单，如图 1-20 所示，选择其中相应的 Flash 文档名称，即可在 Flash 工作界面中将相应的文档打开。

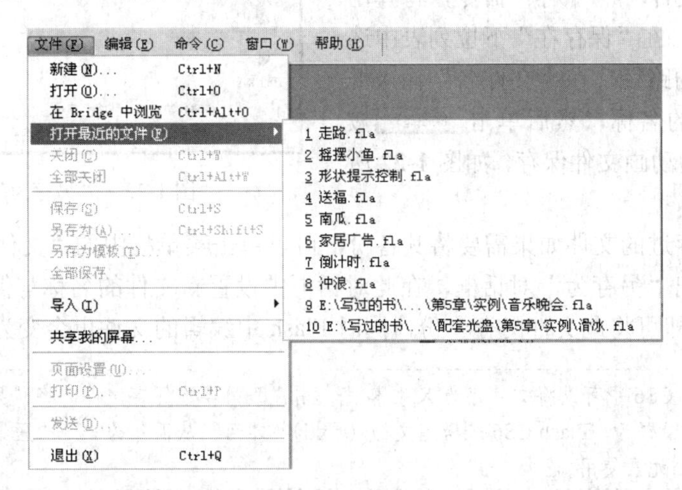

图 1-20 弹出的最近打开的文件菜单

- 打开文档：如果想打开其他的 Flash 文档，可以单击菜单栏中的“文件”/“打开”命令，将弹出“打开”对话框，从中可以选择所要打开的 Flash 文件。
- 创建新文档：如果想要在当前编辑的工作文档中创建一个新的 Flash 文档，可以单击菜单栏中的“文件”/“新建”命令，弹出“新建文档”对话框，在此对话框中选择所需的 Flash 文档类型文件，然后单击 确定 按钮，从而创建该类型的 Flash 文档，如图 1-21 所示。

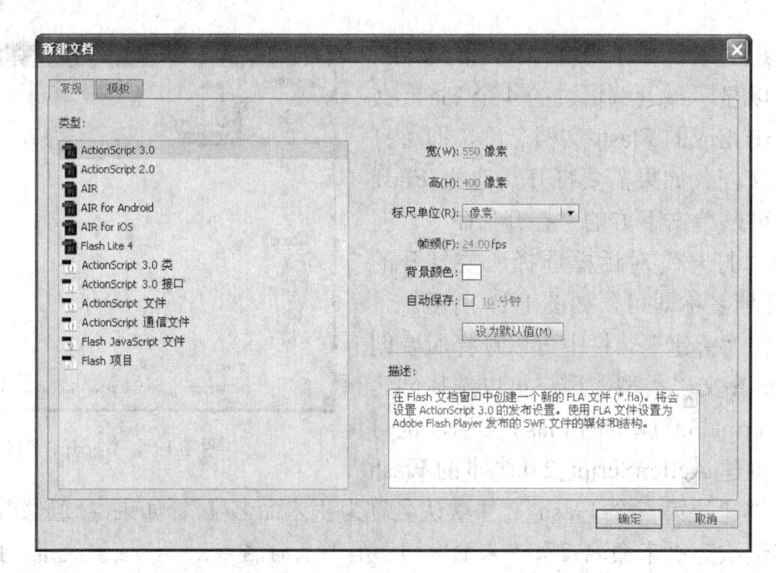

图 1-21　“新建文档”对话框

3．保存文档

Flash 动画文件制作完成后需要将其保存，以便日后进行编辑修改。此外，在编辑动画的过程中，为防止因发生意外而造成数据丢失，也需要随时对制作的文件进行保存。

保存 Flash 文档的操作非常简单，首先单击菜单栏中的“文件”/“保存”命令，将弹出“另存为”对话框，在“保存在”下拉列表中选择动画文件保存的路径，在“文件名”输入框中输入保存文件的名称，然后单击保存(S)按钮，即可将制作的动画文件保存，如图 1-22 所示。

图 1-22　“另存为”对话框

对于已经保存过的文件如果需要将其备份，可以单击菜单栏中的“文件”/“另存为”命令，此时也会弹出“另存为”对话框，在此对话框中设置新文件的名称与保存路径，然后单击保存(S)按钮，即可将此文件另存一份，同时 Flash 中编辑的文件也会变为新保存的文件。

提示

在 Flash CS6 中可以将文件存为 XFL 格式，用户只需要在保存文件时将“另存为”对话框中的“保存类型”设置为“Flash CS6 未压缩文档（*.xfl）”即可，从而作为一个未压缩的目录结构单独访问其中的单个元素使用。

4．关闭文档

Flash 文档不需要使用时可以将其关闭，关闭的方法非常简单，只需单击编辑栏中 Flash 文档名称右侧的小叉号按钮，如果此时 Flash 文档没有保存，则会弹出一个提示框，用于询问用户是否保存所编辑的文档，选择是(Y)按钮，则先执行保存文件的命令，然后自动关闭文档；而选择否(N)按钮时，则不保存文件并直接关闭文档，如图 1-23 所示。

对于 Flash 文档还可以通过执行菜单栏中的“文件”/“关闭”命令将其关闭。如果需要将全部的 Flash 文档关闭，则可以执行菜单栏中的“文件”/“全部关闭”命令来完成。

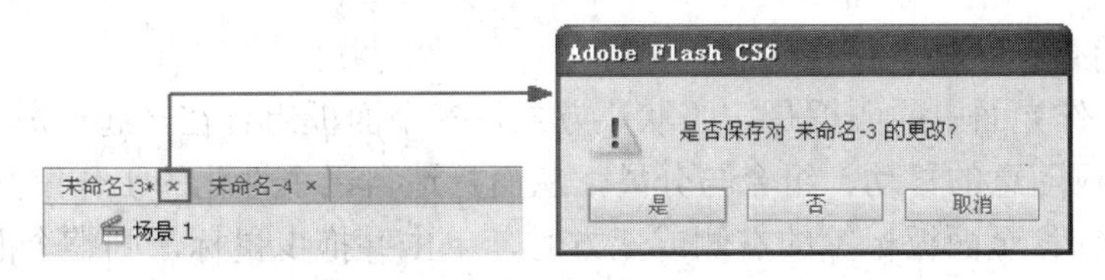

图 1-23 关闭文档

1.3.2 Flash 面板的操作

Flash CS6 工作界面中有多个面板，每个面板可以完成不同的工作，例如可以通过“时间轴”面板和“动画编辑器”面板制作动画、通过“属性”面板设置对象的相关属性等。在实际工作中，这些面板并不是全部都打开，Flash 的工作界面也无法显示这么多的面板，所以在工作界面中合理安排这些面板就显得尤为重要。在 Flash CS6 中，用户可以根据工作需要对这些面板进行打开/关闭、合并/分离、收缩/展开等操作，还可以将面板拖曳到界面中的任意位置，以及与其他面板进行随意地组合。

1．打开/关闭面板

Flash CS6 工作界面中只有几个常用的面板，如果工作界面中没有所需的面板，只需单击菜单栏中“窗口”菜单下相关的命令即可，例如需要打开“颜色”面板，那么执行菜单栏中的“窗口”/“颜色”命令即可，如图 1-24 所示。

对于不再使用的面板可以将其关闭，关闭面板可以通过单击“窗口”菜单下的面板命令完成，也可以单击面板右上方的按钮，从弹出的菜单中选择“关闭”命令来将其关闭。

2．收缩/展开面板

为节省工作空间，可以将不常用的面板暂时收缩起来，待需要使用时再将其展开。面板的收缩/展开操作非常简单，只需单击面板组右上方双向的小箭头即可，当面板收缩起来时，面板会以图标文字的形式进行显示，如图 1-25 所示。

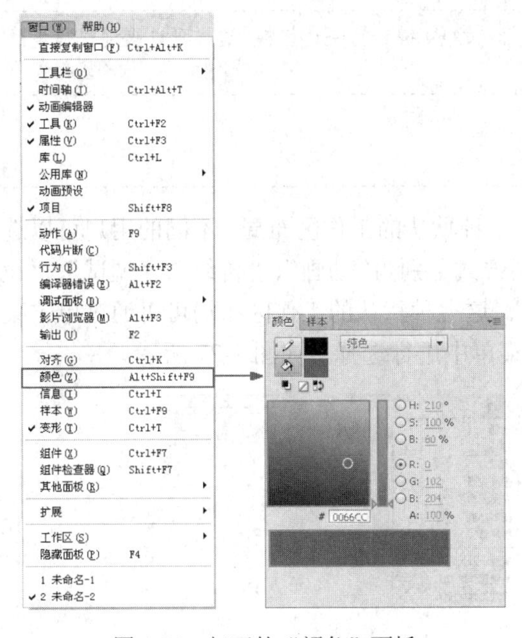

图 1-24 打开的“颜色”面板

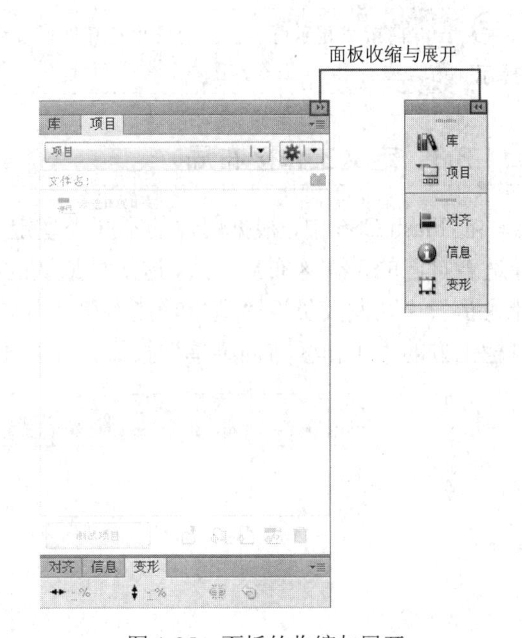

图 1-25 面板的收缩与展开

3．移动/组合/分离工作面板

Flash CS6 工作界面中的面板是按照默认方式将多个面板组合在一起形成一个面板组，用户可以将这些面板随意的移动、组合与分离，从而打造自己个性化的工作空间。

当把鼠标指针移至面板标签的右侧或上方时，单击并拖曳鼠标，则整个面板将随着鼠标也被拖曳，松开鼠标左键后，则面板被拖曳到松开鼠标的位置处，拖曳过程中该面板将以半透明形式显示。如果拖曳到其他面板处，当其他面板以蓝色边框显示时，松开鼠标左键，则面板与其他面板组合到一起，构成一个面板组，如图 1-26 所示。

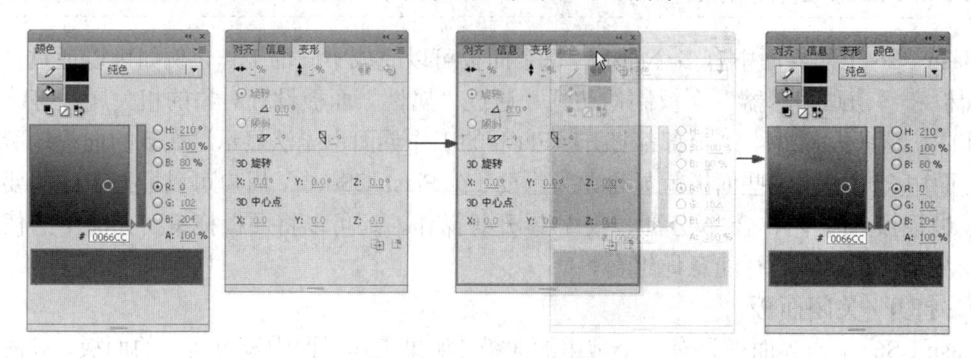

图 1-26　移动/组合面板

同样，用户也可以将合并后的面板组一个个单独分离出来，只需要在其面板标签处单击并拖曳鼠标左键，将其拖曳到工作区域中，即可进行分离。

4．隐藏/显示所有面板

在 Flash CS6 中，众多面板为动画创作带来很大方便，但是这些面板也会占用很大的屏幕空间，为了使用最大的工作空间，在不使用面板时，可以将工作界面中所有面板都隐藏。隐藏所有面板，可以单击菜单栏中的“窗口”/“隐藏面板”命令，此时工作界面中所有面板都会被全部隐藏。如果要再显示这些面板，只需单击菜单栏中的“窗口”/“显示面板”命令即可。

提示　隐藏或显示所有面板的操作还可以通过按键盘中的 F4 键进行快速切换，这样可以更加快捷地隐藏或显示 Flash 工作界面中的各个面板。

1.3.3　定义工作区布局

在 Flash CS6 中，根据用户的不同类型定义了 7 种默认的工作区布局，不同的用户可以选择适合自己的工作区布局方式，这 7 种默认的布局方式分别为“动画”、“传统”、“调试”、“设计人员”、“开发人员”、“基本功能”和“小屏幕”。这七种默认的工作区布局可以通过单击菜单栏上方的“工作区布局菜单”按钮，在弹出的菜单中进行选择，如图 1-27 所示。

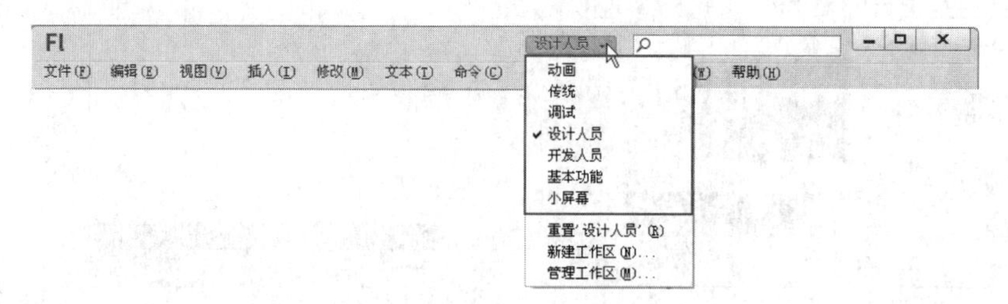

图 1-27　选择工作区布局

此外 Flash 还提供了自定义工作区布局的功能，允许用户定义适合自己工作方式的工作区布局。自定义工作区布局时，需要首先单击菜单栏的“工作布局菜单”按钮，从弹出的菜单中选择“新建工作区”命令，此时会弹出“新建工作区”对话框，在“名称”输入栏中为自己的工作区布局定义合适的名称，然后单击[确定]按钮，即可保存自定义的工作区布局，同时定义的工作区布局名称会显示“工作区布局菜单”的最上方，如图 1-28 所示。

对于自定义的工作区布局，用户也可以对其进行重命名与删除等管理操作，可以首先在“工作区布局菜单”中选择“管理工作区”命令，此时会弹出“管理工作区”对话框，在此对话框中选择需要管理的自定义工作区布局的名称，如果单击[重命名...]按钮，可以对自定义的工作区布局进行重新命名的操作；如果单击[删除]按钮，可以将自定义的工作区布局删除，如图 1-29 所示。

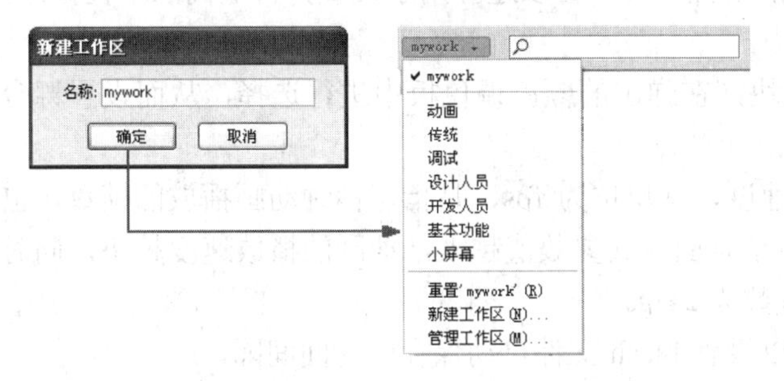

图 1-28　自定义工作区布局

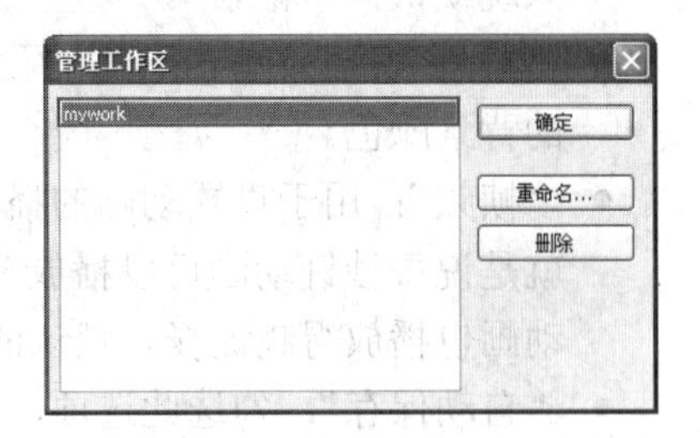

图 1-29　管理工作区

1.3.4　设置影片属性

在制作 Flash 动画时，首先需要确定动画的尺寸、动画背景的颜色以及动画播放的帧频等影片属性，这些影片属性确定后，方可在工作界面中进行动画创作。动画的影片属性可以通过“属性”面板或者“文档设置”对话框进行设置，“文档设置”对话框可以通过多种方法将其打开，下面介绍设置影片属性的方法：

图 1-30　“属性”面板

- 方法一：在工作区域空白位置单击鼠标左键，然后在“属性”面板的“属性”标签中设置舞台的帧频（即 FPS）、舞台宽度、舞台高度以及舞台的背景颜色，如图 1-30 所示。
- 方法二：在工作区域空白位置单击鼠标左键，然后在“属性”面板的“属性”标签中单击“编辑文档属性”

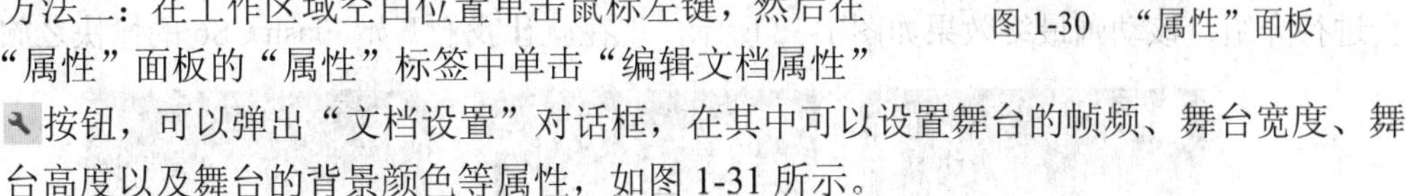

按钮，可以弹出“文档设置”对话框，在其中可以设置舞台的帧频、舞台宽度、舞台高度以及舞台的背景颜色等属性，如图 1-31 所示。
- 方法三：在工作区域空白位置单击鼠标右键，从弹出的菜单中选择“文档属性”命令，同样可以弹出“文档设置”对话框。
- 方法四：单击菜单栏中的“修改”/“文档”命令或按键盘中的 Ctrl+J 键，同样可以弹出“文档设置”对话框。

在 Flash CS6 的“文档设置”对话框中各个选项的设置如下：

- “尺寸”：用于设置舞台宽度与高度的参数值，其默认单位为“像素”。

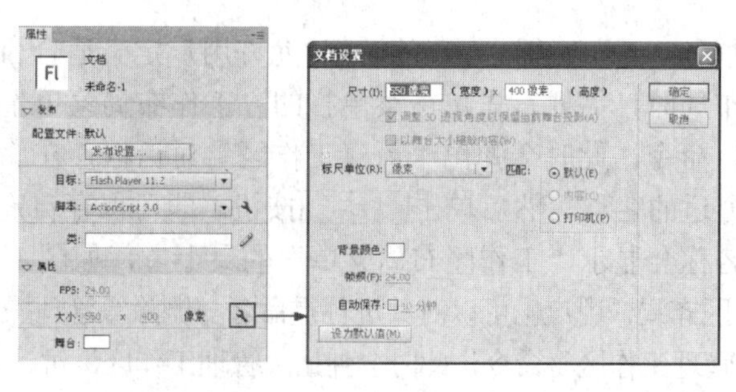

图 1-31 “文档设置”对话框

- “标尺单位”:单击该处,在弹出的下拉列表中可以选择用于设置舞台宽高的单位标尺,系统默认为“像素”。
- “背景颜色”:单击右侧的□色块,在弹出的颜色调色板中进行选择,从而设置舞台的背景颜色。
- “帧频”:用于设置动画的播放速度,其单位为 fps,是指每秒钟动画播放的帧数,也就是说每秒钟动画可以播放多少个画面,其参数值越大,动画的播放速度越快,同时动画也播放得越流畅,默认的参数为 24fps。
- “自动保存”:勾选此选项,可以设置 Flash 文件自动保存的时间间隔。

1.4 实例指导:创建一个 Flash 动画文件

动画制作人员在创建完整的 Flash 动画时,基本需要执行如下几个步骤:

(1)创建一个新 Flash 文档文件。

(2)对创建的文档进行基本属性设置。

(3)在舞台中创作动画。

(4)测试动画效果。

(5)将动画文件导出为.swf 动画文件。

(6)将创建的动画文件保存。

接下来通过一个简单动画实例“自由的鱼.fla”的制作,了解完整的动画创建过程,并对 Flash CS6 基本操作进行巩固,从而将所学的知识应用于实际操作中。在这个实例中也许你对动画的一些操作不会应用,没有关系,只要照着步骤操作就行,相关的详细讲解在以后章节中将会进行介绍,该动画最终效果如图 1-32 所示,现在就让我们开始 Flash CS6 的愉快之旅吧!

图 1-32 “自由的鱼”实例的动画效果

制作“自由的鱼.fla”动画实例的操作步骤如下：

① 启动 Flash CS6，在启动向导界面中单击“新建”栏目中的“ActionScript 3.0”命令，如图 1-33 所示，从而创建出一个新的文档，默认名称为“未命名-1”。

图 1-33　启动向导界面

② 在工作区域空白位置单击鼠标右键，从弹出的菜单中选择“文档属性”命令，在弹出的“文档设置”对话框中设置“宽”参数为“500”像素，“高”为“565”像素，其他保持默认的参数，如图 1-34 所示。

③ 单击 确定 按钮，完成对文档属性的各项设置，此时舞台的宽度为 500 像素，高度为 564 像素。

④ 单击菜单栏中的“文件”/“导入”/“导入到舞台”命令，在弹出的“导入”对话框中选择本书配套光盘“第 1 章/素材”目录下的“海洋.jpg”图像文件，然后单击 打开(O) 按钮，将选择的图片导入到舞台中。

⑤ 使用“工具”面板中的“选择工具”在导入的图像处单击将其选择，然后单击工作界面右侧的“信息”面板，在“信息”面板中设置“X”与“Y”的参数值全部为“0”，此时舞台中导入的图像与舞台完全重合，如图 1-35 所示。

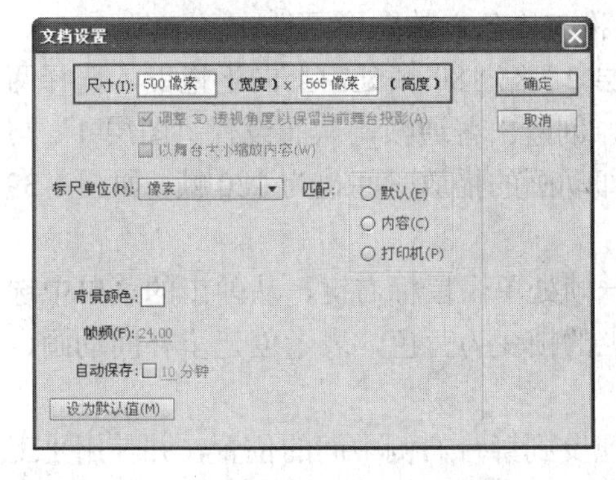

图 1-34　“文档设置”对话框的参数设置

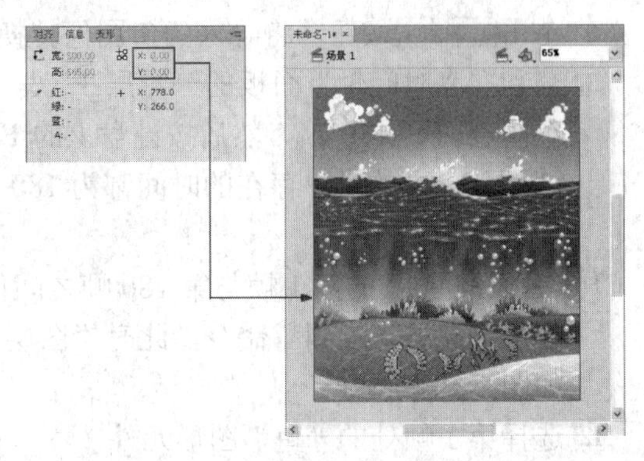

图 1-35　“信息”面板的参数设置

⑥ 单击“时间轴”面板中的“新建图层”按钮，创建一个新的图层，图层默认名称为“图层 2”，如图 1-36 所示。

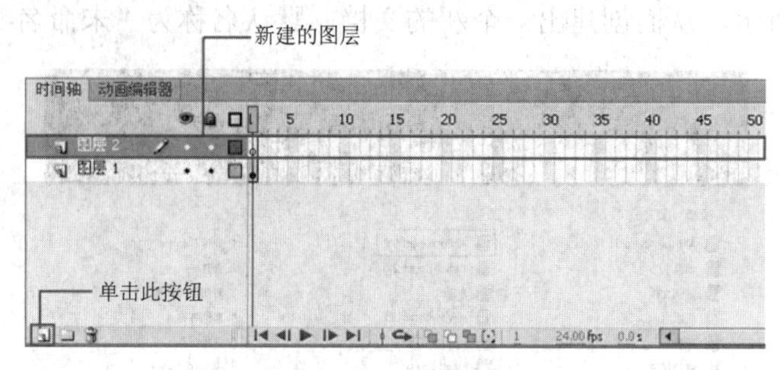

图 1-36　创建新图层

⑦ 单击菜单栏中的“文件”/“导入”/“导入到舞台”命令，在弹出的“导入”对话框中选择本书配套光盘“第 1 章/素材”目录下的“鱼.ai”图像文件，弹出“导入到舞台”对话框，在此对话框的“将图层转化为”选项中选择“关键帧”命令，然后单击 确定 按钮，将鱼图像导入到舞台中，如图 1-37 所示。

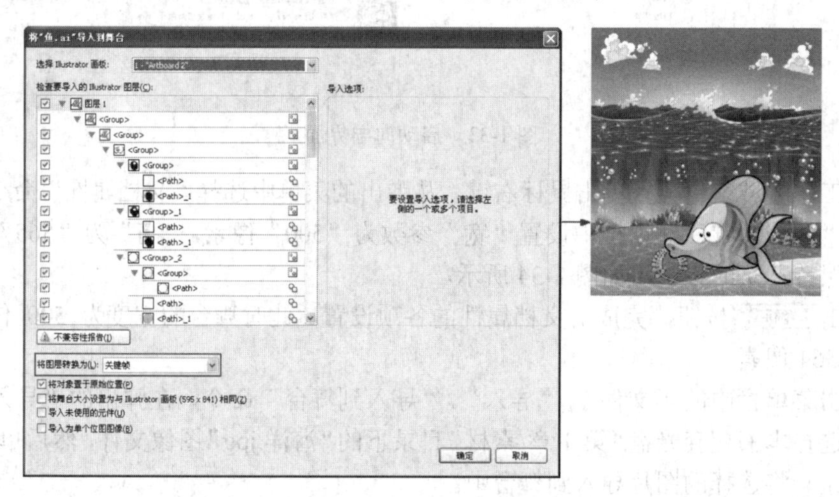

图 1-37　导入的鱼图像

⑧ 将导入的“鱼”图像选择，然后单击菜单栏中的“修改”/“转换为元件”命令，在弹出的“转换为元件”对话框中设置“名称”为“鱼”，其他为默认设置，如图 1-38 所示。

⑨ 单击 确定 按钮，将导入的鱼图像转换为名称为“鱼”的图形元件。

⑩ 分别在“时间轴”面板的“图层 1”与“图层 2”第 180 帧处由上向下拖曳，选择两个图层的第 180 帧，然后按键盘上的 F5 键，创建出普通帧，从而设置“图层 1”与“图层 2”中的对象存在的时间都为 180 帧，即动画的播放时间也为 180 帧，如图 1-39 所示。

⑪ 在“图层 2”的第 1 帧与第 180 帧之间任意一帧处单击鼠标右键，从弹出的菜单中选择“创建补间动画”命令，此时“图层 2”上的帧变为蓝色，表示创建了补间动画，如图 1-40 所示。

⑫ 选择第 1 帧处的“鱼”图形元件，然后将其拖曳到舞台右侧中间的位置，并使用“工具”面板中的“任意变形工具”将其缩小，如图 1-41 所示。

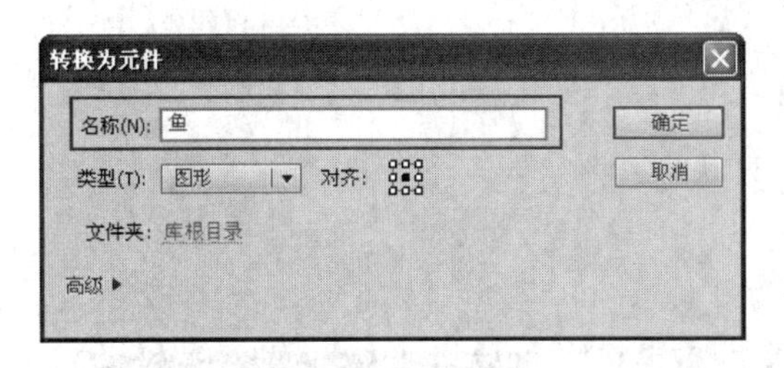

图 1-38　设置后的“转换为元件”对话框

图 1-39　在第 180 帧处插入帧

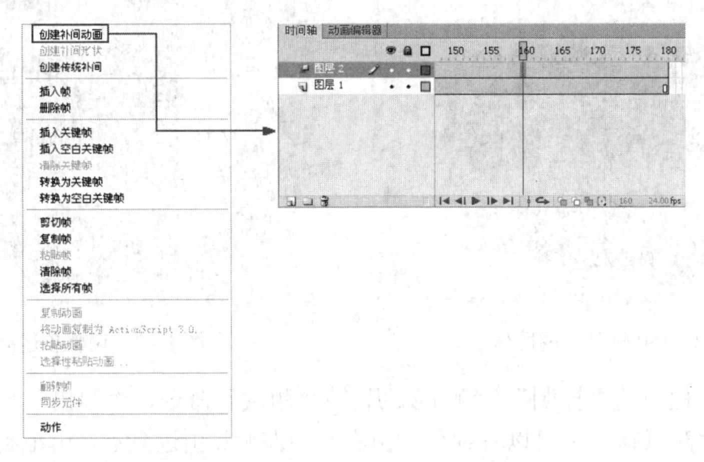

图 1-40　创建补间动画

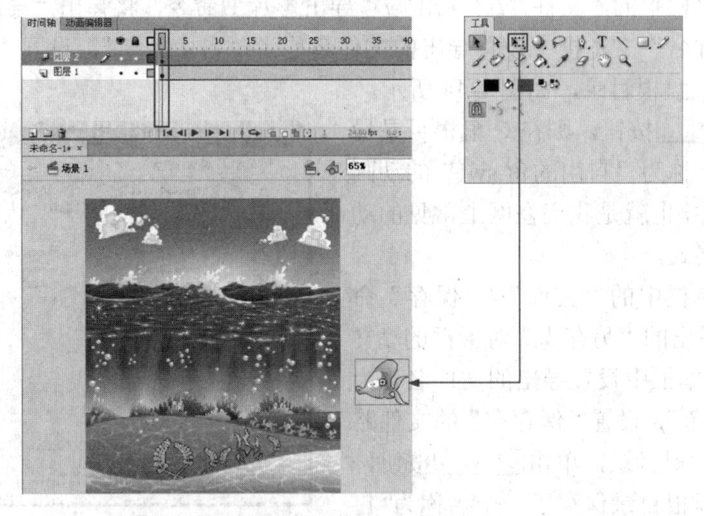

图 1-41　第 1 帧处缩小后鱼的位置

⑬ 将“时间轴”面板的红色播放头拖曳到第 180 帧的位置，此时将舞台上的“鱼”图形元件拖曳到舞台外左侧中间的位置，并使用“工具”面板中的“任意变形工具”将其放大一些，如图 1-42 所示。

提示　当创建完第 180 帧鱼的大小和位置后，在第 1 帧和第 180 帧鱼的位置处出现一条路径，此路径是鱼在两帧间运动的轨迹，这条运动轨迹可以通过路径编辑工具进行调整，从而调整鱼的运动路线。

⑭ 使用“选择工具”调整第 1 帧和第 180 帧鱼的位置处的运动路径，如图 1-43 所示。

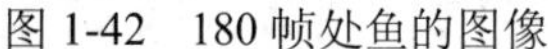
图 1-42　180 帧处鱼的图像

图 1-43　调整鱼运动的轨迹

15 单击菜单栏中的“控制”/“测试影片”/“测试”命令，将弹出一个影片测试窗口，在此影片测试窗口中可以看到鱼儿由右侧向左侧、由远到近、由小到大游过海底深处的动画效果。

16 单击菜单栏中的“文件”/“导出”/“导出影片”命令，将弹出“导出影片”对话框，在“文件名”文本框中设置导出的文件名称为“自由的鱼”，设置“保存在”的文件路径为 C 盘根目录，如图 1-44 所示。

17 单击 保存(S) 按钮，则在 C 盘根目录导出一个名称为“自由的鱼.swf”的动画播放文件，也就是我们在网上常见的动画文件格式。

18 单击菜单栏中的“文件”/“保存”命令，在弹出的“另存为”对话框的“文件名”文本框中设置导出的文件名称为“自由的鱼”，设置“保存在”的文件路径为 C 盘根目录，单击 保存(S) 按钮，则在 C 盘根目录保存了一个名称为“自由的鱼.fla”的 Flash 动画源文件。

图 1-44　“导出影片”对话框

提示

对于导出的“自由的鱼.swf”文件以及“自由的鱼.fla”Flash 动画制作源文件的保存路径，读者也可以根据自己计算机的设置，保存在其他硬盘的某个目录中。

至此，一个 Flash 动画文件创建完成。接下来我们打开硬盘的 C 盘根目录，会发现两个新的文件，一个是“自由的鱼.swf”文件，另一个是“自由的鱼.fla”文件。双击“自由的鱼.swf”文件图标，则可以在 Flash Player 动画播放器中播放刚刚制作的动画；双击“自由的鱼.fla”文件图标，则可以在 Flash CS6 中打开此动画源文件，从而继续对其进行编辑。

第 2 章 绘制图形

Flash CS6 中提供了丰富的绘图工具用于绘制图形，Flash 绘图工具相比其他图形编辑软件，具有简单、实用、矢量化的特点，用户可以轻松地使用这些绘图工具来创建 Flash 动画对象。在本章中将详细介绍 Flash CS6 中各种绘图工具的功能，并通过实例对各种绘图工具的操作方法进行实际演练。

本章内容

- Flash 图形的基础知识
- 认识“工具”面板
- 绘制图形的工具
- 实例指导：绘制圣诞树图形
- 路径工具
- 实例指导：绘制鲸鱼图形
- 颜色填充
- 实例指导：绘制甲壳虫图形
- Deco 工具
- 辅助绘图工具

2.1 Flash 图形的基础知识

Flash 是以矢量图形为基础的动画创作软件，使用自带的绘图工具可以完成大部分 Flash 动画对象的创建，但是与其他专业的图形编辑与图形绘制软件相比，Flash 图形工具并不能完成复杂图形的创建，为了弥补自身绘图功能不够强大的弱点，Flash 允许导入外部矢量图或位图，这样为更好地创作 Flash 动画带来了极大的便利性。

为了使读者更好地了解 Flash 的绘图功能，首先对 Flash 中的一些基础知识进行学习，包括矢量图与位图的区别、Flash 软件所支持导入的图形格式以及 Flash 中导入不同图形文件的方法等。

2.1.1 矢量图与位图

计算机中的图像主要分为两种，一种是“位图”，又被称为“点阵图”（Bitmap images），另一种为“矢量图”（Vector graphics）。在 Flash 中可以使用矢量图，也可以使用位图，位图主要是通过外部导入的方式导入到 Flash 中；而矢量图可以在 Flash 中使用绘图工具来绘制，也可以导入外部的矢量图形文件。

- 矢量图：也叫面向对象绘图，是用数学方式描述的曲线及曲线围成的色块所制作的图形，它们在计算机内部被表示成一系列的数值而不是像素点，这些值决定了图形如何在屏幕上显示。用户所作的每一个图形、打印的每一个字母都是一个对象，每个对象都决定其外形的路径，一个对象与别的对象相互隔离，因此，可以自由地改变对象的位置、形状、大小和颜色；同时，由于这种保存图形信息的办法与分辨率无关，因此无论放大或缩小多少，都有一样平滑的边缘、一样的视觉细节和清晰度。因此，在 Flash 中矢量图适合绘制轮廓清晰的图形（例如人物、动物以及各种卡通画）来充当各种动画角色。
- 位图：又称像素图，与矢量图形相比，位图的图像更容易模拟照片的真实效果，其工作方式就像是用画笔在画布上作画一样。如果将这类图形放大到一定的程度，就会发现它是由一个个小方格组成的，这些小方格被称为像素点，像素点是图像中最小的元素，一幅位图图像包括的像素可以达到百万个。因此，位图的大小和质量取决于图像中像素点的多少。通常情况下，每平方英寸的面积上所含像素点越多，颜色之间的混合也越平滑，同时文件也就越大。

矢量图与位图相比，具有生成文件小、放大不失真等优点，适合进行标志设计、图案设计、文字设计、版式设计等；而位图生成的文件较大，放大后会失真，从而出现锯齿，所以位图适合表现色彩丰富的图像，如图 2-1 所示。

图 2-1　放大的矢量图与位图

2.1.2 导入外部图像

Flash CS6 作为一款矢量动画制作软件，不仅可以使用矢量图作为动画对象，也可以使用位图作为动画对象，而且支持计算机中的大部分图形格式，如“.jpg”、“.gif”、“.png”、“.bmp”、“.ai”、“.psd”、“.tif”等。对于一些简单的图形，Flash 完全可以自行应付，但是对于一些需要细节表现的图形，则需要通过外部导入的方式将其他软件所编辑的图形导入到 Flash 中进行编辑。Flash CS6 导入外部图像的方法如下：

（1）单击菜单栏中的“文件”/“导入”/“导入到舞台”命令，弹出“导入”对话框。

（2）在“查找范围”下拉列表中选择需要导入的外部图像的路径，然后在下方的文件列表框中选择需要导入的文件，此时需要导入文件的名称自动显示在“文件名”输入框中，如图 2-2 所示。

（3）单击 打开(O) 按钮，则所选择的图像将会导入到 Flash 的舞台中。

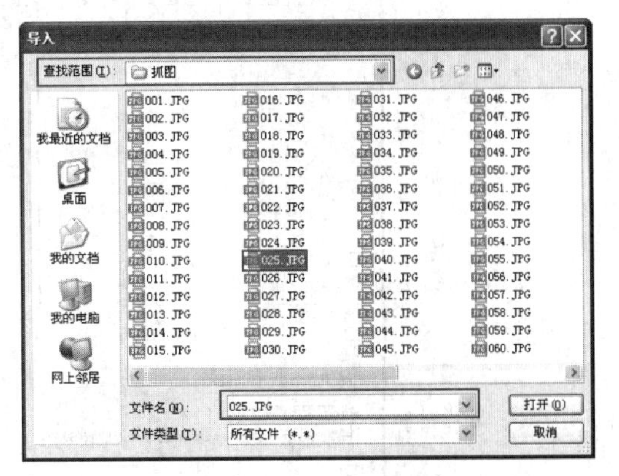

图 2-2 “导入”对话框

提示

使用“导入到舞台”命令进行外部图像的导入时，如果导入图像是一个序列，则会弹出一个提示框，用于询问用户是否将整个图像序列都导入到 Flash 中。另外，由于导入外部图像的格式不同，出现导入图像提示框也将会不同，但是对于常用的“.jpg”、“.gif”、“.png”等图像文件，则可以直接导入 Flash 中。

2.1.3 导入 PSD 文件

PSD 是图像设计软件 Photoshop 的专用格式，它可以存储成 RGB 或 CMYK 模式，还可以自定义颜色数并加以存储，并且可以保存 Photoshop 的层、通道、路径等信息，所以 Photoshop 图像软件被应用到很多图像处理领域。Flash CS6 与 Photoshop 软件有着紧密的结合，允许将 Photoshop 编辑的.psd 文件直接导入到 Flash 中，同时可以保留许多 Photoshop 的功能，允许在 Flash 中保持.psd 文件的图像质量和可编辑性。在进行.psd 文件导入时，不仅可以选择将每个 Photoshop 图层导入为 Flash 图层、单个的关键帧或者单独一个平面化图像，而且还可以将.psd 文件封装为影片剪辑。

导入 Photoshop PSD 文件的操作与导入一般图像的方法类似，都是通过菜单栏中的“文件”/“导入”/“导入到舞台”命令进行图像导入。但是与导入常用的.jpg、.gif、.png 图像不同，导入.psd 格式文件时会先弹出.psd 文件的相应对话框，在其中需要设置导入的图层及导入图层的方式，之后方可将所需的.psd 文件中相关的图层导入到 Flash CS6 中，具体操作步骤如下：

① 单击菜单栏中的“文件”/“导入”/“导入到舞台”命令，弹出“导入”对话框。

② 在“查找范围”下拉列表中选择本书配套光盘“第 2 章/素材”目录下的“音乐.psd”文件。

③ 单击 打开(O) 按钮，将弹出“将‘音乐.psd’导入到舞台”对话框，选择其中的相应图层，则出现选择图层的相关选项，如图 2-3 所示。

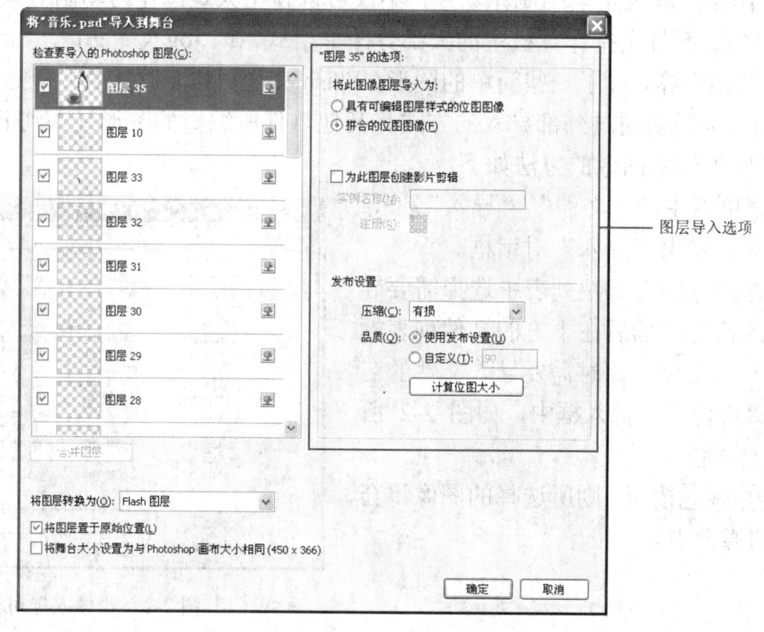

图 2-3 “将‘音乐.psd’导入到舞台”对话框

- “检查要导入的 Photoshop 图层”：用于显示导入的.psd 文件的图层，可以在此下拉列表中选择需要导入的图层。
- “图层导入选项”：在“检查要导入的 Photoshop 图层”下方选择需要导入的某个图层后，在右侧会显示关于该层的导入选项设置。
- “将图层转换为”：共有两个选项，如果选择“Flash 图层”选项，那么将导入 Photoshop 文件中的每个图层转换为 Flash 文档中的图层；如果选择“关键帧”选项，那么将导入文档中的每个图层转换为 Flash 文档中的关键帧。
- “将图层置于原始位置”：勾选该项，则.psd 文件的内容保持它们在 Photoshop 中的准确位置；如果不勾选该项，则导入的.psd 文件将位于舞台中间位置处。
- “将舞台大小设置为与 Photoshop 画布大小相同”：勾选该项，则 Flash 舞台大小调整为与创建.psd 文件所用的 Photoshop 文档相同大小。默认情况下，此选项为不勾选状态。

④ 选择需要导入的图层，单击 确定 按钮，即可将所选择的图层导入到 Flash CS6 中。

2.1.4 导入 Illustrator 文件

Illustrator 软件是 Adobe 公司的一款功能极其强大的矢量图形绘制与编辑软件，生成的文件格式为“.ai”，可以直接导入到 Flash CS6 中进行使用，做到 Illustrator 与 Flash CS6 应用软件的有效结合，从而进一步提升 Flash CS6 的矢量图形编辑功能。导入 Illustrator 文件的具体步骤如下：

① 单击菜单栏中的“文件”/“导入”/“导入到舞台”命令，弹出“导入”对话框。

② 在“查找范围”下拉列表中选择本书配套光盘“第 2 章/素材”目录下的“章鱼.ai”文件。

③ 单击[打开(O)]按钮，将弹出“将‘章鱼.ai’导入到舞台”对话框，如图 2-4 所示。

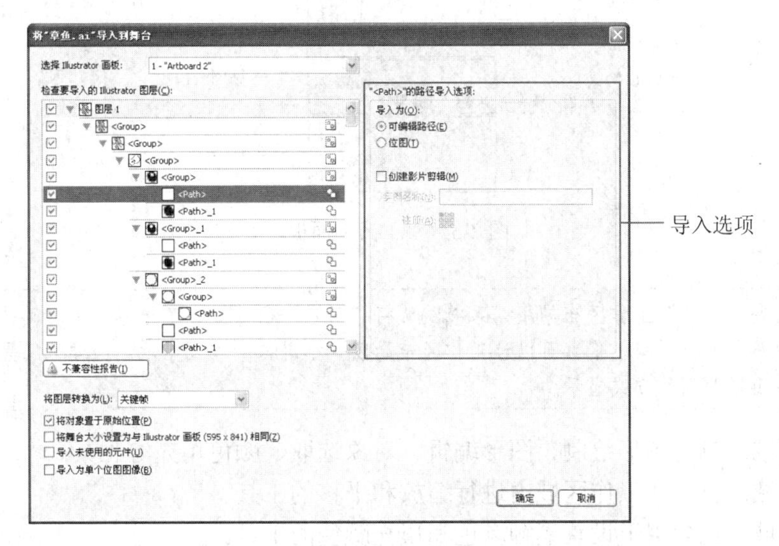

图 2-4 “将‘章鱼.ai’导入到舞台”对话框

- “检查要导入的 Illustrator 图层”：用于显示导入的.ai 文件的图层。
- “导入选项”：在“检查要导入的 Illustrator 图层”列表框中选择需要导入的某个图层后，在右侧会显示关于导入图层的选项设置。
- “将图层转换为”：共有三个选项，分别为“Flash 图层”、“关键帧”、“单一 Flash 图层”。选择“Flash 图层”选项，导入的每个图层转换为 Flash CS6 中相对应的图层；选择“关键帧”选项，导入的每个图层转换为 Flash CS6 中的关键帧；如果选择“单一 Flash 图层”选项，导入的所有图层转换为 Flash CS6 中的单个平面化图层。
- “将对象置于原始位置”：勾选该项，则.ai 文件的内容保持它们在 Illustrator 中的准确位置；如果不勾选该项，则导入的.ai 文件将位于舞台中间位置处。
- “将舞台大小设置为与 Illustrator 画板相同”：勾选该项，则 Flash 舞台大小调整为与创建.ai 文件所用的 Illustrator 画板相同的大小。系统默认时，此选项为不勾选状态。
- “导入未使用的元件”：勾选该项，则在 Illustrator 画板上无实例的所有.ai 文件库元件都将导入到 Flash 库中，系统默认为不勾选状态。
- “导入为单个位图图像”：勾选该项，可以将.ai 文件导入为单个位图图像，不过此时上方的“检查要导入的 Illustrator 图层”和“导入选项”都为不可用状态。

④ 选择需要导入的图层，单击[确定]按钮即可将所选择的图层导入到 Flash CS6 中。

2.2 认识“工具”面板

“工具”面板提供了制作 Flash 动画的各种基本工具，通过它们可以绘制图形、填充图形颜色、选择和编辑动画对象，并且可以更改舞台的视图区域等。Flash CS6 的“工具”面板分为 4 个区域——绘制编辑图形的“工具区域”、辅助编辑的“查看区域”、设置颜色的“颜色区域”以及不同工具的“选项区域”，如图 2-5 所示。

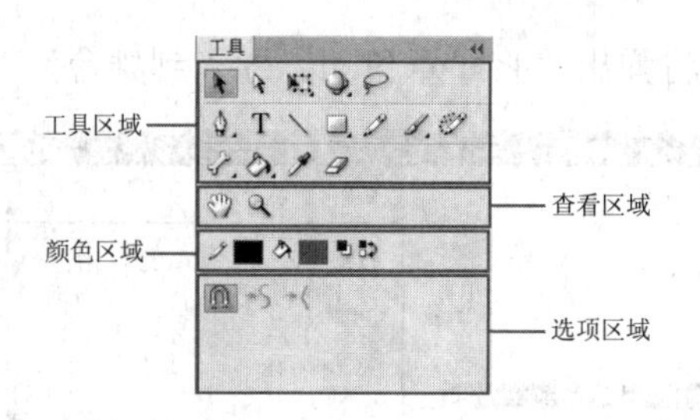

图 2-5 “工具”面板

提示 在“基本功能”工作区布局中，系统默认将“工具”面板放在工作界面最右侧并呈一列显示。如果用户屏幕的分辨率较低，可以让工作区布局以“小屏幕”方式显示，这样“工具”面板将在工作界面左侧以两列的方式显示。

- 工具区域：包含图形绘制、图形编辑、对象选取、颜色填充等工具。
- 查看区域：包含在工作区域内进行缩放和平移的工具。
- 颜色区域：包含用于设置笔触颜色和填充颜色的工具。
- 选项区域：提供了当前所选工具的相关选项设置。当选择不同的工具时，在选项区域会出现不同的选项，通过不同的选项设置可以进一步丰富所选的工具。

2.3 绘制图形的工具

Flash 中绘制的矢量图形由两部分组成，笔触线段和填充图形，笔触线段是绘制图形的轮廓线，填充图形是指图形内部的填充色。笔触线段与填充图形是相互独立的，因此可以轻松地修改或删除其中一部分而对另一部分不会影响，例如绘制一个圆形，可以将笔触颜色设置成红色，填充图形设置为绿色，这两部分则互不影响，如图 2-6 所示。

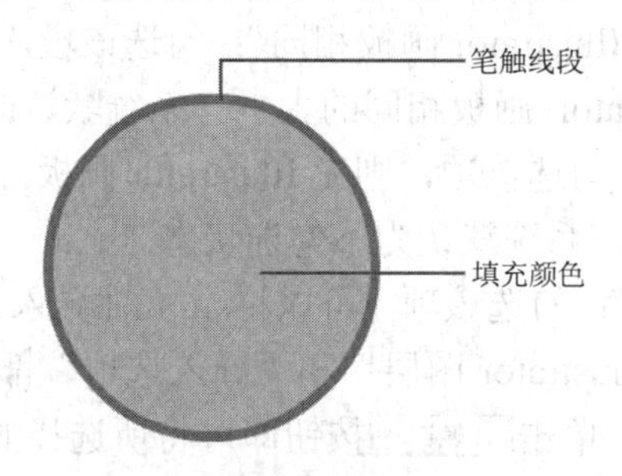

图 2-6 圆形示例

Flash 中内置了一些绘制图形的工具，可以绘制出具有不同形态的笔触线段与填充颜色，这些绘制图形的工具包括：“线条工具”、“铅笔工具”、“矩形工具”、“椭圆工具”、“多角星形工具”、“刷子工具”和“喷涂刷工具”。

2.3.1 线条工具

“线条工具”╲用于绘制直线类型的线段，其快捷键为“N”。通过“线条工具”╲不仅可以绘制任何方向的直线段，还可以绘制封闭的直线化图形。

1. 使用“线条工具”绘制图形

使用“线条工具”绘制线段非常简单，单击“工具”面板中的“线条工具”按钮，将光标放置在舞台中，此时光标以“+”图标显示，表示“线条工具”被激活，将光标放置在舞台的合适位置，确定绘制直线条的起始点，然后按住鼠标并拖曳到另一个位置后再释放鼠标，即可绘制出两点间的一条直线段，如图 2-7 所示。

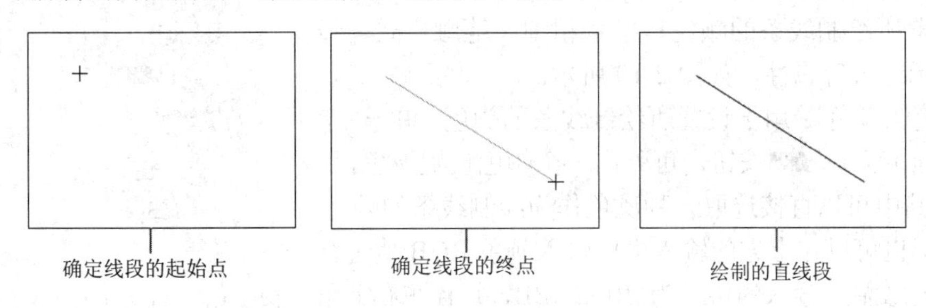

图 2-7 绘制的直线段

提示

在绘制直线段的同时，如果按住键盘上的 Shift 键，可以绘制出水平、垂直或者倾斜 45° 角的直线段；如果按住键盘上的 Alt 键，则以起始点为中心向两侧绘制直线段。

2. “线条工具”的选项设置

选择“工具”面板中的“线条工具”后，在“工具”面板下方的选项区域将出现两个选项按钮，分别为“对象绘制”和“贴紧至对象”，如图 2-8 所示。

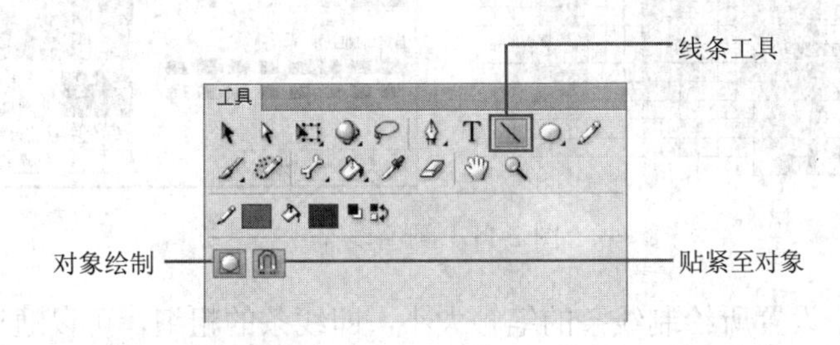

图 2-8 “线条工具”的选项

- “对象绘制”：选择该选项按钮后，Flash 将每个绘制的图形创建为独立的对象，且多个图形在叠加时不会自动合并，分离或重新排列叠加图形时，也不会改变它们的外形，这种模式被称为对象绘制模式，当对象绘制模式的图形被选择后，其周围会出现一个蓝色边框；如果不选择该选项，那么绘制的多个重叠图形会自动进行合并，在选择其中的任一图形并移动时，都会改变下方的图形，该模式被称为合并绘制模式，如图 2-9 所示。

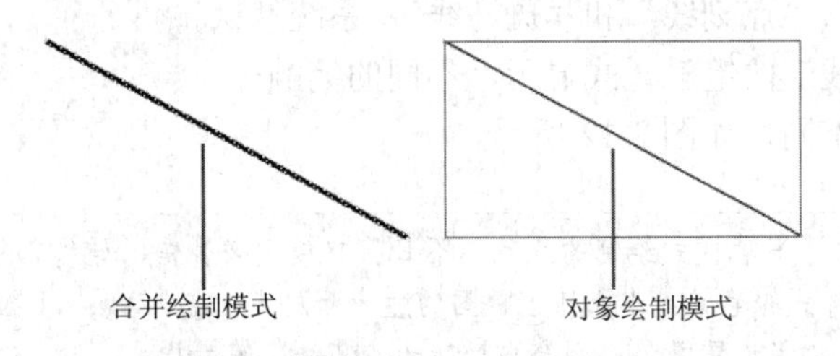

图 2-9 合并绘制模式与对象绘制模式的图形选择状态

- “贴紧至对象”：选择该选项按钮后，在绘制线条时，如果靠近其他图形或辅助线时，会自动吸附到其他图形或辅助线上。

3．“线条工具”的属性设置

在“工具”面板中选择“线条工具”后，在“属性”面板中将显示“线条工具”的相关属性设置，通过这些属性可以设置所绘制线条的颜色、笔触粗细、笔触样式、线条端点显示方式等属性，如图 2-10 所示。

图 2-10 “线条工具”的属性设置

- “笔触颜色”：用于设置所绘制线条的颜色，单击“笔触颜色”按钮，可弹出一个颜色设置调色板，在其中可以直接选取一种颜色作为绘制线条的颜色，也可以在上方的输入框中输入颜色 RGB 值进行颜色设置，输入的格式为#RRGGBB，并且在右上角处还可以设置颜色的 Alpha 透明度值。如果想要对绘制的线条颜色进行更详细的设置，可以单击右上角处的按钮，在弹出的“颜色”对话框中进行设置，如图 2-11 所示。

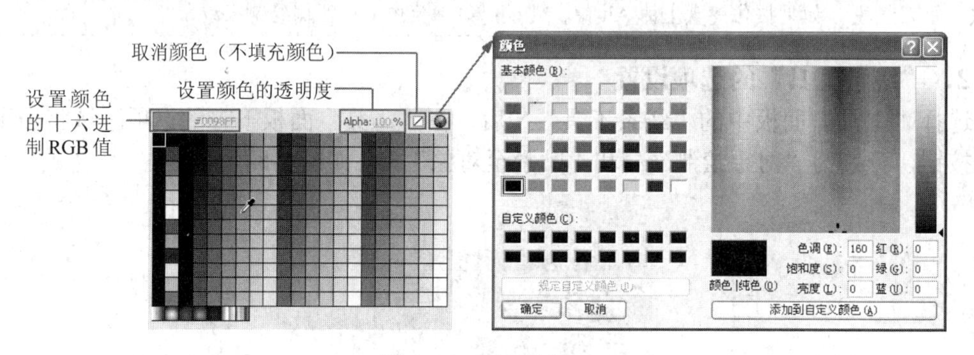

图 2-11 颜色设置

- “笔触”：用于设置所绘制线条的笔触大小，即线条的粗细，可以通过左右拖动滑动条上的“滑杆”进行设置，取值范围为 0.1～200，拖动滑杆时输入框中的数值会随当前滑杆的位置而改变，自左向右的数值越来越大，当然也可以在滑动条右侧的输入框中直接输入笔触大小的参数值，对其进行精确设置。
- “样式”：单击“笔触” 实线 按钮，在弹出的下拉列表中可以设置线条的样式，共有 7 种，自上向下分别为“极细线”、“实线”、“虚线”、“点状线”、“锯齿状”、“点刻线”和“斑马线”，系统默认情况下以“实线”的笔触样式显示，不同的笔触样式产生的效果不同，如图 2-12 所示。

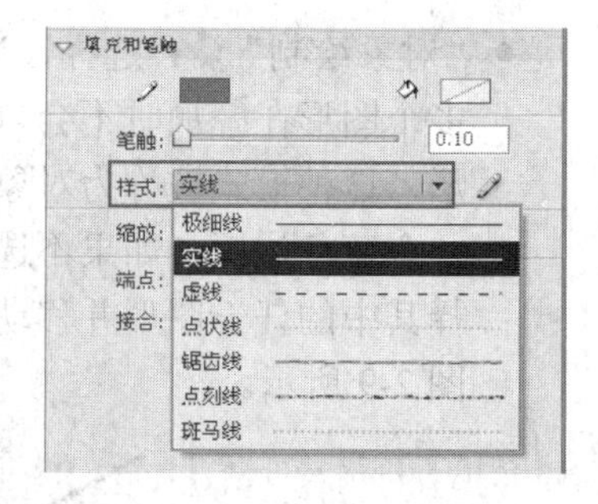

图 2-12 不同笔触样式的效果

提示

使用“极细线”笔触样式绘制的线条，不管将它放大多少倍，始终都保持相同的笔触大小（粗细）。而其他笔触样式的笔触大小会随着视图的放大而放大，在“笔触”下拉框中不能设置“极细线”笔触样式的宽度，如果设置数值，则会自动转为“实线”笔触样式。

- “端点”：用于设置线段的端点样式，线段端点的样式有“无”、“圆角”和“方型”3种类型，其形态如图2-13所示。其中“无”是对齐路径终点；“圆角”是添加一个超出路径端点半个笔触宽度的圆头端点；而“方型”则是添加一个超出路径半个笔触宽度的方头端点。
- “接合”：用于设置两条直线段相接时端点的接合方式。线段的接合方式有“尖角”、“圆角”和“斜角”3种类型，如图2-14所示。

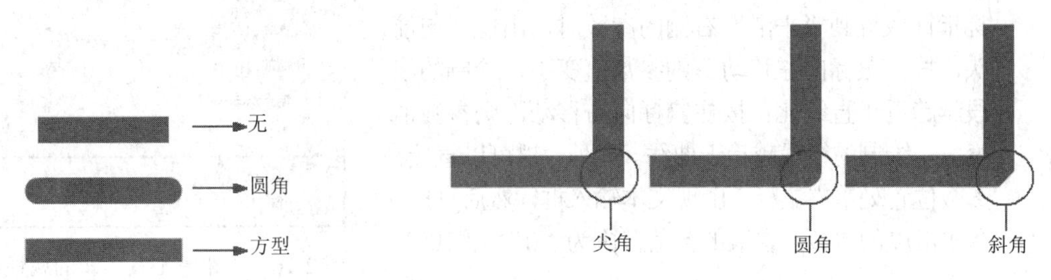

图2-13　3种端点类型的形态　　图2-14　3种不同的接合形态

提示

选择“线条工具”时，可以通过“属性”面板来设置将要绘制线段的相关属性，也可以选择已经绘制完成的线段，然后通过“属性”面板再次编辑线段的属性。

2.3.2 铅笔工具

“铅笔工具”与“线条工具”比较类似，通过它们都可以绘制笔触线段。但是两者相比，“铅笔工具”更加灵活，可以按照用户的意愿随意地绘制各种直线与曲线。

1. 使用“铅笔工具”与选项设置

使用“铅笔工具”不仅可以绘制直线，也可以绘制曲线，使用方法也很简单，只需选择“工具”面板中的“铅笔工具”，然后在舞台中拖曳鼠标，即可按照拖曳的轨迹绘制出相应的线段。

选择“铅笔工具”后，在“工具”面板下方选项区域处会出现两个选项，分别为“对象绘制”和“铅笔模式”。单击“铅笔模式”，在弹出的下拉列表中可以选择绘制线段的3种模式，分别为“伸直”、“平滑”和“墨水”，如图2-15所示。

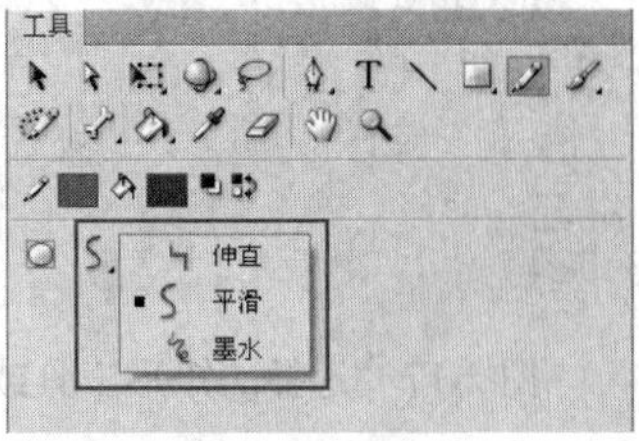

图2-15　铅笔工具的3种模式

- “伸直”：选择该模式，在绘制线段时，系统会自动将线段细节部分转成直线，同时锐化其绘制拐角处，使绘制的曲线形成折线效果，因此，该模式适合绘制有棱角的图形。当绘制的轨迹接近矩形和圆形时，会自动转换为矩形和圆形。
- “平滑”：选择该模式，在绘制线段时系统将尽可能地消除矢量线边缘的棱角，使绘制的线段更加趋向于光滑，使用此模式适合绘制平滑的图形。
- “墨水”：选择该模式，所绘制的线段将最大限度地保持绘画原样，使用此模式适合绘制手绘效果的图形。

2. “铅笔工具”的属性设置

无论使用“铅笔工具”绘制直线还是曲线时，都可以通过“属性”面板来设置所绘制图形的笔触颜色、笔触大小、笔触的样式、精细度等，其设置方法与“线条工具”相同，只是“铅笔工具”与“线条工具”相比多了一个用于设置笔触平滑度的选项，如图 2-16 所示。

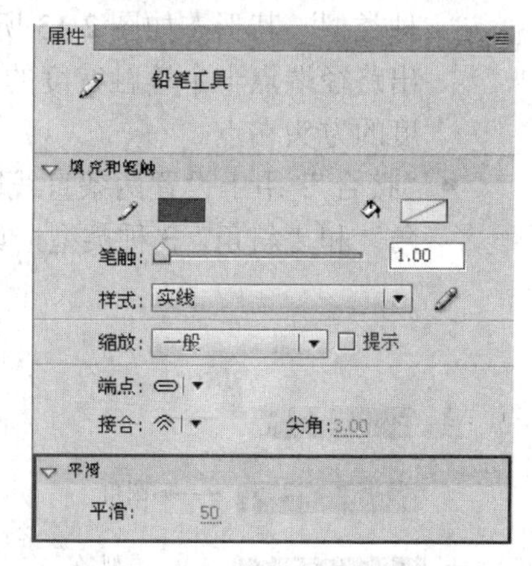

图 2-16　“铅笔工具”的属性设置

- “平滑”：用于设置“铅笔工具”绘制线条的平滑度，此选项只有在选择“铅笔工具”的“平滑”模式后才能被激活，在其他模式下不起作用。将鼠标指针放置到“平滑”右侧的参数时，出现双向箭头，按住鼠标向左移动，则参数值变小，绘制的线段越趋近于直线化；按住鼠标向右移动，则参数值变大，绘制的线段越趋于曲线。此外，也可以直接在参数位置处单击鼠标，出现文本输入框，然后直接输入平滑度的参数，参数的数值范围为“0”～“100”。

2.3.3　矩形工具与椭圆工具

“矩形工具”和“椭圆工具”分别用于绘制矩形图形和椭圆图形，其快捷键分别“R”和“O”。在“工具”面板中的“矩形工具”位置处按住鼠标左键几秒钟，便会弹出一个工具列表，在此列表中可以切换当前绘制工具为“矩形工具”或“椭圆工具”，如图 2-17 所示。

1．使用“矩形工具”及其属性设置

使用“矩形工具”可以绘制出矩形或圆角矩形，绘制方法非常简单，只需在“工具”面板中单击“矩形工具”，然后在舞台中单击并拖曳鼠标，随着鼠标拖曳即可绘制出矩形图形，绘制的矩形图形由外部笔触线段和内部填充颜色所构成，如图 2-18 所示。

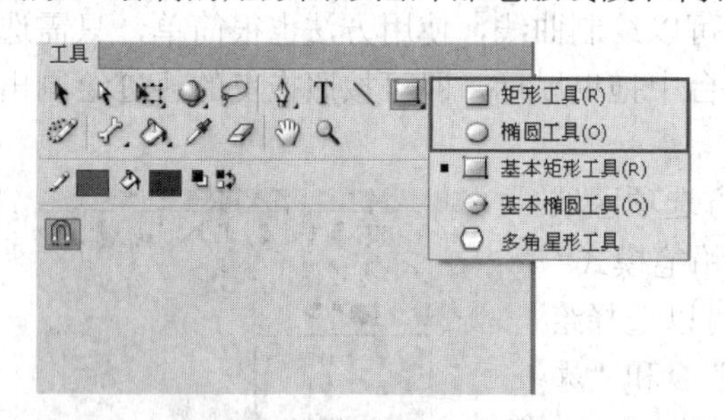

图 2-17　选择的矩形工具或椭圆工具

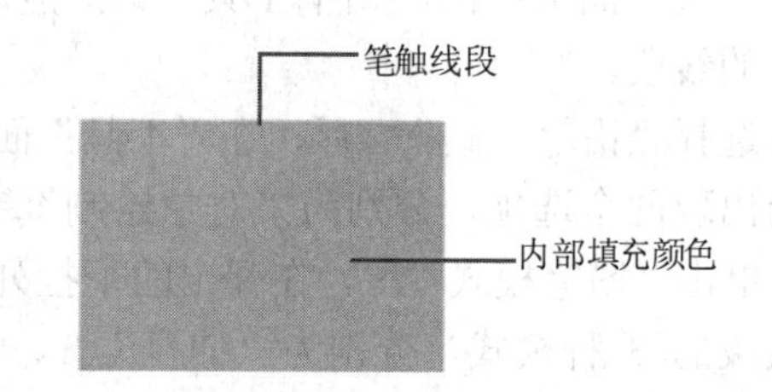

图 2-18　绘制的矩形图形

提示

使用“矩形工具”绘制矩形时，如果按住 Shift 键的同时进行绘制，可以绘制正方形；如果按住 Alt 键同时进行绘制，可以从中心向周围绘制矩形；如果按住 Alt+Shift 键的同时进行绘制，可以从中心向周围绘制正方形。

选择“矩形工具”后，“属性”面板中将出现“矩形工具”的相关属性设置。“矩形工具”的属性设置分为两大类，分别是“填充和笔触”与“矩形选项”，“填充和笔触”用于设置矩形外部笔触线段的属性与填充颜色的属性；“矩形选项”用于设置矩形 4 个边角半径的角度值，如图 2-19 所示。

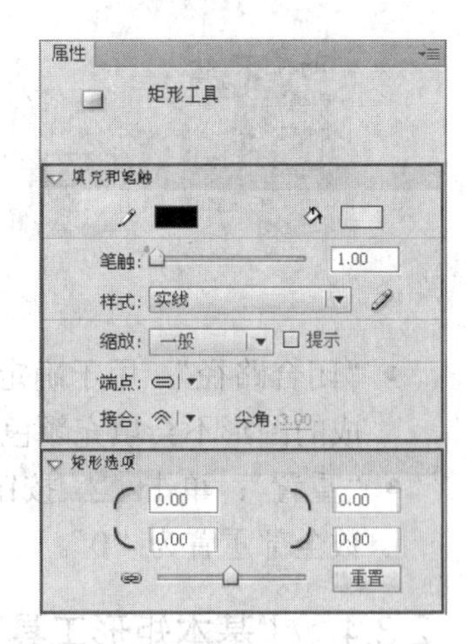

图 2-19 “矩形工具”的属性设置

- “矩形边角半径”：用于指定矩形 4 个边角的半径值。可以在各个输入框中输入矩形边角内径的参数值，对矩形边角的圆滑程度进行设置。
- “锁定”与“解锁”：如果当前显示为“锁定”状态，那么改变一个边角半径的参数，则所有的边角半径参数值随之进行调整，同时也可以通过移动右侧的滑杆的位置来统一调整矩形边角半径的参数值；如果在“锁定”处单击，将其以“解锁”图标显示，那么就会取消锁定，右侧的滑杆变为不可编辑，不能再通过滑杆来调整矩形边角半径的参数，但是可以对矩形的 4 个边角半径参数值分别进行单独设置，如图 2-20 所示。

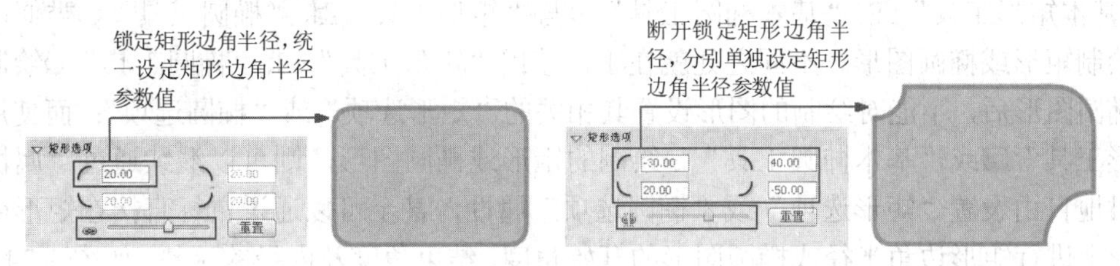

图 2-20 设置不同边角半径时的圆角矩形

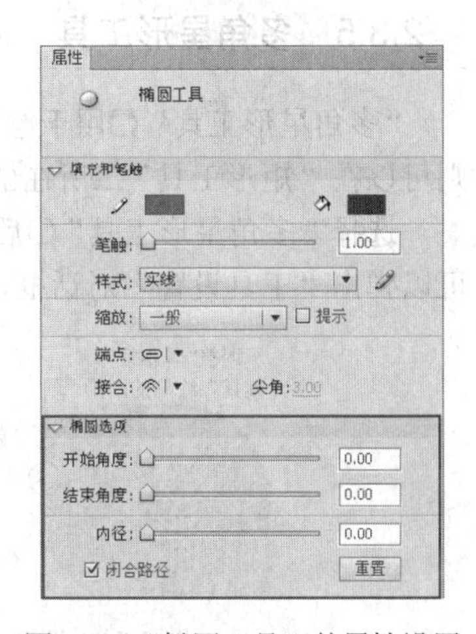

图 2-21 “椭圆工具”的属性设置

- “重置”：单击重置按钮，则矩形边角半径参数值都重置为“0”，绘制的矩形各个边角都为直角。

2．使用“椭圆工具”及其属性设置

“椭圆工具”用于绘制椭圆图形，其使用方法与“矩形工具”基本类似，不再赘述。在“工具”面板中选择“椭圆工具”，在“属性”面板中将出现“椭圆工具”的“椭圆选项”属性设置，如图 2-21 所示。

- “开始角度”与“结束角度”：用于设置椭圆图形的起始角度值与结束角度值。如果这两个参数都为“0”时，则绘制的图形为椭圆或圆形；通过调整它们的不同参数，则可以轻松地绘制出扇形、半圆形的形状，如图 2-22 所示。

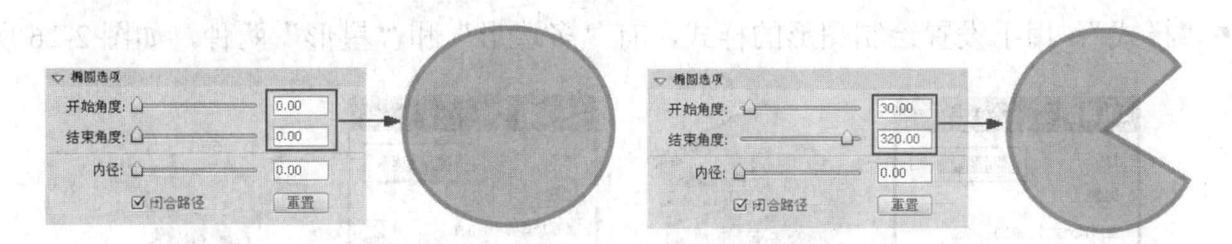

图 2-22 不同“开始角度”与“结束角度”参数时的图形

- “内径”：用于设置椭圆的内径，其参数值范围为“0”~“99”。如果参数值设置为“0”时，则依据“开始角度”与“结束角度”绘制没有内径的椭圆或扇形；如果参数值为其他参数，则绘制的图形是有内径的椭圆或扇形，如图 2-23 所示。

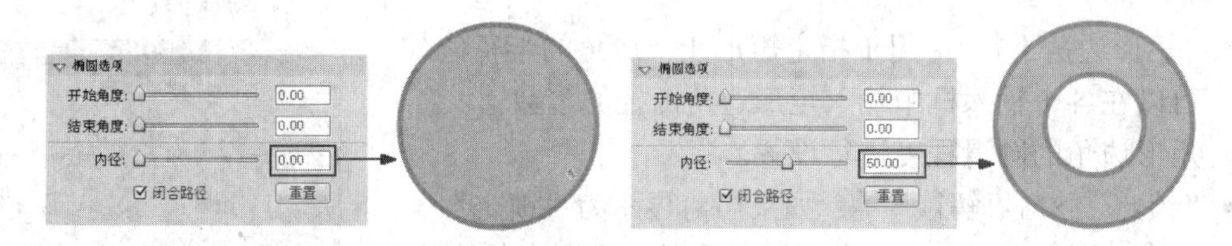

图 2-23　不同“内径”参数的图形

- “闭合路径”：用于确定椭圆的路径是否闭合。如果绘制的图形为一条开放路径，则生成的图形不会填充颜色，仅绘制笔触。默认情况下选择闭合路径。
- “重置”：单击重置按钮，“椭圆工具”的“开始角度”、“结束角度”和“内径”参数全部重置为“0”。

2.3.4　“基本矩形工具”与“基本椭圆工具”

“基本矩形工具”、“基本椭圆工具”与“矩形工具”、“椭圆工具”类似，同样用于绘制矩形或椭圆图形。不同之处就在于，使用“矩形工具”、“椭圆工具”绘制出矩形或椭圆图形后，不能对绘制的图形设置其相关的“矩形选项”或“椭圆选项”；而使用“基本矩形工具”或“基本椭圆工具”绘制的矩形或椭圆图形，则可以继续通过“属性”面板随时地自由设置“矩形选项”或“椭圆选项”属性，甚至可以通过鼠标直接在矩形或者椭圆图形上进行矩形边角半径或椭圆图形的开始角度、结束角度及内径的调整，如图 2-24 所示。

2.3.5　多角星形工具

“多角星形工具”用于绘制星形或者多边形，此工具如果在“工具”面板中没有显示，则可以在“矩形工具”所在的位置处按住鼠标几秒钟，在弹出的下拉列表中选择即可。

选择“多角星形工具”后，在“属性”面板的“工具设置”选项中单击选项...按钮，可以弹出“工具设置”对话框，用于多角星形的相关选项设置，如图 2-25 所示。

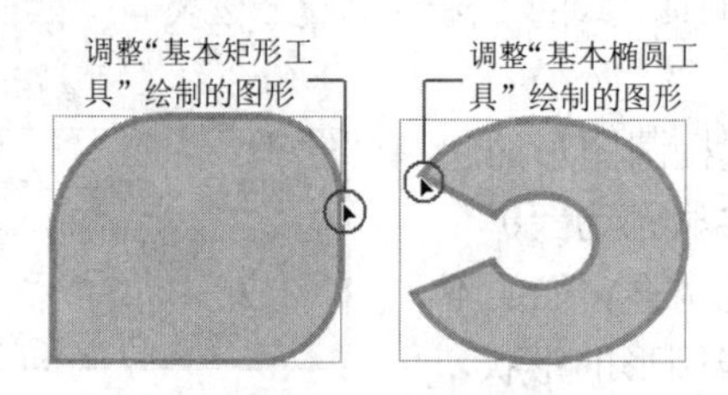

图 2-24　调整绘制的图形

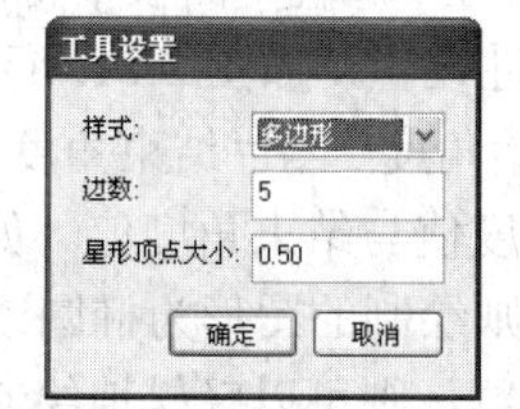

图 2-25　“工具设置”对话框

- “样式”：用于设置绘制图形的样式，有“多边形”和“星形”两种，如图 2-26 所示。

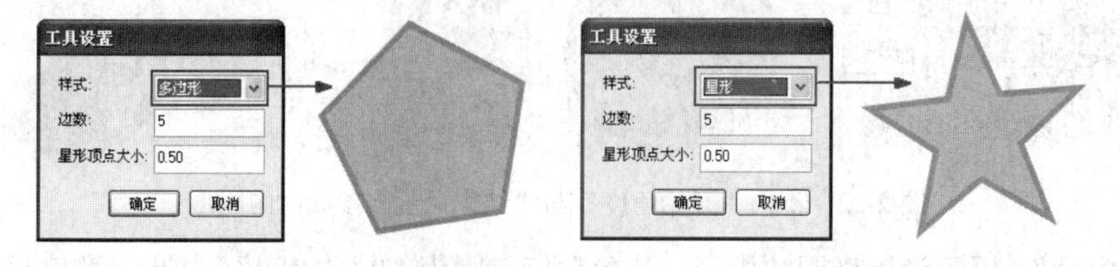

图 2-26　绘制的多边形与星形

- “边数”：用于设置绘制的多边形或星形的边数。

● “星形顶点大小”：用于设置星形顶角的尖锐程度，数值越大，星形顶角角度越大；反之，星形顶角角度越小，越显得尖锐。

2.3.6 刷子工具

“刷子工具”用于绘制毛笔绘图效果的图形，应用于绘制对象或者内部填充，其使用方法与“铅笔工具”类似，但是使用“铅笔工具”绘制的图形是笔触线段，而使用“刷子工具”绘制的图形是填充颜色。

在“工具”面板中选择“刷子工具”工具后，在下方的“选项区域”将出现“刷子工具”的相关选项设置，如图 2-27 所示。

● “对象绘制”：选择该项，可以使用对象模式来绘制图形。
● “锁定填充”：选择该项，用于设置填充的渐变颜色是独立应用还是连续应用。
● “刷子模式”：选择该项，用于设置“刷子工具”的各种模式。
● “刷子大小”：选择该项，用于设置“刷子工具”的笔刷大小。
● “刷子形状”：选择该项，用于设置“刷子工具”的形状。

1．使用刷子模式

“刷子模式”用于设置“刷子工具”绘制图形时的填充模式。单击该按钮，可以弹出如图 2-28 所示的下拉列表。

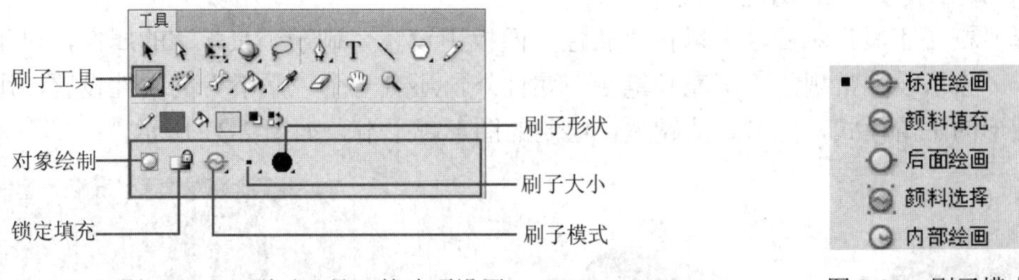

图 2-27 “刷子工具”的选项设置　　图 2-28 刷子模式

● “标准绘画”：使用该模式时，绘制的图形可对同一图层的笔触线段和填充颜色进行填充。
● “颜料填充”：使用该模式时，绘制的图形只填充同一图层的填充颜色，而不影响笔触线段。
● “后面绘画”：使用该模式时，绘制的图形只填充舞台中的空白区域，而对同一图层的笔触线段和填充颜色不进行填充。
● “颜料选择”：使用该模式时，绘制的图形只填充同一图层中被选择的填充颜色区域。
● “内部绘画”：使用该模式时，绘制的图形只对“刷子工具”开始时所在的填充颜色区域进行填充，但不对笔触线段进行填充。如果在舞台空白区域中开始填充，则不会影响任何现有填充区域。

使用“刷子工具”的不同填充模式来填充图形时会出现不同的效果，如图 2-29 所示。

2．“刷子工具”的锁定填充功能

“锁定填充”用于锁定填充的区域，选择此工具后，当“刷子工具”的填充颜色为渐变颜色或位图时，使用“刷子工具”绘制的各个图形填充颜色的区域是相同的，如图 2-30 所示。

图 2-29　不同刷子模式填充时的效果

3．“刷子工具”的属性设置

选择“刷子工具”后，可以在“属性”面板中设置“刷子工具”的属性，对于“刷子工具”除了设置常规的“填充和笔触”属性外，还有一个“平滑”的属性设置，用于设置绘制图形的平滑模式，此参数值越大，绘制的图形越平滑，如图 2-31 所示。

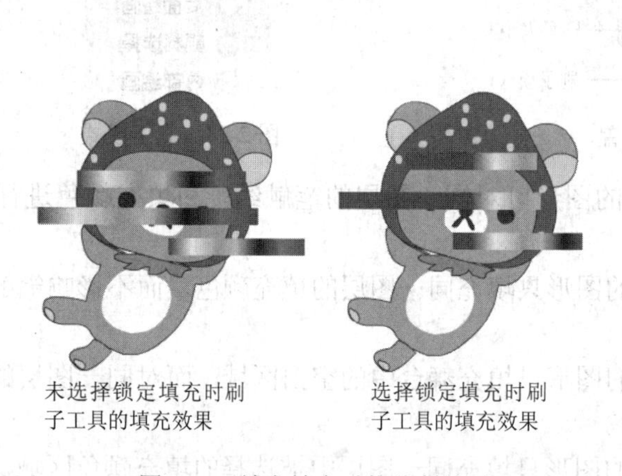

图 2-30　锁定填充时的绘制效果

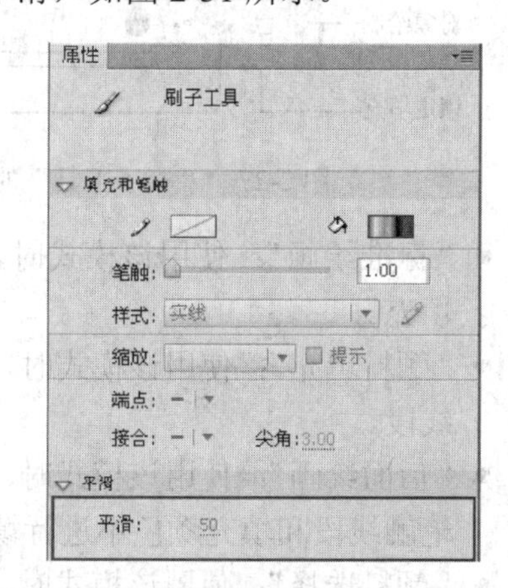

图 2-31　“刷子工具”的平滑属性设置

2.3.7　喷涂刷工具

“喷涂刷工具”的作用类似于粒子喷射器，使用它可以将粒子点形状图案填充到舞台中。默认情况下，“喷涂刷工具”使用圆形小点作为喷涂图案，也可以将影片剪辑或图形元件作为喷涂图案进行图形填充。

1．使用“喷涂刷工具”

默认情况下，“喷涂刷工具”在“工具”面板中并不显示，需要使用时，在“刷子工具”

位置处按住鼠标几秒钟，在弹出的下拉列表中可以将其选择。

选择“喷涂刷工具”后，可以使用它在舞台中进行图案填充，具体操作方法如下：

（1）单击“工具”面板中的“喷涂刷工具”。

（2）在“属性”面板中可以选择喷涂点的填充颜色，或者单击编辑...按钮，从库中选择自定义元件，从而将库中的任何影片剪辑或图形元件作为喷涂点使用。

（3）在舞台中要显示图案的位置单击或者拖曳鼠标左键，即可为图案填充喷涂点，如图 2-32 所示。

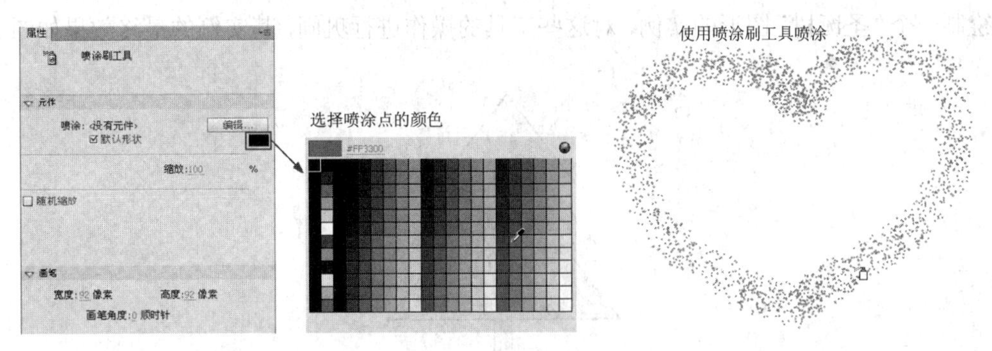

图 2-32　使用“喷涂刷工具”喷涂图案

2．“喷涂刷工具”属性设置

在“工具”面板中选择“喷涂刷工具”后，“属性”面板中将出现“喷涂刷工具”的属性设置，如图 2-33 所示。

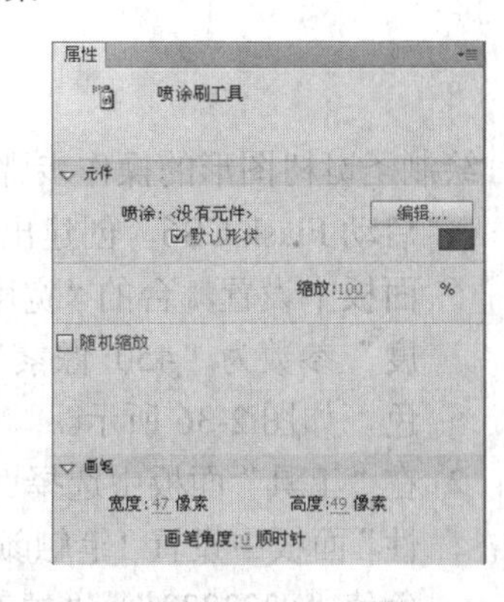

图 2-33　“喷涂刷工具”的属性设置

- 编辑...：单击该按钮，在弹出的“选择元件”对话框中可以选择影片剪辑或图形元件作为喷涂刷粒子，选择相应的元件后，其名称将显示在编辑...按钮的旁边，如图 2-34 所示。
- “颜色选取器”：用于选择“喷涂刷工具”喷涂的填充颜色。如果选择的是库中的元件作为喷涂粒子时，将禁用颜色选取器。

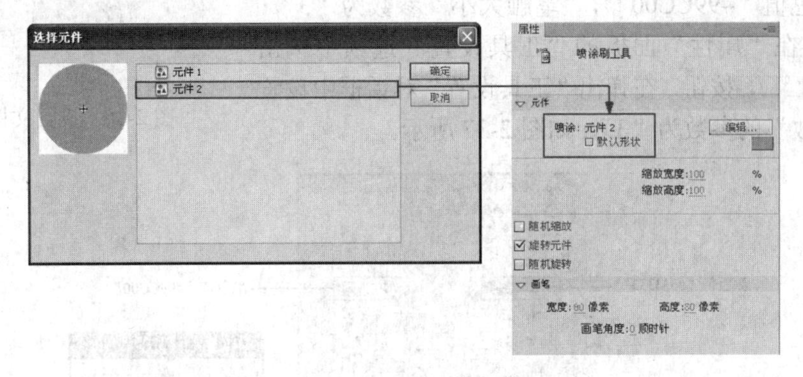

图 2-34　“选择元件”对话框

- “缩放”：用于设置喷涂粒子的元件的宽度。例如，输入值为 10%，则将使元件宽度缩小 10%；输入值为 200%，则将使元件宽度增大 200%。
- “随机缩放”：用于设定填充的喷涂粒子按随机缩放比例进行喷涂。

- “宽度”与“高度”：用于设置喷涂刷填充图案时的宽度与高度。
- “画笔角度”：用于设置喷涂刷填充图案的旋转角度。

2.4 实例指导：绘制圣诞树图形

通过前面的学习，相信读者已经掌握了 Flash CS6 中一些基本图形工具的操作方法。下面通过绘制一个“圣诞树”图形的实例，对这些工具的操作进行巩固，其实例的最终效果如图 2-35 所示。

图 2-35 绘制的圣诞树图形

绘制圣诞树图形的操作步骤如下：

① 启动 Flash CS6，创建出一个新的文档。在“属性”面板中设置舞台的“宽度”参数为“450 像素”，“高度”参数为“450 像素”，“背景颜色”为默认的白色，如图 2-36 所示。

② 在“工具”面板中选择“多角星形工具”，在“属性”面板中设置“笔触颜色”为“深灰色”（颜色值“#333333”），“填充颜色”为“草绿色”（颜色值“#99CC00”），“笔触大小”参数为“3”，然后在“属性”面板的“工具设置”选项中单击 选项... 按钮，在弹出“工具设置”对话框中设置“边数”的参数为“3”，如图 2-37 所示。

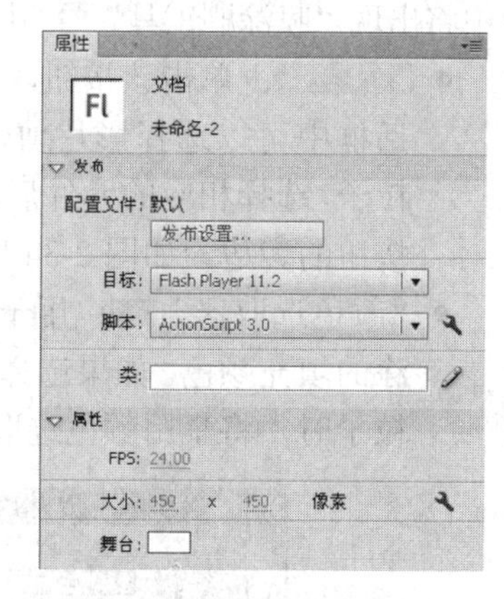

图 2-36 设置文档的属性

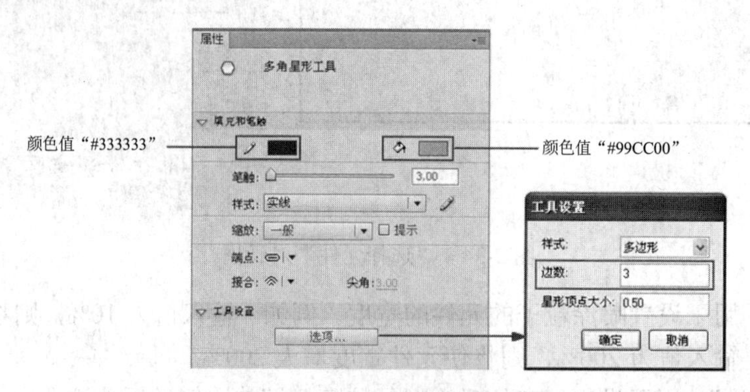

图 2-37 设置工具的属性

③ 单击“工具设置”对话框中的 确定 按钮，在舞台中拖曳鼠标绘制出一个正立的三角形，如图 2-38 所示。

提示 选择“多角星形工具”时，如果“工具”面板下方的“对象绘制”选项是激活状态，在此处单击取消它的激活状态，让绘制的图形为合并绘制模式。

④ 选择“工具”面板中的“任意变形工具”，使用“任意变形工具”将绘制的三角形框选，然后按住键盘上的 Alt 键，进行水平方向的拉伸，将绘制的三角形图形拉略扁一些，如图 2-39 所示。

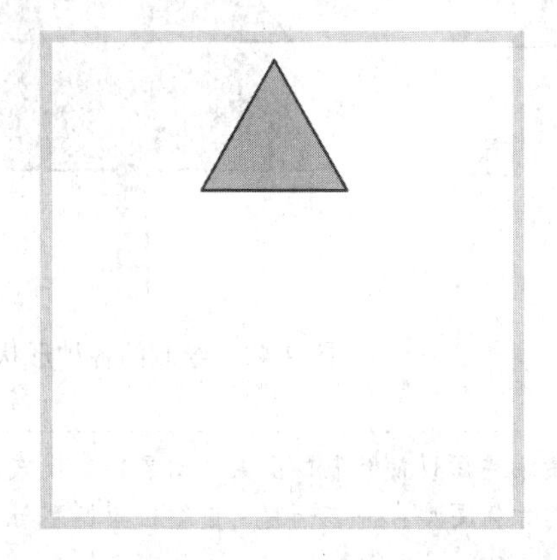

图 2-38　绘制的三角形

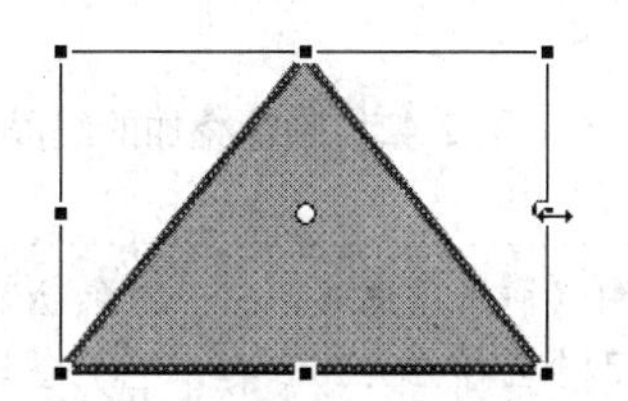

图 2-39　将三角形变形

提示 关于“任意变形工具”的详细使用方法，在第 3 章会讲到，在这里按照操作步骤进行操作即可。

⑤ 按照上述的方法，依次向下绘制出两个略大些的三角形图形，如图 2-40 所示。

⑥ 在“工具”面板中选择“矩形工具”，在绘制的三角形图形下方再绘制出一个长条的矩形，如图 2-41 所示。

图 2-40　依次绘制的三角形图形

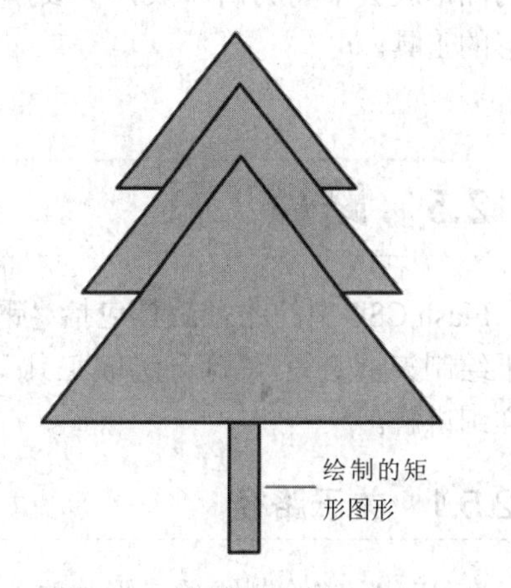

图 2-41　绘制的矩形图形

⑦ 在“工具”面板中选择“选择工具”，按住键盘上的 Shift 键，依次在绘制的图形中叠加的线段上单击鼠标，将这些线段都选中，然后按键盘上的 Delete 键，将这些线段删除，如图 2-42 所示。

⑧ 使用“椭圆工具”、“多角星形工具”，设置“笔触颜色”为“无色”，“填充颜色”为“黄色”（颜色值“#FFFF00”），并将“对象绘制”选项激活，然后在绿树图形中绘制出圆形、三角形以及星形的图案，位置随意摆放，做出圣诞树上的礼物图形，如图 2-43 所示。

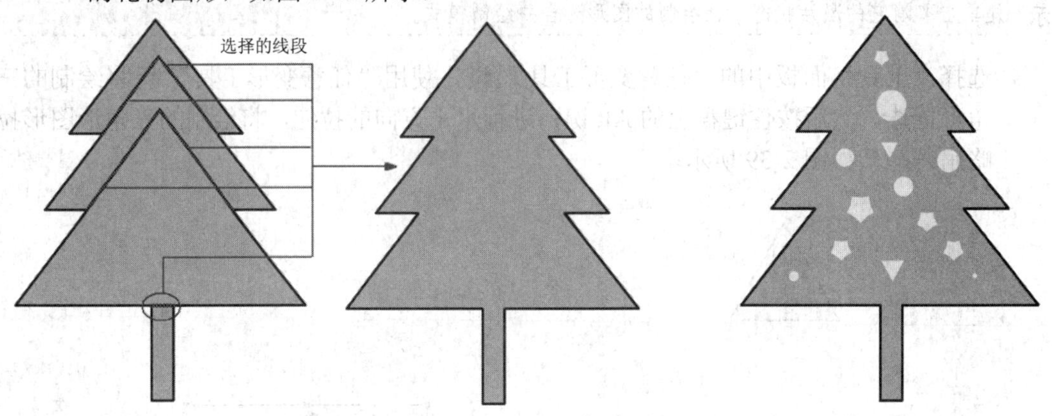

图 2-42　删除叠加的线段　　图 2-43　绘制的各种形状图案

提示　绘制各种形状图案时将“对象绘制”模式激活，可以使绘制的图案为对象绘制模式，这样这些图案不会互相合并到一起，也不会与底部绘制的绿树图形合并在一起，进行位置调整与大小缩放时也不会相互影响。

⑨ 单击菜单栏中的“文件”/“保存”命令，将弹出“另存为”对话框，设置“文件名”为“圣诞树”，选择本地计算机合适的保存路径，将动画文件保存。

至此，圣诞树图形全部绘制完成。在这个实例中使用“工具”面板的几个基本图形工具进行图案绘制，读者可以学到综合运用这些基本图形绘制工具创作动画对象的技巧。使用这些基本图形工具可以绘制一些简单的图案、图标、一些 Logo 图形等，但是再创作一些略微复杂的图形就会显得力所不及，需要掌握其他的绘制图形的工具，接下来继续学习其他的绘制图形的工具。

2.5　路径工具

Flash CS6 中的路径工具包括“钢笔工具”和“部分选取工具”，其中“钢笔工具”用于绘制矢量路径，“部分选取工具”用于调整矢量路径。在本节中将对这两个路径工具进行详细讲解。

2.5.1　关于路径

在 Flash 中绘制线条或形状时，都会创建一个路径。创建的路径由一个或多个直线段或曲线段组成。线段的起始点和结束点由锚点表示。路径可以是闭合的，如绘制的圆形；也可以是开放的，有明显的终点，如绘制的波浪线。对于绘制的图形，可以通过拖动图形路径的锚点、锚点方向线末端的方向点或路径本身来改变图形的形状。

1．锚点

路径的锚点有两种——角点和平滑点。角点是指突然改变路径方向的锚点，角点两端的线段可以为直线段，也可以是曲线段；平滑点是指路径平滑过渡的锚点，平滑点两端的线段都为曲线段，如图 2-44 所示。

2．方向线与方向点

在 Flash 中选择连接曲线段的锚点或曲线段本身时，连接曲线段的锚点会显示方向手柄，方向手柄由方向线组成，方向线在方向点处结束。方向线的角度和长度决定了曲线段的形状。方向线只用于调节图形的形状，不会显示在图形中，如图 2-45 所示。

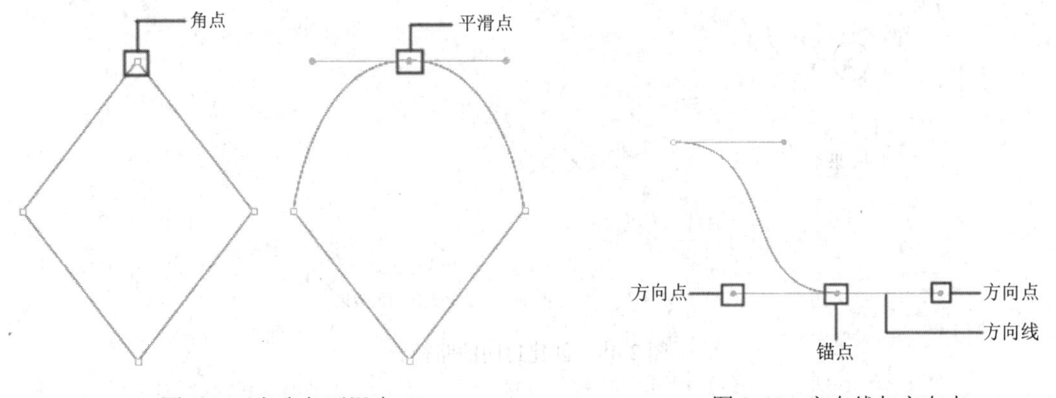

图 2-44　角点与平滑点　　　图 2-45　方向线与方向点

锚点上的方向线始终与锚点处的曲线相切，其中每条方向线的角度决定曲线的斜率，而每条方向线的长度决定曲线的高度或深度。

2.5.2　使用“钢笔工具”绘制图形

使用“钢笔工具”可以绘制直线路径或曲线路径，绘制过程中通过调整路径锚点或锚点方向线上的方向点，可以精确地绘制路径的形状，从而绘制出复杂的线段与图形。下面通过具体的操作来学习使用“钢笔工具”绘制路径的方法。

（1）选择“工具”面板中的“钢笔工具”，将光标放置在舞台中，此时光标以（右下角为×）图标显示，表示该按钮处于选择状态。

（2）在舞台合适位置处单击，确定绘制路径的第一个锚点——起始点，移动鼠标到合适位置处再次单击确定第二个锚点，此时两个锚点连接成一条线段，如图 2-46 所示。

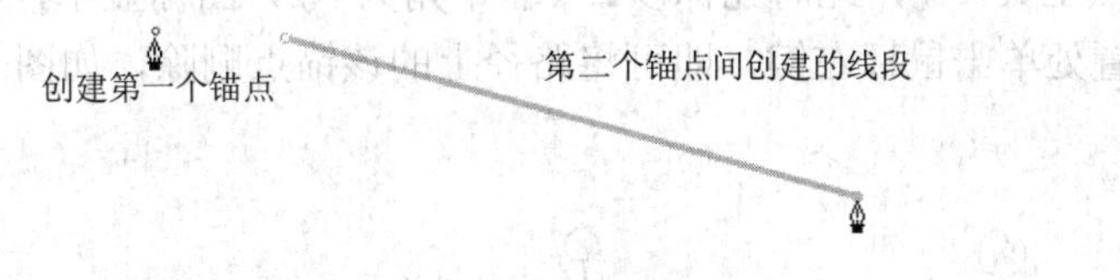

图 2-46　创建的线段

（3）再次将光标移动到其他合适位置处，按住鼠标左键拖曳，拖出锚点的方向线，然后拖动方向线上的方向点，创建出两个锚点间的曲线，如图 2-47 所示。

（4）将光标放置在第一个锚点处，当光标显示为（右下角为小圆圈）图标时单击，可以创建一个封闭的路径，如图 2-48 所示。

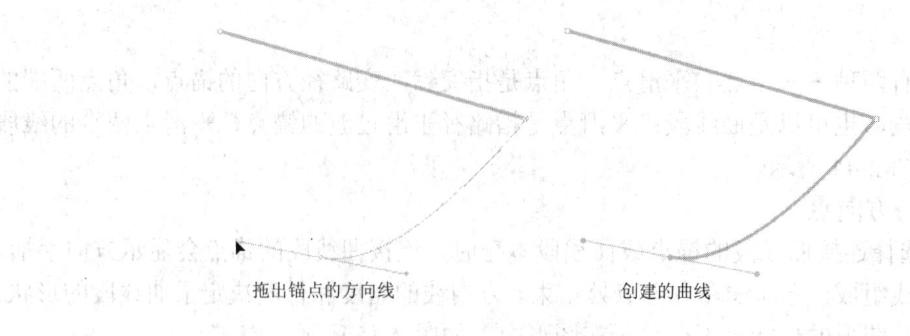

图 2-47　创建的曲线

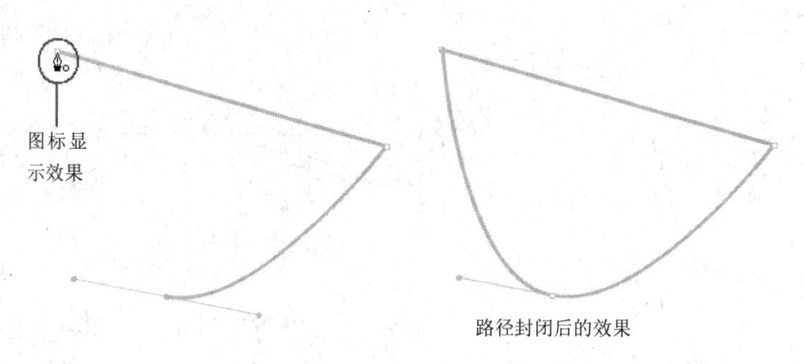

图 2-48　创建封闭的路径

2.5.3　锚点工具

在“工具”面板的“钢笔工具”按钮上按住鼠标几秒钟，将弹出一个下拉工具列表，如图 2-49 所示。其中“添加锚点工具”、“删除锚点工具”、“转换锚点工具”分别用于增加、删除与调整路径的锚点，下面分别介绍。

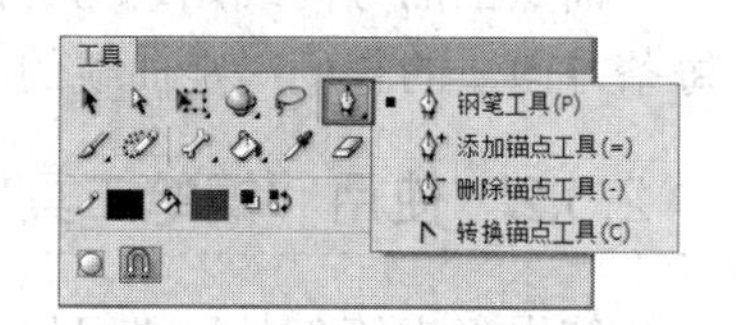

图 2-49　弹出的工具列表

1．添加锚点工具

“添加锚点工具”用于在路径上添加锚点，其操作方法非常简单，只需在“工具”面板中选择“添加锚点工具”，此时光标以（右下角为+号）图标显示，然后将光标放置到路径处单击鼠标左键，即可在路径上添加一个锚点，如图 2-50 所示。

2．删除锚点工具

“删除锚点工具”用于删除路径上锚点，其操作方法非常简单，只需在“工具”面板中选择“删除锚点工具”，此时光标以（右下角为-号）图标显示，然后将光标放置到需要删除锚点的位置处单击鼠标左键，即可将路径上的该锚点删除，如图 2-51 所示。

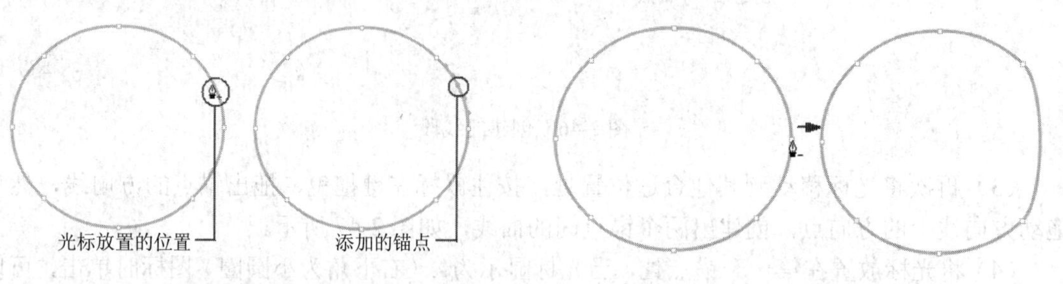

图 2-50　添加锚点

图 2-51　删除锚点

3．转换锚点工具

“转换锚点工具”用于转换锚点的形式，可以将角点转换为平滑点，也可以将平滑点转换为角点。当路径上的锚点为平滑点时，只需使用“转换锚点工具”在平滑点上单击，即可将平滑点转换为角点；当路径上的锚点为角点时，使用“转换锚点工具”在锚点上单击并拖曳鼠标，可以拖出锚点的方向线，通过拖动方向线上的方向点，可以改变锚点两端曲线的形状，松开鼠标后，则路径的角点转换为了平滑点，如图 2-52 所示。

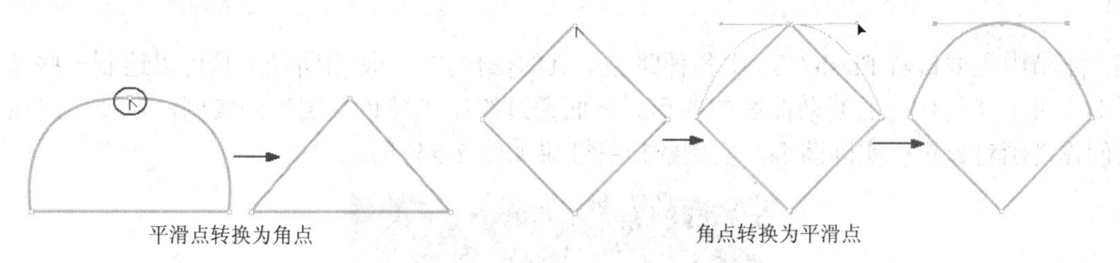

图 2-52　转换锚点

2.5.4　调整路径

路径绘制完成后，如果对所绘制的效果不满意，可以使用“部分选取工具”对其进行细致的调整。通过“部分选取工具”不仅可以对路径进行选择或移动，还可以选择路径上的锚点、改变锚点的位置或者调整锚点两侧线段的形状。

- 选择路径：在“工具”面板中选择“部分选取工具”后，在绘制的路径上单击鼠标即可将其选择。
- 移动路径：如果将光标放置到绘制的路径上单击并拖曳，可以将其移动。
- 选择锚点：使用“部分选取工具”选择绘制的路径，然后将光标放置到锚点上单击鼠标左键，可以将路径上的锚点选择，此时路径上的锚点以实心矩形显示；如果使用“部分选取工具”在绘制的路径上单击并拖曳鼠标，在拖曳范围内的锚点将全部被选择，如图 2-53 所示。

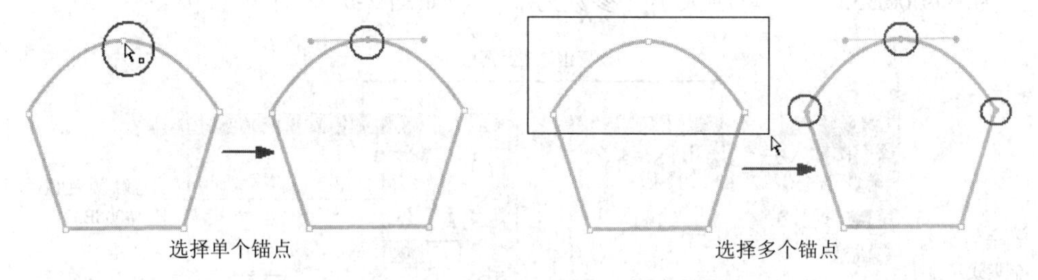

图 2-53　选择锚点

- 移动锚点：选择锚点后，使用“部分选取工具”可以将锚点的位置改变，同时随着锚点位置的移动，路径的形状也发生改变。

选择锚点后，如果按键盘上的方向键可以精确地以像素来移动锚点的位置，每按一次方向键则锚点移动一个像素；如果按住键盘上的 Shift 键同时再按键盘方向键，则锚点可以一次移动 10 个像素的位置。

● 调整平滑点：使用“部分选取工具” 选择的锚点为平滑点时，在平滑点的两端将出现平滑点的方向线，然后通过调整方向线上的方向点，可以改变路径的形状；如果调整方向线的同时按住键盘上的 Alt 键，则可以调整平滑点一侧的方向线。

2.6 实例指导：绘制鲸鱼图形

本节中主要讲解 Flash CS6 中各种路径工具的操作方法，使用路径工具可以绘制一些基本图形工具不能创作出的复杂曲线的图形。下面通过绘制“鲸鱼”图形的实例，对使用路径工具创作动画对象进行实际演练，实例的最终效果如图 2-54 所示。

图 2-54 绘制的鲸鱼图形

绘制鲸鱼图形的操作步骤如下：

① 启动 Flash CS6，创建出一个新的文档。在“属性”面板中设置舞台的“宽度”参数为“550 像素”，“高度”参数为“400 像素”，“背景颜色”为“淡蓝色”（颜色值“#3399FF”）。

② 选择“工具”面板中的“钢笔工具” ，并将“工具”面板下方选项区域的“对象绘制” 模式激活，然后在“属性”面板中设置“笔触颜色” 为“绿色”（颜色值为“#006B33”），“笔触大小”参数为“7”，如图 2-55 所示。

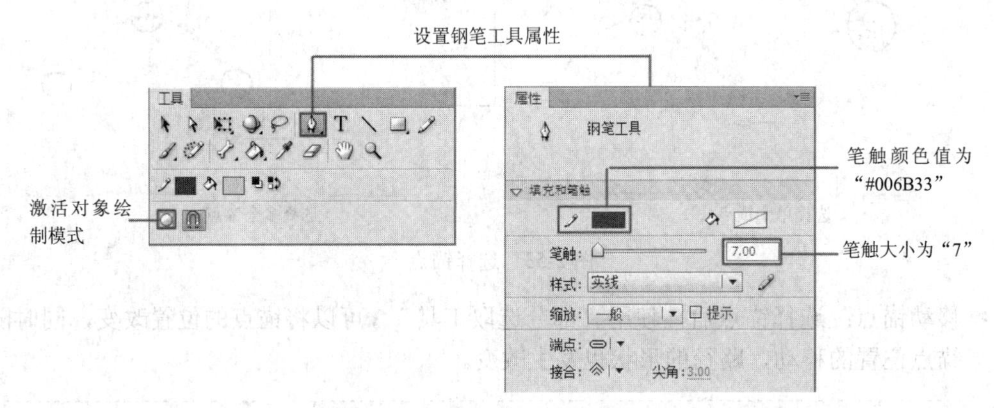

图 2-55 设置“钢笔工具”的属性

提示

记住：一定要激活对象绘制模式，这样绘制出的多个图形不会互相合并在一起，并可对每个单独绘制的图形进行单独编辑。

③ 使用“钢笔工具”在舞台中绘制出鲸鱼身体的路径，并使用“部分选取工具”对鲸鱼身体路径进行微调，其大小位置与形状如图 2-56 所示。

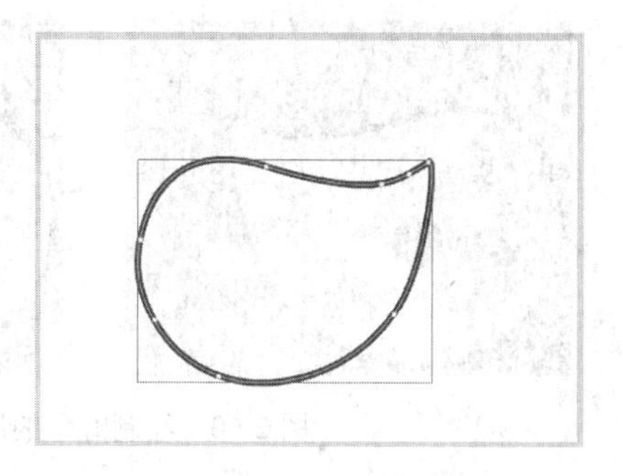
图 2-56 绘制出的鲸鱼图形轮廓

④ 在“工具”面板中选择“颜料桶工具”，然后在“工具”面板中“颜色区域”的“填充颜色”处单击，在弹出的“颜色选择面板”中设置颜色为“土黄色”（颜色值为“#CCD928”），然后使用“颜料桶工具”在绘制的封闭路径图形上方单击，为封闭路径图形填充土黄色颜色，如图 2-57 所示。

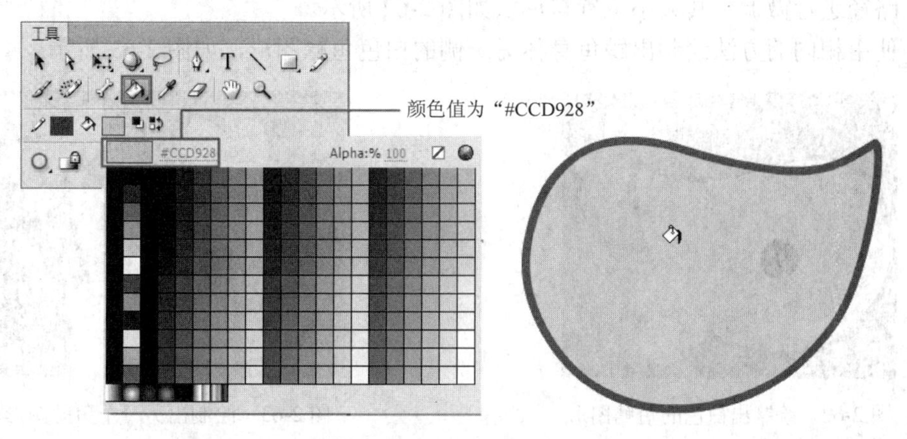

图 2-57 填充颜色

⑤ 继续使用“钢笔工具”，在舞台中绘制出无笔触线段，填充颜色为白色的鲸鱼嘴巴图形，如图 2-58 所示。

⑥ 使用“椭圆工具”绘制出鲸鱼白色的眼眶图形，然后继续使用“椭圆工具”绘制出鲸鱼黑色的眼球图形，如图 2-59 所示。

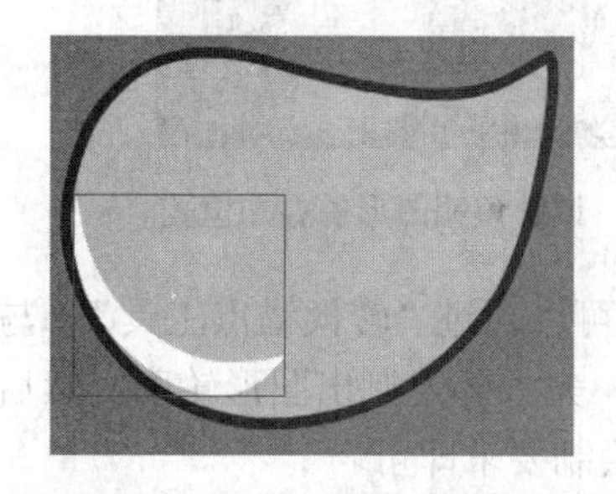
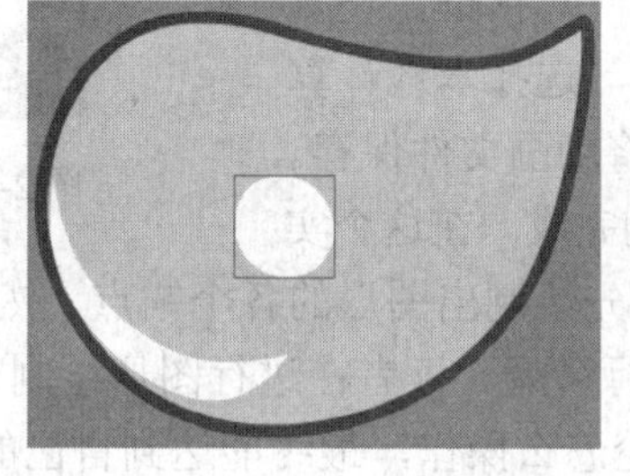
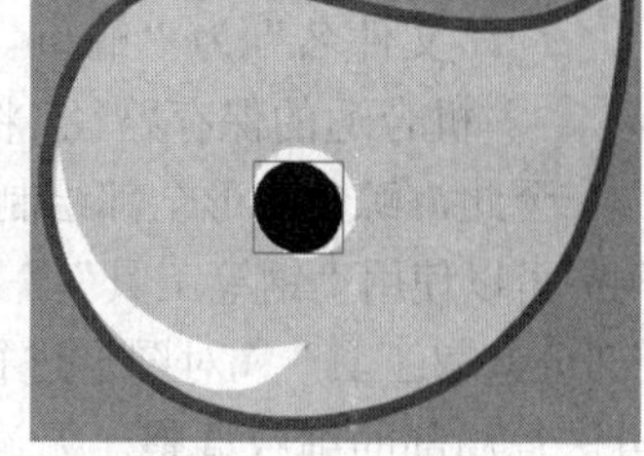
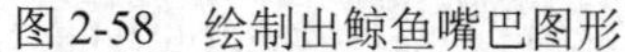
图 2-58 绘制出鲸鱼嘴巴图形

图 2-59 绘制出鲸鱼的眼睛图形

⑦ 采用和创建鲸鱼身体一样的方法，创建出鲸鱼的尾巴图形，如图 2-60 所示。

⑧ 选择绘制的鲸鱼尾巴图形，单击菜单栏中的“修改”/“排列”/“移至底层”命令，绘制的鲸鱼尾巴图形将下移至鲸鱼身体的下方，如图 2-61 所示。

提示

关于图形对象叠加位置的调整，在第 3 章将会讲解，在这里只需跟着操作步骤进行制作即可。

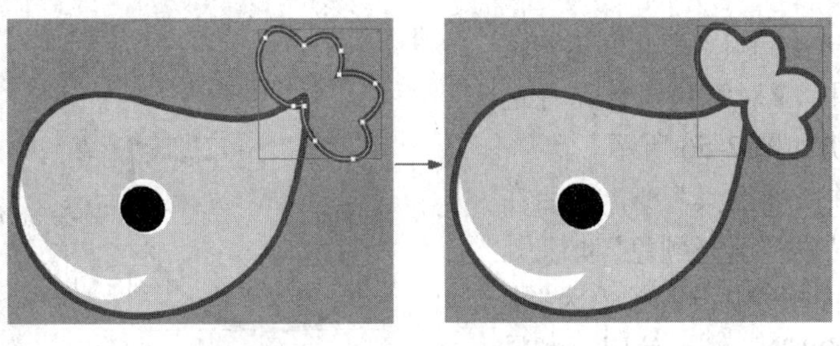

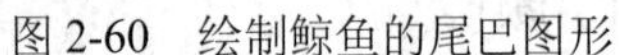

图 2-60　绘制鲸鱼的尾巴图形　　图 2-61　将鲸鱼尾巴图形调至底层

⑨ 使用“钢笔工具”绘制出白色的鱼鳍图形，并使用“部分选取工具”对鱼鳍图形路径进行微调，其大小位置与形状如图 2-62 所示。

⑩ 使用相同的方法绘制出鲸鱼身体另一侧的白色鱼鳍图形，如图 2-63 所示。

图 2-62　绘制出白色的鱼鳍图形

图 2-63　绘制出另一个鱼鳍图形

⑪ 选择刚刚绘制的鱼鳍图形，单击菜单栏中的“修改”/“排列”/“移至底层”命令，将绘制的鱼鳍图形下移至鲸鱼身体的下方，如图 2-64 所示。

⑫ 单击菜单栏中的“文件”/“保存”命令，将弹出“另存为”对话框，设置“文件名”为“鲸鱼”，选择本地计算机合适的保存路径，将动画文件保存。

图 2-64　调整鱼鳍图形的叠加位置

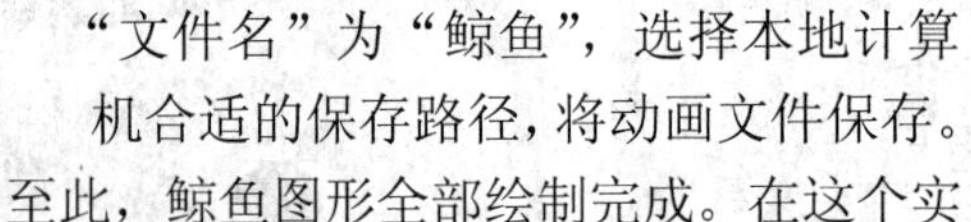

至此，鲸鱼图形全部绘制完成。在这个实例中可以使用“钢笔工具”先绘制出图形的各个锚点，然后可以通过“转换锚点工具”与“部分选取工具”对图形进行微调。读者在进行图形绘制时，先大体绘制出图形轮廓，然后再进行局部的细致调整，无论怎么操作，最终能达到自己的绘制要求即可。

2.7　颜色填充

在 Flash CS6 中，绘制的图形通常由外部的轮廓线段与内部填充颜色所构成，可以通过各种颜色工具以及“颜色”面板对图形与线段设置丰富的色彩形式，在本节中将对各种颜色工具以及“颜色”面板进行详细讲解。

2.7.1 “墨水瓶工具”与“颜料桶工具”

“墨水瓶工具”与“颜料桶工具”都是颜色填充工具，其中“墨水瓶工具”用于为笔触线段填充颜色，而“颜料桶工具”用于为图形填充颜色。

“墨水瓶工具”与“颜料桶工具”在“工具”面板中处于同一个位置，默认情况显示的为“颜料桶工具”，可以通过按住“颜料桶工具”几秒钟，在弹出的工具列表中选择“墨水瓶工具”，如图 2-65 所示。

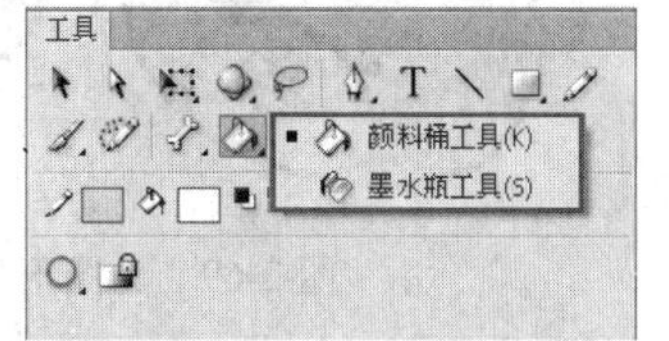

图 2-65 “颜料桶工具”或“墨水瓶工具”

1. 使用“墨水瓶工具”

使用“墨水瓶工具”可以为图形填充笔触颜色，或者改变笔触大小及笔触样式等，具体操作方法如下：

（1）在“工具”面板中选择“墨水瓶工具”。

（2）在“属性”面板中选择合适的笔触颜色、笔触大小以及笔触样式，如图 2-66 所示。

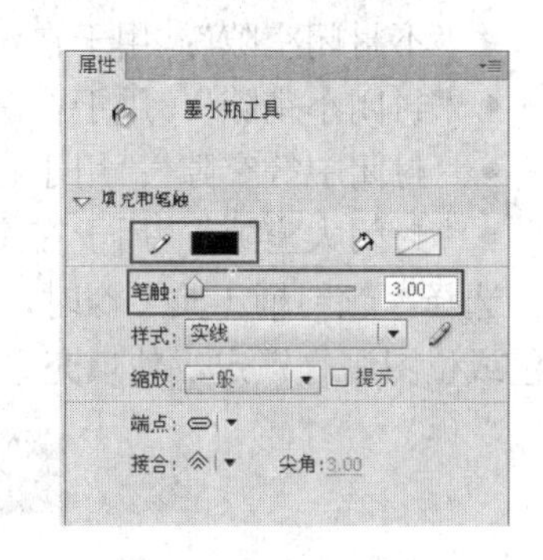

图 2-66 “属性”面板

（3）将光标放置到需要填充笔触线段的图形处，单击鼠标左键即可为其填充笔触线段，如图 2-67 所示。

使用“墨水瓶工具”改变笔触线段的颜色，也可以在“工具”面板颜色区域的“笔触颜色”下进行设置，如图 2-68 所示。

图 2-67 填充笔触线段

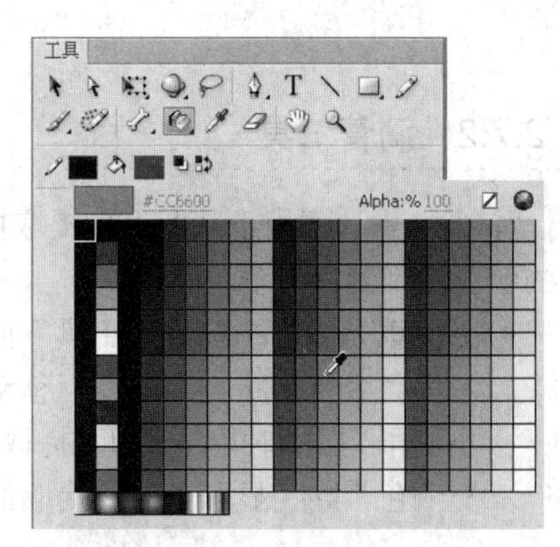

图 2-68 选择笔触颜色

2. 使用“颜料桶工具”

使用“颜料桶工具”可以对闭合区域进行颜色填充，如果闭合的区域是空白的，则可以为其内部进行颜色填充；如果有填充色，则可以改变其颜色。选择“颜料桶工具”后，可以在“属性”面板或“工具”面板下方的“填充颜色”处进行颜色选择，然后将光标放置到图形处单击鼠标左键，即可为图形填充颜色，如图 2-69 所示。

3. “颜料桶工具”的选项设置

在“工具”面板中选择“颜料桶工具”后，在下方出现“颜料桶工具”的选项，包括“空隙大小”与“锁定填充”，其中按住“空隙大小”几秒钟，会弹出一个下拉列表，提供了填充封闭区域的各种方式，如图 2-70 所示。

图 2-69　为图形填充颜色

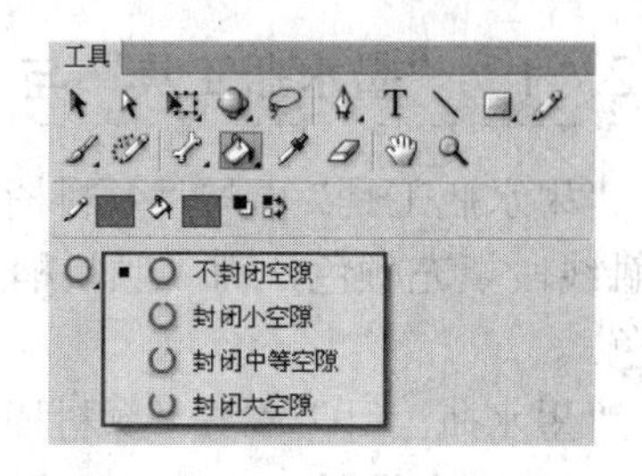

图 2-70　“颜料桶工具”的选项设置

使用“颜料桶工具”填充图形时，有时无法进行填充，是因为对象的轮廓有空隙造成的，此时可以通过选择“空隙大小”的相关选项进行颜色填充。

- “不封闭空隙”：用于在没有空隙的条件下才能进行颜色填充。
- “封闭小空隙”：用于在空隙比较小的条件下才可以进行颜色填充。
- “封闭中等空隙”：用于在空隙比较大的条件下也可以进行颜色填充。
- “封闭大空隙”：用于在空隙很大的条件下进行颜色填充。

选择“颜料桶工具”时，如果将“锁定填充”选项激活，则可以对图形填充的渐变颜色或位图进行锁定，使填充看起来好像填充至整个舞台，如图 2-71 所示。

图 2-71　锁定填充

2.7.2　滴管工具

“滴管工具”用于从图形中提取内部填充色或笔触线段的颜色，从而可以轻松地将所吸取的颜色复制到另一个对象上。

- 吸取填充颜色：单击“工具”面板中的“滴管工具”按钮后，此时在舞台中光标显示为吸管形状，当将光标移动到某个图形填充颜色处时，光标显示为（右下角为小刷子）图标时单击，即可提取该区域的颜色。相应地，“工具”面板中颜色区域的“填充颜色”显示当前所提取的图形颜色，如图 2-72 所示。

图 2-72　吸取的填充颜色

- 吸取笔触颜色：单击“工具”面板中的“滴管工具”按钮后，此时在舞台中光标显示为吸管形状，将光标移动到某个线条处时，光标显示为（右下角为小铅笔）图标，此时只需要单击即可提取该笔触的颜色。相应地，“工具”面板中颜色区域的“笔触颜色”显示当前所提取的笔触颜色，如图 2-73 所示。

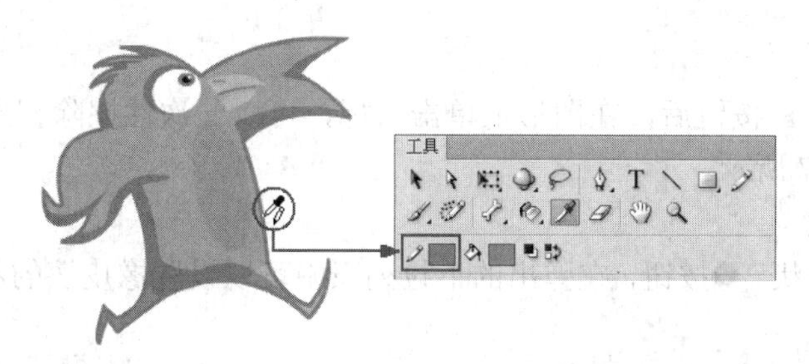

图 2-73 吸取的笔触颜色

2.7.3 橡皮擦工具

“橡皮擦工具”主要用于擦除图形的填充颜色或笔触线段，可以擦除对象的局部，也可以将对象全部擦除。使用“橡皮擦工具”擦除对象的操作很简单，只需使用“橡皮擦工具”在图形上拖曳，鼠标经过的图形区域将被删除，如图 2-74 所示。

在“工具”面板中选择“橡皮擦工具”按钮，在下方选项区域会显示“橡皮擦工具”的相关选项，共有 3 个选项，分别为“橡皮擦模式”、“水龙头”和“橡皮擦形状”。

1．橡皮擦模式

单击“橡皮擦模式”按钮，在弹出的下拉列表中可以设置擦除的模式，共有 5 种，如图 2-75 所示。

图 2-74 使用橡皮擦擦除对象

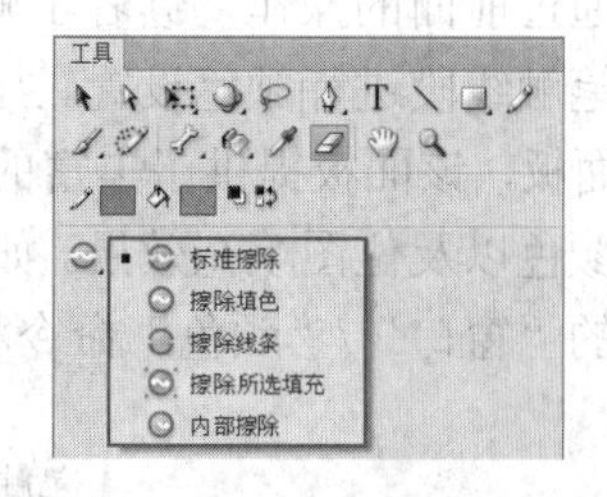

图 2-75 橡皮擦模式

- “标准擦除”：选择该项时，以常规模式进行图像擦除，只要是鼠标指针经过的地方的图形将被全部擦除。
- “擦除填色”：选择该项时，只对填充颜色进行擦除，不会对笔触线段产生影响。
- “擦除线条”：选择该项时，只对笔触线段进行擦除，不会对其他地方产生影响。
- “擦除所选填充”：选择该项时，只对处于选择状态的填充颜色进行擦除，不会对其他的笔触线段和未选择的填充颜色有所影响。
- “内部擦除”：选择该项时，只擦除图形笔触线段以内的填充色，而不影响笔触线段。使用该模式时，只有鼠标起点位于填充区域内，才可以达到所需要的擦除效果，否则不产生作用，如图 2-76 所示。

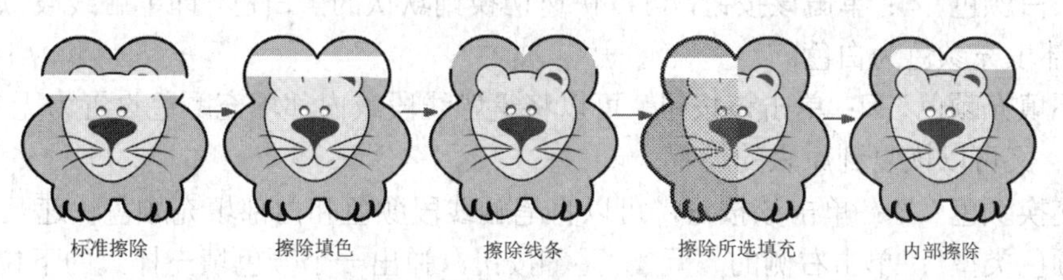

图 2-76 橡皮擦的各种擦除模式

2．水龙头

单击“水龙头”按钮后，在图形上单击鼠标，可以一次性擦除相连区域的填充颜色或笔触线段，如图 2-77 所示。

3．橡皮擦形状

单击“橡皮擦形状”●按钮，在弹出的下拉列表中可以设置橡皮擦的不同形状，如图 2-78 所示。

图 2-77　使用“水龙头”擦除图形

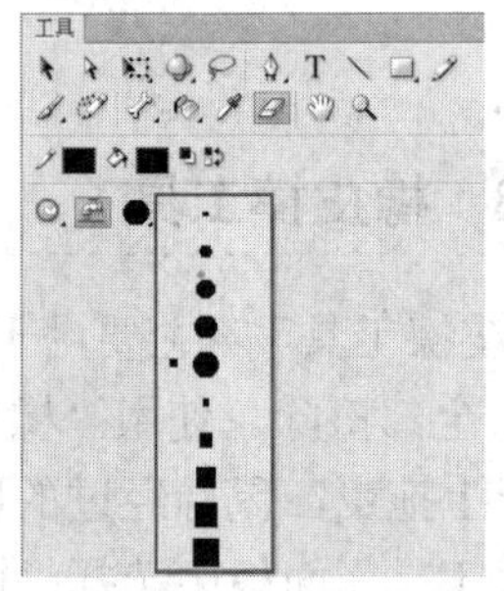

图 2-78　橡皮擦形状

2.7.4　“颜色”面板

通过前面的操作，读者了解到通过“工具”面板中的颜色区域或“属性”面板可以为图形或笔触线段进行颜色设置。当然，在 Flash CS6 中还提供了另外一种颜色设置方式，就是“颜色”面板，该面板提供了丰富的颜色填充模式与颜色设置方式，通过它可以方便地设置单色、渐变颜色以及位图填充效果。如果当前 Flash CS6 界面中没有显示该面板，可以通过单击菜单栏中的“窗口”/“颜色”命令将其打开，如图 2-79 所示。

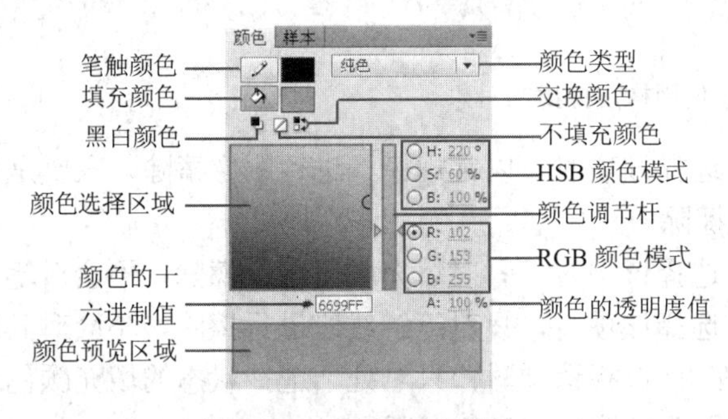

图 2-79　“颜色”面板

- “笔触颜色”：用于设置图形笔触线段的颜色。
- “填充颜色”：用于设置图形内部填充的颜色。
- “黑白颜色”：单击该按钮，可以快速切换到默认的黑白色，即笔触线段颜色为黑色，内部填充颜色为白色。
- “不填充颜色”：单击该按钮，可以将笔触线段或内部填充颜色设置为无色，再次单击，又可以恢复到原来的设置。
- “交换颜色”：单击该按钮，可以将笔触线段颜色和内部填充颜色快速互换。
- “颜色类型”：单击右侧的纯色按钮，弹出一个颜色填充样式的下拉列表，包括“无”、“纯色”、“线性渐变”、“径向渐变”、“位图填充”这几个选项。其中“无”

选项用于不设置任何颜色；“纯色”选项用于设置单色填充；“线性渐变”选项用于设置线性渐变颜色填充；“径向渐变”选项用于设置径向渐变颜色填充；“位图填充”选项用于设置图形的填充为位图。

- “颜色选择区域”：在这个区域可以快捷地选择所要设置的颜色。
- “颜色的十六进制值”：可以直接在此处输入颜色的十六进制值进行颜色设置。
- “颜色预览区域”：在此区域可以预览选取的颜色。
- “HSB 颜色模式”：在此区域可以通过设置颜色的 H（色相）、S（饱和度）、B（亮度）参数值来选取颜色。
- “RGB 颜色模式”：在此区域可以通过设置颜色的 R（红色）、G（绿色）、B（蓝色）参数值来选取颜色。
- “Alpha”：用于设置所选颜色的透明度值。
- “颜色调节杆”：用于直观快速地设置选择颜色的颜色值，可通过上下拖动黑色小三角进行颜色参数的调整。

1．填充单色

在“颜色”面板的“颜色类型”中选择“纯色”，此时可以进行单一颜色的设置，如图 2-80 所示。

2．填充线性渐变颜色

在“颜色”面板的“颜色类型”中选择“线性渐变”，此时可以进行线性渐变颜色的设置，如图 2-81 所示。

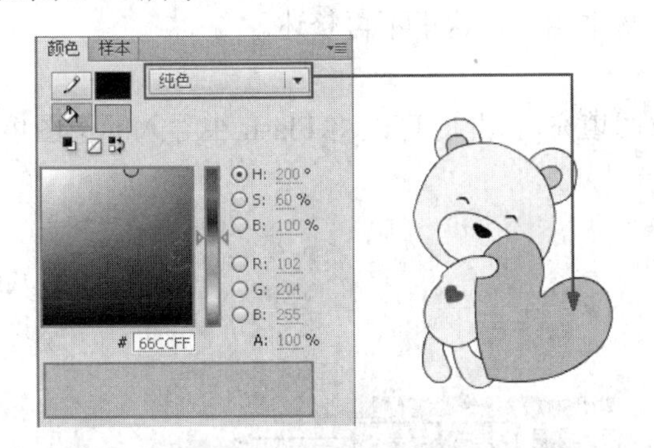

图 2-80　将图形颜色设置为纯色

图 2-81　将图形颜色设置为线性渐变颜色

- “流”：用于设置超出颜色填充范围的颜色填充方式。自左向右分别为“扩展颜色”、“反射颜色”和“重复颜色”。其中“扩展颜色”为默认模式，用于将所指定的颜色应用于渐变末端之外；“反射颜色”以反射镜像效果进行填充，指定的渐变色从渐变的开始到结束，再以相反顺序从渐变结束到开始，直到填充完毕；“重复颜色”则从渐变的开始到结束重复渐变，直到填充完毕。如图 2-82 所示

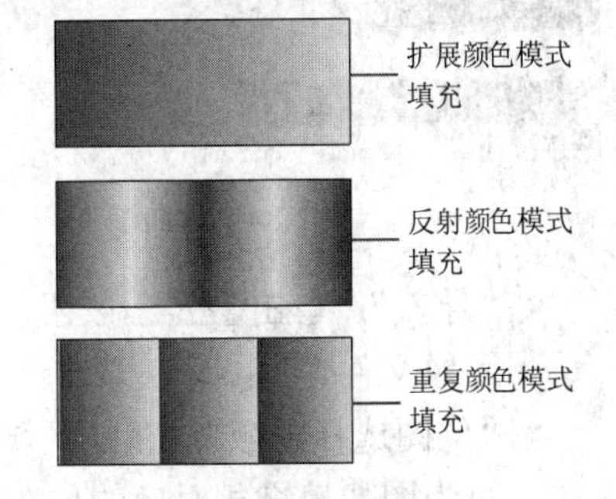

图 2-82　线性渐变颜色的不同填充模式

- “线性 RGB”：勾选该项，创建 SVG（可伸缩的矢量图形）兼容的线性渐变。
- “颜色调节节点”：用于调整线性渐变颜色的颜色值、渐变颜色的位置。默认条件下，

线性渐变颜色有两个颜色调节节点，可以设置两种颜色的过渡。如果想增加多个颜色的过渡，可以通过在颜色调节节点所在的横条上单击，从而增加颜色调节节点并对其进行颜色设置，从而增加渐变颜色的数目；如果需要将多余的颜色调节节点删除，只需将颜色渐变节点拖曳到“颜色”面板外，即可将其删除，同时颜色调节节点对应的渐变颜色也将被删除，如图 2-83 所示。

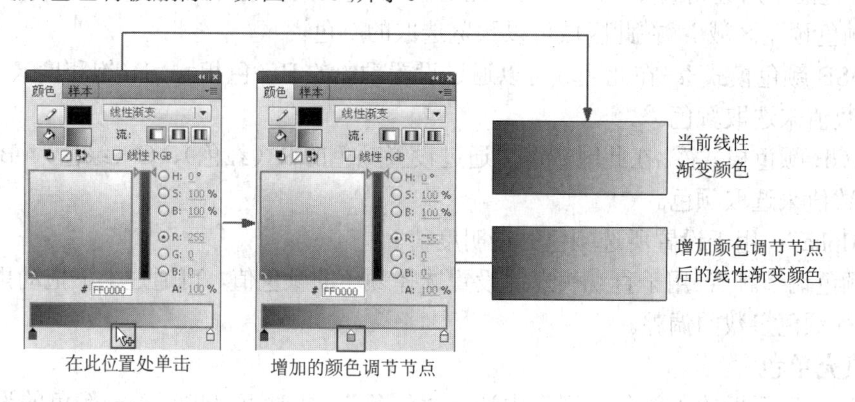

图 2-83　增加颜色调节点

3．填充径向渐变颜色

在“颜色”面板的“颜色类型”中选择“径向渐变”，此时可以为图形填充椭圆状径向渐变颜色，如图 2-84 所示。

径向渐变颜色的设置与线性渐变颜色的设置基本相同，这里不再赘述。

4．填充位图

在“颜色”面板的“颜色类型”中选择“位图填充”，此时可以将 Flash 中导入的位图填充到所选的图形中，如图 2-85 所示。

图 2-84　径向渐变　　　　图 2-85　填充位图

- “导入”：单击 导入... 按钮，在弹出的“导入到库”对话框中可以选择导入到 Flash 的图像文件。
- “位图选择区域”：在此区域可以显示 Flash 中导入的位图，单击其中的位图预览，即可为图像填充相对应的位图。

提示

如果 Flash 中没有导入的位图，在“颜色类型”中选择“位图填充”选项时会先弹出“导入到库”对话框，用于选择导入到 Flash 中的位图图形。

2.7.5 渐变变形工具

“渐变变形工具”用于对填充的渐变颜色或位图进行变形处理，包括填充的渐变颜色或位图的方向、中心位置、范围大小等。系统默认情况下，该按钮为隐藏状态，可以在“任意变形工具”处按住鼠标几秒钟，然后在弹出的菜单中进行选择，如图 2-86 所示。

1. 调整线性渐变颜色

为图形填充线性渐变颜色后，选择“渐变变形工具”，然后在图形上单击鼠标左键，此时将出现“渐变变形工具”的调整状态，显示 3 个控制点——中心点、方向节点和范围节点，如图 2-87 所示。

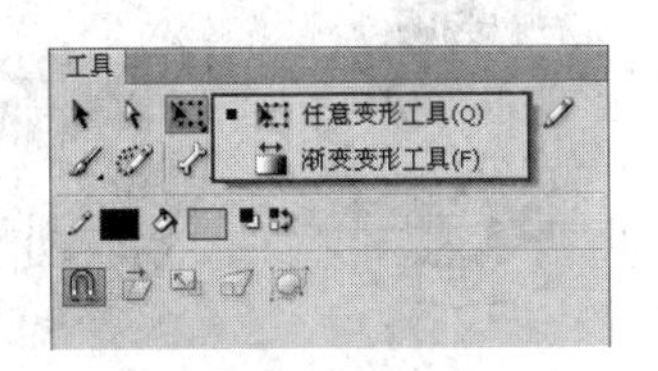

图 2-86 渐变变形工具

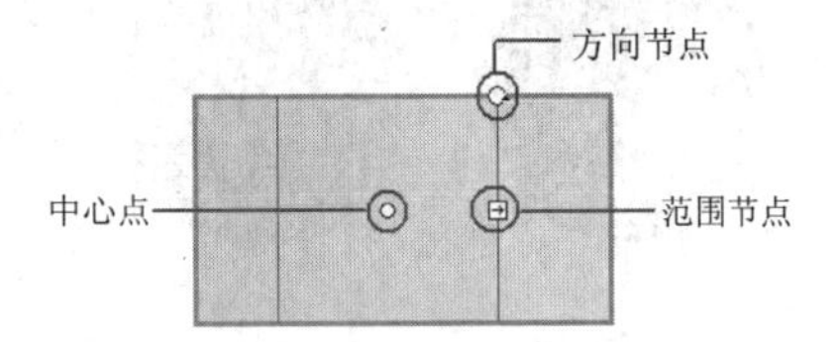

图 2-87 线性渐变颜色的调整状态

- “中心点”：用于调整线性渐变颜色的中心位置。
- “方向节点”：用于控制线性渐变颜色的渐变方向。
- “范围节点”：用于控制线性渐变颜色的范围。

使用“渐变变形工具”调整线性渐变颜色的效果如图 2-88 所示。

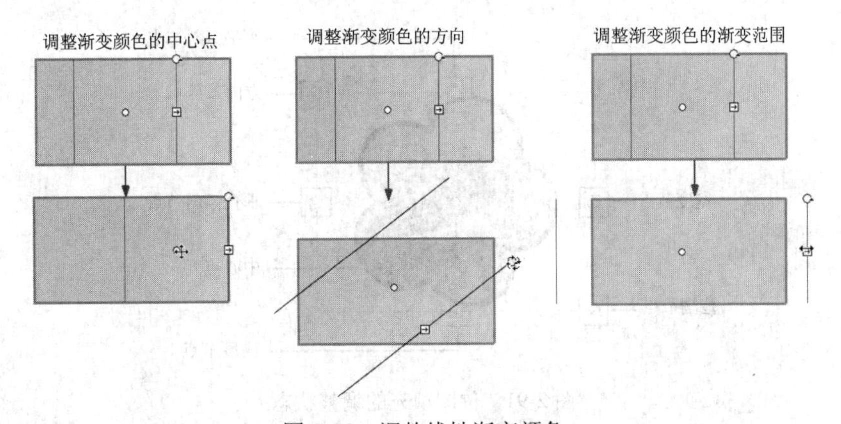

图 2-88 调整线性渐变颜色

2. 调整径向渐变颜色

为图形填充径向渐变颜色后，选择“渐变变形工具”，然后在图形上单击鼠标左键，此时将出现“渐变变形工具”的调整状态，显示 5 个控制点——中心点、焦点、宽度节点、范围节点、方向节点，如图 2-89 所示。

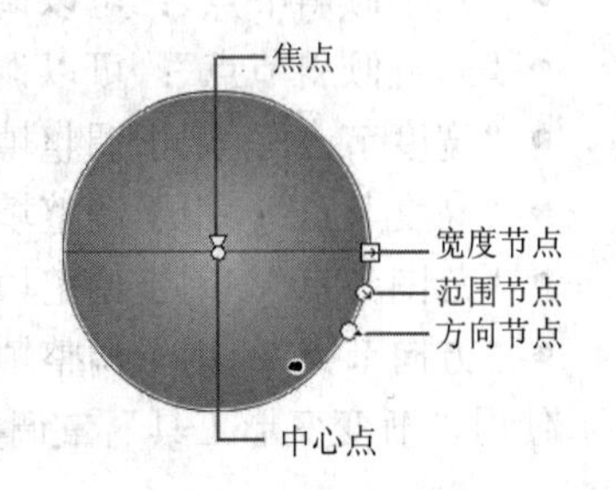

图 2-89 径向渐变颜色的调整状态

- “中心点”：用于调整径向渐变颜色的中心位置。
- “焦点”：用于调整径向渐变颜色的焦点位置，焦点只能在中心线上左右移动。
- “宽度节点”：用于调整径向渐变颜色的渐变宽度。
- “范围节点”：用于控制径向渐变颜色的渐变范围。

- “方向节点”：用于控制径向渐变颜色的渐变方向。

使用“渐变变形工具”调整径向渐变颜色的效果如图 2-90 所示。

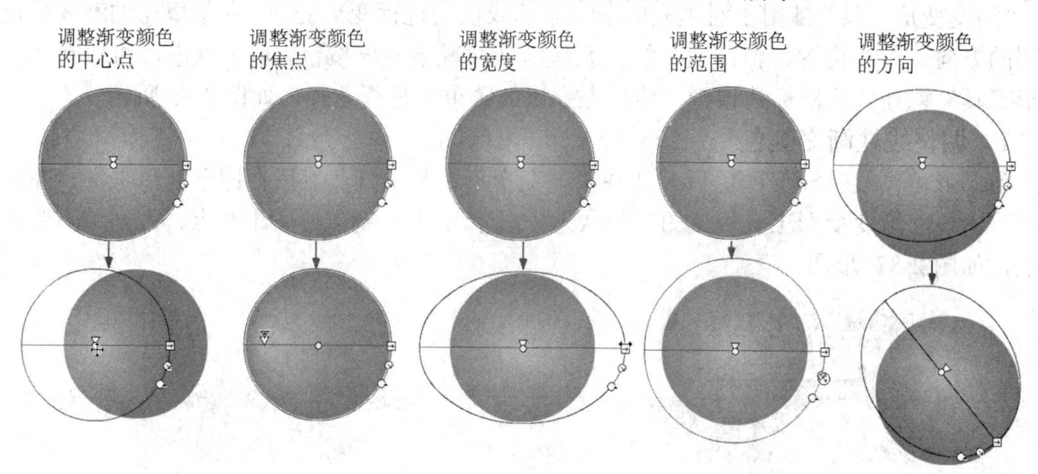

图 2-90　调整径向渐变颜色

3．调整填充的位图

为图形填充位图后，选择“渐变变形工具”，然后在图形上方单击鼠标左键，此时将出现“渐变变形工具”的调整状态，显示 7 个控制点——中心点、水平倾斜节点、垂直倾斜节点、宽度节点、高度节点、范围节点、方向节点，如图 2-91 所示。

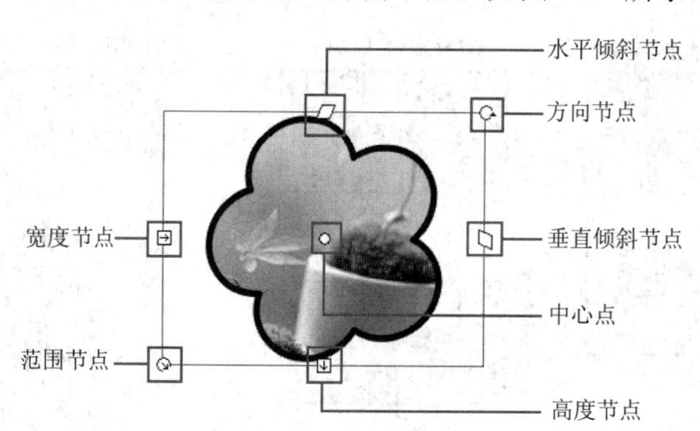

图 2-91　位图填充的调整状态

- “中心点”：用于调整填充位图的中心位置。
- “水平倾斜节点”：可以调整填充的位图进行水平倾斜。
- “垂直倾斜节点”：可以调整填充的位图进行垂直倾斜。
- “宽度节点”：用于调整填充的位图的宽度。
- “高度节点”：用于调整填充的位图的高度。
- “范围节点”：用于调整填充的位图的缩放比例。
- “方向节点”：用于调整填充的位图的旋转方向。

使用“渐变变形工具”调整填充位图的效果如图 2-92 所示。

提示

如果填充的位图大小小于图形的填充范围，则填充的位图在填充图形中将平铺显示。

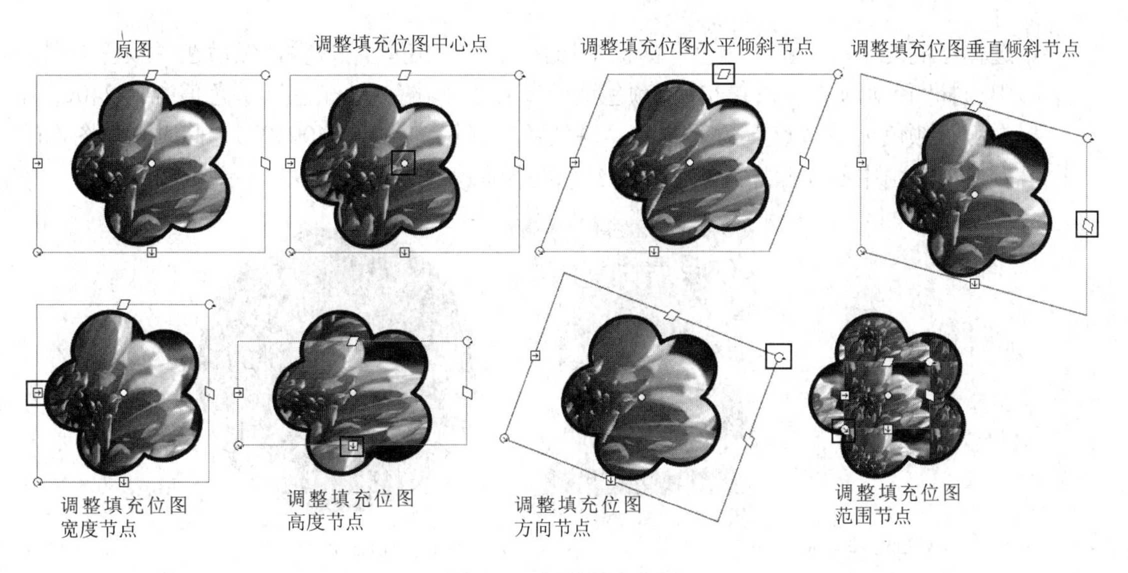

图 2-92　调整填充位图

2.8　实例指导：绘制甲壳虫图形

在 Flash 中，使用各种颜色填充工具并结合“颜色”面板与“渐变变形工具”，可以为图形设置丰富的颜色效果。下面通过绘制一个“甲壳虫”图形的实例对前面所学习的颜色相关操作进行巩固，其最终效果如图 2-93 所示。

图 2-93　绘制的甲壳虫图形

绘制甲壳虫图形的操作步骤如下：

① 启动 Flash CS6，创建出一个新的文档。在“属性”面板中设置舞台的“宽度”参数为“400 像素”，“高度”参数为“400 像素”，“背景颜色”为默认的白色。

② 在“工具”面板中选择“椭圆工具”，在“工具”面板选项区域将“对象绘制”按钮激活，在“属性”面板中设置“笔触颜色”为“无色”，“填充颜色”选择任意一颜色，然后使用“椭圆工具”在舞台中心绘制一个大的圆形，如图 2-94 所示。

图 2-94　绘制的圆形

3 选择绘制的圆形，在“颜色”面板中选择“填充颜色”，然后在“颜色类型”中选择“径向渐变”，设置左侧“颜色调节节点”的颜色为“红色”(颜色值“#E5240C”)，右侧“颜色调节节点”的颜色为“深红色”(颜色值“# 640000”)，此时圆形图形的颜色变为由中心向四周的红色到深红色的径向渐变，如图 2-95 所示。

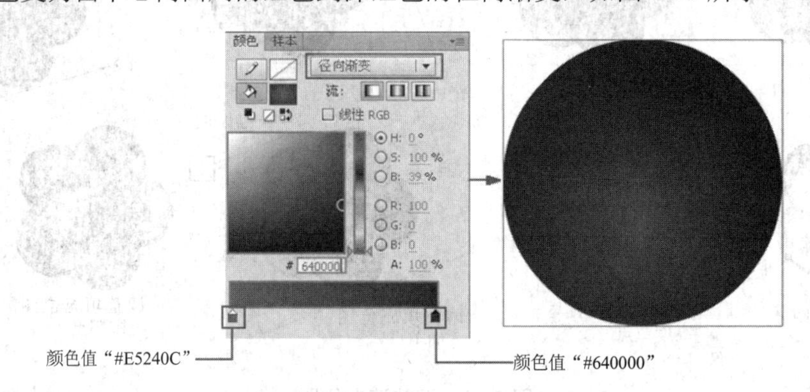

图 2-95 为图形填充径向渐变颜色

提示

选择图形后，在“颜色”面板中设置的颜色会自动填充到图形中。

4 在“工具”面板中选择“线条工具”，设置“笔触颜色”为“黑色”，“笔触大小”参数为“1”，然后在圆形上方绘制一条水平方向的直线，如图 2-96 所示。

5 继续使用“线条工具”，在刚刚绘制的黑色直线下方绘制一条白色的直线，如图 2-97 所示。

6 按照相同的方法，绘制出垂直方向的黑色与白色线段，如图 2-98 所示。

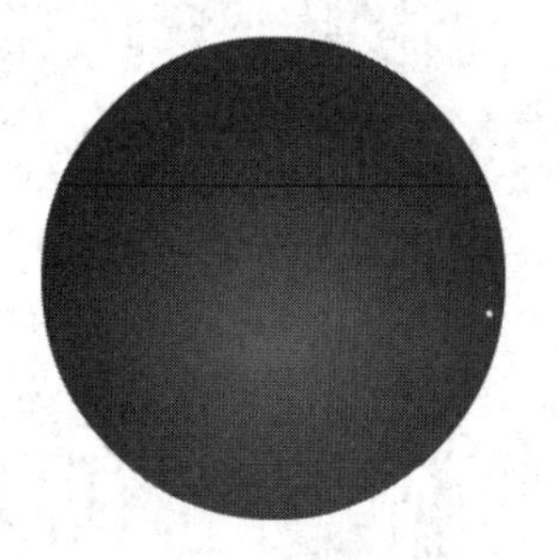

图 2-96 绘制的黑色直线

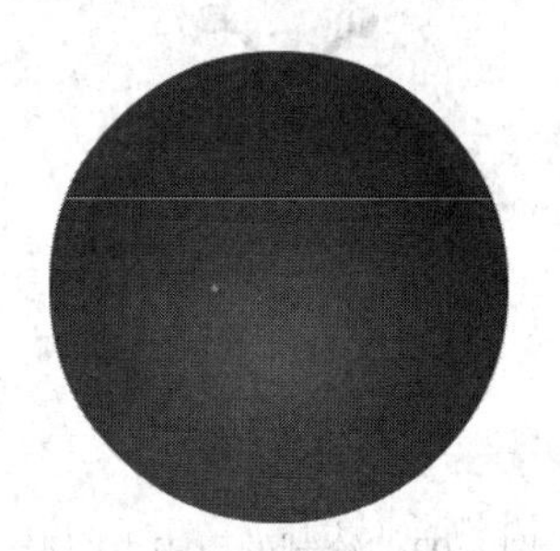

图 2-97 绘制的白色直线

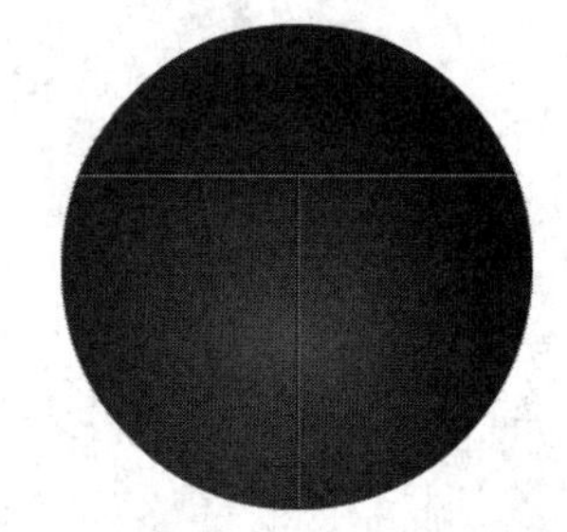

图 2-98 绘制的垂直方向线段

7 单击菜单栏中的“视图”/“标尺”命令，在工作区域显示出标尺，然后从上方标尺向下拖曳出一条辅助线，拖曳到水平黑色直线的位置，如图 2-99 所示。

8 选择绘制的圆形，单击菜单栏中的“编辑”/“复制”命令，然后单击菜单栏中的“编辑”/“粘贴到当前位置”命令，拷贝出一个与原来大小位置相同的圆形。双击此圆形，切换到“绘制对象”模式，使用“选择工具”将辅助线下方的圆形选择，按键盘上的 Delete 键将选择的图形删除，如图 2-100 所示。

9 选择上方没有删除的圆形上半部分，在“颜色”面板中选择“填充颜色”，然后在“颜色类型”中选择“纯色”，设置“填充颜色”为黑色，此时选择的上半部分圆形变为黑色，如图 2-101 所示。

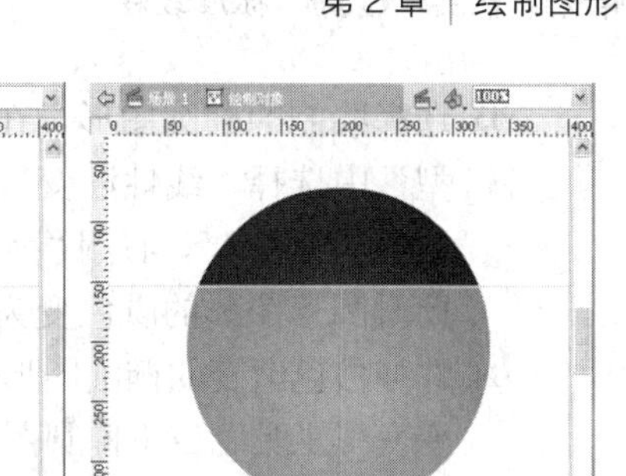

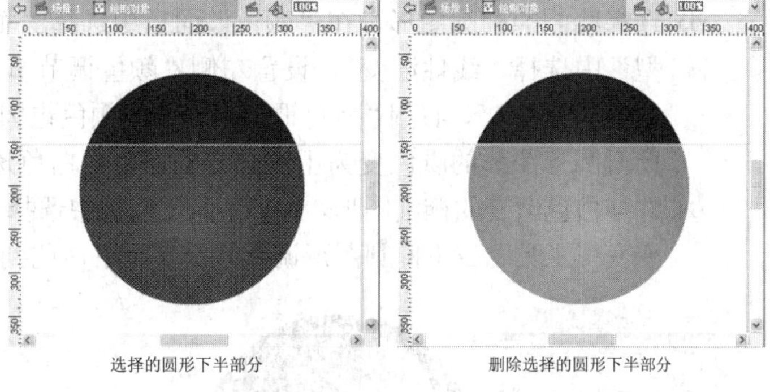

图 2-99　拖曳的辅助线

图 2-100　删除选择的下半部圆形

⑩ 单击编辑栏上的 场景1 按钮，可切换到场景舞台中，如图 2-102 所示。

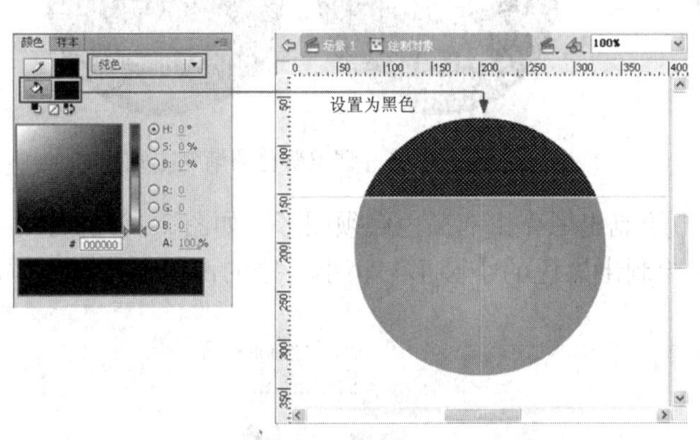

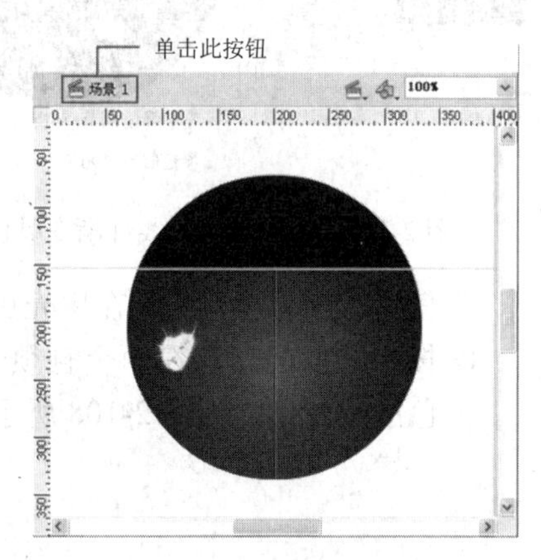

图 2-101　将圆形上半部分设置为黑色

图 2-102　切换到场景舞台中

⑪ 在“工具”面板中选择“椭圆工具”，在“工具”面板的选项区域将“对象绘制”按钮激活，在“属性”面板中设置“笔触颜色”为“无色”，“填充颜色”为“黑色”，然后使用“椭圆工具”在红色圆形中绘制出 4 个大小位置不同的黑色圆形，如图 2-103 所示。

提示：此时可以将辅助线向上拖曳，拖曳出工作区域外，辅助线即被删除。

⑫ 在“工具”面板中选择“椭圆工具”，在“工具”面板的选项区域将“对象绘制”按钮激活，在“属性”面板中设置“笔触颜色”为“无色”，“填充颜色”为任意颜色，然后使用“椭圆工具”在黑色半圆部分绘制一个椭圆图形，如图 2-104 所示。

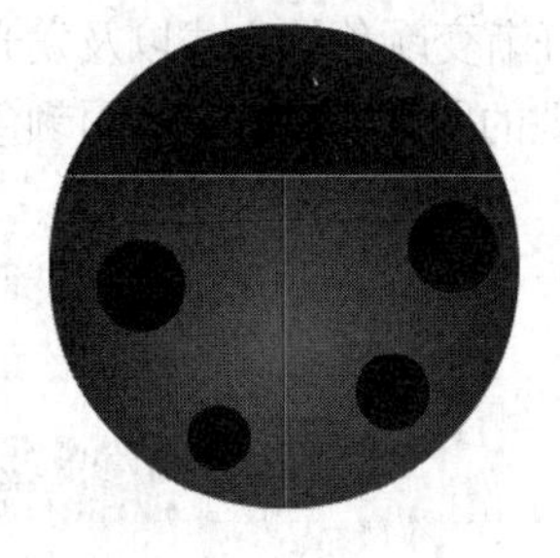

图 2-103　绘制的黑色小圆形

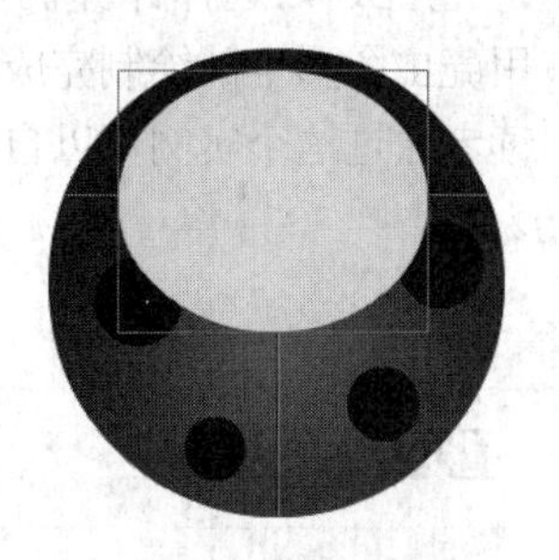

图 2-104　绘制的椭圆图形

⑬ 选择绘制的椭圆图形，在“颜色”面板中选择“填充颜色”，然后在“颜色类型”中选择“线性渐变”，设置左侧“颜色调节节点”的颜色为“白色”，“Alpha”参数值为“90%”，右侧“颜色调节节点”的颜色也为“白色”，“Alpha”参数值为“0%”，此时圆形图形的颜色变为由左向右的白色到白色透明的线性渐变，如图 2-105 所示。

⑭ 选择白色渐变的椭圆图形，在“工具”面板中选择“渐变变形工具”，然后使用“渐变变形工具”将椭圆图形调整为由上至下白色到白色透明的渐变，如图 2-106 所示。

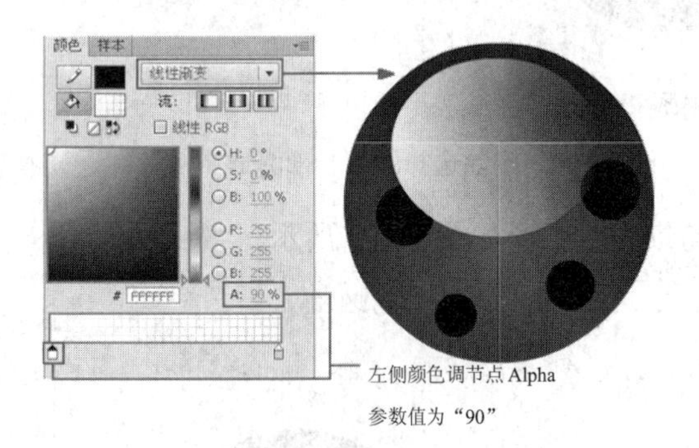

图 2-105　为图形填充线性渐变颜色

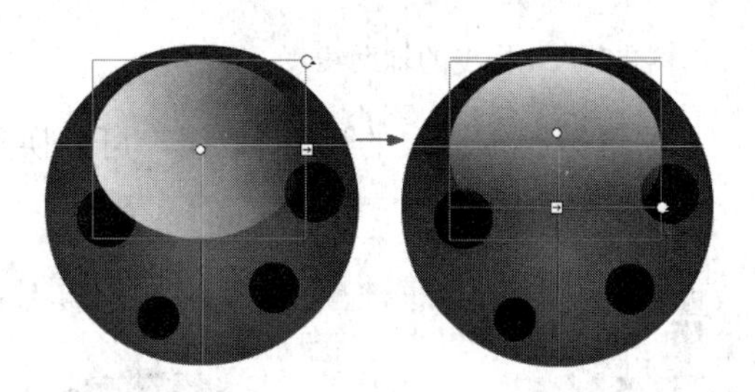

图 2-106　调整颜色的渐变方式

⑮ 使用“铅笔工具”在甲壳虫上方绘制出甲壳虫的黑色触须图形，如图 2-107 所示。

⑯ 按照之前的方法在两个触须上方绘制出黑色的小圆形与稍小一些的白色线性渐变颜色的小圆形，如图 2-108 所示。

图 2-107　绘制的甲壳虫触须

图 2-108　绘制的甲壳虫触须上的圆形

⑰ 单击菜单栏中的“文件”/“保存”命令，弹出“另存为”对话框，设置“文件名”为“甲壳虫”，选择计算机合适的保存路径，将动画文件保存。

至此，甲壳虫图形全部绘制完成，绘制这种效果要控制好渐变颜色的方式以及发光处的渐变颜色调整，读者通过这个实例可以自己试着制作一些其他外观的图形，进一步巩固颜色填充工具的使用技巧。

2.9　Deco 工具

“Deco 工具”是一种类似“喷涂刷”的填充工具，使用“Deco 工具”可以快速完成大量相同元素的绘制，也可以应用它制作出很多复杂的动画效果。将其与图形元件和影片剪辑元件配合，可以制作出效果更加丰富的动画效果。

2.9.1 使用“Deco 工具”填充图形

在“工具”面板中选择“Deco 工具”，将光标放置到需要填充图形处，单击鼠标即可为其填充图案，如图 2-109 所示。

图 2-109 使用“Deco 工具”填充图形

提示

如果使用“Deco 工具”在舞台空白处单击，则图案将填满整个舞台。

2.9.2 “Deco 工具”的属性设置

选择“Deco 工具”，在“属性”面板中将出现其相关属性设置，包括“绘制效果”与“高级选项”两大类。“绘制效果”用于选择不同的填充模式及进行填充元件的设置；“高级选项”用于对所选择的填充模式进行相关选项设置，如图 2-110 所示。

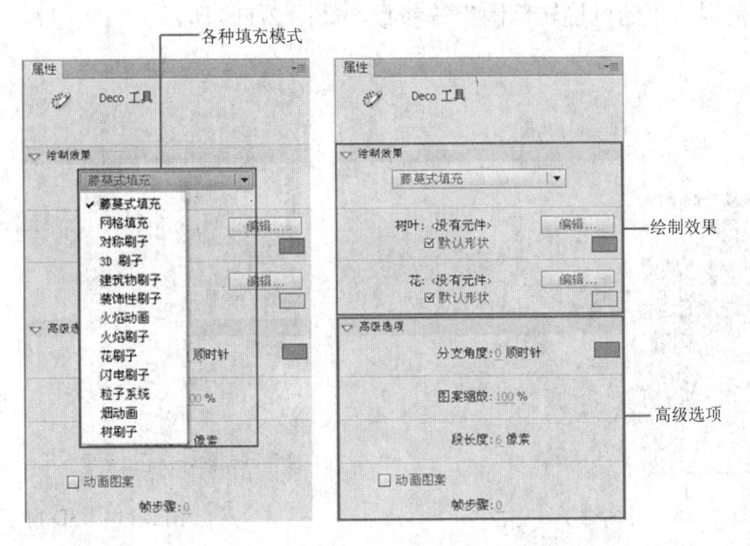

图 2-110 “Deco 工具”的属性设置

- 藤蔓式填充：可以填充类似藤蔓的效果。在“绘制效果”中有两个基本填充对象，“树叶”和“花”，它们都可以通过库中的影片剪辑元件进行替换。选择元件后，还可以在“高级选项”中设置“分支角度”、“图案缩放”、“段长度”、“动画图案”等参数，如图 2-111 所示。

- 网格填充：可以填充网格的效果。在“绘制效果”中有 4 个平铺元件，如果不选择元件则使用默认的黑色矩形替代。选择元件后，还可以在“高级选项”中设置“水平间距”、“垂直间距”、“图案缩放”等参数，如图 2-112 所示。

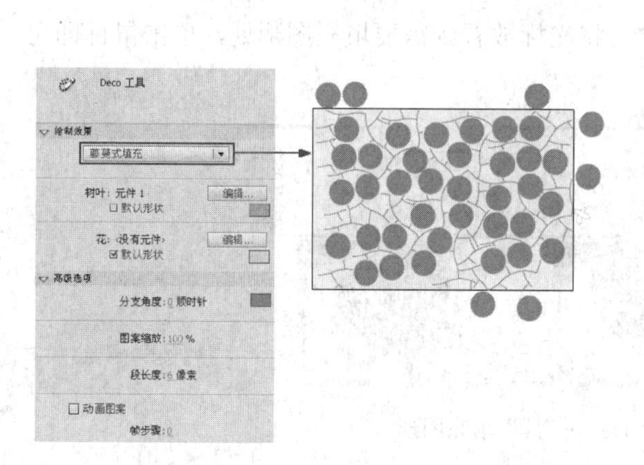

图 2-111 藤蔓式填充

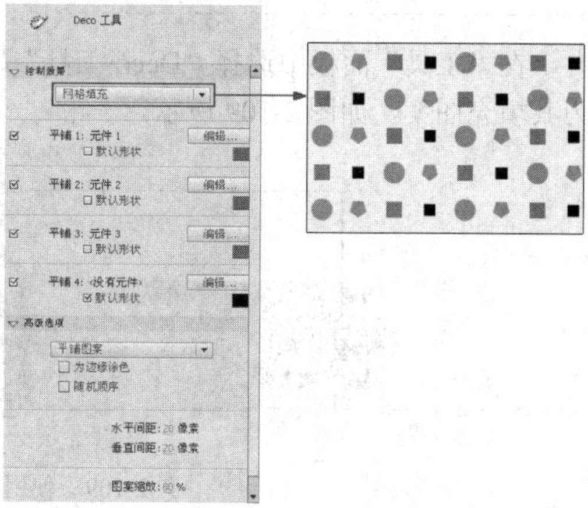

图 2-112 网格填充

- 对称刷子：可以填充对称性图形。在“绘制效果”中可以设置对称图形的元件，如果不选择元件则使用默认的黑色矩形替代。在“高级选项”中设置对称图形的方式，如图 2-113 所示。
- 3D 刷子：可以填充类似喷涂刷的效果，但是具有 Z 轴方向的透视效果。在“绘制效果”中可以设置填充图形所使用的元件，如果不选择元件则使用默认的黑色矩形替代。在“高级选项”中可以设置填充对象的“最大对象数”、“喷涂区域”、“距离缩放”、“随机缩放范围”、“随机旋转范围”等参数，如图 2-114 所示。

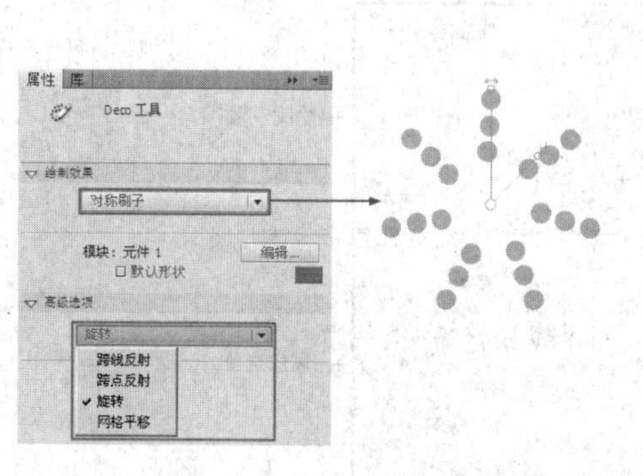

图 2-113 对称刷子

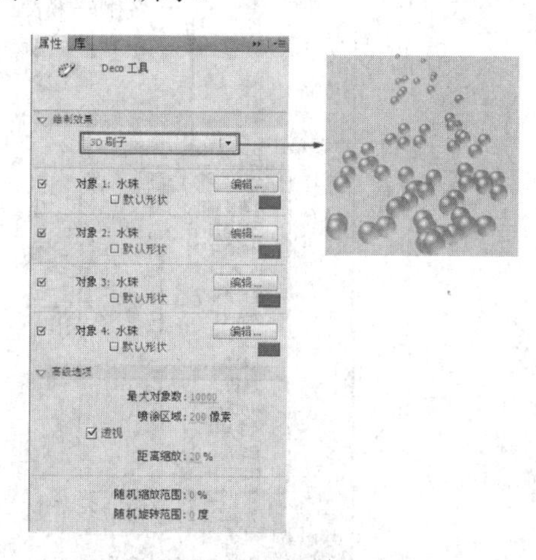

图 2-114 3D 刷子

- 建筑物刷子：可以填充摩天大楼的效果，在此填充模式的“高级选项”中可以选择填充的摩天大楼类型，如图 2-115 所示。
- 装饰性刷子：填充类似弹簧结构的图形效果。在此填充模式的“高级选项”中可以选择填充的各种图形类型，并可以设置填充图形的“图案颜色”、“图案大小”以及“图案宽度”，如图 2-116 所示。

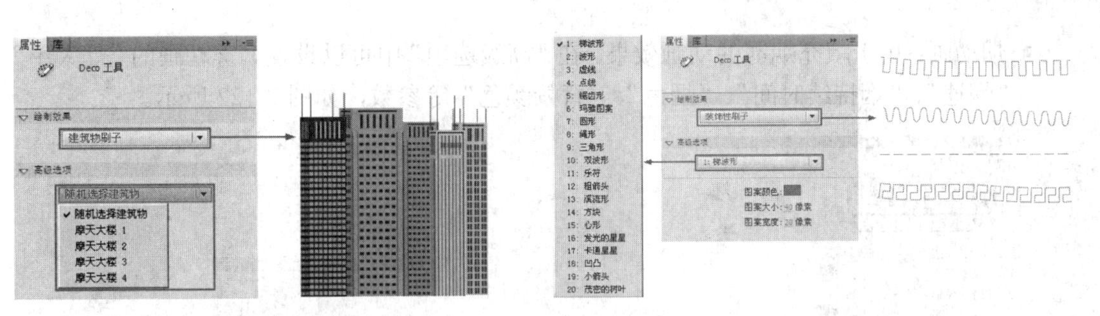

图 2-115　建筑物刷子　　　　图 2-116　装饰性刷子

- 火焰动画：可以填充火焰燃烧的动画效果。在此填充模式的“高级选项”中可以设置火焰动画的“火大小”、“火速”、“火持续时间”、“火焰颜色”、“火焰心颜色”、“火花”等参数，如图 2-117 所示。
- 火焰刷子：可以填充类似火焰颜色的图形效果。在此填充模式的“高级选项”中可以设置“火焰大小”以及“火焰颜色”等参数，如图 2-118 所示。

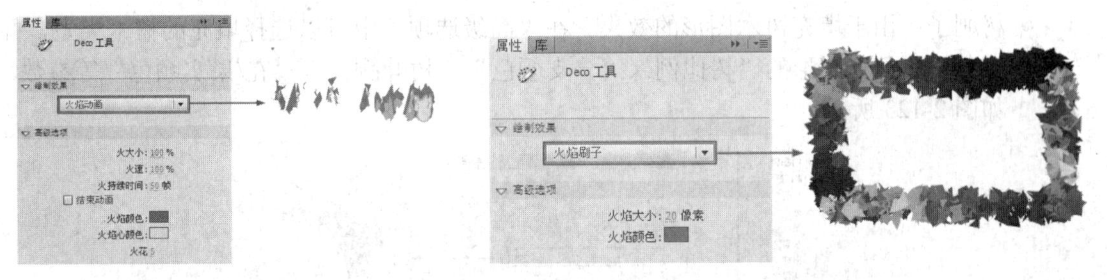

图 2-117　火焰动画　　　　图 2-118　火焰刷子

- 花刷子：可以填充绿叶与花朵的图形。在“高级选项”中可以选择填充的花朵类型，并可以设置填充图形的“花色”、“花大小”、“树叶颜色”、“树叶大小”、“果实颜色”、“分支颜色”等参数，如图 2-119 所示。
- 闪电刷子：用于填充天空中劈下的闪电效果。在“高级选项”中可以设置闪电图形的“闪电颜色”、“闪电大小”、“光束宽度”、“复杂性”等参数，如图 2-120 所示。

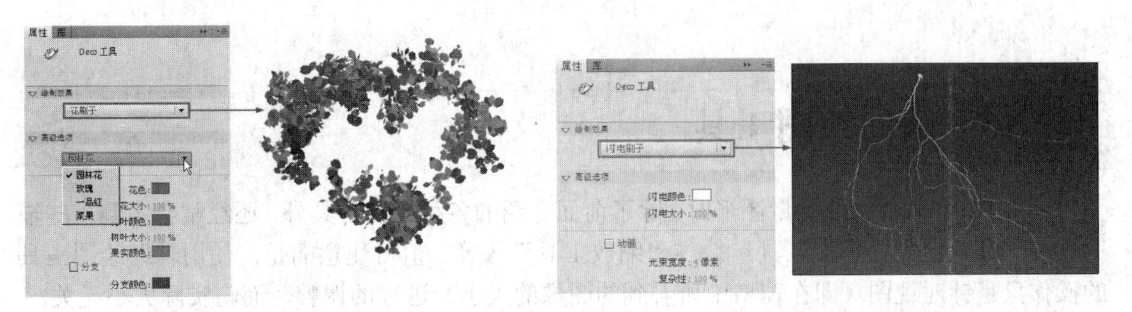

图 2-119　花刷子　　　　图 2-120　闪电刷子

- 粒子系统：用于填充粒子系统的动画效果。在“绘制效果”中可以设置粒子系统动画中所使用的元件，如果不选择元件则使用默认的黑色矩形替代。在“高级选项”中可以设置粒子系统动画的“总长度”、“粒子生成”、“每帧的速度”、“寿命”、“初始速度”、“初始大小”、“最小初始方向”、“最大初始方向”、“重力”、“旋转速度”等参数，如图 2-121 所示。

● 烟动画：用于填充烟雾的动画效果。在“高级选项”中可以设置烟雾动画的“烟大小”、“烟速”、“烟持续时间”、“烟色”、“背景颜色”等参数，如图 2-122 所示。

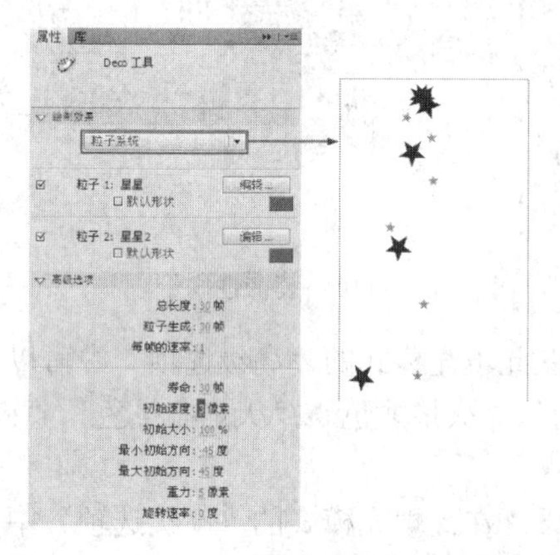

图 2-121　粒子系统

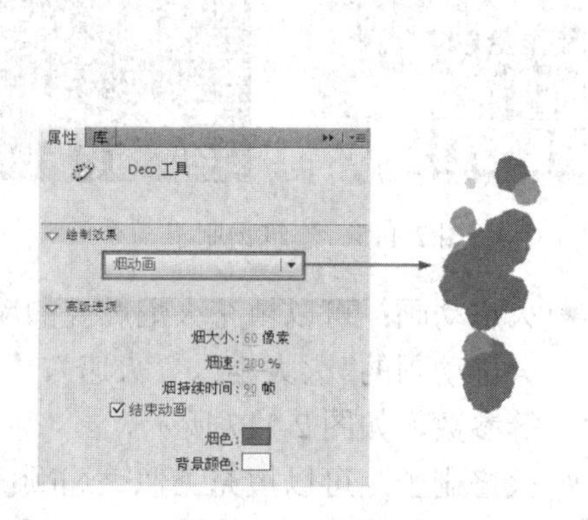

图 2-122　烟动画

● 树刷子：用于填充树木图形的效果。在“高级选项”中可以选择填充的树木类型，并可以设置填充图形的“树比例”、“分支颜色”、“树叶颜色”、“花/果实颜色”等参数，如图 2-123 所示。

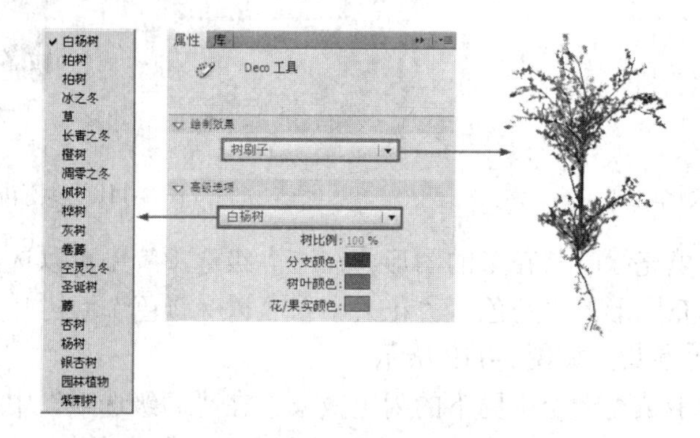

图 2-123　树刷子

2.10　辅助绘图工具

使用 Flash 软件绘制矢量图形时，除了前面介绍的各种绘图工具外，还经常会用到一些辅助绘图工具，比如“手形工具”与“缩放工具”等。值得注意的是，使用辅助绘图工具的操作只是针对视图（即在窗口中所看到的图像的大小）进行的调整，而与实际大小无关。

2.10.1　手形工具

“手形工具”的作用就是通过平移舞台，在不改变舞台缩放比率的情况下，查看对象的不同部分。该处的移动与“选择工具”截然不同，“选择工具”是对对象位置进行改变，而“手形工具”则是对舞台中的显示空间进行改变，与舞台下方和右侧的拖动滚动条作用相同。

单击“工具”面板中的“手形工具”按钮，将光标放置在舞台中，此时舞台中的光标以图标显示，在舞台中任意位置处按住鼠标左键向任意方向拖曳，此时显示内容会跟随鼠标的移动而改变，如图 2-124 所示。

图 2-124　使用“手形工具”查看对象

- 快速双击“手形工具”按钮，可以将窗口最大化显示图形。
- 在使用其他工具绘制图形时，按住键盘上的空格键可以切换为“手形工具”，此时舞台中的光标以图标显示，从而通过拖动鼠标快速查看绘制图形的情况。

2.10.2　缩放工具

“缩放工具”用于缩小或放大视图，从而便于查看编辑操作。选择“缩放工具”，在“工具”面板下方将出现“缩放工具”的两个选项——“放大”和“缩小”。其中，放大选项的快捷键是“Ctrl”键+“+”键，缩小选项的快捷键是“Ctrl”键+“-”键，选择相应的选项，在舞台上单击鼠标，就可以放大或缩小视图，如图 2-125 所示。

原始图形

放大图形显示

缩小图形显示

图 2-125　放大、缩小图形显示

- “放大”：单击该按钮，将光标放置在舞台中，此时光标显示为图标，在需要放大的位置处单击，以原来的两倍放大显示。
- “缩小”：单击该按钮，将光标放置在舞台中，此时光标显示为图标，在需要缩小的位置处单击，以原来的 1/2 缩小显示。
- 区域放大：如果想要放大舞台中的某个特定区域，单击“缩放工具”，在舞台中按住鼠标左键拖曳，创建一个矩形选取框，大小合适后，释放鼠标，从而将选取框中的区域内容放大，无论当前“工具”面板下方激活的是“放大”还是“缩小”选项。
- 快速双击“缩放工具”按钮，将窗口以 100%的比例显示图形。
- 放大或缩小的快速切换：在使用“缩放工具”进行缩小或放大视图时，可以通过按住 Alt 键进行放大或缩小的快速切换。

第 3 章 编辑图形

编辑图形是 Flash 的基础操作，包括选择对象、移动对象、改变对象形状、排列组合对象、编辑文字、剪切复制对象等。在本章中将针对如何编辑图形对象这一内容进行详细讲解。

本章内容

- 选择对象
- 实例指导：绘制房子图形
- 变形对象
- 实例指导：绘制立体图形
- 控制对象的位置与大小
- 3D 变形
- 调整图形的形状
- 合并对象
- 实例指导：绘制天气图标图形
- 编辑对象
- 文字编辑
- 实例指导：制作祝福贺卡
- 综合应用实例：绘制“简单拼图”图形

3.1 选择对象

选择对象是编辑对象的一个基础操作，所有对象的编辑操作都需要先将其选择。在 Flash CS6 中提供了多种选择对象的方式，包括选择单个对象、多个对象以及选择对象的某一部分等。

3.1.1 选择工具

顾名思义，“选择工具”就是用于选择对象，但是 Flash 中的“选择工具”不仅可以选择对象、移动对象、复制对象，而且还可以使用它快速改变图形形状，从而满足 Flash 绘图的需要。

1. 选择合并绘制模式的图形

“选择工具”主要用于选择对象，根据对象类型的不同，可以对对象做出不同的选择操作，例如，在合并绘制模式下绘制的图形，可以对其笔触线段或填充颜色进行单独选择，而在对象绘制模式下绘制的图形只能对其进行整体选择。

通过前面章节的学习了解到，合并绘制模式是多个图形重叠会自动进行合并的绘制模式，在“工具”面板中如果不选择“对象绘制”按钮，则所绘制的图形通常都为合并绘制模式。在合并绘制模式下绘制的图形有个特性，就是使用“选择工具”可以对绘制图形的笔触线段或填充颜色甚至图形其中的某一部分进行选择。

- 选择笔触线段：在合并绘制模式下绘制的图形，如果单击其中的一条笔触线段，可以将这条笔触线段选择，如果在笔触线段处双击，则可以选择连续的笔触线段，如图 3-1 所示。
- 选择填充颜色：在合并绘制模式下绘制的图形，单击图形的填充颜色，可以将其选择；如果双击填充颜色，可以将填充颜色和外面的笔触线段同时选择，如图 3-2 所示。
- 使用选取框选择：使用“选择工具”在舞台中拖曳不松开鼠标，此时会创建一个选取框，在选取框中的图形部分会被选择，没有在选取框中的图形部分不会被选择；如果选取框将整个图形选择，则将全部图形都选择，如图 3-3 所示。

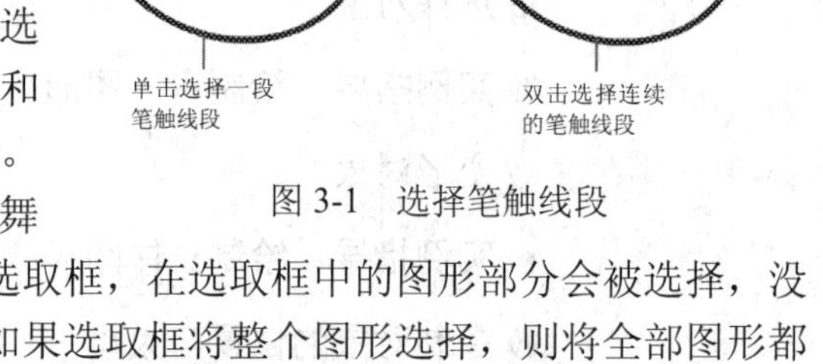

图 3-1 选择笔触线段

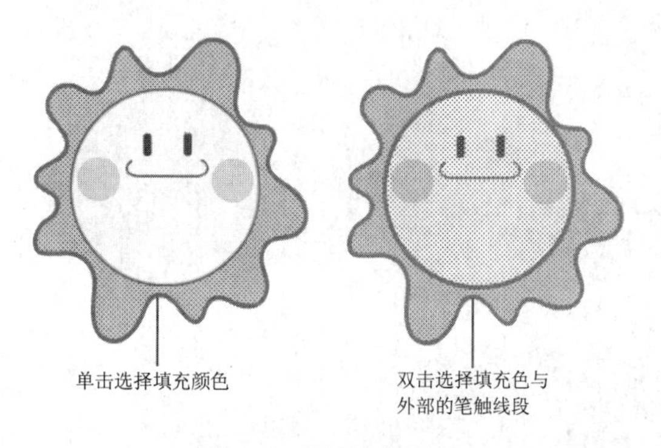

图 3-2 选择填充颜色

图 3-3 选取框选择图形

2．选择多个对象

对于不是合并绘制模式的图形或外部导入的对象，使用“选择工具”选择对象非常简单，只需在对象上单击或使用“选择工具”选取对象的其中一部分即可。

如果需要选择的是多个对象，此时可以通过两种方式进行选择，一种是对多个对象一个一个选取，另一种就是使用选取框将其全部选择。

- 单击选择多个对象：选择“选择工具”，然后按住键盘上的 Shift 键在对象上单击，每在一个对象上单击即可将其选择。
- 选取框选择多个对象：使用“选择工具”在需要选择的对象上拖曳画出一个选取框，松开鼠标后，在选取框范围内的对象将全部被选择。

3．取消选择与移动对象

当使用“选择工具”选择对象后，如果想取消选择，只需在舞台空白处单击鼠标左键，即可取消对象的选择。如果选择的是多个对象，想取消其中某个对象的选择时，只需按住键盘上的 Shift 键，在这个对象上单击即可取消这个对象的选择。

当对象被选择后，使用“选择工具”在对象上按住鼠标拖曳，松开鼠标后，则对象被移动到松开鼠标的位置。

4．使用“选择工具”调整图形

“选择工具”除了可以进行选择对象外，还可以对图形进行调整操作，包括调整图形各个端点的位置、调整图形的形状等。

在“工具”面板中选择“选择工具”后，将光标放置到图形的端点处时，当光标变为箭头右下方带个直角形状时单击并拖曳鼠标，则可以改变图形端点的位置，从而改变图形的形状，如图 3-4 所示。

在“工具”面板中选择“选择工具”后，将光标放置到图形的边缘处时，当光标变为箭头右下方带个圆弧形状时拖曳鼠标，则图形的形状随着鼠标移动而发生改变，如图 3-5 所示。

图 3-4 改变图形端点的位置

图 3-5 改变图形的形状

3.1.2 套索工具

“套索工具”用于选择不规则的图形区域，通常用于选取合并绘制模式下的图形。当选择“套索工具”后，在舞台中拖曳鼠标绘制一个封闭的区域，松开鼠标则绘制区域的图形会被选择，如图 3-6 所示。

在“工具”面板中选择“套索工具”后，在“工具”面板下方的选项区域中会显示“套索工具”的选项设置，分别为“魔术棒”、“魔术棒设置”和“多边形模式”，如图 3-7 所示。

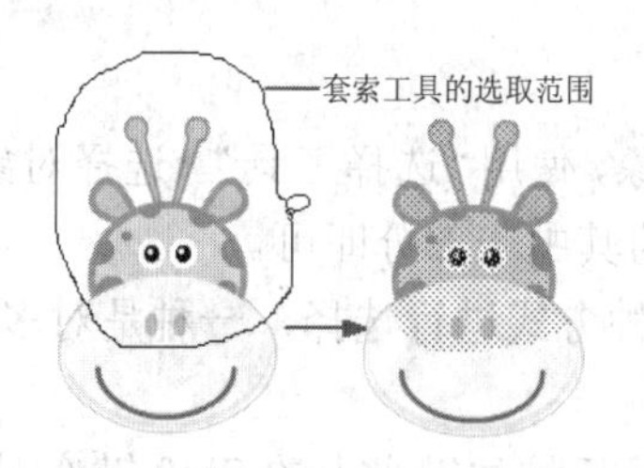

图 3-6 “套索工具”选择图形

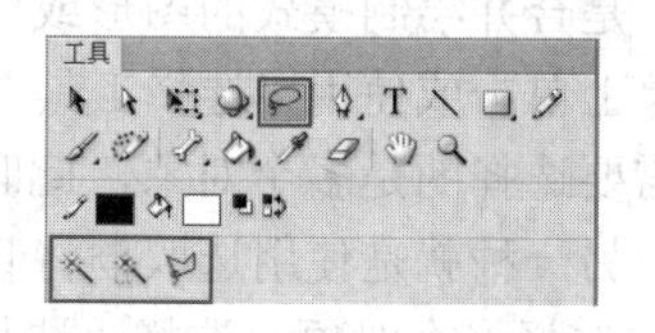

图 3-7 “套索工具”的选项

- “魔术棒”：用于选择颜色相近的连续区域。当选择“魔术棒”后，只需使用“魔术棒”在图形上单击，即可将图形中相近的颜色选择，如图 3-8 所示。

提示

使用“魔术棒”，只能对经过“分离”命令分离后的外部导入位图进行颜色区域的选择；而对于 Flash 中绘制的图形以及导入的矢量图形，“魔术棒”不能进行颜色区域的选择。

- “魔术棒设置”：用于对魔术棒颜色选择区域作精确的调整。单击该按钮，弹出如图 3-9 所示的“魔术棒设置”对话框。“阈值”选项用于设置选取区域内邻近颜色的相近程度，值越大选择颜色就越多，值越小选择的颜色就越少。“平滑”选项用于定义选取范围的平滑程度。

图 3-8 魔术棒选择图形

- “多边形模式”：用于在图形上创建多边形的选择区域。通过依次单击，可创建出多边形的线段，当双击鼠标即可结束多边形选区的创建，如图 3-10 所示。

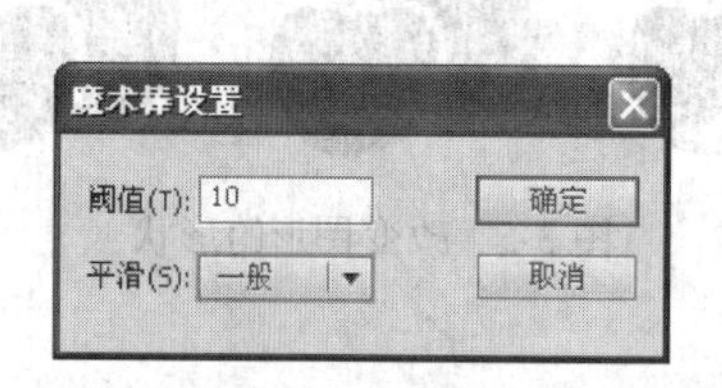

图 3-9 “魔术棒设置”对话框

图 3-10 创建多边形选区

3.2 实例指导：绘制房子图形

在 Flash 中“选择工具”是使用非常频繁的工具，不仅通过它可以进行对象的选择，还可以对图形进行简单的编辑操作。下面通过绘制一个“房子”图形的实例，对“选择工具”的应用技巧进行学习，其实例的最终效果如图 3-11 所示。

图 3-11　绘制的房子图形

绘制房子图形的操作步骤如下：

① 启动 Flash CS6，创建出一个新的文档。在“属性”面板中设置舞台的“宽度”参数为“300 像素”，“高度”参数为“260 像素”，“背景颜色”为默认的白色。

② 在“工具”面板中选择“矩形工具”，设置“笔触颜色”为“无色”，“填充颜色”为“草绿色”（颜色值“#99CC00”），设置“工具”面板下方的选项区域的“对象绘制”按钮为未激活的模式（这样绘制的矩形图形为合并绘制模式），然后使用“矩形工具”在舞台区域绘制一个长方形，如图 3-12 所示。

③ 在“工具”面板中选择“线条工具”，然后使用“线条工具”在长方形图形中心绘制一条垂直的直线，如图 3-13 所示。

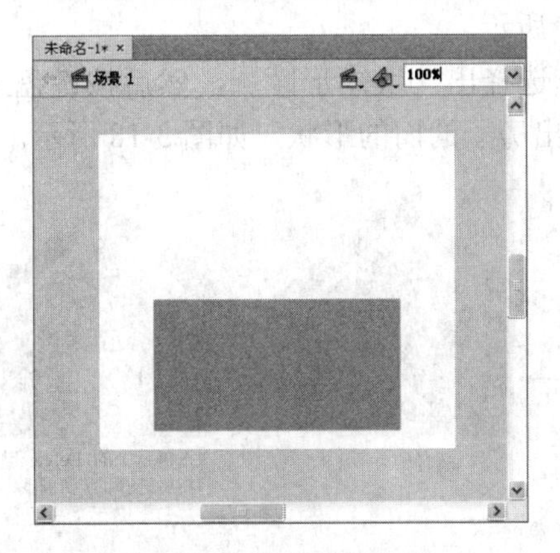

图 3-12　绘制的长方形

图 3-13　绘制的垂直直线

④ 选择“工具”面板中的“选择工具”，然后将鼠标指针放置在直线与长方形的交界处，当光标变为形状时单击并向上垂直拖曳鼠标来改变顶点的位置，从而调整图形的形状，如图 3-14 所示。

⑤ 使用“选择工具”在绘制的直线上双击，将选择绘制的直线，然后按键盘上的 Delete 键，将绘制的直线删除，这样可以绘制出房子的主体图形，如图 3-15 所示。

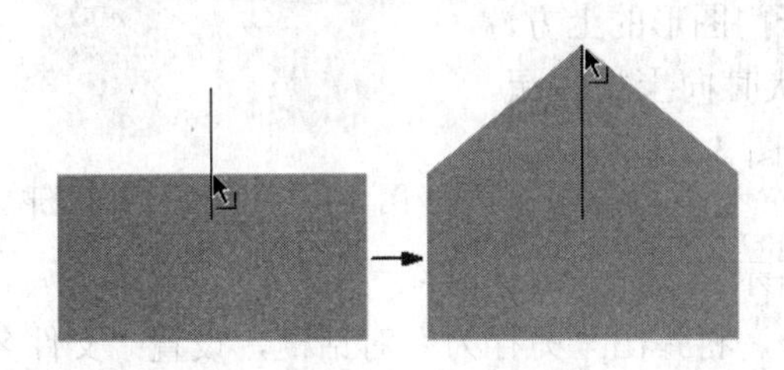

图 3-14　调整图形顶点的位置

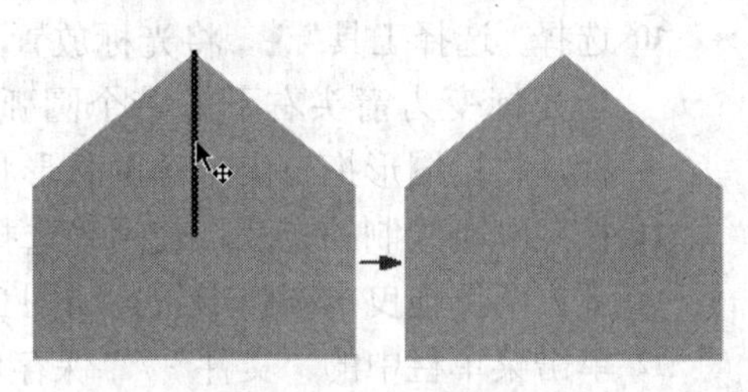

图 3-15　删除绘制的直线

⑥ 按照刚刚描述的方法，在舞台上方继续绘制一个比刚刚绘制的图形略宽的矩形，并使用“线条工具”与“选择工具”绘制出房子的屋顶图形，如图 3-16 所示。

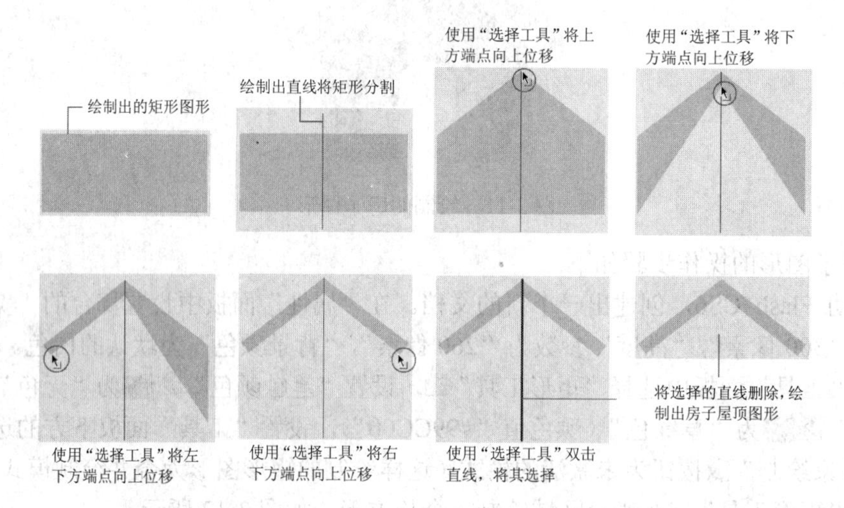

图 3-16　绘制房子的屋顶图形

⑦ 使用“选择工具”在绘制的屋顶上双击，选择绘制的屋顶图形，然后拖曳鼠标将其移至房屋主体图形略上方的位置，如图 3-17 所示。

⑧ 使用“选择工具”在房屋主体图形正下方选择出一块矩形区域，然后按键盘上的 Delete 键，将所选择的矩形区域删除，绘制出房子的门的形状，如图 3-18 所示。

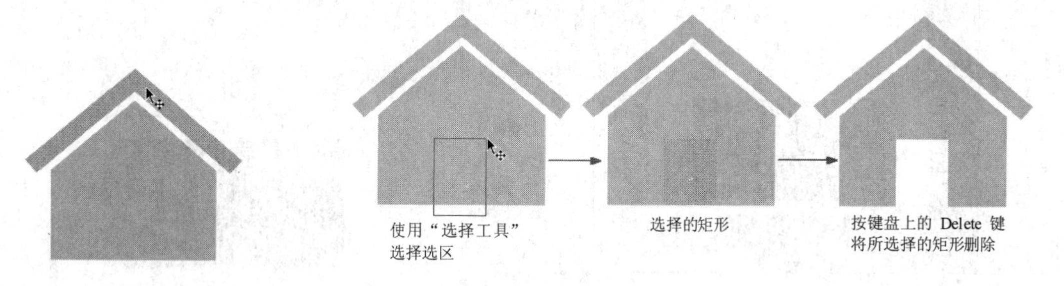

图 3-17　绘制的屋顶图形移至上方

图 3-18　选择选区并删除

⑨ 在“工具”面板中选择“矩形工具”，设置“笔触颜色”为“无色”，“填充颜色”为“草绿色”（颜色值“#99CC00”），然后使用“矩形工具”在屋顶图形上方绘制一个长方形图形，作为烟囱图形，如图 3-19 所示。

图 3-19　绘制出烟囱图形

⑩ 选择“选择工具”，将光标放置到房子门图形的上方，当光标变为箭头右下方带个圆弧形状时向上拖曳鼠标，将门图形拖曳出一个圆弧形状，如图 3-20 所示。

⑪ 按照刚刚绘制的方法，使用“选择工具”将房屋屋顶下方两侧拖曳出圆弧形状，如图 3-21 所示。

⑫ 单击菜单栏中的“文件”/“保存”命令，将弹出“另存为”对话框，设置“文件名”为“房子”，选择计算机合适的保存路径，将动画文件保存。

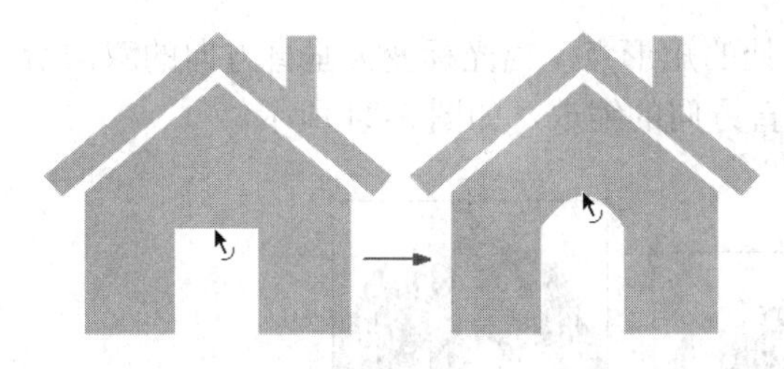

图 3-20 将门图形拖曳出圆弧形状

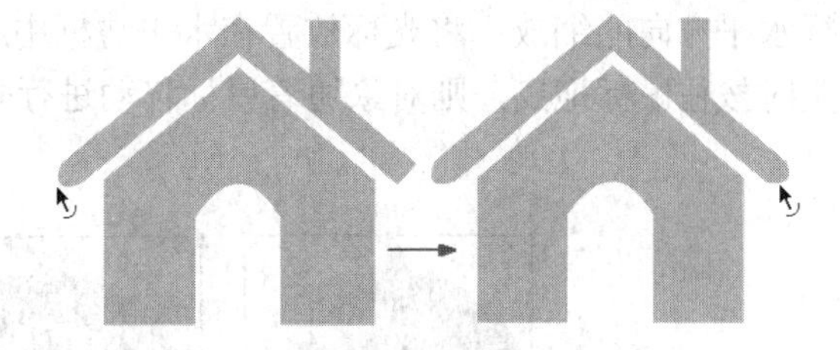

图 3-21 房屋屋顶两侧拖曳出圆弧形状

至此，房子图形全部绘制完成。在这个实例中很多操作都是通过“选择工具”来完成的，例如：图形的局部选择、图形端点调整以及图形的编辑等。可以说，“选择工具”是 Flash 中应用最为广泛与灵活的工具。所以，熟练地掌握“选择工具”的操作尤为重要。

3.3 变形对象

在 Flash CS6 中变形对象有多种方式，可以使用“任意变形工具”来完成，也可以通过“变形”面板来完成，这两种方式具有各自不同的特点，在本节中将对这两种变形方式进行详细的讲解。

3.3.1 使用“任意变形工具”变形对象

“任意变形工具”用于改变对象形状，可以对对象进行缩放、旋转、倾斜等操作。当使用“任意变形工具”选择对象后，在对象的中心位置出现一个空心的圆点，表示对象变形的中心点。四周将出现八个矩形点，用于控制对象的缩放、旋转、倾斜等操作，如图 3-22 所示。

1．旋转对象

使用“任意变形工具”选择对象后，将光标放置到对象四周的矩形点上，当光标变为形状时按住鼠标向四周旋转，则对象也随着鼠标进行旋转，如图 3-23 所示。

图 3-22 使用“任意变形工具”选择对象

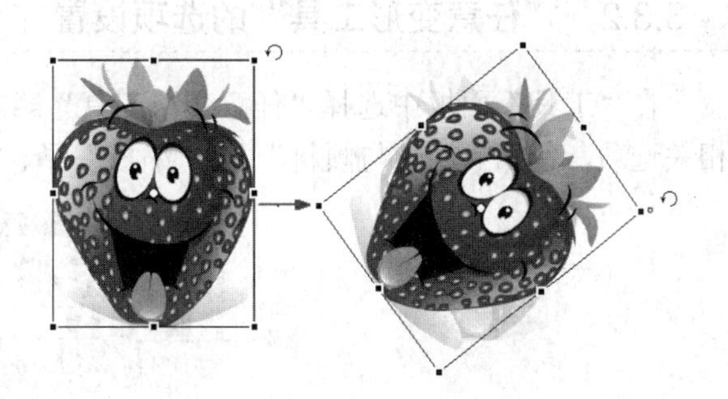

图 3-23 旋转对象

2．缩放对象

使用“任意变形工具”选择对象后，将光标放置到对象四周的矩形点上，当光标变为双向倾斜的箭头时按住鼠标向外或向内拖曳，则对象随着鼠标的拖曳进行缩放；如果此时按住键盘上的 Shift 键拖曳鼠标，则对象随着鼠标移动进行等比例缩放；将光标放置在垂直边框中心处的矩形点，当光标变为水平方向的双向箭头时按住鼠标拖曳，则对象随着鼠标移动进行水平方向的缩放；将光标放置在水平边框中心处的矩形点，当光标变为垂直方向的双向箭头时按住鼠标拖曳，则对象随着鼠标移动进行垂直方向的缩放，如图 3-24 所示。

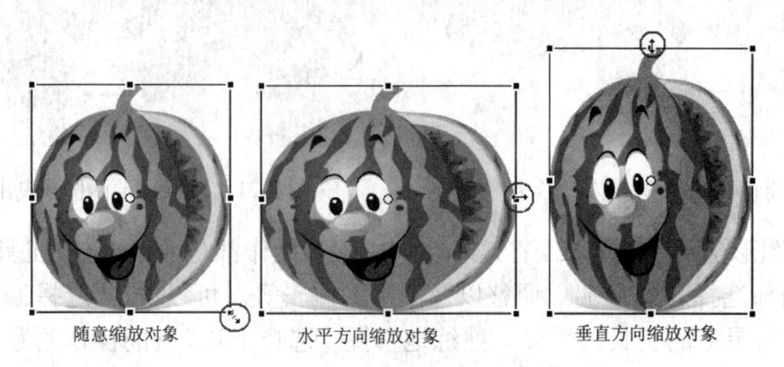

图 3-24　缩放对象

3．倾斜对象

使用“任意变形工具”选择对象后，将光标放置到水平边框上，当光标变为水平两个方向上的箭头⇋时，按住鼠标向左或向右拖曳，则对象随着鼠标移动进行水平方向的倾斜；将光标放置到垂直边框上，当光标变为垂直两个方向上的箭头⥯时，按住鼠标向上或向下拖曳，则对象随着鼠标移动进行垂直方向的倾斜，如图 3-25 所示。

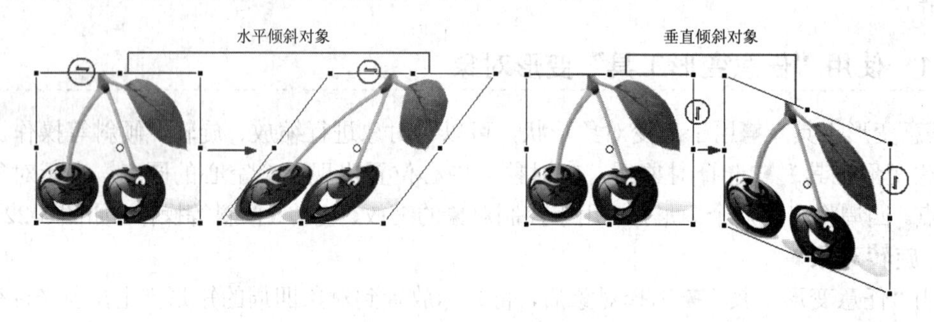

图 3-25　倾斜对象

3.3.2　“任意变形工具”的选项设置

在“工具”面板中选择“任意变形工具”后，在“工具”面板下方的选项区域将出现相关选项，包括“旋转与倾斜”、“缩放”、“扭曲”、“封套”，如图 3-26 所示。

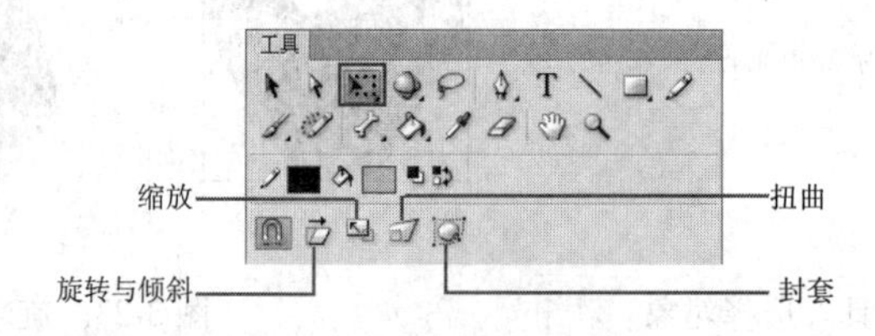

图 3-26　“任意变形工具”的选项

- “旋转与倾斜”：选择此按钮后，可以对选择的对象进行旋转与倾斜的操作。
- “缩放”：选择此按钮后，可以对选择的对象进行缩放的操作。
- “扭曲”：选择此按钮后，将光标放置到对象四周的矩形点上，拖曳鼠标，随着鼠标的移动对象也跟着发生扭曲，如图 3-27 所示。

- “封套”：此按钮的作用也是用于改变选择对象的形状，但是与“扭曲”不同，它是通过改变选择对象周围的控制手柄来改变形状，与调整图形的路径比较类似。使用“任意变形工具”选择对象后，单击“工具”面板下方的“封套”按钮，此时在对象的周围会出现一个带有8个控制点的变形框，但是中间位置处不再出现一个小圆圈，而且各控制点会出现其控制手柄，将光标放置在控制点处，光标显示为▷时拖曳鼠标，从而改变选择对象原来的形状，如图3-28所示。在使用“封套”工具对选择对象进行变形时，变形框中控制点以黑色方块显示，控制手柄以黑色圆形显示。

图3-27　扭曲图形

图3-28　使用封套改变图形形状

3.3.3　使用“变形”面板精确变形对象

使用“任意变形工具”可以对对象进行任意变形的操作，但是不能精确地控制对象缩放的比例大小、旋转角度以及倾斜角度等。在Flash CS6中提供了一个“变形”面板，使用“变形”面板可以对对象进行精确的变形操作。如果当前工作界面没有显示该面板，可以单击菜单栏中的“窗口”/“变形”命令可将其打开，如图3-29所示。

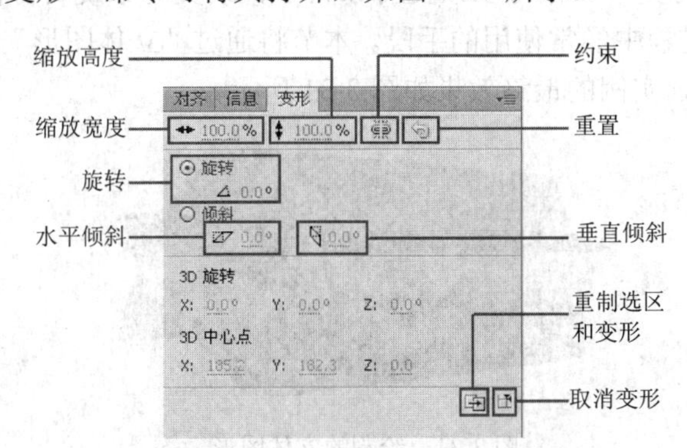

图3-29　“变形”面板

- “缩放宽度”：用于设置选择对象宽度的百分比。
- “缩放高度”：用于设置选择对象高度的百分比。
- “约束”：当图标显示为，表示锁定宽度与高度的百分比，此时调整对象的宽度或高度的任一参数，高度或宽度的参数也会发生相应的变化；在“约束”图标处单击，图标变为显示，表示解除宽度与高度的锁定，改变其中宽度或高度任意一个参数，其余的参数不会发生任何改变。
- “重置”：当对象进行缩放的操作后，“重置”图标被激活，单击此按钮，对象恢复到缩放前的状态。
- “旋转”：用于设置选择对象的旋转角度。

- “水平/垂直倾斜”：用于设置选择对象的水平倾斜与垂直倾斜的角度值。
- “重制选区和变形”：单击此按钮，使对象进行复制的同时再应用变形，如图 3-30 所示。

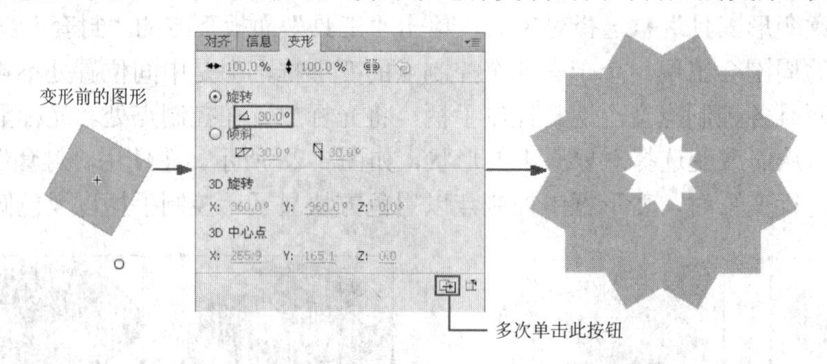

图 3-30　重制并应用变形图形

- “取消变形”：单击该按钮，可以将应用变形的对象恢复到原来的状态。

提示　“变形”面板中“3D 旋转”与“3D 中心点”选项主要用于设置对象的三维状态，需要对象是影片剪辑的形式。关于“3D 旋转”与“3D 中心点”选项的应用，在后面将会讲到。

3.4　实例指导：绘制立体图形

Flash 中通过对象的变形操作可以改变对象大小、改变对象旋转方向以及改变对象形状等，是 Flash 编辑对象过程中经常使用的手段。本节将通过“立体图形”实例的制作来学习对象变形的综合应用技巧，实例的最终效果如图 3-31 所示。

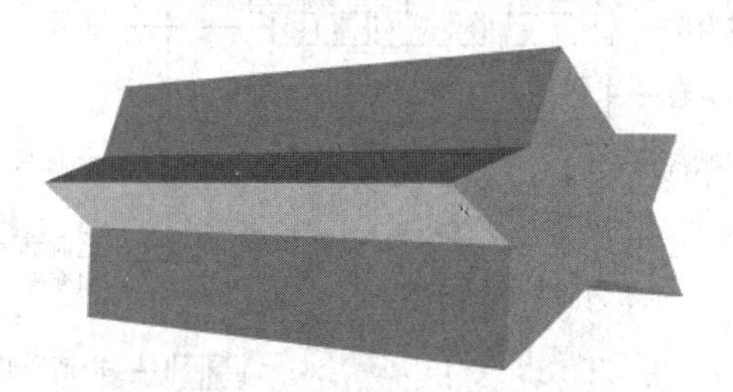

图 3-31　绘制的立体图形

绘制立体图形的操作步骤如下：

1. 启动 Flash CS6，创建出一个新的文档。在“属性”面板中设置舞台的“宽度”参数为“450 像素”，“高度”参数为“240 像素”，“背景颜色”为默认的白色。

2. 在“工具”面板中选择“多角星形工具”，设置“笔触颜色”为“无色”，“填充颜色”为“草绿色”(颜色值“# 7EA800”)，然后在“属性”面板的“工具设置”选项中单击“选项...”按钮，可以弹出“工具设置”对话框，在此对话框中设置“样式”选项为“星形”，“边数”参数值为“5”，“星形顶点大小”参数值为“0.60”，如图 3-32 所示。

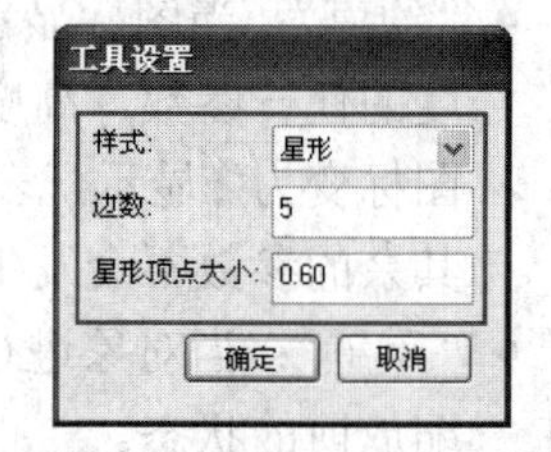

图 3-32　“工具设置”对话框

③ 单击“工具设置”对话框中的 确定 按钮，然后在舞台中拖曳鼠标绘制出一个五角星形图形，如图 3-33 所示。

④ 在“工具”面板中选择“任意变形工具”，选择绘制的五角星形，然后在“工具”面板下方的选项区域选择“扭曲”按钮，将舞台中的五角星形进行调整，使其具有一定的透视角度，如图 3-34 所示。

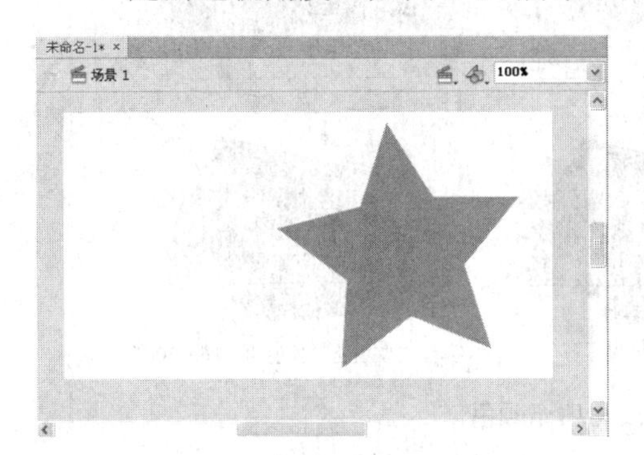

图 3-33　绘制的五角星形

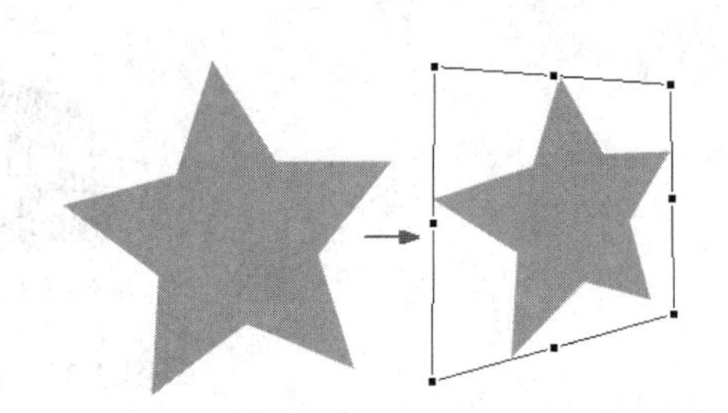

图 3-34　扭曲五角星形图形

提示　调整图形的透视角度时，还可以结合“旋转与倾斜”按钮、“缩放”按钮，甚至是前面讲解的“选择工具”进行精确调整，只要能达到满意的效果即可，并非要拘泥于某种方法。

⑤ 选择变形后的五角星形，按住键盘上的 Alt 键，向舞台右侧拖曳，可以复制出一个相同的五角星形，然后使用“任意变形工具”，并按住键盘上的 Shift 键与 Alt 键，将其进行等比例缩小，如图 3-35 所示。

⑥ 调整两个五角星形的位置，使两个图形在同一透视角度的中心线上，如图 3-36 所示。

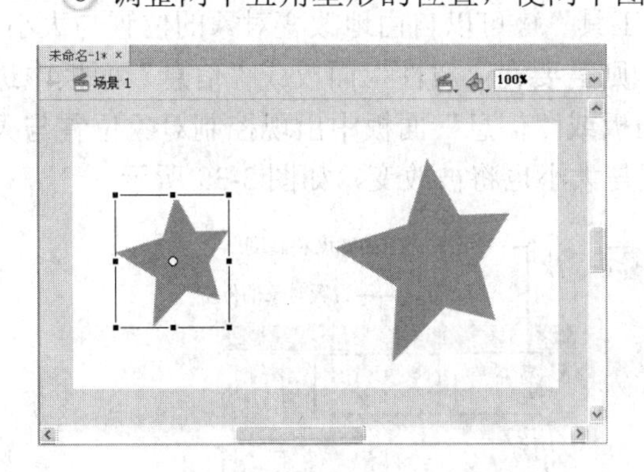

图 3-35　复制并缩小图形

图 3-36　调整五角星形图形的位置

⑦ 在“工具”面板选择“线条工具”，然后使用“线条工具”将两个五角星形的对应的端点分别用直线段连接起来，如图 3-37 所示。

⑧ 使用“颜料桶工具”，分别在各个线段之间填充深色与浅色的草绿色，使图形产生明亮的对比，如图 3-38 所示。

图 3-37　使用直线段将两个五角星形图形连接起来

⑨ 使用“选择工具”选择绘制的直线段并删除，这样完整的立体图形就制作完成了。

⑩ 单击菜单栏中的“文件”/“保存”命令，将弹出“另存为”对话框，设置“文件名”为“立体图形”，选择本地计算机合适的保存路径，将动画文件保存。

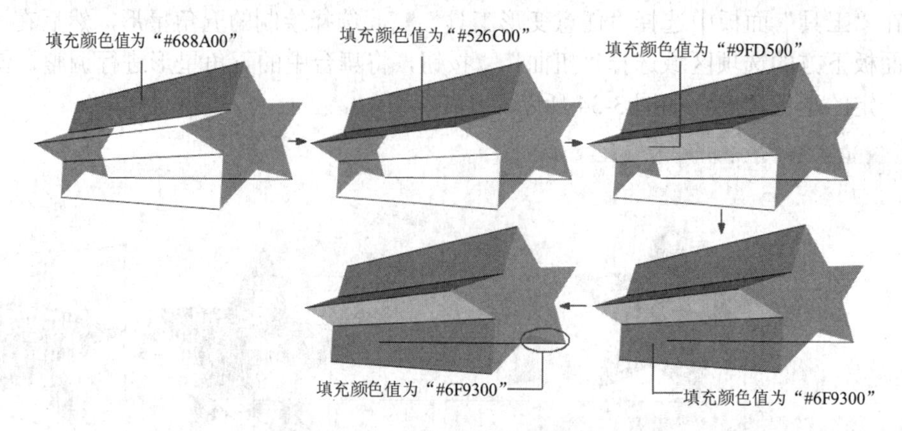

图 3-38　在直线段间填充颜色

至此，立体图形全部绘制完成。在这个实例中不仅用到了“任意变形工具”，还使用到第2章讲解的“线条工具”以及“颜料桶工具”。要在 Flash 中绘制一个图形，只有综合地应用所掌握的各个工具才能更好地完成自己的作品，通过上述案例的讲解，读者还可以举一反三，制作出更多形状的立体图形甚至好看的立体文字效果。

3.5　控制对象的位置与大小

在 Flash 中使用“选择工具”、“任意变形工具”可以自由地改变对象的位置与大小，如果需要达到像素级的控制对象的位置与大小，则需要在“属性”面板或“信息”面板中进行设置。如在舞台中选择对象后，在“属性”面板或“信息”面板中出现控制对象位置与大小的参数设置，此时调整相关参数则对象的位置与大小也将被改变，如图 3-39 所示。

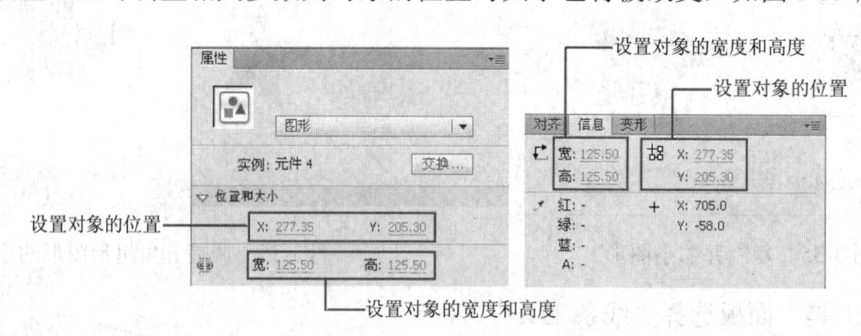

图 3-39　“属性”面板和“信息”面板

3.5.1　使用“属性”面板设置对象的位置与大小

在舞台中选择绘制的图形或导入的图形对象后，在“属性”面板中出现对象的“X”、“Y”轴参数值以及“宽”、“高”的参数值，通过设置这些参数值可以改变对象在 X、Y 轴的位置以及对象的宽度与高度值，如图 3-40 所示。

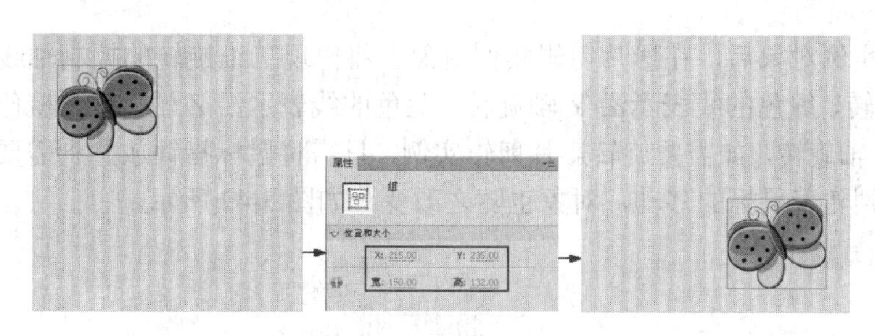

图 3-40 通过“属性”面板改变对象的位置与大小

在舞台中选择对象后，“属性”面板中的图标默认显示为链接状态，表示锁定宽度与高度的百分比，改变其中任意一个参数，另一个参数值也会随之改变。在图标处单击鼠标，则此图标变换为解除锁定状态，表示解除宽度与高度的锁定，改变其中任意一个参数，另一个参数值不会随之改变。

3.5.2 使用“信息”面板设置对象的位置与大小

选择舞台中的绘制图形或导入图形对象后，在“信息”面板中将出现对象的“宽度”、“高度”以及“X”、“Y”轴参数值，同样通过它们可以改变对象的宽度与高度值以及X、Y轴的位置。

与“属性”面板不同，在“信息”面板中可以通过图标来设置对象左顶点的“X”、“Y”轴参数值或对象中心点的“X”、“Y”轴参数值。当在此图标左上方位置单击，此图标左上方变为十字图形，表示此时可以设置对象左顶点的“X”、“Y”轴参数值；当在此图标右下角位置单击，此图标右下方变为心的圆形，表示此时可以设置对象中心点的“X”、“Y”轴参数值，如图3-41所示。

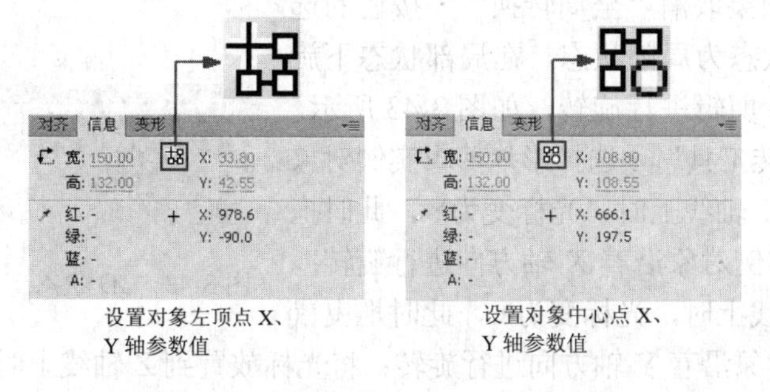

图 3-41 设置对象的X、Y轴参数值

3.6 3D 变形

在Flash CS6中使用3D旋转和3D平移工具，可以使对象沿着X、Y、Z轴进行三维的旋转和移动。通过组合使用这些3D工具，用户可以创建出逼真的三维透视效果。

3.6.1 3D 旋转工具

使用“3D旋转工具”可以在三维空间中旋转影片剪辑实例。当使用“3D旋转工具”

选择影片剪辑实例对象后，在影片剪辑实例对象上将出现三维旋转的控制轴线，其中红色的线表示X轴旋转、绿色的线表示沿Y轴旋转、蓝色的线表示沿Z轴旋转，橙色的线代表可以同时绕X和Y轴旋转，如需要旋转影片剪辑实例，只需将鼠标指针放置到需要旋转的轴线上并拖曳鼠标，则随着鼠标的移动，对象也随之改变，如图3-42所示。

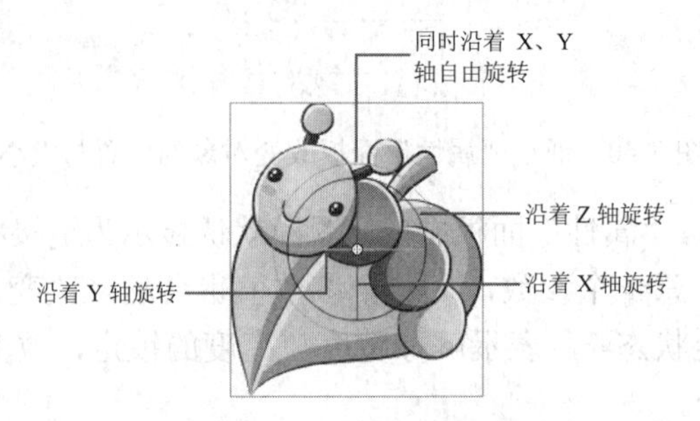

图3-42　使用“3D旋转工具”选择的对象与局部模式

提示

Flash CS6中的3D工具只能对影片剪辑对象进行操作。如果想对对象进行3D的操作，必须将对象转换成影片剪辑元件。有关于影片剪辑的知识，可以参考第5章的相关讲解。

1．使用“3D旋转工具”旋转对象

在“工具”面板中选择“3D旋转工具”后，在“工具”面板下方的选项区域将出现其选项设置，包括两个选项按钮——“贴紧至对象”和“全局转换”。其中“全局转换”按钮默认为选中状态，表示当前状态为全局状态，在全局状态下旋转对象是相对于舞台进行旋转。如果取消“全局转换”按钮的选中状态，表示当前状态为局部状态，在局部状态下旋转对象是相对于影片剪辑进行旋转，如图3-43所示。

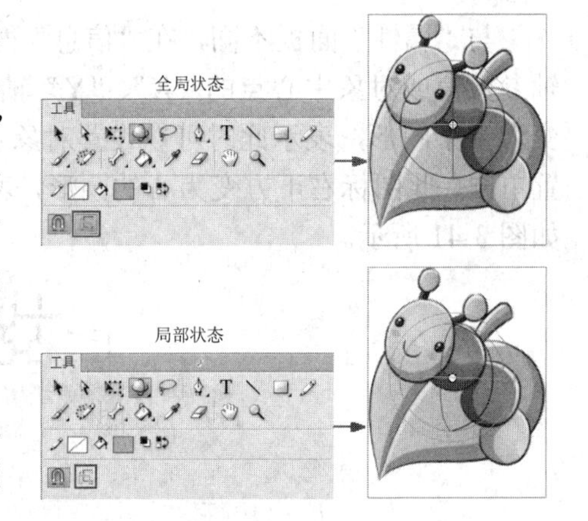

图3-43　3D状态下的全局状态与局部状态

当使用“3D旋转工具”选择影片剪辑实例对象后，将光标放置到X轴线上时，光标变为▸ₓ，此时拖曳鼠标则影片剪辑实例对象沿着X轴方向进行旋转；将光标放置到Y轴线上时，光标变为▸ᵧ，此时拖曳鼠标则影片剪辑实例对象沿着Y轴方向进行旋转；将光标放置到Z轴线上时，光标变为▸z，此时拖曳鼠标则影片剪辑实例对象沿着Z轴方向进行旋转，如图3-44所示。

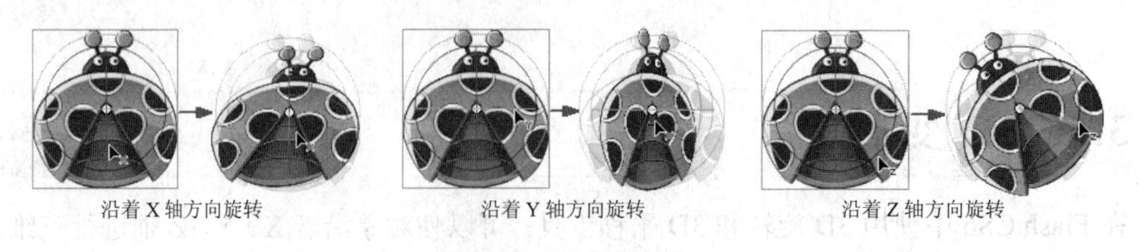

图3-44　3D旋转对象

2．使用“变形”面板进行3D旋转

使用“3D旋转工具”可以对影片剪辑实例进行任意的3D旋转，但精确控制影片剪辑实例3D的旋转，则需要使用“变形”面板进行操作。选择影片剪辑实例对象后，在“变形”

面板中将出现“3D 旋转”与“3D 中心点”位置的相关选项。

- “3D 旋转”：在“3D 旋转”选项中可以通过设置“X”、“Y”、“Z”参数，从而改变影片剪辑实例各个旋转轴的方向，如图 3-45 所示。

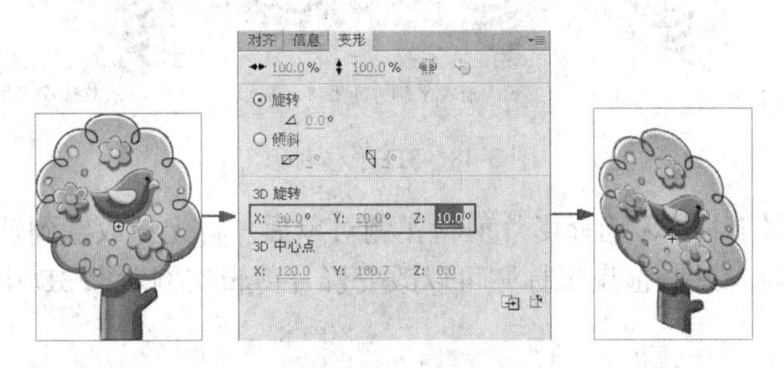

图 3-45 使用“变形”面板进行 3D 旋转

- “3D 中心点”：用于设置影片剪辑实例 3D 旋转中心点的位置，可以通过设置“X”、“Y”、“Z”参数从而改变影片剪辑实例中心点的位置，如图 3-46 所示。

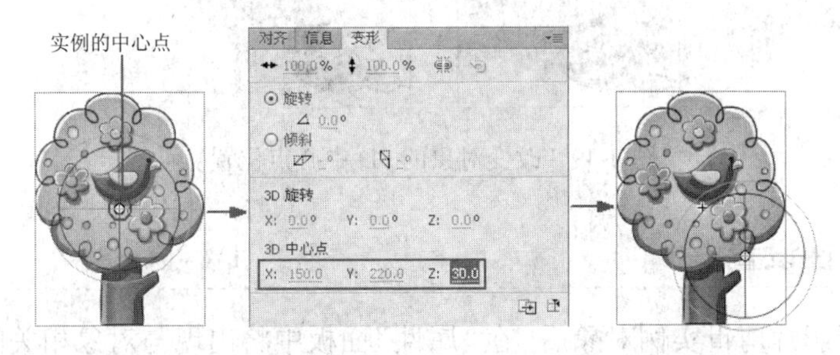

图 3-46 使用“变形”面板移动 3D 中心点

3.6.2 3D 平移工具

“3D 平移工具”用于将影片剪辑实例对象在 X、Y、Z 轴方向上进行平移。如果在“工具”面板中没有显示“3D 平移工具”，可以在“工具”面板中“3D 旋转工具”位置处按住鼠标几秒钟，在弹出的下拉列表中选择“3D 平移工具”，选择此工具后，在舞台中的影片剪辑实例对象上单击，此时对象将出现 3D 平移轴线，如图 3-47 所示。

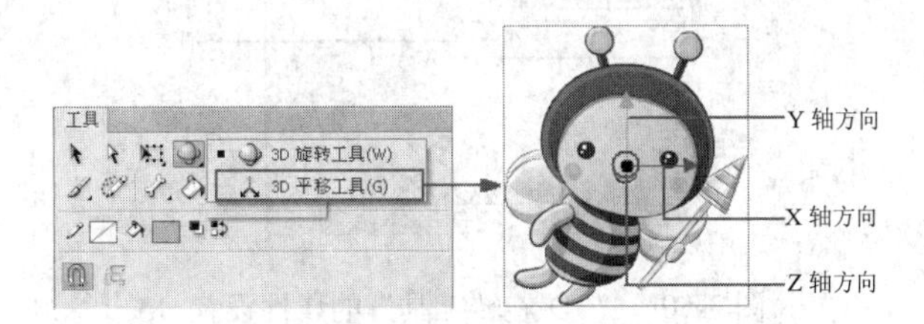

图 3-47 使用“3D 平移工具”选择的对象

当使用“3D 平移工具”选择影片剪辑实例对象后，将光标放置到 X 轴线上时，光标变为▸ₓ，此时拖曳鼠标则影片剪辑实例对象沿着 X 轴方向进行平移；将光标放置到 Y 轴线上时，光标变为▸ᵧ，此时拖曳鼠标则影片剪辑实例对象沿着 Y 轴方向进行平移；将光标放置到 Z 轴线上时，光标变为▸z，此时拖曳鼠标则影片剪辑实例对象沿着 Z 轴方向进行平移，如图 3-48 所示。

图 3-48　3D 平移对象

当使用“3D 平移工具”选择影片剪辑实例对象后，将光标放置到轴线中心的黑色实心点时，光标变为▸图标，此时拖曳鼠标则可以改变影片剪辑实例对象 3D 中心点的位置，如图 3-49 所示。

图 3-49　改变对象的 3D 中心点位置

3.6.3　3D 属性设置

在舞台中选择影片剪辑实例对象后，在“属性”面板中将出现与对象相关的 3D 属性设置，用于设置影片剪辑实例的 3D 位置、透视角度、消失点等，如图 3-50 所示。

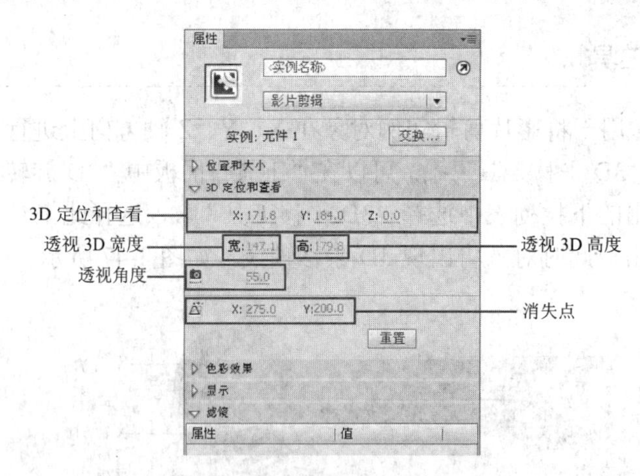

图 3-50　“3D 旋转工具”的属性设置

- “3D 定位和查看”：用于设置影片剪辑实例相对于舞台的 3D 位置，可以通过设置“X”、“Y”、“Z”参数从而改变影片剪辑实例在 X、Y、Z 轴方向的坐标值。
- “透视 3D 宽度”：用于显示 3D 对象在 3D 轴上的宽度。
- “透视 3D 高度”：用于显示 3D 对象在 3D 轴上的高度。
- “透视角度”：用于设置 3D 影片剪辑实例在舞台上的外观视角，参数范围为“1°”~“180°”，增大或减小透视角度将影响 3D 影片剪辑实例的外观尺寸及其相对于舞台边缘的位置。增大透视角度可使对象看起来更接近查看者。减小透视角度可使对象看起来更远。此效果与通过镜头更改视角的照相机镜头缩放类似，如图 3-51 所示。

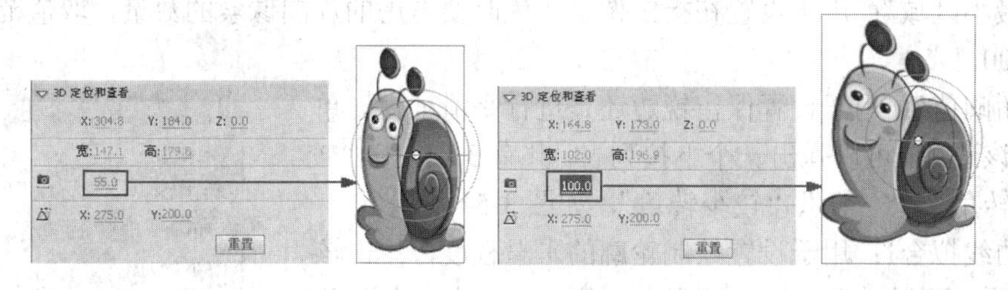

图 3-51　透视角度参数的设置

- “消失点”：用于控制舞台上 3D 影片剪辑实例的 Z 轴方向。在 Flash 中所有 3D 影片剪辑实例的 Z 轴都会朝着消失点后退。重新定位消失点，可以更改沿 Z 轴平移对象时对象的移动方向。通过设置消失点选项中的“消失点 X 位置”和“消失点 Y 位置”，可以改变 3D 影片剪辑实例在 Z 轴消失的位置，如图 3-52 所示。

图 3-52　设置消失点参数

- “重置”按钮：单击 重置 按钮，可以将改变的“消失点 X 位置”和“消失点 Y 位置”参数恢复为默认的参数。

3.7　调整图形的形状

使用绘图工具绘制图形后，绘制的图形与实际要求会有所差距，此时可以通过“工具”面板中的相关工具或菜单栏中的相关菜单命令对绘制的图形进行优化或调整，使其更加符合绘制的要求。

3.7.1　转换位图为矢量图

虽然 Flash 是一款矢量动画软件，但是同样可以通过外部导入的方法将位图导入到 Flash 当中，不过导入的位图的容量一般较大，且放大后清晰度会有所影响，这对于 Flash 创建动画十分不利。此时可以把外部导入的位图转换成矢量图形。将位图转换为矢量图形后，矢量图形不再链接到“库”面板中的位图元件。

转换位图为矢量图形的方法很简单，首先选择舞台中外部导入的位图，然后单击菜单栏中的“修改”/“位图”/“转换位图为矢量图”命令，在弹出的“转换位图为矢量图”对话框中即可进行转换矢量图的相关设置，如图 3-53 所示。

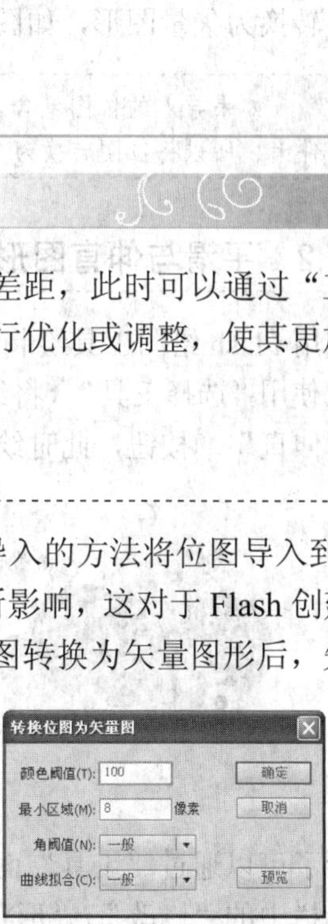

转换位图为矢量图
颜色阈值(T): 100　确定
最小区域(M): 8 像素　取消
角阈值(N): 一般
曲线拟合(C): 一般　预览

图 3-53　“转换位图为矢量图”对话框

- “颜色阈值”：当两个像素进行比较后，如果它们在 RGB 颜色值上的差异低于该颜色阈值，则两个像素被认为颜色相同，取值范围为 0～500，该值越大产生的颜色数量越少。
- “最小区域”：用于设置在指定像素颜色时要考虑的周围像素的数量，取值范围为 1～1000。
- “角阈值”：用于设置保留锐边还是进行平滑处理。单击该选项，可以弹出一个下拉列表，共有 3 项——“较多转角”、“一般”、“较少转角”，如图 3-54 所示。
- “曲线拟合”：用于设置绘制轮廓的平滑程度，单击该选项，可以弹出一个下拉列表，共有 6 项，自上向下分别为“像素”、“非常紧密”、“紧密”、“一般”、“平滑”和“非常平滑”，如图 3-55 所示。

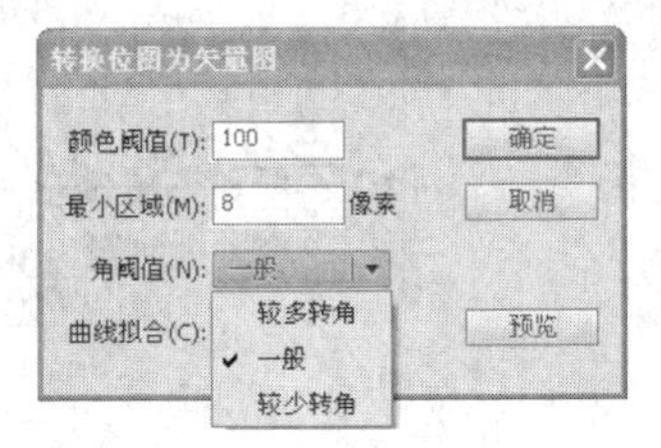

图 3-54 “角阈值”下拉列表

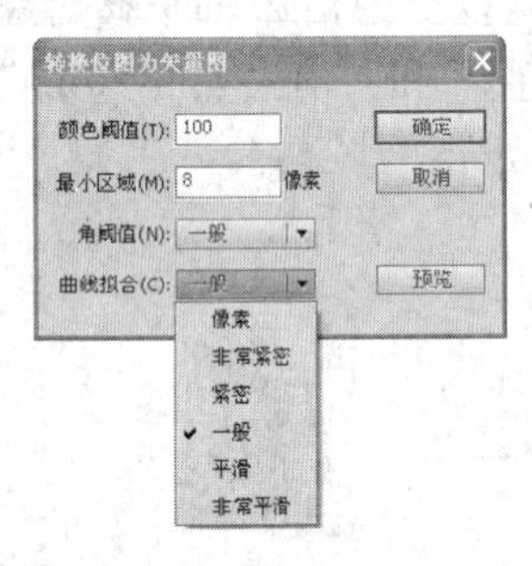

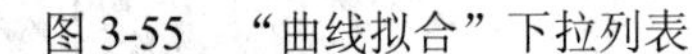

图 3-55 “曲线拟合”下拉列表

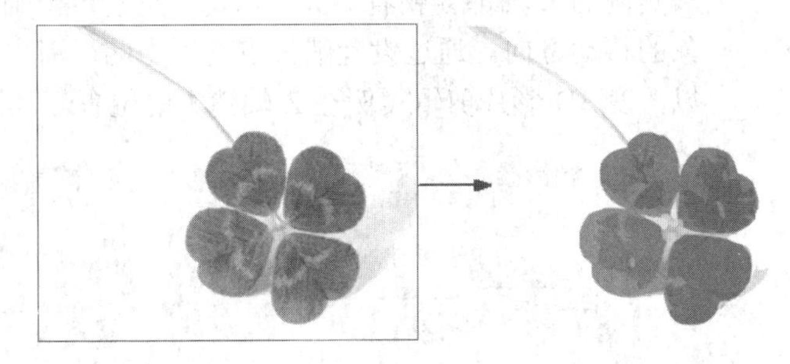

图 3-56 位图转换为矢量图

当设置完“转换位图为矢量图”对话框中的相关参数后，单击“确定”按钮，此时导入的位图将转换为矢量图形，如图 3-56 所示。

提示 如果导入的位图包含复杂的形状和许多颜色，则转换后矢量图形的文件大小会比原来的位图文件大。所以将位图转换为矢量图时，应注意文件大小和图像品质之间的最佳平衡点。

3.7.2 平滑与伸直图形

使用 Flash 绘图工具绘制图形后，往往会有些绘制曲线或直线不够光滑或者不够平直，此时可以使用“选择工具”将绘制的图形选中，然后单击“工具”面板下方选项区域的“平滑”或“伸直”按钮，此时绘制的图形将趋近于平滑或直线化，如图 3-57 所示。

图 3-57 平滑与直线化图形

除了可以通过“工具”面板完成对绘制图形进行平滑与直线化的操作外，还可以通过单击菜单栏中的“修改”/“形状”/“高级平滑”或“修改”/“形状”/“高级伸直”命令对图形进行更加细致的平滑或直线化的操作。

选择绘制的图形后，如果单击菜单栏中的“修改”/“形状”/“高级平滑”命令，此时会弹出“高级平滑”对话框，在此对话框中可以设置图形平滑的相关参数，如图 3-58 所示。

- “下方的平滑角度”：用于设置图形中曲线下方的平滑角度。
- “上方的平滑角度”：用于设置图形中曲线上方的平滑角度。
- “平滑强度”：用于设置图形中曲线平滑的程度，参数值越高曲线越趋近于平滑，参数值越低越趋近于原始曲线模式。
- “预览”：如果将此复选框勾选，则调整对话框中的相关参数时，可以预览舞台中图形的变化。

选择绘制的图形后，如果单击菜单栏中的“修改”/“形状”/“高级伸直”命令，此时会弹出“高级伸直”对话框，在此对话框中可以设置图形直线化的相关参数，如图 3-59 所示。

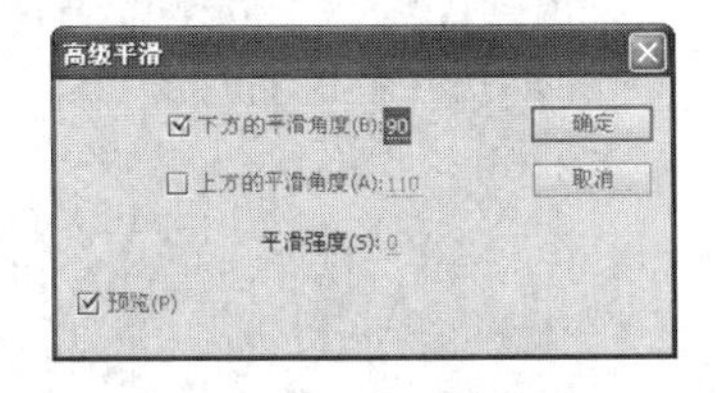

图 3-58 “高级平滑”对话框

图 3-59 “高级伸直”对话框

- “伸直强度”：用于设置图形中曲线直线化的程度，参数值越高曲线越趋近于直线化，参数值越低越趋近于原始曲线模式。
- “预览”：如果将此复选框勾选，则调整对话框中的相关参数时，可以预览舞台中图形的变化。

3.7.3 优化图形

优化图形就是通过减少图形中的曲线数目，将图形中多余的曲线合并，减少 Flash 的数据计算量，从而减小 Flash 动画文件大小。在优化图形的操作时，可以首先选择需要优化的图形，然后单击菜单栏中的“修改”/“形状”/“优化”命令，在弹出的“优化曲线”对话框中即可进行设置，如图 3-60 所示。

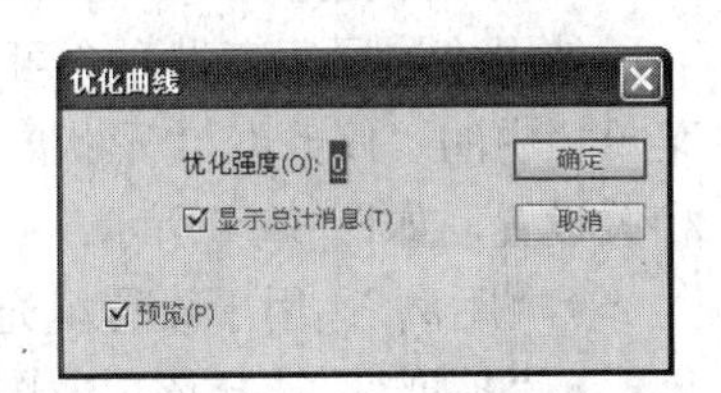

图 3-60 “优化曲线”对话框

- “优化强度”：用于设置图形优化的程度，通过拖曳滑块进行设置。参数值越大表示图形进行越大的优化处理。
- “显示总计消息”：勾选该项，在优化操作完成后显示一个指示优化程度的信息提示框，包括原来图形的曲线数目与优化后图形曲线的数目以及减少曲线数目的百分比信息。

当设置完“优化曲线”对话框中的参数后，单击 确定 按钮，此时会弹出优化曲线的提示框，然后单击 确定 按钮，则选择的图形将按照优化设置进行优化，如图 3-61 所示。

图 3-61 优化图形

3.7.4 修改图形

修改图形是指对合并绘制模式下的图形进行修改，包括“将线条转换为填充”、“扩展填充”以及“柔化填充边缘”。对于这三项操作，可以通过菜单栏中的“修改”/“形状”下相应的命令来完成，如图 3-62 所示。

1．将线条转换为填充

使用“将线条转换为填充”命令可以把笔触线段转换为填充颜色的模式，使其不能再进行笔触线段的相关操作。当选择舞台中图形的笔触线段后，单击菜单栏中的“修改”/“形状”/“将线条转换为填充”命令，则选择的笔触线段将被转换为填充颜色，将笔触线段转换为填充颜色后，从表面上看与原来并没有什么区别，但是转换为填充颜色的图形可以任意地调整形态，如图 3-63 所示。

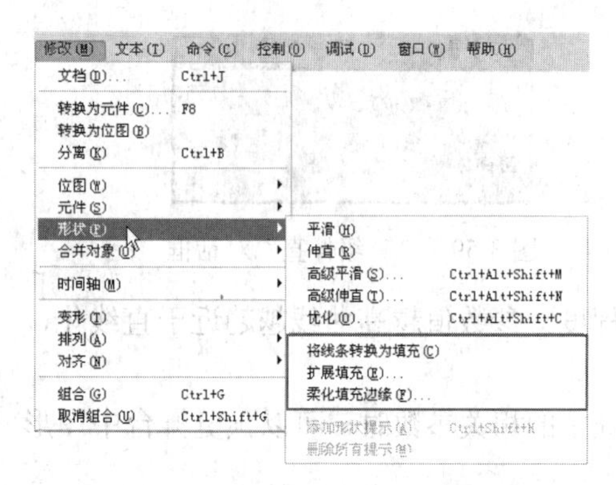

图 3-62 菜单栏中的命令

图 3-63 将线条转换为填充后的调整图形效果

2．扩展填充

使用“扩展填充”命令可以完成图形的扩展或收缩。当选择需要扩展填充图形时，单击菜单栏中的“修改”/“形状”/“扩展填充”命令，在弹出的“扩展填充”对话框中可以进行相关设置，如图 3-64 所示。

- “距离”：用于设置填充的大小，其取值范围为 0.05～144 像素。
- “扩展”：选择该项，图形向外进行扩展填充。
- “插入”：选择该项，图形向内进行收缩填充。

当设置完“扩展填充”对话框中的参数后，单击确定按钮，此时选择的图形将按照设置的参数进行扩展填充，如图 3-65 所示。

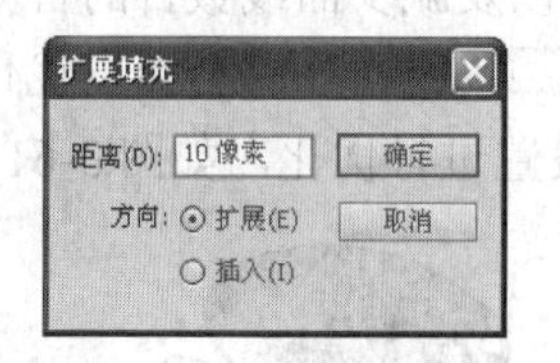

图 3-64 “扩展填充”对话框

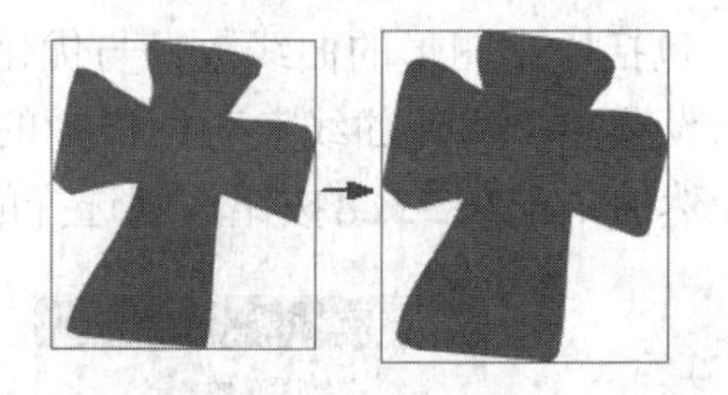

图 3-65 扩展填充图形

3．柔化填充边缘

“柔化填充边缘”命令可以使图形的边缘变得柔和，如同 Photoshop 软件中的羽化效果一样。当选择需要柔化填充边缘的图形后，单击菜单栏中的“修改”/“形状”/“柔化填充边缘”命令，在弹出的“柔化填充边缘”对话框中可以进行相关设置，如图 3-66 所示。

- “距离”：用于设置柔化边缘的宽度，其取值范围为 1～144 像素。
- “步长数”：用于设置填充边缘的数目，填充边缘的透明值会越来越低。此参数值越高，平滑效果越好，相对而言，绘制的速度也就越多，文件也就越大。
- “扩展”：选择该项，图形向外进行柔化填充边缘。
- “插入”：选择该项，图形向内进行柔化填充边缘。

当设置完“柔化填充边缘”对话框中的参数后，单击 确定 按钮，此时选择的图形将按照设置的参数进行图形边缘的柔化，如图 3-67 所示。

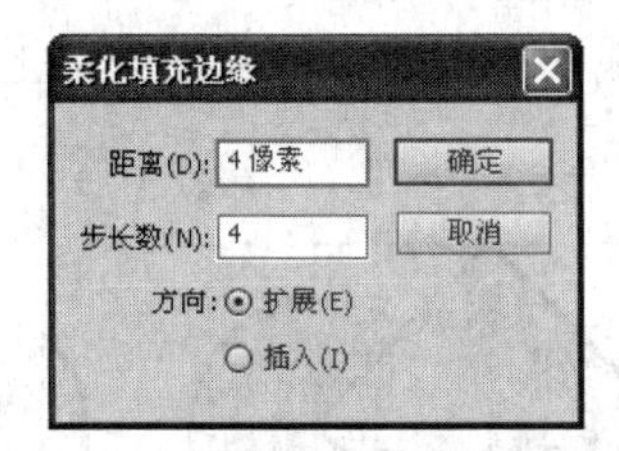

图 3-66 “柔化填充边缘”对话框

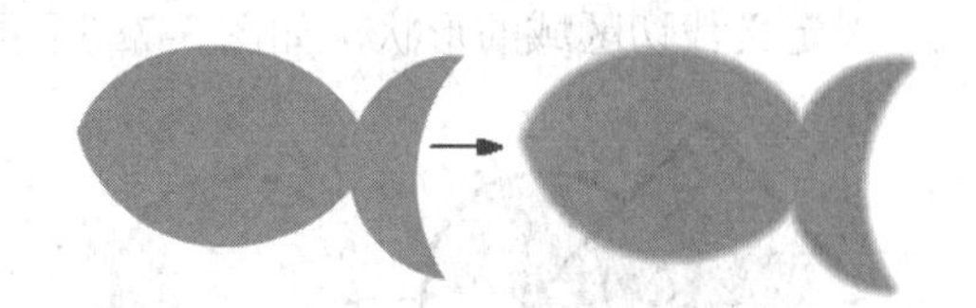

图 3-67 柔化填充边缘

3.8 合并对象

Flash 中有两种绘图模式——合并绘制模式和对象绘制模式，这两种模式可以通过“工具”面板中的“对象绘制”按钮进行切换。如果要将合并绘制模式中的图形转换为对象绘制模式，或者对多个绘制模式的图形进行合并操作，可以通过菜单栏中的“修改”/“合并对象”命令组中的相关命令进行设置，如图 3-68 所示。

- “删除封套”：单击该命令，可以对在对象绘制模式下使用“封套”工具进行变形处理的图形删除封套变形效果，如图 3-69 所示。

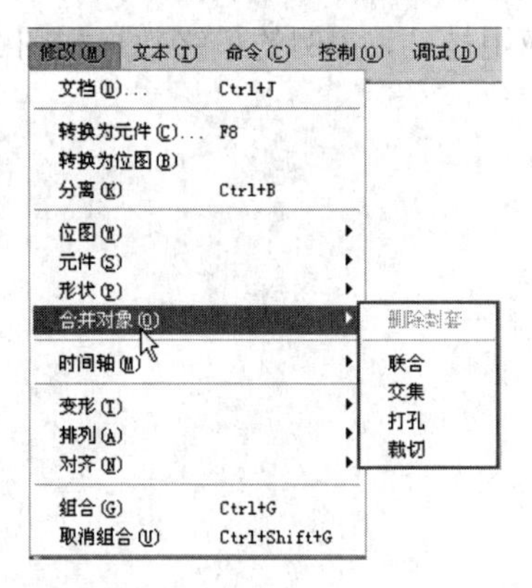

图 3-68 菜单栏中的命令

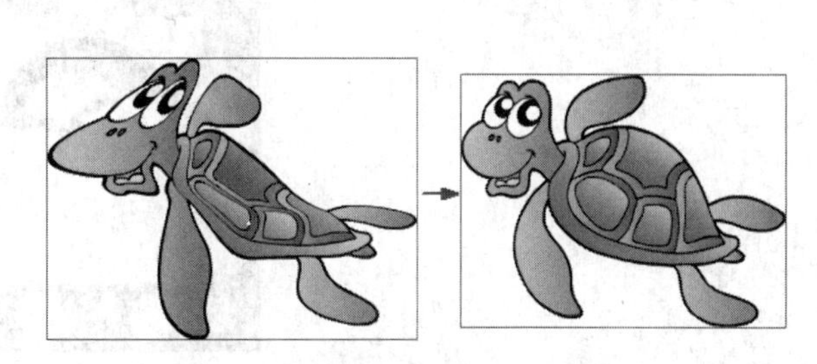

图 3-69 删除封套前后的效果

- “联合”：单击该命令，可以将两个或两个以上的图形合为一个，不论合并绘制模式还是对象绘制模式，联合后的对象全部为对象绘制模式，如图 3-70 所示。
- “交集”：单击该命令，可以将两个或两个以上的图形重合的部分创建为新的对象，如图 3-71 所示。

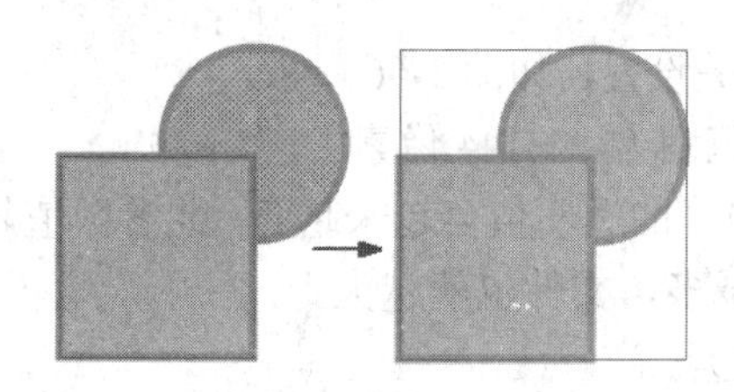

图 3-70　使用“联合”命令合并对象

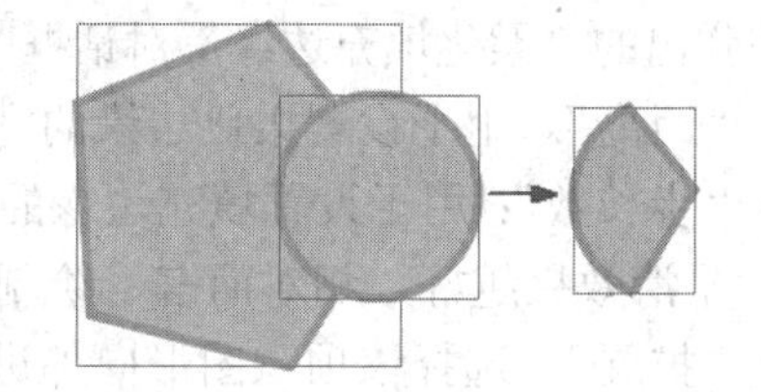

图 3-71　使用“交集”命令合并对象

- “打孔”：单击该命令，可以删除所选对象的某些部分，这些部分由所选对象与排在所选对象前面的另一个所选对象的重叠部分来定义，如图 3-72 所示。
- “裁切”：使用该命令，可以使用某一对象的形状裁切另一对象，前面或最上面的对象定义裁切区域的形状，如图 3-73 所示。

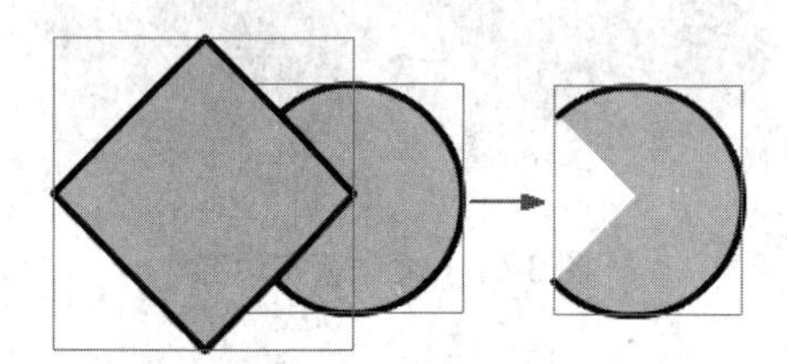

图 3-72　使用“打孔”命令合并对象

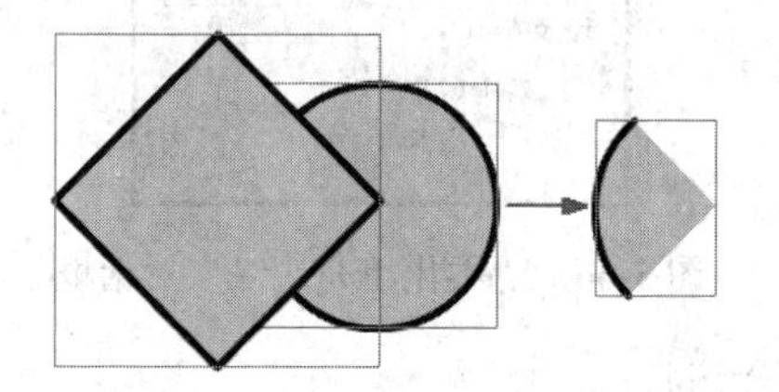

图 3-73　使用“裁切”命令合并对象

提示

在“修改”/“合并对象”命令中的各命令，除了“联合”命令可应用于两种绘制模式的图形外，其他 4 种——“删除封套”、“交集”、“打孔”和“裁切”仅应用于对象绘制模式的图形中。

3.9　实例指导：绘制天气图标图形

通过图形的合并操作可以将简单的图形合并为复杂的图形，这对于绘制图形具有极大的帮助，下面通过一个“天气图标”的实例学习合并对象的应用技巧，实例的最终效果如图 3-74 所示。

图 3-74　绘制的天气图标图形

绘制天气图标图形的操作步骤如下：

① 启动 Flash CS6，创建出一个新的文档。在“属性”面板中设置舞台的“宽度”参数为“400 像素”，“高度”参数为“400 像素”，“背景颜色”为“蓝色”（颜色值“#006699”）。

② 在“工具”面板中选择“基本矩形工具”，在“属性”面板中设置“笔触颜色”

为“无色”，“填充颜色” 为“白色”，并设置“矩形选项”的各个角度参数值都为“50”，然后在舞台中绘制出一个长条圆角矩形，如图 3-75 所示。

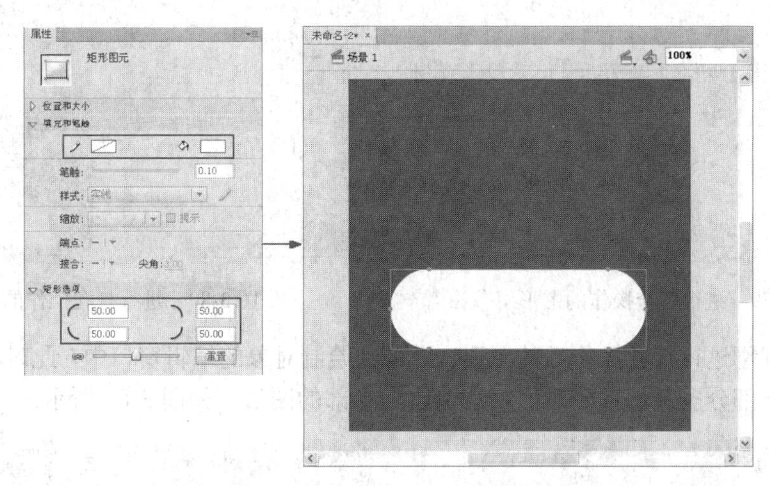

图 3-75　绘制的白色圆角矩形

3. 在“工具”面板中选择“基本椭圆工具” ，在“属性”面板中设置“笔触颜色” 为“无色”，“填充颜色” 为“白色”，然后在刚刚绘制的圆角矩形上方分别绘制两个白色的圆形，如图 3-76 所示。
4. 将舞台中所有图形都选择，单击菜单栏中的“修改”/“合并对象”/“联合”命令，图形进行了合并操作，三个图形变成了一个整体的云朵图形，如图 3-77 所示。

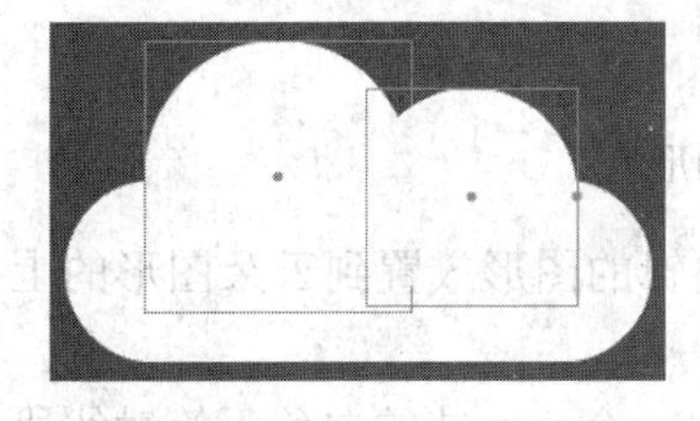

图 3-76　绘制的两个白色圆形

图 3-77　执行“联合”命令后的图形

5. 使用“基本矩形工具” ，在工作区域空白位置绘制一个比云朵图形略小些的白色无笔触线段的正方形，并将绘制的正方形复制一份，并将复制的正方形旋转 45°，然后将两个正方形叠加到一起，如图 3-78 所示。
6. 选择两个正方形图形，单击菜单栏中的“修改”/“合并对象”/“联合”命令，图形进行了合并操作，两个正方形变成一个整体的图形。

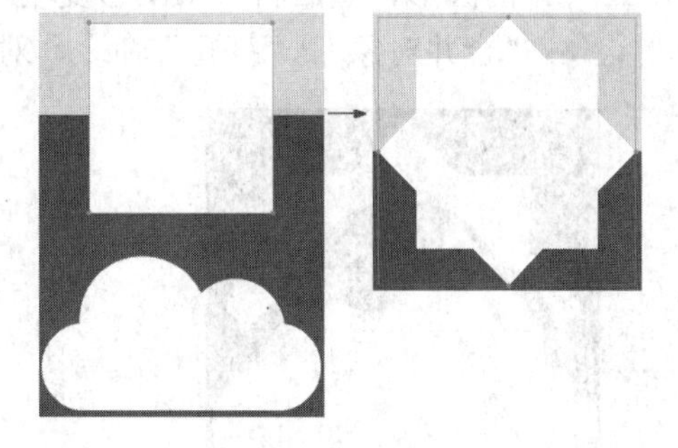

图 3-78　绘制得出的两个正方形图形

7. 使用“基本椭圆工具” ，在工作区域空白位置绘制出 3 个白色无笔触线段的圆形，并将其叠加到一起，然后将其全部选择，单击菜单栏中的“修改”/“合并对象”/“联合”命令，将三个圆形变成一个整体的图形，如图 3-79 所示。
8. 将圆形叠加图形放置在正方形叠加图形略下方，使其叠加到一起，然后单击菜单栏中的“修改”/“合并对象”/“打孔”命令，对图形进行合并操作，正方形叠加图形将圆形叠加图形部分进行了剪切，如图 3-80 所示。

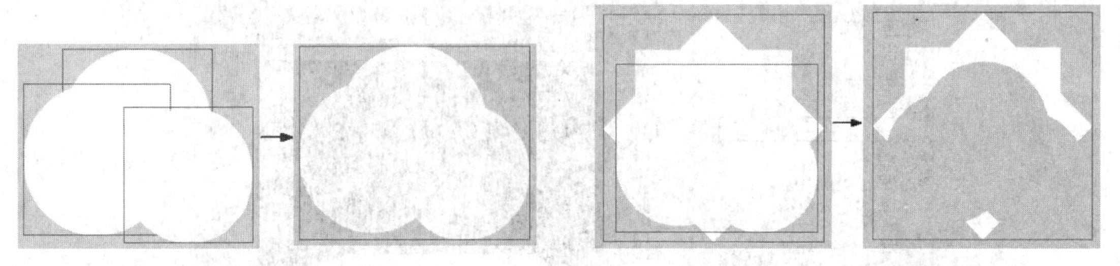

图 3-79　进行联合操作的图形　　图 3-80　进行打孔操作的图形

9. 双击刚刚进行打孔操作后的图形，进入到绘制对象的编辑窗口中，此时将打孔操作后图形下部分多余的部分删除，只保留上半部的图形，如图 3-81 所示。

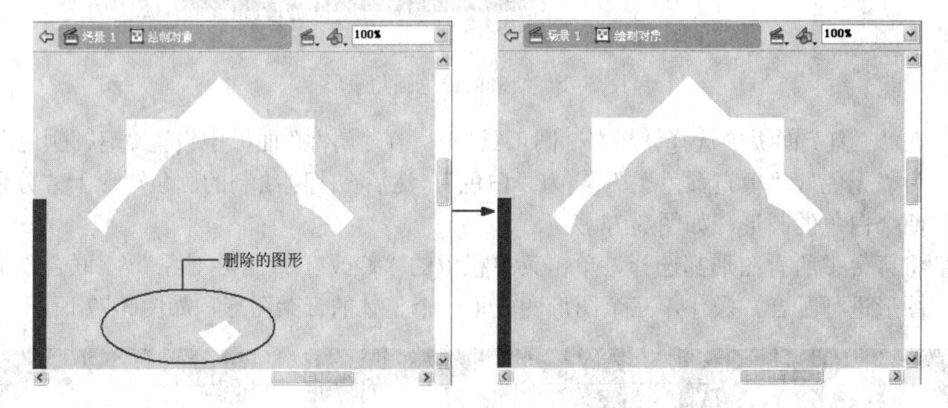

图 3-81　在绘制对象编辑窗口中编辑图形

10. 单击场景 1按钮，切换回场景编辑窗口中，将刚刚编辑的图形放置到云朵图形的上方，如图 3-82 所示。
11. 使用“基本椭圆工具”，在工作区域空白位置绘制出一个小一些的白色无笔触线段的圆形，然后将云朵图形复制一个叠加到圆形下方，然后单击菜单栏中的“修改”/“合并对象”/“打孔”命令，对图形进行打孔操作，打孔后的图形如图 3-83 所示。

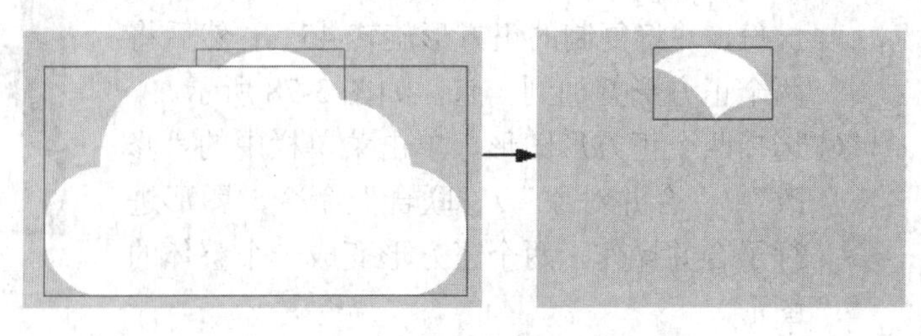

图 3-82　图形的位置　　图 3-83　执行打孔操作后的图形

12. 将刚刚进行打孔操作后的图形放置在云朵图形的上方，如图 3-84 所示。
13. 使用“多角星形工具”，在云朵图形下方绘制出两个小一些的白色无笔触线段的六边形，并整齐进行摆放，如图 3-85 所示。

图 3-84 图形放置的位置

图 3-85 绘制的两个六边形图形

14 单击菜单栏中的“文件”/“保存”命令，将弹出“另存为”对话框，设置“文件名”为“天气图标”，选择本地计算机合适的保存路径，将动画文件保存。

3.10 编辑对象

在 Flash CS6 中有对多个对象进行编辑的命令与面板，包括组合、分离、排列、调整叠加顺序等。

3.10.1 组合对象

组合对象是将多个对象组合为一个整体，组合后的对象将成为一个单一的对象，可以对它们进行统一的操作，从而避免了编辑其他图形对它们产生的误操作。

对象的组合操作很简单，只需将需要组合的对象选择，然后单击菜单栏中的“修改”/“组合”命令，即可将所选择的对象组合在一起。组合后，对象周围会出现一个绿色边框，如图 3-86 所示。

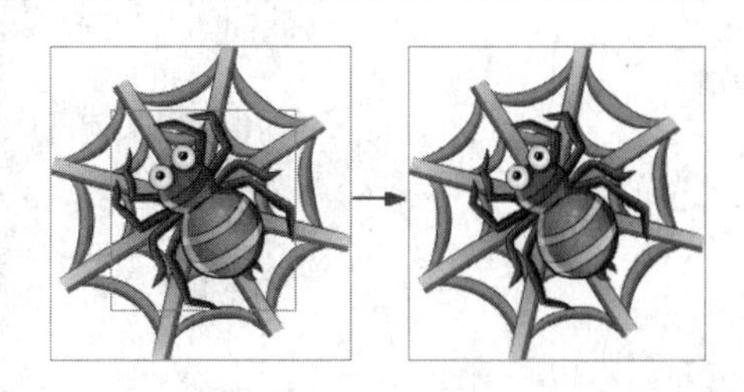
图 3-86 组合前后的显示

提示

如果想要对组合为一体的某个对象进行编辑，可以在舞台中双击该组合对象，也可以单击菜单栏中的“编辑”/“编辑所选项目”命令，在进入对象的编辑状态下对其进行编辑，此时组合外的其他对象将会以灰色显示，并不能对其进行编辑。如果对组合为一体的某个对象编辑完成后，想返回到场景的编辑窗口，除了单击“时间轴”面板上方的场景 1按钮外，还可以单击菜单栏中的“编辑”/“全部编辑”命令，回到场景的编辑窗口中。

对于组合为一体的对象来说，如果想将其分解为原始的单独对象状态，可以单击菜单栏中的“修改”/“取消组合”命令，将对象的组合状态取消。

3.10.2 分离对象

分离对象可以将组合的对象分离出来，也可以将对象绘制模式的图形转换为合并绘制模式的图形。分离对象的操作非常简单，首先选择需要分离的对象，然后单击菜单栏中的“修改”/“分离”命令，或按键盘上的 Ctrl+B 组合键，即可对选择对象进行分离操作，如图 3-87 所示。

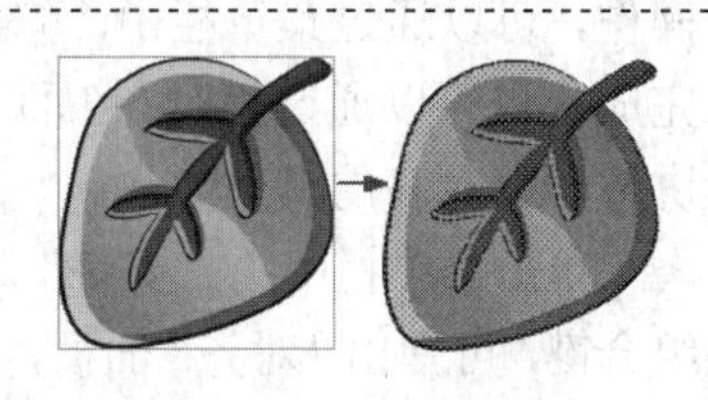
图 3-87 分离对象

3.10.3 排列对象

排列对象是指对同一图层中各个对象的上下叠放顺序进行调整。在 Flash 中创建对象时最后创建的对象会放置到最顶层，而最先创建的对象将放置在最底层。对象的叠放顺序将直接影响到其显示效果，通过菜单栏中“修改”/“排列”命令下的相关命令可进行设置，如图 3-88 所示。

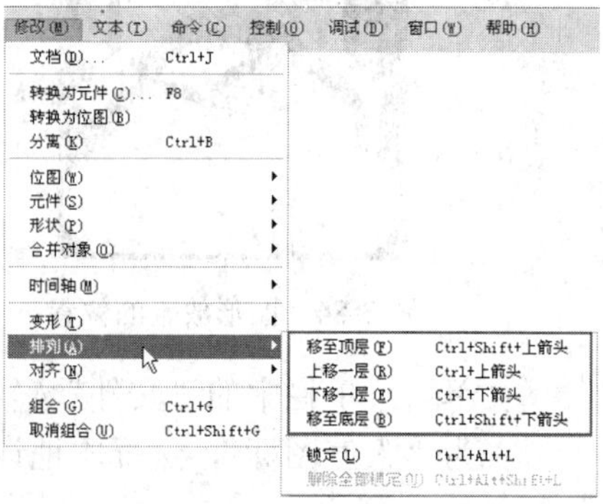

- “移到顶层”：单击该命令，将所选对象移动到最顶层。
- “上移一层”：单击该命令，将所选对象向上移动一层。
- “下移一层”：单击该命令，将所选对象向下移动一层。
- “移至底层”：单击该命令，将所选对象移动到最底层。

图 3-88 “排列”子菜单中的相关命令

使用“修改”/“排列”中的相关命令对图形进行叠加顺序调整的效果如图 3-89 所示。

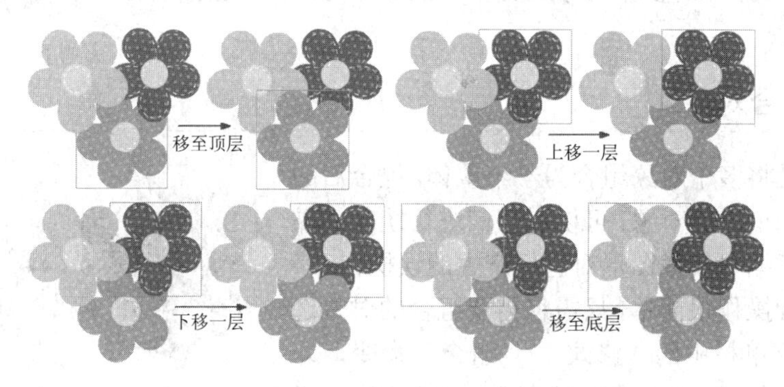

图 3-89 排列对象

3.10.4 锁定对象

Flash 舞台中如果有多个对象，在编辑其中一个对象时难免会影响到其他的对象，此时可以将不需要编辑的对象锁定，被锁定的对象不能再进行任何操作；如需编辑此对象，则解除对象的锁定即可。对象的锁定与解除锁定操作，可以通过菜单栏中“修改”/“排列”命令下的“锁定”与“解除全部锁定”命令来完成。

3.10.5 对齐对象

对齐对象是指将所选择的多个对象按照一定的方式进行对齐操作，可以通过菜单栏中“修改”/“对齐”命令下相应的命令来完成，也可以通过“对齐”面板进行操作。下面以“对齐”面板讲解对象对齐的具体方法。

单击菜单栏中的“窗口”/“对齐”命令或按键盘上的 Ctrl+K 组合键，可弹出“对齐”面板，包括“对齐”、“分布”、“匹配大小”、“间隔”以及“与舞台对齐”5 部分，如图 3-90 所示。

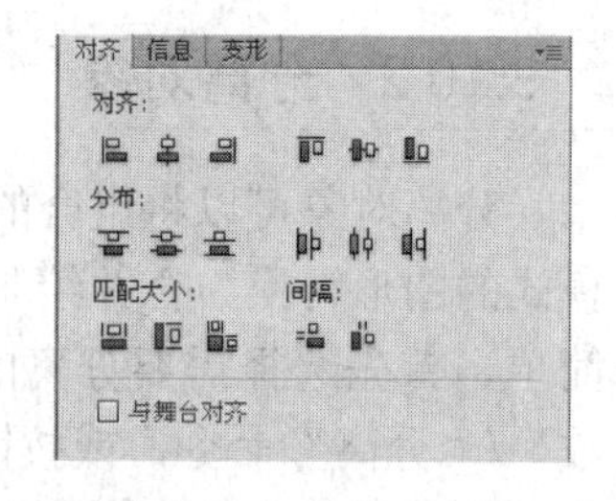

图 3-90 “对齐”面板

- "对齐"：用于将所选的多个对象以一个基准线对齐，自左向右分别为"左对齐"、"水平中齐"、"右对齐"、"上对齐"、"垂直中齐"、"底对齐"。
- "分布"：用于设置多个对象之间保持相同间距，自左向右分别为"顶部分布"、"垂直居中分布"、"底部分布"、"左侧分布"、"水平居中分布"、"右侧分布"。
- "匹配大小"：用于设置多个对象保持相同的宽度与高度。自左向右分别为"匹配宽度"、"匹配高度"、"匹配宽和高"。
- "间隔"：用于设置所选多个对象中相邻对象的间隔。自左向右分别为"垂直平均间隔"、"水平平均间隔"。
- "与舞台对齐"：勾选此选项，则面板上侧的对齐、分布、匹配大小和间隔操作将相对于舞台；如果不勾选此选项，则上侧的各操作仅作用于对象本身。

3.10.6 复制对象

制作 Flash 动画的过程中经常需要用到剪切、复制与粘贴对象的操作，剪切是将所选内容剪切到剪贴板中，复制是将所选内容复制到剪贴板中，将对象剪切或复制到剪贴板后，可以通过相关的命令与操作将对象粘贴到舞台中。对于这些操作，可以通过"编辑"菜单中的相关命令或"选择工具"来完成。

1. 使用"编辑"菜单中的命令进行剪切、复制对象

通过"编辑"菜单中的各个命令可以完成对象的剪切、复制以及粘贴操作，如图 3-91 所示。

- "剪切"：单击该命令，将当前所选择的内容剪切到剪贴板中，以备进行粘贴操作。
- "复制"：单击该命令，将当前所选择的内容复制到剪贴板中，以备进行粘贴操作。
- "粘贴到中心位置"：单击该命令，将当前剪切或复制的内容粘贴到舞台的中心位置。
- "粘贴到当前位置"：单击该命令，将当前剪切或复制的内容复制到舞台中原来的位置。
- "选择性粘贴"：可以选择粘贴对象的方式，单击该命令，将弹出"选择性粘贴"对话框，如图 3-92 所示。
- "清除"：单击该命令，将舞台中所选的图形删除。
- "直接复制"：单击该命令，可以将所选的对象直接粘贴到舞台中。

2. 使用"选择工具"复制对象

除了可以使用"编辑"菜单中的各个命令进行剪切、复制与粘贴的操作，还可以使用"选择工具"来快捷地进行对象的复制操作。首先使用"选择工具"在舞台中选择对象，然后按住键盘上的 Alt 键或 Ctrl 键拖曳鼠标，此时光标显示为图标，移动到合适位置后释放鼠标，此时对象被复制到释放鼠标的位置处，如图 3-93 所示。

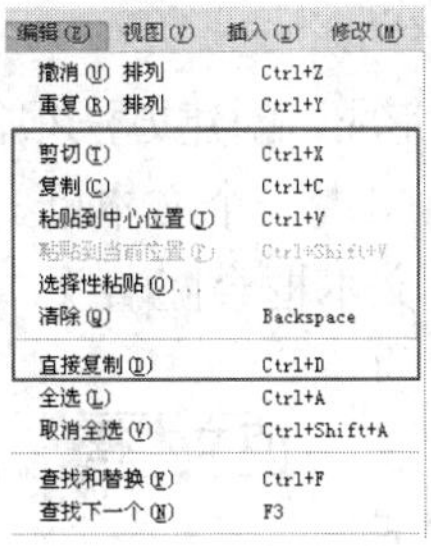

图 3-91 "编辑"菜单中的各个命令

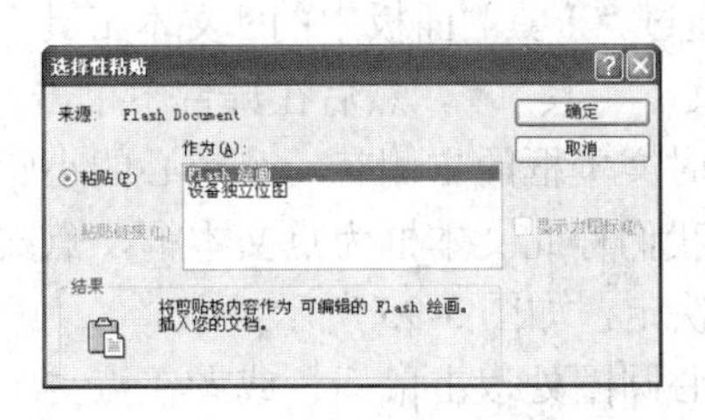

图 3-92 "选择性粘贴"对话框

图 3-93 使用"选择工具"复制对象

在使用“选择工具”拖曳对象时，如果按住键盘上的Shift键和Ctrl键，或者Shift键和Alt键，可以对对象进行水平方向、垂直方向或45° 角方向的复制。

3.11 文字编辑

在Flash软件中，文字与图形、音乐等元素一样，可以作为一个对象应用到动画制作中，具体操作通过“工具”面板中的“文本工具”T与文本的属性设置来完成。

3.11.1 TLF文本与传统文本

Flash CS6中使用新的文本引擎——文本布局框架（TLF）向Flash文件添加文本，TLF支持更多丰富的文本布局功能和对文本属性的精细控制。与以前的文本引擎（现在称为传统文本）相比，TLF文本可加强对文本的控制。Flash CS6默认的文本引擎为TLF，用户也可以根据需要选择使用传统文本。TLF文本与传统文本的切换可以通过“属性”面板中的“文本引擎”选项来完成，如图3-94所示。

图3-94 文本的属性

与传统文本相比，TLF文本提供了下列增强功能：

- 提供更多字符样式，包括行距、连字、加亮颜色、下划线、删除线、大小写、数字格式等。
- 提供更多段落样式，包括通过栏间距支持多列、末行对齐选项、边距、缩进、段落间距和容器填充值。
- 控制更多字体属性，包括直排内横排、标点挤压、避头尾法则类型和行距模型。
- 可以为TLF文本应用3D旋转、色彩效果以及混合模式等属性，而无需将TLF文本放置在影片剪辑元件中。
- 文本可按顺序排列在多个文本容器。这些容器称为串接文本容器或链接文本容器。
- 能够针对阿拉伯语和希伯来语文字创建从右到左的文本。
- 支持双向文本，其中从右到左的文本可包含从左到右文本的元素。当遇到在阿拉伯语或希伯来语文本中嵌入英语单词或阿拉伯数字等情况时，此功能必不可少。

3.11.2 创建文本

在Flash中创建文本可以通过“工具”面板中的“文本工具”T来完成，创建方法很简单，只需在“工具”面板中选择“文本工具”T，然后在舞台中单击，此时出现一个文本框，然后在文本框中输入文字即可。此时文本框的右侧有一个空心的小圆圈，文本框会随着文本输入的多少，其宽度也随之变化，我们称此文本框为点文本框，点文本框的容量大小由其所包含的文字来决定，如图3-95所示。

点文本框

图3-95 点文本框

如果在点文本框右下角空心圆圈处双击鼠标，或者在点文本框右下角空心圆圈处拖曳鼠标，可以将点文本框转换为区域文本框。区域文本框为一个固定的文本框，此文本框中不管有多少文字内容，都只能显示在这个区域中。如果区域文本框中的文字没有超出文本框的范围，右下角显示为空心的矩形；如果区域文本框中的文字超出文本框的范围，则右下角显示为中间为十字的红色矩形。区域文本框上方显示有标尺，可以显示文本框的宽度，并且可以通过标尺来调整文字的缩进等效果，如图3-96所示。

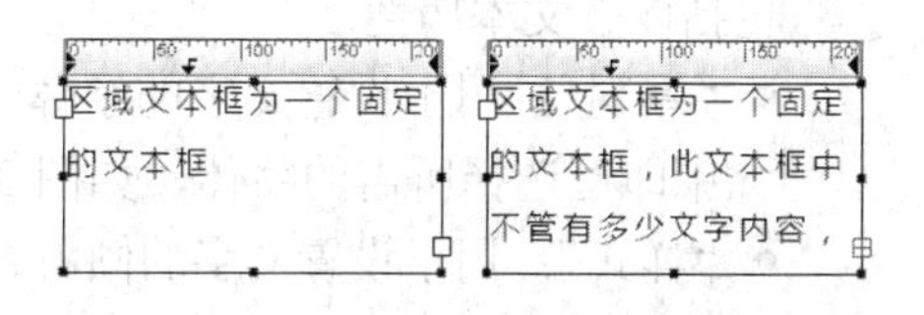

图3-96　区域文本框

提示

创建文本时，使用“文本工具”T在舞台中拖曳出一个区域，可以直接创建区域文本框。拖曳的区域大小即是区域文本框的大小，然后可以在区域文本框中输入文本内容。

3.11.3　文本类型

Flash中创建的文本有三种类型，分别为“只读”、“可选”和“可编辑”。这三种文本类型可以在“属性”面板的“文本类型”选项中进行设置，如图3-97所示。

- “只读”：设置此选项后，在生成的SWF动画中，文本框中的文本只能被看到。
- “可选”：设置此选项后，在生成的SWF动画中，文本框中的文本可以进行选择。
- “可编辑”：设置此选项后，在生成的SWF动画中，文本框中的文本可以重新编辑。

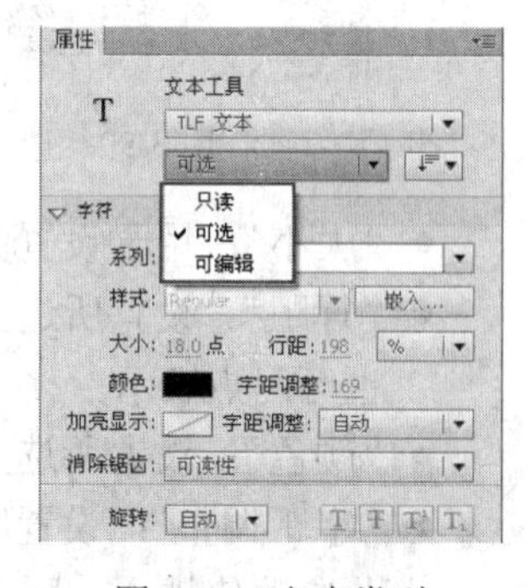

图3-97　文本类型

3.11.4　设置字符的属性

选择“工具”面板中的“文本工具”T或者选择舞台中输入的文本，可以对文本的字符属性进行设置。字符属性是应用于单个字符的属性。要设置字符的属性，可使用“属性”面板的“字符”和“高级字符”选项，如图3-98所示。

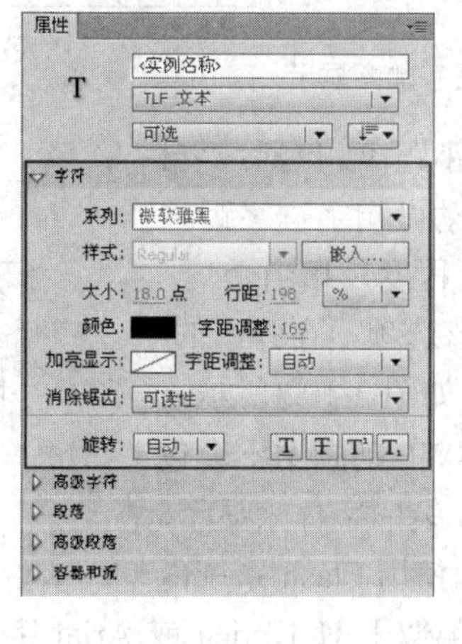

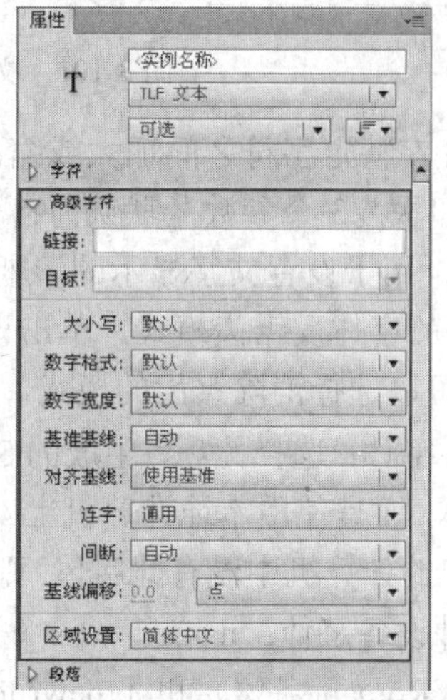

图3-98　字符的属性

1. “字符”选项部分

包括以下文本属性：

- “系列”：用于设置文字的字体。单击右侧的下拉按钮▾，弹出一个字体列表，在列表中即可选择所需的字体，如图 3-99 所示。
- “样式”：用于设置文字的倾斜、加粗、加粗倾斜样式。TLF 文本对象不能使用仿斜体和仿粗体样式，某些字体还可能包含其他样式，例如黑体、粗斜体等。如图 3-100 所示。

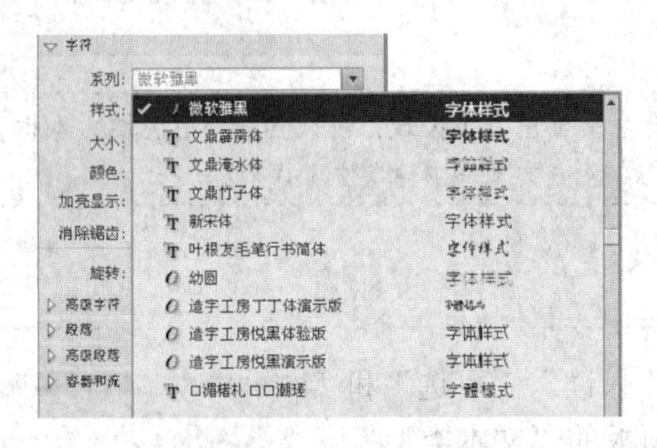

图 3-99　选择文字的字体

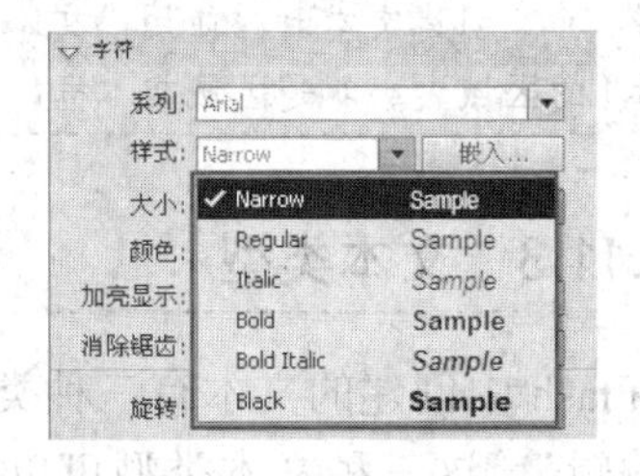

图 3-100　设置文字样式

- “大小”：用于设置文字字符的大小，字符大小以点为单位。
- “行距”：设置所选择的文本行之间的垂直间距。默认情况下，行距用百分比表示，但也可用点表示。
- “颜色”：设置所选文字的颜色。
- “字距调整”：设置所选的文字之间的距离，此参数值越大，则文字之间的间距越大；此参数值越小，则文字之间的间距越小。
- “加亮显示”：为选择的文字设置一个颜色背景，以突出所选择的文字，如图 3-101 所示。

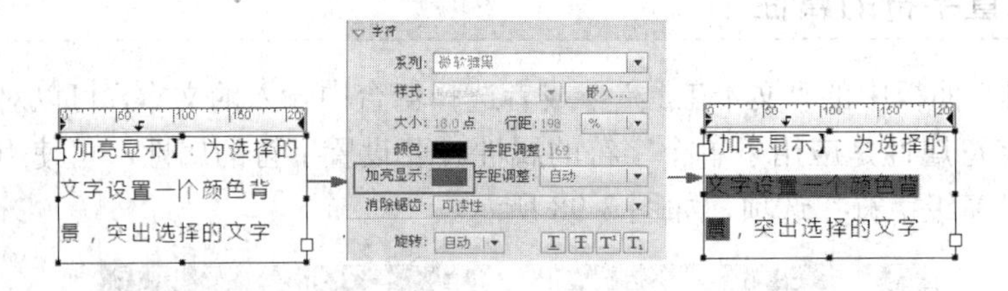

图 3-101　文字加亮显示

- “字距调整”：在特定字符之间加大或缩小距离。包括：“自动”、“开”、“关” 3 个参数，默认为自动微调字符字距。
- “消除锯齿”：用于设置文字显示的清晰程度，相当于 Photoshop 中的字体反锯齿模式，单击该选项，在弹出的下拉列表中可以选择消除锯齿的模式，如图 3-102 所示。

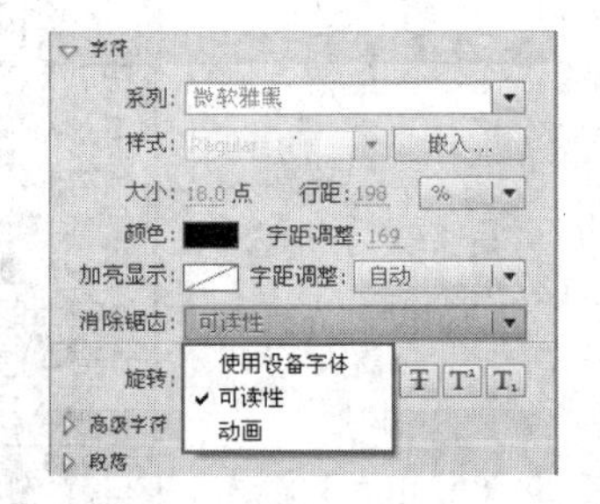

图 3-102　消除锯齿选项

  - ➢ 使用设备字体：选择此项，生成的 SWF 动画中不会包含此字体，而是使用本地计算机上安装的字体来显示，如果用户的计算机中没有此字体，则使用 Flash 系统内置的 3 种设备字体：named_sans（类似于 Helvetica 或 Arial 字体）、_serif（类似于 Times Roman 字体）和_typewriter（类似于 Courier 字体）来替代。由于此种模式没有包含字体，所以会减小生成动画文件的大小。

  - 可读性：此选项使字体更容易辨认，尤其是字体大小比较小的时候（如果要对文本设置动画效果，请不要使用此选项；而应使用“动画”模式）。
  - 动画：通过忽略对齐方式和字距调整信息来创建更平滑的动画。为提高清晰度，应在指定此选项时使用 10 点或更大的字号。
- “旋转”：用于设置所选文字的旋转，旋转包括以下值：
  - AI 文件到 SWF 文件：将图稿导出到一帧中，可保留图层剪切蒙版。
  - 0°：强制所有字符不进行旋转。
  - 270°：主要用于具有垂直方向的罗马字文本。
  - 自动：仅对全宽字符和宽字符指定 90°逆时针旋转。此旋转仅在垂直文本中应用，使全宽字符和宽字符回到垂直方向，而不会影响其他字符。
- “下划线” T：将水平线放在字符下。
- “删除线” T：将水平线置于从字符中央通过的位置。
- “上标” T：将字符移动到稍微高于标准线的上方并缩小字符的大小。
- “下标” T：将字符移动到稍微低于标准线的下方并缩小字符的大小。

2. “高级字符”选项部分

包含以下属性：

- “链接”：为所选择的文字设置 URL 链接。
- “目标”：用于设置指定 URL 要加载到其中的窗口。目标包括以下值：
  - _self：指定当前窗口中的当前帧。
  - _blank：指定一个新窗口。
  - _parent：指定当前帧的父级。
  - _top：指定当前窗口中的顶级帧。
- “大小写”：用于指定如何使用大写字符和小写字符。大小写包括以下值：“默认”、“大写”、“小写”、“大写转为小型大写字母”、“将小写转换为小型大写字母”。
- “数字格式”：设置在使用 OpenType 字体提供等高和变高数字时应用的数字样式。数字大小写包括以下值：“默认”、“全高”和“变高”。
- “数字宽度”：设置在使用 OpenType 字体提供等高和变高数字时，是使用等比数字还是定宽数字。数字宽度包括以下值：“默认”、“等比”和“定宽”。
- “基准基线”：为选中的文本指定主体（或主要）基线（与行距基准相反，行距基准决定了整个段落的基线对齐方式）。主体基线包括以下值：“自动”、“ 罗马语”、“上缘”、“下缘”、“表意字顶端”、“表意字中央”和“表意字底部”。
- “对齐基线”：可以为段落内的文本或图形图像指定不同的基线。例如，如果在文本行中插入图标，则可使用图像相对于文本基线的顶部或底部指定对齐方式。对齐基线包括以下值：“使用基准”、“ 罗马文字”、“上缘”、“下缘”、“表意字顶端”、“表意字中央”和“表意字底部”。
- “连字”：连字是对某些连续字母的字面替换字符，如某些字体中的“fi”和“fl”。连字通常替换共享公用组成部分的连续字符。它们属于一类更常规的字型，称为上下文形式字型。使用上下文形式字型，字母的特定形状取决于上下文，例如周围的字母或邻近行的末端。连字属性包括以下值：“最小值”、“通用”、“非通用”、“外来”。
- “间断”：用于防止所选的词在行尾中断。“间断”设置也用于将多个字符或词组放在一起，例如，词首大写字母的组合或名和姓。间断包括以下值："自动"、"全部"、"任何"、"无间断"。

- "基线偏移"：控制以百分比或像素设置基线偏移。如果是正值，则将字符的基线移到该行其余部分的基线下；如果是负值，则移动到基线上。在此选项中也可以应用"上标"或"下标"属性。默认值为 0。范围是 +/− 720 点或百分比。
- "区域设置"：用于设置文本的语言种类。

3.11.5 设置段落的属性

除了对文本进行字符属性设置，还可以对整段文字设置段落属性。对于 TLF 文本，可使用"属性"面板的"段落"和"高级段落"选项为其设置段落的属性，如图 3-103 所示。

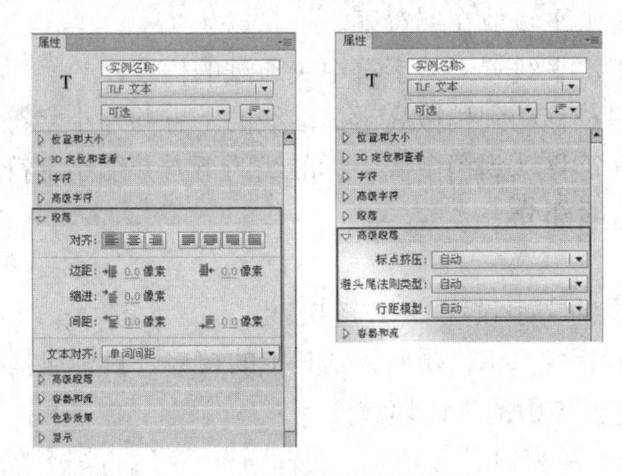

图 3-103　文本的段落属性

1．"段落"选项部分

包括以下属性：

- "对齐"：用于设置选择文本的对齐方式，包括"左对齐"、"居中对齐"、"右对齐"、"两端对齐，末行左对齐"、"两端对齐，末行居中对齐"、"两端对齐，末行右对齐"与"全部两端对齐"。
- "边距"：包括两个参数设置项——"起始边距"和"结束边距"。"起始边距"用于设置文本框中的文字距离文本框左边缘的距离；"结束边距"用于设置文本框中的文字距离文本框右边缘的距离。
- "缩进"：设置所选段落的第一个词的缩进距离。
- "间距"：包括两个参数设置项——"段前间距"和"段后间距"。"段前间距"用于设置所选段落距离上方段落的间隔距离；"段后间距"用于设置所选段落距离下方段落的间隔距离。
- "文本对齐"：单击该按钮，在弹出的下拉列表中有"字母间距"和"单词间距"两个个选项。"字母间距"用于设置在字母之间进行字距调整；"单词间距"用于设置在单词之间进行字距调整。

2．"高级段落"选项部分

包括以下属性：

- "标点挤压"：此属性有时称为对齐规则，用于确定如何应用段落对齐。根据此设置应用的字距调整器会影响标点的间距和行距。标点挤压属性包括以下值："自动"、"间隔”、“东亚”。

- “避头尾法则类型”：此属性有时称为对齐样式，用于指定处理日语避头尾字符的选项，此类字符不能出现在行首或行尾。避头尾法则类型包括以下值：“自动”、“优先采用最小调整”、“行尾压缩避头尾字符”、“只推出”。
- “行距模型”：行距模型是由允许的行距基准和行距方向的组合构成的段落格式。行距基准确定了两个连续行的基线，它们的距离是行高指定的相互距离。行距方向确定度量行高的方向。如果行距方向为向上，行高就是一行的基线与前一行的基线之间的距离。如果行距方向为向下，行高就是一行的基线与下一行的基线之间的距离。行距模型包括以下值：“自动”、“罗马文字（上一行）”、“表意字顶端（上一行）”、“表意字中央（上一行）”、“表意字顶端（下一行）”、“表意字中央（下一行）”和“上缘下缘（上一行）”。

3.11.6 设置文本框的属性

舞台中输入文字是包含在文本框内，不仅可以对文本框内的字符和段落进行属性设置，而且也可以对整个文本框进行属性设置。如选择 TLF 文本框后，在“属性”面板中将出现“容器和流”的选项，其中的属性用于对整个文本框进行设置，如图 3-104 所示。

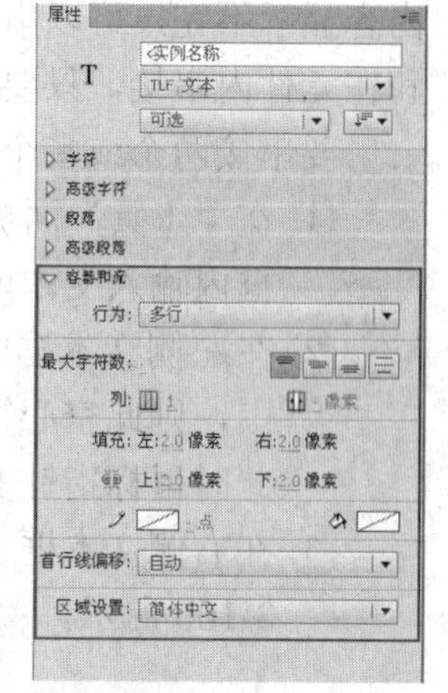

图 3-104　文本框的属性

- “行为”：用于设置文本框内的字符显示形式。包括下列选项：
  - ➢ 单行：文本框内的文字以单行显示。
  - ➢ 多行：文本框内的文字以多行显示。当选定文本是区域文本时，此项可以使用。
  - ➢ 多行不换行：文本框中的文字不进行段落分行且以一行显示。
  - ➢ 密码：使文本框中字符显示为星号而不是字母，以确保密码安全。只有当文本框的类型为“可编辑”时，才会出现此选项。
- “最大字符数”：设置文本框中允许的最多字符数，最大值为 65 535。只有当文本框的类型为“可编辑”时此选项才有效。
- “对齐方式”：用于设置文本框内文本的对齐方式。包括下列选项：
  - ➢ “将文本与容器顶部对齐”：使文本居于文本框的顶部。
  - ➢ “将文本与容器中心对齐”：使文本居于文本框的垂直中心位置。
  - ➢ “将文本与容器底部对齐”：使文本居于文本框的底部。
  - ➢ “两端对齐容器内的文本”：使文本撑满整个文本框。

提示

如果将文本方向设置为“垂直”，则“对齐方式”中的选项会相应更改。

- “列”：用于设置文本框内文本的列数。此属性仅适用于区域文本框。默认值是 1。最大值为 50。
- “列间距”：用于设置文本框中的每列之间的间距。默认值是 20。最大值为 1000。此度量单位根据“文档设置”中设置的“标尺单位”进行设置。
- “填充”：用于设置文本框中文本和文本框边距之间的宽度。如果“填充”选项下方为解除锁定状态，可以对“左”、“右”、“上”、“下”分别设置不同的参数值；在解除锁定状态按钮上单击变为锁定状态，此时“左”、“右”、“上”、“下”参数值为统一的参数。

- “容器边框颜色”：用于设置文本框外部周围笔触的颜色。设置文本框边框颜色后，“边框宽度”选项才可用。
- “边框宽度”：用于设置文本框外部笔触的宽度。
- “容器背景颜色”：用于设置文本框的背景颜色。
- “首行线偏移”：设置首行文本与文本框的顶部的对齐方式。例如，可以使文本相对文本框的顶部下移特定距离。首行线偏移具有下列值：“点”、“自动”、“上缘”、“行高”。
- “区域设置”：用于设置文本框中文本的语言种类。

3.11.7 多个文本框中文本的链接

Flash CS6 中使用 TLF 文本，可以实现多个文本框之间的串接。例如 A 文本框中的文字内容显示不完，可以串接到 B 文本框中，在 B 文本框中进行显示。文本框可以在各个帧之间和在元件内串接，只要所有串接容器位于同一时间轴内。

要串接两个或多个 TLF 文本框，可以通过如下方法来操作：

1. 在“工具”面板中选择“文本工具”T，在舞台中创建两个文本框，在其中一个文本框内输入文本内容，如图 3-105 所示。
2. 在左侧文本框中单击文本框右下角的空心矩形（如果文本框中文字超出文本框的范围，则此空心矩形显示为红色带十字的矩形），然后将鼠标指针指向右侧的文本框，此时鼠标指针变为带有链接形式的样式。
3. 在右侧文本框上单击，此时左侧文本框中来显示的文本将串接到右侧文本框中，如图 3-106 所示。

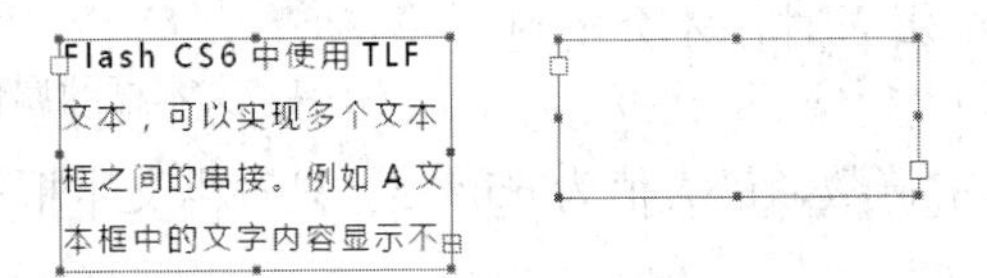

图 3-105 创建的两个文本框

图 3-106 串接的文本框

提示

文本框串接后，文本框之间会出现一条斜线，同时文本框串接处的空心矩形中间显示为箭头，表示文本框之间的串接方向。

两个或多个文本框中的文字串接到一起后，也可以取消它们的串接，取消串接的方法很简单，只需在串接的文本框边框显示为箭头的位置，双击鼠标即可取消文本框之间的串接，如图 3-107 所示。

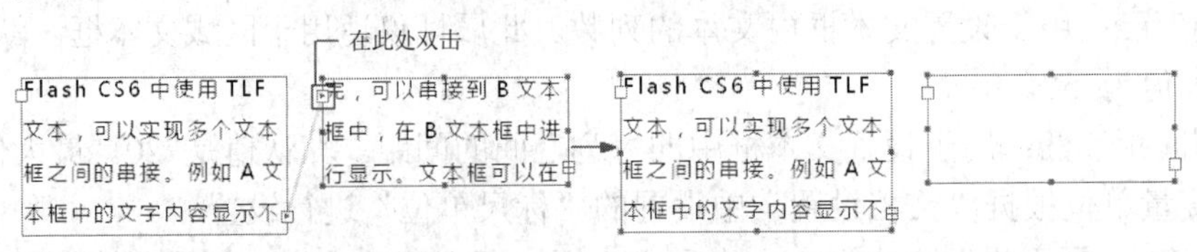

图 3-107 取消文本框的串接

3.12 实例指导：制作祝福贺卡

文字是 Flash 动画中的重要元素，用于信息的传递，在 Flash 动画中往往起到画龙点睛的作用。下面通过一个“祝福贺卡”的实例来巩固前面所学的创建与编辑文本的知识，其最终效果如图 3-108 所示。

图 3-108 祝福贺卡

制作祝福贺卡的操作步骤如下：

1. 打开本书配套光盘“第 3 章/素材”目录下的“祝福贺卡.fla”Flash 文件。
2. 在“工具”面板中选择“文本工具” T，在页面左上绿色横条的位置，创建出点文本框，在其中输入“朋友珍重”文字，然后选择输入的文字，在“属性”面板的“字符”选项中设置“系列”中字体为“方正行楷简体”，“大小”参数为“36”点，“颜色”为“白色”，“字距调整”参数为“120”，如图 3-109 所示。
3. 使用“任意变形工具”将刚刚创建的文字略微旋转，使其与绿色横条平行，如图 3-110 所示。

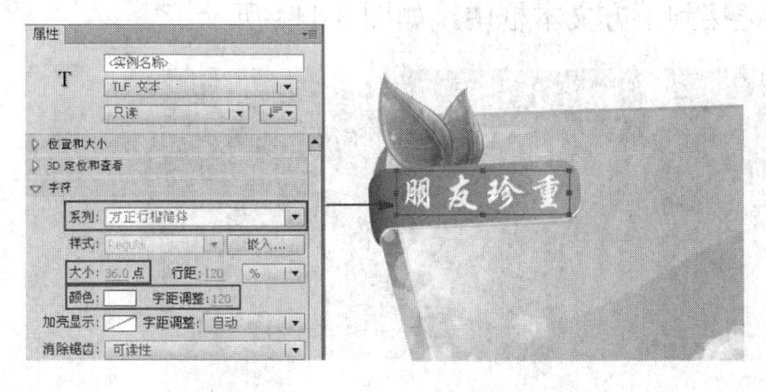

图 3-109 设置文字的属性　　图 3-110 旋转输入的文字

4. 在“工具”面板中选择“文本工具” T，在舞台中创建一个区域文本框，打开本书配套光盘“第 3 章/素材”目录下的“贺词.txt”记事本文件，将其中的文字复制，然后粘贴到区域文本框中。
5. 选择区域文本框，在“属性”面板的“字符”选项中设置“系列”中字体为“方正行楷简体”，“大小”参数为“20”点，“行距”参数为“180”，“颜色”为“棕色”（颜色值“#A24609”），“字距调整”参数为“120”，如图 3-111 所示。

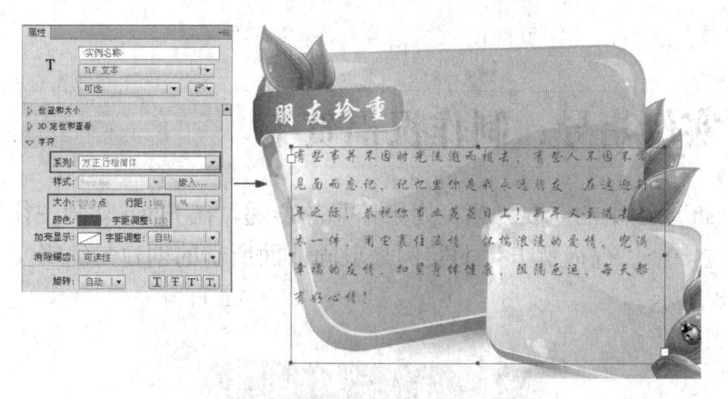

图 3-111　设置文本框中文本的属性

⑥ 调整文本框的大小，并使用“任意变形工具”将文本框与背景图形保持平行，如图 3-112 所示。

⑦ 继续使用“文本工具” T，在刚刚创建的文本框下方继续创建一个文本框，调整其大小与旋转角度，如图 3-113 所示。

图 3-112　调整文本框的大小与角度

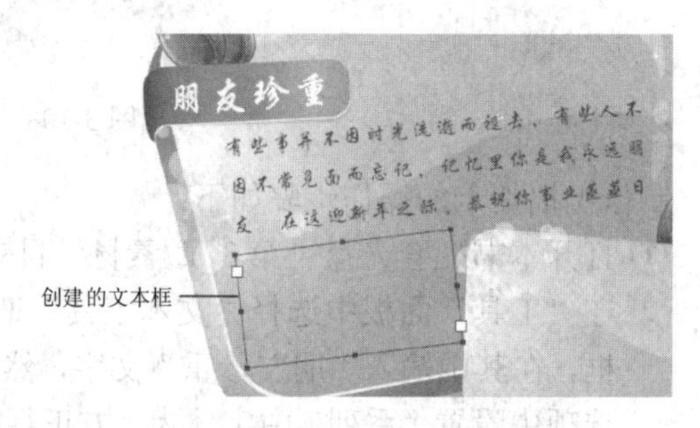

图 3-113　创建另一个文本框

⑧ 选择上方的文本框，在文本框右下角的红色带十字矩形⊞图标处单击鼠标，然后将鼠标指针指向下方的文本框，此时鼠标指针变为带有链接形式的样式，在此文本框上单击，则上方文本框中的文字链接到下方文本框中，如图 3-114 所示。

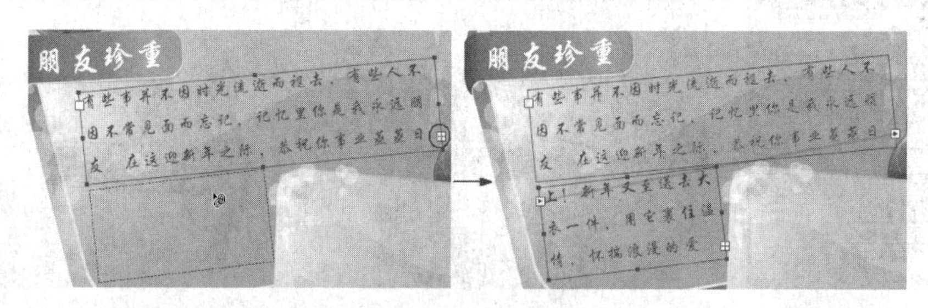

图 3-114　创建文本框链接

⑨ 继续使用“文本工具” T，在舞台绿色背景框中继续创建一个文本框，调整其大小与旋转角度，如图 3-115 所示。

⑩ 选择左下方的文本框，在文本框右下角的红色带十字矩形⊞图标处单击鼠标，然后将鼠标指针指向其右侧的文本框，此时鼠标指针变为带有链接形式的样式，在此文本框上单击，则左侧文本框中的文字链接到下方文本框中，三个文本框被依次链接在一起，如图 3-116 所示。

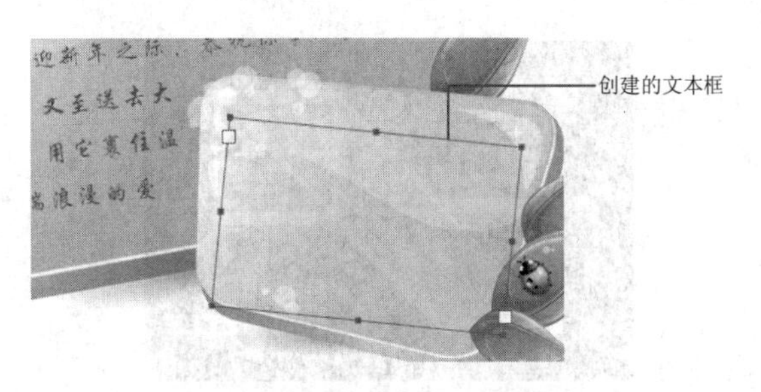

图 3-115　创建第 3 个文本框

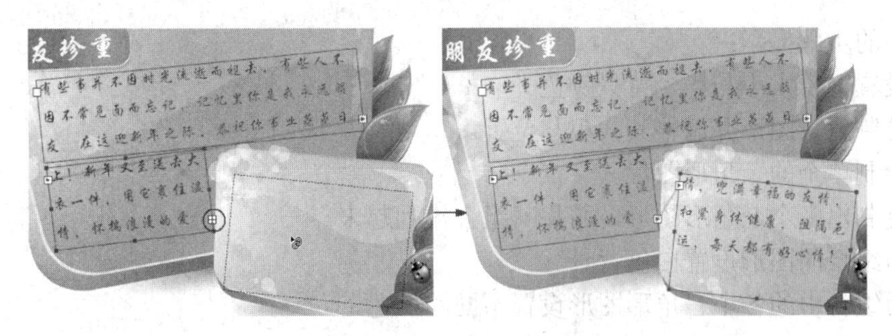

图 3-116　创建文本框链接

⑪ 选择右下方的文本框，在“属性”面板中设置“颜色”为“紫色”(颜色值“#501287”)，使其颜色与其他两个文本框区分出来，如图 3-117 所示。

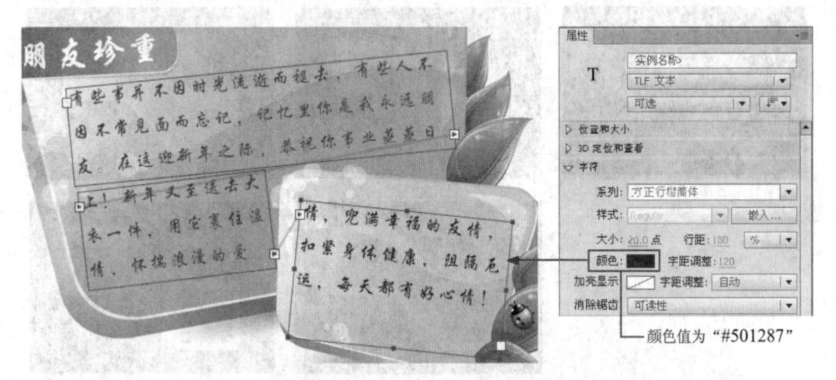

图 3-117　改变文本框中文字的颜色

⑫ 单击菜单栏中的“文件”/“保存”命令，将制作的动画文件保存。

Flash CS6 提供了丰富的文本编辑方法，可以创作出专业级的排版效果，熟练掌握“文本工具”的应用技巧对于制作 Flash 动画网页以及商业项目开发尤为重要。通过实例的讲解，读者可以举一反三，自行练习更加复杂的文本排版，达到对“文本工具”更好的掌握。

3.13　综合应用实例：绘制“简单拼图”图形

本节中将绘制一个“简单拼图”图形的实例，在绘制过程中会用到多种绘制图形与编辑图形的工具与操作命令。通过学习，读者可以掌握各种绘制、编辑图形工具以及操作命令的综合应用技巧，其最终效果如图 3-118 所示。

图 3-118　绘制的“简单拼图”图形

本实例的步骤提示：

（1）设置舞台大小与舞台背景颜色。

（2）绘制背景图形并调整其大小与位置。

（3）绘制单个的三角形图形。

（4）复制出多个三角形图形，并将其组合排列起来。

（5）为组合的图形设置白色背景。

（6）为组合中的各个三角形图形设置不同的颜色。

（7）输入 SIMPLE PUZZLE 文字，并为其设置文字特效。

（8）测试与保存 Flash 动画文件。

绘制“简单拼图”实例的步骤提示示意图如图 3-119 所示。

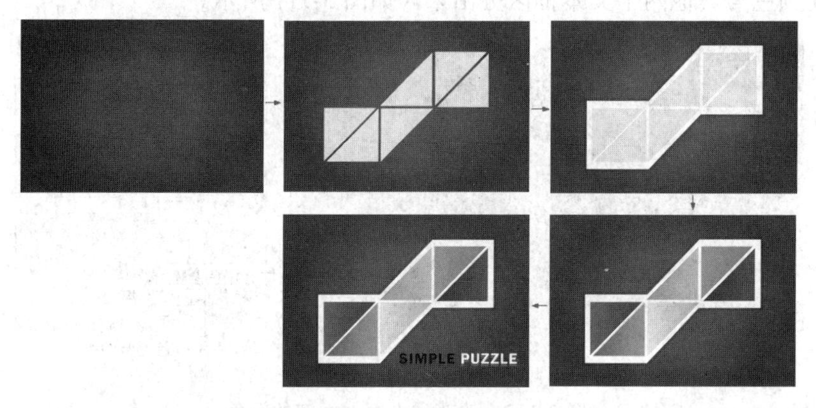

图 3-119　步骤提示的示意图

绘制“简单拼图”图形的操作步骤如下：

① 启动 Flash CS6，创建出一个新的文档。在“属性”面板中设置舞台的“宽度”参数为“500 像素”，“高度”参数为“340 像素”，“背景颜色”为默认的“白色”。

② 在“工具”面板中选择“矩形工具”，在“属性”面板中设置“笔触颜色”为“无色”，“填充颜色”为任意颜色，设置“工具”面板下方的选项区域的“对象绘制”按钮为激活的模式，然后使用“矩形工具”在舞台中绘制一个矩形。

提示

在本实例中后面讲述的图形绘制，如果不做特殊说明，默认都是将“对象绘制”按钮设置为激活的模式，就不再进行赘述。

③ 选择绘制的矩形，打开“信息”面板，在“信息”面板中设置矩形左顶点“X”、“Y”参数值都为“0”，“宽”参数为“500”，“高”参数值为“340”，如图 3-120 所示。

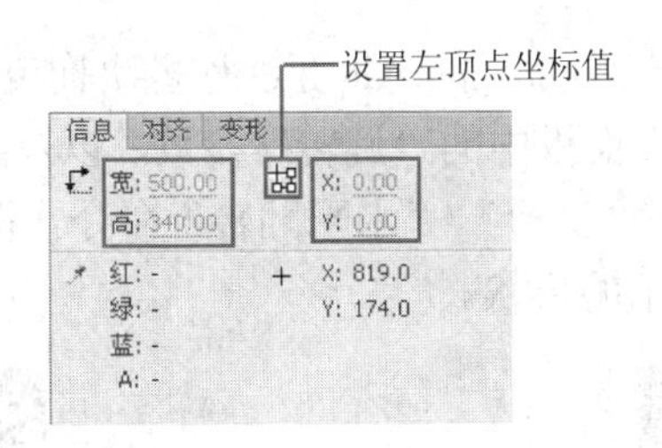

图 3-120 “信息”面板中的参数设置

4 选择绘制的矩形，打开“颜色”面板，在此面板中设置填充颜色的“颜色类型”为“径向渐变”，然后设置由红色到暗红色的径向渐变，如图 3-121 所示。

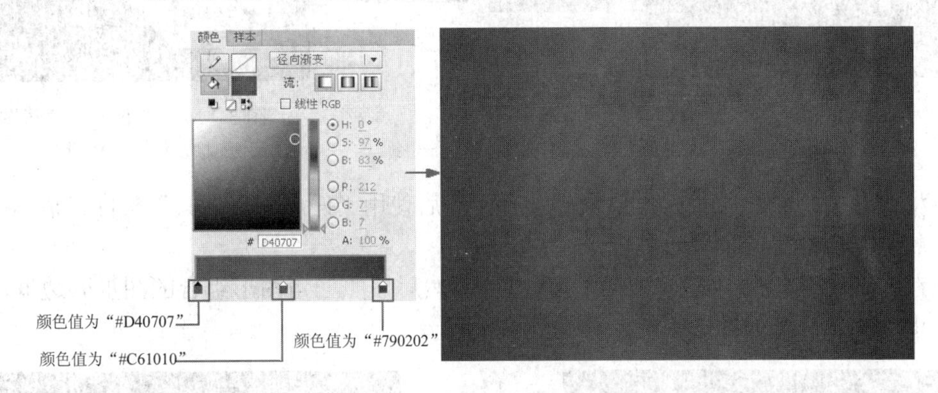

图 3-121 矩形填充的颜色

5 选择绘制的红色径向渐变的矩形，在“工具”面板中选择“渐变变形工具”，使用此工具调整图形中渐变颜色的显示，如图 3-122 所示。

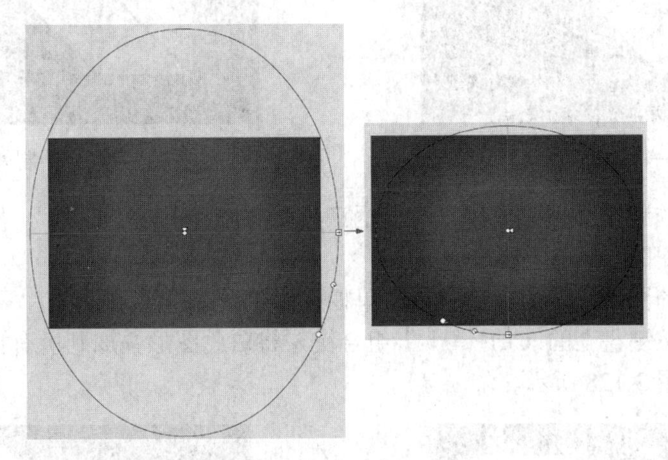

图 3-122 调整红色径向渐变

6 选择绘制的红色径向渐变矩形，单击菜单栏中的“修改”/“排列”/“锁定”命令，将此矩形锁定，不能对其再进行编辑，以免对其进行误操作。

7 在“工具”面板中选择“矩形工具”，在“属性”面板中设置“笔触颜色”为“无色”，“填充颜色”为“黄色”（颜色值为“#FFFF00”），在舞台中绘制一个黄色正方形，然后使用“选择工具”，调整右下角的顶点位置，将矩形调整为一个三角形，如图 3-123 所示。

⑧ 选择绘制的三角形，按住键盘上的 Alt 键进行多次拖曳，复制出 5 个相同的三角形图形，并分别使用“变形”面板中的“旋转”参数，以及菜单栏中的“修改”/“变形”/“垂直翻转”或“修改”/“变形”/“水平翻转”命令，将多个三角形进行旋转或翻转，并排列为如图 3-124 所示的形状。

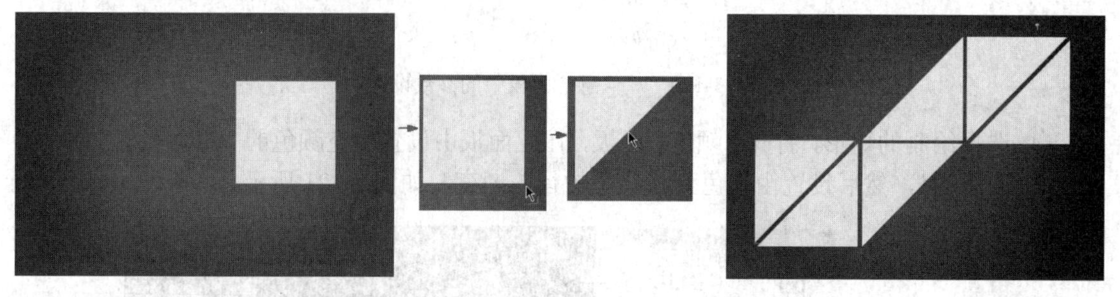

图 3-123　矩形调整为三角形

图 3-124　将 6 个三角形图形旋转并重新排列

⑨ 将舞台中绘制的所有三角形全部选择，然后使用“任意变形工具”将其整体进行缩放至舞台中心的位置，如图 3-125 所示。

⑩ 在“工具”面板中选择“钢笔工具”，然后按照三角图形组合的图形外边框，创建出一个大一些的图形路径，如图 3-126 所示。

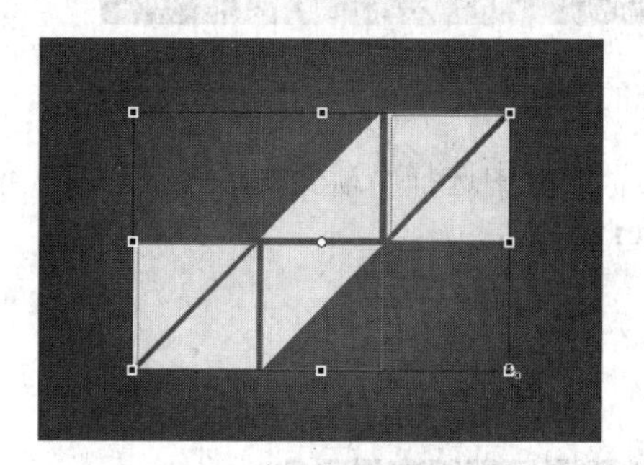

图 3-125　将 6 个三角形图形整体缩放

图 3-126　绘制外边框

⑪ 选择绘制的路径外框，使用“颜料桶工具”为其填充“白色”，然后将外部笔触线段删除，如图 3-127 所示。

⑫ 选择白色的图形，然后多次单击菜单栏中的“修改”/“排列”/“下移一层”命令，或者多次按键盘上的 Ctrl+“↓”组合键，将白色图形叠加到所有黄色三角形图形的下方，如图 3-128 所示。

图 3-127　填充颜色

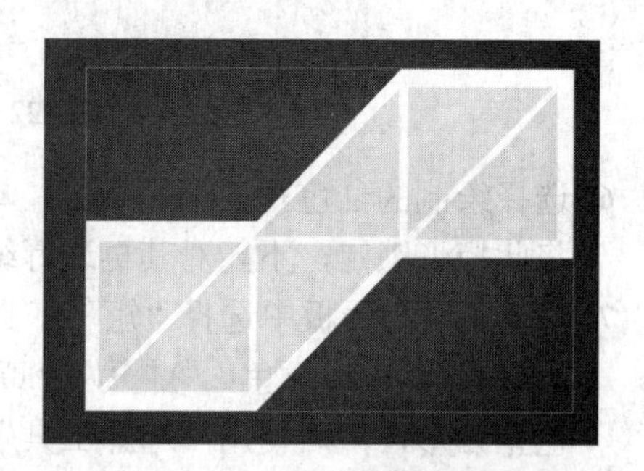

图 3-128　将白色图形移至底层

⑬ 选择白色的图形，按键盘上的 Ctrl+C 组合键将其复制，再按键盘上的 Ctrl+Shift+V 组合键，将其粘贴到原来的位置，然后在“属性”面板中将复制图形的“填充颜色”改为“黑色”，“Alpha”参数值设置为“16%”，如图 3-129 所示。

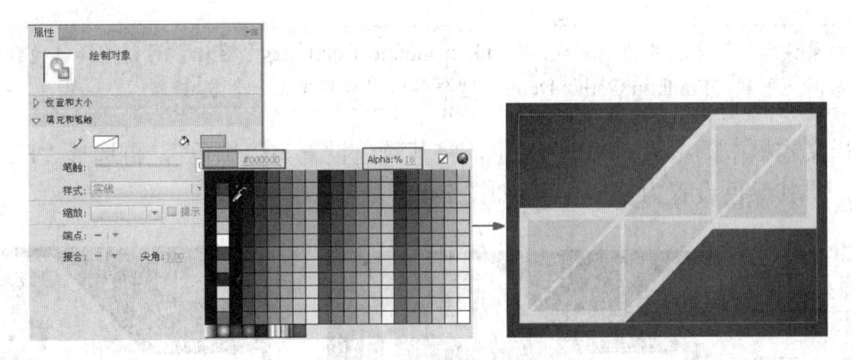

图 3-129 调整复制图形的颜色与 Alpha 参数值

⑭ 选择调整颜色后的图形，单击菜单栏中的“修改”/“形状”/“扩展填充”命令，在弹出的“扩展填充”对话框中设置“距离”参数值为“10 像素”，“方向”选项为“扩展”，然后单击 确定 按钮，将图形进行扩展填充，如图 3-130 所示。

⑮ 选择扩展填充的图形，多次按键盘上的 Ctrl+“↓”组合键将其叠加顺序向下移，移到红色矩形背景图形的上方，如图 3-131 所示。

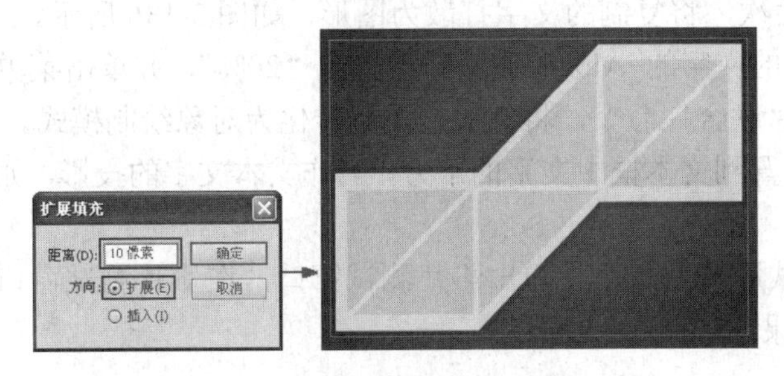

图 3-130 扩展填充图形

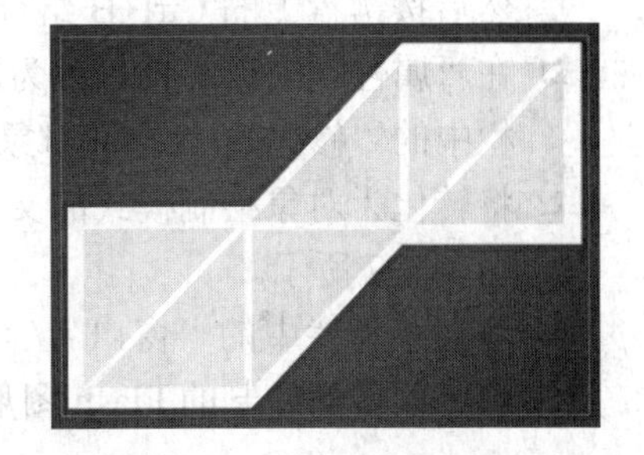

图 3-131 调整图形的叠加顺序

⑯ 选择右上方的三角形，打开“颜色”面板，在此面板中设置填充颜色的“颜色类型”为“线性渐变”，然后设置由“桔色”（颜色值为“#FA6D00”）到“土黄色”（颜色值为“#A66809”）的线性渐变，如图 3-132 所示。

⑰ 按照相同的方法，分别为不同的小三角形设置不同的线性渐变颜色，最终效果如图 3-133 所示。

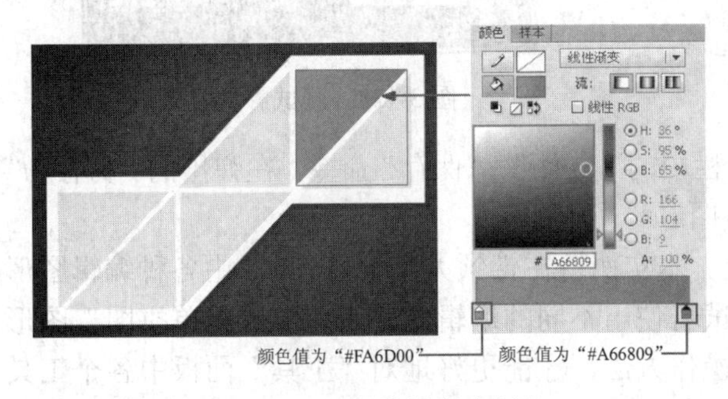

图 3-132 设置线性渐变颜色

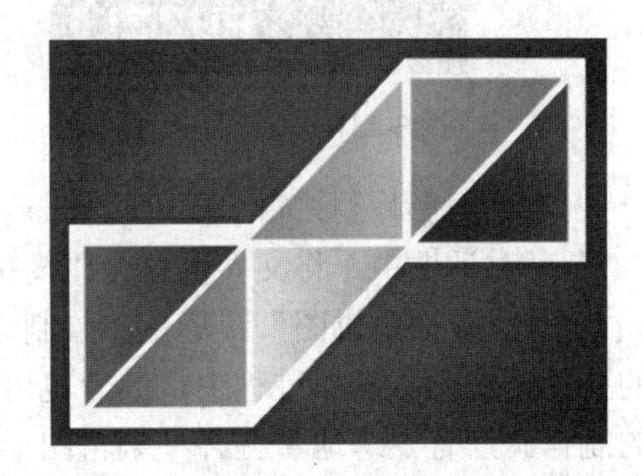

图 3-133 为不同的三角形填充渐变颜色

⑱ 在“工具”面板中选择“文本工具” T，在“属性”面板中设置“文本引擎”为“传统文本”，“系列”为“Franklin Gothic Demi”字体，“大小”为“30 点”，“字母间距”为“2”，然后在舞台中输入“SIMPLE PUZZLE”文字，如图 3-134 所示。

提示

如果读者的计算机中没有安装“Franklin Gothic Demi”这个字体，可以选择其他合适的字体，或者从网上下载“Franklin Gothic Demi”这个字体安装到本地计算机中。

⑲ 选择文本框中的“SIMPLE”文字，将其颜色设置为“黑色”，再选择“PUZZLE”文字，将其颜色设置为“白色”，如图 3-135 所示。

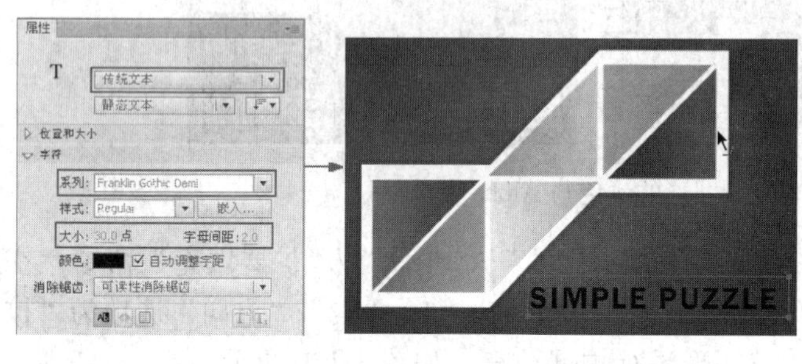

图 3-134　设置字体样式

图 3-135　调整文字的颜色

⑳ 选择文本框，按住键盘上的 Alt 键并拖曳鼠标将其复制，并将其放置在舞台区域外，然后按键盘上的 Ctrl+B 组合键两次，将复制的文字打散为图形，如图 3-136 所示。

㉑ 在“属性”面板中将打散为图形的文字的 Alpha 参数值设置为“20%”，并单击菜单栏中的“修改”/“合并对象”/“联合”命令，将打散的图形转化为对象绘制模式。

㉒ 将转化为对象绘制模式的文字放置到文本框中文字的下方，当作文本文字的投影，如图 3-137 所示。

㉓ 单击菜单栏中的“窗口”/“测试影片”命令，弹出影片测试窗口，在影片测试窗口中可以看到绘制的 Flash 图形效果，如图 3-138 所示。

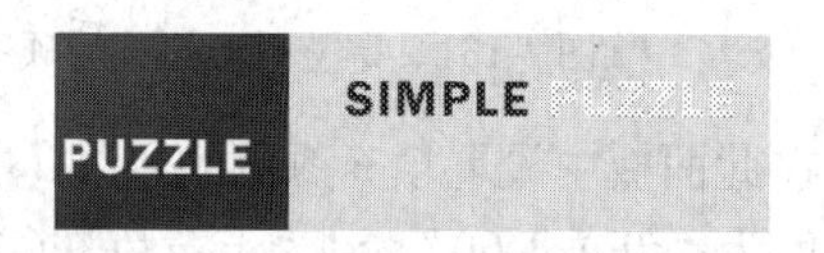

图 3-136　将复制的文字打散为图形

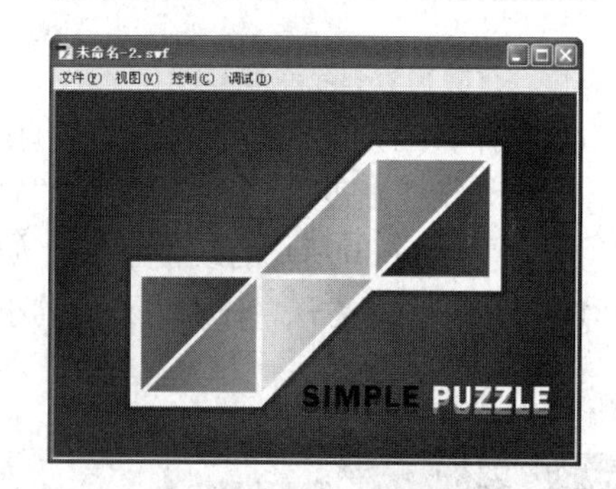

图 3-137　设置图形的位置

图 3-138　测试影片窗口

㉔ 关闭影片测试窗口，然后单击菜单栏中的“文件”/“保存”命令，在弹出的“另存为”对话框中，将文件保存为“简单拼图.fla”。

至此，“简单拼图”图形全部绘制完成。本实例旨在带领大家学习 Flash 中各种编辑图形的技巧，在实际操作过程中，读者也可以试着使用不同的编辑方法来完成“简单拼图”图形的制作。只有熟练地掌握各种编辑图形的操作方法，才能更好地对“工具”面板中各个工具以及各种编辑图形菜单命令进行综合应用。

图层与帧的应用

Flash 是一款交互式矢量图形编辑与动画制作软件，前面学习了 Flash 软件的基础知识和关于图形的绘制编辑操作，接下来开始进入 Flash 动画制作阶段。本章将对两大重要的概念——图层与帧进行学习，理解并掌握这些知识是进行 Flash 动画制作的关键。

- “时间轴”面板简介
- 图层的操作
- 实例指导：管理 Flash 图层
- 帧的操作

4.1 “时间轴”面板简介

在 Flash CS6 中，图层与帧的操作通过“时间轴”面板进行，按照功能不同，“时间轴”面板可以分为两部分，其中左侧为图层操作区，右侧为帧操作区，如图 4-1 所示。这是 Flash 动画制作的核心部分；可以通过单击菜单栏中的“窗口”/“时间轴”命令，或按键盘上的 Ctrl+Alt+T 组合键，对“时间轴”面板进行隐藏或显示的切换。

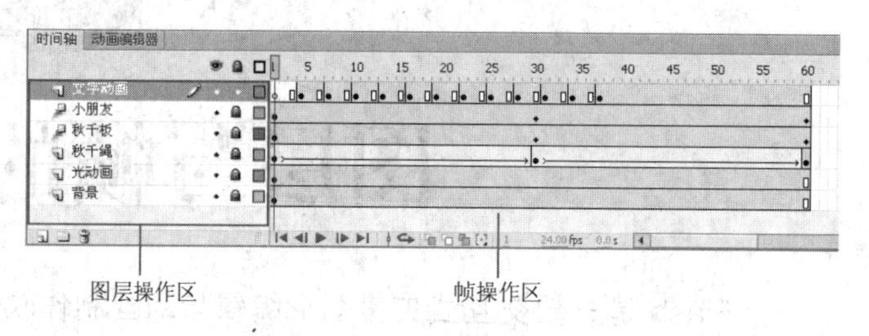

图 4-1　“时间轴”面板

4.2 图层的操作

Flash 的图层位于“时间轴”面板的左侧，其结构如图 4-2 所示。同其他图像编辑软件相同，在 Flash 中图层好比一张张透明的纸，在一张张透明的纸上分别作画，然后再将它们按一定的顺序进行叠加，各个图层操作相互独立，互不影响。

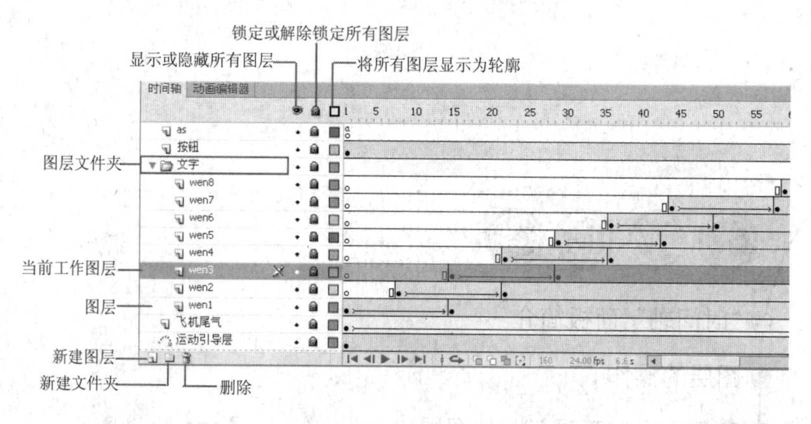

图 4-2　“时间轴”面板左侧的图层结构

在“时间轴”面板的左侧，图层的排列顺序决定了舞台中对象的显示情况，其中最顶层的对象将始终显示于最上方。在舞台中，每个图层的对象的数量可任意设置。如果“时间轴”面板中图层数量过多的话，也可以通过上下拖动右侧的滑动条来观察被隐藏的图层。

4.2.1 创建图层与图层文件夹

系统默认下，新建空白 Flash 文档后，在“时间轴”面板中仅有一个名称为“图层 1”的图层，在动画制作过程中，用户可以根据动画制作需要来自由创建图层，合理有效地创建图层可以大大提高工作效率。

除了可以自由创建图层外，Flash 软件还提供了一个图层文件夹的功能，它以树形结构排列，可以将多个图层分配到同一个图层文件夹中，也可以将多个图层文件夹分配到同一个图层文件夹中，从而有助于对图层进行管理。对于制作场景比较复杂的动画而言，合理、有效地组织图层与图层文件夹是极为重要的。下面便来学习创建图层和图层文件夹的操作，常用方法如下。

- 通过按钮创建：单击“时间轴”面板下方“新建图层”按钮进行图层的创建，每单击一次便会创建一个普通图层，如图 4-3 所示；单击“时间轴”面板下方“新建文件夹”按钮进行图层文件夹的创建，同样，每单击一次便创建一个图层文件夹，如图 4-4 所示。
- 通过菜单命令创建：通过单击菜单栏中的“插入”/“时间轴”/“图层”或“图层文件夹”命令，同样可以创建图层或图层文件夹。
- 通过“时间轴”面板的快捷菜单创建：在“时间轴”面板左侧的图层处单击鼠标右键，从弹出的快捷菜单中选择“插入图层”或“插入文件夹”命令，同样可以创建图层或图层文件夹，如图 4-5 所示。

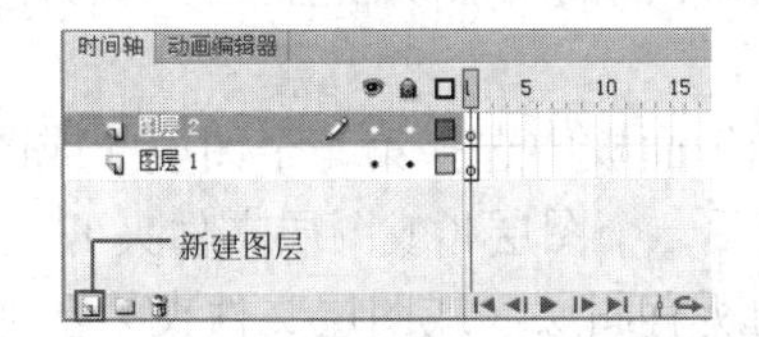

图 4-3 “时间轴”面板的“新建图层”按钮

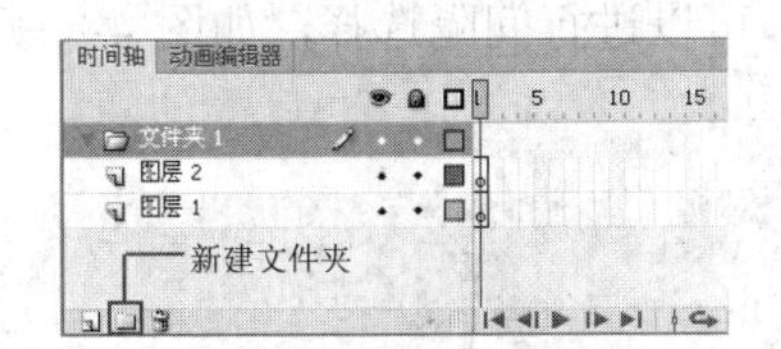

图 4-4 “时间轴”面板的“新建文件夹”按钮

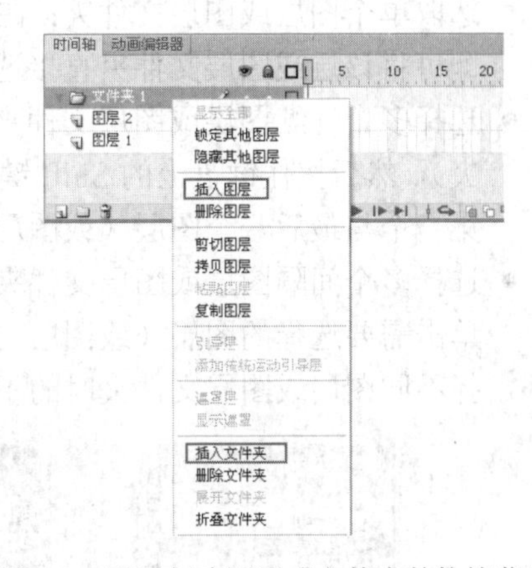

图 4-5 用于创建图层或文件夹的快捷菜单

在“时间轴”面板中，新建的图层或图层文件夹会出现在当前所选图层的上面，而且成为当前工作图层或当前工作图层文件夹，以蓝色背景显示且名称后带有图标，如图 4-6 所示。

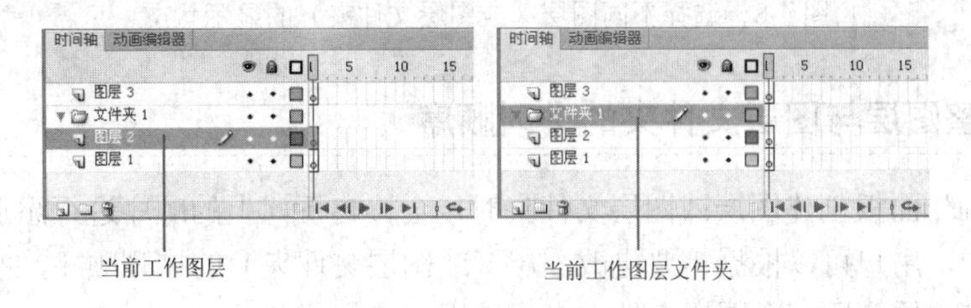

图 4-6 当前工作图层和当前工作图层文件夹的显示

4.2.2 重命名图层或图层文件夹

在“时间轴”面板中，新建图层或图层文件夹后，系统会自动依次命名为“图层 1”、“图层 2”……和“文件夹 1”、“文件夹 2”……。为了方便管理，用户可以根据需要自行设置名称，不过一次只能重命名一个图层或图层文件夹。重命名图层或图层文件夹的方法很简单，首先在“时间轴”面板的某个图层（或图层文件夹）的名称处快速双击，使其进入编辑状态，然后输入新的名称，最后按键盘上的 Enter 键即可完成重命名操作，如图 4-7 所示。

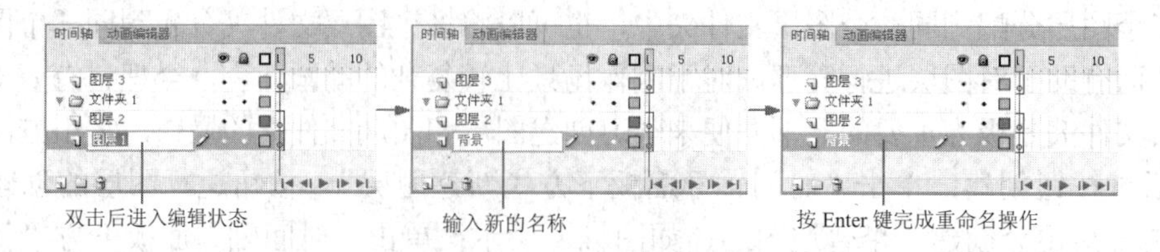

图 4-7　重命名图层（或图层文件夹）的步骤

4.2.3　选择图层与图层文件夹

选择图层与图层文件夹是 Flash 图层编辑中最基本的操作，如果要对某个图层或图层文件夹进行编辑，必须先将其选择。在 Flash 中选择图层与图层文件夹的操作方法相同，可以选择一个，也可以选择多个，选择的图层（或图层文件夹）会以蓝色背景显示，常用方法如下：

- 选取单个图层或图层文件夹：在“时间轴”面板左侧的图层或图层文件夹名称处单击，即可将该层或图层文件夹直接选择。
- 选择多个连续图层或图层文件夹：在“时间轴”面板中选择第一个图层（或图层文件夹），然后按住键盘上的 Shift 键的同时选择最后一个图层（或图层文件夹），这样就将第一个与最后一个图层（或图层文件夹）中的所有图层（或图层文件夹）全部选择。
- 选择多个间隔图层或图层文件夹：在“时间轴”面板中，按住键盘上的 Ctrl 键的同时，单击需要选择的图层（或图层文件夹）名称，可以进行间隔选择，如图 4-8 所示是选择不同图层或图层文件夹时的不同显示状态。

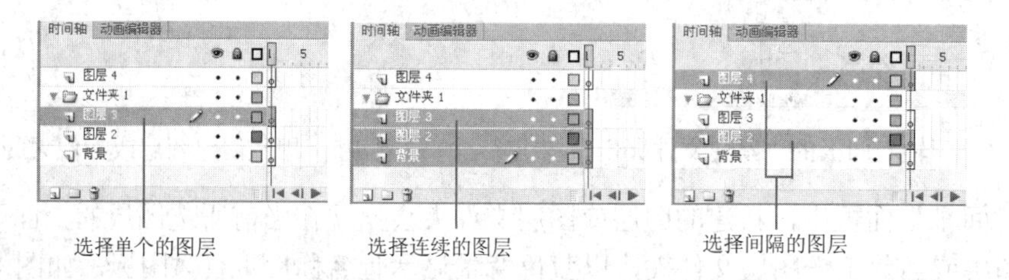

图 4-8　选择不同图层（或图层文件夹）的显示状态

4.2.4　调整图层与图层文件夹的排列顺序

在“时间轴”面板创建图层或图层文件夹时，会按自下向上的顺序进行添加。当然，在动画制作的过程中，用户可以根据需要更改图层（或图层文件夹）的排列顺序，并且还可以将图层与图层文件夹放置到同一个图层文件夹中，常用方法如下：

- 更改图层（或图层文件夹）的顺序：首先选择需要进行排序的图层（或图层文件夹），然后按住鼠标左键，将其名称拖曳到所需位置，再释放鼠标即可。拖曳时以一条黑线表示目标位置，拖曳的图层（或图层文件夹）可以为单个，也可以为相邻的多个、不相邻的多个，如图 4-9 所示。

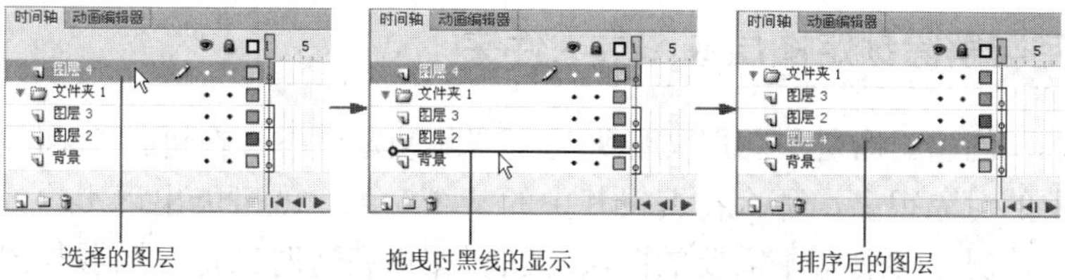

图 4-9　更改图层（或图层文件夹）的顺序

- 将图层（或图层文件夹）移动到目标图层文件夹中：首先选择图层（或图层文件夹），然后按住鼠标左键拖曳，将图层名称拖曳到目标图层文件夹中，释放鼠标后，在该图层文件夹下方就会出现所拖曳的图层（或图层文件夹），如图 4-10 所示。

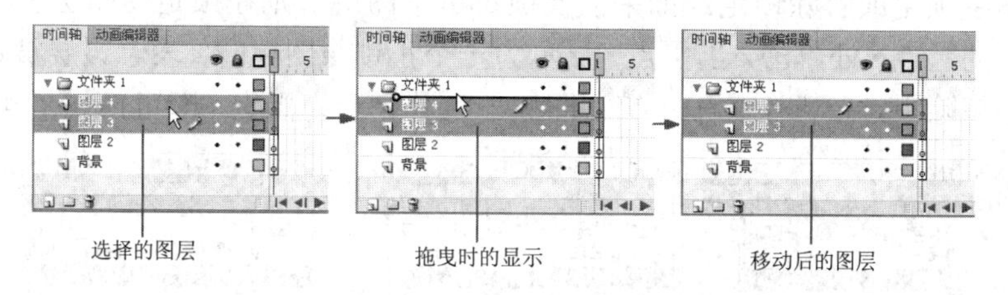

图 4-10　将图层移动到图层文件夹中

4.2.5　显示与隐藏图层或图层文件夹

默认情况下，创建的图层与图层文件夹处于显示状态，但是在制作复杂动画时，有时为了便于观察，可以将某个或者某些图层或图层文件夹进行隐藏，而且在 SWF 动画文件的发布设置中，还可以选择是否包括隐藏图层。图层与图层文件夹的显示或隐藏操作相同，方法如下：

- 全部图层的显示或隐藏：在“时间轴”面板中，单击上方的“显示或隐藏所有图层”图标，可以将所有图层（或图层文件夹）全部显示或隐藏。如果所有的图层（或图层文件夹）右侧的黑点 • 显示为红叉号 ✕，表示全部隐藏；再次单击上方的图标，则红叉号 ✕ 又显示为黑点 •，表示全部显示。
- 单个图层的显示或隐藏：在“时间轴”面板中，如果想对某个图层（或图层文件夹）进行显示或隐藏，可以单击需要显示或隐藏的图层（或图层文件夹）名称右侧图标栏下方的黑点 •，同样黑点 • 显示为红叉号 ✕，表示隐藏；再次单击，红叉号 ✕ 又显示为黑点 •，表示显示，如图 4-11 所示。

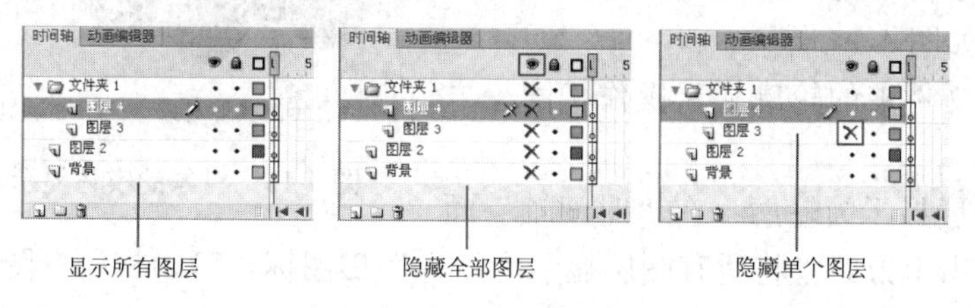

图 4-11　显示或隐藏图层

提示

在进行图层（或图层文件夹）的显示与隐藏操作时，除了可以通过上面介绍的方法外，在“时间轴”面板中按住 Alt 键的同时单击图层（或图层文件夹）名称右侧图标栏下方的黑点 •，可将除所选层之外的其他层和图层文件夹隐藏；再次按住 Alt 键的同时单击，又可以将它们显示。

4.2.6 锁定与解除锁定图层或图层文件夹

默认情况下，创建的图层与图层文件夹处于解除锁定状态，在进行 Flash 对象的编辑时，如果工作区域中的对象很多，那么在编辑其中的某个对象时就可能出现影响到其他对象的误操作。针对这一情况，可以将不需要的图层与图层文件夹暂时锁定。图层与图层文件夹的锁定和解除锁定操作相同，方法如下：

- 全部图层锁定或解除锁定：在“时间轴”面板中，单击图层上方的“锁定或解除锁定所有图层”图标，黑点•显示为图标时，表示全部图层都被锁定；再次单击“锁定或解除锁定所有图层”图标，则全部图层都被解除锁定。
- 单个图层锁定或解除锁定：如果需要锁定单个图层，则在锁定的图层名称右侧图标栏下方的黑点•处单击，当黑点•显示为一个小锁图标时，表示该层被锁定；如果要将该层解除锁定，再次单击小锁图标，将其显示为黑点•即可，如图 4-12 所示。

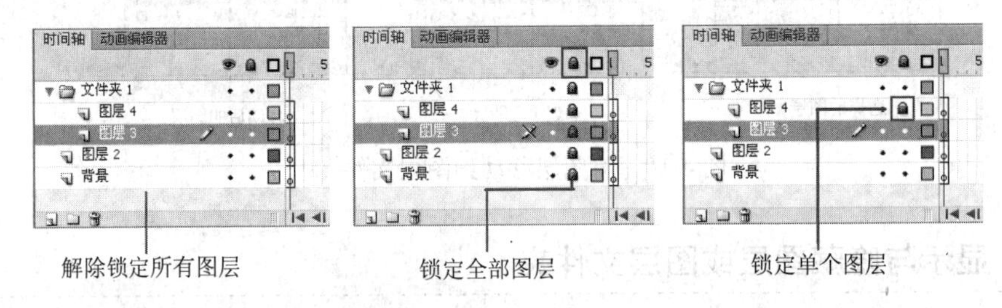

图 4-12　锁定或解除锁定图层

在进行锁定与解除锁定图层（或图层文件夹）操作时，按住 Alt 键的同时单击图层（或图层文件夹）名称右侧图标栏下方的黑点•，可锁定除所选层之外的其他图层和图层文件夹，再次按住 Alt 键的同时单击，又可以将它们解除锁定。

4.2.7 图层与图层文件夹对象的轮廓显示

系统默认情况下，Flash 创建的动画对象以实体状态显示，在“时间轴”面板中，如果要对图层或图层文件夹进行显示操作时，除了可以显示与隐藏、锁定与解除锁定外，还可以根据轮廓的颜色进行显示，如图 4-13 所示。

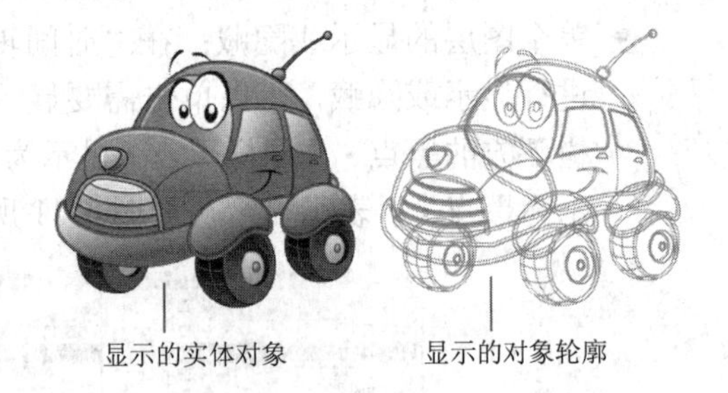

图 4-13　对象的实体显示与轮廓显示状态

图层与图层文件夹的轮廓显示操作相同，方法如下：

- 将全部图层显示为轮廓：在“时间轴”面板中，单击上方的“将所有图层显示为轮廓”图标，可以将所有图层与图层文件夹的对象显示为轮廓。
- 单个图层对象轮廓显示：在“时间轴”面板中，如果需要将单个图层显示为轮廓，单击图层名称右侧图标栏下方的图标，即可将当前图层的对象以轮廓显示，如图 4-14 所示。

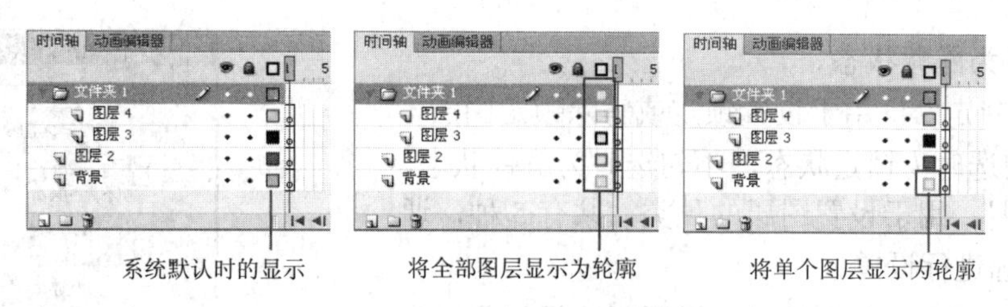

图 4-14 将图层显示为轮廓

提示 在进行图层与图层文件夹的轮廓显示操作时，按住 Alt 键的同时单击图层（或图层文件夹）名称右侧的□图标，可将除所选层之外的其他层和文件夹舞台中的对象轮廓显示；再次按住 Alt 键的同时单击，又可以将它们实体显示。

4.2.8 删除图层与图层文件夹

在使用 Flash 软件制作动画时，难免会创建出一些没用的图层，对于一些不必要的图层与图层文件夹需要将其删除，常用方法如下：

- 方法一：首先选择需要删除的图层或图层文件夹，然后单击“时间轴”面板下方的“删除”按钮，即可将所选的图层删除，如图 4-15 所示。

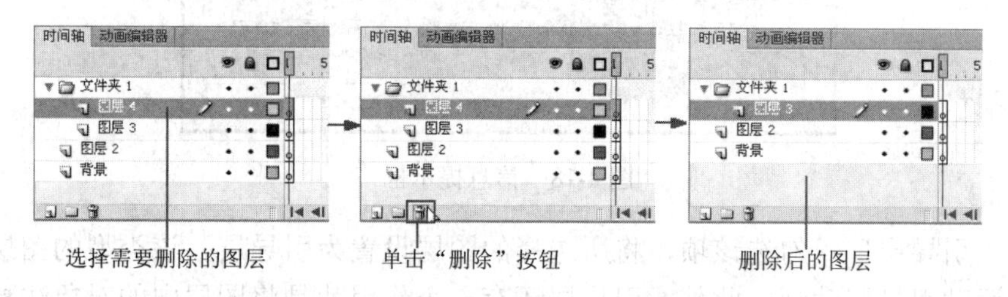

图 4-15 删除图层的步骤

- 方法二：首先选择需要删除的图层或图层文件夹，然后将其拖曳到“时间轴”面板下方的“删除”按钮处，释放鼠标后，同样可将所选的图层删除。

图 4-16 弹出的提示框

在进行图层文件夹的删除操作时，会弹出如图 4-16 所示的提示框，询问是否将该图层文件夹中的嵌套图层也一并删除掉。选择其中的 是 按钮，则将嵌套图层一并删除；如果选择 否 按钮，则只删除该图层文件夹，不会删除其中的嵌套图层。

4.2.9 图层属性的设置

除了可以使用前面介绍的方法进行图层的隐藏或显示、锁定或解除锁定以及是否以轮廓显示等属性设置外，在 Flash CS6 软件中还可以通过“图层属性”对话框进行图层属性的综合设置。单击菜单栏中的“修改”/“时间轴”/“图层属性”命令，或在“时间轴”面板的某个图层处单击右键，选择弹出菜单中的“属性”命令，都会弹出如图 4-17 所示的“图层属性”对话框。

- “名称”：用于图层的重命名，通过在右侧的文本框输入文字进行设置。
  - ➤“显示”：用于设置在场景中显示或隐藏图层的内容，勾选时为显示状态，不勾选时为隐藏状态。

➢ “锁定”：用于设置锁定或解除锁定图层，勾选时为锁定状态，不勾选时为解锁状态。

● “类型”：用于设置图层的种类，共有 5 种，通过勾选进行设置。

➢ “一般”：勾选该项，设置所选择的图层为系统默认的普通图层。

➢ “遮罩层”：勾选该项，将所选择的图层设置为遮罩层，遮罩层的对象可以镂空显示出其下面被遮罩层中的对象。

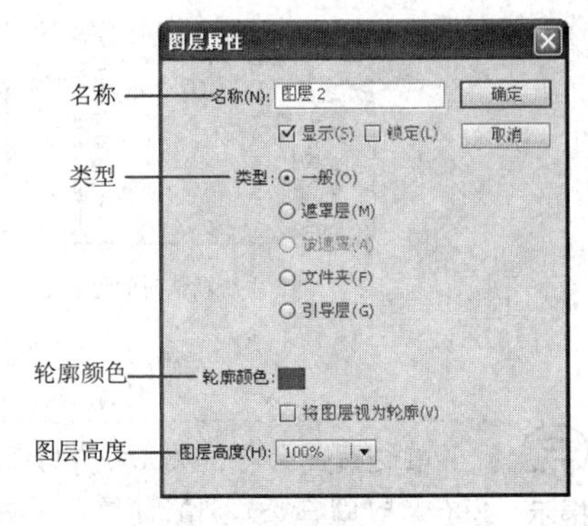

图 4-17 “图层属性”对话框

➢ “被遮罩”：勾选该项，将所选择的图层设置为被遮罩层，与遮罩层结合使用可以制作遮罩动画。

➢ “文件夹”：勾选该项，将所选择的图层设置为文件夹。如果该图层中有动画对象，点选该项后，会弹出一个如图 4-18 所示的提示框，询问是否将当前层的全部内容删除。

图 4-18 信息提示框

➢ “引导层”：勾选该项，将所选择的图层设置为引导层，该类型的图层可以制作运动引导层动画。此外，引导层还有一个作用就是将图层中的对象注释掉，即此图层中的对象在动画播放时不会显示，只起到参考的作用。

提示 使用 Flash 创建运动引导层动画时，在“图层属性”对话框“类型”下会有 6 种显示，其中包括一个“被引导”，该项处于勾选状态，可以将所选择的图层设置为被引导层。

● “轮廓颜色”：用于设置当前层中对象的轮廓线颜色以及是否以轮廓状态显示，从而可以帮助用户快速区分对象所在的图层。单击右侧的色块按钮，可以弹出一个颜色设置调色板，在其中可以直接选取一种颜色作为绘制轮廓的颜色；而勾选下方的“将图层视为轮廓”选项，可以将当前图层中的内容以轮廓显示。

● “图层高度”：用于设置图层的高度，通过在弹出的下拉列表进行设置，有 100%、200% 和 300%三种。

4.3 实例指导：管理 Flash 图层

在 Flash CS6 软件中，可以将不同的对象放置在不同的图层中，这样就可以在相同的时间段内让不同的动画一起播放。通过前面的学习，读者了解到图层的相关知识，下面通过“快乐大自然.fla”的实例来学习动画制作过程中经常使用的图层操作，其效果如图 4-19 所示。

图 4-19　“快乐大自然.fla”实例的最终效果

管理 Flash 图层的操作步骤如下：

1. 单击菜单栏中的“文件”/“打开”命令，打开本书配套光盘“第 4 章/素材”目录下的“快乐大自然.fla”文件，如图 4-20 所示。

图 4-20　打开的“快乐大自然.fla”文件

在打开的“快乐大自然.fla”文件中可以观察到该文件中只包括一个图层，而且所有的图形都处于这一个图层中，这是动画制作的一大忌，为了便于动画制作，需要将制作动画的图形合理安排在不同的图层中。

2. 首先在“图层 1”图层名称处双击，然后将“图层 1”图层重新命名为“背景”，如图 4-21 所示。
3. 选择舞台中手拿吉他的人物图形，按键盘上的 Ctrl+X 组合键将人物图形剪切，单击“时间轴”面板左侧图层操作区下方的“新建图层”按钮，在“背景”图层上方创建一个新图层，设置新图层的名称为“人物”，然后按键盘上的 Ctrl+Shift+V 组合键，将人物图形粘贴到“人物”图层中，并保持原来的位置，如图 4-22 所示。
4. 选择舞台中左下方的骆驼动物图形，按键盘上的 Ctrl+X 组合键将骆驼图形剪切，选择“人物”图层，然后单击“时间轴”面板左侧图层操作区下方的“新建图层”按钮，在“人物”图层上方创建一个新图层，设置新图层的名称为“骆驼”，然后按键盘上的 Ctrl+Shift+V 组合键，将骆驼图形粘贴到“骆驼”图层中，并保持原来的位置，如图 4-23 所示。
5. 按照相同的方法，依次将舞台下方的“豹子”、“熊”、“袋鼠”、“长颈鹿”、“北极熊”图形剪切到新建的“豹子”、“熊”、“袋鼠”、“长颈鹿”、“北极熊”图层中，如图 4-24 所示。

图 4-21 重新命名的“背景”图层

图 4-22 创建“人物”图层

图 4-23 “骆驼”图层中的对象

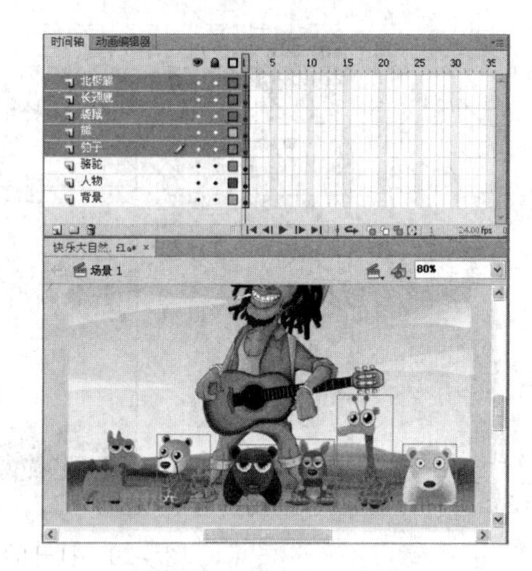

图 4-24 创建的多个图层

⑥ 选择“北极熊”图层，然后单击“时间轴”面板左侧图层操作区下方的“新建文件夹”按钮，在“北极熊”图层上方创建一个图层文件夹，然后将此图层文件夹的名称重新命名为“动物”，如图 4-25 所示。

⑦ 选择“骆驼”图层，按住键盘上的 Shift 键再选择“北极熊”图层，这样将“骆驼”与“北极熊”图层间的所有图层全部选择，将这些图层全部拖曳至“动物”图层文件夹中，如图 4-26 所示。

图 4-25 创建的“动物”图层文件夹

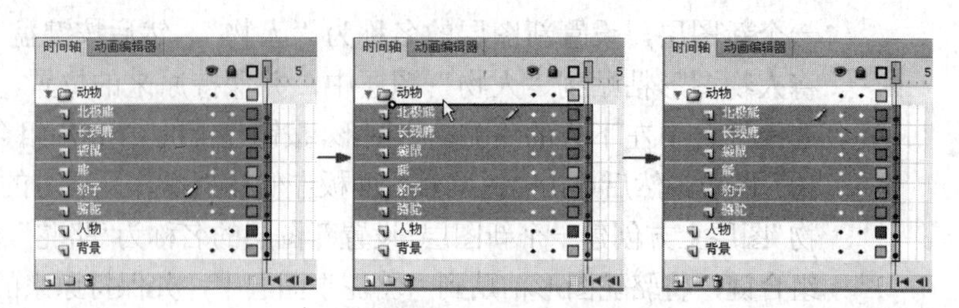

图 4-26 “动物”图层文件夹中的图层

⑧ 选择舞台中下方的草地图形，按键盘上的 Ctrl+X 组合键将草地图形剪切，在“时间轴”面板中，选择“动物”图层文件夹，然后单击“时间轴”面板左侧图层操作区下方的“新建图层”按钮，在“动物”图层文件夹上方创建一个新图层，设置新图层的名称为“草地”，然后按键盘上的 Ctrl+Shift+V 组合键，将草地图形粘贴到“草地”图层中，并保持原来的位置，如图 4-27 所示。

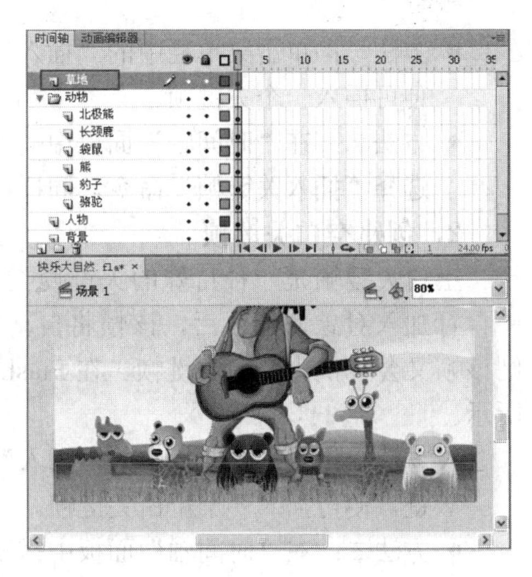

图 4-27 创建的“草地”图层

至此，该动画的图层操作完成。这样在“时间轴”面板由原来的一个图层变成 3 个图层和包含 6 个图层的一个图层文件夹，并且通过为图层和图层文件夹设置合适的名称，从而使图层中包含的对象一目了然，方便动画的创作。

4.4 帧的操作

实际上，制作一个 Flash 动画的过程其实也就是对每一帧进行操作的过程。通过在“时间轴”面板右侧的帧操作区中进行各项帧操作，从而制作出丰富多彩的动画效果，其中每一个影格代表一个画面，这一个影格就称为一帧，一个动画具有多少个影格就代表这个动画能够播放多少帧。

4.4.1 创建帧、关键帧与空白关键帧

在 Flash 中创建帧的类型主要有 3 种——关键帧、空白关键帧和普通帧，如图 4-28 所示。系统默认时，新建 Flash 文档包含一个图层、一个空白关键帧，用户可以根据需要在“时间轴”面板中创建任意多个普通帧、关键帧与空白关键帧。根据创建帧的类型不同，其操作方法也会有所不同。

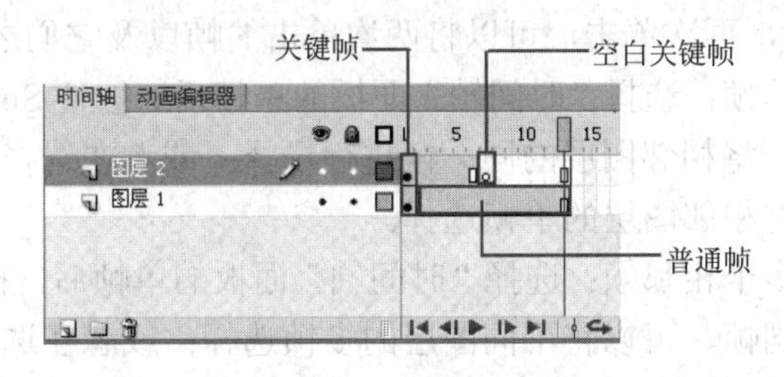

图 4-28 关键帧、空白关键帧和普通帧

1. 创建关键帧

关键帧是指在这一帧的舞台上实实在在的动画对象，这个动画对象可以是自己绘制的图形，也可以是外部导入的图形或者导入的声音文件等，创建动画时对象都必须插入在关键帧中。在 Flash 软件中创建关键帧的方法主要有两种，如下所示。

- 方法一：单击菜单栏中的“插入”/“时间轴”/“关键帧”命令，或按快捷键 F6 键，便可插入一个关键帧。
- 方法二：在“时间轴”面板中需要插入关键帧的地方单击鼠标右键，从弹出的菜单中选择“插入关键帧”命令，同样可以插入一个关键帧。

2．创建空白关键帧

空白关键帧是一种特殊的关键帧类型，在舞台中没有任何对象存在，用户可以在舞台中自行加入对象，加入后，该帧将自动转换为关键帧；如果将关键帧中的对象全部删除，则该帧又会转换为空白关键帧。在 Flash 软件中，创建空白关键帧的方法主要有 2 种，如下所示。

- 方法一：单击菜单栏中的“插入”/“时间轴”/“空白关键帧”命令，或按快捷键 F7 键，便可插入一个空白关键帧。
- 方法二：在“时间轴”面板中需要插入空白关键帧的地方单击鼠标右键，从弹出的菜单中选择“插入空白关键帧”命令，同样可以插入一个空白关键帧。

3．创建普通帧

普通帧是延续上一个关键帧或者空白关键帧的内容，并且前一关键帧与该帧之间的内容完全相同，改变其中的任意一帧，其后的各帧也会发生改变，直到下一个关键帧为止。在 Flash 软件中，创建普通帧的方法主要有两种，如下所示。

- 方法一：单击菜单栏中的“插入”/“时间轴”/“帧”命令，或按快捷键 F5 键，便可插入一个普通帧。
- 方法二：在“时间轴”面板中需要插入帧的地方单击鼠标右键，从弹出的菜单中选择“插入帧”命令，同样可以插入一个普通帧。

4.4.2 选择帧

选择帧是对帧进行各种基本操作的前提，选择相应帧的同时也就选择了该帧在舞台中的对象。在 Flash 动画制作过程中，可以选择同一图层的单帧或多帧，也可以选择不同图层的单帧或多帧，选择的帧以蓝色背景显示，常用的选择帧的方法如下。

- 选择同一图层的单帧：在“时间轴”面板右侧的时间线上单击，即可选择单帧。
- 选择同一图层相邻多帧：在“时间轴”面板右侧的时间线上单击，选择单帧，然后按住 Shift 键的同时，再次单击，可以将两次单击的帧以及它们之间的帧全部选择。
- 选择相邻图层的单帧：选择“时间轴”面板的单帧后，按住 Shift 键的同时，单击不同图层的相同单帧，将相邻图层的同一帧进行选择；或者在选择单帧的同时向下或向上拖曳，同样可以将相邻图层的单帧选择。
- 选择相邻图层的多个相邻帧：选择“时间轴”面板的单帧后，按住 Shift 键的同时，单击相邻图层的不同帧，可以将不同图层的多帧选择；或者在选择多帧的同时向下或向上拖曳鼠标，同样可以将相邻图层的多帧选择。
- 选择不相邻的多帧：在“时间轴”面板右侧的时间线上单击，选择单帧，然后按住 Ctrl 键的同时，再次单击其他帧，可以将不相邻的帧选择；如果在不同图层处单击，也可将不同图层的不相邻的帧选择，如图 4-29 所示。

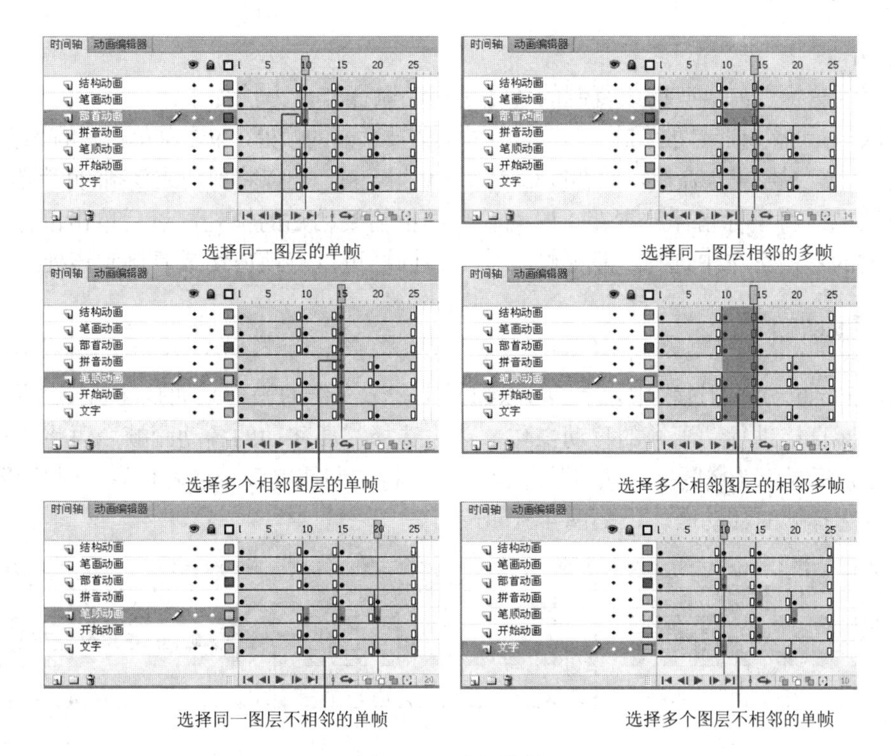

图 4-29　选择的帧

4.4.3　剪切帧、复制帧和粘贴帧

在 Flash 中不仅可以剪切、复制和粘贴舞台中的动画对象，而且还可以剪切、复制、粘贴图层中的动画帧，这样就可以将一个动画复制到多个图层中，或者复制到不同的文档中，从而使动画制作更加轻松快捷，大大提高工作效率。

1．剪切帧

剪切帧是将所选择的各动画帧剪切到剪贴板中，以作备用。在 Flash 软件中，剪切帧的方法主要有 2 种，如下所示。

- 方法一：选择各帧，然后单击菜单栏中的“编辑”/“时间轴”/“剪切帧”命令，或者按 Ctrl+Alt+X 组合键，可以将所选择的动画帧剪切。
- 方法二：选择各帧，然后在“时间轴”面板中单击鼠标右键，从弹出的右键菜单中选择“剪切帧”命令，同样可以将所选择的帧剪切。

2．复制帧

复制帧就是将所选择的各帧复制到剪贴板中，以作备用，与“剪切帧”的不同之处在于原来的帧内容依然存在。在 Flash 软件中，复制帧的常用方法主要有 3 种，如下所示。

- 方法一：选择各帧，然后单击菜单栏中的“编辑”/“时间轴”/“复制帧”命令，或者按 Ctrl+Alt+C 组合键，可以将所选择的帧复制。
- 方法二：选择各帧，然后在“时间轴”面板中单击鼠标右键，从弹出的右键菜单中选择“复制帧”命令，同样可以将所选择的帧复制。
- 方法三：选择需要复制的帧，此时光标显示为图标，然后按住 Alt 键的同时拖曳，到合适位置处释放鼠标，将所选择的帧复制到此。

3．粘贴帧

粘贴帧就是将之前所剪切或复制的各帧进行粘贴操作，方法如下：

- 方法一：将鼠标指针放置在“时间轴”面板需要粘贴的帧处，单击菜单栏中的“编辑”/“时间轴”/“粘贴帧”命令，或者按 Ctrl+Alt+V 组合键，可以将剪切或复制的帧粘贴到该处。
- 方法二：将鼠标指针放置在“时间轴”面板需要粘贴的帧处，然后单击鼠标右键，从弹出的右键菜单中选择“粘贴帧”命令，同样可以将帧剪切或复制到该处。

4.4.4 移动帧

在制作 Flash 动画的过程中，除了可以通过上一节介绍的操作来调整动画帧的位置外，还可以按住鼠标直接进行动画帧的移动操作。首先选择需要移动的各动画帧，再将光标放置在选择帧处，光标显示为图标，然后按住鼠标左键将它们拖曳到合适的位置，最后释放鼠标，即可完成各选择帧的移动操作，如图 4-30 所示。

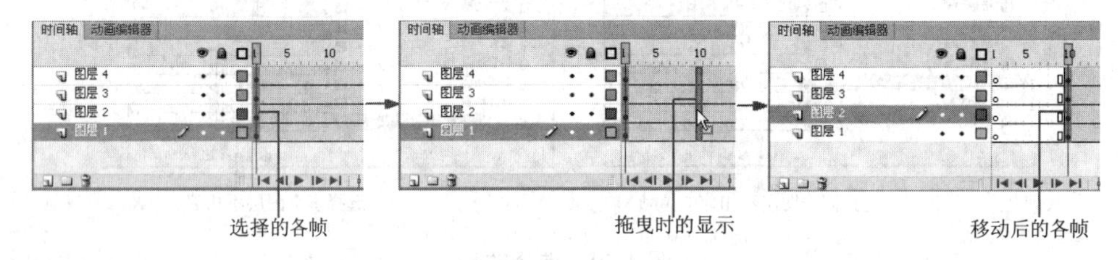

图 4-30　移动帧的过程

提示　按住 Ctrl 键的同时将光标放置在“时间轴”面板右侧的帧操作区帧的分界线上，当光标显示为时，拖动帧的分界线可以将帧延续。

4.4.5 删除帧

在制作 Flash 动画的过程中，如果有错误或多余的动画帧，需要将其删除。要对帧进行删除操作，其方法如下。

- 方法一：选择需要删除的各帧，然后单击鼠标右键，从弹出的右键菜单中选择“删除帧”命令，可以将所选择的帧全部删除。
- 方法二：选择需要删除的各帧，然后按键盘上的 Shift+F5 组合键，同样可以将所选择的各帧删除，如图 4-31 所示。

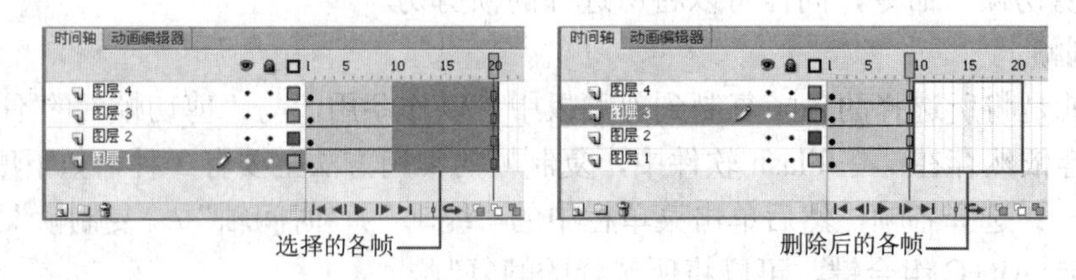

图 4-31　删除帧前后的显示

4.4.6 翻转帧

Flash 中的翻转帧就是将所选择的一段连续帧的序列进行头尾翻转，也就是说，将第 1 帧转换为最后一帧，最后一帧转换为第 1 帧；第 2 帧与倒数第 2 帧进行交换，其余各帧依此类推，直到全部交换完毕为止。该命令仅对连续的各帧有用，如果是单帧则不起作用。翻转帧的方法如下：

- 方法一：选择各帧，然后单击菜单栏中的“修改”/“时间轴”/“翻转帧”命令，可以将所选择的帧进行头尾翻转。
- 方法二：选择各帧，然后在“时间轴”面板中单击鼠标右键，从弹出的右键菜单中选择“翻转帧”命令，同样可以将所选择的帧进行头尾翻转。

4.4.7 使用“绘图纸工具”编辑动画帧

通常情况下，在 Flash 动画的制作过程中，舞台上一次只能显示或编辑一个关键帧中的对象。如果需要显示多个关键帧或同时编辑多个关键帧中的对象时，就需要使用到“绘图纸工具”，Flash“绘图纸工具”位于“时间轴”面板的下方，如图 4-32 所示。

1．在舞台上同时查看动画的多个帧

在“时间轴”面板下方单击“绘图纸外观”按钮后，在舞台中可以将两个绘图纸外观标记（即“起始绘图纸外观”与“结束绘图纸外观”）之间的所有帧显示出来，当前帧以实体显示，其他帧以半透明的方式显示。

如果单击“绘图纸外观轮廓”按钮，那么在舞台中可以将绘图纸外观标记之间的所有帧显示出来，当前帧以实体显示，而其他帧以轮廓线的方式显示。

2．控制绘图纸外观的显示

如果想要编辑绘图纸外观标记之间的多个或全部帧，那么就可以通过单击“编辑多个帧”按钮进行操作。单击该按钮后，此时在舞台中可以显示“时间轴”面板中绘图纸外观标记之间所有关键帧的内容，不管它是否为当前工作帧。

3．更改绘图纸外观标记的显示

“修改标记”按钮主要用于更改绘图纸外观标记的显示范围与属性，单击该按钮，可以弹出一个用于各项设置的下拉列表，如图 4-33 所示。

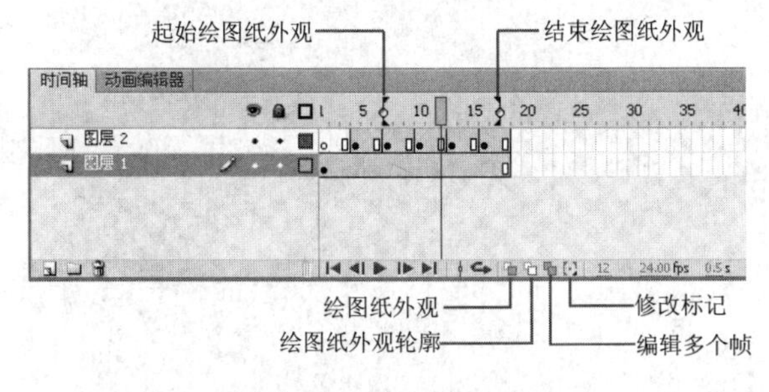

图 4-32 绘图纸工具

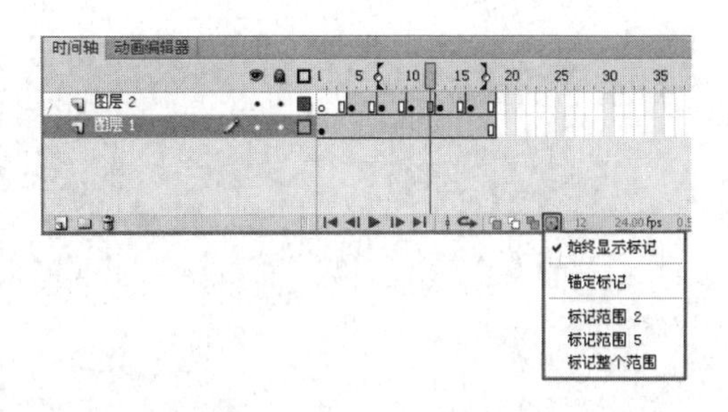

图 4-33 弹出的下拉列表

- 始终显示标记：无论“绘图纸工具”是否打开，选择该项，都可以显示绘图纸外观的两个标记，左侧的为起始绘图纸外观，右侧的为结束绘图纸外观，如图 4-34 所示。
- 锚定标记：通常情况下，绘图纸外观两个标记会随当前所选帧的更改而移动，但是如果选择该项，那么就可以将绘图纸外观两个标记的位置进行锁定，从而在移动当前帧时使其位置不受影响。
- 标记范围 2：单击该项，会在当前所选帧的两侧分别显示 2 帧，如图 4-35 所示。

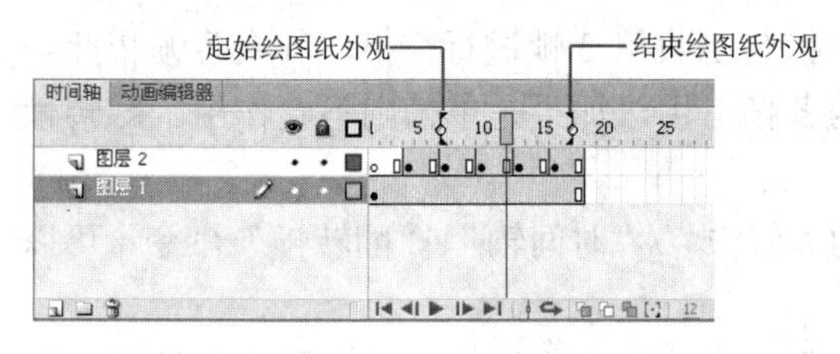

图 4-34　两个标记

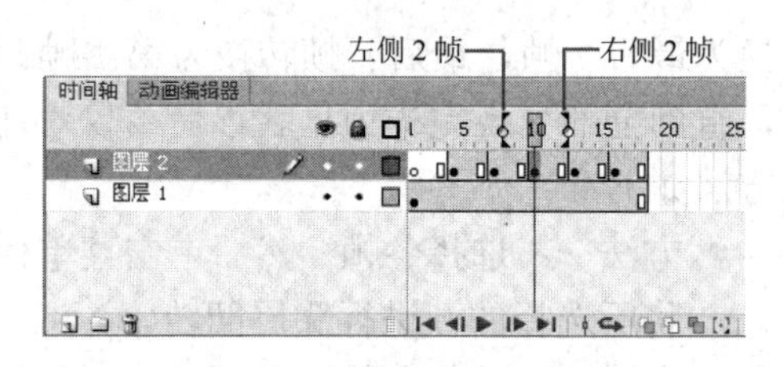

图 4-35　选择“标记范围 2”选项时的显示

- 标记范围 5：单击该项，会在当前所选帧的两侧分别显示 5 帧，如图 4-36 所示。
- 标记整个范围：单击该项，会在当前帧的两边显示所有帧，如图 4-37 所示。

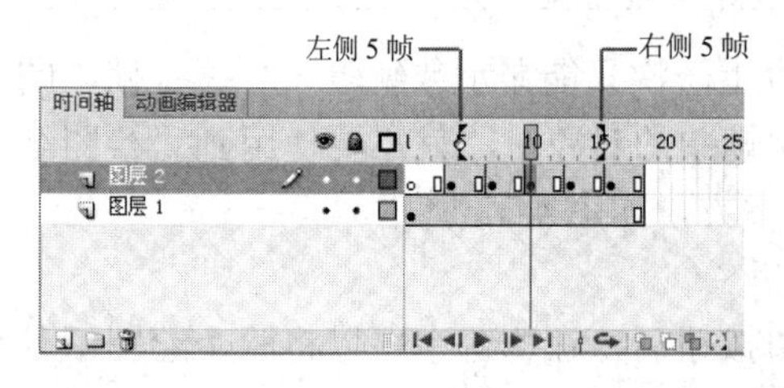

图 4-36　选择“标记范围 5”选项时的显示

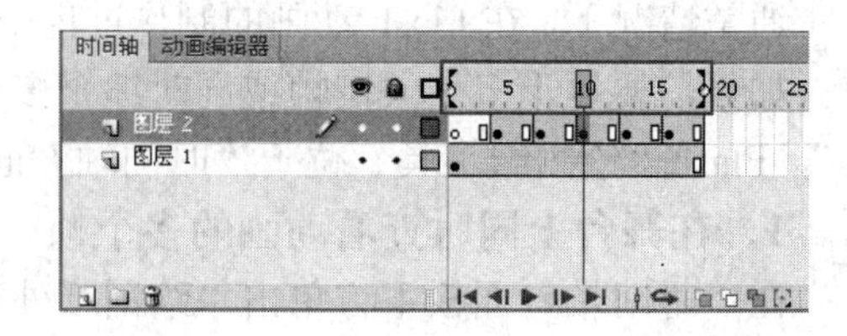

图 4-37　选择“标记整个范围”选项时的显示

提示

在制作较为复杂的 Flash 动画时，有时需要对某个或者某些图层进行多个帧的编辑，那么为了避免出现使人混乱的情况，可以在“时间轴”面板将不希望对其使用绘图纸外观的图层进行锁定。

第 5 章

元件、实例与库的应用

元件、实例与库是制作Flash动画的三大元素，其中元件是构成动画的基础，库也就是“库”面板，它是Flash软件中用于存放各种动画元素的场所，存放的元素可以是由外部导入的图像、声音、视频元素，也可以是Flash软件根据动画的需要创建出的不同类型元件，共有三种元件类型，即影片剪辑、图形和按钮元件；将元件从库拖曳到舞台中后，拖曳到舞台中的元件就称为此元件的一个实例，一个元件允许重复创建多个实例，并且在舞台中多次使用元件并不会增加文件的体积。了解三者的关系与操作，对于减小文件的体积以及提高工作效率至关重要。本章便对元件、实例与库的含义、三者间的关系以及它们的基本操作进行了详细讲解。

本章内容

- “库”面板
- 元件的类型
- 创建元件
- 实例的创建与编辑
- 综合应用实例：制作“一起上学去”动画背景图

5.1 “库”面板

单击菜单栏中的“窗口”/“库”命令或按键盘上的 Ctrl+L 组合键、按键盘上的快捷键 F11 键，都可以展开“库”面板，这是用于存放各种动画元素的场所。当需要某个元素时，可以从“库”面板中直接调用，也可以在“库”面板中对各动画元素进行删除、排列、重命名等操作，其结构如图 5-1 所示。系统默认时，新建的 Flash 文档中“库”面板里没有任何对象。

图 5-1 “库”面板

- 选项菜单：单击该处，可以弹出一个用于“库”面板中各项操作的菜单。
- “打开的文档”：单击该处，可以弹出一个用于显示当前打开的所有文档名称的下拉列表，通过选择从而快速查看所选文档的“库”面板，从而实现通过一个“库”面板查看多个库的项目。
- “固定当前库”：单击该按钮后，原来的图标显示为，从而固定当前“库”面板，那么在文件切换时都会显示固定的库内容，而不会更新切换文件的“库”面板内容。
- “新建库面板”：单击该按钮，创建一个与当前文档相同的“库”面板。
- “预览窗口”：用于显示当前在“库”面板中选择的元素，当选择包含多帧的图形、按钮、影片剪辑元件或声音时，在右上角处出现“停止”与“播放”按钮，通过它们可以在预览窗口中播放与停止动画或者声音。
- ：通过在此处输入关键字进行元件名称的搜索，从而快速查找元件。
- “属性显示”：“库”面板的对象共有 5 种属性显示——名称、AS 链接、使用次数、修改日期和类型，单击上方的不同属性显示后，可以进行相关的排列，而单击“切换排列顺序”按钮，可以进行不同的属性显示的倒转顺序排列。
- “新建元件”：单击该按钮，可弹出“创建新元件”对话框，从而创建一个元件，如图 5-2 所示。
- “新建文件夹”：单击该按钮，在“库”面板中

图 5-2 “创建新元件”对话框

创建一个文件夹，可以将相关的元件放置在文件夹中，方便库元素的管理，新建的文件夹名称以“未命名文件夹 1”、“未命名文件夹 2”……依次排列命名。

- “属性”：选择“库”面板中某个对象后，单击该按钮，可弹出相关的属性对话框，从而用于修改。根据所选对象的不同，弹出的对话框也不同，如果选择的为元件，则会弹出“元件属性”对话框；如果为位图，则弹出“位图属性”对话框。
- “删除”：单击该按钮，可以将“库”面板中当前所选的对象删除。

提示

除了“库”面板外，Flash 软件还提供了一个内置的公用库，首先单击菜单栏中的“窗口”/“公用库”命令，在弹出的子菜单中即可选择公用库类型，共有 3 种，分别为“buttons”、“classes”、“sounds”，用户可以根据自己的需要自由选择，从而使动画的制作更加方便快捷。

5.2 元件的类型

元件是构成 Flash 动画的基础，用户可以根据动画的具体应用直接创建不同的元件类型。在 Flash 软件中，元件类型共有三种，分别是“影片剪辑”元件、“图形”元件与“按钮”元件，这 3 种类型的元件都有各自的特性与作用。

5.2.1 影片剪辑元件

影片剪辑是一个万能的元件，它拥有自己独立的时间轴。在场景的舞台中，影片剪辑的播放不会受到主场景时间轴的影响，并且在 Flash 中还可以对影片剪辑进行 ActionScript 动作脚本的设置。

5.2.2 图形元件

图形是基础的动画元件类型，它一般作为动画制作中的最小管理元素，它同时也具有时间轴，但是图形的播放会受到主场景的影响，而且不能对图形进行 ActionScript 动作脚本的设置。

5.2.3 按钮元件

按钮是一种特殊的元件类型，在动画中使用按钮元件可以实现动画与用户的交互。当创建一个按钮元件时，Flash 会创建一个拥有 4 帧的时间轴，分别为弹起、指针经过、按下和点击，如图 5-3 所示，前 3 帧显示鼠标弹起、指针经过、按下时的 3 种状态，第 4 帧用于定义按钮的活动区域。实际上在时间轴并不播放，它只是对指针运动和动作做出反应，跳到相应的帧。

图 5-3 按钮元件的“时间轴”面板

5.3 创建元件

在制作 Flash 动画时，对于使用一次以上的对象，尽量将其转换为元件再使用，重复使用

元件不会增加文件的大小，这是优化对象的一个很好的方法。创建元件的方法有两种，一种是直接创建新元件，另一种是将已经创建好的对象转换为元件。

5.3.1 直接创建新元件

直接创建新元件的方法很简单，通过“创建新元件”对话框来完成。首先创建一个空的元件，然后在该元件编辑窗口中创建出元件对象即可，具体操作如下：

1. 启动 Flash CS6，单击菜单栏中的“文件”/“打开”命令，打开本书配套光盘“第 5 章/素材”目录下的“孕育.fla”文件，如图 5-4 所示。

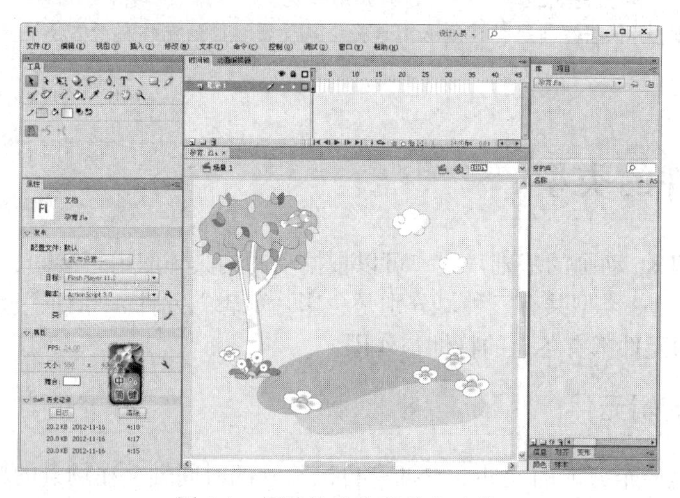

图 5-4 打开的“孕育.fla”文件

2. 单击菜单栏中的“插入”/“新建元件”命令，或按键盘上的 Ctrl+F8 组合键，便弹出“创建新元件”对话框。
3. 在“名称”输入栏中输入“母鸡”，在“类型”中选择需要的元件类型，在此使用默认的“影片剪辑”，如图 5-5 所示。
4. 单击 确定 按钮，创建出名称为“母鸡”的影片剪辑元件，将当前的舞台编辑窗口由“场景 1”切换到“母鸡”影片剪辑的编辑窗口中，在此元件编辑窗口的中心位置有一个十字光标，此光标为该元件的注册点，如图 5-6 所示。

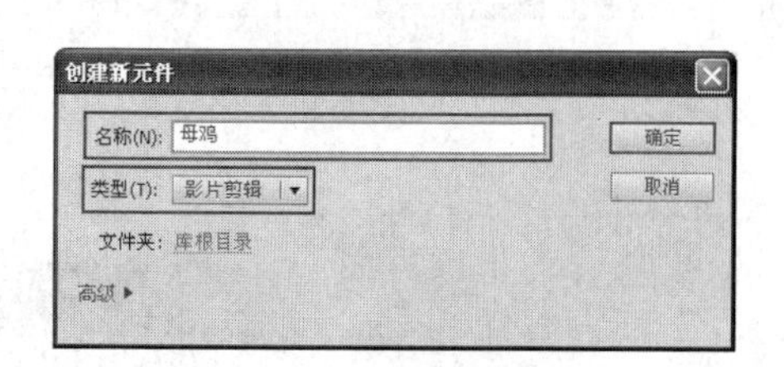

图 5-5 “创建新元件”对话框

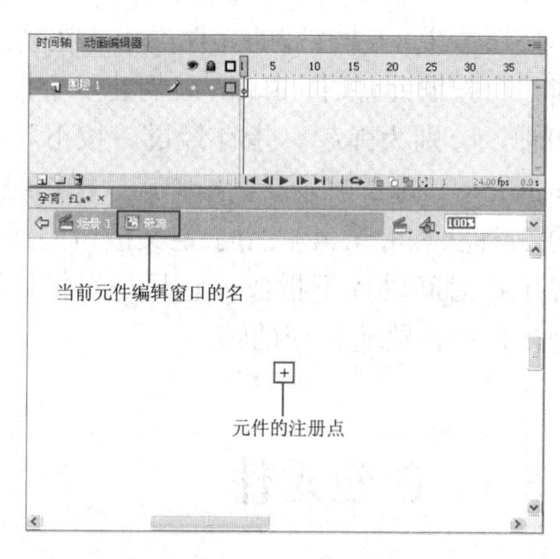

图 5-6 元件编辑窗口

⑤ 单击菜单栏中的“文件”/“导入”/“导入到舞台”命令，在弹出的“导入”对话框中双击本书配套光盘“第 5 章/素材”目录下的“母鸡.swf”图形文件，将该图形文件导入到当前场景的舞台中，如图 5-7 所示。

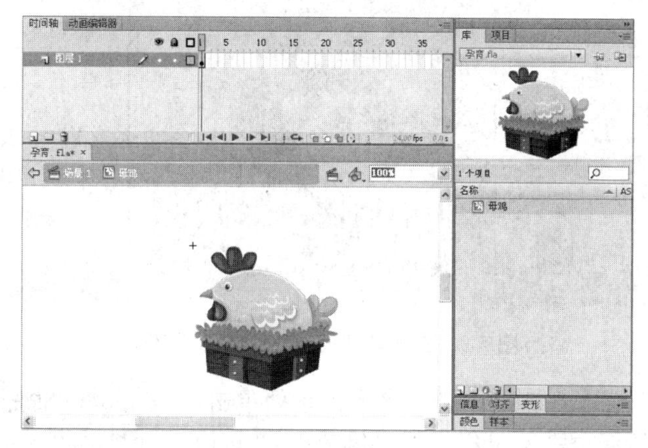

图 5-7 导入“母鸡.swf”图形

⑥ 到此该元件创建完成，单击菜单栏中的“窗口”/“库”命令，展开“库”面板，此时可以看到在“库”面板中已经存在一个“母鸡”影片剪辑元件。

⑦ 单击 场景 1 按钮，或者单击编辑栏最左侧的 ⇦ 按钮，将当前编辑窗口切换到场景的编辑窗口中，此时可以观察到舞台中没有发生任何变化。但是按住鼠标左键，将“库”面板中的“母鸡”影片剪辑元件拖曳到场景如图 5-8 所示的位置处，这样在舞台中就创建了一个“母鸡”影片剪辑元件的实例。

图 5-8 创建的“母鸡”影片剪辑元件的实例

5.3.2 转换对象为元件

除了可以直接创建新元件外，在 Flash CS6 中还可以将舞台中已经存在的对象转换为元件，具体操作如下：

① 单击菜单栏中的“文件”/“打开”命令，打开本书配套光盘“第 5 章/素材”目录下的“圣诞老人.fla”文件，如图 5-9 所示。

图 5-9　打开的“圣诞老人.fla”文件

② 使用“选择工具” 在舞台中圣诞老人位置处单击，将其选择，然后单击菜单栏中的“修改”/“转换为元件”命令，或按键盘上的 F8 键，便弹出“转换为元件”对话框。

③ 设置“名称”为“圣诞老人”，“类型”为默认的“影片剪辑”，“对齐”也为默认设置，如图 5-10 所示。

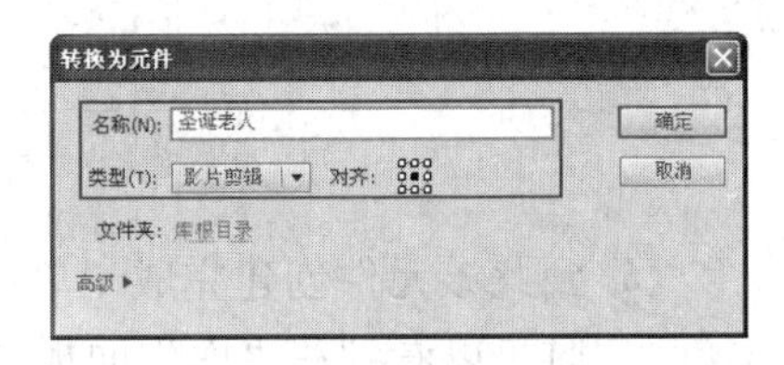

图 5-10　“转换为元件”对话框

提示

“转换为元件”与“创建新元件”对话框相比多了一个“对齐”项，此项用于设置转换后元件的注册点位置。右侧有一个由 9 个矩形点组成的小图标，这 9 个矩形点表示元件的注册点位置，当点击某个矩形点时，此矩形点变为实心的黑色矩形，转换后的元件的注册点就位于某个位置。比如，在左上角的小矩形点上单击，此矩形点变为黑色实心的矩形，则转换后的元件的注册点在对象的左上角。

④ 单击对话框中的 确定 按钮，则将舞台中选择的图形转换为“圣诞老人”影片剪辑元件的实例，此时该实例中心处会出现一个小圆圈，代表转换元件的中心点，并且此元件被存放在“库”面板中，如图 5-11 所示。

图 5-11　转换对象为元件后的显示

5.4 实例的创建与编辑

实例的创建依赖于元件，实例其实也就是“实例化的元件”，将元件拖曳到舞台中就创建了该元件的一个实例。一个元件可以创建多个实例，并且创建元件的实例继承了元件的类型；但是，此实例的类型并不是一成不变的，可以通过“属性”面板对舞台中实例的类型、颜色、大小等进行编辑操作。不过，值得注意的是，如果对舞台中的实例进行调整，那么仅影响当前实例，对元件不产生任何影响；而如果对“库”面板中的元件进行相应调整，则舞台中所有该元件的实例都会相应地进行更新。

5.4.1 实例的编辑方式

在 Flash CS6 中，舞台中实例的编辑方式有三种，分别是在“当前位置编辑元件”、“在新窗口中编辑元件”和“在元件编辑模式下编辑元件”。无论使用哪种方式编辑完成后，通过单击“时间轴”面板的场景 1按钮，或者单击左侧的按钮，都可以将当前编辑窗口切换到场景的编辑窗口中。

- 在当前位置编辑元件：使用该方式可以使所选的实例与舞台中的其他对象一起进行编辑。在舞台中双击该元件的实例，或者在选择的实例处单击鼠标右键，选择弹出菜单中的“在当前位置编辑”命令，就可以进入到该元件的编辑窗口中对所选择的实例进行编辑，此时舞台中除所选择的实例外，其余的对象将变暗，为不可编辑状态，从而使它们与正在编辑的元件区别开来，如图 5-12 所示。

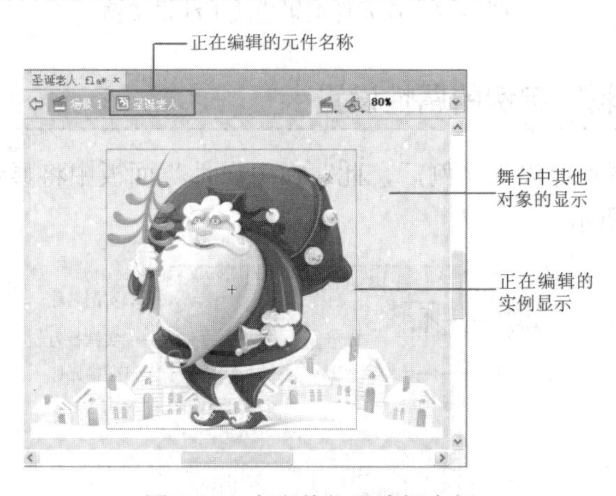

图 5-12　在当前位置编辑实例

- 在新窗口中编辑元件：使用该方式可以使所选的实例在新的窗口中进行编辑。在舞台中选择的实例处单击鼠标右键，选择弹出菜单中的“在新窗口中编辑”命令，就可以在一个新的编辑窗口中对所选择的实例进行编辑，如图 5-13 所示。
- 在元件编辑模式下编辑元件：使用该方式可以在元件的编辑窗口中进行实例编辑。在舞台中所选择的实例处单击鼠标右键，选择弹出菜单中的“编辑”命令，或者在“库”面板中双击所要编辑的元件，即可进入到该元件的编辑窗口中，此时在舞台中仅显示当前元件的内容，如图 5-14 所示。

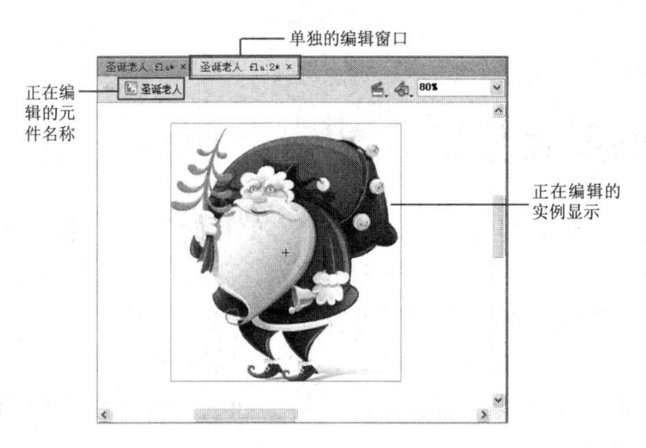

图 5-13　在新窗口中编辑实例

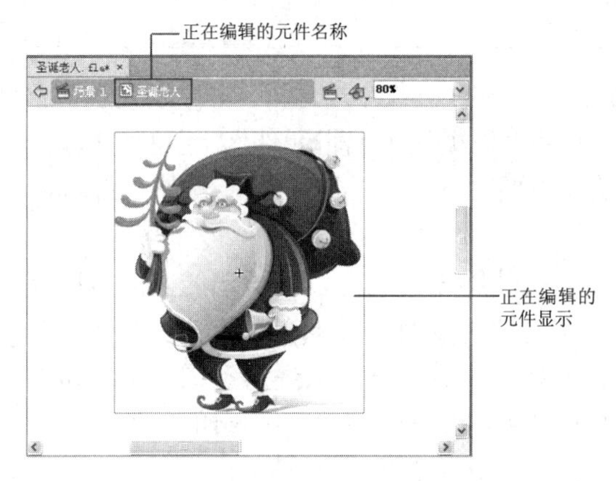

图 5-14　在元件编辑模式下编辑实例

5.4.2　“影片剪辑”实例的属性设置

在舞台中选择“影片剪辑”实例后，此时在“属性”面板中将显示影片剪辑实例的相关属性设置，如图 5-15 所示。

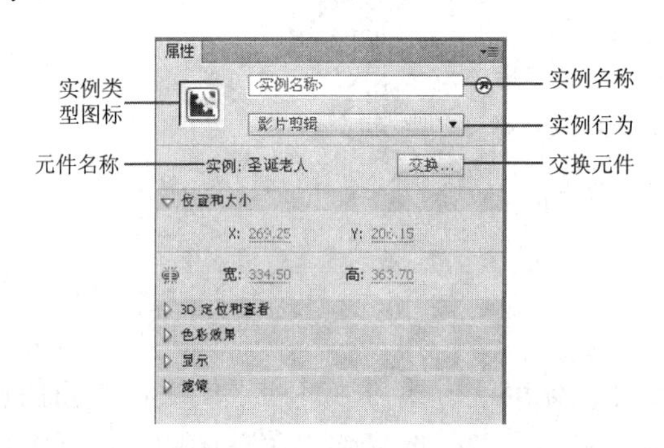

图 5-15　“属性”面板

- 实例类型图标：以图标的形式显示当前所选实例的元件类型。
- 实例名称：用于设置实例的名称，以便在动画以及 ActionScript 脚本中对实例进行控制。
- 实例行为：用于重新设置实例的类型，单击影片剪辑按钮，在弹出的下拉列表中选择其他的实例类型即可进行转换，如图 5-16 所示。转换类型后的实例仅影响当前所选择的实例，对舞台中的其他实例以及“库”面板中的元件不产生任何影响，并且转换类型后，在“属性”面板的“实例类型图标”处也会相应发生改变。

- 元件名称：用于显示当前选择实例所使用的元件名称，与前面介绍的“实例名称”不同，它显示的是元件名称。
- 交换元件：单击 交换... 按钮，在弹出的“交换元件”对话框中选择相关的元件，可以将选择的元件替换舞台当前选择的实例，在该对话框中当前选择实例的前面会显示一个黑色小圆形，如图 5-17 所示；而单击下方的“直接复制元件”按钮，将弹出“直接复制元件”对话框，在“直接复制元件”对话框中可以对“交换元件”对话框中当前选择元件的进行复制。

图 5-16 弹出的下拉列表

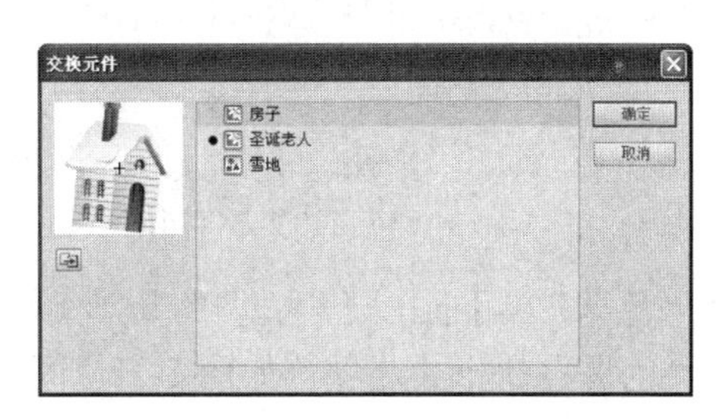

图 5-17 “交换元件”对话框

1. “位置和大小”选项

“位置和大小”选项用于设置所选实例的位置与大小，单击其左侧的小图标，可以将其展开，如图 5-18 所示。其参数设置与前面所学的“信息”面板相同，在此不再重复介绍。

2. “3D 定位和查看”选项

“3D 定位和查看”选项用于设置影片剪辑实例的 3D 位置、透视角度、消失点等，单击其左侧的小图标，将其展开，如图 5-19 所示。其参数设置在前面章节中已做详细介绍,在此不再重复介绍。

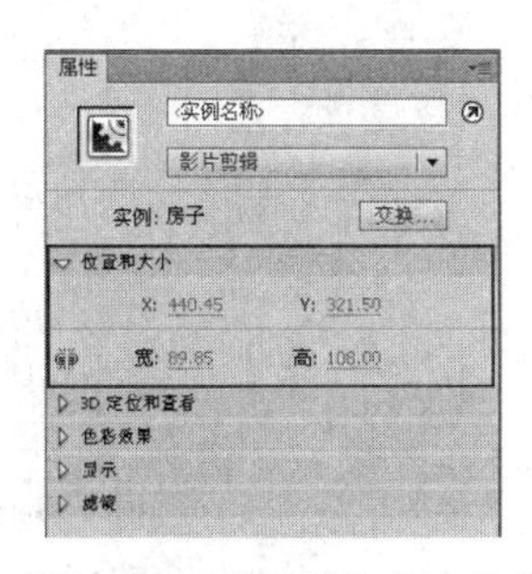

图 5-18 “位置和大小”选项

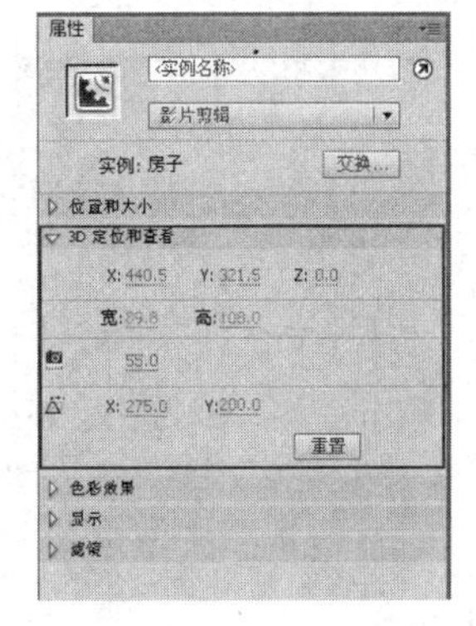

图 5-19 “3D 定位和查看”选项

3. “色彩效果”选项

在“色彩效果”选项中可以对所选实例进行颜色和透明度等颜色属性设置，首先选择舞台中的实例，然后单击“属性”面板“色彩效果”选项中“样式”右侧的 无 按钮，即可弹出如图 5-20 所示的颜色设置下拉列表。

- “无”：系统默认时的选项设置，不会对所选实例产生任何影响。

- “亮度”：用于设置实例的颜色亮度。选择该项后，在下方将出现关于“亮度”的相关选项，如图 5-21 所示，可以通过左右拖曳三角形的滑块或者在右侧的文本框中输入数值进行颜色亮度的设置，参数值越大颜色越亮，当为 100%时，实例的颜色为白色；参数值越小颜色越暗，当为-100%时，实例的颜色为黑色。

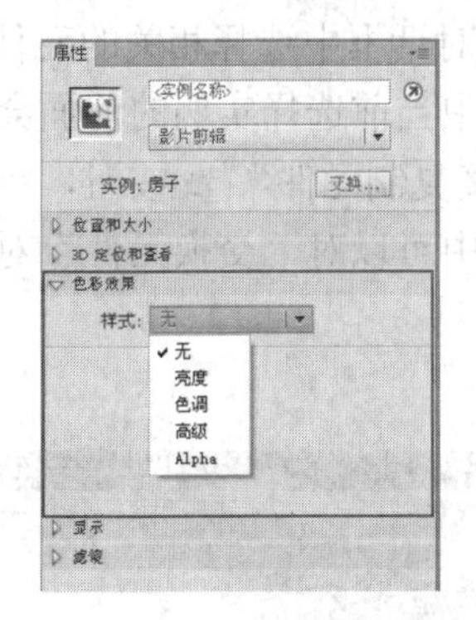

图 5-20 “色彩效果”选项

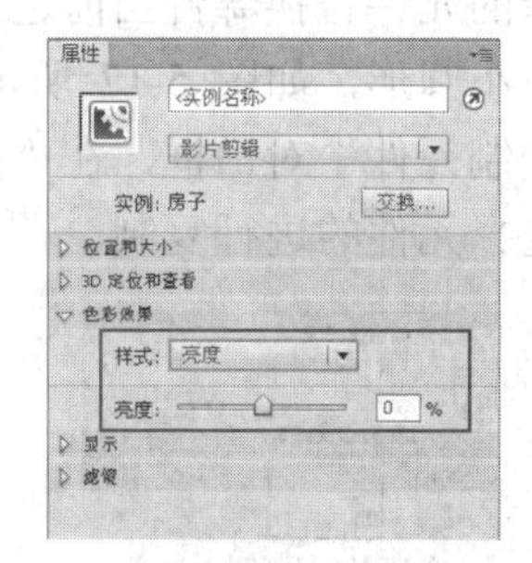

图 5-21 “亮度”选项对应的设置

- “色调”：用于在同一色调的基础上调整实例的颜色。选择该项后，在下方将出现关于“色调”的相关选项，如图 5-22 所示。
  - ➢ 色块：单击该色块，在弹出的颜色调色板中进行选择，从而设置色调的颜色。
  - ➢ 色调：用于设置实例色调的饱和程度，当参数值为 100%时，实例的颜色为完全饱和状态；当参数值为 0%时，实例的颜色为透明饱和状态。
  - ➢ 红、绿、蓝：同前面介绍的色块作用相同，通过左右拖曳三角形的滑块或者在右侧的文本框中输入数值，从而设置色调的颜色。
- “高级”：通过分别调节红色、绿色、蓝色和透明度值对实例进行综合设置，该项在制作具有微妙色彩效果的动画时十分有效。选择该项后，在下方将出现关于“高级”的相关选项，如图 5-23 所示。其中左侧的各项可以按指定的百分比降低颜色或透明度的值；而右侧的各项可以按常数值降低或增大颜色或透明度的值。

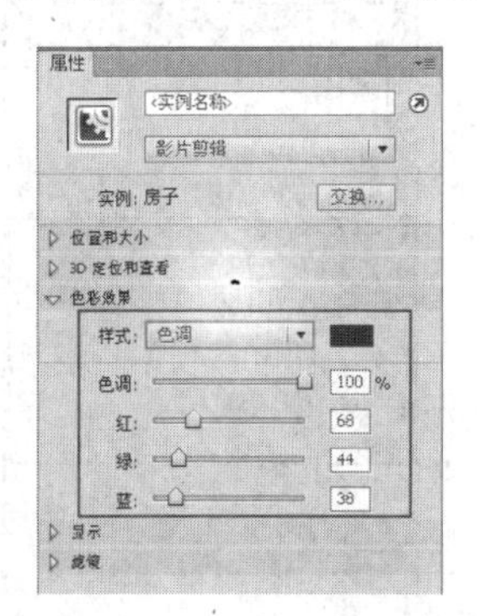

图 5-22 “色调”选项对应的设置

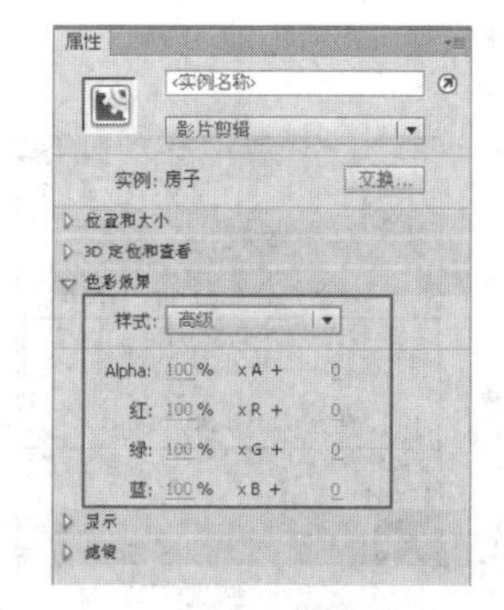

图 5-23 “高级”选项对应的设置

- Alpha：用于调整实例的透明值。选择该项后，在下方将出现关于“Alpha”的相关选项，如图 5-24 所示，参数越小实例越透明，参数越大实例就越不透明，参数值为 0%时为完全透明，为 100%时完全不透明。

4. “显示”选项

在“显示”选项中可以为所选实例添加混合效果，混合可以将两个叠加在一起的对象产生混合重叠颜色的独特效果，类似 Photoshop 中图层的叠加效果。不过值得注意的是，混合的对象只能是影片剪辑和按钮实例。为对象添加混合效果的操作很简单，首先选择舞台中的影片剪辑和按钮实例，然后单击“属性”面板“显示”选项中“混合”右侧的 一般 按钮，即可弹出如图 5-25 所示的混合模式列表。

图 5-24 “Alpha”选项对应的设置

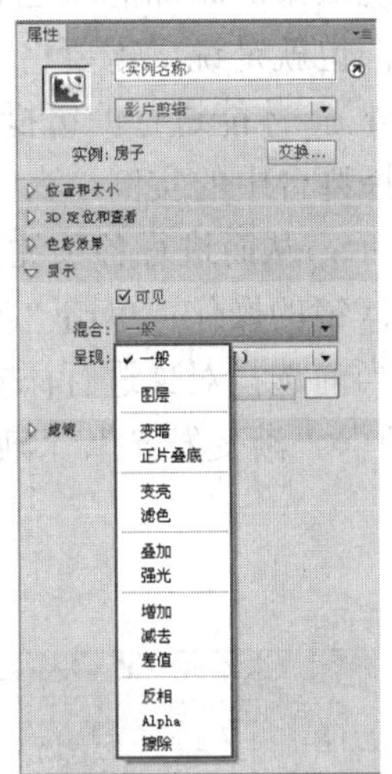

图 5-25 “显示”选项

提示

为了便于读者掌握对象的混合模式，首先应对混合模式中四大术语进行掌握，其中“混合颜色”是指应用于混合模式的颜色；“不透明度”是指应用于混合模式的透明度；“基准颜色”是指混合颜色下面的像素的颜色；“结果颜色”是指基准颜色上的混合颜色的效果。

- “一般”：系统默认时的混合模式，常应用于颜色，与基准颜色没有相互关系。
- “图层”：该混合模式可以层叠各个影片剪辑而不影响其各自的颜色。
- “变暗”：该混合模式可以使比混合对象颜色亮的区域变暗，使比混合对象颜色暗的区域不变。用于对对象进行变暗处理，其变暗的程度取决于对象中暗的部分。
- “正片叠底”：该混合模式用于将基准颜色与混合颜色复合，从而产生较暗的颜色。
- “变亮”：该混合模式与“变暗”相反，使比混合颜色暗的区域变亮，使比混合颜色亮的区域不变。用于对对象进行变亮处理，同样，其变亮的程度取决于对象中亮的部分。
- “滤色”：该混合模式用于将混合颜色的反色与基准颜色复合，从而产生漂白效果。
- “叠加”：该混合模式用于复合或过滤颜色，具体操作需取决于基准颜色。
- “强光”：该混合模式用于复合或过滤颜色，具体取决于混合模式颜色，产生的效果类似于点光源照射对象。
- “增加”：该混合模式用于将混合后的颜色与混合颜色相加。
- “减去”：该混合模式用于将混合后的颜色与混合颜色相减。
- “差值”：该混合模式用于将混合后的颜色减去混合颜色，或从混合颜色中减去混合后的对象颜色，具体取决于哪个的亮度值较大，从而产生类似于彩色底片的效果。
- “反相”：该混合模式用于反转基准颜色。
- “Alpha”：该混合模式用于 Alpha 遮罩层，该对象将是不可见状态。
- “擦除”：该混合模式用于删除所有基准颜色像素，包括背景中的颜色。

5. “滤镜“选项

在“属性”面板的“滤镜”选项中，可以为所选实例轻松添加一些投影、发光等特殊滤镜效果，使用它们可以大大方便 Flash 编辑，从而完成更多的动画特效。与前面学习的对象混合相比，滤镜效果的添加对象也有所限制，只适用于文本、影片剪辑和按钮实例，不能应用于图形实例；也就是说，需要将不是文本、影片剪辑或按钮的对象转换为影片剪辑和按钮元件（文本除外），才能进行滤镜操作。

首先选择舞台中的实例，然后单击“属性”面板“滤镜”选项左侧的▷小图标，将其展开，如图 5-26 所示，从而进行各项滤镜操作。

- 添加滤镜的操作：单击“添加滤镜”按钮，在弹出的如图 5-27 所示的下拉列表中可以为当前选择对象进行添加滤镜的操作，共有 7 种，分别是“投影”、“模糊”、“发光”、“斜角”、“渐变发光”、“渐变斜角”和“调整颜色”。

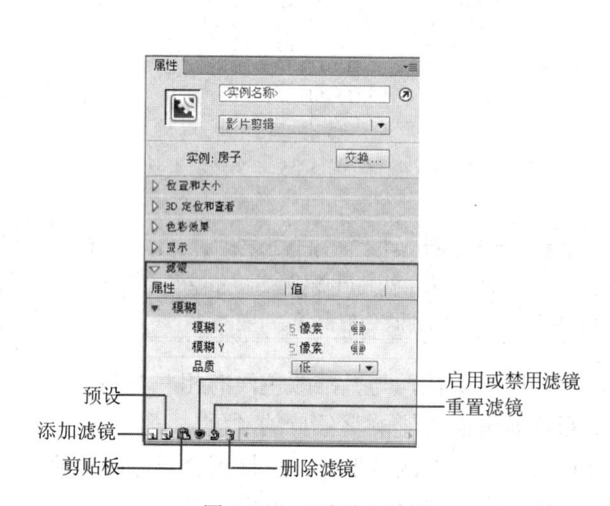

图 5-26　“滤镜”选项

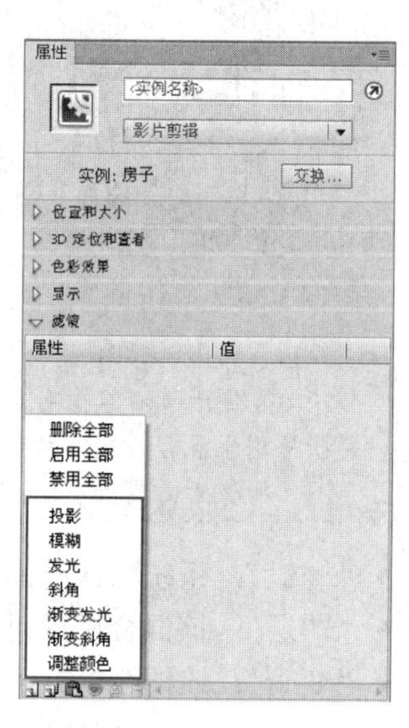

图 5-27　“添加滤镜”下拉列表

- “投影”：为所选对象产生投影到一个表面上的效果。添加该滤镜后，还可以对阴影大小、品质、颜色、角度、距离等进行设置。
- “模糊”：为所选对象产生模糊的效果。添加该滤镜后，还可以对模糊的大小、品质等进行设置。
- “发光”：为所选对象产生发光效果，包括内发光、外发光。添加该滤镜后，还可以对发光大小、品质、颜色等进行设置。
- “斜角”：为所选对象产生立体浮雕的效果，还可以对斜角的大小、品质、角度、斜角后产生的阴影和亮部的颜色、距离等进行设置。
- “渐变发光”：为所选对象产生渐变发光效果，还可对渐变的方式、发光颜色等进行设置。
- “渐变斜角”：为所选对象产生一种凸起效果，即看起来像从背景上凸起，与“斜角”滤镜相似，只是斜角表面有渐变颜色。添加该滤镜后，在“滤镜”面板中可以对斜角的大小、品质、颜色、角度、距离等进行设置。
- “调整颜色”：用于调整所选对象的颜色属性，包括对比度、亮度、饱和度和色相。

- 删除滤镜的操作：在“滤镜”选项中可以删除单个滤镜，也可以一次性将添加的滤镜全部删除。
  - ➢ 删除单个滤镜：选择需要删除的滤镜，然后单击下方的“删除滤镜”按钮，即可将所选择的滤镜效果删除，使用该按钮一次只能删除一个滤镜。
  - ➢ 删除全部滤镜：单击“添加滤镜”按钮，在弹出的下拉列表中选择“删除全部”命令，可以将添加的滤镜全部删除，如图 5-28 所示。
- 复制、粘贴滤镜的操作：在“滤镜”选项中可以将单个滤镜进行复制，也可以将添加的滤镜全部复制，通过单击下方的“剪贴板”按钮在弹出的下拉列表中完成，从而方便将相同的滤镜应用到不同的对象，如图 5-29 所示。

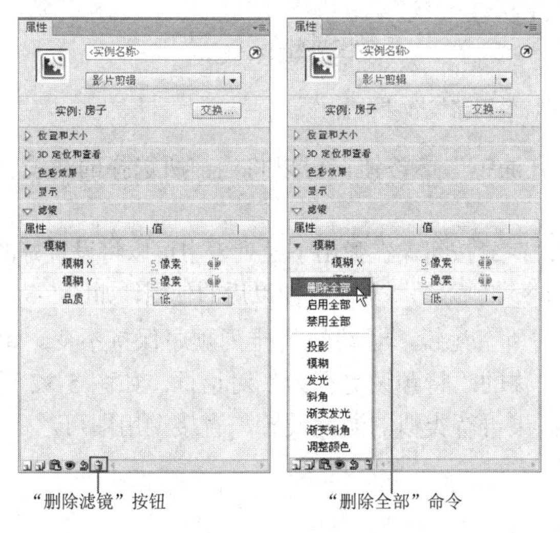

图 5-28 删除滤镜的操作

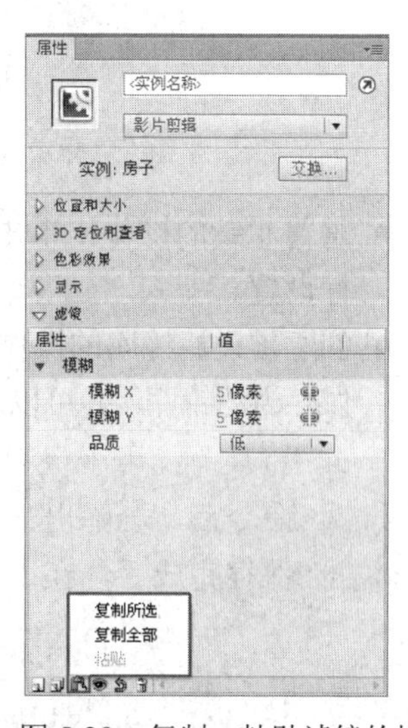

图 5-29 复制、粘贴滤镜的操作

  - ➢ 复制、粘贴滤镜单个滤镜：选择需要复制的滤镜，然后单击下方的“剪贴板”按钮，在弹出的菜单中选择“复制所选”命令，即可将所选滤镜复制到剪贴板中；然后选择需要添加滤镜的对象，再次单击“滤镜”选项中的“剪贴板”按钮，在弹出的菜单中选择“粘贴”命令，即可将复制的滤镜粘贴到此。
  - ➢ 复制、粘贴滤镜全部滤镜：选择任一添加的滤镜，然后单击下方的“剪贴板”按钮，在弹出的菜单中选择“复制全部”命令，即可将所有滤镜复制到剪贴板中；然后选择需要添加滤镜的对象，再次单击“滤镜”选项中的“剪贴板”按钮，在弹出的菜单中选择“粘贴”命令，即可将复制的全部滤镜粘贴到此。
- 启用、禁用滤镜效果操作：在动画制作的过程中，如果想暂时不使用滤镜的效果，但又不想将其删除，可以对其进行启用与禁用滤镜的快速切换。默认时，添加的各滤镜为启用状态，将启用状态切换到禁用状态，滤镜名称右侧显示以红色×显示。
  - ➢ “启用全部”：单击“添加滤镜”按钮，在弹出的下拉列表中选择“启用全部”命令，可以将禁用的滤镜全部启动，从而使用滤镜效果。
  - ➢ “禁用全部”：单击“添加滤镜”按钮，在弹出的下拉列表中选择“禁用全部”命令，又可以将所有的滤镜全部禁用。
  - ➢ “启用或禁用滤镜”：通过单击该按钮，可以将当前所选择的滤镜进行启用或禁用的状态切换，如图 5-30 所示。

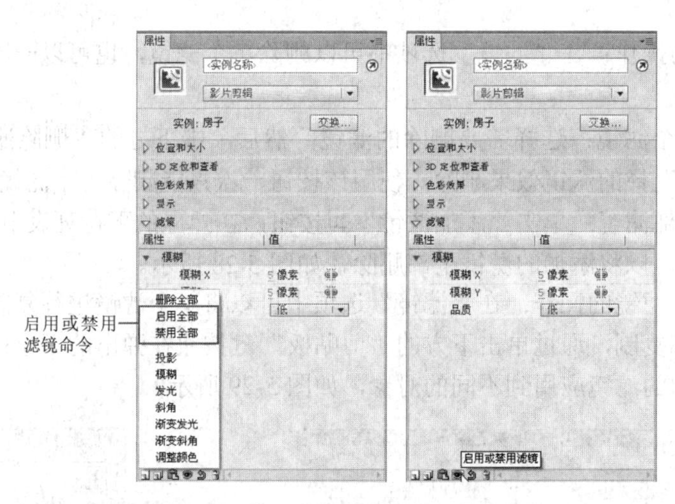

图 5-30　启用、禁用滤镜效果的操作

- 重置滤镜的操作：单击下方的“重置滤镜”按钮，可以将当前所选择的滤镜重新进行设置。
- 创建预设滤镜库的操作：单击“预设”按钮，在弹出下拉列表中可以将设置好的滤镜保存为滤镜库，并可以对其进行重命令和删除等，从而方便以后的使用，如图 5-31 所示。
  - ➢ 另存为：用于保存已经设置好的所有滤镜，且滤镜的排列顺序保持不变。单击该命令后，会弹出一个用于设置名称的“将预设另存为”对话框，如图 5-32 所示，保存完成后，在以后的操作中如果再有类似的滤镜设置，直接调用即可。

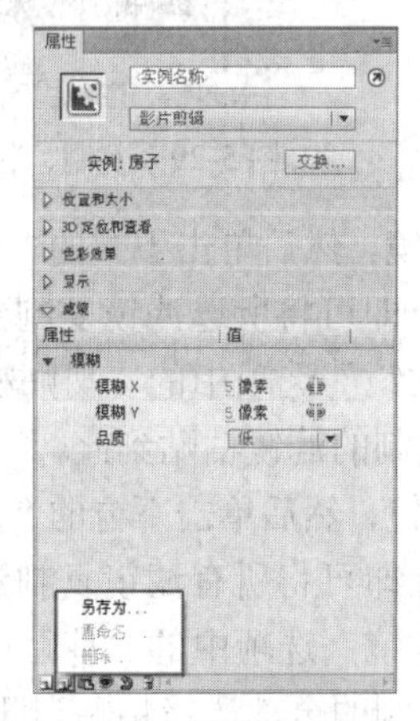

图 5-31　预设下拉菜单

图 5-32　“将预设另存为”对话框

  - ➢ “重命名”：用于对保存滤镜的名称进行重新命名，如果没有保存的滤镜，那么该项为灰色，不可用状态。单击该命令后，可弹出一个用于重命名的“重命名预设”对话框，如图 5-33 所示，快速双击选择的预设滤镜，输入相关文字后，按键盘上的 Enter 键，最后单击 重命名 按钮即可。
  - ➢ “删除”：相对于保存滤镜而言的，如果没有保存滤镜，那么该项为灰色，不可用状态。选择该命令后，可弹出一个用于删除滤镜选择的“删除预设”对话框，如图 5-34 所示。选择其中需要删除的预设滤镜名称，单击其下的 删除 按钮，即可完成删除操作。在“删除预设”对话框中按住 Shift 键的同时单击可以进行连续选择，按住 Ctrl 键的同时单击可以进行不连续选择。另外，删除操作不会对舞台中的对象产生任何影响。

图 5-33 “重命名预设”对话框

图 5-34 “删除预设”对话框

5.4.3 “按钮”实例的属性设置

在舞台中选择“按钮”实例后，此时的“属性”面板中将显示按钮实例的相关属性设置，如图 5-35 所示。

与前面介绍的“影片剪辑”实例的“属性”面板相比，“按钮”实例的“属性”面板中虽然同样有 5 个选项，其中少了“3D 定位和查看”选项，却多了一个“音轨”选项，单击其下“选项”右侧的 音轨作为按钮 按钮，可弹出的一个包括“音轨作为按钮”和“音轨作为菜单项”的下拉列表，如图 5-36 所示。

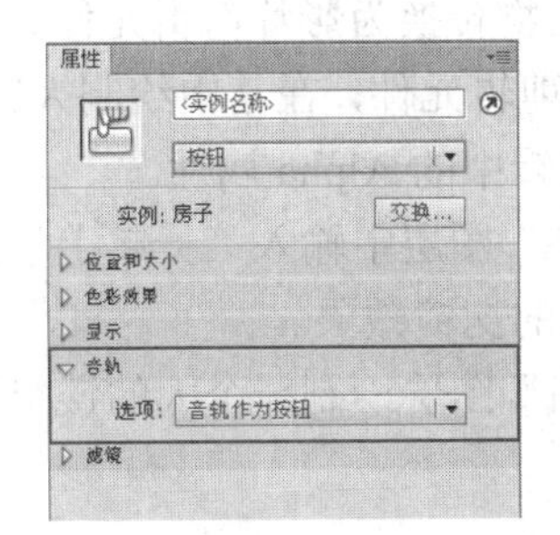

图 5-35 “按钮”实例的“属性”面板

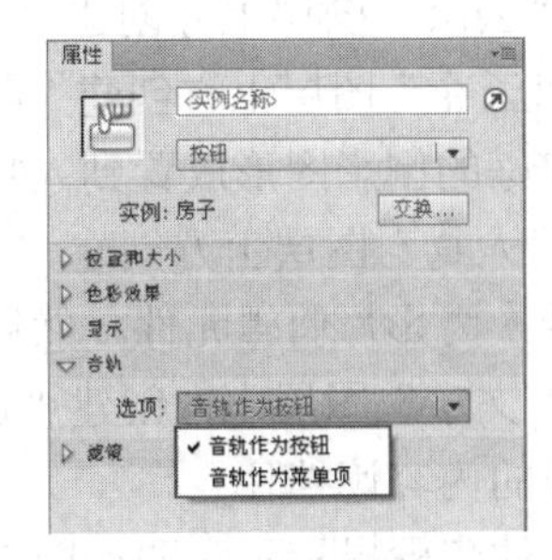

图 5-36 弹出的音轨菜单

5.4.4 “图形”实例的属性设置

在舞台中选择的“图形”实例后，此时的“属性”面板中将显示图形实例的相关属性设置，如图 5-37 所示。

在“图形”实例的“属性”面板中除了可以进行前面介绍的“位置和大小”和“色彩效果”的选项设置外，在最下方还包括了一个“循环”选项，用于设置所选实例的播放状态。

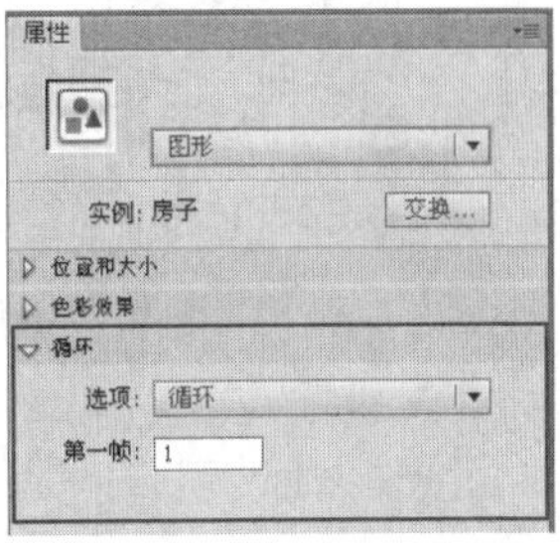

图 5-37 “图形”实例的“属性”面板

- 选项：单击右侧的 循环 按钮，会弹出一个下拉列表，包括“循环”、“播放一次”和“单帧”3 项。
  - 循环：用于设置图形实例中的动画在时间轴上循环播放。
  - 播放一次：用于设置图形实例的动画在时间轴上只播放一次。

➢ 单帧：用于设置图形实例的动画在时间轴上只显示一帧的画面。

● 第一帧：用于设置图形实例的起始播放帧，如设置为 5，则此图形实例中的动画从第 5 帧开始播放。

5.5 综合应用实例：制作“一起上学去”动画背景图

Flash 动画以其特有的短小、精悍等优点，非常适合网络传输，是互联网上非常好的广告表现形式。接下来便通过将本章所学元件、实例和库的操作综合应用来制作一个“一起上学去”的动画背景图，其最终效果如图 5-38 所示。

图 5-38 “一起上学去”最终效果

本实例的步骤提示：

1. 创建一个空白的 Flash 文档，在“背景”图层导入背景图形。

2. 在“背景”图层上方创建“云朵”图层，导入云朵图形，将其转换为图形元件，并复制出多个云朵实例，设置不同的大小与位置。

3. 在“云朵”图层上方创建“人物”图层，将各个人物转换为影片剪辑元件。

4. 在“云朵”图层上方创建“阴影”图层，创建影片剪辑元件，在其中绘制人物的倒影。然后把创建好的倒影图形放置到人物的脚下，设置影片剪辑中的 Alpha 属性。

5. 在“人物”图层上方创建“文字”图层，在“文字”图层中输入“一起上学去”的文字，将其转换为影片剪辑元件，然后为其设置发光与投影的滤镜效果。

6. 在“文字”图层上方创建“遮挡”图层，在“遮挡”图层绘制一个大的镂空矩形，将舞台区域外的内容遮挡住。

本实例的步骤提示示意图如图 5-39 所示。

图 5-39 “一起上学去”动画背景图的步骤提示

制作“一起上学去”动画背景图的步骤如下：

① 启动 Flash CS6，创建出一个新的文档。在“属性”面板中设置舞台的“宽度”参数

为“550 像素”，“高度”参数为“400 像素”，“背景颜色”为默认的 “白色”。

2. 将“图层 1”图层重命名为“背景”，然后单击菜单栏中的“文件”/“导入”命令，在弹出的“导入”对话框中选择本书配套光盘“第 5 章/素材”目录下的“风景.png”图像文件，将其导入到舞台中，并放置到舞台的中心位置，如图 5-40 所示。
3. 在“背景”图层之上创建新图层“云朵”，然后导入本书配套光盘“第 5 章/素材”目录下的“云朵.swf”图像文件，将导入的云朵图形选择，单击菜单栏中的“修改”/“转换为元件”命令，在弹出的“转换为元件”对话框中设置“名称”为“云朵”，“类型”选项为“图形”，其他保持默认，如图 5-41 所示。

图 5-40　导入的“风景.png”图像

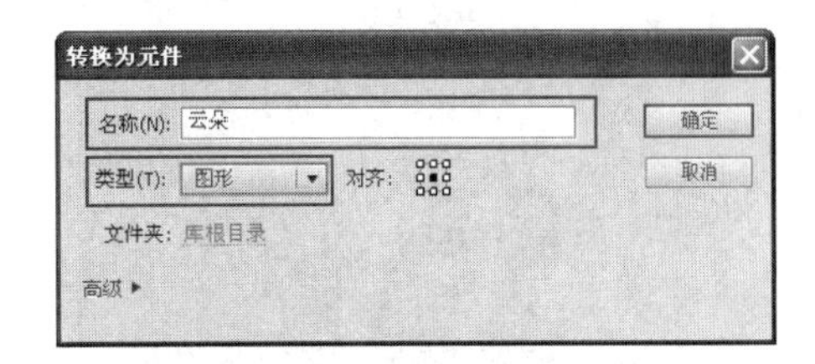

图 5-41　创建“云朵”元件

4. 单击 确定 按钮，将云朵图形转换成名称为“云朵”的图形元件，然后将“云朵”图形元件的实例再复制两个，为复制的“云朵”图形实例设置不同的大小，并将舞台中三个“云朵”图形实例放置在舞台上方不同的位置，如图 5-42 所示。
5. 在“云朵”图层之上创建新图层“人物”，然后导入本书配套光盘“第 5 章/素材”目录下的“人物.swf”图像文件，选择导入的“人物”图像，按键盘上的 Ctrl+B 组合键，将导入的图形打散，如图 5-43 所示。

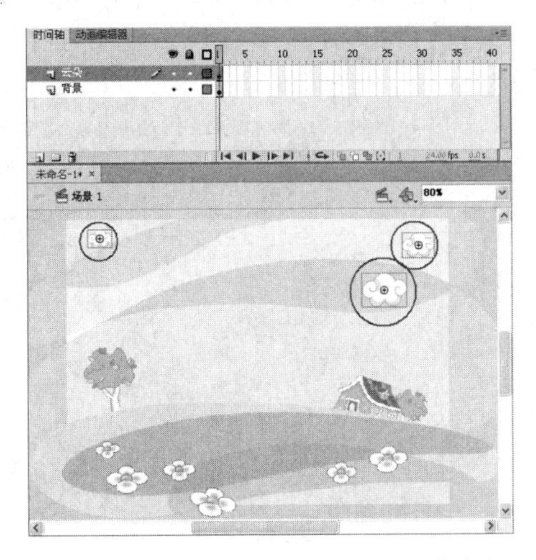

图 5-42　舞台中各个“云朵”图形的实例

图 5-43　导入并打散的“人物”图像

6 将左侧第一个人物选择，单击菜单栏中的“修改”/“转换为元件”命令，在弹出的“转换为元件”对话框中设置“名称”为“人物”，“类型”选项为“影片剪辑”，其他保持默认，如图 5-44 所示。

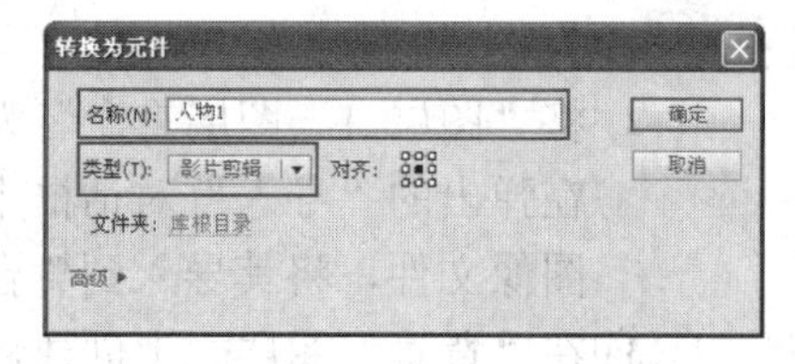

图 5-44　创建“人物”元件

7 单击 确定 按钮，将选择的图形转换成名称为“人物 1”的影片剪辑实例；然后按照相同的方法，将中间的人物选择，将其转换成名称为“人物 2”的影片剪辑实例；再选择最右侧的人物，将其转换成名称为“人物 3”的影片剪辑实例，最后调整“人物 1”、“人物 2”、“人物 3”影片剪辑实例的位置，如图 5-45 所示。

8 在“云朵”图层之上创建新图层“阴影”，然后单击菜单栏中的“插入”/“新建元件”命令，弹出“创建新元件”对话框，在此对话框中设置“名称”为“倒影”，“类型”选项为“影片剪辑”，如图 5-46 所示。

图 5-45　舞台中人物的位置

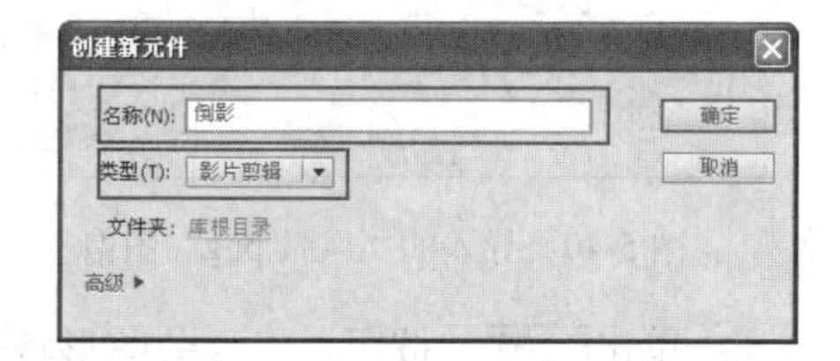

图 5-46　创建“倒影”元件

9 单击 确定 按钮，切换到“倒影”影片剪辑元件的编辑窗口中，在此元件编辑窗口的舞台中心处绘制一个稍小些的椭圆图形，并为其填充由中心向边缘黑色到黑色透明的径向渐变，如图 5-47 所示。

10 单击 场景 1 按钮，切换到场景编辑舞台中，将“库”面板中的“倒影”影片剪辑元件拖曳到舞台中，再复制两个同样的“倒影”影片剪辑实例，将 3 个倒影影片剪辑实例分别放置在三个人物的下方，如图 5-48 所示。

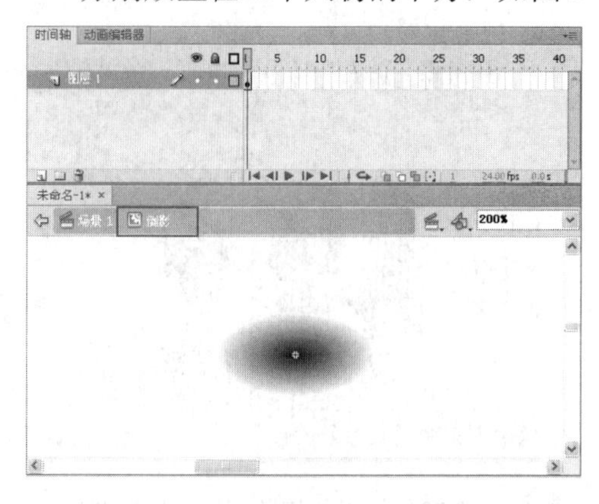

图 5-47　“倒影”影片剪辑元件中绘制的黑色椭圆图形

图 5-48　舞台中的“倒影”影片剪辑实例

⑪ 在“人物”图层之上创建新图层“文字”，然后在舞台人物的上方输入“一起上学去”的文字，选择输入的文字，在“属性”面板中设置“文本引擎”为“传统文本”，“字符”选项中“系列”为“时尚中黑简体”的字体，“大小”为“42 点”，“字母间距”为“6”，“颜色”为“橙色”（颜色值为“#FF6600”），如图 5-49 所示。

图 5-49 舞台中输入的文字

⑫ 选择输入的文字，将其转换为名称为“文字”的影片剪辑实例，在“属性”面板的“滤镜”选项中单击“添加滤镜”按钮，在弹出的菜单中选择“发光”命令，为“文字”影片剪辑实例添加“发光”的滤镜效果，在“发光”滤镜中设置“模糊 X”和“模糊 Y”的参数值都为“2”，“强度”为“1000%”，“品质”选择“高”，“颜色”设置为“白色”，如图 5-50 所示。

图 5-50 为文字设置的“发光”滤镜效果

⑬ 选择“文字”影片剪辑实例，在“属性”面板的“滤镜”选项中单击“添加滤镜”按钮，在弹出的菜单中选择“投影”命令，为“文字”影片剪辑实例再添加上“投影”的滤镜效果，在“投影”滤镜中设置“模糊 X”和“模糊 Y”的参数值都为“5”，“强度”为“40%”，“品质”选择“低”，“距离”为“5 像素”，“颜色”设置为“黑色”，如图 5-51 所示。

⑭ 在“文字”图层之上创建新图层“遮挡”，然后在舞台中绘制一个大的无笔触颜色的镂空黑色矩形，镂空区域正好是舞台的区域，如图 5-52 所示。

图 5-51 为文字设置的“投影”滤镜效果

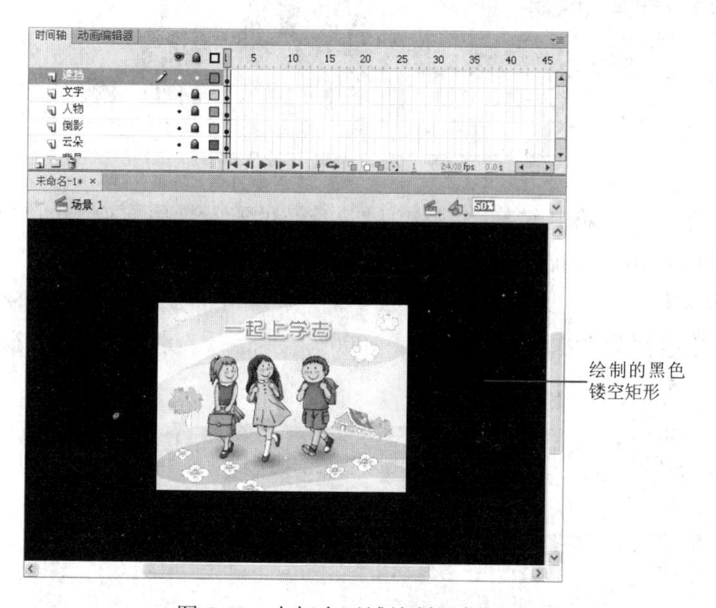

图 5-52 在舞台区域绘制黑色矩形

⑮ 至此，动画背景图全部制作完成。单击菜单栏中的“文件”/“保存”命令，将其保存为“一起上学去.fla”文件。

第 6 章

基本动画的制作

前面章节的学习不过是 Flash 动画制作前的准备，由本章开始将正式进入到 Flash 动画的制作。本章将对 Flash 中的基本应用动画进行学习，包括逐帧动画、传统补间动画、补间动画以及补间形状动画。为了使读者能够更加容易的学习，本章以实例带动讲解的方式学习各个基本动画的制作方法与技巧。作为本书的重点内容之一，希望读者能够认真学习。

本章内容

- 逐帧动画
- 传统补间动画
- 实例指导：制作“礼物”动画
- 补间动画
- 补间形状动画
- 综合应用实例：制作“荡秋千”动画

6.1 逐帧动画

逐帧动画是动画中最基本的类型，它是由若干个连续关键帧组成的动画序列。与传统的动画制作方法类似，它的制作原理是在连续的关键帧中分解动画，即每一帧中的内容不同，使其连续播放而形成动画。

在制作逐帧动画的过程中，需要动手制作每一个关键帧中的内容，因此工作量极大，并且要求用户有比较强的逻辑思维和一定的绘图功底。虽然如此，逐帧动画的优势还是十分明显的，具有非常大的灵活性，适合表现一些细腻的动画，例如3D效果、面部表情、走路、转身等，缺点是动画文件的体积较大。

6.1.1 外部导入方式创建逐帧动画

外部导入方式是创建逐帧动画最为常用的方法，可以将其他应用程序中创建的动画文件或者图形图像序列导入到Flash软件。在导入时，如果导入的图像是一个序列中的一部分，那么Flash会询问用户是否将所有的序列图像全部导入，如图6-1所示。

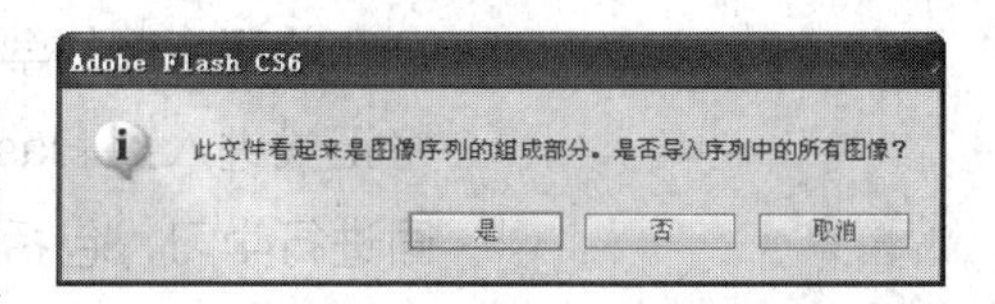

图6-1 导入图像序列的提示框

- 是：单击该按钮，将序列中所有图像全部导入，导入的图像以逐帧动画的方式排列，并且每张图像在舞台中的位置相同。
- 否：只导入当前的图像；
- 取消：取消当前的导入操作。

下面通过实例“乌龟”动画来学习通过外部导入方式创建逐帧动画的操作，并对各个关键帧位置进行调整从而改变动画的播放时间，其最终动画效果如图6-2所示。

图6-2 “乌龟”动画的效果

制作“乌龟”动画效果的步骤如下：

① 启动Flash CS6，创建出一个新的文档。在“属性”面板中设置舞台的“宽度”参数为“500像素”，“高度”参数为“300像素”，“背景颜色”为默认的“白色”。

② 单击菜单栏中的“文件”/“导入”/“导入到舞台”命令，在弹出的“导入”对话框中选择本书配套光盘“第6章/素材”目录下的“乌龟001.png”图像文件，如图6-3所示。

③ 单击打开(O)按钮，弹出导入图像序列的提示框，单击提示框中的是按钮，“乌龟001.png”~“乌龟006.png”图像将依次导入到舞台中，其中每张图像在舞台中的位置相同，并且每一个图像自动生成一个关键帧，同时存放在“库”面板中，如图6-4所示。

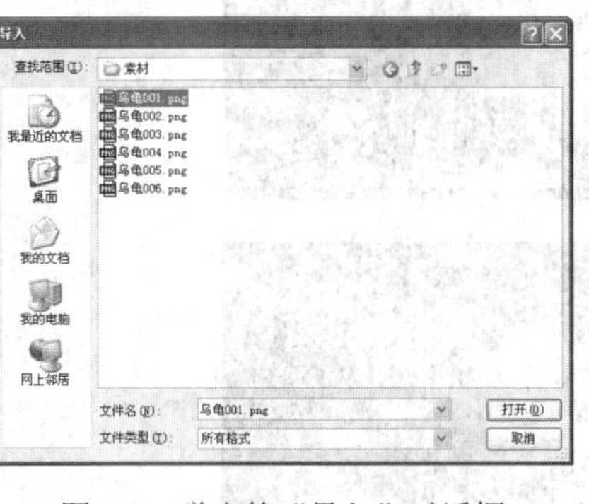

图 6-3　弹出的“导入”对话框　　　　图 6-4　导入 png 图像序列

至此，完成导入图像序列的操作。此时按键盘上的 Ctrl+Enter 组合键来测试影片，在影片测试窗口中可以看到乌龟的爬行速度非常快，此时需要对关键帧来进行调整以减慢动画的播放速度，接下来继续操作。

④ 选择“时间轴”面板中的第 1 帧，单击菜单栏中的“时间轴”/“插入”/“帧”命令两次，或者按键盘上的 F5 键两次，在第 1 帧后面插入两个普通帧，这样第一个关键帧的时间就延续到第 3 帧，如图 6-5 所示。

⑤ 按照上述的方法依次在每个关键帧后面插入两个普通帧，为每个关键帧都延续两帧的播放时间，如图 6-6 所示。

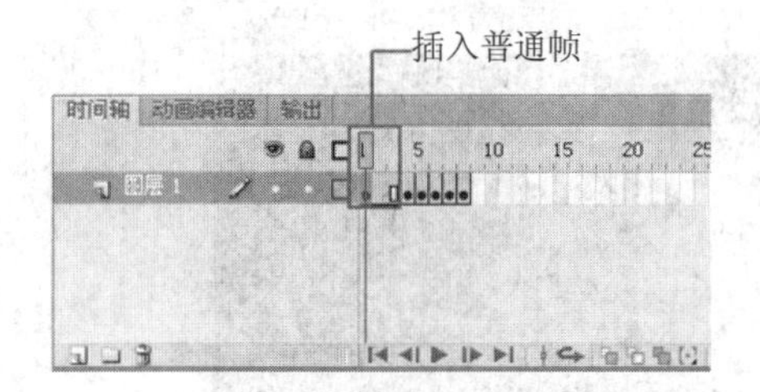

图 6-5　“时间轴”面板中插入帧　　　　图 6-6　为每个关键帧都插入普通帧

⑥ 按键盘上的 Ctrl+Enter 组合键，或者单击菜单栏中的“控制”/“测试影片”/“测试”命令，对影片进行测试，在弹出的影片测试窗口中可以观察到可爱的乌龟爬行的动画效果。

⑦ 如果影片测试无误，单击菜单栏中的“文件”/“保存”命令，在弹出的“另存为”对话框中将文件保存为“乌龟.fla”。

6.1.2　在 Flash 中制作逐帧动画

除了使用上一小节的方法来创建逐帧动画外，还可以在 Flash 软件中制作每一个关键帧中的内容，从而创建逐帧动画。下面以“放鞭炮”动画为例，学习在 Flash 中制作逐帧动画的具体操作，其最终效果如图 6-7 所示。

制作“放鞭炮”动画效果的步骤如下：

① 启动 Flash CS6，创建出一个新的文档。在“属性”面板中设置舞台的“宽度”参数为“600 像素”，“高度”参数为“400 像素”，“背景颜色”为默认的“白色”。

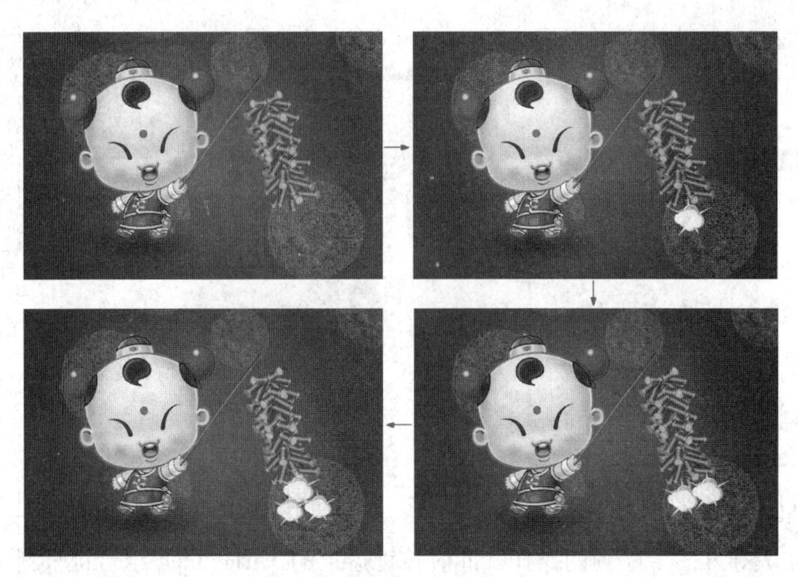

图 6-7　“放鞭炮”动画的效果

② 单击菜单栏中的“文件”/“导入”/“导入到舞台”命令，在弹出的“导入”对话框中选择本书配套光盘“第 6 章/素材”目录下的“放鞭炮背景.jpg”图像文件，然后单击 打开(O) 按钮，将选择的“放鞭炮背景.jpg”图像文件导入到舞台当中。

③ 选择导入的图像，打开“信息”面板，在“信息”面板中设置图像左顶点的“X”、“Y”轴坐标值全部为“0”，这样导入的图像刚好覆盖舞台，如图 6-8 所示。

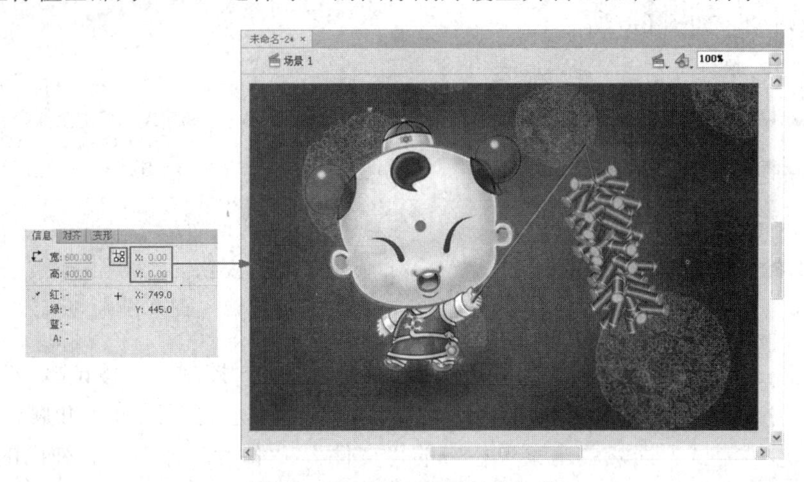

图 6-8　设置导入图像的坐标值

④ 单击“时间轴”面板左下方的“新建图层”按钮，在“图层 1”图层之上创建新的图层，新建图层的名称默认为“图层 2”，然后分别在“图层 1”与“图层 2”图层的第 18 帧处按键盘上的 F5 键，在这两个图层的第 18 帧处插入帧，这样动画播放时间为 18 帧，如图 6-9 所示。

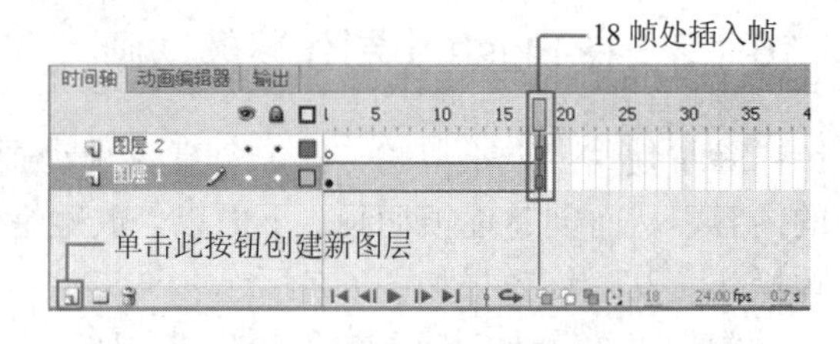

图 6-9　图层上创建的帧

⑤ 在“时间轴”面板中选择“图层 2”图层，然后单击菜单栏中的“文件”/“导入”/

"导入到库"命令，在弹出的"导入到库"对话框中选择本书配套光盘"第6章/素材"目录下的"火花.swf"文件，单击打开(O)按钮，将选择的"火花.swf"文件导入到当前文件的"库"面板当中，如图6-10所示。

⑥ 选择"图层2"图层的第4帧，然后按键盘上的F6键，或在第4帧处单击鼠标右键，在弹出的菜单中选择"插入关键帧"命令，创建出一个空白关键帧，再将"库"面板中的"火花.swf"图形拖曳到舞台鞭炮的图形的下方，如图6-11所示。

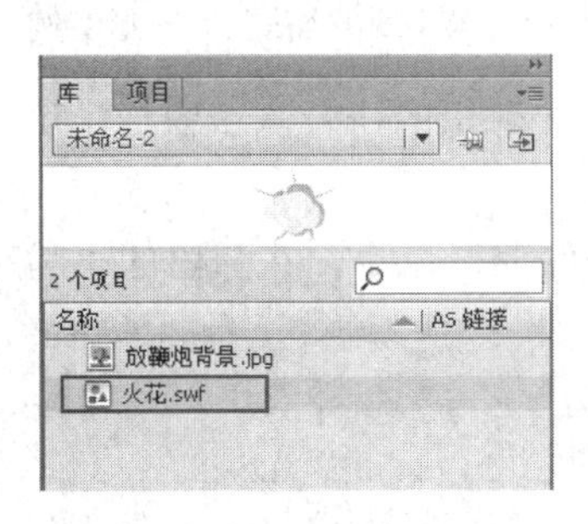

图6-10 "库"面板

图6-11 第4关键帧中图形的位置

⑦ 按照相同的方法，在"图层2"图层的第7帧、第10帧处插入关键帧，并在这两个关键帧分别放置两个和三个"火花.swf"的图形实例，如图6-12所示。

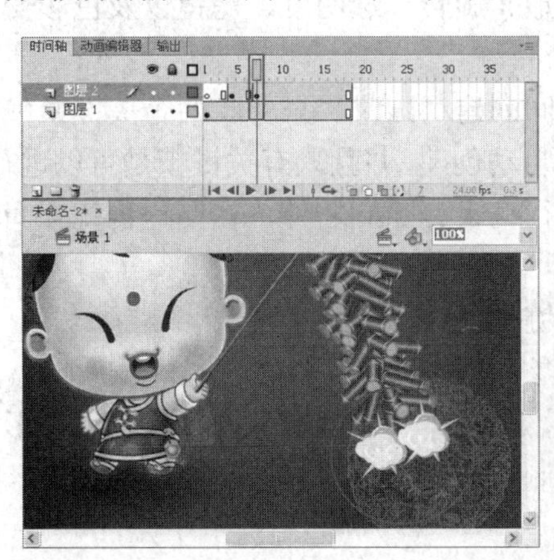

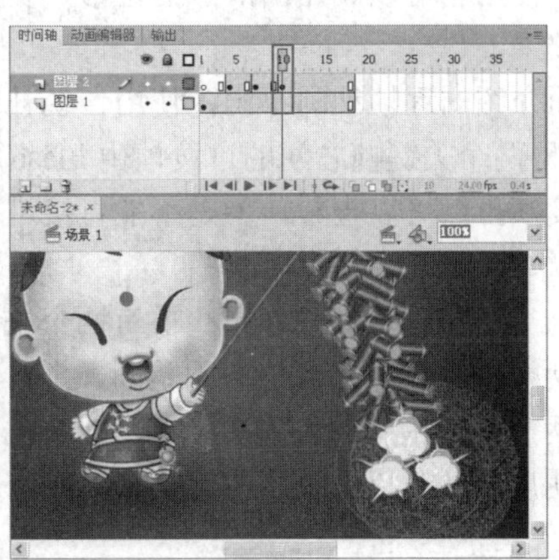

图6-12 不同关键帧处的图形效果

⑧ 选择"图层2"图层的第13帧，然后按键盘上的F7键，在"图层2"图层的第13帧创建出一个空白关键帧；再选择第7帧，将此帧处的两个"火花.swf"图形实例全部选择，按键盘上的Ctrl+C组合键，将这两个图形实例复制。

⑨ 选择"图层2"图层的第13帧，按键盘上的Ctrl+Shift+V组合键，或者单击菜单栏中"编辑"/"粘贴到当前位置"命令，将第7帧处复制的图形实例粘贴到第13帧处，并保持原来的位置，如图6-13所示。

⑩ 按照相同的方法，将"图层2"图层第4帧处的图形实例粘贴到"图层2"图层的第16帧处并保持原来的位置，如图6-14所示。

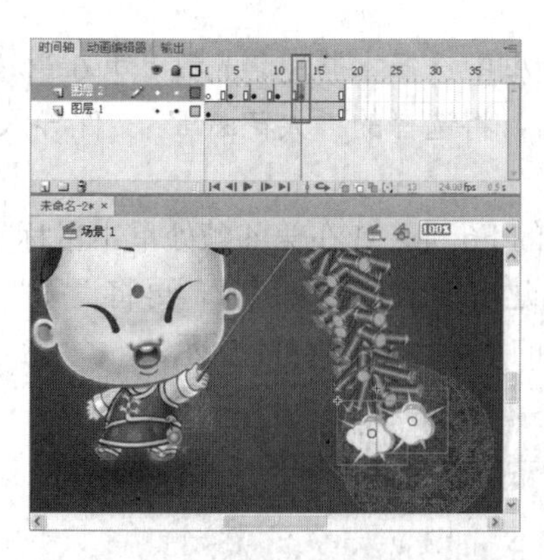

图 6-13　第 13 帧处粘贴的图形实例

图 6-14　第 16 帧处粘贴的图形实例

⑪ 按键盘上的 Ctrl+Enter 组合键，对影片进行测试。在弹出的影片测试窗口中可以观察到可爱的小朋友手持鞭炮，鞭炮燃放的动画效果。

⑫ 如果影片测试无误，单击菜单栏中的“文件”/“保存”命令，在弹出的“另存为”对话框中将文件保存为“放鞭炮.fla”。

6.2　传统补间动画

传统补间动画是 Flash 中较为常见的基础动画类型，也是早期 Flash 软件版本创建动画的基本方法，使用它可以制作出对象的位移、变形、旋转、透明度、滤镜以及色彩变化等一系列的动画效果。

与前面介绍的逐帧动画不同，使用传统补间创建动画时，只要将两个关键帧中的对象制作出来即可，两个关键帧之间的过渡帧由 Flash 自动创建，并且只有关键帧是可以进行编辑的，而各个过渡帧虽然可以查看，但是不能直接进行编辑。除此之外，在制作传统补间动画时还需要满足以下条件：

- 在一个传统补间动画中至少要有两个关键帧。
- 这两个关键帧中的对象必须是同一个对象。
- 这两个关键帧中的对象必须有一些变化，如两个关键帧对象产生位移、变形、旋转、透明度、滤镜以及色彩等变化；否则，制作的动画将没有动作变化的效果。

6.2.1　创建传统补间动画

传统补间动画的创建方法有两种，可以通过右键菜单，也可以通过菜单命令。两者相比，前者更方便快捷，比较常用。

1．通过右键菜单创建传统补间动画

首先在“时间轴”面板中选择同一图层的两个关键帧之间的任意一帧，然后单击鼠标右键，从弹出的菜单中选择“创建传统补间”命令，这样就在两个关键帧间创建出传统补间动画。创建的传统补间动画以带有黑色箭头的蓝色背景表示，如图 6-15 所示。

提示　如果创建后的传统补间动画以一条蓝色背景的虚线段表示，说明传统补间动画没有创建成功，两个关键帧中的对象可能不满足创建动画的条件。

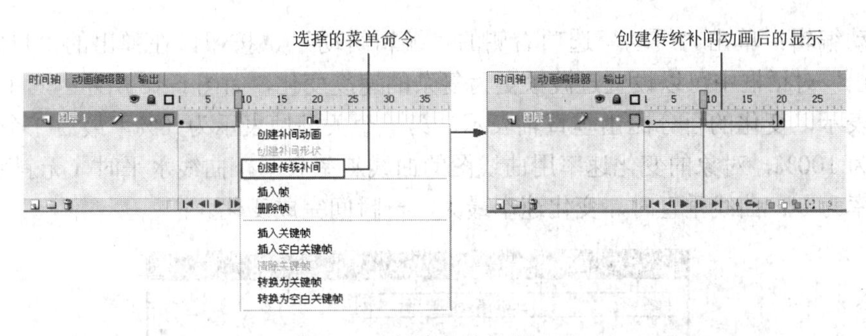

图 6-15　创建传统补间动画

通过右键菜单除了可以创建传统补间动画外，还可以取消已经创建好的传统补间动画。首先选择已经创建传统补间动画两个关键帧之间的任意一帧，然后单击鼠标右键，从弹出的菜单中选择“删除补间”命令，就可以将已经创建的传统补间动画删除，如图 6-16 所示。

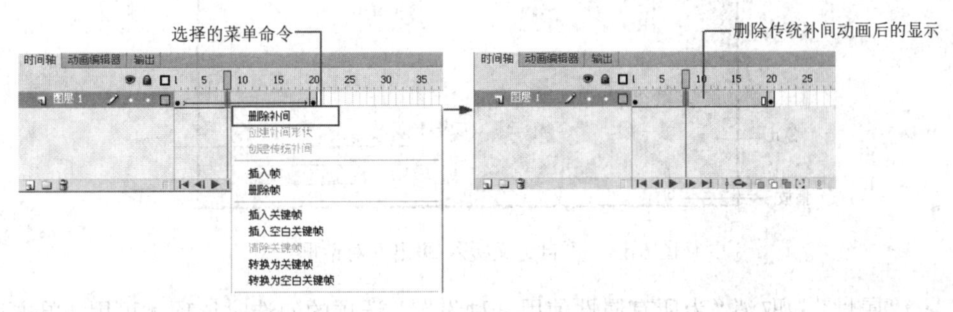

图 6-16　删除传统补间动画

2．使用菜单命令创建传统补间动画

在使用菜单命令创建传统补间动画的过程中，同样需要将同一图层两个关键帧之间的任意一帧选择，然后单击菜单栏中的“插入”/“传统补间”命令，就可以在两个关键帧之间创建传统补间动画；如果想取消已经创建好的传统补间动画，可以选择已经创建传统补间动画两个关键帧之间的任意一帧，然后单击菜单栏中的“插入”/“删除补间”命令，又可以将已经创建的传统补间动画删除。

6.2.2　传统补间动画属性的设置

创建传统补间动画后，可以通过“属性”面板进行动画的各项设置，从而使其更符合动画需要。首先选择已经创建传统补间动画的两个关键帧之间任意一帧，然后展开“属性”面板，在其下的“补间”选项中就可以设置动画的运动速度、旋转方向与旋转次数等等，如图 6-17 所示。

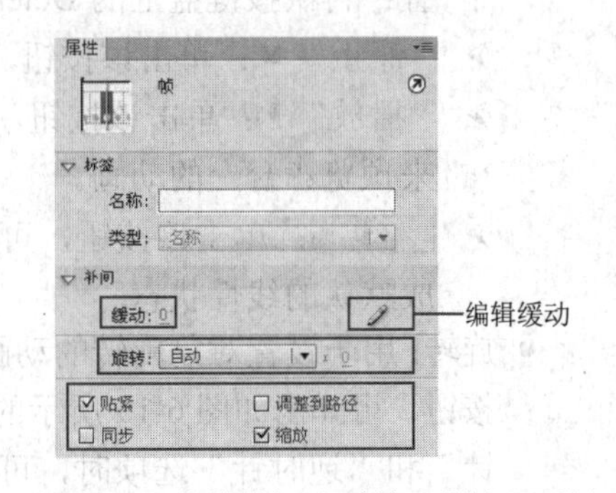

图 6-17　传统补间动画的“属性”面板

- 缓动：默认情况下，过渡帧之间的变化速率是不变的，在此可以通过“缓动”选项逐渐调整变化速率，从而创建更为自然地由慢到快的加速或由快到慢的减速效果；默认数值为 0，取值范围为-100～+100，负值为加速动画，正值为减速动画。

- 缓动编辑：单击“缓动”选项右侧的“编辑缓动”按钮，在弹出的“自定义缓入/缓出”对话框中可以设置过渡帧更为复杂的速度变化，如图 6-18 所示。其中帧由水平轴表示，变化的百分比由垂直轴表示，第一个关键帧表示为 0%，最后一个关键帧表示为 100%，对象的变化速率用曲线图的曲线斜率表示，曲线水平时（无斜率），变化速率为零；曲线垂直时，变化速率最大，一瞬间完成变化。

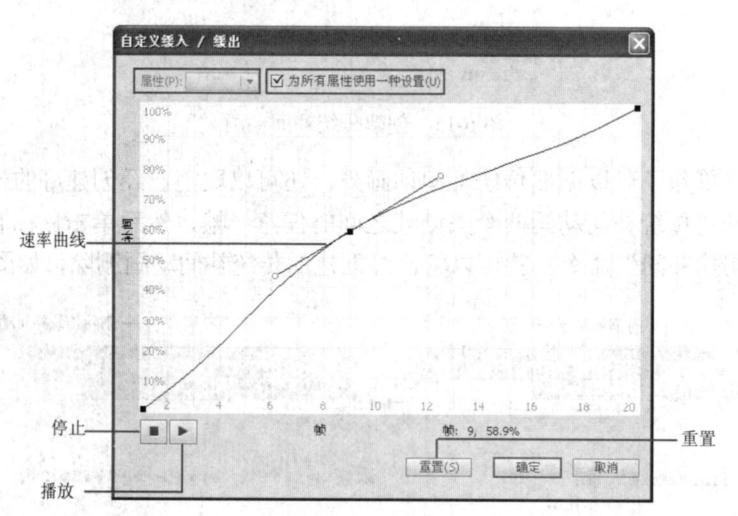

图 6-18 “自定义缓入/缓出”对话框

  - “属性”：取消“为所有属性使用一种设置”选项的勾选时该项才可用，单击该处，弹出一个属性列表，分别为“位置”、“旋转”、“缩放”、“颜色”和“滤镜”，每个属性都会有一条独立的速率曲线。
  - “为所有属性使用一种设置”：默认时该项处于勾选状态，表示所显示的曲线适用于所有属性，并且其左侧的“属性”选项为灰色不可用状态。取消该项的勾选，在左侧的“属性”选项中可以设置每个属性的单独曲线。
  - 速率曲线：用于显示对象的变化速率，在速率曲线处单击，即可添加一个控制点，通过按住鼠标拖曳，可以对所选的控制点进行位置调整，并显示两侧的控制手柄，可以使用鼠标拖动控制点或其控制手柄，也可以使用小键盘中的箭头键来确定位置；再次按键盘上的 Delete 键，可将所选的控制点删除。
  - “停止”■：单击该按钮，停止舞台上的动画预览。
  - “播放”▶：单击该按钮，以当前定义好的速率曲线来预览舞台上的动画。
  - 重置：单击该按钮，可以将当前的速率曲线重置成默认的线性状态。

- 旋转：用于设置对象旋转的动画，单击右侧的 自动 按钮，可弹出如图 6-19 所示的下拉列表，当选择“顺时针”和“逆时针”选项时，可以创建顺时针与逆时针旋转的动画。在下拉列表右侧还有一个参数设置，用于设置对象旋转的次数。

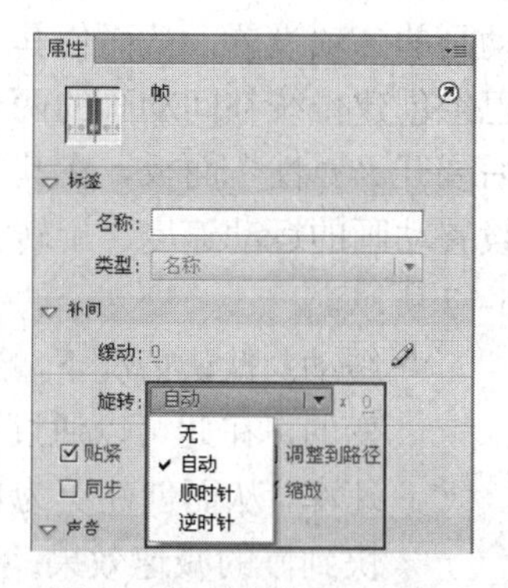

图 6-19 弹出的下拉列表

- 贴紧：勾选该项，可以将对象紧贴到引导线上。

- 同步：勾选该项，可以使元件实例的动画和主时间轴同步。
- 调整到路径：制作运动引导层动画时，勾选该项，可以使动画对象沿着运动路径运动。
- 缩放：勾选该项，用于改变对象的大小。

6.3　实例指导：制作“礼物”动画

使用传统补间动画可以创建出多种动画效果，包括对象位置的移动、对象的大小改变、对象色彩变化以及对象旋转等。在本节中将制作一个“礼物”的动画实例，此实例中通过传统补间动画为对象应用了位移、变形、透明度变化的动画效果，其最终效果如图 6-20 所示。

图 6-20　“礼物”动画的效果

制作“礼物”动画效果的步骤如下：

① 单击菜单栏中的“文件”/“打开”命令，打开本书配套光盘“第 6 章/素材”目录下的“礼物.fla”文件，如图 6-21 所示。

图 6-21　打开的“礼物.fla”文件

② 在“时间轴”面板中将“图层 1”图层的名称重新命名为“背景”，然后在“背景”图层之上创建新图层，并将新图层重新命名为“礼物盒”，并在“背景”与“礼物盒”图层的第 80 帧插入帧，设置动画的播放时间为 80 帧，如图 6-22 所示。

③ 在“时间轴”面板中选择“礼物盒”图层，然后将“库”面板中的“礼物”影片剪辑元件拖曳到舞台中，并在“礼物盒”图层的第 10 帧插入关键帧，如图 6-23 所示。

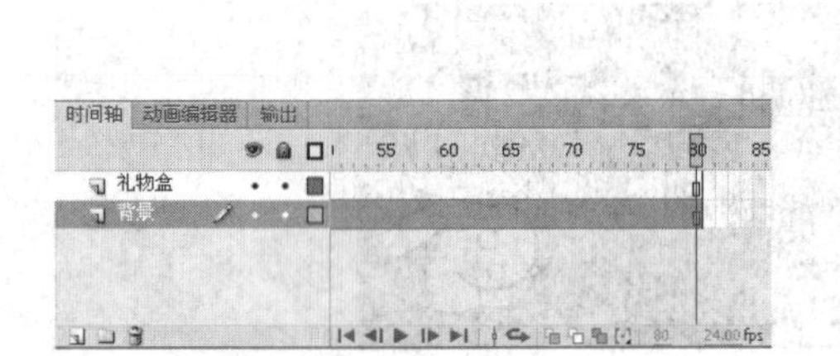

图 6-22　创建的图层与插入的帧

图 6-23　舞台中的“礼物”影片剪辑实例

④ 选择第 10 帧，将舞台中的“礼物”影片剪辑实例放大，并放置到小牛图形的左侧；然后选择第 1 帧，将“礼物”影片剪辑实例拖曳到舞台上方，使其与第 10 帧中的“礼物”影片剪辑实例保持同一垂直中心线上，并对其进行缩小，如图 6-24 所示。

图 6-24　第 10 帧与第 1 帧中“礼物”影片剪辑实例的位置

⑤ 选择第 1 帧中的“礼物”影片剪辑实例，在“属性”面板“色彩效果”的“样式”选项中选择“Alpha”选项，并设置“Alpha”参数值为“0”，此时第 1 帧中的“礼物”影片剪辑实例变为完全透明，如图 6-25 所示。

⑥ 在“礼物盒”图层的第 12 帧、第 14 帧以及第 15 帧，分别插入关键帧，然后使用“任意变形工具”将第 12 帧处的“礼物”影片剪辑实例向下压缩变形一些，如图 6-26 所示。

⑦ 选择“礼物盒”图层的第 14 帧处“礼物”影片剪辑实例，然后使用“任意变形工具”向上拉伸变形一些，如图 6-27 所示。

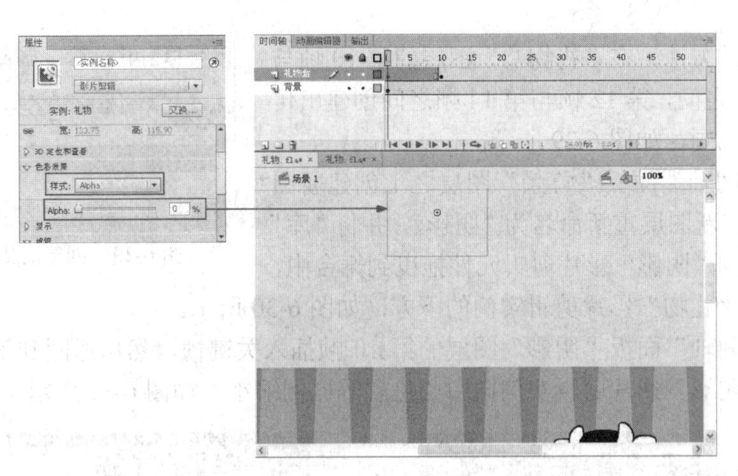

图 6-25　第 1 帧中“礼物”影片剪辑实例的颜色效果

图 6-26　第 12 帧处向下压缩变形的“礼物”影片剪辑实例

图 6-27　第 14 帧处向上拉伸变形的“礼物”影片剪辑实例

⑧ 选择“礼物盒”图层第 1 帧与第 10 帧之间的任意一帧，然后单击鼠标右键，从弹出的菜单中选择“创建传统补间”动画命令，创建出传统补间动画，如图 6-28 所示。

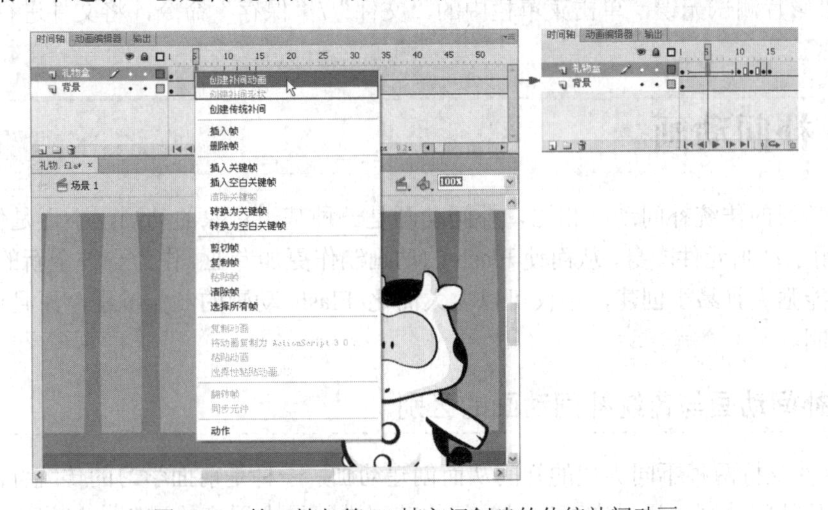

图 6-28　第 1 帧与第 10 帧之间创建的传统补间动画

⑨ 用同样的方法，在“礼物盒”图层的第 10 帧与第 12 帧之间，第 12 帧与第 14 帧之间创建出传统补间动画，如图 6-29 所示。

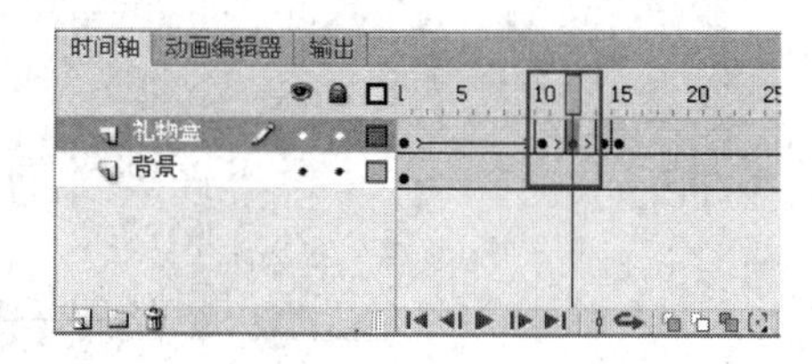

图 6-29　创建的传统补间动画

⑩ 在“时间轴”面板“背景”图层之上创建新图层，并将新图层重新命名为“阴影”，并将“库”面板中的“阴影”影片剪辑元件拖曳到舞台中，放置在“礼物”影片剪辑实例的下方，如图 6-30 所示。

⑪ 在“时间轴”面板“阴影”图层的第 10 帧插入关键帧，然后返回到第 1 帧，将第 1 帧中“阴影”影片剪辑实例向中心位置等比例缩小，如图 6-31 所示。

图 6-30　“阴影”影片剪辑实例的位置

图 6-31　第 1 帧“阴影”影片剪辑实例的大小与位置

⑫ 选择“阴影”图层第 1 帧与第 10 帧之间的任意一帧，然后单击鼠标右键，从弹出的菜单中选择“创建传统补间”动画命令，创建出传统补间动画。

⑬ 按键盘上的 Ctrl+Enter 组合键，对影片进行测试，在弹出的影片测试窗口中可以观察到礼物盒由上至下下落并且逐渐显示，同时礼物盒的阴影也随着礼物盒放大，并且礼物盒落地后，出现快速向下压缩并向上拉伸的动画效果，这样使得礼物盒下落的效果更加逼真。

⑭ 如果影片测试无误，单击菜单栏中的“文件”/“保存”命令，将文件进行保存。

6.4　补间动画

与前面学习的传统补间动画相比，补间动画是一种基于对象的动画，不再是作用于关键帧，而是作用于动画元件本身，从而使 Flash 的动画制作更加专业。作为一种全新的动画类型，补间动画功能强大且易于创建，不仅可以大大简化 Flash 动画的制作过程，而且还提供了更大程度的控制。

6.4.1　补间动画与传统补间动画的区别

Flash 软件支持两种不同类型的补间从而创建动画，一种是前面学习的传统补间动画，而另外一种就是补间动画，通过它可以对补间的动画进行最大程度的控制。与前面学习的传统补间动画相比，二者存在很大的差别，如下所示：

- 传统补间动画是基于关键帧的动画，通过两个关键帧中两个对象的变化从而创建动画效果，其中关键帧是显示对象实例的帧；而补间动画是基于对象的动画，整个补间范围只有一个动画对象，动画中使用的是属性关键帧而不是关键帧。
- 补间动画在整个补间范围上只有一个对象。
- 补间动画和传统补间动画都只允许对特定类型的对象进行补间。若应用补间动画，则在创建补间时会将所有不允许的对象类型转换为影片剪辑；而应用传统补间动画会将这些对象类型转换为图形元件。
- 补间动画会将文本视为可补间的类型，而不会将文本对象转换为影片剪辑；传统补间动画则会将文本对象转换为图形元件。
- 在补间动画范围上不允许添加帧标签；而传统补间则允许在动画范围内添加帧标签。
- 补间目标上的任何对象脚本都无法在补间动画范围的过程中更改。
- 在时间轴中可以将补间动画范围视为单个对象进行拉伸和调整大小，而传统补间动画可以对补间范围的局部或整体进行调整。
- 如果要在补间动画范围中选择单个帧，必须按住键盘上的 Ctrl 键并单击该帧；而传统补间动画中的选择单帧只需要单击即可选择。
- 对于传统补间动画，缓动可应用于补间内关键帧之间的帧；对于补间动画，缓动可应用于补间动画范围的整个长度。如果仅对补间动画的特定帧应用缓动，则需要创建自定义缓动曲线。
- 利用传统补间动画可以在两种不同的色彩效果（如色调和 Alpha 透明度）之间创建动画；而补间动画可以对每个补间应用一种色彩效果，可以通过在“动画编辑器”面板的“色彩效果”属性中单击“添加颜色、滤镜或缓动”按钮进行色彩效果的选择。
- 只可以使用补间动画来为 3D 对象创建动画效果；无法使用传统补间动画为 3D 对象创建动画效果。
- 只有补间动画才能保存为动画预设。
- 对于补间动画中的属性关键帧，无法像传统补间动画那样对动画中单个关键帧的对象应用交换元件的操作，而是将整体动画应用于交换的元件；补间动画也不能在“属性”面板的“循环”选项下设置图形元件的“单帧”数。

6.4.2 创建补间动画

同前面学习的传统补间动画一样，补间动画对于创建对象的类型也有所限制，只能应用于元件的实例和文本字段，并且要求同一图层中只能选择一个对象；如果选择同一图层的多个对象，将会弹出一个用于提示是否将选择的多个对象转换为元件的提示框，如图 6-32 所示。

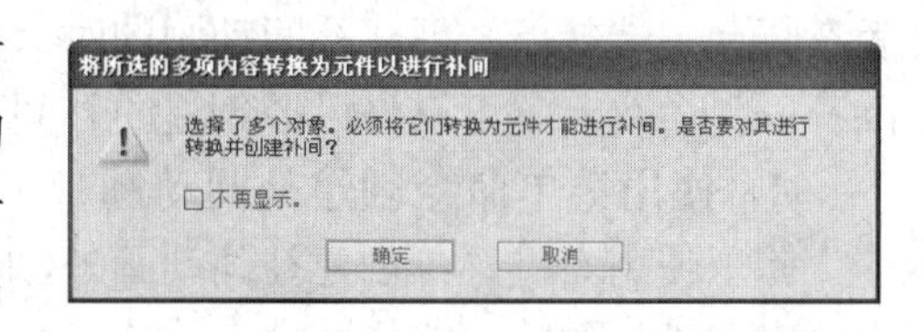

图 6-32 弹出的提示框

在进行补间动画的创建时，对象所处的图层类型可以是系统默认的常规图层，也可以比较特殊的引导层、遮罩层或被遮罩层。创建补间动画后，如果原图层是常规系统默认图层，那么它将成为补间图层；如果是引导层、遮罩层或被遮罩层，它将成为补间引导、补间遮罩或补间被遮罩图层，如图 6-33 所示。

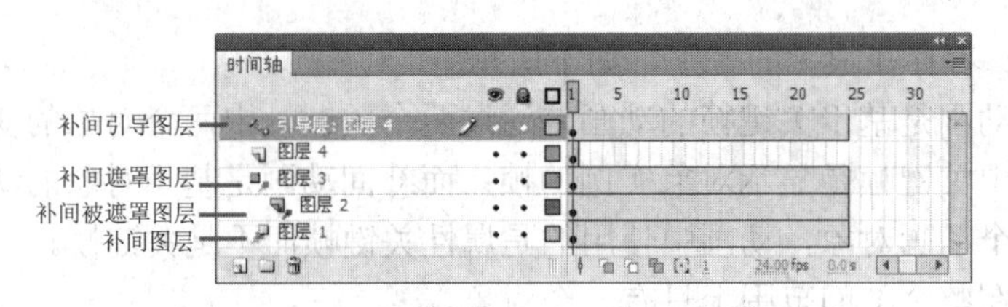

图 6-33　创建补间动画后的各图层显示效果

在 Flash 中创建补间动画的操作方法也有两种，可以通过右键菜单，也可以通过菜单命令。两者相比，前者更方便快捷，比较常用。

1．通过右键菜单创建补间动画

通过右键菜单创建补间动画有两种方法，这是由于创建补间动画的右键菜单有两种弹出方式，首先在“时间轴”面板中选择某帧，或者在舞台中选择对象，然后单击鼠标右键，都会弹出右键菜单，选择其中的“创建补间动画”命令，都可以为其创建补间动画，如图 6-34 所示。

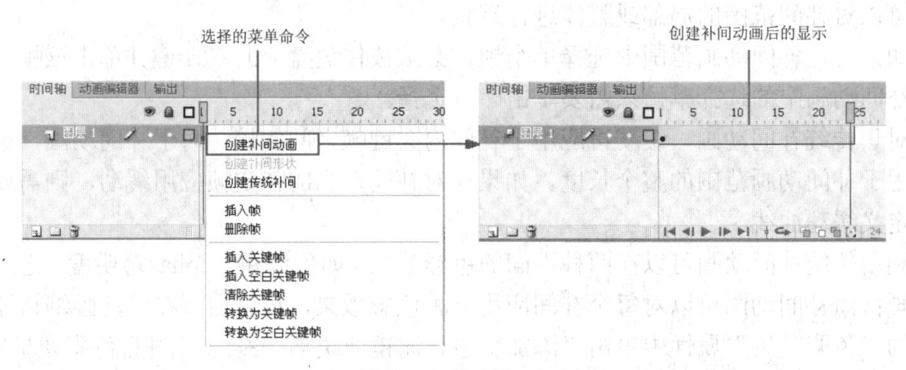

图 6-34　创建补间动画后的“时间轴”面板

提示

创建补间动画的帧数会根据所选对象在“时间轴”面板中所处的位置不同而有所不同。如果选择的对象是处于在“时间轴”面板的第 1 帧中，那么补间范围的长度等于一秒的持续时间，例如当前文档的“帧频”为 24 fps，那么在“时间轴”面板中创建补间动画的范围长度也是 24 帧；而如果当前“帧频”小于 5 fps，则创建的补间动画范围长度将为 5 帧；如果选择对象存在于多个连续的帧中，则补间范围将包含该对象占用的帧数。

如果想删除创建的补间动画，可以在“时间轴”面板中选择已经创建补间动画的帧，或者在舞台中选择已经创建补间动画的对象，然后单击鼠标右键，从弹出的右键菜单中选择“删除补间”命令，就可以将已经创建的补间动画删除。

2．使用菜单命令创建补间动画

除了使用右键菜单创建补间动画外，同样 Flash 也提供了创建补间动画的菜单命令，首先在“时间轴”面板中选择某帧，或者在舞台中选择对象，然后单击菜单栏中的“插入”/“补间动画”命令，可以为其创建补间动画；如果想取消已经创建好的补间动画，可以单击菜单栏中的“插入”/“删除补间”命令。

6.4.3　在舞台中编辑属性关键帧

在 Flash 中，“关键帧”和“属性关键帧”的性质不同，其中“关键帧”是指在“时间轴”

面板中舞台上实实在在的动画对象所处的动画帧，而“属性关键帧”则是指在补间动画的特定时间或帧中为对象定义的属性值。

创建补间动画后，如果要在补间动画范围中插入属性关键帧，可以在插入属性关键帧的位置单击鼠标右键，选择弹出菜单中“插入关键帧”下的相关命令即可进行添加，共有6种属性，分别为“位置”、“缩放”、“倾斜”、“旋转”、“颜色”和“滤镜”，如图6-35所示。

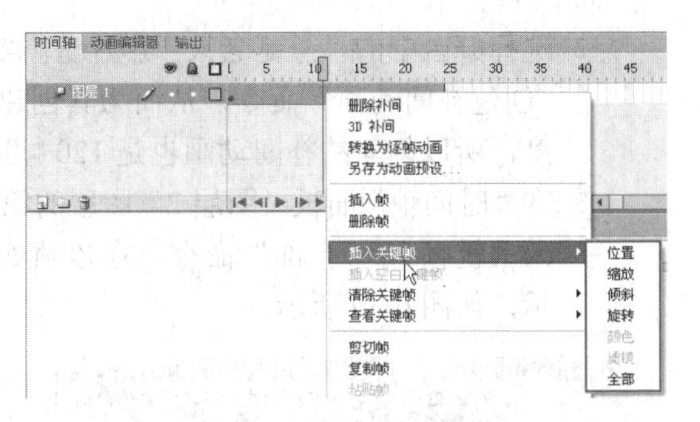

图6-35 插入属性关键帧

在舞台中可以通过“变形”面板或“工具”面板中的各种工具，进行属性关键帧的各项编辑，包括位置、大小、旋转、倾斜等。如果补间对象在补间过程中更改舞台位置，那么在舞台中将显示补间对象在舞台上移动时所经过的路径，此时可以通过“工具”面板中的“选择工具”、“部分选取工具”、“转换锚点工具”、“任意变形工具”以及“变形”面板等来编辑补间的运动路径。下面通过“圣诞老人”实例来学习在舞台中编辑属性关键帧的具体操作，其最终效果如图6-36所示。

图6-36 “圣诞老人”动画的效果

在舞台中编辑属性关键帧的步骤如下：

1. 单击菜单栏中的“文件”/“打开”命令，打开本书配套光盘“第6章/素材”目录下的“圣诞老人.fla”文件，如图6-37所示。

图6-37 打开的“圣诞老人.fla”文件

(2) 选择舞台中的“圣诞老人”影片剪辑实例，然后单击鼠标右键，从弹出的菜单中选择“创建补间动画”命令，从而为其创建补间动画。由于“图层 2”图层有 120 帧的长度，所以创建的补间动画也是 120 帧的长度，如图 6-38 所示。

(3) 在“时间轴”面板“图层 2”图层的第 80 帧处单击鼠标右键，选择弹出菜单中的“插入关键帧”/“全部”命令，在该帧处插入属性关键帧，属性关键帧以黑色小菱形显示，如图 6-39 所示。

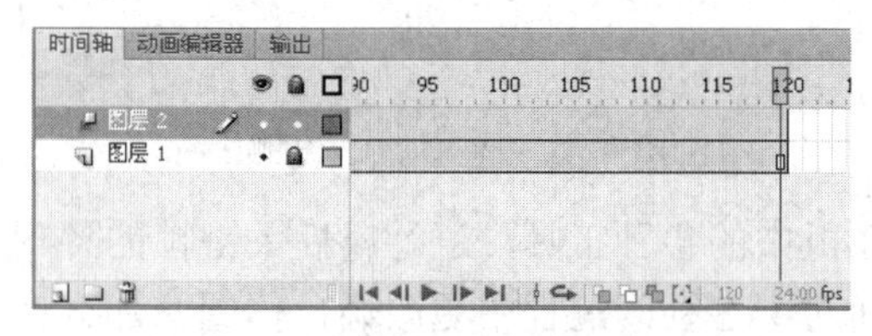

图 6-38　创建补间动画后的显示

图 6-39　第 80 帧处创建的属性关键帧

(4) 将“时间轴”面板中的播放头拖曳到第 1 帧处，选择舞台中的“圣诞老人”影片剪辑实例，并将其调整到舞台左侧，此时在舞台中将显示一条运动路径，其中每一个蓝色控制点对应“时间轴”面板的一帧，如图 6-40 所示。

(5) 将“时间轴”面板中的播放头拖曳到第 80 帧处，选择舞台中的“圣诞老人”影片剪辑实例，并将其调整到舞台右上方，并使用“任意变形工具”将其等比例缩小，如图 6-41 所示。

图 6-40　第 1 帧处“圣诞老人”影片剪辑元件所在的位置

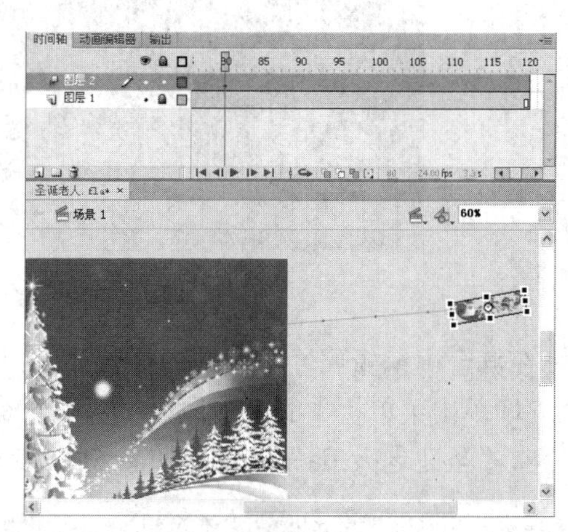

图 6-41　第 80 帧处“圣诞老人”影片剪辑元件所在的位置

(6) 选择“工具”面板中的“选择工具”，将“选择工具”移至运动路径的中央，当鼠标指针右下方带个圆弧形状，拖曳运动路径，将运动路径调整为弧线形状，就像调整直线段一样，此时动画的运动路径发生改变，如图 6-42 所示。

(7) 在“图层 2”图层的第 50 帧处单击鼠标右键，选择弹出菜单中的“插入关键帧”/“全部”命令，在该帧处插入属性关键帧，如图 6-43 所示。

(8) 将“时间轴”面板中的播放头拖曳到第 80 帧处，选择此帧处的“圣诞老人”影片剪辑实例，在“属性”面板“色彩效果”的“样式”选项中选择“Alpha”选项，并设置“Alpha”参数值为“0”，此时第 80 帧中的“圣诞老人”影片剪辑实例变为完全透明，如图 6-44 所示。

图 6-42　调整动画的运动路径

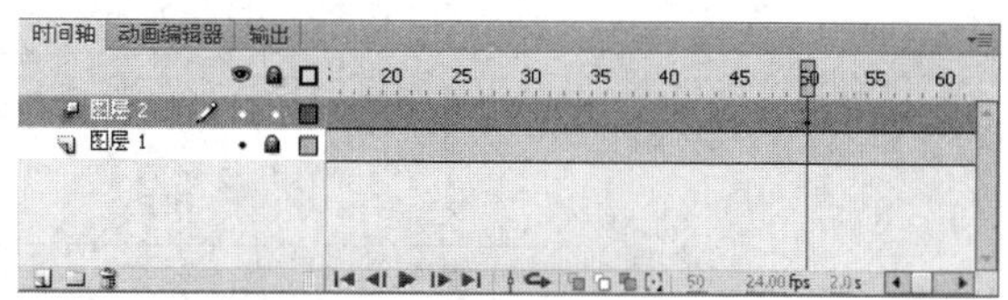

图 6-43　第 50 帧处插入属性关键帧

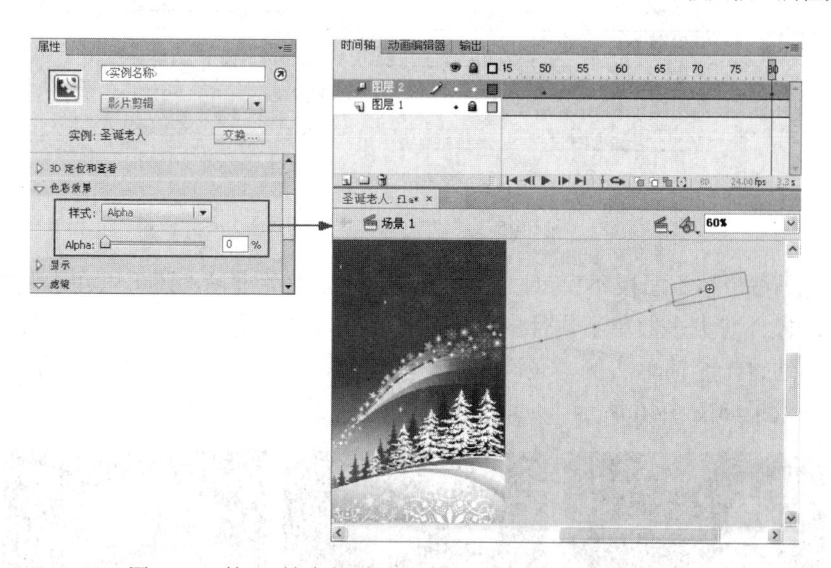

图 6-44　第 80 帧中的“圣诞老人”影片剪辑实例的显示

9 至此，动画制作完成。单击菜单栏中的“控制”/“测试影片”/“测试”命令，对影片进行测试，在弹出的影片测试窗口中可以看到圣诞老人从左向右驾着雪橇飞行，并慢慢消失的动画效果。

10 如果影片测试无误，单击菜单栏中的“文件”/“保存”命令，将文件进行保存。

6.4.4 使用“动画编辑器”调整补间动画

在 Flash 软件中除了上述方法调整补间动画外，还可以通过“动画编辑器”来查看所有补间属性和属性关键帧，从而对补间动画进行全面细致的控制。

首先在“时间轴”面板中选择已经创建的补间范围，或者选择舞台中已经创建补间动画的对象，然后单击“时间轴”面板旁边的动画编辑器按钮，或者单击菜单栏中的“窗口”/“动画编辑器”命令，可切换到“动画编辑器”面板中，如图 6-45 所示。

在“动画编辑器”面板中自上向下共有 5 个属性类别可供调整，分别为“基本动画”、“转换”、“色彩效果”、“滤镜”和“缓动”。其中“基本动画”用于设置 X、Y 轴坐标值和 3D 旋转属性；“转换”用于设置倾斜和缩放属性；而如果要设置“色彩效果”、“滤镜”和“缓动”属性，则必须首先单击“添加颜色、滤镜或缓动”按钮，然后从弹出的菜单中选择相关选项，将其添加到列表中才能进行设置。

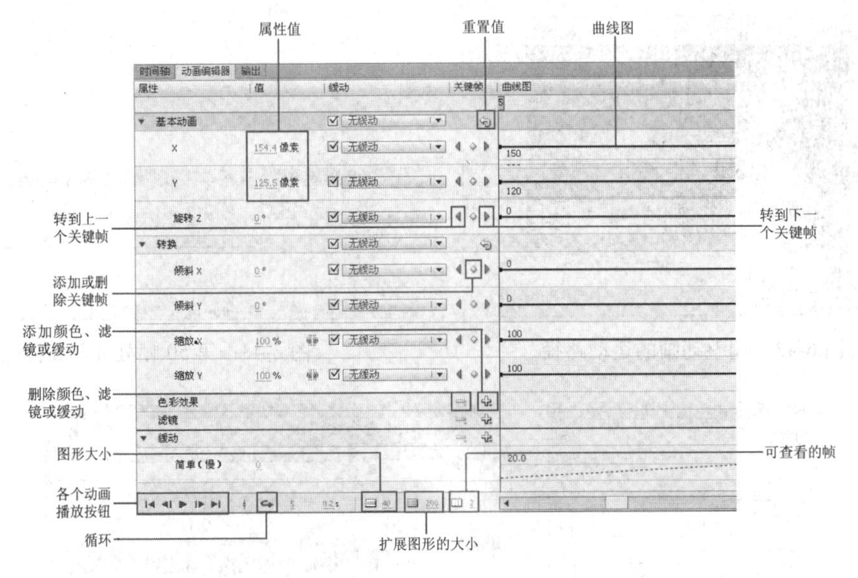

图 6-45　“动画编辑器”面板

通过“动画编辑器”面板不仅可以添加并设置各属性关键帧，还可以在右侧的“曲线图”中使用贝赛尔控件对大多数单个属性的补间曲线的形状进行微调，并且允许创建自定义缓动曲线等。下面通过一个简单实例“飞碟”来学习在“动画编辑器”面板中设置各属性的具体操作，其最终效果如图 6-46 所示。

图 6-46　“飞碟”动画的效果

使用“动画编辑器”调整补间动画的步骤如下：

① 单击菜单栏中的“文件”/“打开”命令，打开本书配套光盘“第 6 章/素材”目录下的“飞碟.fla”文件，如图 6-47 所示。

图 6-47　打开的“飞碟.fla”文件

2 选择“星空”图层的第 100 帧，在此帧处按键盘上的 F5 键来创建出普通帧，从而设置动画的播放时间为 100 帧。

3 在“星空”图层之上创建一个新的图层，设置新图层名称为“飞碟”，然后将“库”面板中的“飞碟”影片剪辑元件拖曳到舞台中，如图 6-48 所示。

4 将舞台中的“飞碟”影片剪辑实例进行缩小，并放置在机器人图形的右方，然后在“飞碟”图层任意帧上单击鼠标右键，从弹出的菜单中选择“创建补间动画”命令，创建出补间动画，如图 6-49 所示。

图 6-48　将“库”面板中的“飞碟”影片剪辑元件拖曳到舞台中

图 6-49　“飞碟”影片剪辑实例所在的位置

5 在“飞碟”图层的第 30 帧处单击鼠标右键，从弹出的菜单中选择“插入关键帧”/“全部”命令，在“飞碟”图层第 30 帧创建出属性关键帧。

6 将“时间轴”面板中的播放头拖曳至第 1 帧，然后将“飞碟”影片剪辑实例拖曳至舞台右上方，并将其缩放至很小，如图 6-50 所示。

7 光标指向“飞碟”影片剪辑实例的运动轨迹，将其进行曲线调整，使其变成曲线运动轨迹，如图 6-51 所示。

图 6-50　在第 1 帧处的“飞碟”影片剪辑实例

图 6-51　调整“飞碟”影片剪辑实例的运动轨迹

⑧ 单击“时间轴”面板标签右侧的 动画编辑器 按钮，切换至“动画编辑器”面板中，然后在“色彩效果”属性类型中，单击右侧的“添加颜色、滤镜或缓动” 按钮，在弹出的菜单中选择“Alpha”，此时在下方将显示“Alpha”颜色效果的相关设置，如图 6-52 所示。

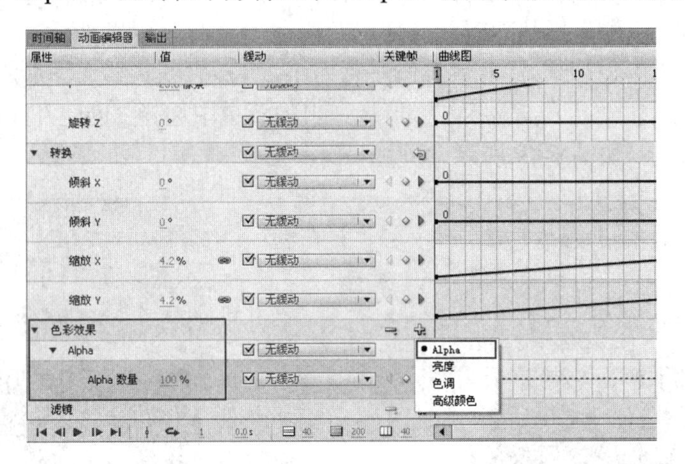

图 6-52　添加的“Alpha”颜色效果

⑨ 在“Alpha”颜色效果右侧的“曲线图”中的第 30 帧处，单击鼠标右键，从弹出的菜单中选择“添加关键帧”命令，添加一个属性关键帧，然后单击“转到上一个关键帧” 按钮，选择“曲线图”第 1 帧，并设置“Alpha”的参数为“0%”，如图 6-53 所示。

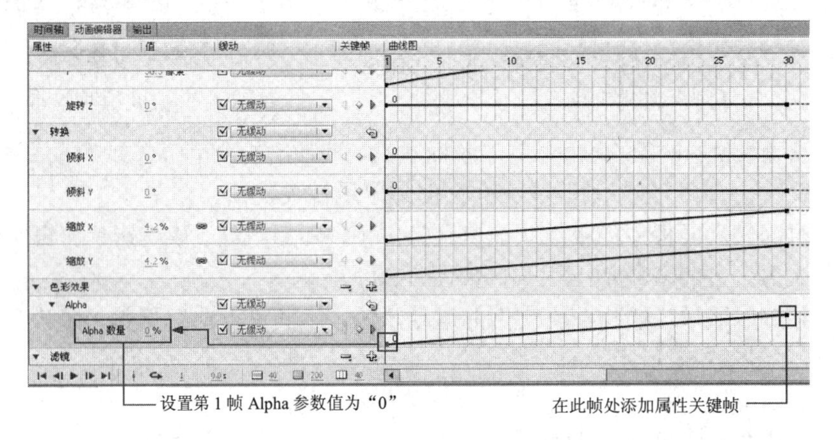

图 6-53　设置 Alpha 参数值为“0”

⑩ 在“动画编辑器”面板的“滤镜”属性类型中，单击右侧的“添加颜色、滤镜或缓动” 按钮，从弹出的菜单中选择“模糊”，然后将“模糊 X”和“模糊 Y”参数值全部设置为“30”，如图 6-54 所示。

⑪ 分别在“模糊 X”和“模糊 X”滤镜右侧“曲线图”中的第 30 帧与第 45 帧处，单击鼠标右键，从弹出的菜单中选择“添加关键帧”命令，为第 30 帧与第 45 帧各添加一个属性关键帧，如图 6-55 所示。

⑫ 将播放头拖曳至第 45 帧，然后设置“模糊 X”和“模糊 Y”参数值全部设置为“0”，如图 6-56 所示。

⑬ 在“动画编辑器”面板的“缓动”属性类型中，设置“简单（慢）”参数值为“55”，如图 6-57 所示。

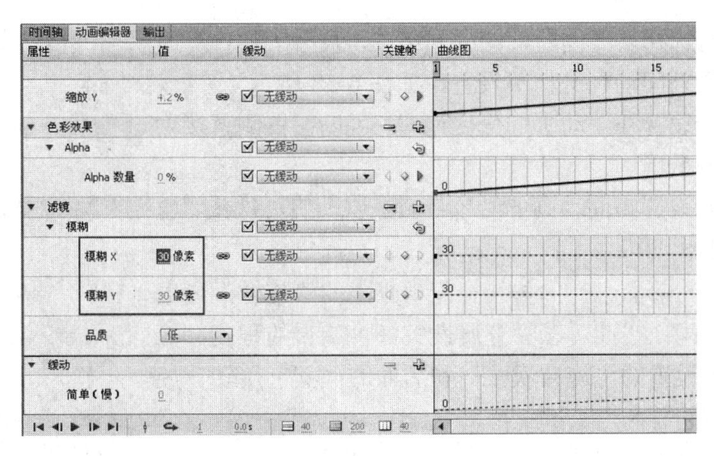

图 6-54　设置“模糊 X”和“模糊 Y”参数值为 30

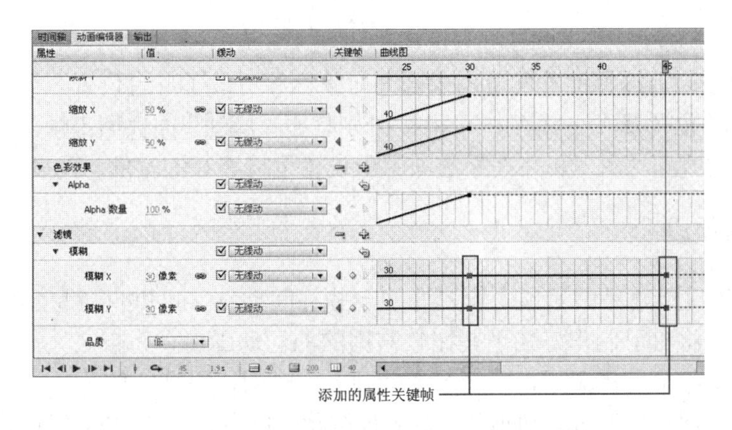

图 6-55　第 30 帧与第 45 帧添加属性关键帧

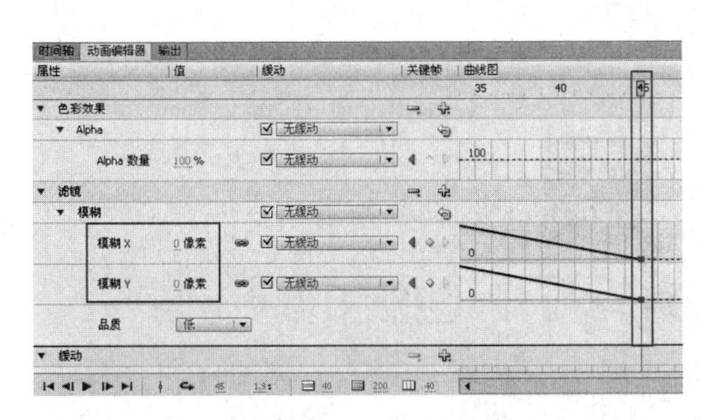

图 6-56　第 45 帧“模糊 X”和“模糊 Y”参数值

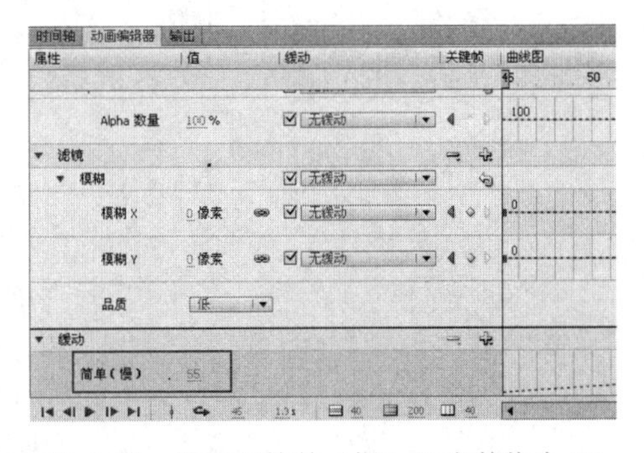

图 6-57　设置“简单（慢）”参数值为 55

⑭ 至此，动画制作完成。单击菜单栏中的“控制”/“测试影片”/“测试”命令，对影片进行测试，在弹出的影片测试窗口中可以看到“飞碟”图形由远及近，然后由模糊透明到模糊清晰显示的动画效果。

⑮ 如果影片测试无误，单击菜单栏中的“文件”/“保存”命令，将文件进行保存。

6.4.5　在“属性”面板中编辑属性关键帧

通过“属性”面板也可以进行属性关键帧的编辑，首先在“时间轴”面板中将播放头拖曳到某帧处，然后选择已经创建好的补间范围，展开“属性”面板，此时可以显示补间动画的相关设置，如图 6-58 所示。

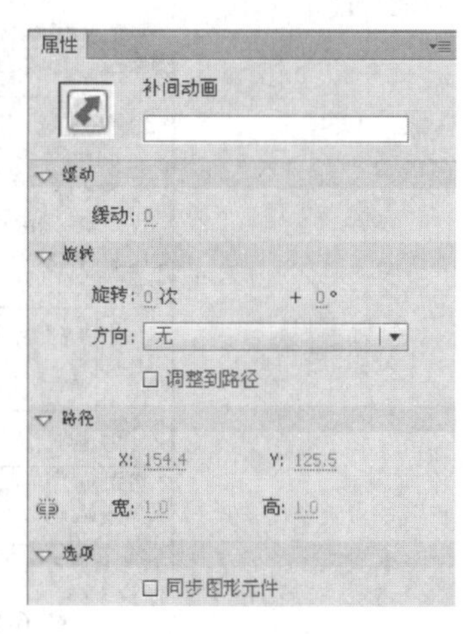

图 6-58　补间动画的选项设置

- 缓动：用于设置补间动画的变化速率，可以在右侧直接输入数值进行设置。
- 旋转：用于设置补间动画的对象旋转，以及旋转次数、角度以及方向。
  - 旋转：与前面学习的传统补间动画中的“旋转”参数设置不同，在此可以设置属性关键帧旋转的程度，等于前面设置的“旋转次数”和后面的“其它旋转”旋转角度的总和。
  - 方向：单击右侧的 无 按钮，在弹出的下拉列表中用于设置旋转的方向，有“无”、“顺时针”和“逆时针”三个选项。
- 路径：如果当前选择的补间范围中补间对象已经更改了舞台位置，可以在此设置补间运动路径的位置及大小。其中 X 和 Y 分别代表“属性”面板第 1 帧处属性关键帧的 X 轴和 Y 轴位置；“宽”和“高”选项用于设置运动路径的宽度与高度。

6.4.6　动画预设

Flash 中的动画预设提供了预先设置好的一些补间动画，可以直接将它们应用于舞台对象。当然，也可以将自己制作好的一些比较常用的补间动画保存为自定义预设，以备与他人共享或者在以后工作中直接调用，从而节省动画制作时间，提高工作效率。

动画预设的各项操作通过“动画预设”面板进行，单击菜单栏中的“窗口”/“动画预设”命令，可将该面板展开，如图 6-59 所示。

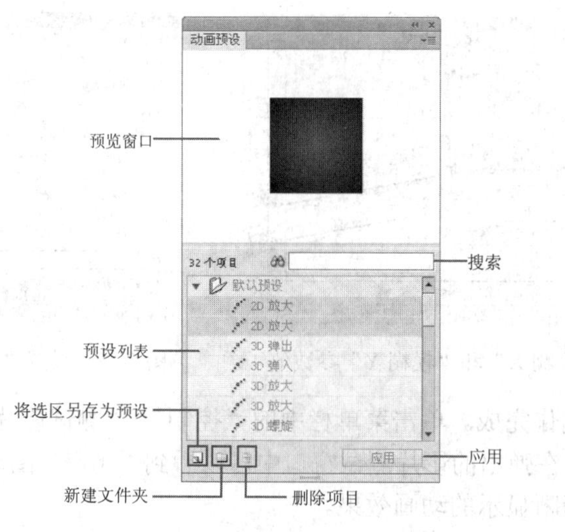

图 6-59　“动画预设”面板

1．应用动画预设

应用动画预设的操作通过“动画预设”面板中的 应用 按钮进行。可以将动画预设应用于一个选定的帧，也可以将动画预设应用于不同图层上的多个选定帧，其中每个对象只能应用一个预设，如果将第二个预设应用于相同的对象，那么第二个预设将替换第一个预设。应用动画预设的操作非常简单，具体步骤如下：

① 首先在舞台上选择需要添加动画预设的对象。

② 在“动画预设”面板的“预设列表”中选择需要应用的预设，Flash 随附的每个动画预设都包括预览，通过在上方“预览窗口”中进行动画效果的显示预览。

③ 选择合适的动画预设后，单击“动画预设”面板中的 应用 按钮，就可以将所选择的预设应用到舞台中所选择的对象上。

提示

在应用动画预设时需要注意，在“动画预设”面板中“预设列表”中的各 3D 动画的动画预设只能应用于影片剪辑实例，而不能应用于图形或按钮元件，也不适用于文本字段。因此，如果想要对选择的对象应用各 3D 动画的动画预设，需要将其转换为影片剪辑实例。

2. 将补间另存为自定义动画预设

除了可以为 Flash 对象应用动画预设之外，Flash 还允许将已经创建好的补间动画另存为新的动画预设，这些新的动画预设存放在“动画预设”面板的“自定义预设”文件夹中。要将补间另存为自定义动画预设，其步骤如下：

① 选择“时间轴”面板中的补间范围，或者选择舞台中应用了补间的对象。

② 单击“动画预设”面板下方的“将选区另存为预设”按钮，此时可弹出“将预设另存为”对话框，在其中可以设置预设的合适名称，如图 6-60 所示。

③ 单击对话框中的 确定 按钮，将所选择的补间另存为预设，并存放在“动画预设”面板中的“自定义预设”文件夹中，如图 6-61 所示。

图 6-60 “将预设另存为”对话框

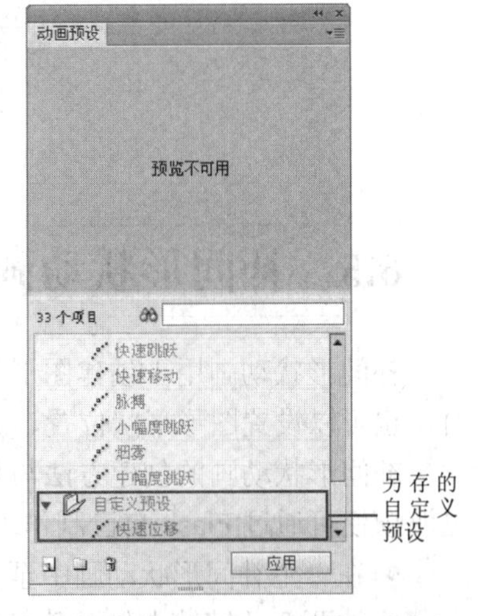

图 6-61 “动画预设”面板

3. 创建自定义预设的预览

将所选择的补间另存为自定义动画预设后，对于细心的读者来说，还会发现一个不足之外，那就是选择“动画预设”面板中已经另存的自定义动画预设后，在“预览窗口”中无法进行预览；如果自定义预设很多的话，这将会给操作带来极大不便。当然，在 Flash 中也可以创建自定义预设的预览，具体操作步骤如下：

① 创建补间动画，并将其另存为自定义预设。

② 创建一个只包含补间动画的 FLA 文件，注意使用与自定义预设完全相同的名称将其保存为 FLA 格式文件，并通过“发布”命令将该 FLA 文件创建为 SWF 文件。

③ 将刚才创建的 SWF 文件放置在已保存的自定义动画预设 XML 文件所在的目录中。如果用户使用的是 Windows 系统，那么就可以放置在如下目录中：<硬盘分区>\Documents and Settings\<用户>\Local Settings\Application Data\Adobe\Flash CS6\<语言>\Configuration\Motion Presets\中。

至此，完成自定义预设预览的创建操作。重新启动 Flash，再次选择“动画预设”面板“自定义预设”文件夹中的相对应的自定义预设后，在“预览窗口”中就可以进行预览，如图 6-62 所示。

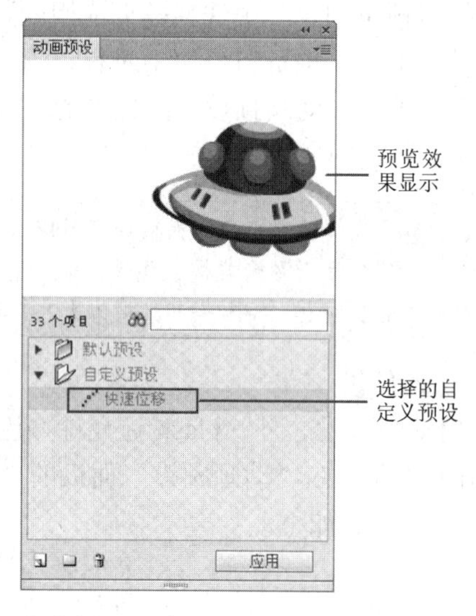

图 6-62　自定义预设的预览显示

6.5　补间形状动画

补间形状动画用于创建图形形状变化的动画效果，使一个图形形状变成另一个形状；同时，也可以设置图形形状位置、大小、颜色的变化。

补间形状动画的创建方法与传统补间动画类似，只要创建出两个关键帧中的对象，其他过渡帧便可通过 Flash 自己制作出来。当然，创建补间形状动画也需要一定的条件，如下所示：

- 在一个补间形状动画中至少要有两个关键帧。
- 这两个关键帧中的对象必须是合并模式或者对象编辑模式的图形。如果是其他类型的对象，则必须将其转换为合并模式或者对象编辑模式的图形。
- 这两个关键帧中的图形必须有一些变化，否则，所制作的动画将没有效果。

6.5.1　创建补间形状动画

当满足了以上条件后，就可以制作补间形状动画。与传统补间动画类似，创建补间形状动画也有两种方法，可以通过右键菜单，也可以通过菜单命令，两者相比，前者更方便快捷，比较常用。

1．通过右键菜单创建补间形状动画

选择同一图层的两个关键帧之间的任意一帧，单击鼠标右键，从弹出的菜单中选择“创建补间形状”命令，这样就在两个关键帧间创建出补间形状动画，创建的补间形状动画以带有黑色箭头和淡绿色背景表示，如图 6-63 所示。

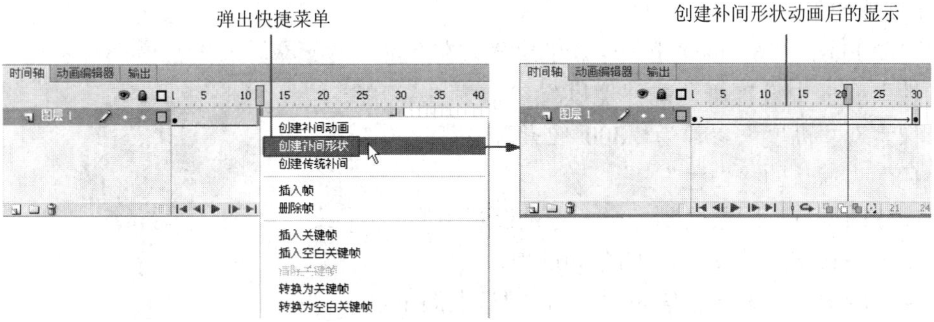

弹出快捷菜单　　创建补间形状动画后的显示

图 6-63　创建补间形状动画

提示

如果创建后的补间形状动画以一条绿色背景的虚线段表示，说明补间形状动画没有创建成功，两个关键帧中的对象可能不满足创建补间形状动画的条件。

如果想删除创建的补间形状动画，可以选择已经创建补间形状动画的两个关键帧之间的任意一帧，单击鼠标右键，从弹出的菜单中选择“删除补间”命令，就可以将已经创建的补间形状动画删除。

2．使用菜单命令创建补间形状动画

同前面制作传统补间动画相同，首先将同一图层两个关键帧之间的任意一帧选择，然后单击菜单栏中的“插入” / “补间形状”命令，就可以在两个关键帧之间创建补间形状动画；如果想取消已经创建好的补间形状动画，可以选择已经创建补间形状动画的两个关键帧之间的任意一帧，然后单击菜单栏中的“插入” / “删除补间”命令。

6.5.2　补间形状动画属性的设置

补间形状动画的属性同样通过“属性”面板的“补间”选项进行设置，首先选择已经创建补间形状动画的两个关键帧之间的任意一帧，然后展开“属性”面板，在其下的“补间”选项中就可以设置动画的运动速度、混合等等，如图 6-64 所示，其中“缓动”参数设置请参照前面介绍的传统补间动画。

图 6-64　补间形状动画的“属性”面板

- 混合：共有两个选项——“分布式”和“角形”，“分布式”选项创建的动画中间形状更为平滑和不规则；“角形”选项创建的动画中间形状会保留有明显的角和直线。

6.5.3　使用形状提示控制形状变化

在制作补间形状动画时，如果要控制复杂的形状变化，那么就会出现变化过程杂乱无章的情况；这时就可以使用 Flash 提供的形状提示，通过它可以为动画中的图形添加形状提示点，通过这些形状提示点可以指定图形如何变化，从而控制更加复杂的形状变化。下面便通过“形状控制动画”实例来学习使用形状提示点控制补间形状动画的方法。

操作步骤如下：

① 启动 Flash CS6，创建出一个新的文档。在“属性”面板中设置舞台的“宽度”参数为“400 像素”，“高度”参数为“300 像素”，“背景颜色”为默认的“白色”。

② 在“图层 1”图层绘制一个上方是椭圆图形，下方是长方形的图形，如图 6-65 所示。

③ 在“图层 1”图层的第 80 帧处按键盘上的 F5 键，从而在第 80 帧处插入普通帧，动画播放时间则为 80 帧的时间；然后在第 30 帧处按键盘上的 F7 键，从而在第 30 帧创建出空白关键帧，如图 6-66 所示。

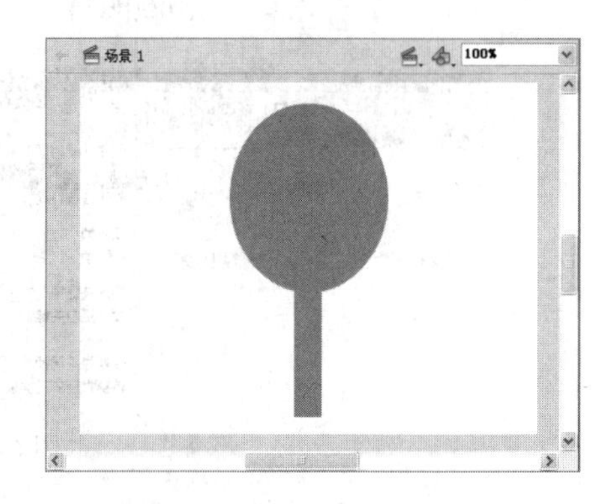

图 6-65 舞台中绘制的图形

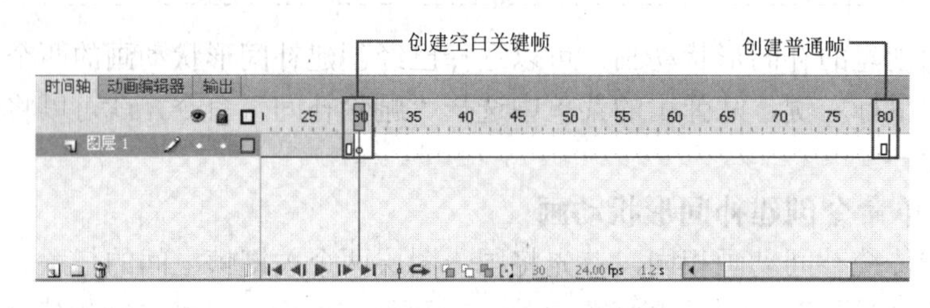

图 6-66 创建的普通帧与空白关键帧

④ 在“图层 1”图层第 30 帧的舞台中绘制一个上方是三角图形，下方是长方形的图形，如图 6-67 所示。

⑤ 在“图层 1”图层的第 1 帧与第 30 帧之间任意一帧处单击鼠标右键，从弹出的菜单中选择“创建补间形状”命令，从而在“图层 1”图层的第 1 帧与第 30 帧之间创建出补间形状动画，如图 6-68 所示。

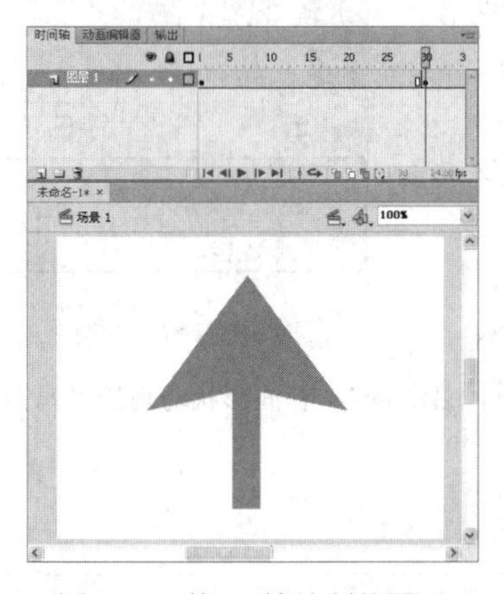

图 6-67 第 30 帧绘制的图形

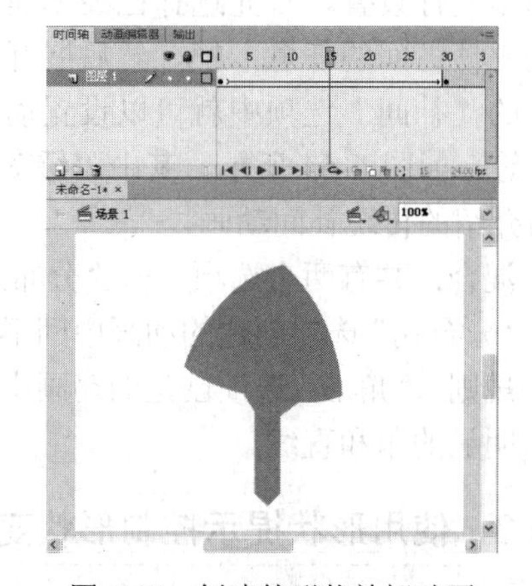

图 6-68 创建的形状补间动画

⑥ 按键盘上的 Ctrl+Enter 组合键，在弹出的影片测试窗口中可以看到形状变化的动画效果，如图 6-69 所示。

此时的动画是在没有任何干预的情况下 Flash 自己创建的动画效果，其动画效果有些杂乱。接下来使用添加形状提示点制作规律变换的动画效果。

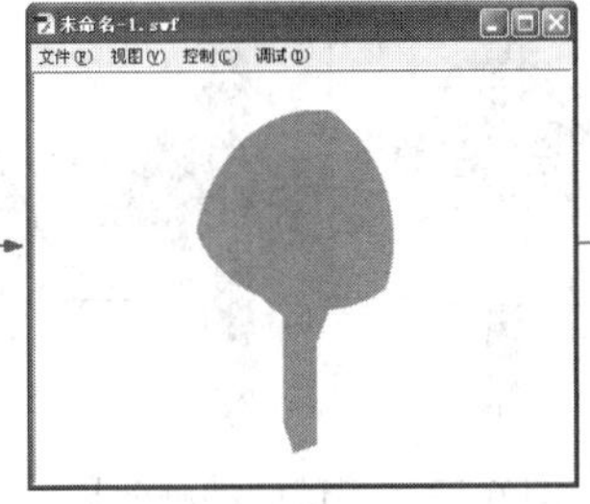

图 6-69　影片测试窗口中的动画效果

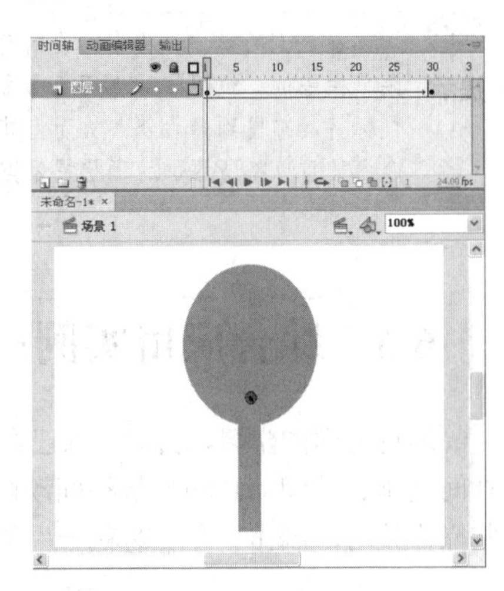

图 6-70　图形中的形状提示点 a

7. 关闭影片测试窗口，将“时间轴”面板中的播放头拖曳到第 1 帧，然后单击菜单栏中的“修改”/“形状”/“添加形状提示”命令或按键盘上的 Ctrl+Shift+H 组合键，在图形中便出现一个红色形状提示点 a，如图 6-70 所示。
8. 再次执行此命令 6 次，在图形中出现添加红色的形状提示点 b、c、d、e、f、g，并将各个形状提示点拖曳到如图 6-71 所示的位置。
9. 在“时间轴”面板中将播放头拖曳到第 30 帧，可以看到舞台中的图形也有 7 个形状提示点，将形状提示点拖曳到如图 6-72 所示的位置，此时形状提示点的颜色变为绿色，而第 1 帧中的形状提示点将变为黄色。

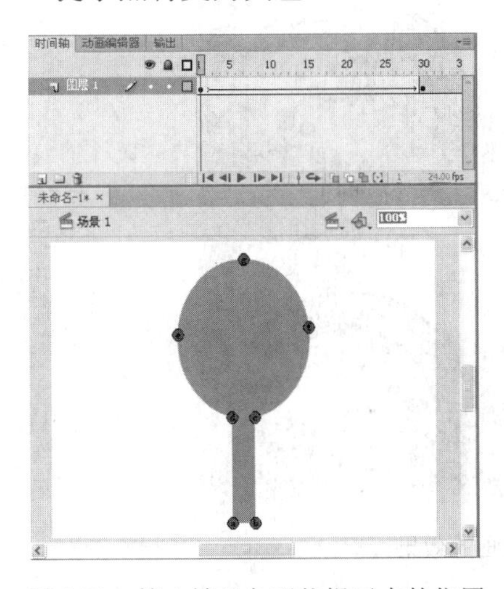

图 6-71　第 1 帧处各形状提示点的位置

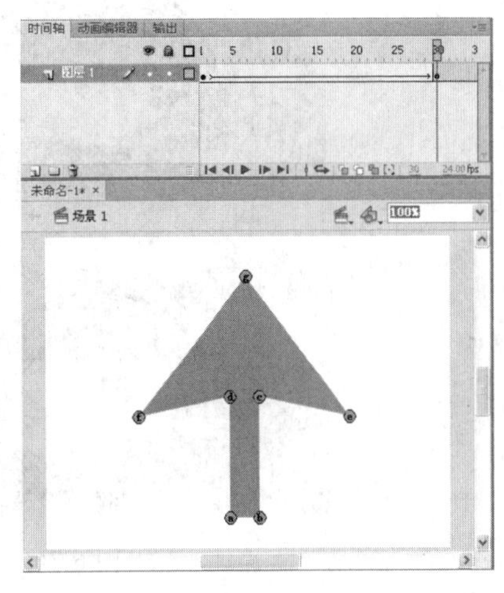

图 6-72　第 30 帧处各形状提示点的位置

提示

如果第 30 帧或第 1 帧中的形状提示点没有变绿或者变黄，则说明这个形状提示点没有在两个帧中对应起来，需要重新调整形状提示点的位置。

10. 按键盘上的 Ctrl+Enter 组合键，在弹出的影片测试窗口中可以看到图形根据自己的意愿比较有规律地进行变换的动画效果，从而使变形动画更加流畅自如，如图 6-73 所示。
11. 如果影片测试无误，则单击菜单栏中的“文件”/“保存”命令，将文件进行保存。

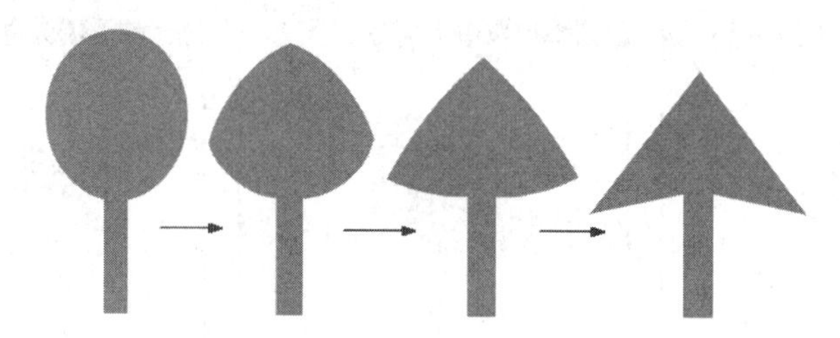

图 6-73　测试的动画效果

提示

在上例的操作过程中，有时可能因为误操作，而使添加的形状提示点无法显示，这时可以单击菜单栏中的“视图”/“显示形状提示”命令，将其显示；如果添加了多余的形状提示点，可以按住鼠标将其拖曳到舞台外，从而将其删除；而单击菜单栏中的“修改”/“形状”/“删除所有提示”命令，又可以将所添加的形状提示点全部删除。

6.6　综合应用实例：制作“荡秋千”动画

通过前面的学习，相信大家已经熟练掌握了 Flash 基本动画的制作，包括逐帧动画、传统补间动画、补间动画和形状补间动画等。接下来将前面所学的内容加以综合应用，并运用一些操作技巧，制作一个“荡秋千”的动画，最终效果如图 6-74 所示。

图 6-74　“荡秋千”动画的效果

本实例的步骤提示：

1. 创建一个空白的 Flash 文档，导入本书配套光盘“第 6 章/素材”目录下的“彩虹.jpg”图像文件，将其作为背景图像。

2. 新建一个“转圈动画”的元件，在此元件中制作一个转圈发光的传统补间动画，然后将这个动画放置到背景图像上方的图层中。

3. 绘制出秋千绳与秋千板，并将绘制的两个图形放置在不同的图层中。

4. 在秋千绳与秋千板所在图层之上，导入本书配套光盘“第 6 章/素材”目录下的“小孩.png”图像文件，并“小孩”图像放置到秋千板上方。

5. 在秋千绳所在图层中制作秋千绳前后摇摆的补间形状动画。
6. 在秋千板所在图层中制作秋千板随着秋千绳前后摇摆的补间动画。
7. 在小孩所在图层中制作小孩荡秋千的补间动画。
8. 在小孩所在图层之上创建文字逐个出现的逐帧动画。

制作“荡秋千”动画实例的步骤提示示意图，如图 6-75 所示。

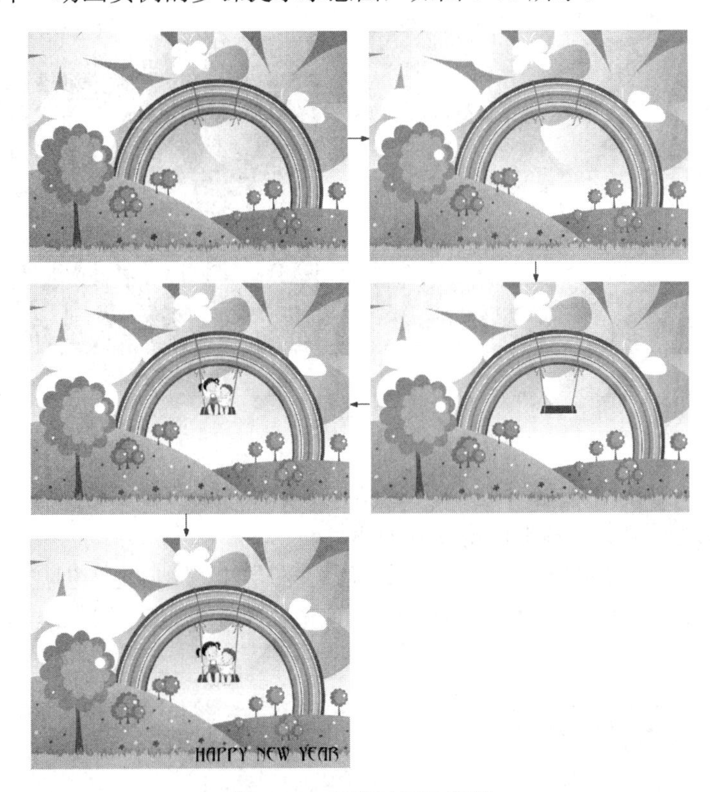

图 6-75　步骤提示示意图

制作“荡秋千”动画的步骤如下：

① 启动 Flash CS6，创建出一个新的文档。在“属性”面板中设置舞台的“宽度”参数为“565 像素”，“高度”参数为“400 像素”，“背景颜色”为“深蓝色”（颜色值“#003366”）。

② 单击菜单栏中的“文件”/“导入”/“导入到舞台”命令，在弹出的“导入”对话框中选择本书配套光盘“第 6 章/素材”目录下的“彩虹.jpg”图像文件，然后单击对话框中的打开(O)按钮，将选择的“彩虹.jpg”图像文件导入到舞台当中，然后将“图层 1”图层重新命名为“背景”，如图 6-76 所示。

提示

如果导入的“彩虹.jpg”图像文件没有完全覆盖住舞台，可以通过“信息”面板来调整导入图像的左顶点“X”、“Y”轴坐标值全部为“0”，使其完全与舞台重合。

③ 单击菜单栏中的“插入”/“新建元件”命令，在弹出的“创建新元件”窗口中，设置“名称”为“发光”，“类型”为“影片剪辑”，然后单击确定按钮，创建出名称为“发光”的影片剪辑元件，并且当前编辑舞台切换到“发光”影片剪辑元件的编辑窗口中。

④ 在“发光”影片剪辑元件的编辑窗口中，绘制出一个白色的发散条状圆形图形，如图 6-77 所示。

图 6-76　导入的图像以及图像所在图层的名称

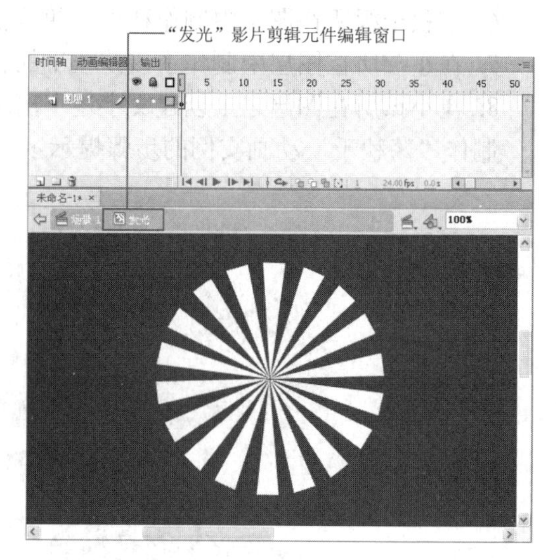

图 6-77　在“发光”影片剪辑元件的编辑窗口中绘制的图形

⑤ 再次创建一个名称为“转圈动画”的影片剪辑元件，在此影片剪辑元件中绘制一个白色到白色透明渐变的圆形，如图 6-78 所示。

⑥ 在“转圈动画”影片剪辑元件的编辑窗口“图层 1”图层之上创建一个新的图层，然后打开“库”面板，将“库”面板中“发光”影片剪辑元件拖曳到舞台的中心位置，如图 6-79 所示。

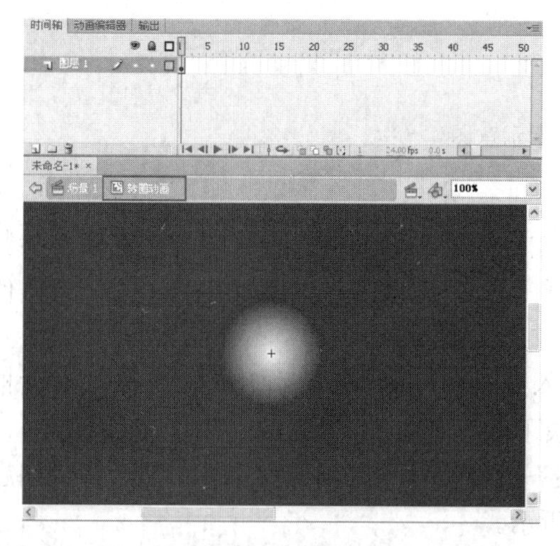

图 6-78　在“转圈动画”影片剪辑元件的编辑窗口中绘制的图形

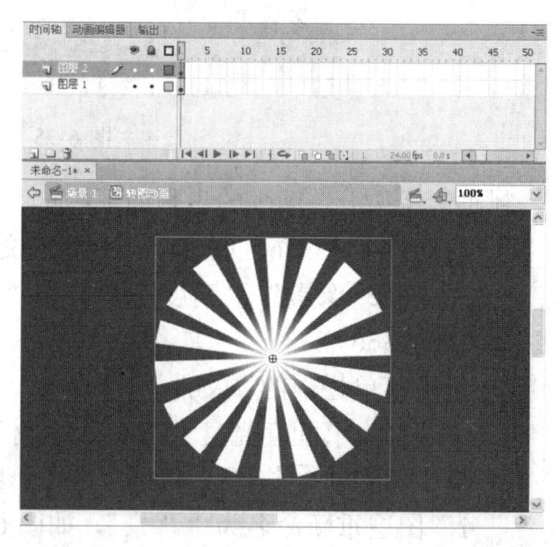

图 6-79　“发光”影片剪辑实例所在的位置

⑦ 在“时间轴”面板“图层 1”图层的第 360 帧处插入帧，“图层 2”图层第 360 帧处插入关键帧，如图 6-80 所示。

⑧ 在“图层 2”图层的第 1 帧与第 360 帧之间的任意一帧处单击鼠标右键，从弹出的菜单中选择“创建传统补间”命令，从而在“图层 2”图层中创建出传统补间动画；

然后在“属性”面板中设置“旋转”选项为“顺时针”，从而制作出“发光”影片剪辑实例旋转的动画，如图 6-81 所示。

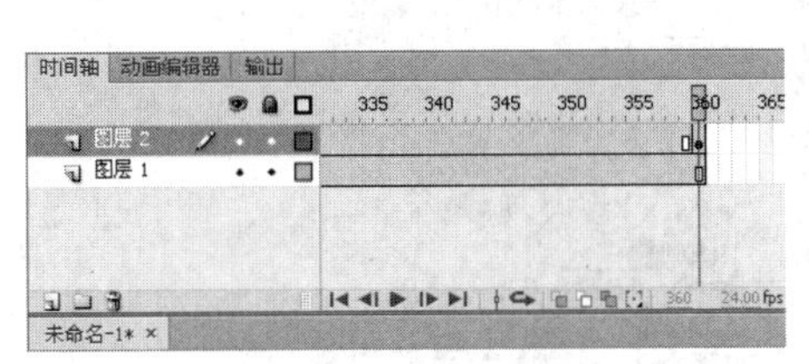

图 6-80　360 帧处插入的帧与插入的关键帧

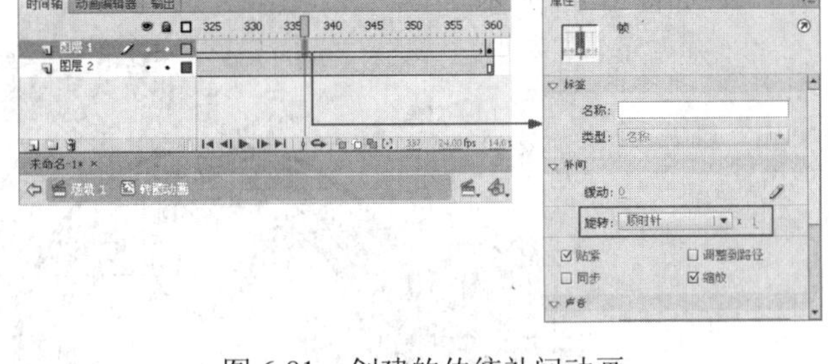

图 6-81　创建的传统补间动画

9 单击 场景 1 按钮，将当前编辑窗口切换到场景的编辑窗口中，然后在“背景”图层之上创建新图层，设置新图层名称为“光动画”，然后将“库”面板中“转圈动画”影片剪辑元件拖曳到舞台中，并将其放置到舞台右上方，对其进行放大，使其一半的大小可以覆盖住舞台区域，如图 6-82 所示。

10 选择舞台中的“转圈动画”影片剪辑实例，在“属性”面板中设置“色彩效果”的“样式”为“Alpha”，其参数为“7%”，使其透明值为 7%，如图 6-83 所示。

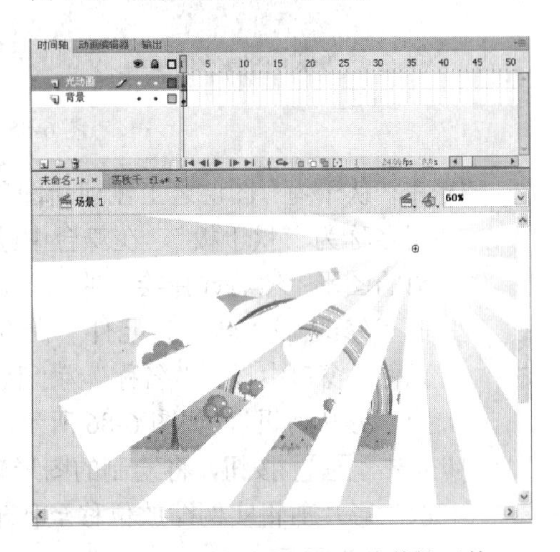

图 6-82　“转圈动画”影片剪辑元件

11 在“背景”与“光动画”图层的第 60 帧插入帧，设置动画的播放时间为 60 帧；然后在“光动画”图层之上创建新图层，设置新图层的名称为“秋千绳”，如图 6-84 所示。

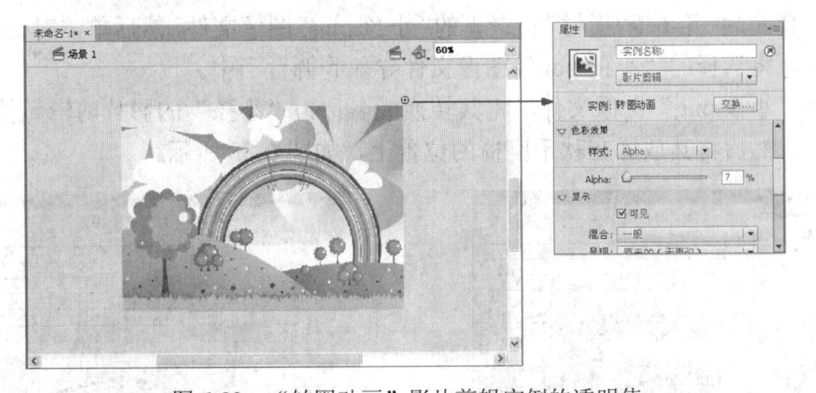

图 6-83　“转圈动画”影片剪辑实例的透明值

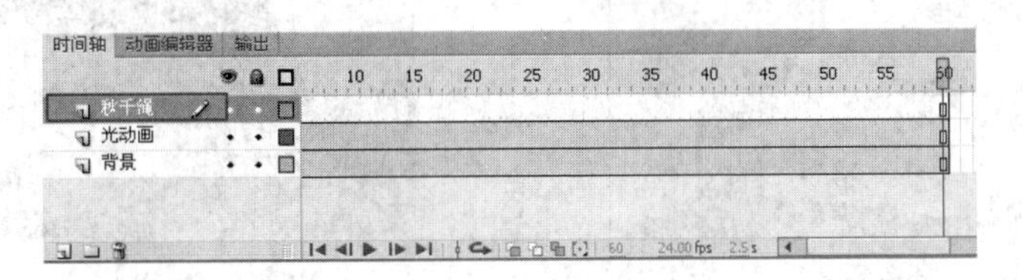

图 6-84　创建的“秋千绳”图层

⑫ 选择“秋千绳”图层的第 1 帧，然后在舞台中绘制出两条线段，作为秋千的绳子图形，绘制线段的“笔触颜色”为“深灰色”（颜色值为“#787E87”），“笔触”参数为“2”，如图 6-85 所示。

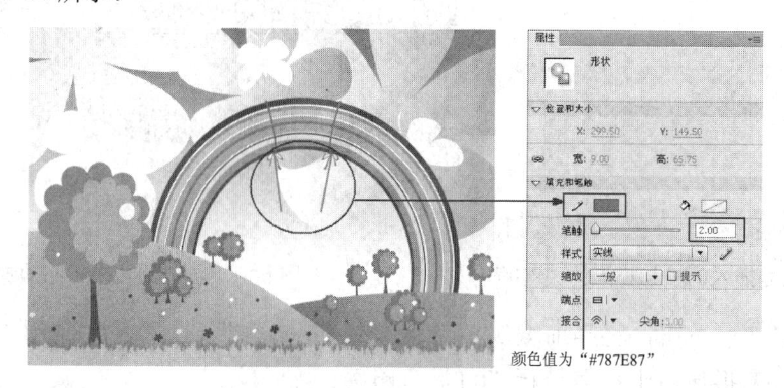

图 6-85　绘制的秋千绳图形

⑬ 在“秋千绳”图层之上创建新图层，并设置新图层名称为“秋千板”，在舞台中绘制一个秋千座椅的图形；然后选择绘制的图形，单击菜单栏中的“修改”/“转换为元件”命令，在“转换为元件”窗口中设置“名称”为“秋千板”，“类型”为“影片剪辑”，如图 6-86 所示。

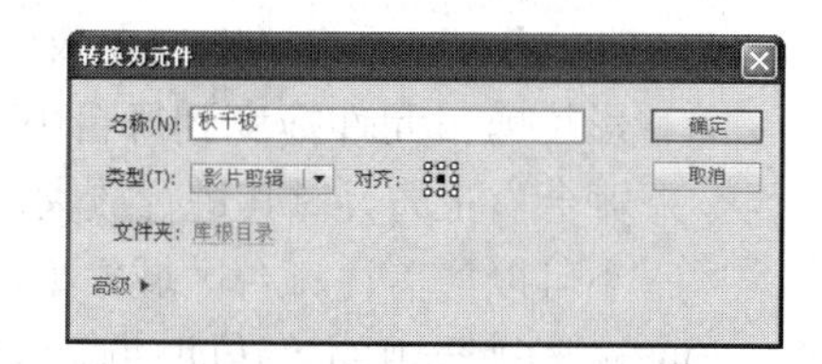

图 6-86　“转换为元件”窗口

⑭ 单击 确定 按钮，将绘制的图形转换成名称为“秋千板”的影片剪辑元件；将“秋千板”影片剪辑实例缩放位移至秋千绳的下方，使其刚好与秋千绳叠加为一个整体，如图 6-87 所示。

⑮ 在“秋千板”图层之上创建新图层，并设置新图层名称为“小朋友”；然后单击菜单栏中的“文件”/“导入”/“导入到舞台”命令，在弹出的“导入”对话框中选择本书配套光盘“第 6 章/素材”目录下的“小孩.png”图像文件，然后单击对话框中 打开(O) 按钮，将选择的“小孩.png”图像文件导入到舞台当中。

⑯ 选择“小孩.png”图像文件，将其转换成名称为“小孩”的影片剪辑元件，并调整其大小，然后将其放置在秋千座椅的位置上，如图 6-88 所示。

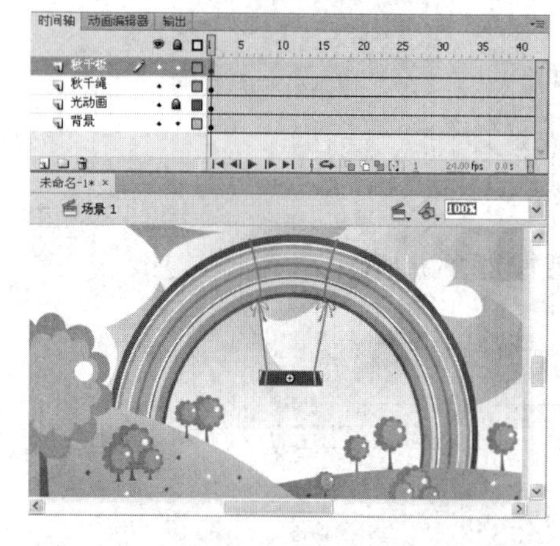

图 6-87　“秋千板”影片剪辑实例的位置

图 6-88　“小孩”影片剪辑实例的大小与位置

17 在“秋千绳”图层的第 30 帧与第 60 帧位置处插入关键帧，然后分别在“秋千板”与“小朋友”图层的任意一帧处单击鼠标右键，从弹出的菜单中选择”创建补间动画”命令，从而分别在“秋千板”与“小朋友”图层创建出补间动画，如图 6-89 所示。

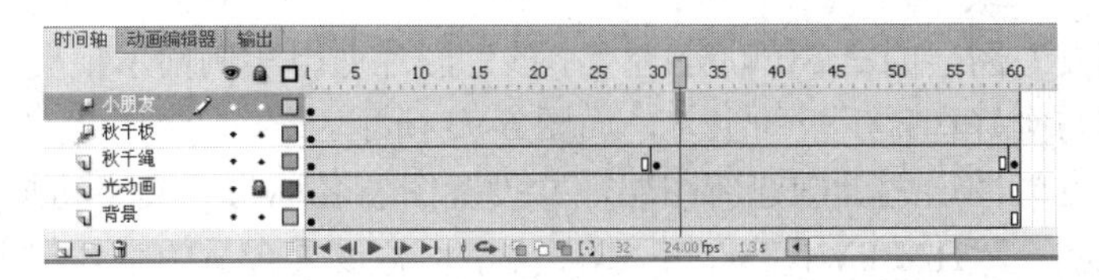

图 6-89　插入的关键帧与创建的补间动画

18 分别在“秋千板”与“小朋友”图层的第 60 帧处单击鼠标右键，从弹出的菜单中选择“插入关键帧”/“全部”命令，在此帧处创建出属性关键帧；然后按照相同方法，分别在“秋千板”与“小朋友”图层的第 30 帧处创建出属性关键帧，如图 6-90 所示。

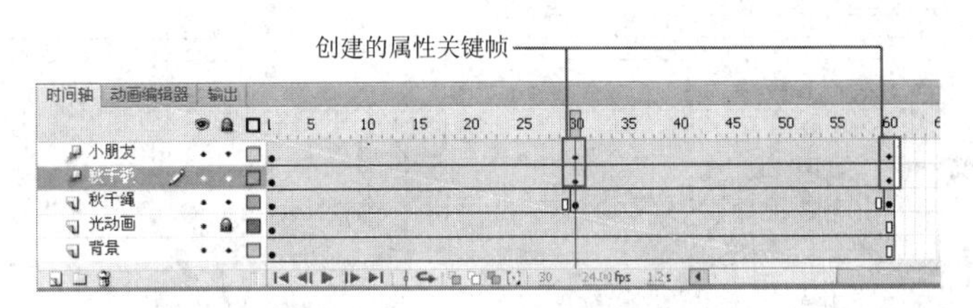

图 6-90　创建的属性关键帧

19 将“秋千绳”图层第 30 帧处的两条秋千绳索线段向下并向两端方向拉伸，然后在“秋千绳”图层第 1 帧与第 30 帧之间的任意一帧单击鼠标右键，从弹出的菜单中选择“创建补间形状”命令，从而创建出补间形状动画；同样，在“秋千绳”图层的第 30 帧与第 60 帧之间创建出补间形状动画，如图 6-91 所示。

提示

在编辑当前图层中对象时，为了不影响到其他图层的操作，可以将其他图层暂时锁定或者隐藏起来，这样编辑起来会更加方便，读者在制作过程中要活学活用。

20 将“秋千板”图层第 30 帧处的“秋千板”影片剪辑实例向下拖曳，并进行合适的缩放，使其与秋千绳索图形连接在一起，如图 6-92 所示。

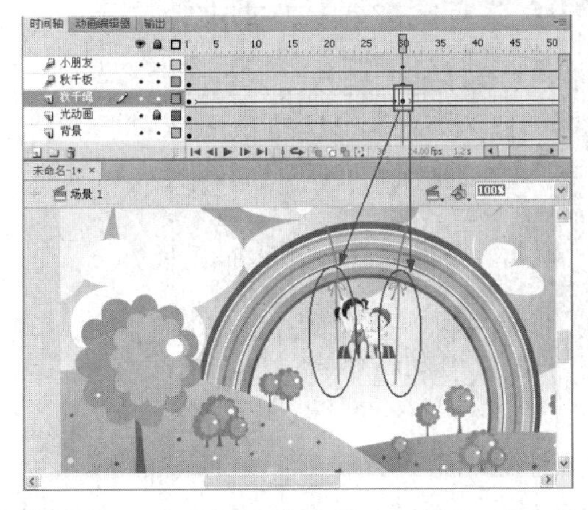

图 6-91　第 30 帧处的秋千绳索图形以及创建的补间形状动画

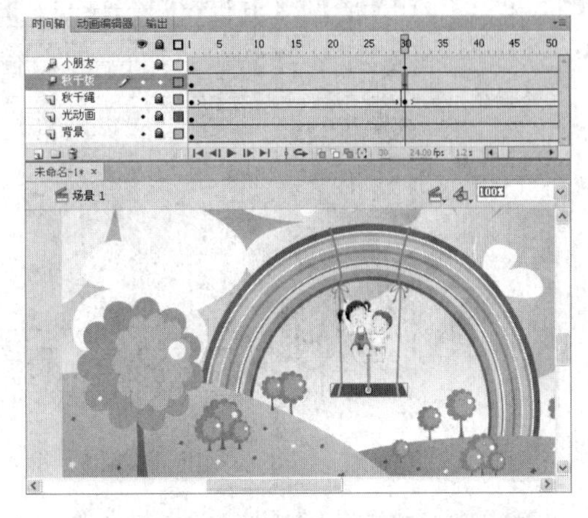

图 6-92　第 30 帧处“秋千板”影片剪辑实例的位置与大小

提示

在编辑当前属性关键帧时，为了避免对整个对象进行操作，在选择当前属性关键帧时可以按住键盘上的 Ctrl 键，然后单击当前的属性关键帧，此时只选择当前属性关键帧，而不是选择对象的所有帧，编辑操作也是针对这个属性关键帧来操作。

21 将“小朋友”图层的第 30 帧处的“小孩”影片剪辑实例向下拖曳，并进行合适的缩放，使其与刚好在秋千板的上方，如图 6-93 所示。

22 在“小朋友”图层之上创建新图层，并设置图层名称为“文字动画”，然后在舞台右下方输入黑色“HAPPY NEW YEAR”文字，并设置合适的字体与大小；然后选择所输入的文字，单击菜单栏中的“修改”/“分离”命令，将所选择的文字整体打算为一个个单独的文字，如图 6-94 所示。

图 6-93　第 30 帧处“小孩”影片剪辑实例的位置与大小

图 6-94　输入并打散的文字

23 在“文字动画”图层的第 4 帧插入关键帧，然后将此帧处最后一个字母“R”删除；再在“文字动画”图层的第 7 帧插入关键帧，然后将此帧处最后一个字母“A”删除，如图 6-95 所示。

图 6-95　第 4 帧与第 7 帧的文字

24 按照相同的方法，依次在“文字动画”图层每间隔两帧处插入关键帧，并将每个关键帧处的最后一个字母删除，直至将所有字母都删除，如图 6-96 所示。

图 6-96 最后一个关键帧所有字母都删除

㉕ 在“文字动画”图层第一个关键帧处单击鼠标左键将其选择，然后按住键盘上的Shift键并单击最后一个关键帧，从而将“文字动画”图层第一个关键帧与最后一个关键帧之间的所有帧全部选择；然后在这些选择的帧上方单击鼠标右键，从弹出的菜单中选择“翻转帧”命令，将选择的帧进行翻转，如图 6-97 所示。

㉖ 按照相同的方法，将“文字动画”图层的第 25 帧至第 60 帧之间的所有帧全部选择，然后拖曳至第 4 帧处，如图 6-98 所示。

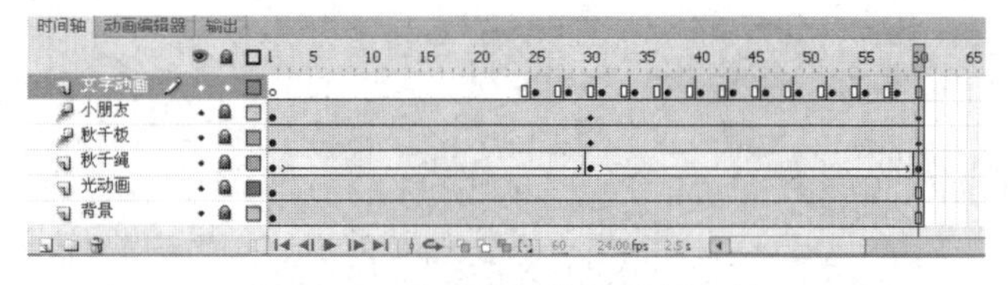

图 6-97 将所选择的帧进行翻转

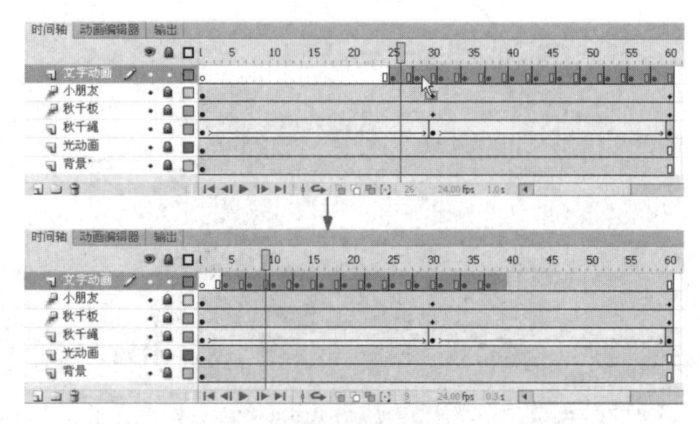

图 6-98 改变所选帧的位置

提示 通过以上操作，可以制作出文字逐个出现的逐帧动画，这是在制作网页动画时经常应用的一种编辑技巧，读者应熟练掌握这种编辑动画的技巧。

㉗ 单击菜单栏中的“控制”/“测试影片”/“测试”命令，对影片进行测试，在弹出的影片测试窗口中可以看到背景闪着光，小朋友在来回荡秋千，同时文字逐个出现的动画效果。

㉘ 如果影片测试无误，则可将所制作的文件名称保存为“荡秋千.fla”。

至此，整个“荡秋千.fla”的动画实例全部制作完成。在本实例中应用了传统补间动画、补间动画和补间形状动画以及逐帧动画，重点为传统补间动画与补间动画的应用。从实例中可以看到，传统补间动画应用比较方便，但是不能提供细致的动画处理，而补间动画则可以对创建动画进行各个细节的调整，从而创建出的动画更加细腻。当然，了解了各种动画类型的创建方法后，读者朋友们在制作该动画时可以不必拘泥于使用何种类型来创建动画，也可根据自己的喜好重新对动画进行制作。至于制作动画时是采用传统补间还是补间，作者的建议是尽量使用补间动画，因为补间动画可以提供更加丰富的动画效果以及更加细致的动画调节方式。

第7章 高级动画的制作

除了前面所学习的基础动画类型外，Flash 软件还提供了多个高级特效动画，包括运动引导层动画、遮罩动画以及骨骼动画等。通过它们可以创建更加生动复杂的动画效果，使得动画的制作更加方便快捷。本章将对这些高级特效动画的创建方法与技巧进行详细讲解。

- 运动引导层动画
- 实例指导：制作“地球”动画
- 遮罩动画
- 实例指导：制作“水晶”动画
- 骨骼动画
- 综合应用实例：制作“潜水员”动画

7.1 运动引导层动画

在前一章讲解的补间动画中，补间动画对象的运动路径可以通过“贝塞尔工具”进行调整，从而制作出运动对象的沿着运动轨迹运动的动画。在本节中再讲解通过传统补间动画创建沿着运动轨迹的运动引导层动画，特定的轨迹也被称为固定路径或引导线。作为动画的一种特殊类型，运动引导层动画的制作需要至少使用两个图层，一个是用于绘制固定路径的运动引导层，一个是运动对象的图层，在最终生成的动画中，运动引导层中的引导线不会显示出来。

运动引导层就是绘制对象运动路径的图层，通过此图层中的运动路径，可以使被引导层中的对象沿着绘制的路径运动。在“时间轴”面板中，一个运动引导层下可以有多个图层，也就是多个对象可以沿同一条路径同时运动，此时运动引导层下方的各图层也就成为被引导层。在 Flash 中，创建运动引导层的常用方法有以下几种：

- 方法 1：在“时间轴”面板中选择需要添加运动引导层的图层，然后单击鼠标右键，选择弹出菜单中的“添加传统运动引导层”命令即可。
- 方法 2：通过“引导层”命令来创建运动引导层。

1．使用“添加传统运动引导层”命令来创建运动引导层

使用“添加传统运动引导层”命令来创建运动引导层是最为方便的一种方法，具体操作如下：

(1) 在“时间轴”面板中选择需要创建运动引导层动画的对象所在的图层。

(2) 单击鼠标右键，从弹出的菜单中选择“添加传统运动引导层”命令，即可在刚才所选图层的上面创建一个运动引导层（此时创建的运动引导层前面的图标以 显示），并且将原来所选图层设为被引导层，如图 7-1 所示。

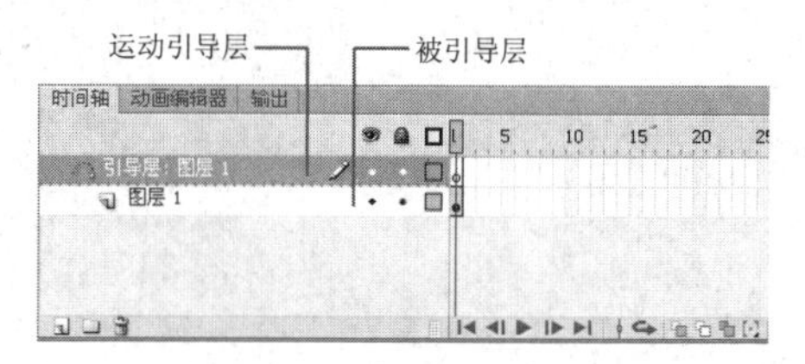

图 7-1　使用”添加传统运动引导层”命令来创建运动引导层

2．使用“引导层”命令来创建运动引导层

除了使用“添加传统运动引导层”命令来直接创建运动引导层，还可以通过“引导层”命令来创建出引导层，然后将其下方的图层转换为被引导层，具体操作如下：

(1) 选择“时间轴”面板中需要设置为运动引导层的图层，单击鼠标右键，从弹出的菜单中选择“引导层”命令，将其设置为引导层，如图 7-2 所示。

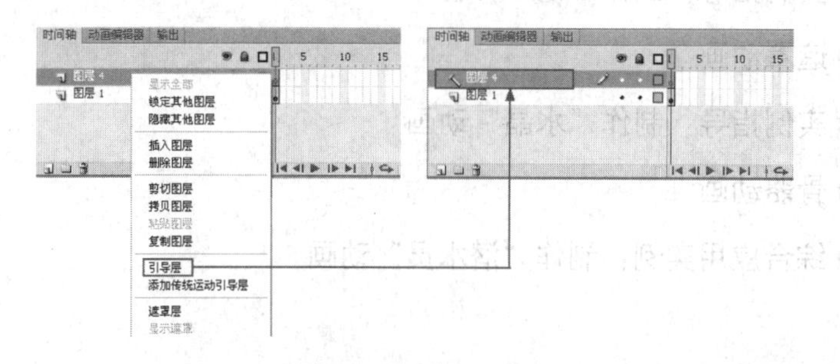

图 7-2　创建引导层

提示

此时创建的运动引导层前面的图标是一个小斧头的图标，说明它还不能制作运动引导层动画，只能起到注释图层的作用。只有将其下面的图层转换为被引导层后，才能开始制作运动引导层动画。

② 选择引导层下方的需要设为被引导层的各图层（可以是单个图层，也可以是多个图层），按住鼠标左键，将其拖曳到运动引导层的下方，可以将其快速转换为被引导层，这样一个引导层可以设置多个被引导层，如图 7-3 所示。

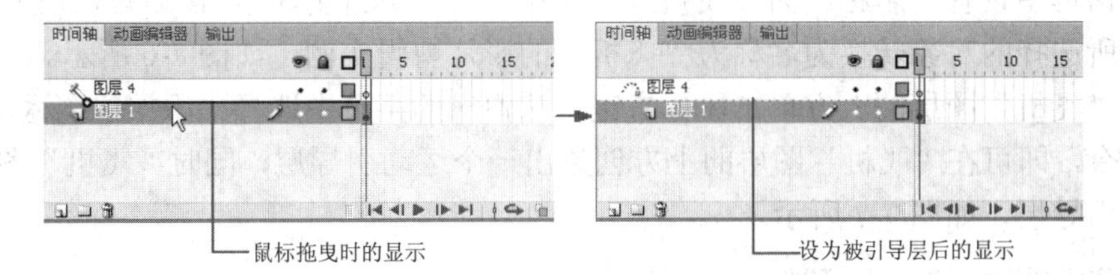

图 7-3　设置为被引导层的过程

7.2　实例指导：制作“地球”动画

前面学习了运动引导层的创建方法，接下来通过实例“地球”来讲解创建运动引导层动画的具体应用，最终效果如图 7-4 所示。

图 7-4　“地球”动画的效果

制作“地球”动画实例的步骤如下：

① 启动 Flash CS6，创建出一个新的文档。在“属性”面板中设置舞台的“宽度”参数为“600 像素”，“高度”参数为“450 像素”，“背景颜色”为默认“白色”。

② 单击菜单栏中的“文件”/“导入”/“导入到舞台”命令，在弹出的“导入”对话框中选择本书配套光盘“第 7 章/素材”目录下的“手捧地球.jpg”图像文件，然后单击对话框中的 打开(O) 按钮，将所选择的“手捧地球.jpg”图像文件导入到舞台当中，再将“图层 1”图层重新命名为“背景”，如图 7-5 所示。

③ 在“背景”图层之上创建新图层，设置新图层的名称为“飞机”，然后单击菜单栏中的“文件”/“导入”/“导入到舞台”命令，在弹出的“导入”对话框中选择本书配套光盘“第 7 章/素材”目录下的“飞机.swf”图像文件，然后单击对话框中的 打开(O) 按钮，将所选择的“飞机.swf”文件导入到舞台当中。

④ 选择导入的“飞机.swf”文件，按键盘上的 F8 键，弹出“转换为元件”窗口，在此对话框中设置“名称”为“飞机”，“类型”为“影片剪辑”，然后单击 确定 按钮，将所选择的对象转换为名称为“飞机”的影片剪辑实例，如图 7-6 所示。

⑤ 在“飞机”图层的上方单击鼠标右键，从弹出的菜单中选择“添加传统运动引导层”命令，即可在“飞机”图层的上方创建出一个运动引导层，同时“飞机”图层转换为被引导层，如图 7-7 所示。

图 7-5　导入到舞台的“手捧地球.jpg”图像文件

图 7-6　“转换为元件”窗口

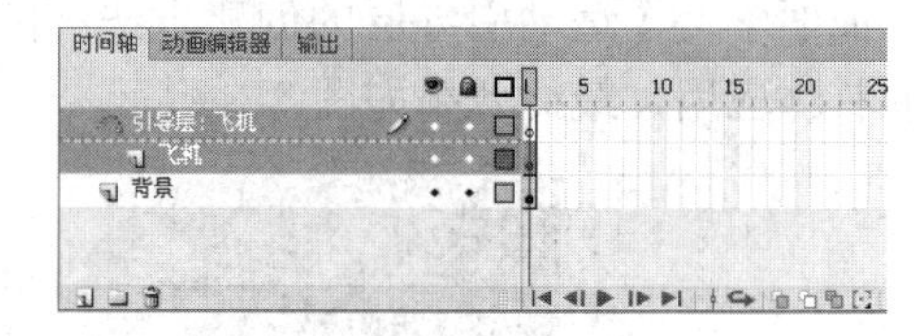

图 7-7　创建的运动引导层

⑥ 选择创建的运动引导层，然后使用“铅笔工具”在运动引导层中绘制出飞机飞行的运动轨迹，如图 7-8 所示。

⑦ 选择“背景”、“飞机”、“引导层：飞机”三个图层的第 180 帧，单击鼠标右键，从弹出的菜单中选择“插入帧”命令，从而在三个图层的第 180 帧处插入帧，也就是设置动画的播放时间为 180 帧；然后在“飞机”图层的第 180 帧处单击鼠标右键，从弹出的菜单中选择“插入关键帧”命令，从而在“飞机”图层的第 180 帧插入关键帧，如图 7-9 所示。

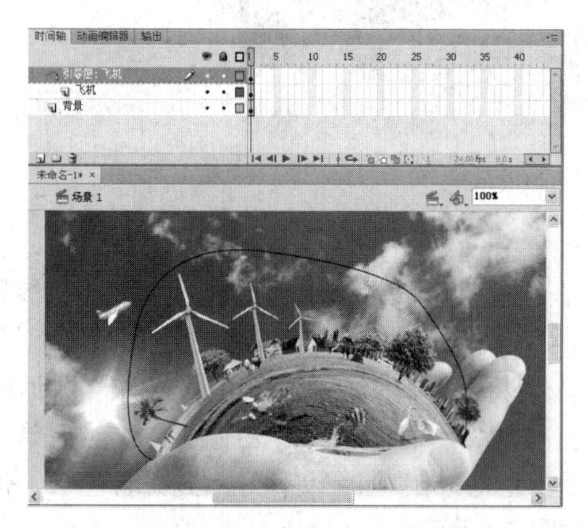

图 7-8　运动引导层中绘制的运动轨迹

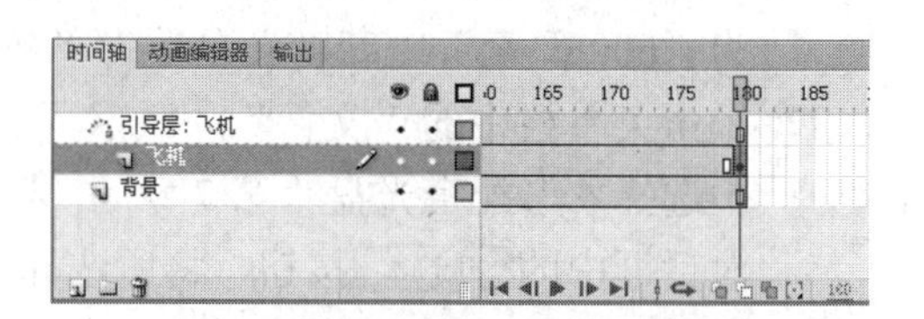

图 7-9　在 180 帧插入的帧与关键帧

⑧ 确认“工具”面板中的按钮处于被激活状态，选择“飞机”图层第 1 帧处的“飞机”影片剪辑实例，然后使用“选择工具”调整舞台中“飞机”影片剪辑实例的中心点与运动引导线左侧的端点对齐，如图 7-10 所示。

⑨ 使用“任意变形工具”将第 1 帧处的“飞机”影片剪辑实例旋转，使其与运动引导线相切，如图 7-11 所示。

图 7-10　第 1 帧处“飞机”影片剪辑实例的位置

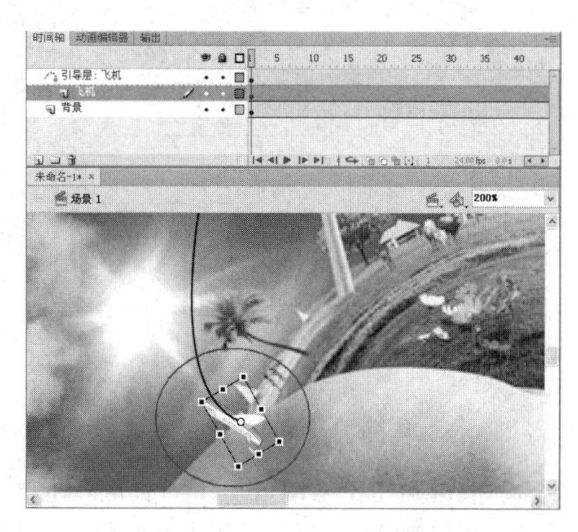

图 7-11　调整第 1 帧处的“飞机”影片剪辑实例

⑩ 选择“飞机”图层第 180 帧处的“飞机”影片剪辑实例，然后使用“选择工具”调整舞台中“飞机”影片剪辑实例的中心点与运动引导线右侧的端点对齐；再使用“任意变形工具”将第 180 帧处的“飞机”影片剪辑实例旋转，使其与运动引导线相切，如图 7-12 所示。

⑪ 选择“飞机”图层第 1 帧与第 180 帧间的任意一帧，单击鼠标右键，从弹出的菜单中选择“创建传统补间”命令，即可在“飞机”图层中创建出传统补间动画；然后在“属性”面板的“补间”选项中将“调整至路径”复选框勾选，如图 7-13 所示。

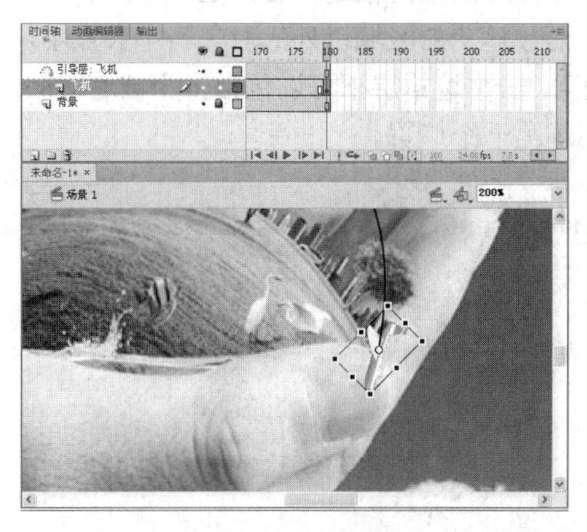

图 7-12　调整第 180 帧处的“飞机”影片剪辑实例

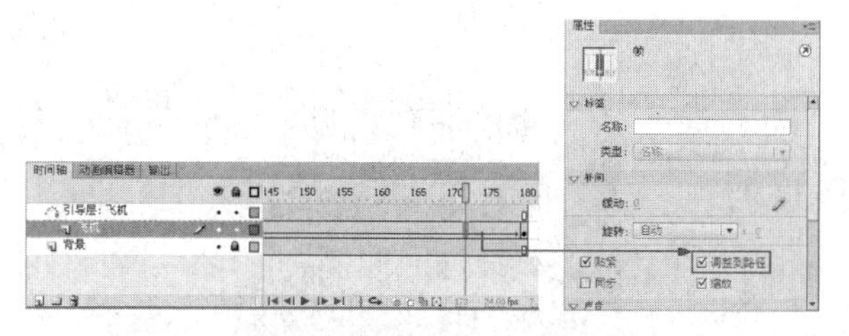

图 7-13　创建的传统补间动画

提示　如果创建的运动引导层动画不进行属性设置，则运动对象会始终保持一个方向运动；如果选择“调整到路径”选项后，运动对象会沿着运动轨迹做相切的运动，这样动画看起来会更加自然真实。

⑫ 在“飞机”图层的第 15 帧与第 165 帧处插入关键帧，然后将第 1 帧与第 180 帧处的“飞机”影片剪辑实例的“Alpha”参数值设置为“0”，如图 7-14 所示。

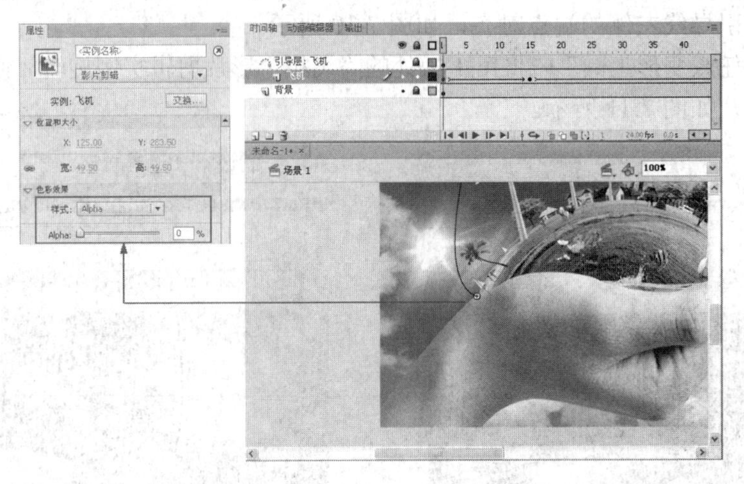

图 7-14 设置对象的 Alpha 参数值

⑬ 按键盘上的 Ctrl+Enter 组合键，对影片进行测试，可以观察到一个“飞机”围绕地球图形淡入淡出的环绕动画效果。

⑭ 如果影片测试无误，就请单击菜单栏中的“文件”/“保存”命令，将制作的文件保存为“地球.fla”。

7.3 遮罩动画

在 Flash 中，遮罩动画的创建至少需要两个图层才能完成，分别是遮罩层和被遮罩层，位于上方用于设置遮罩范围的图层被称为遮罩层，而位于下方的则是被遮罩层；遮罩层如同一个窗口，通过它可以看到其下被遮罩层中的区域对象，而被遮罩层区域以外的对象将不会显示，如图 7-15 所示。另外，在制作遮罩动画时，还需要注意，一个遮罩层下可以包括多个被遮罩层，不过按钮内部不能有遮罩层，也不能将一个遮罩应用于另一个遮罩。

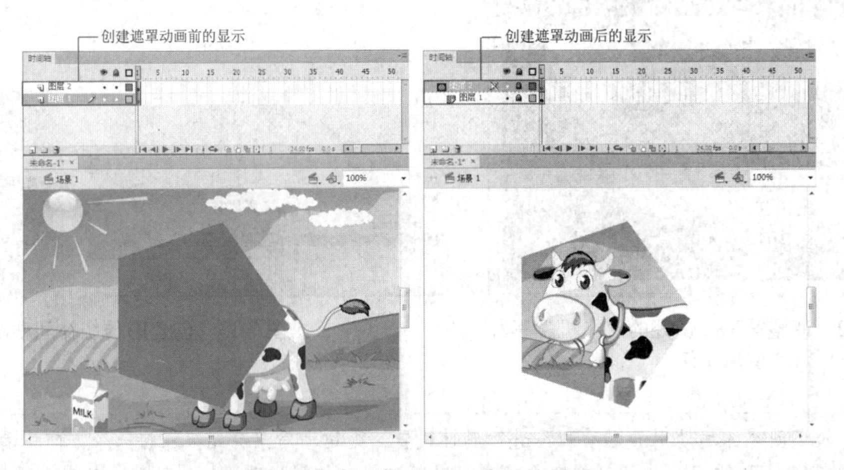

图 7-15 创建遮罩动画前后的显示

遮罩层其实是由普通图层转化而来的，Flash 会忽略遮罩层中的位图、渐变色、透明、颜色和线条样式，其中的任何填充区域都是完全透明的，任何非填充区域都是不透明的，因此遮罩层中的对象将作为镂空的对象存在。遮罩层的创建方法十分简单，可以通过菜单命令进行创建，也可以通过“图层属性”对话框进行创建，下面分别介绍。

- 方法 1：在“时间轴”面板中选择需要设为遮罩层的图层，然后单击鼠标右键，选择弹出菜单中的“遮罩层”命令即可。
- 方法 2：通过在“图层属性”对话框中进行设置。

1．使用“遮罩层”命令来创建遮罩层

使用“遮罩层”命令来创建遮罩层是最为方便的一种方法，具体操作如下：

① 在“时间轴”面板中选择需要设置为遮罩层的图层。

② 单击鼠标右键，在弹出菜单中选择“遮罩层”命令，即可将当前图层设为遮罩层，其下的一个图层也被相应地设为被遮罩层，二者以缩进形式显示，如图 7-16 所示。

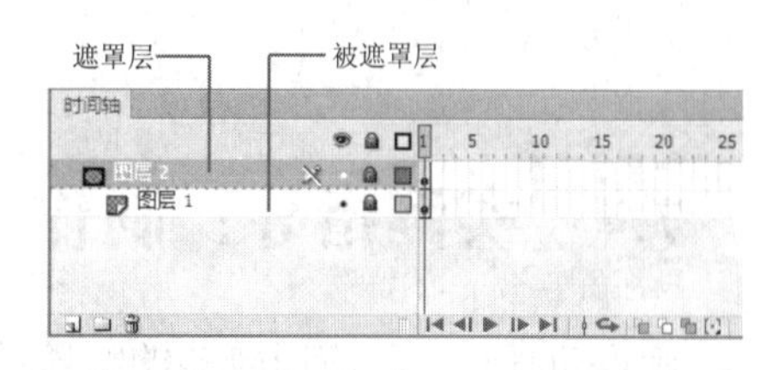

图 7-16　使用“遮罩层”命令来创建遮罩层

2．使用“图层属性”对话框来创建遮罩层

在“图层属性”对话框中除了可以用于设置运动引导层外，还可以设置遮罩层与被遮罩层，具体操作如下：

① 选择“时间轴”面板中需要设置为遮罩层的图层，单击菜单栏中的“修改”/“时间轴”/“图层属性”命令；或者在该图层处单击右键，从弹出的菜单中选择“属性”命令，都可弹出“图层属性”对话框。

② 在“图层属性”对话框中，选择“类型”选项组的“遮罩层”选项，如图 7-17 所示。

③ 单击 确定 按钮，此时，即可将当前图层设为遮罩层，如图 7-18 所示。

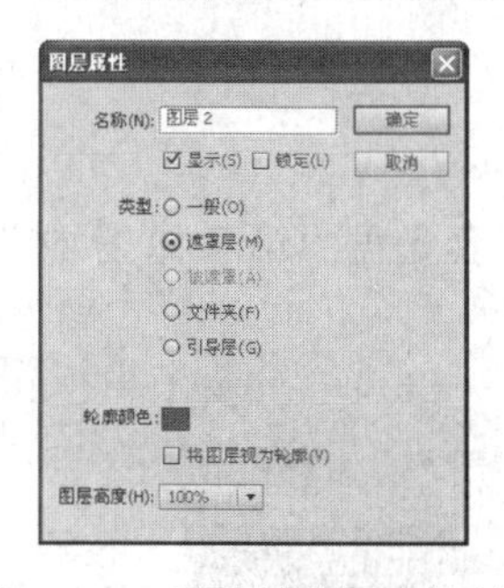

图 7-17　“图层属性”对话框

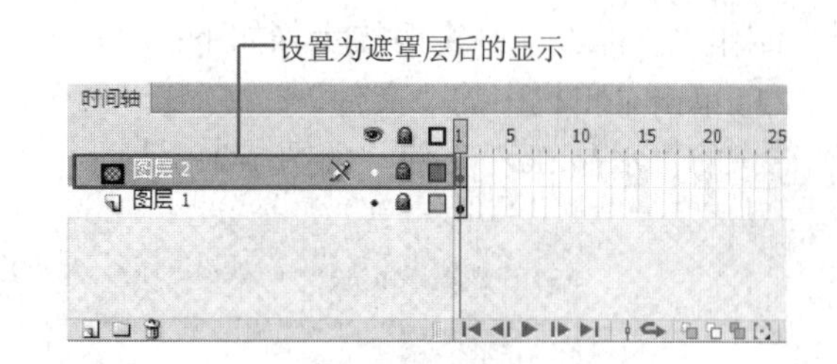

图 7-18　设为遮罩层后的显示

④ 按照同样的方法，在“时间轴”面板中选择需要设置为被遮罩层的图层，单击鼠标右键，从弹出的菜单中选择“属性”命令，在随后弹出的“图层属性”对话框中选择“被遮罩”选项，可以将当前图层设置为被遮罩层，如图 7-19 所示。

提示

在“时间轴”面板中，一个遮罩层下可以包括多个被遮罩层。除了可以使用上述的方法来设置被遮罩层外，还可以按住鼠标左键，将需要设为被遮罩层的图层拖曳到遮罩层处，即可快速将该层转换为被遮罩层。

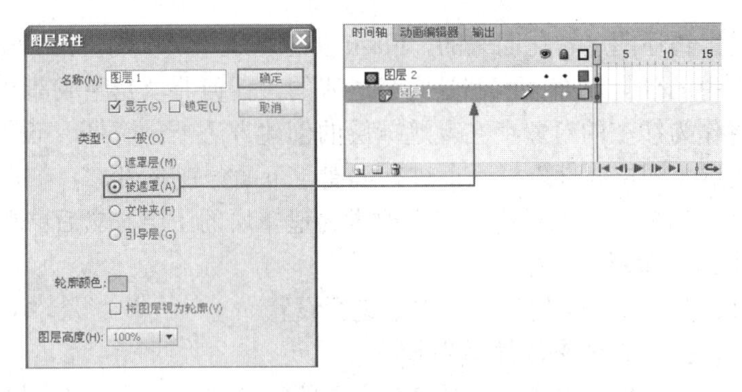

图 7-19　创建的被遮罩层

7.4　实例指导：制作“水晶”动画

遮罩动画是一种应用较多的特殊动画类型，比如常见的探照灯效果、百叶窗效果、放大镜、水波等都是通过遮罩动画创建的。将遮罩的手法与创意完美结合，可以创建出令人惊叹的动画效果。接下来通过一个走马灯文字的“水晶.fla”动画实例来讲解创建遮罩动画的具体应用，最终效果如图 7-20 所示。

图 7-20　“水晶”动画的效果

制作“水晶”动画实例的步骤如下：

① 单击菜单栏中的“文件”/“打开”命令，打开本书配套光盘“第 7 章/素材”目录下的“水晶.fla”文件，如图 7-21 所示。

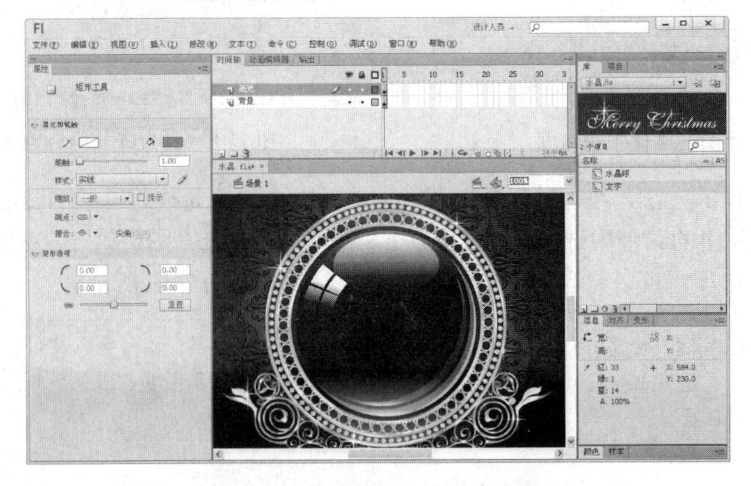

图 7-21　打开的“水晶.fla”文件

2 单击菜单栏中的“插入”/“新建元件”命令，弹出“新建元件”对话框，在“名称”输入框中输入“文字动画”，类型选择默认的“影片剪辑”，然后单击 确定 按钮，切换到“文字动画”元件的编辑窗口中。

3 打开“库”面板，将“文字”影片剪辑元件拖曳到舞台中心位置，如图 7-22 所示。

4 在“文字动画”元件编辑窗口“图层 1”图层之上创建一个新图层“图层 2”，然后再将“库”面板中“文字”影片剪辑元件拖曳到舞台中“文字”影片剪辑实例水平方向的右侧，这样“图层 1”与“图层 2”图层中，各有一个“文字”影片剪辑实例，如图 7-23 所示。

图 7-22 “文字动画”元件的编辑窗口

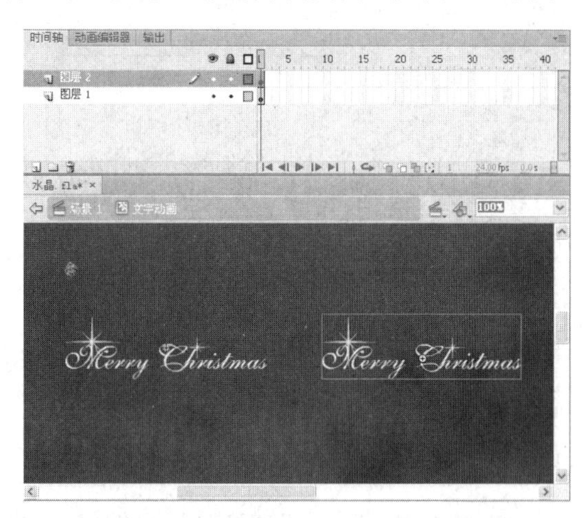

图 7-23 “图层 2”图层中“文字”影片剪辑实例的位置

5 单击菜单栏中的“视图”/“标尺”命令，工作区域显示出标尺，然后将鼠标指针放置在左侧标尺处，按住鼠标左键向右拖曳，可以拖曳出一条垂直方向的辅助线，将辅助线拖曳到第一个“文字”影片剪辑实例的左侧，然后松开鼠标，这样在“文字”影片剪辑实例的左侧出现一条辅助线，如图 7-24 所示。

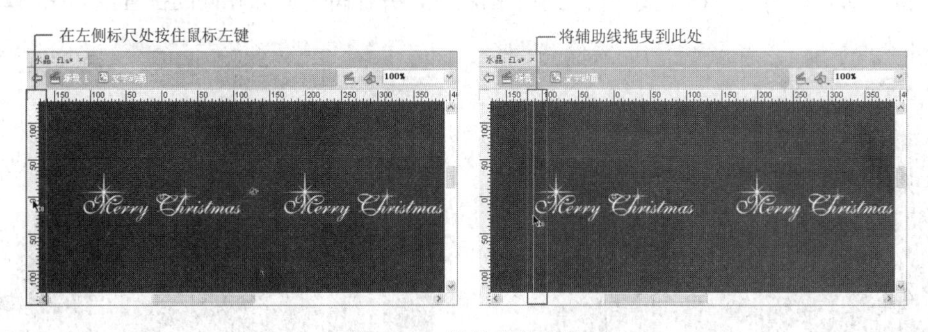

图 7-24 辅助线的位置

提示

辅助线可以为动画对象起到位置参考的作用，Flash 中绘制的辅助线有两种，一种是水平方向辅助线，另一种是垂直方向辅助线，水平方向辅助线可以从顶部的标尺拖曳出来，垂直方向辅助线可以从左侧的标尺拖曳出来。如果要删除辅助线，只需将辅助线拖曳到工作区域外即可；如果要隐藏辅助线，可以按键盘上的 Ctrl+“；”（键盘的分号键）组合键；如果要锁定与取消锁定辅助线，可以按键盘上的 Ctrl+Alt+“；”（键盘的分号键）组合键。

⑥ 在“图层 1”与“图层 2”图层的第 100 帧处插入关键帧，然后将此帧处舞台中两个“文字”影片剪辑实例全部选择，将两个“文字”影片剪辑实例同时向左水平移动，将它们移至第二个“文字”影片剪辑实例左侧位于辅助线的位置，如图 7-25 所示。

⑦ 在“图层 1”与“图层 2”图层的第 1 帧与第 100 帧之间的任意一帧处单击鼠标右键，从弹出的菜单中选择“创建传统补间”命令，即可在“图层 1”与“图层 2”图层第 1 帧与第 100 帧之间创建出文字平行向左位移的传统补间动画，如图 7-26 所示。

图 7-25　两个“文字”影片剪辑实例所在的位置

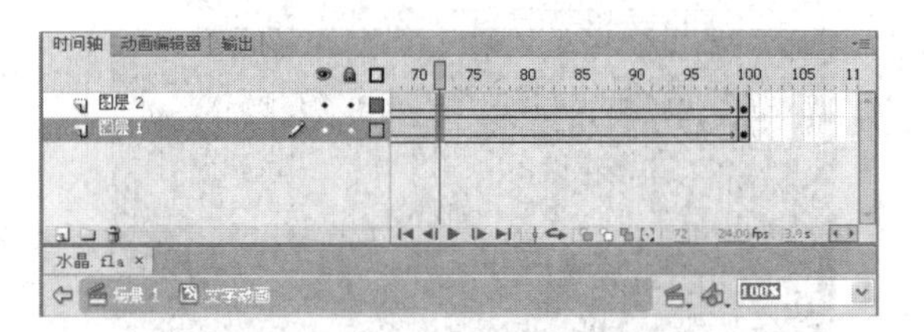

图 7-26　创建的传统补间动画

⑧ 单击 场景 1 按钮切换到场景编辑舞台中，然后在“高光”图层之上创建一个新图层，设置新图层名称为“外文字”，将“库”面板中的“文字动画”影片剪辑元件拖曳舞台中，将其放置在水晶圆形的中心位置，如图 7-27 所示。

⑨ 在“外文字”图层之上创建一个新图层，设置新图层名称为“内文字”，然后选择舞台中的“文字动画”影片剪辑实例，按键盘上的 Ctrl+C 组合键，然后将“外文字”图层锁定，再选择“内文字”图层，按键盘上的 Ctrl+Shift+V 组合键将“外文字”图层中的“文字动画”影片剪辑实例粘贴到“内文字”图层中，并保持与原来相同的位置，如图 7-28 所示。

图 7-27　“文字动画”影片剪辑元件所在的位置

图 7-28　“内文字”图层中粘贴的“文字动画”影片剪辑实例

⑩ 选择“内文字”图层中的“文字动画”影片剪辑实例，单击菜单栏中的“修改”/“变形”/“水平翻转”命令，然后将水平翻转的“文字动画”影片剪辑实例向下向左位

移，并将其等比例缩小一些，如图 7-29 所示。

⑪ 选择“内文字”图层中的“文字动画”影片剪辑实例，在“属性”面板中设置“色彩效果”中“Alpha”参数值为“40%”，如图 7-30 所示。

⑫ 在“时间轴”面板中将“内文字”图层拖曳到“外文字”图层的下方，然后在“外文字”图层之上创建新图层，设置新图层名称为“圆形遮罩”，如图 7-31 所示。

⑬ 选择“圆形遮罩”图层，然后在舞台中圆形水晶的上方绘制一个圆形，如图 7-32 所示。

图 7-29 “文字动画”影片剪辑实例所在的位置

图 7-30 为“文字动画”影片剪辑实例设置 Alpha 参数值

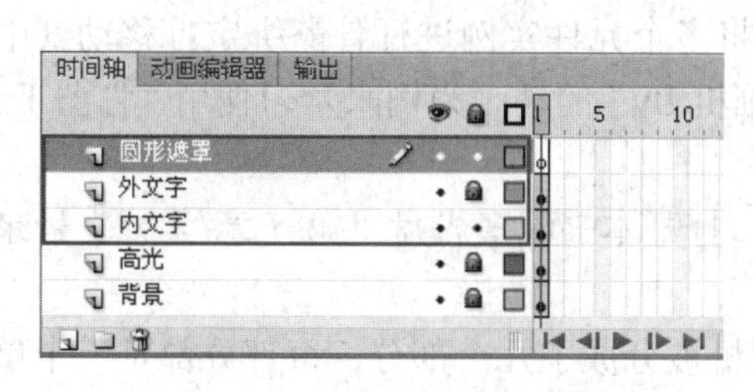

图 7-31 创建的新图层

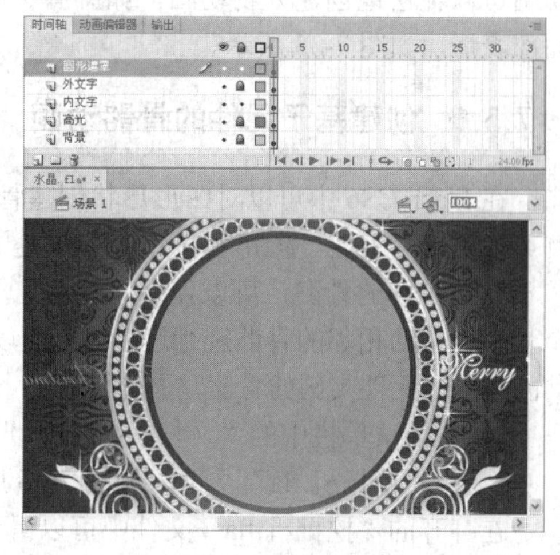

图 7-32 绘制的圆形图形

⑭ 在“圆形遮罩”图层上方单击鼠标右键，从弹出的菜单中选择“遮罩层”命令，将“圆形遮罩”图层转换为遮罩层，其下方的“外文字”图层转换为被遮罩层，如图 7-33 所示。

⑮ 将“时间轴”面板中“内文字”图层向上拖曳，然后松开鼠标，则“内文字”图层也转换为被遮罩层，如图 7-34 所示。

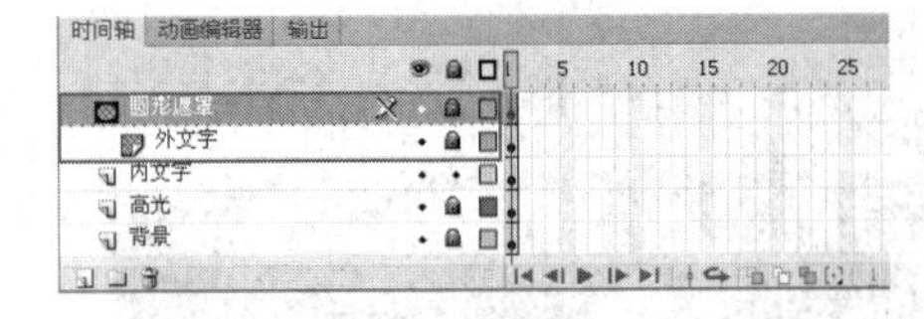

图 7-33　创建的遮罩层与被遮罩层

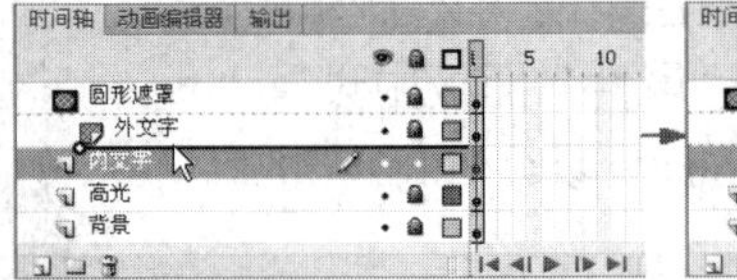

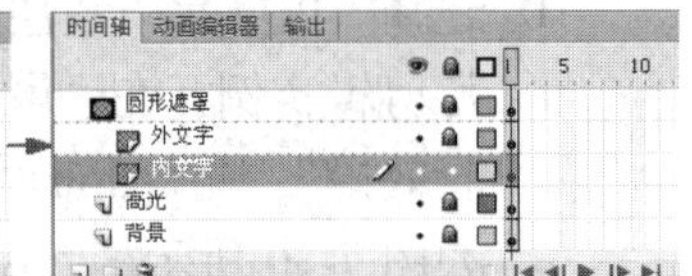

图 7-34　将“内文字”图层转换为被遮罩层

⑯ 按键盘上的 Ctrl+Enter 组合键，对影片进行测试，可以看到一个文字在水晶球形内环绕运动的动画效果。

⑰ 如果影片测试无误，可以单击菜单栏中的“文件”/“保存”命令，将所制作的文件保存。

7.5　骨骼动画

骨骼动画也称之为反向运动（IK）动画，是一种使用骨骼的关节结构对一个对象或彼此相关的一组对象进行动画处理的方法。Flash CS6 中创建骨骼动画的对象分为两种，一种为元件实例对象，另一种为图形形状。使用“工具”面板中的“骨骼工具”在元件实例对象或形状上创建出对象的骨骼，然后移动其中的一个骨骼，与这个骨骼相连的其他骨骼也会移动，通过这些骨骼的移动即可创建出骨骼动画。使用骨骼进行动画处理时，只需指定对象的开始位置和结束位置即可，然后通过反向运动，即可轻松自然地创建出骨骼的运动。如使用骨骼动画可以轻松地创建人物动画，如胳膊、腿和面部表情，如图 7-35 所示。

基于图形形状创建的骨骼动画　　基于元件实例创建的骨骼动画

图 7-35　创建的骨骼动画

7.5.1　创建基于元件的骨骼动画

在 Flash CS6 中可以对图形形状创建骨骼动画，也可以对元件实例创建骨骼动画。元件实例可以是影片剪辑、图形和按钮，如果是文本，则需要将文本转换为元件的实例。如果创建基于元件实例的骨骼，可以使用“骨骼工具”将多个元件实例进行骨骼绑定，移动其中一个骨骼会带动相邻的骨骼进行运动。下面以“挖掘机.flv”的动画为例来学习使用“骨骼工具”创建基于元件实例的骨骼动画方法：

① 单击菜单栏中的“文件”/“打开”命令，打开本书配套光盘“第 7 章/素材”目录下的“挖掘机.fla”文件，如图 7-36 所示。

在打开的“挖掘机.fla”文件中可以看到挖掘机被分成了几个部分，每部分都是一个单独元件，并且每个元件放置在不同的图层当中。接下来，我们将通过“骨骼工具”将这些元件绑定到一起。

② 在“时间轴”面板中将“背景”、“倒影”与“车体”图层锁定，选择“机械后臂”图层，在“工具”面板中选择“骨骼工具”，此时图标变为十字下方带个骨头的图标

形式，然后将光标放置到机械后臂的根部位置处单击并向第一个关节位置拖曳，创建出骨骼；接下来继续使用“骨骼工具”从第一个关节处向车铲的部分处拖曳，创建出第二个骨骼，此时自动创建出一个“骨架_6”的图层，“机械后臂”、“机械前臂”与“铲子”图层中的对象自动剪切到“骨架_6”图层中，如图 7-37 所示。

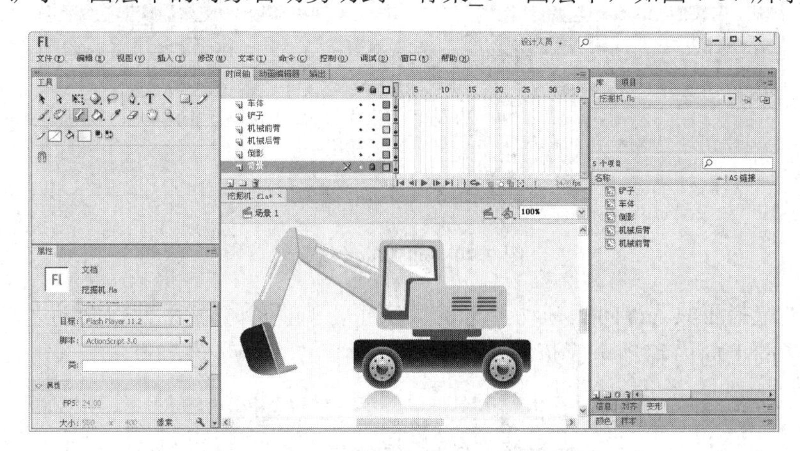

图 7-36　打开的“挖掘机.fla”文件

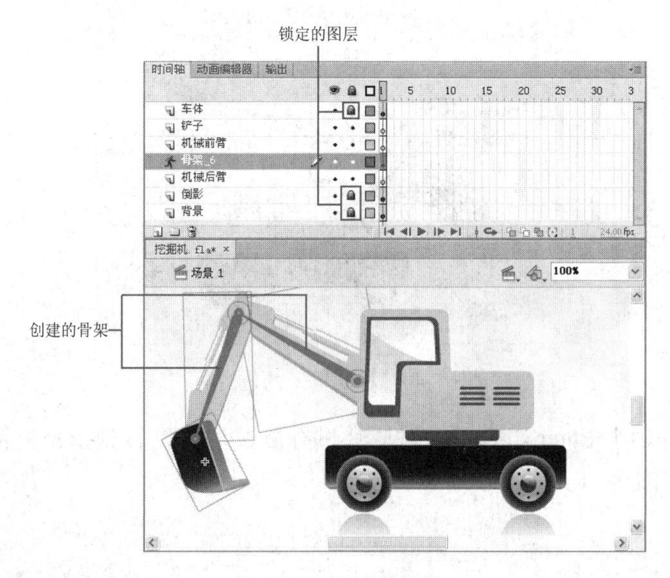

图 7-37　创建的骨骼

3 在“时间轴”面板中将“骨架_6”图层名称重新命名为“铲车动画”，并将“铲子”、“机械前臂”与“机械后臂”图层删除，然后在所有图层的第 60 帧处插入帧，从而设置的动画的播放时间为 60 帧，如图 7-38 所示。

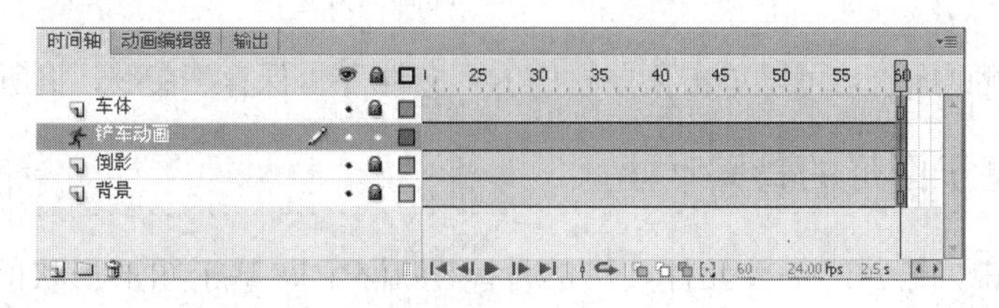

图 7-38　“时间轴”面板中的图层

④ 在“铲车动画”图层的第 45 帧处单击鼠标右键，从弹出的菜单中选择“插入姿势”命令，便在“铲车动画”图层的第 45 帧插入了一个关键帧，如图 7-39 所示。

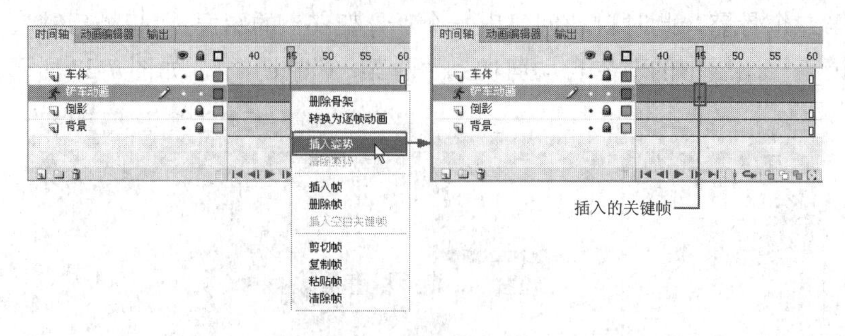

图 7-39　创建的关键帧

⑤ 使用“选择工具” 向上拖动铲车的大铲子，则两个机械手臂也会随之转动，最后将大铲子向上向内移动至靠近车体的位置，如图 7-40 所示。

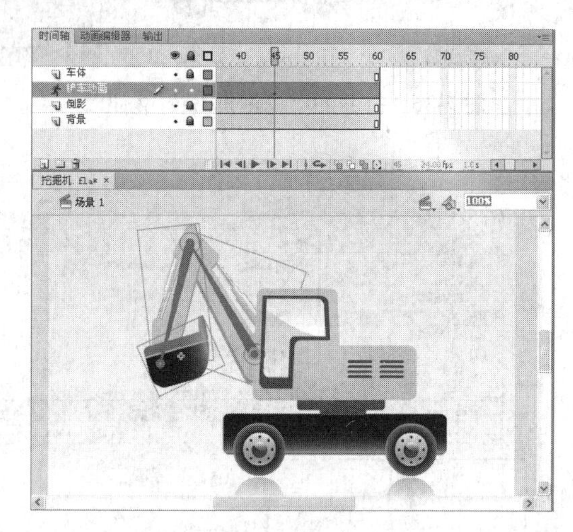

图 7-40　移动铲子的位置

⑥ 按键盘上的 Ctrl+Enter 组合键，对影片进行测试，可以看到挖掘机铲臂向上抬起的动画效果，如图 7-41 所示。

图 7-41　“铲车”动画的效果

⑦ 如果影片测试无误，可以单击菜单栏中的“文件”/“保存”命令，将所制作的文件保存。

7.5.2　创建基于图形的骨骼动画

在 Flash CS6 中，与创建基于元件实例的骨骼动画不同，基于图形形状的骨骼动画对象必须是简单的图形形状，在此图形中可以添加多个骨骼。在向单个形状或一组形状添加第一个骨骼之前必须选择所有形状。将骨骼添加到所选内容后，Flash 将所有的形状和骨骼转换为骨骼形状对象，并将该对象移动到新的骨架图层。将某个形状转换为骨骼形状后，它无法再与其他形状进行合并操作。对于基于图形形状的骨骼动画也需要使用“骨骼工具”来创建，下面以“袋鼠”动画为例来学习创建基于图形的骨骼动画的方法：

1. 单击菜单栏中的“文件”/“打开”命令，打开本书配套光盘“第 7 章/素材”目录下的“袋鼠.fla”文件，如图 7-42 所示。

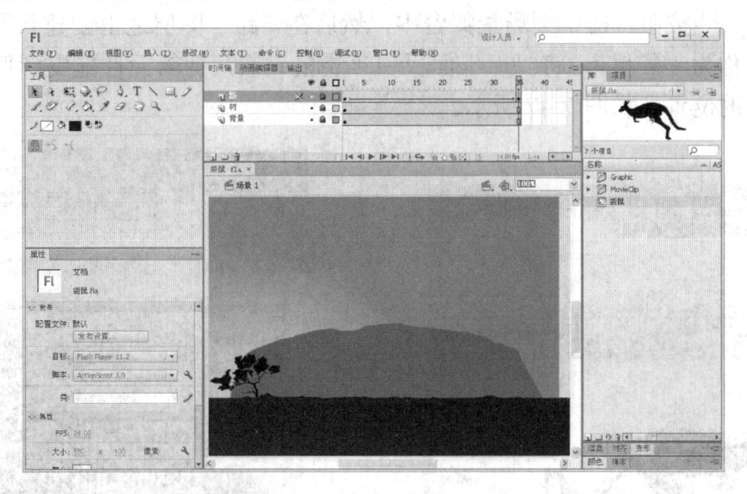

图 7-42　打开的“袋鼠.fla”文件

在打开的“袋鼠.fla”文件中如果测试影片，会看到向前行进的大路和树木动画，接下来我们将创建袋鼠向前跳跃的动画，袋鼠跳跃的动画可以通过“骨骼工具”来创建，下面进行讲解。

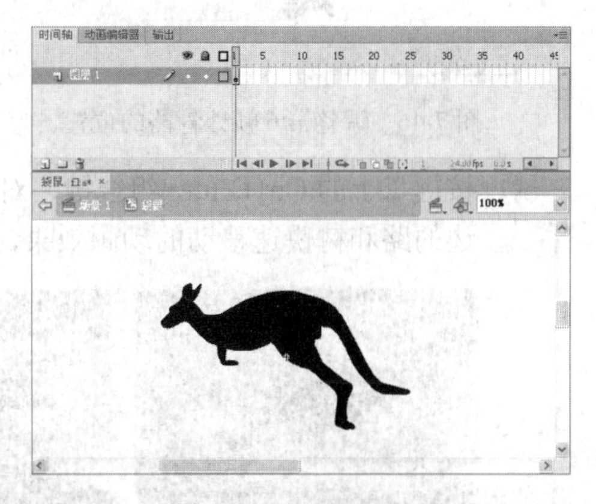

图 7-43　“袋鼠”影片剪辑元件的编辑窗口

2. 双击“库”面板中“袋鼠”影片剪辑实例，切换到该元件的编辑窗口中，在此元件的编辑窗口中有一个黑色的袋鼠图形，如图 7-43 所示。
3. 在“工具”面板中选择“骨骼工具”，此时图标变为十字下方带个骨头的图标形式，然后将光标放置到袋鼠后腿的胯部位置处单击并向袋鼠后退关节处拖曳，接着再由袋鼠后腿关节处向袋鼠后脚处拖曳，然后再分别由袋鼠后腿的胯部位置处依次向袋鼠前腿以及袋鼠尾巴拖曳出各个骨骼，如图 7-44 所示。

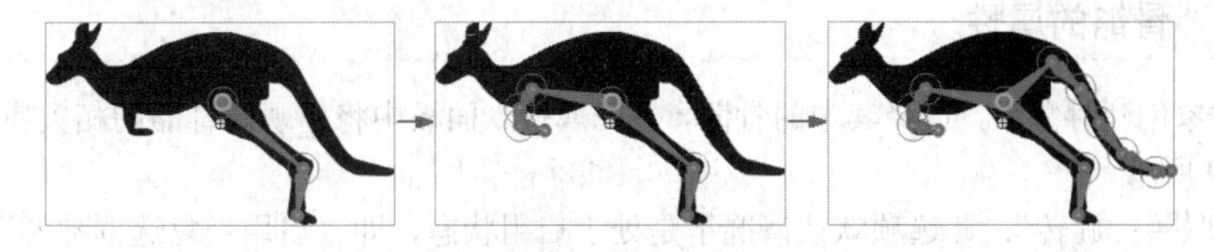

图 7-44　为袋鼠图形添加骨骼

4. 此时在“图层 1”之上自动创建出一个“骨架_2”图层，在此图层中的第 6 帧与第 11 帧位置处分别单击鼠标右键，从弹出的菜单中选择“插入姿势”命令，从而在“骨架_2”图层的第6帧与第11帧处插入关键帧，如图7-45所示。

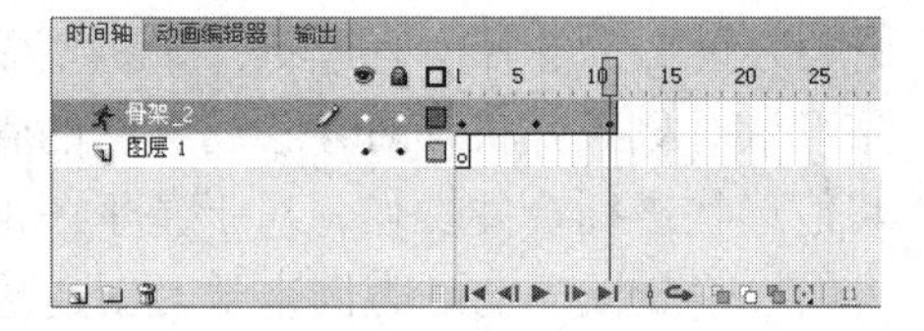

图7-45 插入的关键帧

5 选择“骨架_2”图层的第6帧，然后使用“选择工具”拖曳袋鼠图形的后腿、前腿以及尾巴的位置，如图7-46所示。

6 单击场景1按钮，切换到场景舞台中，然后在“路”图层之上创建新图层，设置新图层的名称为“袋鼠”，将“库”面板中“袋鼠”影片剪辑元件拖曳到舞台中并放置在路中央的位置，如图7-47所示。

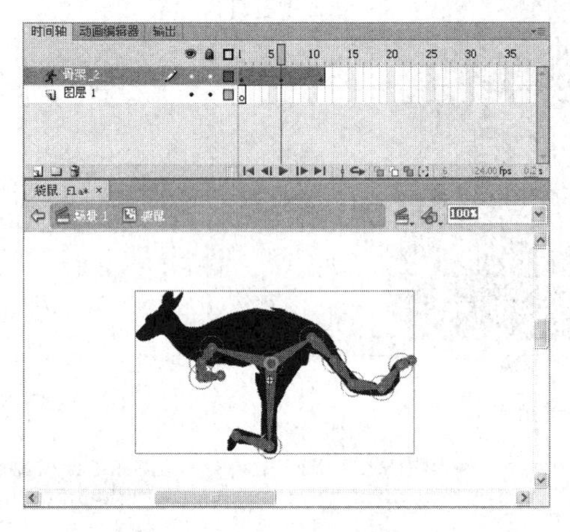

图7-46 调整第6帧处骨骼的位置

图7-47 “袋鼠”影片剪辑实例所在的位置

7 按键盘上的Ctrl+Enter组合键，对影片进行测试，可以看到袋鼠向前快速跳跃着，身边的路和树快速移动的动画效果，如图7-48所示。

图7-48 “袋鼠”动画的效果

8 如果影片测试无误，可以单击菜单栏中的“文件”/“保存”命令，将所制作的文件保存。

7.5.3 骨骼的属性

为对象创建骨骼后，选择其中的骨骼，在“属性”面板中将出现此骨骼的相关属性设置，如图7-49所示。

- “联接：旋转”：此选项默认情况下是处于启用状态，即“启用”复选框被勾选，指被选中的骨骼可以沿着父骨骼对象进行旋转；如果将“约束”复选框勾选，还可以设置此骨骼对象旋转的最小度数与最大度数。

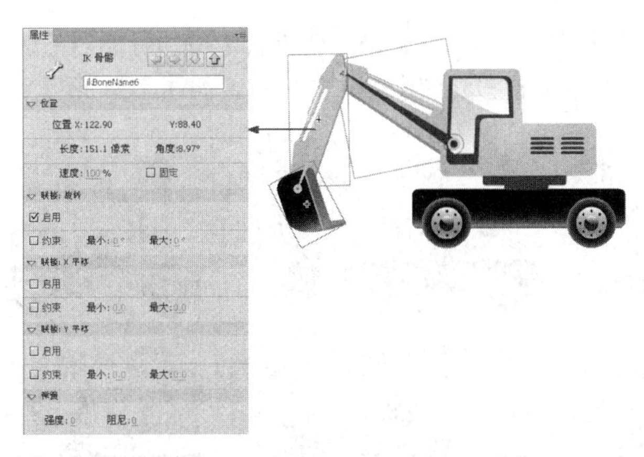

图 7-49　骨骼的属性

- “联接：X 平移”：如果将“启用”复选框勾选，则选中的骨骼可以沿着 X 轴方向进行平移；如果将“约束”复选框勾选，还可以设置此骨骼对象在 X 轴方向平移的最小值与最大值。
- “联接：Y 平移”：如果将“启用”复选框勾选，则选中的骨骼可以沿着 Y 轴方向进行平移；如果将“约束”复选框勾选，还可以设置此骨骼对象在 Y 轴方向平移的最小值与最大值。
- “弹簧”：此选项可以使所创建的骨骼动画具有弹簧震动一样的效果，可以增加物体移动的真实感，此选项中包含两个选项“强度”和“阻尼”。其中“强度”选项用于设置弹簧强度，值越高，创建的弹簧效果越强；其中“阻尼”选项用于设置弹簧效果的衰减速率，值越高，弹簧属性减小得越快，如果值为 0，则弹簧属性在姿势图层的所有帧中保持其最大强度。

7.5.4　编辑骨骼对象

在 Flash CS6 中创建骨骼后，可以通过多种方法对其进行编辑，可以重新定位骨骼及其关联的对象、在对象内移动骨骼、更改骨骼的长度、删除骨骼以及编辑包含骨骼的对象等。

1．移动骨骼对象

为对象添加骨骼后，使用“选择工具”移动骨骼对象，只能对父级骨骼进行环绕的运动；如果要移动骨骼对象，可以使用“任意变形工具”选择需要移动的对象，然后拖动对象，则骨骼对象的位置发生改变，联接的骨骼长短也随着对象的移动发生变化，如图 7-50 所示。

图 7-50　移动骨骼对象

2．重新定位骨骼

为对象添加骨骼后，选择并移动对象上的骨骼，此时只能对骨骼进行旋转运动，并不能改变骨骼的位置。如果需要对对象上的骨骼进行重新定位，需要使用“任意变形工具”进行操作，首先使用“任意变形工具”选择需要重新定位的骨骼对象，然后移动选择对象的中心点，则此时骨骼的联接位置移动到中心点的位置，如图 7-51 所示。

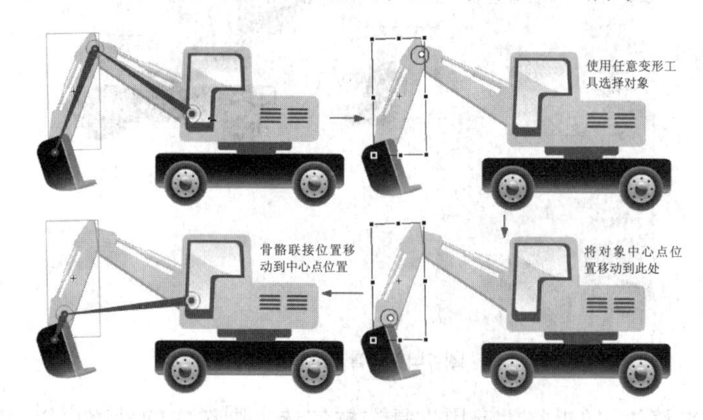

图 7-51　重新定位骨骼对象

3．删除骨骼

删除骨骼的操作非常简单，只需使用“选择工具”选择需要删除的骨骼，然后按键盘上的 Delete 键，即可将其删除，如图 7-52 所示。

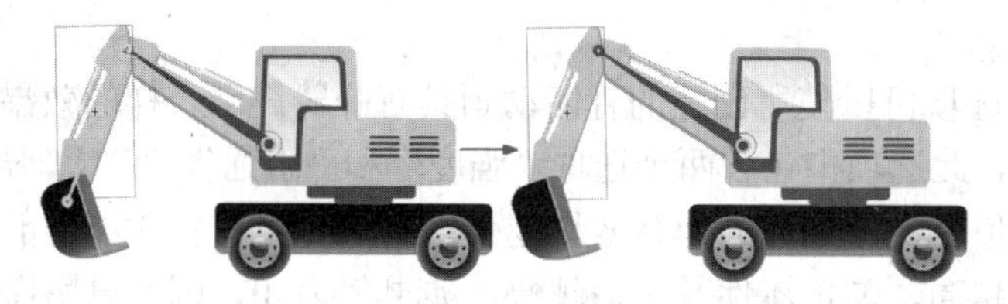

图 7-52　删除骨骼

7.5.5　绑定骨骼

为图形形状添加骨骼后，发现在移动骨架时图形形状并不能按令人满意的方式进行扭曲。此时可以使用“工具”面板中的“绑定工具”来编辑单个骨骼和形状控制点之间的连接，这样就可以控制在每个骨骼移动时形状的扭曲方式，从而得到更满意的结果。如果在“工具”面板中“绑定工具”没有显示，可以在“骨骼工具”上方按住鼠标几秒钟，在弹出的下拉列表即可选择“绑定工具”，如图 7-53 所示。

使用“绑定工具”可以将多个控制点绑定到一个骨骼，也可以将多个骨骼绑定到一个控制点。使用“绑定工具”单击骨骼，将显示骨骼和控制点之间的连接，选择的骨骼以红色的线显示，骨骼的控制点以黄色的点显示，如图 7-54 所示。

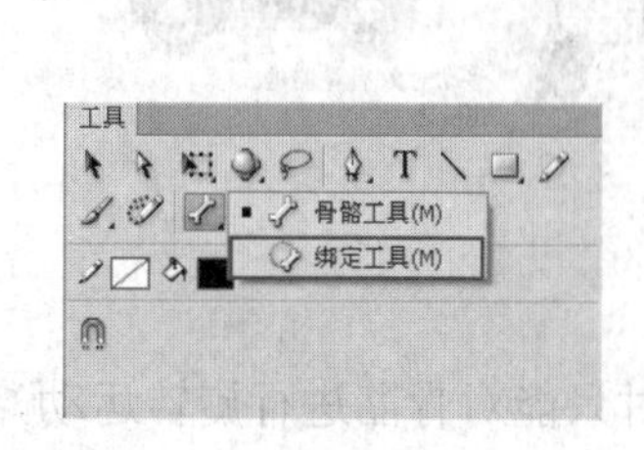

图 7-53　选择的“绑定工具”

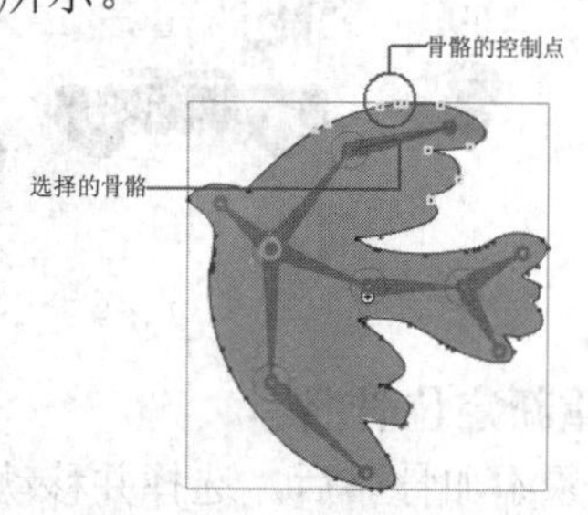

图 7-54　骨骼的控制点

基于图形形状的骨骼动画，在骨骼运动时是由控制点来控制动画的变化效果，可以通过绑定、取消绑定骨骼上的控制点，从而精确地控制骨骼动画的运动效果。

- 绑定控制点：使用“绑定工具”选择骨骼后，按住键盘上的 Shift 键，在蓝色未点亮的控制点上单击，则可以将此控制点绑定到所选择的骨骼上，如图 7-55 所示。
- 取消绑定控制点：使用“绑定工具”选择骨骼后，按住键盘上的 Ctrl 键，在黄色显示绑定在骨骼的控制点上单击，则可以取消此控制点在骨骼上的绑定，如图 7-56 所示。

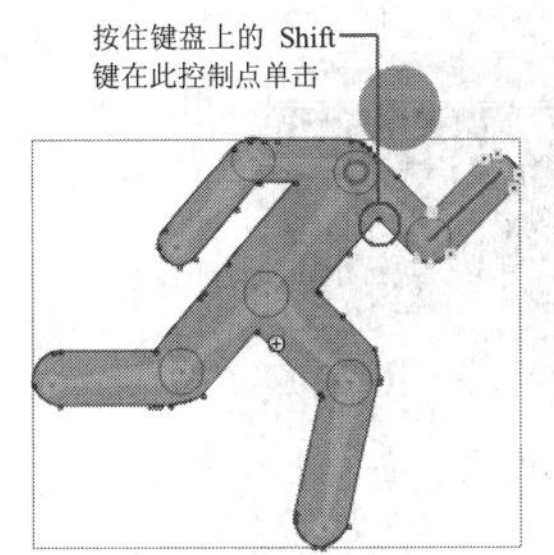

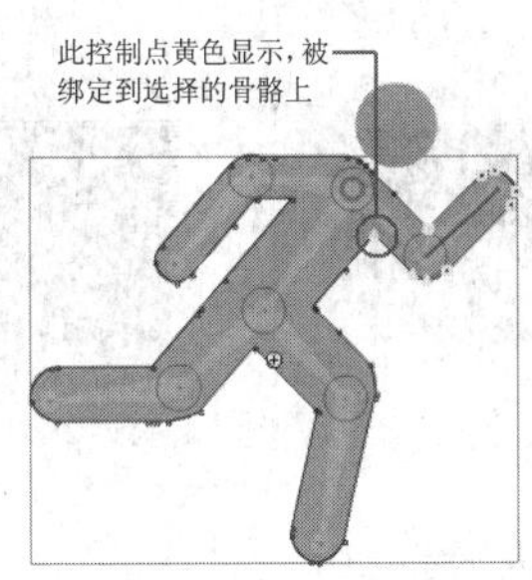

图 7-55 绑定控制点

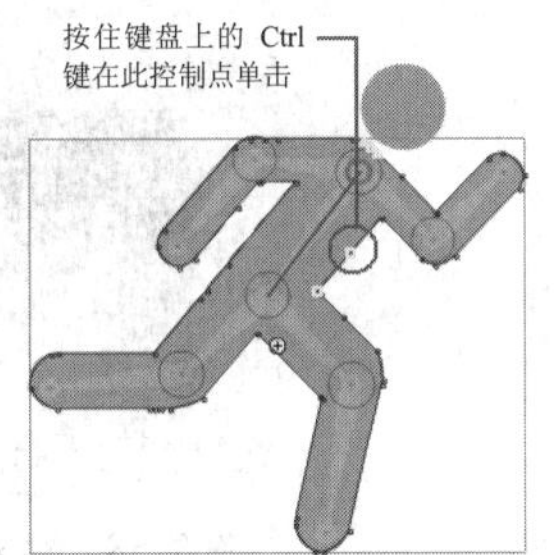

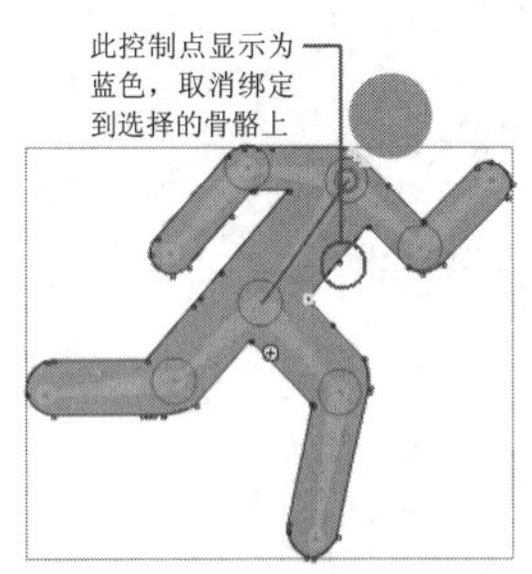

图 7-56 取消绑定控制点

7.6 综合应用实例：制作“潜水员”动画

前面学习了运动引导层动画、遮罩动画以及骨骼动画等高级特效动画，接下来在本节中将制作一个“潜水员”动画实例。此实例通过骨骼创建了潜水员潜水的动画效果，再通过遮罩动画创建出水波粼粼的动画效果，最后通过补间动画创建出潜水员沿着路径运动的动画效果，其最终效果如图 7-57 所示。

图 7-57 “潜水员”动画的效果

本实例的步骤提示：

1. 打开素材文件。

2. 在“潜水员”影片剪辑元件窗口中创建潜水员在水中游泳的骨骼动画。

3. 在“气泡动画”影片剪辑元件窗口中创建出气泡向上漂浮的传统运动引导线动画。

4. 在“潜水员动画”影片剪辑元件窗口中创建出潜水员边游泳边吐出水泡，水泡并向上升起的动画。

5. 在“海底动画”影片剪辑元件窗口中通过遮罩动画创建出水波粼粼的动画。

6. 在场景中，将通过“潜水员动画”影片剪辑实例制作出补间动画，让潜水员从屏幕右侧游至屏幕左侧。

7. 测试与保存 Flash 动画文件。

制作“潜水员”动画实例的步骤提示示意图，如图 7-58 所示。

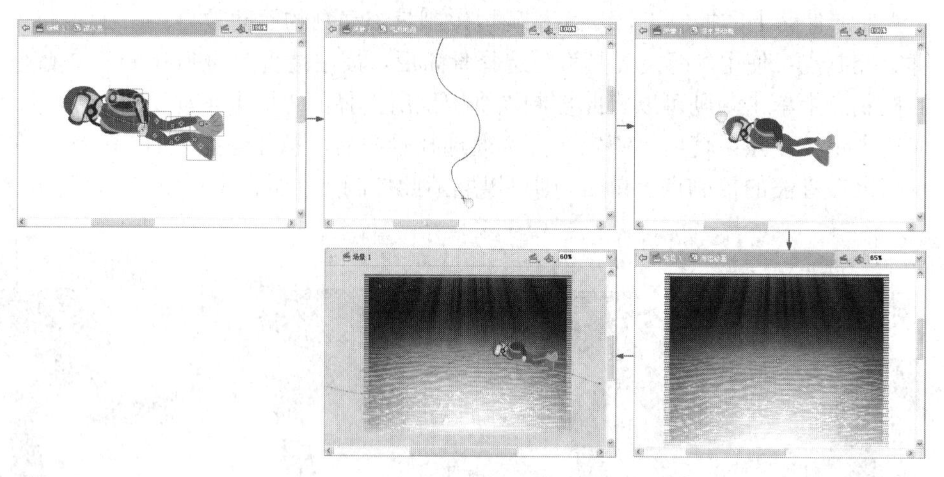

图 7-58　步骤提示示意图

制作“潜水员”动画的步骤如下：

① 打开本书配套光盘“第 7 章/素材”目录下的“潜水员.fla”动画文件，如图 7-59 所示。

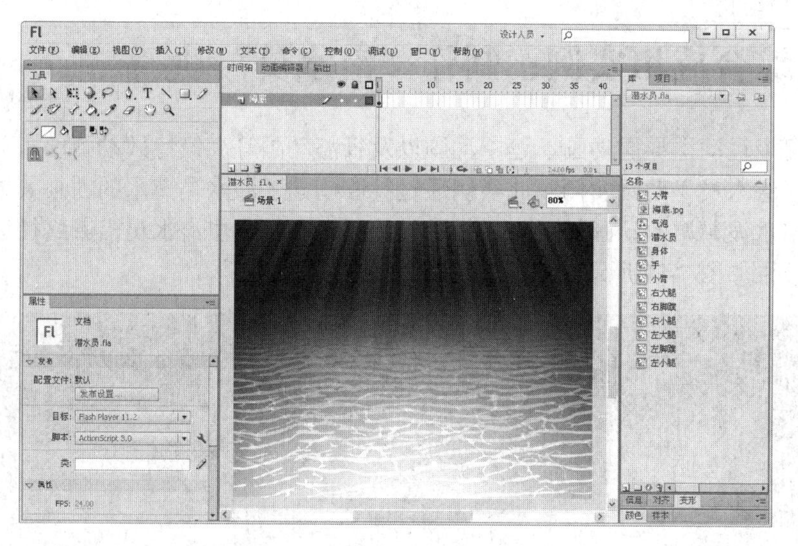

图 7-59　打开的“潜水员.fla”文件

② 在“库”面板中双击“潜水员”影片剪辑元件，切换到“潜水员”影片剪辑元件的编辑窗口中；在此影片剪辑元件的编辑窗口中可以看到“潜水员”图形的运动方式被分为了 4 部分——“身体躯干”、“手臂”、“左腿”与“右腿”，这几部分分别在不同的图层中，如图 7-60 所示。

③ 在“时间轴”面板中将“身体躯干”所在的“图层 1”图层锁定，然后在“工具”面板中选择“骨骼工具”，从“潜水员”的上肢向下肢再向手部分拖曳创建出骨骼，然后将创建的骨骼所在图层重新命名为“手臂动画”，如图 7-61 所示。

④ 在“时间轴”面板中选择“左腿”图层，使用“骨骼工具”沿着“潜水员”左腿处的大腿向小腿，再由小腿向脚蹼位置处拖曳创建出骨骼，然后将创建的骨骼所在图层重新命名为“左腿动画”，如图 7-62 所示。

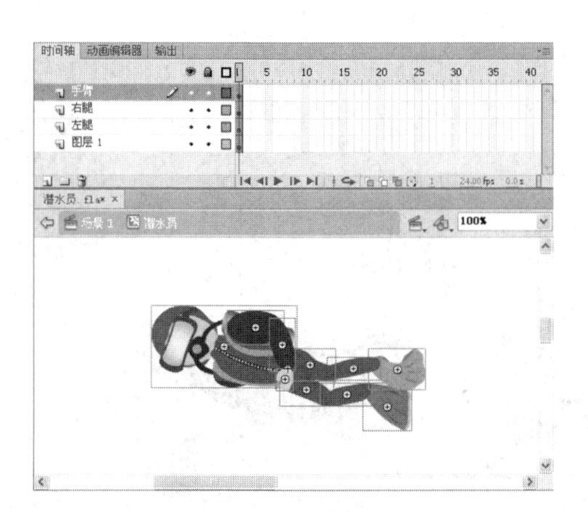

图 7-60 “潜水员”影片剪辑元件的编辑窗口

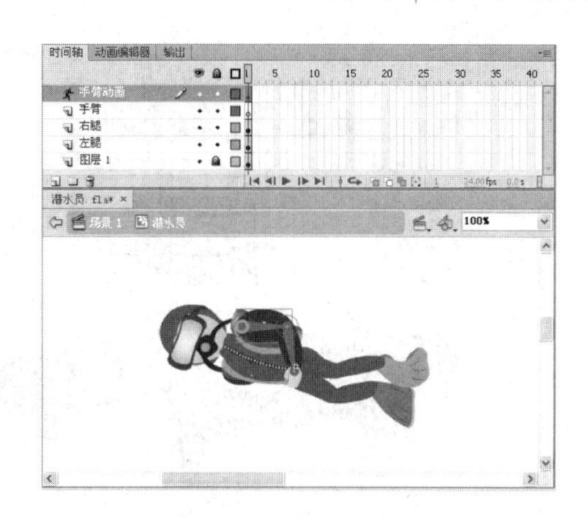

图 7-61 创建的手臂骨骼

⑤ 在“时间轴”面板中选择“右腿”图层，使用“骨骼工具”沿着“潜水员”右腿处的大腿向小腿，再由小腿向脚蹼位置处拖曳创建出骨骼，然后将创建的骨骼所在图层重新命名为“右腿动画”，如图 7-63 所示。

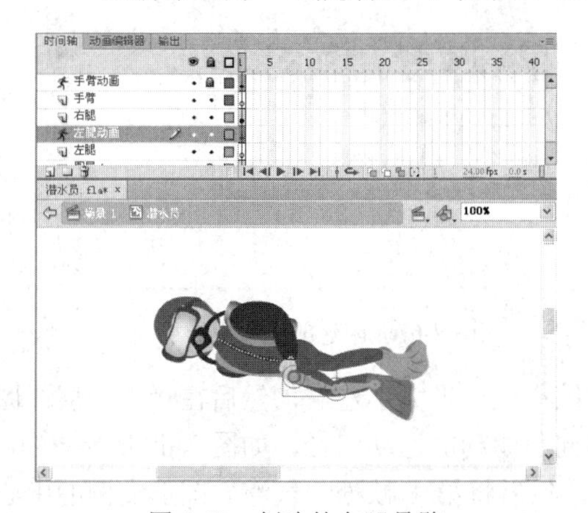

图 7-62 创建的左腿骨骼

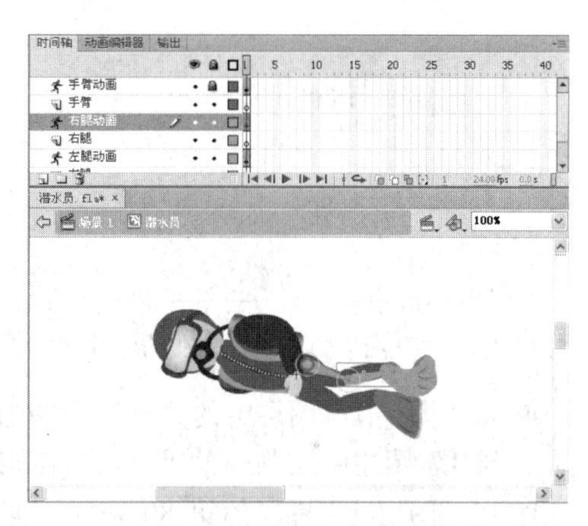

图 7-63 创建的右腿骨骼

⑥ 选择所有图层，在所有图层的第 20 帧处插入帧，从而设置“潜水员”影片剪辑元件的播放时间为 20 帧；然后分别在“手臂动画”、“右腿动画”、“左腿动画”图层的第 10 帧与第 20 帧处单击鼠标右键，从弹出的菜单中选择“插入姿势”命令，从而在这些帧位置插入关键帧，如图 7-64 所示。

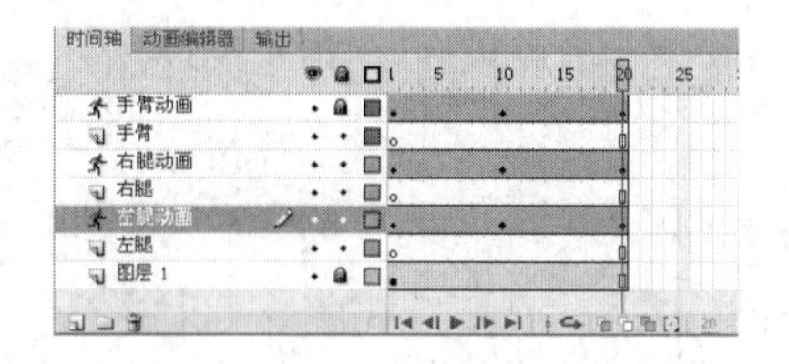

图 7-64 插入的帧与关键帧

⑦ 将“时间轴”面板中播放头拖曳到第 10 帧的位置，然后调整第 10 帧处“手臂动画”、“右腿动画”与“左腿动画”图层中骨骼的位置，如图 7-65 所示。

⑧ 创建一个名称为“气泡动画”的影片剪辑元件，然后将“库”面板中“气泡”图形元件拖曳到“气泡动画”影片剪辑元件编辑窗口舞台的中心位置，如图 7-66 所示

⑨ 在“气泡动画”影片剪辑编辑窗口的“图层 1”图层位置处单击鼠标右键并从弹出的菜单中选择“添加传统运动引导层”命令，从而在“图层 1”图层之上创建出运动引导层，并且“图层 1”图层转换为被引导层；然后在“图层 1”与“引导层：图层 1”图层的第 80 帧插入帧，从而设置“气泡动画”影片剪辑元件动画的播放时间为 80 帧，如图 7-67 所示。

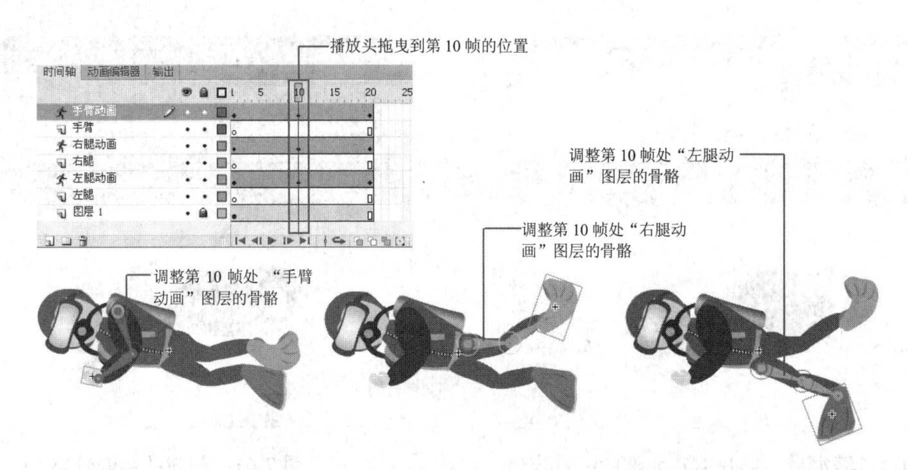

图 7-65　第 10 帧各个图层骨骼的调整

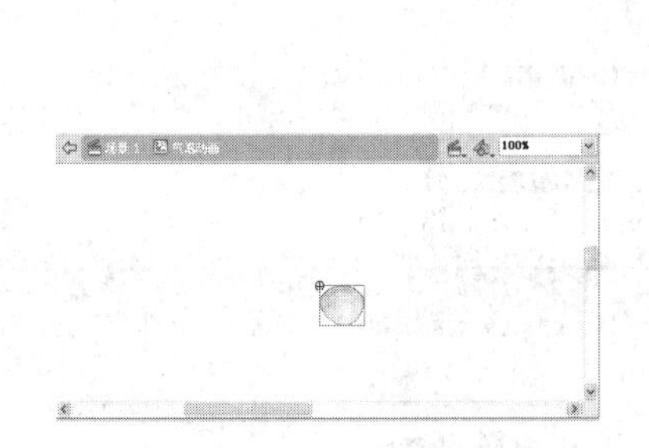

图 7-66　"气泡"图形元件所在的位置

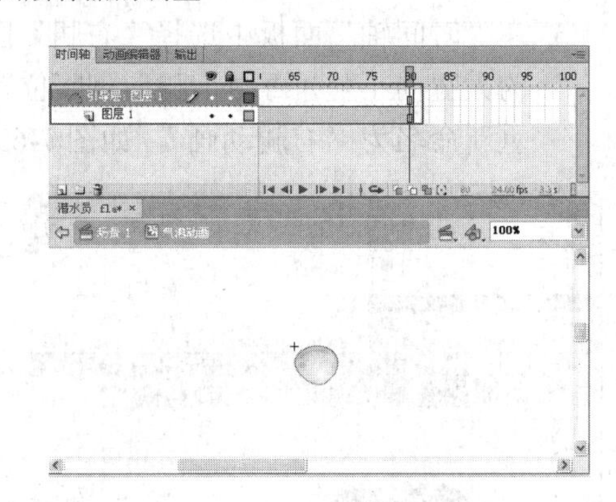

图 7-67　创建的运动引导层

⑩ 将"图层 1"图层中的"气泡"图形实例缩小至一半大小左右，然后在"引导层：图层 1"图层中绘制一条"气泡"图形实例向上飘动的运动路径，如图 7-68 所示。

⑪ 在"图层 1"图层的第 80 帧插入关键帧，然后将第 1 帧处"气泡"图形实例的中心点与运动路径下端点重合，再将第 80 帧处"气泡"图形实例的中心点与运动路径上端点重合，如图 7-69 所示。

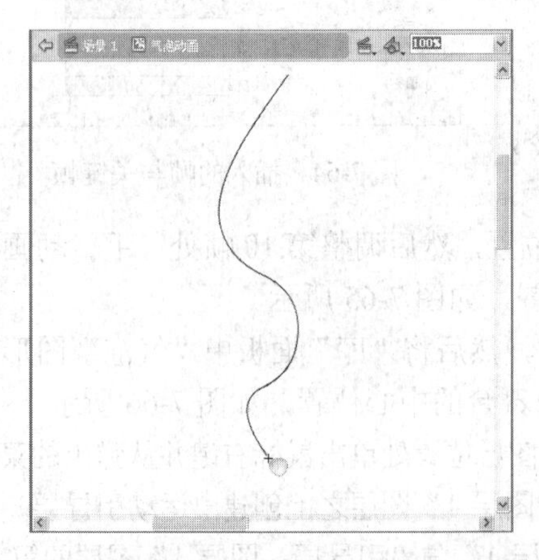

图 7-68　缩小的"气泡"图形实例与绘制的运动路径

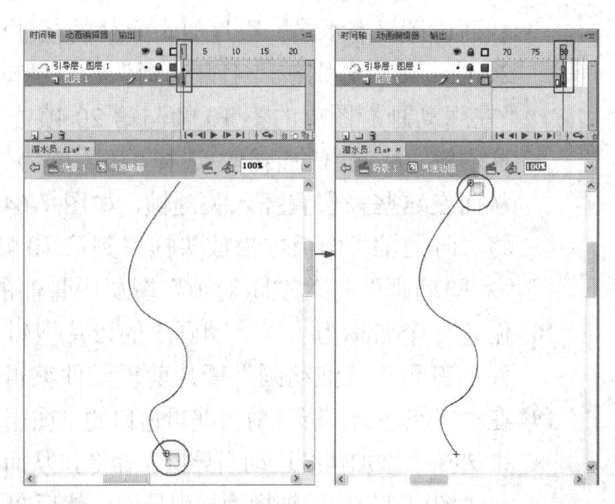

图 7-69　第 1 帧与第 80 帧处"气泡"图形实例的位置

⑫ 在“图层 1”图层第 1 帧与第 80 帧之间的任意一帧单击鼠标右键，从弹出的菜单中选择“创建传统补间动画”命令，这样就在“气泡动画”影片剪辑元件中创建出运动引导层动画，如图 7-70 所示。

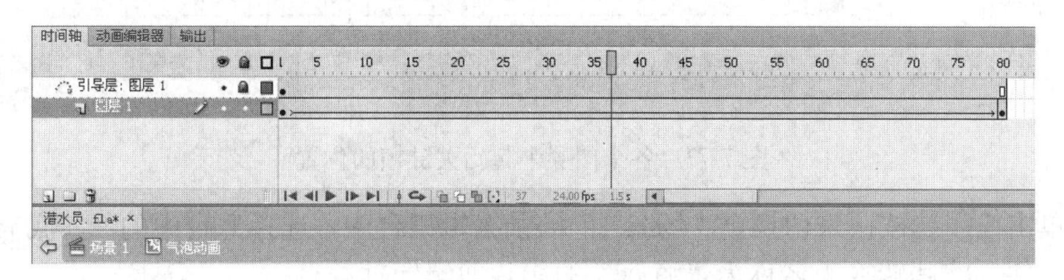

图 7-70　在“气泡动画”影片剪辑元件中创建出运动引导层动画

⑬ 创建一个名称为“潜水员动画”的影片剪辑元件，然后将“库”面板中的“潜水员”影片剪辑元件拖曳到“潜水员动画”影片剪辑元件编辑窗口舞台的中心位置，如图 7-71 所示。

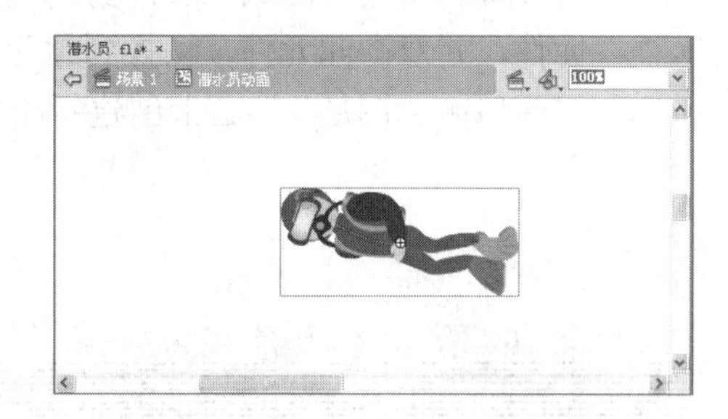

图 7-71　“潜水员”影片剪辑元件所在的位置

⑭ 在“潜水员动画”影片剪辑编辑窗口的“图层 1”图层之上再新建 4 个新图层，并且将“库”面板中“气泡动画”影片剪辑元件分别拖曳到每个新建的图层中，并设置每个图层中的“气泡动画”影片剪辑实例都在潜水员头部的位置，并且局部调整各个图层中“气泡动画”影片剪辑实例的大小，如图 7-72 所示。

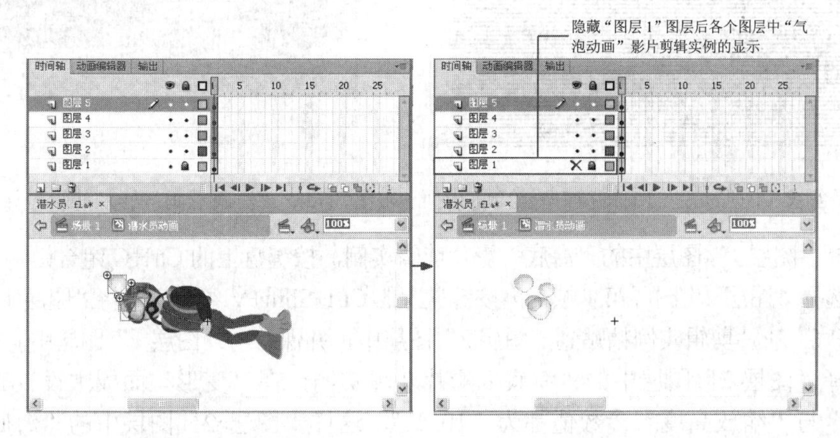

图 7-72　各个图层中“气泡动画”影片剪辑实例的位置

⑮ 在“时间轴”面板中，将“图层 1”图层拖曳到最上方，然后在所有图层的第 90 帧处插入帧，从而设置“潜水员动画”影片剪辑元件动画的播放时间为 90 帧；再依次将“图层 2”~“图层 5”图层中的起始关键帧向后拖曳一段距离，从而使每个图层中的“气泡动画”影片剪辑实例出现的时间间隔一段时间，如图 7-73 所示。

⑯ 创建一个名称为“条纹”的图形元件，然后在“条纹”图形元件的编辑窗口中绘制出多条很窄的由矩形组成的图形，组成的图形长度与高度要比舞台宽度与高度多出很多，如图 7-74 所示。

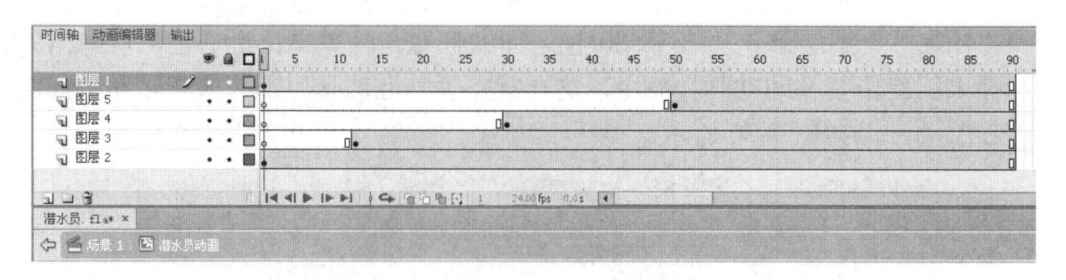

图 7-73　各个图层中起始关键帧的位置

17 单击 场景 1 按钮来切换至“场景 1”场景编辑舞台中，选择舞台中的“海底.jpg”图像文件，将其转换为名称为“海底”的影片剪辑元件。

18 选择舞台中的“海底”影片剪辑实例，再将其转换为名称为“海底动画”的影片剪辑元件，并双击此元件，切换到此元件的编辑窗口中，在“海底动画”影片剪辑元件编辑窗口中“图层 1”之上创建新图层“图层 2”，如图 7-75 所示。

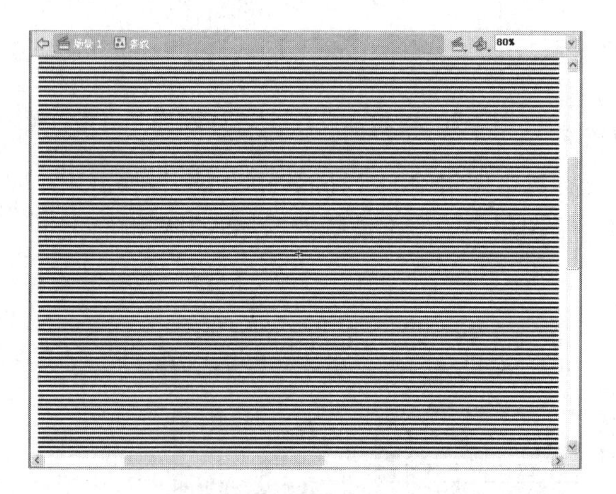

图 7-74　在“条纹”图形元件的编辑窗口中绘制的图形

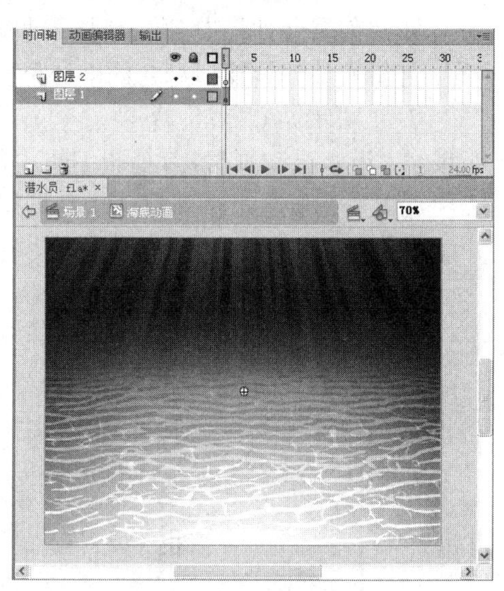

图 7-75　“海底动画”影片剪辑元件的编辑窗口

19 选择“图层 1”图层中的“海底”影片剪辑实例，按键盘上的 Ctrl+C 组合键将其复制，然后选择“图层 2”图层第 1 帧，再按键盘上的 Ctrl+Shift+V 组合键，将“图层 1”图层中的“海底”影片剪辑实例粘贴到“图层 2”图层中，并保持与“图层 1”图层中同样的位置。

20 选择“图层 2”图层中的“海底”影片剪辑实例，在“变形”面板中设置其“缩放宽度”与“缩放高度”参数值都为“105%”，这样“图层 2”图层中的“海底”影片剪辑实例比“图层 1”图层中的“海底”影片剪辑实例略大一些，如图 7-76 所示。

21 在“图层 2”图层之上创建新图层“图层 3”，然后将“库”面板中的“条纹”图形元件拖曳到“图层 3”图层中，并将下方两个图层中的“海底”影片剪辑实例覆盖住，如图 7-77 所示。

22 选择“图层 3”图层中的“条纹”图形元件，将其转换为名称为“条纹动画”的影片剪辑元件，并双击此元件，切换到此元件的编辑窗口中，在“条纹动画”影片剪辑元件的编辑窗口“图层 1”图层的第 330 帧位置插入关键帧，将此帧处的“条纹”图形实例垂直向下位移一段距离，如图 7-78 所示。

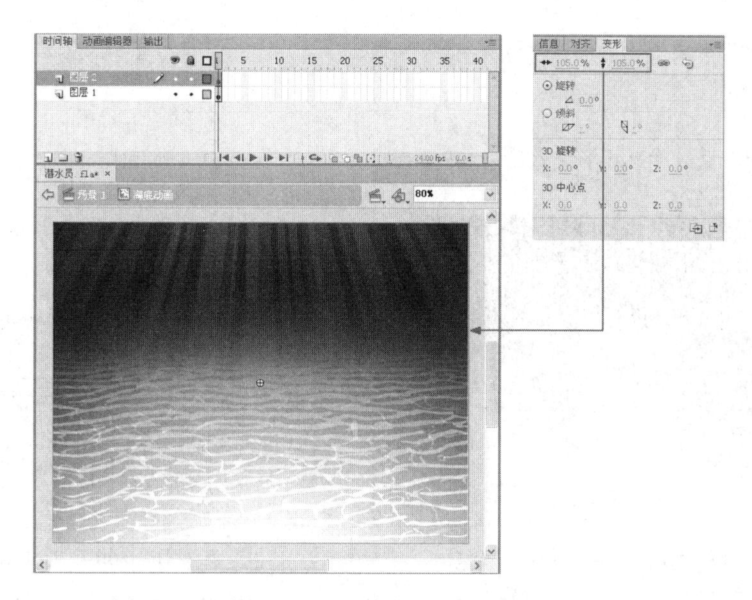

图 7-76 “图层 2”图层中的“海底”影片剪辑实例

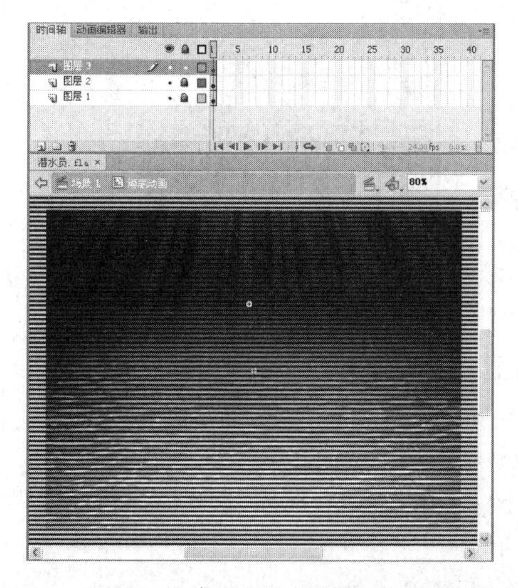

图 7-77 “图层 3”图层中的“条纹”图形实例的位置

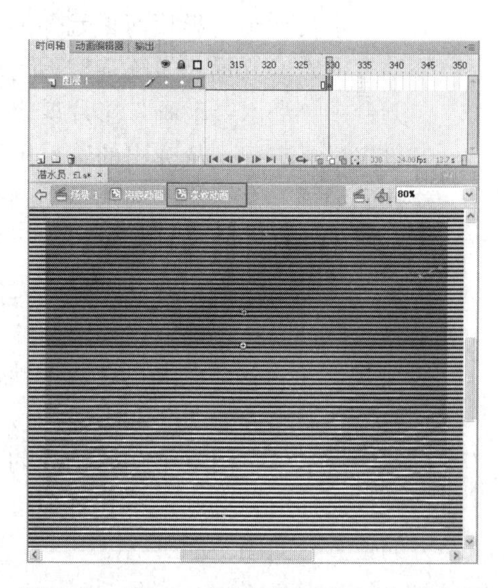

图 7-78 第 330 帧“条纹”图形实例的位置

23 在“条纹动画”影片剪辑元件的编辑窗口“图层 3”图层的第 1 帧与第 330 帧之间创建出传统补间动画，如图 7-79 所示。

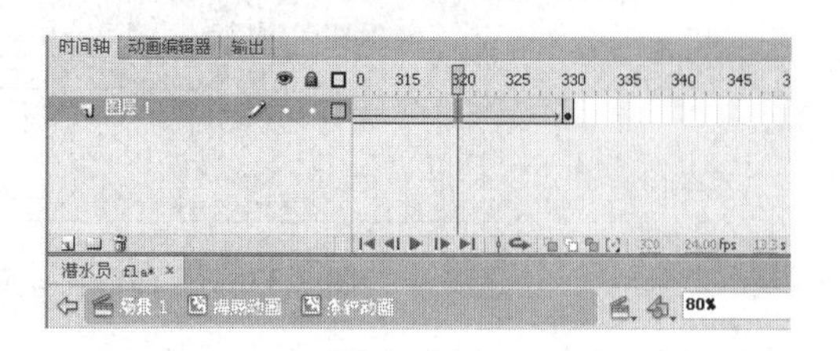

图 7-79 创建的传统补间动画

24 单击 按钮或 海底动画 按钮来切换到“海底动画”影片剪辑元件的编辑窗口中，然后在“图层 3”图层上单击鼠标右键，从弹出的菜单中选择“遮罩层”命令，将“图层 3”图层转换为遮罩层，其下方的“图层 2”图层转换为被遮罩层，如图 7-80 所示。

25 单击 场景 1 按钮来切换至“场景 1”场景编辑舞台中，在“海底”图层之上创建新图层，设置新图层名称为“潜水员”；然后在“海底”与“潜水员”图层的第 360 帧处插入帧，从而设置动画的播放时间为 360 帧，如图 7-81 所示。

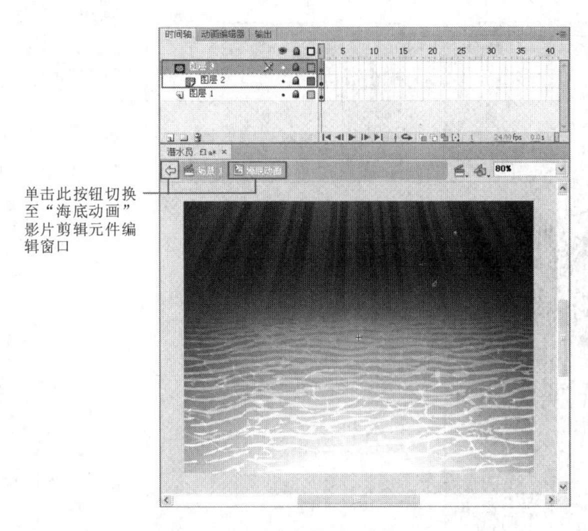

图 7-80　创建的遮罩动画

图 7-81　360 帧处插入的帧

26 选择"潜水员"图层，然后将"库"面板中的"潜水员动画"影片剪辑元件拖曳到舞台外偏右下方的位置，如图 7-82 所示。

27 在舞台中"潜水员动画"影片剪辑实例的上方单击鼠标右键，从弹出的菜单中选择"创建补间动画"命令为"潜水员动画"影片剪辑实例创建出补间动画；然后在"潜水员"图层的第 151 帧与第 360 帧位置处分别单击鼠标右键，并从弹出的菜单中选择"插入关键帧"/"全部"命令，在这两个帧位置处插入属性关键帧，如图 7-83 所示。

28 选择"潜水员"图层第 360 帧处的"潜水员动画"影片剪辑实例，将其移至舞台外左下方的位置，如图 7-84 所示。

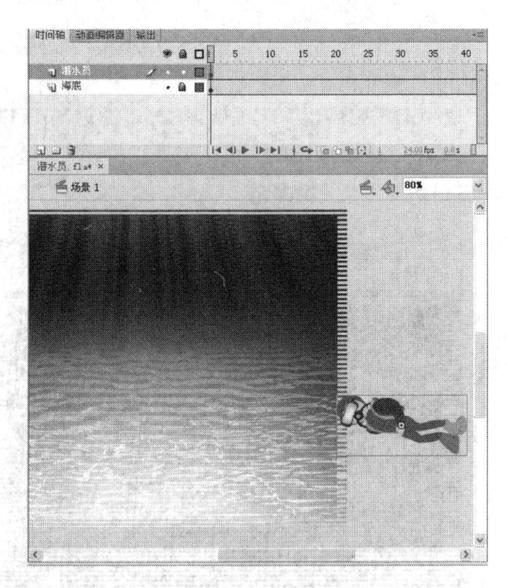

图 7-82　"潜水员动画"影片剪辑实例所在的位置

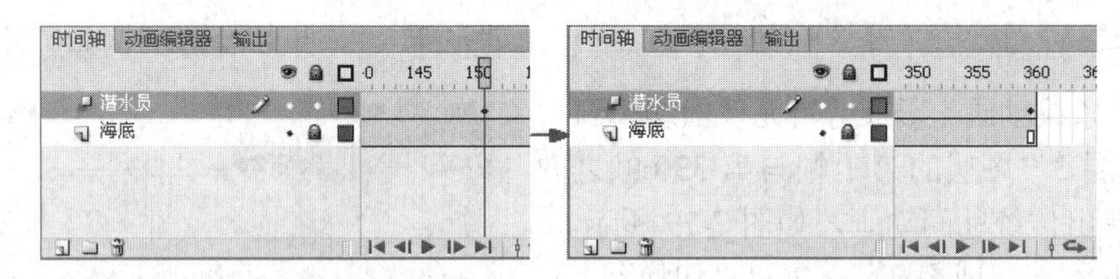

图 7-83　第 151 帧与第 360 帧处插入的属性关键帧

29 选择"潜水员"图层第 150 帧处的"潜水员动画"影片剪辑实例，将其移至舞台中心位置，并将其运动轨迹调整为弧线，如图 7-85 所示。

30 按键盘上的 Ctrl+Enter 组合键，在影片测试窗口中可以看到潜水员吐着气泡，在波光粼粼的海底游泳的动画效果。

31 至此，该动画制作完成。单击菜单栏中的"文件"/"保存"命令，将所制作的动画文件保存。

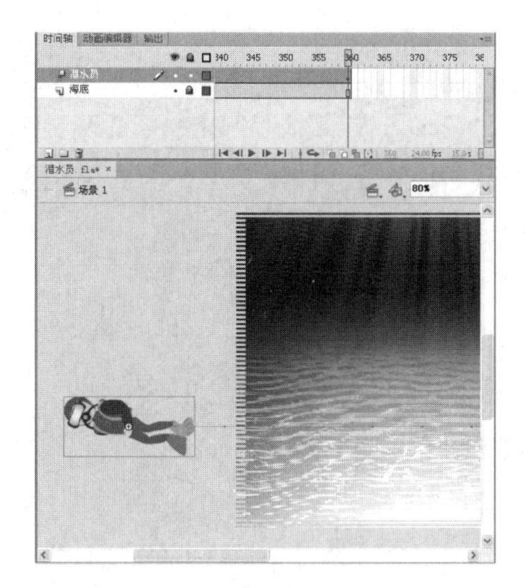

图 7-84　第 360 帧“潜水员动画”影片剪辑实例所在的位置

图 7-85　第 151 帧“潜水员动画”影片剪辑实例所在的位置

至此，整个“潜水员”动画全部制作完成。本实例中综合应用了骨骼动画与运动引导层动画以及遮罩动画，通过骨骼动画可以创建复杂的形体动作，遮罩动画可以创建很多令人耳目一新的动画特效。读者可以尝试着导入其他的动画对象，以及创建不同的遮罩动画效果，从而进一步掌握这几种高级动画的应用技巧。

第 8 章

多媒体的应用

随着版本的不断升级，Flash 软件已经成为一款不折不扣的网络多媒体编辑软件。多媒体元素主要体现在两个方面——声音和视频，Flash 动画不同于传统的动画，它不仅可以使用文字、图像等元素，而且还整合了声音和视频多媒体元素；其中声音可以烘托动画的表现气氛，调动观看者的情绪，配合视频文件的使用，使得动画更加引人入胜。在 Flash 软件中不仅可以导入声音和视频，而且还可以对其进行各项编辑操作。通过它们可以制作交互性、动感更强的动画效果。本章将对 Flash 软件中与声音、视频的相关知识进行介绍。

本章内容

- 导入声音
- 编辑声音
- 压缩 Flash 声音
- 实例指导：为“圣诞树”动画添加声音
- Flash 视频控制

8.1 导入声音

Flash 中可导入的声音的格式有多种，不仅可以导入常用的 MP3、WAV 格式的声音文件，如果系统安装了 QuickTime 4 或更高版本，还可以导入 AIFF、Sun AU 等附加的声音文件格式。首先单击菜单栏中的“文件”/“导入”子菜单中的“导入到舞台”或者“导入到库”命令，然后在弹出的“导入”或“导入到库”对话框中双击选择需要选择的声音文件，即可将选择的声音文件导入到当前文档的“库”面板中。无论使用哪种方法导入声音时，只能将声音导入到 Flash 的“库”面板中，而不能直接导入到舞台中，如图 8-1 所示就是导入声音文件后的“库”面板。

如果想要将导入到“库”面板的声音文件应用在 Flash 文档中，可以按住鼠标左键，将导入的声音文件从“库”面板拖曳到舞台中，即可将该声音文件添加到当前文档的工作层中；添加后，在“时间轴”面板的当前图层中会出现声音的音轨，以波形的形式显示。不过，在为文档添加声音时需要注意以下几点：

- 建议在一个单独的图层上放置声音，将声音与动画内容分开，便于对动画进行管理。
- 声音必须添加在关键帧或空白关键帧上。
- 如果要在一个动画文档中添加多个声音文件时，建议每一个声音都要放置在一个独立的图层上，从而便于管理。

在 Flash CS6 软件中，除了可以导入声音文件外，还提供了一个“声音”公用库面板，其中包含了很多的声音特效文件。单击菜单栏中的“窗口”/“公用库”/“Sounds”命令，可以将该“声音”公用库打开，如图 8-2 所示，其中声音的使用与“库”面板中的声音文件相同，按住鼠标左键将其拖曳到舞台中即可。

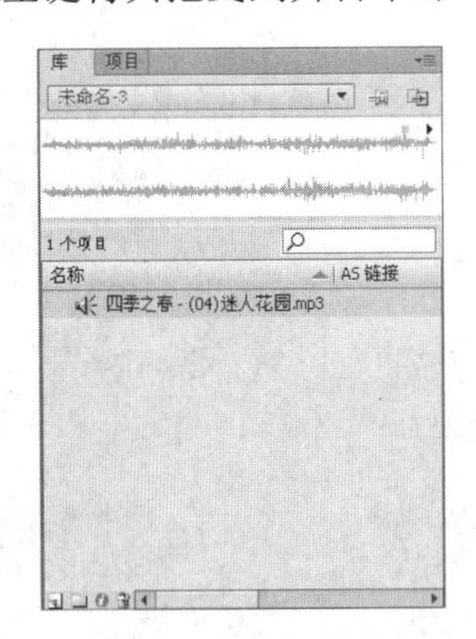

图 8-1　导入声音后的“库”面板

图 8-2　“声音”公用库

8.2 编辑声音

为动画添加声音后，还可以对所导入的声音进行各项编辑操作，通过在“属性”面板的“声音”选项进行各项编辑，包括添加声音、删除声音、切换声音、声音淡入和淡出、声音音量大小、声音同步、声音循环等，从而使其更加符合动画的要求。

8.2.1 删除或切换声音

在为当前文档添加声音文件时，除了可以使用前面介绍的按住鼠标左键将其从“库”面板中拖曳到当前工作文档中之外，还可以在“属性”面板中的“声音”选项进行设置。首先选择声音图层的任意一帧，然后在“声音”选项中单击“名称”右侧的 无 按钮，在弹出的下拉列表中即可进行声音的添加、删除和切换，如图 8-3 所示。

- 删除声音：在弹出的下拉列表中选择“无”该项，可以将该帧处添加的声音删除。
- 添加声音：在弹出的下拉列表中选择所要添加的声音文件，即可在将该声音文件添加到当前文档中。
- 切换声音：如果该文档中包括多个声音，在下拉列表中选择不同的声音文件，可以进行各声音的切换。

8.2.2 套用声音效果

为 Flash 文档添加声音文件后，还可以在“属性”面板中为声音套用不同的声音效果，包括淡入、淡出、左右声道的不同播放等，使之更符合动画的要求。首先选择声音图层的任意一帧，然后在“属性”面板的“声音”选项中，单击“效果”右侧的 无 按钮，在弹出的下拉列表即可套用内置的声音特效，如图 8-4 所示

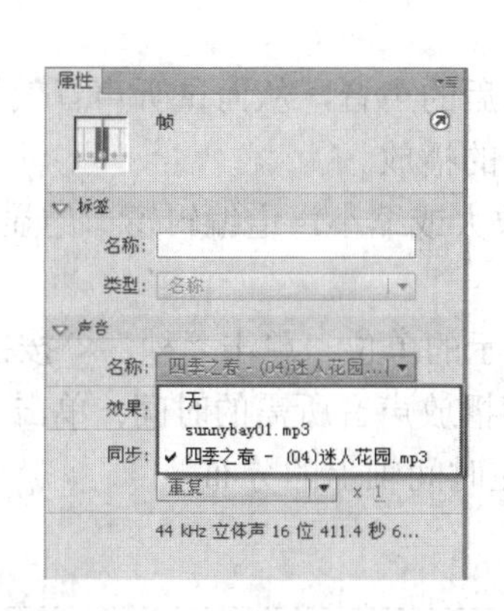

图 8-3 弹出的下拉列表

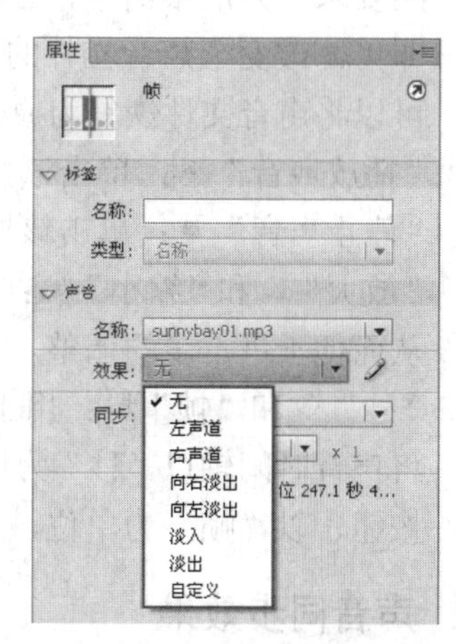

图 8-4 套用声音效果

- “无”：选择该项，不对声音应用效果。如果以前的声音添加了特效，还可以将以前所添加的特效删除。
- “左声道” / “右声道”：选择该项，只在左声道或右声道中播放声音。
- “向右淡出” / “向左淡出”：选择该项，会将声音从一个声道切换到另一个声道。
- “淡入”：选择该项，在声音的持续时间内逐渐增加音量。
- “淡出”：选择该项，在声音的持续时间内逐渐减小音量。
- “自定义”：选择该项，或者单击 无 右侧的按钮，可弹出如图 8-5 所示的“编辑封套”对话框，从而根据自己的需要来自定义编辑声音的效果，其中上面的编辑窗口为左声道，下面的编辑窗口为右声道。

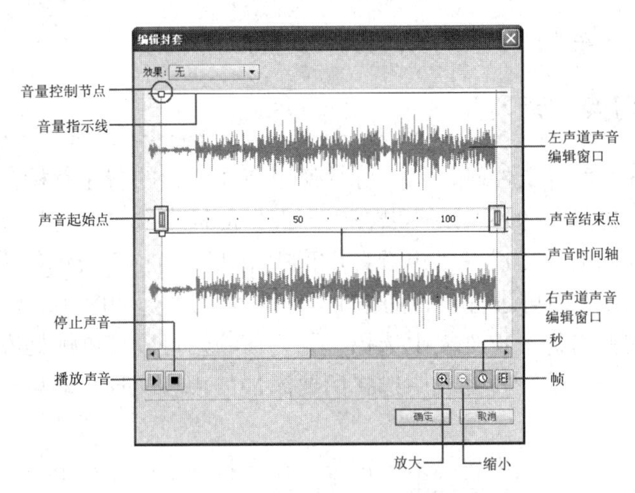

图 8-5 “编辑封套”对话框

- “音量控制节点”：以小方框显示，在音量指示线处单击，可以添加一个音量控制节点，按住鼠标拖曳音量控制节点，可以改变音量指示线的垂直位置，从而调整音量，音量指示线的位置越高，声音越大，反之则相反；对于一些不需要的音量控制节点，可以按住鼠标将其拖曳出编辑窗口即可将其删除。
- “声音起始点”与“声音结束点”：用于截取声音文件的片段，使声音更符合动画的要求。方法很简单，使用鼠标向内拖动时间轴两侧的声音起始点与声音结束点即可。改变了声音文件的长度后，如果双击两侧的声音起始点与声音结束点，还可以将声音文件恢复为原来的长度。
- “播放声音”▶：单击该按钮，可以播放编辑后的声音，从而试听声音效果。
- “停止声音”■：单击该按钮，可以停止声音的播放。
- “放大”和“缩小”：单击该按钮，可以放大或缩小声道编辑窗口的显示比例，从而便于进一步的调整。
- “秒”和“帧”：用于设置声音时间轴显示的单位。单击“秒”按钮，可以将声音时间轴以“秒”为单位，此时可以观察播放声音所需的时间；单击“帧”按钮，以“帧”为单位，方便用户查看声音在时间轴上的分布。

8.2.3 声音同步效果

将声音添加到 Flash 文档后，有时会遇到声音不同步的问题，所谓声音同步效果就是指声音与动画同步进行播放，可以通过“属性”面板的“声音”选项进行设置，如图 8-6 所示。

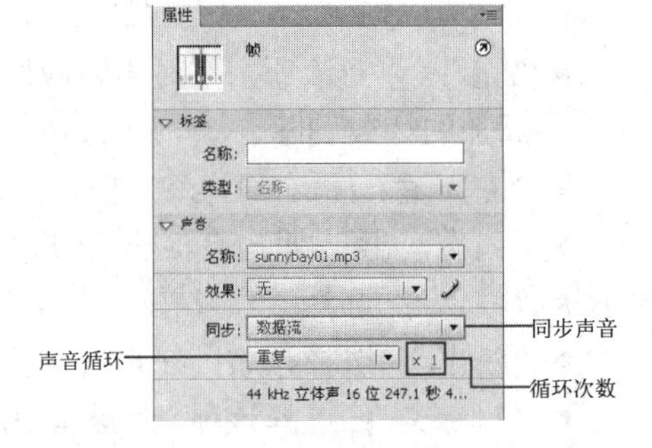

图 8-6 “属性”面板的声音同步选项

- 同步声音：单击该处，在弹出的下拉选项中设置声音同步的类型，共有 4 种。
  - “事件”：系统默认的类型，选择该项，声音信息将全部集中在设定的起始帧中。下载及播放声音时，由于声音信息全集中在一个帧里，所以要等到声音全部下载完毕才能播放。如果声音文件比较大，会导致动画播放不流畅。由于“事件”类型的声音是一次下载完毕，所以播放声音时，也是一次播放完整个声音。“事件”类型的声音和动画属于相互独立的。

- “开始”：此选项和“事件”选项是一样的，只是如果声音正在播放，就不会播放新的声音实例。
- “停止”：该选项将使指定的声音静音。需要指出的是“停止”类型只能指定停止一个声音文件的播放。若想要停止动画中的所有声音，需要使用 ActionScript 脚本命令来控制。
- “数据流”：选择此项则 Flash 会强制动画和音频流同步。如果 Flash 不能足够快地绘制动画帧，就跳过帧。与事件声音不同，音频流随着影片的停止而停止。而且，音频流的播放时间绝对不会比帧的播放时间长。数据流声音通常用作动画的背景音乐。

- 声音循环：单击该处，在弹出的下拉选项中设置声音是进行重复还是循环。
  - “重复”：选择该项，可以设置声音的重复，并可在右侧进行重复次数的设置。
  - “循环”：选择该项，用于设置声音的不间断循环。

8.3 压缩 Flash 声音

通常情况下，声音文件的体积都很大；在 Flash 中使用声音后，生成的动画文件体积也要相应地增大不少，所以就需要对声音文件进行压缩。

在 Flash 软件中，声音的压缩操作通过“声音属性”对话框完成，首先在“库”面板中选择需要压缩的声音文件，然后在其上方单击鼠标右键，从弹出的菜单中选择“属性”命令，在弹出的“声音属性”对话框中单击“压缩”选项，即可在下拉列表中选择相应的压缩格式，如图 8-7 所示。

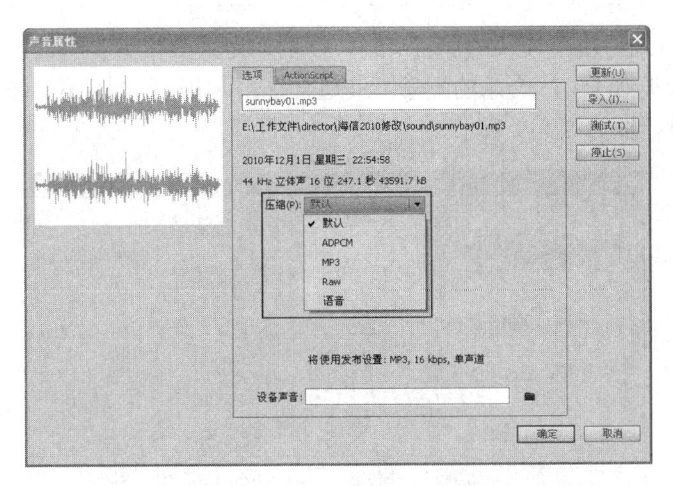

图 8-7 “声音属性”对话框

“声音属性”对话框的最上方用于显示声音文件的文件名、声音文件的路径、创建时间和声音的长度，“默认”压缩选项是指导出的声音会以“发布设置”话框中的声音输出设定值为输出依据。

8.3.1 ADPCM 压缩格式

“ADPCM”压缩格式用于设置 8 位或 16 位声音数据的压缩，适用于较短的声音文件，例如按钮被按下时的声音等，选择“ADPCM”选项后的“声音属性”对话框如图 8-8 所示。

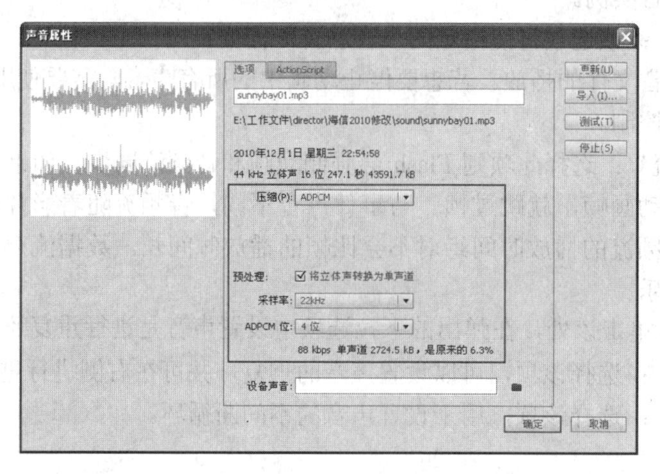

图 8-8　选择 ADPCM 压缩格式后的“声音属性”对话框

- “预处理”：勾选后面的“将立体声转换为单声道”选项，可以将混合立体声道转换为单声道，此项对于单声道不产生任何影响。
- “采样率”：用于控制声音保真度和文件大小。采样率值越大，声音的保真效果越好，相应的文件也越大；反之，则会降低声音品质，减小文件大小。
- “ADPCM 位”：用于决定编辑中所使用的位数，压缩比越高，声音文件越小，声音品质越差。

8.3.2 MP3 压缩格式

“MP3”压缩格式适用于较长的声音文件，以及设定为数据流类型的声音文件。如果动画要采用的声音质量类似于 CD 音乐的配乐，最适合选用 MP3 压缩格式。选择“MP3”选项后的“声音属性”对话框如图 8-9 所示。

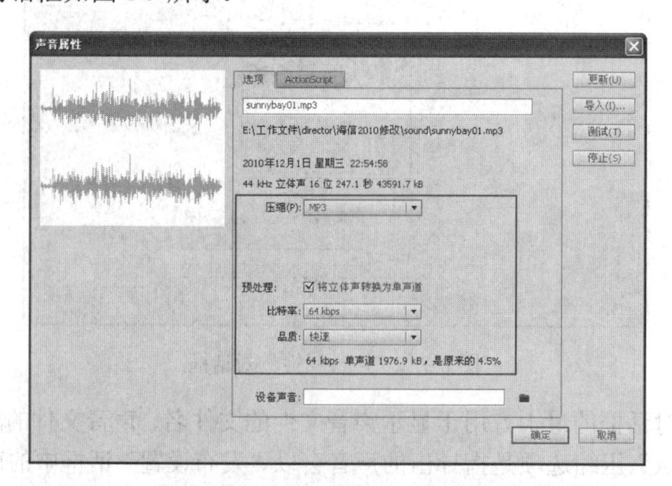

图 8-9　选择 MP3 压缩格式后的“声音属性”对话框

- “比特率”：用于设置导出声音文件中每秒播放的位数，支持 8Kb/s～160Kb/s CBR（恒定比特率）。当导出音乐时，需要将比特率设为 16Kb/s 或更高，以获得最佳效果。
- “品质”：用于设置压缩速度和声音品质。选择“快速”选项时压缩速度较快，但声音品质较低；选择“中等”选项时，压缩速度较慢，但声音品质较高；选择“最佳”选项时，压缩速度最慢，但声音品质最高。

8.3.3 Raw 和“语音”压缩格式

“Raw”压缩格式是指在导出声音时不会对声音文件进行压缩，只能调整声音文件的采样率；“语音”压缩格式用于设定声音的采样频率，主要用于动画中人物的配音。

8.4 实例指导：为“圣诞树”动画添加声音

在 Flash 软件中，导入声音的应用有多种，可以将声音作为动画的背景音乐，渲染动画的气氛；也可以将少量声音添加到按钮上，使其具有更强的交互性。本节便通过前面所学的声音知识来为“圣诞树”动画添加声音，其动画效果如图 8-10 所示。

图 8-10 “圣诞树”动画的效果

为“圣诞树”动画添加声音的步骤如下：

① 单击菜单栏中的“文件”/“打开”命令，打开本书配套光盘“第 8 章/素材”目录下的“圣诞树.fla”文件，如图 8-11 所示。

在打开的“圣诞树.fla”舞台中各个动画元素都已经制作好，此时键盘上的 Ctrl+Enter 组合键来测试影片，可以看到在弹出的测试窗口中只有一个圣诞树图案；为了使动画效果更具感染力，接下来为该文件添加小星星图案，并且当鼠标指针指向小星星时会旋转发出声音。

② 在“背景”图层之上创建一个新图层，设置新图层名称为“星星按钮”，然后将“库”面板中的“星星动画”影片剪辑元件拖曳到舞台中，并将舞台中的“星星动画”影片剪辑实例再复制 6 个，这样舞台中总共有 7 个“星星动画”影片剪辑实例，最后将这些“星星动画”影片剪辑实例摆放在圣诞树的不同位置处，如图 8-12 所示。

③ 选择“星星按钮”图层中最上方的“星星动画”影片剪辑实例，通过菜单栏中的“修改”/“转换为元件”命令将“星星动画”影片剪辑实例转换为名称为“星星按钮 1”的按钮元件，并且双击此按钮，进入到此按钮元件的编辑窗口中，如图 8-13 所示。

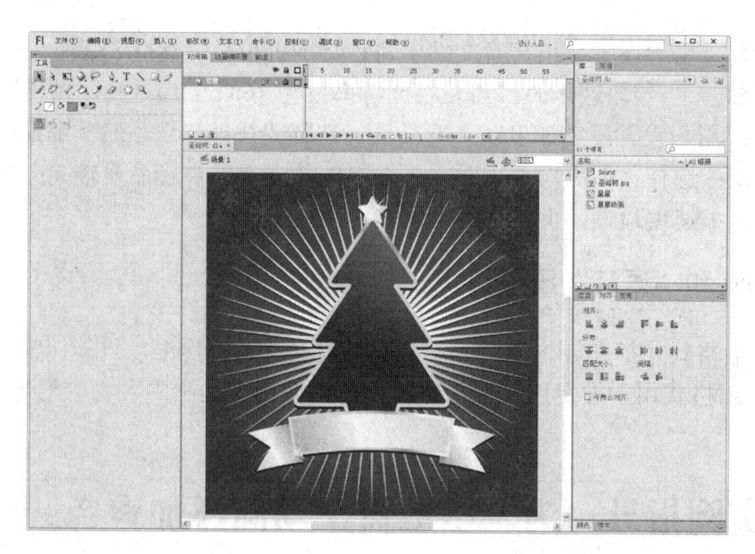

图 8-11　打开的“圣诞树.fla”文件

图 8-12　各个“星星动画”影片剪辑实例的位置

图 8-13　“星星按钮 1”按钮元件的编辑窗口

④ 在“星星按钮 1”按钮元件编辑窗口的“图层 1”图层的“指针经过”帧处按键盘上的 F6 键来创建出关键帧，在“点击”帧处按键盘上的 F5 键来创建出普通帧，如图 8-14 所示。

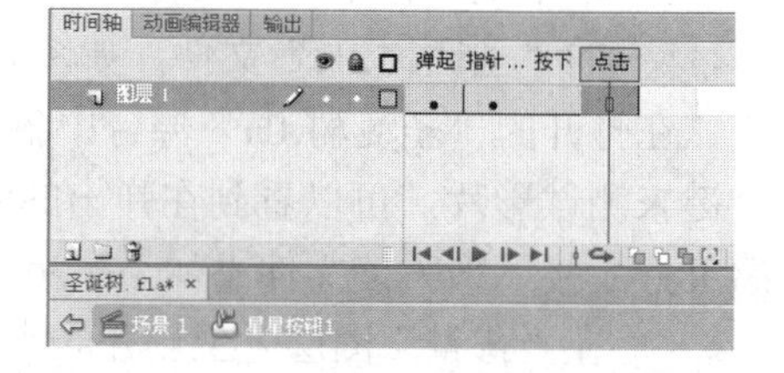

图 8-14　创建的关键帧与普通帧

⑤ 选择“图层 1”图层的“弹起”帧中的“星星动画”影片剪辑实例，在“属性”面板的“实例行为”选项中选择“图形”，在“循环”标签中设置“选项”为“单帧”，“第一帧”参数为“1”，如图 8-15 所示。

提示

通过以上设置，在“弹起”帧中“星星动画”影片剪辑实例将转换为图形元件，而且只显示第 1 帧的画面，这样在“弹起”帧中只能显示“星星动画”影片剪辑实例第一帧的画面，不能显示出“星星动画”影片剪辑实例的动画效果。

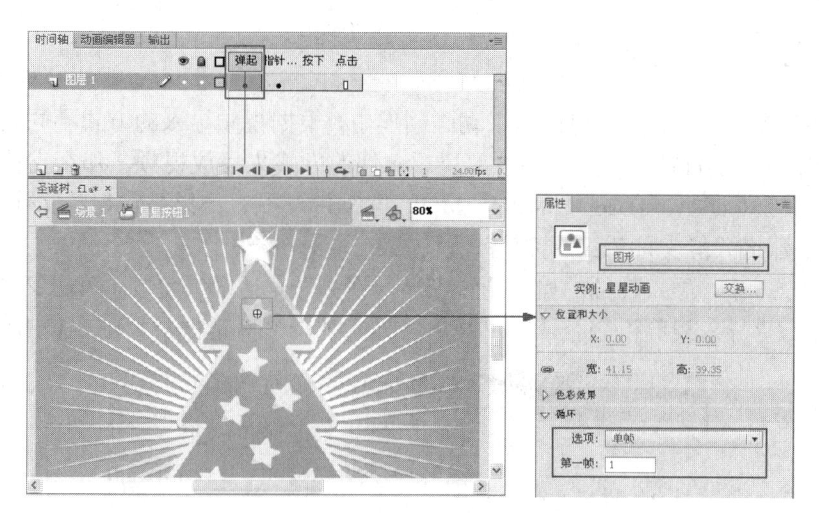

图 8-15　“弹起”帧中“星星动画”影片剪辑实例的属性设置

⑥ 在“图层 1”图层之上创建新图层“图层 2”，在“图层 2”图层的“指针经过”帧处按键盘上的 F6 键来插入关键帧，在“属性”面板“声音”标签的“名称”选项中选择“sound19”，然后在“同步”下拉列表中选择“事件”，这样就将“库”面板中的“sound19”声音文件添加到“图层 2”图层的“指针经过”帧中，如图 8-16 所示。

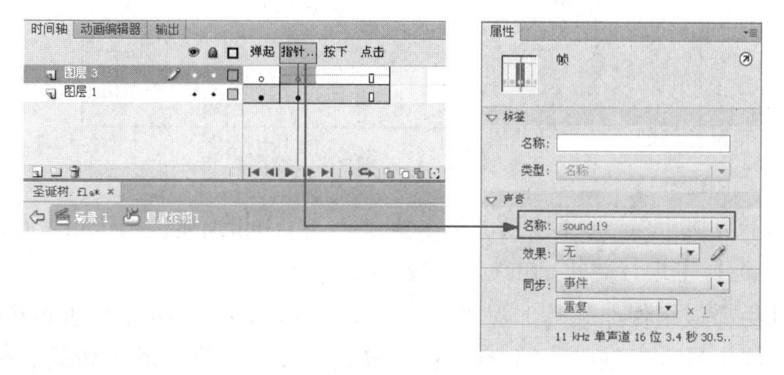

图 8-16　添加的声音文件

⑦ 单击 场景 1 按钮，切换到场景舞台中。在场景舞台中按照相同的方法，将“星星按钮 1”按钮实例下方的 6 个“星星动画”影片剪辑实例转换为名称为“星星按钮 2”~“星星按钮 7”的按钮元件，并分别为“星星按钮 2”~“星星按钮 7”按钮元件添加“sound21”、“sound23”、“sound25”、“sound27”、“sound29”、“sound31”声音文件。

⑧ 按键盘上的 Ctrl+Enter 组合键，在影片测试窗口中测试动画的效果，打开动画后可以看到圣诞树中悬挂的小星星，鼠标指针指到小星星上时会传出悦耳的声音。

⑨ 如果影片测试无误，则可单击菜单栏中的“文件”/“保存”命令，将文件进行保存。

8.5　Flash 视频控制

Flash CS6 是一个功能强大的多媒体制作软件，它允许用户将视频、图形、声音和交互式控制融为一体，从而可以轻松创作出高质量的基于 Web 网页的视频演示文稿。

8.5.1 导入 Flash 视频

Flash CS6 软件可将视频素材应用于动画创作中，根据视频导入的方式不同它所支持的视频格式也略有不同。如果是通过链接外部视频文件的方式来播放视频，那么支持的视频格式比较多，包括 FLV、F4V（H.264）、MP4、MOV 与 3GP 格式；如果是将视频文件导入到 Flash 文件内播放，那么只能支持 FLV 视频格式。

在 Flash CS6 中，导入视频的操作通过“导入视频”对话框来完成。单击菜单栏中的“文件”/“导入”/“导入视频”命令，即可弹出“导入视频”对话框，如图 8-17 所示。

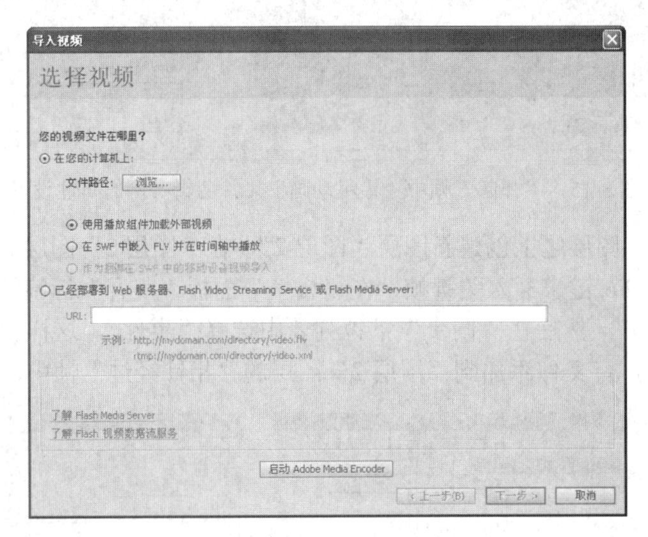

图 8-17 “导入视频”对话框

- “在您的计算机上”：选择该项，可以通过单击右侧的 浏览... 按钮，在弹出的“打开”对话框中选择本地计算机上的视频文件。
  - ➢ “使用播放组件加载外部视频”：通过 FLVPlayback 组件来播放外部的视频文件。在网络上播放视频时，需要将 SWF 文件与视频文件一起上传到服务器上。
  - ➢ “在 SWF 中嵌入 FLV 并在时间轴中播放”：将 FLV 嵌入到 Flash 文档中。这样导入视频时，该视频放置于时间轴中，可以看到时间轴帧所表示的各个视频帧的位置。嵌入的 FLV 视频文件成为 Flash 文档的一部分。

提示

将视频文件直接嵌入到 Flash 文件中，会显著增加发布文件的大小。因此，在 Flash 内部导入 Flash 文件时尽量导入短的视频文件。如果在 Flash 文档中嵌入较长的视频文件，容易发生音频与视频不同步的现象。

  - ➢ “作为捆绑在 SWF 中的移动设备视频导入”：与在 Flash 文档中嵌入视频类似，将视频绑定到 Flash Lite 文档中，用于在移动设备中播放。
- “已经部署到 Web 服务器、Flash Video Streaming Service 或 Flash Media Server”：选择该项，在下方输入 URL，可以直接导入存储在 Web 服务器、Flash Media Server 或 FVSS 上的视频。

在平时应用中，主要以选择本地计算机上的视频文件为主。在“在您的计算机上”选项中根据导入视频的应用不同，导入视频时会有一系列不同的向导对话框，下面主要讲解“使用播放组件加载外部视频”与“在 SWF 中嵌入 FLV 并在时间轴中播放”导入视频的方法。

1．使用播放组件加载外部视频

操作步骤如下：

① 启动 Flash CS6，创建一个空白的 Flash 文档。

② 单击菜单栏中的“文件”/“导入”/“导入视频”命令，可弹出“导入视频”对话框。

③ 单击[浏览...]按钮，在弹出的“打开”对话框中选择本书配套光盘“第 8 章/素材”目录下的“3D Laptop.flv”视频文件。

④ 单击对话框中的[打开(O)]按钮，打开所选择的视频，然后在“选择视频”窗口下方选择“使用播放组件加载外部视频”选项，如图 8-18 所示。

⑤ 单击对话框中的[下一步>]按钮，弹出“导入视频”对话框的“设定外观”窗口，如图 8-19 所示，用于设置导入视频剪辑的外观。

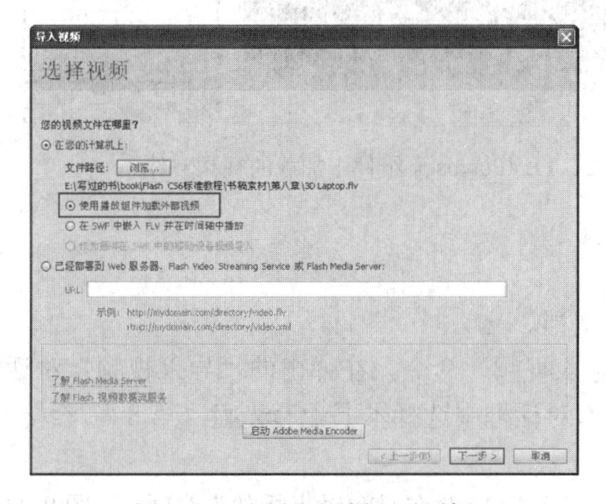

图 8-18 “导入视频”对话框

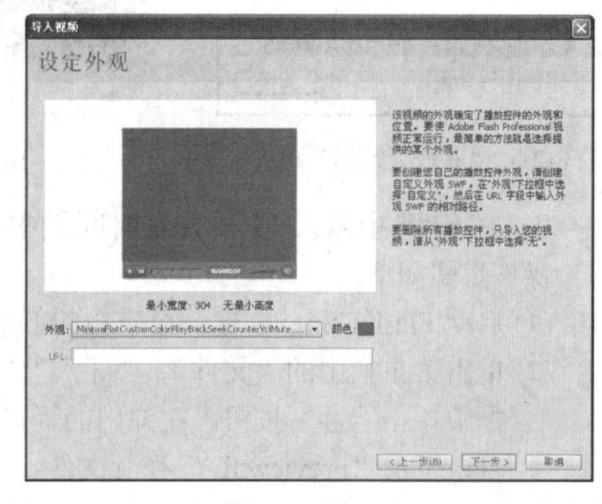

图 8-19 “导入视频”对话框的“设定外观”窗口

- “外观”：单击该处，在弹出的下拉列表中可以设置不同的视频外观效果。如果选择最上方的“无”选项，表示不使用任何视频外观。
- “颜色”：单击该处的颜色色块，在弹出的颜色调色板中可以设置外观的颜色。
- URL：系统默认下，该处为灰色，为不可用状态。如果在上方弹出的下拉列表中选择“自定义外观 URL”选项，那么就可以在此处输入服务器上外观的 URL，从而选择自己设计的自定义外观。

⑥ 在此使用系统默认的外观设置，单击对话框中的[下一步>]按钮，弹出“导入视频”对话框的“完成视频导入”窗口，如图 8-20 所示。

⑦ 单击对话框中的[完成]按钮，此时会弹出一个“获取元数据”进度条，如图 8-21 所示，开始导入视频文件。

⑧ 进度条结束后，在 Flash 文件中创建出 FLVPlayback 组件，通过 FLVPlayback 组件可以播放刚刚所选择的视频文件，如图 8-22 所示。

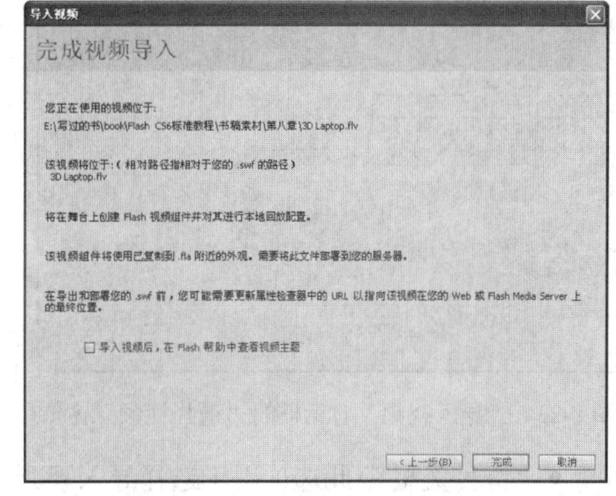

图 8-20 “导入视频”对话框的“完成视频导入”窗口

图 8-21 “获取元数据”进度条

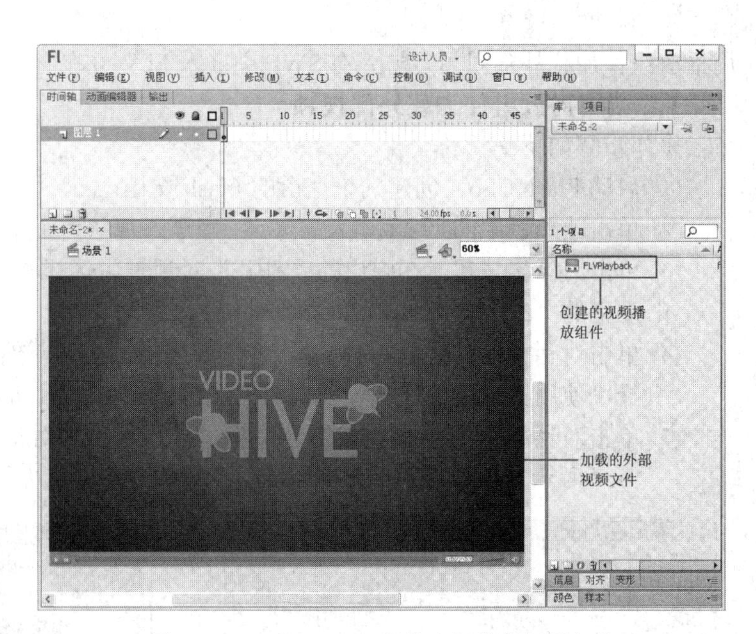

图 8-22 FLVPlayback 组件中加载的视频文件

2．在 SWF 中嵌入 FLV 并在时间轴中播放

操作步骤如下：

1. 启动 Flash CS6，创建一个空白的 Flash 文档。
2. 单击菜单栏中的“文件”/“导入”/“导入视频”命令，在弹出的“导入视频”对话框中单击 浏览... 按钮，在弹出的“打开”对话框中选择本书配套光盘“第 8 章/素材”目录下的“preview.flv”视频文件。
3. 在“选择视频”窗口下方选择“在 SWF 中嵌入 FLV 并在时间轴上播放”选项，如图 8-23 所示。
4. 单击对话框中的 下一步 > 按钮，弹出“导入视频”对话框的“嵌入”窗口，如图 8-24 所示。

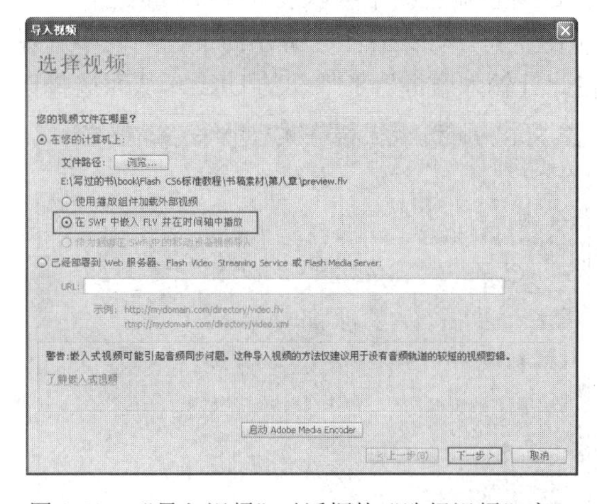

图 8-23 “导入视频”对话框的“选择视频”窗口

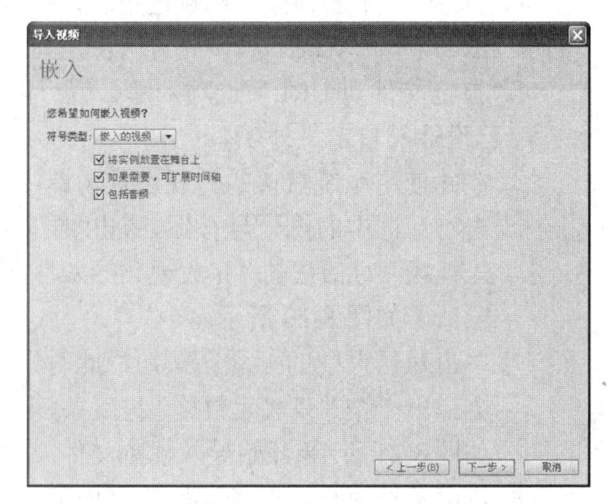

图 8-24 “导入视频”对话框的“嵌入”窗口

- “符号类型”：此选项用于选择导入视频的类型，其中包含 3 项，分别是“嵌入的视频”、“影片剪辑”和“图形”。

- “将实例放置在舞台上”：选择该项，那么在导入视频的同时，在舞台中将创建一个视频的实例；反之，不勾选的话，则只将视频导入到“库”面板中，而不会在舞台中存在。
- “如果需要，可扩展时间轴”：勾选该项，在导入视频的同时，会根据导入视频的帧数来设置相应的时间轴帧。
- “包括音频”：勾选该项，在导入视频时连同音频一起导入；反之，则只导入视频画面，而不导入视频中的声音。

⑤ 在此使用系统默认设置，单击对话框中的 下一步 > 按钮，弹出“导入视频”对话框的“完成视频导入”窗口，如图 8-25 所示。

⑥ 单击对话框中的 完成 按钮，此时会弹出一个“正在处理”进度条，开始导入视频文件。

⑦ 进度条结束后，将视频文件导入到当前的舞台中，并且存放在“库”面板中，如图 8-26 所示。

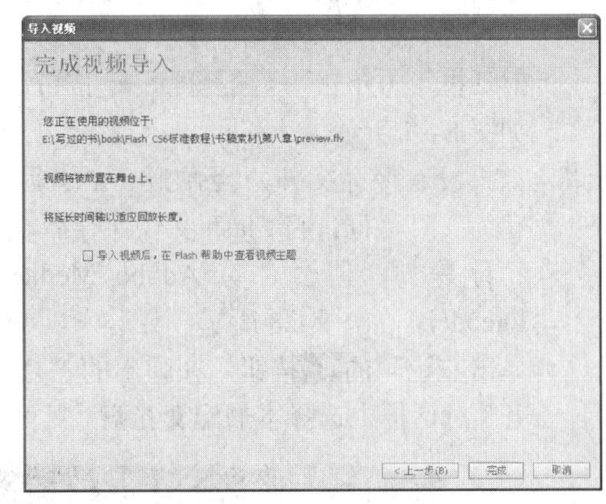

图 8-25　“导入视频”对话框的“完成视频导入”窗口

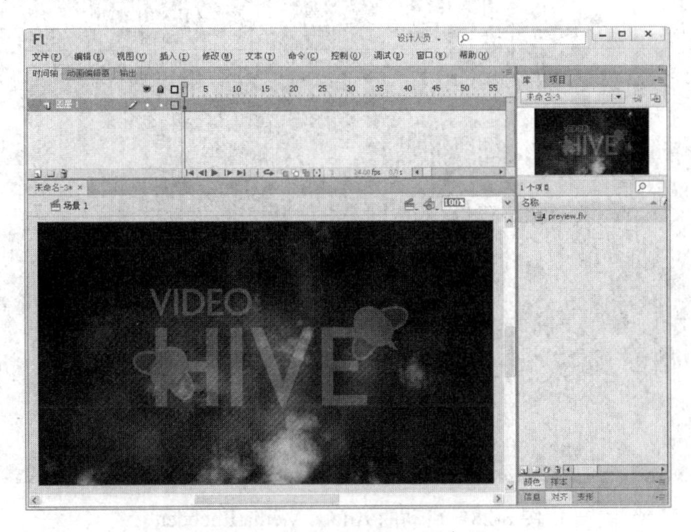

图 8-26　导入后的视频文件

8.5.2　使用 Adobe Media Encoder 编辑 Flash 视频

在进行 Flash CS6 视频导入之前，不得不提一个视频编辑的应用程序——Adobe Media Encoder，它是 Flash CS6 安装时可选安装的组件，支持 H.264，通过它可以轻松将多种文件格式转换为高质量的 H.264 视频（MP4、3gp）或 Flash 媒体（FLV、F4V）文件，并且可控制性更强。

在 Flash CS6 中，导入视频文件必须使用以 FLV 或 H.264 格式编码的视频。如果视频不是 FLV 或 F4V 格式，那么就需要使用 Adobe Media Encoder 以适当的格式对视频进行编码。下面以“3D Laptop.flv”视频为例来学习 Adobe Media Encoder 编辑视频的方法，不过读者朋友在学习前必须安装 Adobe Media Encoder。

① 启动 Flash CS6，创建一个空白的 Flash 文档。

② 单击菜单栏中的“文件”/“导入”/“导入视频”命令，在弹出的“导入视频”对话框下方单击 启动 Adobe Media Encoder 按钮，如图 8-27 所示。

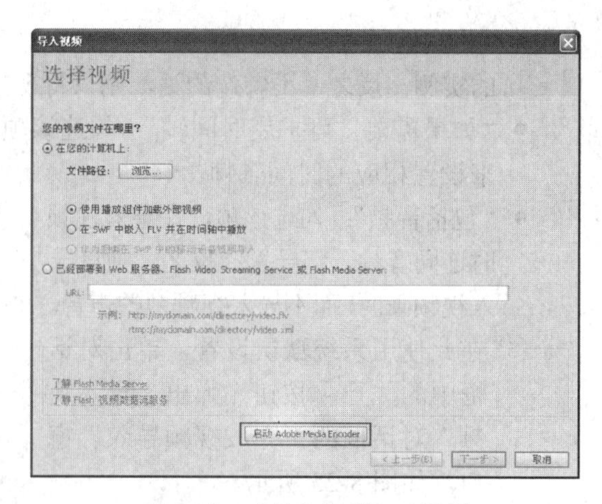

图 8-27 “导入视频”对话框

③ 如果没有保存文件，会弹出一个“另存为”对话框，将 Flash 文件保存后，稍停片刻，便会启动 Adobe Media Encoder，如图 8-28 所示。

④ 单击左上角的 + 按钮，在弹出的“打开”对话框中选择本书配套光盘“第 8 章/素材”目录下的“3D Laptop.flv”视频文件。

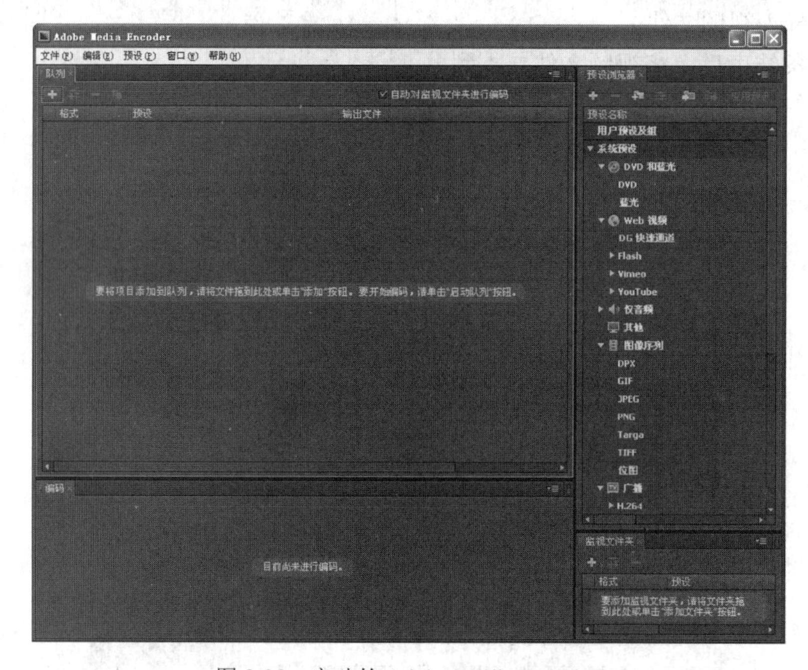

图 8-28 启动的 Adobe Media Encoder

⑤ 单击对话框中的 打开(O) 按钮，将所选择的视频进行添加，此时在 Adobe Media Encoder 中将显示添加的“3D Laptop.flv”，如图 8-29 所示。

⑥ 选择导入的文件，然后单击菜单栏中的“编辑”/“导出设置”命令，可弹出“导出设置”对话框，用于对导出视频进行时间的修剪、大小的裁切以及音频调整等设置，如图 8-30 所示。

- “剪裁输出视频”：单击此按钮后，在视频四周出现白色边框，在白色边框 4 个角上有 4 个白色实心点，拖曳其中的各个边框或各个边框点，可以改变边框的大小，边框内显示的区域就是裁切后视频显示的区域。同时将鼠标指针放置在此区域后会显示小手的图标，可以拖曳此区域范围，同时此区域范围中还会显示最终裁切视频后的尺寸大小，如图 8-31 所示。

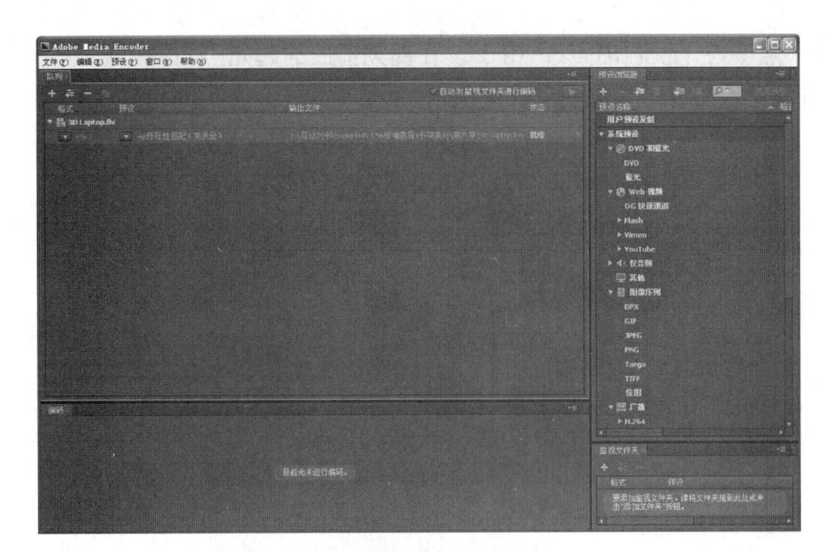

图 8-29　添加的“3D Laptop.flv”视频

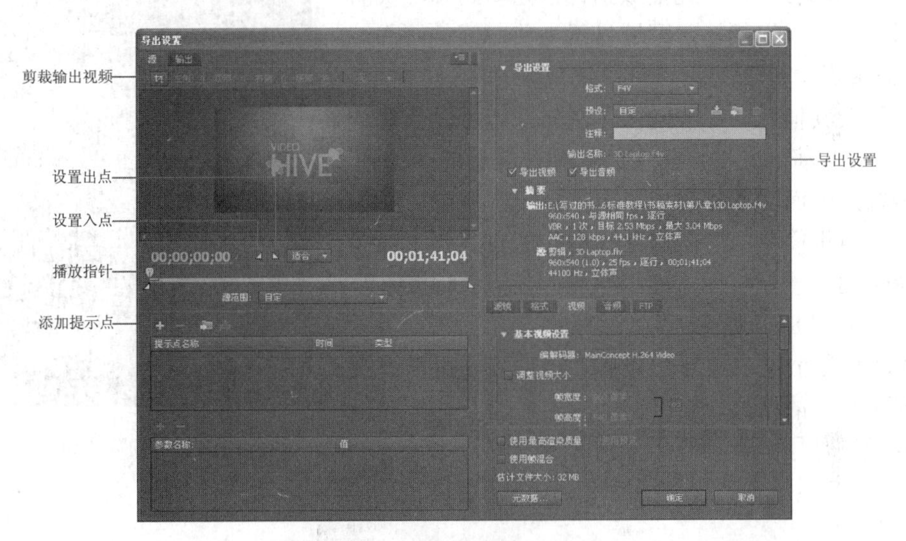

图 8-30　“导出设置”对话框

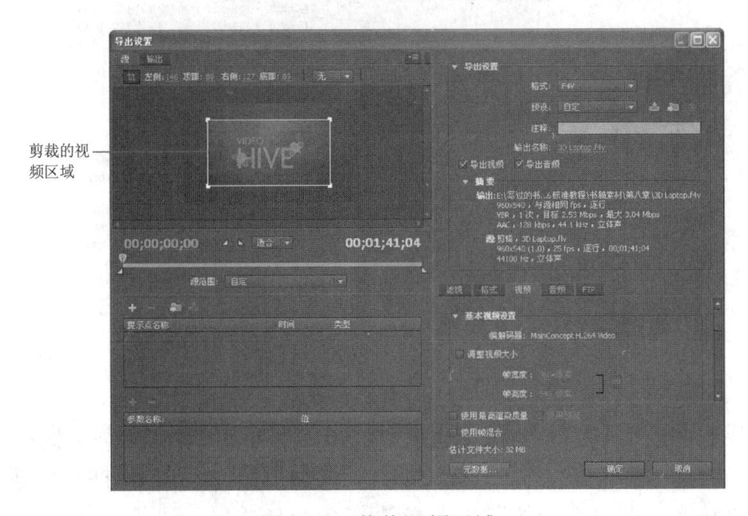

图 8-31　剪裁视频区域

- “设置入点”与“设置出点”：用于设置视频播放的起始点与结束点，通过这两个按钮可以调节视频播放的长度，如图 8-32 所示。

图 8-32　设置视频起始点与结束点

- “播放指针”：拖动此播放指针，拖动到哪一块的时间位置，视频显示区域显示当前时间的画面。
- “添加提示点”：提示点可以使视频与动画、文字、图形及其他互动内容同步。例如，您可以创建一个 Flash 演示文稿，其中的视频在屏幕的一个区域播放，而文本和图形显示在另一区域中。添加提示点很简单，只需将播放指针拖曳到要添加提示点的位置，然后单击“添加提示点”按钮即可，如图 8-33 所示。
- “导出设置”：在“导出设置”选项组中可以设置导出视频的格式、导出文件的名称以及选择导出视频还是导出音频等，如图 8-34 所示。

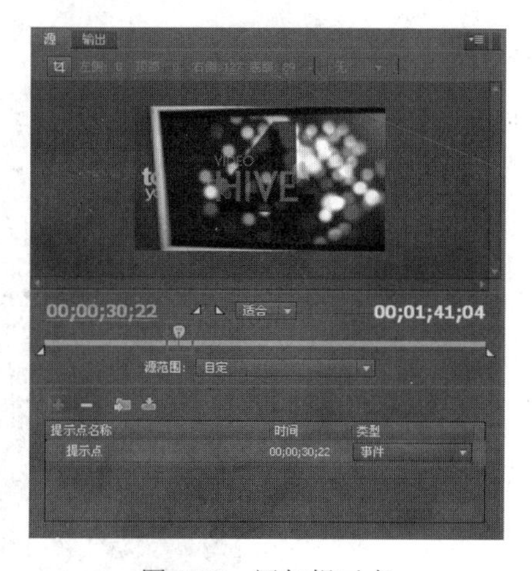

图 8-33　添加提示点

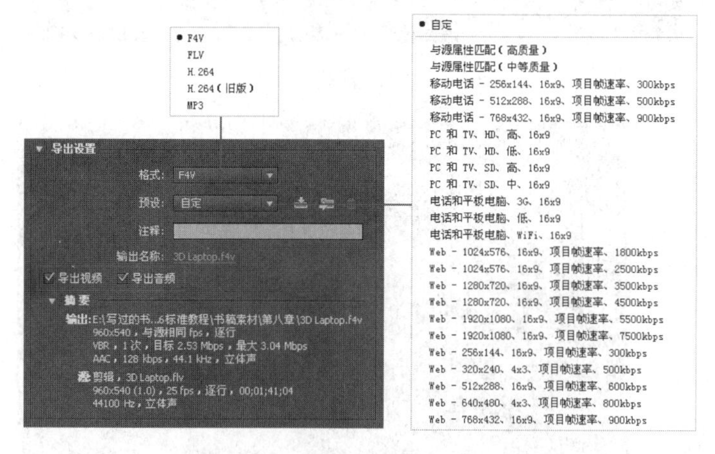

图 8-34　设置“导出设置”选项

⑦ 设置完成后，单击下方的 确定 按钮，完成对视频的导出设置，然后在 Adobe Media Encoder 窗口中单击右上方的“启动队列”按钮，则在下方的“编码”框中开始视频的编码转换，此时在下方将以黄色进度条的形式显示进程，如图 8-35 所示。

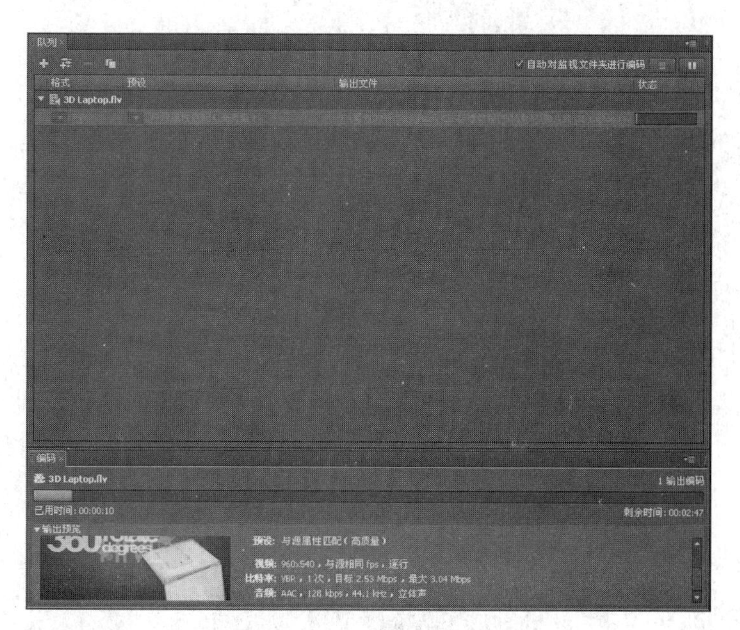

图 8-35　显示的进度条

⑧ 进度条完成后，在 Adobe Media Encoder 选择视频的“状态”项中将以“✓”显示，表示完成视频的编辑输出工作，此时，转换后的视频文件——即“3D Laptop.flv”将自动保存在所设置的输出目录中。

第 9 章 ActionScript 的应用

ActionScript 是 Flash 提供的一种动作脚本语言，具有强大的交互功能，通过 ActionScript 脚本的应用，用户对动画元件的控制得到了加强。在本章中将介绍基本的 ActionScript 的原理、“动作”面板以及借助比较常用的 ActionScript 基本动作脚本来制作交互动画的方法。

本章内容

- ActionScript 简介
- ActionScript 语言及其语法
- 对象
- “动作”面板
- 基本的 ActionScript 动作命令
- 综合应用实例：制作“多媒体”动画

9.1 ActionScript 简介

ActionScript 是 Flash 专用的编程语言，具备强大的交互功能，提高了动画与用户之间的交互。在制作普通动画时，用户不需要使用 ActionScript 动作脚本即可制作 Flash 动画；但要提供与用户交互、使用户置于 Flash 对象之外，如控制动画中的按钮、影片剪辑，则需要使用 ActionScript 动作脚本。通过 ActionScript 的应用，扩展了 Flash 动画的应用范围，如网络中比较常见的 Flash 网站、多媒体课件、Flash 游戏等。随着 ActionScript 动作脚本功能的不断加强，Flash 的应用范围也不再局限于网络应用，逐步扩展到移动设备领域，使其不折不扣地成为跨媒体的应用开发软件。

9.1.1 ActionScript 的发展历程

ActionScript 动作脚本最早出现在 Flash 3 中，其版本为 ActionScript 1.0，它主要应用是围绕着帧的导航和鼠标的交互。随着 Flash 版本的升级，ActionScript 动作脚本也不断发展，到 Flash 5 版本时，ActionScript 已经很像 JavaScript 了，ActionScript 同时也变成了一种 prototyped（原型）语言，允许类似于在 JavaScript 中的简单的 OOP（面向对象编程）功能。到 Flash MX 2004 时 ActionScript 升级到 2.0 版本，它带来了两大改进——变量的类型检测和新的 class 类语法。ActionScript 2.0 对于 Flash 创作人员来说是一个非常好的工具，可以帮助调试更大更复杂的程序。

目前 Flash 最新的版本为 Flash CS6，也就是本书所讲解的 Flash 版本，其中 ActionScript 也升级到全新的 ActionScript 3.0，它并不是一个带有新的版本号的 ActionScirpt 语言，而是一个具有全新的虚拟机——即 Flash Player 在回放时执行 ActionScript 的底层软件。ActionScript 1.0 和 ActionScript 2.0 使用的都是 AVM1（ActionScript 虚拟机 1），因此它们在需要回放时本质上是一样的；ActionScript 2.0 增加了强制变量类型和新的类语法，它实际上在最终编译时变成了 ActionScript 1.0；而 ActionScript 3.0 运行在 AVM2 上，是一种新的专门针对 ActionScirpt 3.0 代码的虚拟机。因此基于上面的种种原因，ActionScript 3.0 影片不能直接与 ActionScript 1.0 和 ActionScript 2.0 影片通讯，ActionScript 1.0 和 ActionScript 2.0 的影片可以直接通讯，因为它们使用的是相同的虚拟机；如果要使 ActionScirpt 3.0 影片与 ActionScirpt 1.0 或 ActionScirpt 2.0 的影片通讯，只能通过 local connection（本地连接）。ActionScript 3.0 的改变要比由 ActionScirpt 1.0 过渡到 ActionScirpt 2.0 更深远更有意义。

9.1.2 ActionScript 3.0 的新特性

ActionScript 3.0 和以前的版本相比，具有很大区别，功能更加强大更加完善，程序的执行效率更高。它提供了一个全新的虚拟机来运行它的程序，并且 ActionScript 3.0 在 Flash Player 中的回放速度要比 ActionScript 2.0 代码快 10 倍。总体来说，ActionScript 3.0 具有如下的一些新特性。

1．语法方面的增强和改动

表现在如下方面：

- 引入了 package（包）和 namespace（命名空间）两个概念。其中 package 用来管理类定义，防止命名冲突；而 namespace 则用来控制程序属性方法的访问。

- 新增内置类型 int（32 位整数）、uint（非负 32 位整数），用来提速整数运算。
- 新增“*”类型标识，用来标识类型不确定的变量，通常在变量类型无法确定时使用。在 ActionScript 2.0 中，这种情况下需要用 Object 作为类型标识。
- 新增 is 和 as 两个运算符来进行类型检查。其中 is 代替 ActionScript 2.0 中的 instanceof 来查询类实例的继承关系，而 as 则是用来进行不抛错误的类型转换。
- 新增 in 运算符来查询某实例的属性或其 prototype 中是否存在指定名称的属性。
- 新增 for each 语句来循环操作 Array 及 Object 实例。
- 新增 const 语句来声明常量。
- 新增 Bound Method 概念。当一个对象的方法被赋值给另外一个函数变量时，此函数变量指向的是一个 Bound Method，以保证对象方法的作用域仍然维持在声明此方法的对象上。这相当于 ActionScript 2.0 中的 mx.util.Delegate 类；在 ActionScript 3.0 中，这个功能完全内置在语言中，不需要额外写代码。
- ActionScript 3.0 的方法声明中允许为参数指定默认值（实现可选参数）。
- ActionScript 3.0 中，方法如果声明返回值，则必须明确返回。
- ActionScript 2.0 中表示方法没有返回值的 Void 标识，在 ActionScript 3.0 中变更为 void。

2．OOP 方面的增强

通过类定义而生成的实例，在 ActionScript 3.0 中是属于 Sealed 类型，即其属性和方法无法在运行时修改。这部分属性在 ActionScript 2.0 中是通过类的 prototype 对象来存储；而在 ActionScript 3.0 中则通过被称为 Trait 的概念对象来存储管理，无法通过程序控制。这种处理方式一方面减少了通过 prototype 继承链查找属性方法所耗费的时间（所有父类的实现方法和属性都会被直接复制到对应的子类的 Trait 中），另一方面也减少了内存占用量，因为不用动态的给每一个实例创建 hashtable 来存储变量。如果仍然希望使用 ActionScript 2.0 中类实例在运行时的动态特性，可以将类声明为 dynamic。

3．API 方面的增强

API 方面的增强主要表现在如下方面：

- 新增 Display，使 ActionScript 3.0 可以控制包括 Shape、Image、TextField、Sprite、MovieClip、Video、 SimpleButton、Loader 在内的大部分 DisplayList 渲染单位。这其中 Sprite 类可以简单理解为没有时间轴的 MovieClip，适合用来作为组件等不需要时间轴功能的子类的基础。而新版的 MovieClip 也比 ActionScript 2.0 多了对于 Scene（场景）和 Label（帧标签）的程序控制。另外，渲染单位的创建和销毁通过联合 new 操作符以及 addChild/removeChild 等方法来实现，类似 attachMovie 的旧方法已被舍弃，同时以后也无须去处理深度值。
- 新增 DOM Event API，所有在 DisplayList 上的渲染单位都支持全新的三段式事件播放机制，以 Stage 为起点自上而下的播报事件到 target 对象（此过程称为 Capture Phase），然后播报事件给 target 对象（此过程称为 Target Phase），最后再自下而上的播报事件（此过程称为 Bubbling Phase）。
- 新增内置的 Regular Expressions（正则表达式）支持，使 ActionScript 3.0 能够高效地创建、比较和修改字符串，以及迅速地分析大量文本和数据以搜索、移除和替换文本模式。
- 新增 ECMAScript for XML (E4X) 支持。E4X 是 ActionScript 3.0 中内置的 XML 处理语法。在 ActionScript 3.0 中 XML 成为内置类型。而之前的 ActionScript 2.0 版本 XML

的处理 api 转移到 flash.xml.*包中，以保持向下兼容。

- 新增 Socket 类，允许读取和写入二进制数据，使通过 ActionScript 来解析底层网络协议（比如 POP3、SMTP、IMAP、NNTP 等）成为可能，使 Flash Player 可以连接邮件服务器和新闻组。
- 新增 Proxy 类来替代在 ActionScript 2.0 中的 Object.__resolve 功能。
- 新增对于 Reflect（反射）的支持，相关方法在 flash.util.*包中。

9.2 ActionScript 语言及其语法

计算机语言和人类的语言一样，都有自己的指令与语法结构，在编写程序时必须按照它的语法来编写，这样计算机才能读懂它所表达的含义。ActionScript 是 Flash 独有的计算机语言，它也有自己的指令与语法，只有了解它的语言与语法，才能运用 ActionScript 语句对 Flash 交互动画进行控制。

9.2.1 数据类型

数据类型用于描述一个数据片段以及可以对其执行的各种操作。在 Flash 中有两种数据类型——原始数据类型和引用数据类型。原始数据类型是指字符串、数字和布尔值，它们都有一个常数值，因此可以包含它们所代表的元素的实际值。引用数据类型是指影片剪辑和对象，它们的值可能发生更改，因此它们包含对该元素的实际值的引用。

1．Boolean（布尔值）类型

Boolean（布尔值）只有两个值，即 true（真）和 false（假）。Flash 动作脚本也会根据需要来将 Boolean 数据 true 和 false 转换为 1 和 0。Boolean 数据经常与逻辑运算符一起使用，来进行程序的判断，从而控制程序的流程。

2．int（整数）数据类型

int（整数）数据类型是介于-2,147,483,648（-2^{31}）和 2,147,483,647（$2^{31}-1$）之间的 32 位整数（包括-2,147,483,648 和 2,147,483,647）。早期的 ActionScript 版本仅提供 Number（数字）数据类型，该数据类型既可用于整数又可用于浮点数。在 ActionScript 3.0 中，如果不使用浮点数，那么使用 int 数据类型来代替 Number 数据类型会更快更高效。

3．空值类型

空值数据类型只有一个值，即 null。此值意味着“没有值”，即缺少数据。

4．Number（数字）数据类型

Number（数字）数据类型中包含的都是数字，所有数据类型的数据都是双精度浮点数。数据类型可以使用算术运算符加（+）、减（-）、乘（*）、除（/）、求模（%）、递增（++）和递减（--）来处理运算，也可以使用内置的 Math 对象的方法来处理数字。

5．String（字符串）数据类型

String（字符串）数据类型是诸如字母、数字和标点符号等字符的序列，放于双引号之间。也就是说，把一些字符放置在双引号之间就构成了一个字符串。例如：

```
yourname="mu qin he";
```

在上面的例子中，变量 yourname 的值就是引号中的字符串“mu qin he”。

6．uint 数据类型

uint 数据类型是 32 位的整数数据类型，其数值范围是 0~4 294 967 295，也就是 $0\sim2^{32}-1$。Number、int、uint 都是数值数据类型，但是它们却有不同的应用范围。对于浮点型数值，可以选用 Number 数据类型；对于带负数的整数，可以选用 int 数据类型；对于正整数，就可以选用 uint 数据类型。

7．void 数据类型

void 数据类型仅包含一个值——undefined。在早期的 ActionScript 版本中，undefined 是 Object 类实例的默认值。在 ActionScript 3.0 中，Object 实例的默认值是 null。如果尝试将值 undefined 赋予 Object 类的实例，Flash Player 会将该值转换为 null，用户只能为无类型变量赋予 undefined 值。无类型变量是指缺乏类型注释或者使用星号（*）作为类型注释的变量。只能将 void 用作返回类型注释。

8．对象类型

对象是一些属性的集合。每个属性都有名称和值，属性的值可以是任何的 Flash 数据类型，也可以是对象数据类型，这样就可以将对象相互包含，或“嵌套”它们。要指定对象和它们的属性，可以使用点“.”运算符。例如：

```
myname.age=25
```

在上面的例子中，age 是 myname 的属性，通过“.”运算符，对象 myname 得到了它的 age 属性值。

9.2.2 变量

变量在 ActionScript 中用于存储信息，它可以在保持原有名称的情况下使其包含的值随特定的条件而改变。形象的理解，可以把变量看作是一个容器，容器本身是相同的，而容器里装的东西可以随时改变。在 ActionScript 中要声明变量，须将 var 语句和变量名结合使用。例如：

```
var i ;
```

在上面语句中，ActionScript 声明了一个名为 i 的变量。

变量可以是多种数据类型：数值类型、字符串类型、布尔值类型、对象类型或影片剪辑类型。一个变量在脚本中被指定时，它的数据类型将影响到变量的改变。

1．变量的命名规则

一个变量是由变量名和变量值构成，变量名用于区分变量的不同，变量值用于确定变量的类型和数值，在动画的不同位置可以为变量赋予不同的数值。变量名可以是一个单词或几个单词构成的，也可以是一个字母。在 Flash CS6 中为变量命名必须遵循以下的规则：

- 变量名必须是一个标识符，标识符的开头的第一个字符必须是字母，其后的字符可以是数字、字母或下划线。
- 变量的名称不能使用 ActionScript 的关键字或命令名称，如 true、false、null 等。
- 对变量的名称设置尽量使用具有一定含义的变量名。
- 变量名称区分大小写，如 Name 和 name 是两个不同的变量名称。

2．变量的赋值

在早期 ActionScript 1.0 版本中声明变量时，不需要用户去考虑数据的类型，但自从升级到 ActionScript 2.0 以后，声明变量时就要首先声明变量的类型了。下面是声明变量的格式：

```
var variableName:datatype=value;
```

variableName 为定义的变量名

datatype 为数据类型

value 为变量值

例如，var age:Number=25;

其含义为将数字类型的变量 age 赋值为 25。

提示　在声明变量时，变量的数据类型必须与赋值的数据类型一致，例如变量设置的数据类型是字符，结果却给它赋数字，这样就是错误的。

3．变量的作用域

变量的作用域是指这个变量可以被引用的范围，ActionScript 中的变量可以是全局的，也可以是局部的。全局变量可以被所有时间轴共享，局部变量只能在它自己的代码段中有效（{}之间的代码段）。

下面列举一个定义局部变量的实例：

```
var b:tixing=new tixing();
 for (var i:uint=0; i<1; i++) {
 b.x=tuxing.x+180
 b.y=tuxing.y
}
function next_movie1(event:MouseEvent):void
{
    nextFrame();
    addChild(b);
}
next_button.addEventListener(MouseEvent.CLICK,next_movie1);
```

这段代码定义了一个类的变量 b，然后在 for 语句中使用 var 定义了一个局部变量 i，这个变量 i 只在这个 for 循环中有意义。如果在程序的其他地方想用到这个变量 i 的值是做不到的，当这个 for 循环执行完毕之后，变量 i 也就被释放了。

在一个函数的主要部分中运用局部变量是一个很好的习惯。通过定义局部变量可以使这个函数成为独立的代码段，需要在别处使用这个代码段时，直接将其调用即可。

9.2.3　运算符与表达式

运算符指的是能够提供对常量和变量进行运算的符号。在 ActionScript 中有大量的运算符号，包括整数运算符、字符串运算符和二进制数字运算符等。表达式是用运算符将常量、变量和函数以一定的运算规则组织在一起的运算式。表达式可以分为算术表达式、字符串表达式和逻辑表达式 3 种。

1．运算符的优先级和结合律

在一个语句中使用两个或多个运算符时，一些运算符会优先于其他的运算符。ActionScript 动作脚本按照一个精确的层次来确定首先执行哪个运算符。例如，乘法总是优先于加法执行；括号中的项目会优先于乘法。

当两个或多个运算符的优先级相同时，它们的结合律会确定它们的执行顺序。结合律的结合顺序可以是从左到右或者从右到左。

表 9-1 列出了所有的动作脚本运算符及其结合律，按优先级从高到低排列。

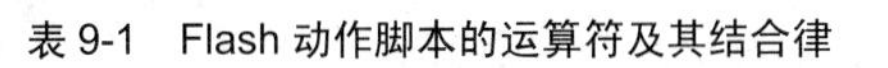

表 9-1 Flash 动作脚本的运算符及其结合律

运 算 符	说 明	结合律
最高 优先级		
+	一元加号	从右到左
-	一元减号	从右到左
~	按位一次求反	从右到左
!	逻辑“非”	从右到左
not	逻辑“非”（Flash 4 样式）	从右到左
++	后递增	从左到右
--	后递减	从左到右
( )	函数调用	从左到右
[ ]	数组元素	从左到右
.	结构成员	从左到右
++	前递增	从右到左
--	前递减	从右到左
new	分配对象	从右到左
delete	取消分配对象	从右到左
typeof	对象类型	从右到左
void	返回未定义值	从右到左
*	相乘	从左到右
/	相除	从左到右
%	求模	从左到右
+	相加	从左到右
add	字符串连接（原为 &）	从左到右
-	相减	从左到右
<<	按位左移位	从左到右
>>	按位右移位	从左到右
>>>	按位右移位（无符号）	从左到右
<	小于	从左到右
<=	小于或等于	从左到右
>	大于	从左到右
>=	大于或等于	从左到右
Lt	小于（字符串版本）	从左到右
le	小于或等于（字符串版本）	从左到右
gt	大于（字符串版本）	从左到右
= =	等于	从左到右
!=	不等于	从左到右
eq	等于（字符串版本）	从左到右
ne	不等于（字符串版本）	从左到右
&	按位“与”	从左到右
^	按位“异或”	从左到右
|	按位“或”	从左到右
&&	逻辑“与”	从左到右
and	逻辑“与”(Flash 4)	从左到右

续表

运　算　符	说　　明	结合律
||	逻辑“或”	从左到右
or	逻辑“或”(Flash 4)	从左到右
?:	条件	从右到左
=	赋值	从右到左
*=, /=, %=, +=, -=, &=, |=, ^=, <<=, >>=, >>>=	复合赋值	从右到左
,	多重计算	从左到右
	最低优先级	

2．运算符的类型

运算符是指一些特定的字符，使用它们来连接、比较、修改已定义的变量。在 Flash CS6 中，运算符具体可以分为数字运算符、比较运算符、字符串运算符、逻辑运算符、位运算符、等于运算符和赋值运算符。

- 数字运算符：数字运算符可以执行加法、减法、乘法、除法运算，也可以执行其他算术运算。

表 9-2 中列出了各类数字运算符。

表 9-2　数字运算符

运　算　符	执行的运算
+	加法
*	乘法
/	除法
%	求模（除后的余数）
–	减法
++	递增
––	递减

- 比较运算符：比较运算符用于比较数值的大小，比较运算符返回的是 Boolean 类型的数值：true 和 false。比较运算符通常用于 if 语句或者循环语句中进行判断和控制。

表 9-3 中列出了各类数字比较运算符。

表 9-3　比较运算符

运　算　符	执行的运算
<	小于
>	大于
<=	小于或等于
>=	大于或等于

- 逻辑运算符：逻辑运算符是用在逻辑类型的数据中间，也就是用于连接布尔变量，Flash 中提供的逻辑运算符有 3 种。

表 9-4 中列出了各类逻辑运算符。

表 9-4　逻辑运算符

<table>
<tr><th>运　算　符</th><th>执行的运算</th></tr>
<tr><td>&&</td><td>逻辑“与”</td></tr>
<tr><td>||</td><td>逻辑“或”</td></tr>
<tr><td>!</td><td>逻辑“非”</td></tr>
</table>

- 位运算符：位运算符是对数字的底层操作，主要是针对二进制的操作，在 Flash 中提供了 7 种位运算符。

表 9-5 中列出了各类位运算符。

表 9-5　位运算符

<table>
<tr><th>运　算　符</th><th>执行的运算</th></tr>
<tr><td>&</td><td>按位“与”</td></tr>
<tr><td>|</td><td>按位“或”</td></tr>
<tr><td>^</td><td>按位“异或”</td></tr>
<tr><td>~</td><td>按位“非”</td></tr>
<tr><td><<</td><td>左移位</td></tr>
<tr><td>>></td><td>右移位</td></tr>
<tr><td>>>></td><td>右移位填零</td></tr>
</table>

- 等于运算符：使用等于运算符可以确定两个运算数的值或标识是否相等。这个比较运算符会返回一个布尔值。如果运算符为字符串、数字或布尔值，它们会按照值进行比较；如果运算符是对象或数组，它们将按照引用进行比较。

表 9-6 中列出了各等于运算符。

表 9-6　等于运算符

运　算　符	执行的运算
==	等于
===	全等
!=	不等于
!==	不全等

- 赋值运算符：使用赋值运算符可以为一个变量进行赋值，如下列所示：

```
name = "user";
```

还可以使用复合赋值运算符来联合运算，复合赋值运算符会对两个运算对象都执行，然后把新的值赋给第一个运算对象，如下例所示：

i += 10;

它也就相当于：i = i+10;

表 9-7 中列出了各赋值运算符。

表 9-7　赋值运算符

运　算　符	执行的运算
=	赋值
+=	相加并赋值
-=	相减并赋值

续表

运 算 符	执行的运算
*=	相乘并赋值
%=	求模并赋值
/=	相除并赋值
<<=	按位左移位并赋值
>>=	按位右移位并赋值
>>>=	右移位填零并赋值
^=	按位“异或”并赋值
|=	按位“或”并赋值
&=	按位“与”并赋值

9.2.4 ActionScript 脚本的语法

ActionScript 脚本语言的语法是指在编写和执行 ActionScript 语句时必须遵循的规则。ActionScript 语句的基本语法包括点语法、括号和分号、字母的大小写、关键字与注释等。

1．点语法

点语法是由于在语句中使用了一个“.”而得名的，它是基于“面向对象”概念的语法形式。在点语法中左边是对象名，右边是属性或方法。如一个影片剪辑的实例名称为 cir，它的 y 轴坐标值属性为 50，那么这条语句可以写为“cir._ y=50；”。

2．分号

Flash 中的 ActionScript 语句都是以一个分号“；”结束的，如果在 ActionScript 语句后面忘记使用了这个分号，Flash 将不会对其进行编译。

如下例为使用“；”结束的 ActionScript 语句：

```
num1 = 600;
```

3．括号

在 ActionScript 中，括号主要包括大括号“{}”和小括号“()”2 种。其中大括号用于将代码分成不同的块， Flash 中“{}”是成对使用的，在程序的开始使用“{”，相应的在程序结束位置使用“}”。这样使用“{}”就可以将一段一段的程序分隔出来，每个分隔出的程序可以看作是一个完整的表达式。小括号通常用于放置动作命令的参数、定义一个函数以及调用该函数。在使用小括号时因它的位置不同其作用也不同，当用作定义函数时，在小括号内可以输入参数；当用在表达式中时，可以对表达式进行求值；此外，使用小括号可以替换表达式中优先的命令，也可以使用小括号使脚本更容易阅读。

4．区分大小写

ActionScript 3.0 是一种区分大小写的语言。大小写不同的标识符会被视为不同的变量或函数。例如，下面的代码中“name”和“Name”是创建的两个不同的变量：

```
var name: String;
var Name: String;
```

5．关键字

在程序开发的过程中，不要使用与 Flash 的各种内置类的属性名、方法名或是 Flash 的全局函数名同名的标识符作为变量名或函数名。此外，在 Flash 中还有一些称作“关键字”的语句，它们是保留给 ActionScript 使用的，是 Flash 的语法的一部分，它们在 Flash 中具有特殊的意义，不能在代码中将它们用作标识符，例如 if、new、with 都属于关键字。

6．注释

对于一个小的程序，注释并不会显得很重要；但是对于一个有很多行代码的程序，如果没有一个注释的话，这段程序就会让读该代码的人非常痛苦，即使是作者本人，也会被自己所写的程序弄糊涂。所以，在程序中添加注释是任何一种编程语言都需要的，作为每一个编写程序的人也应该养成在程序中添加注释的习惯。

在 Flash 中添加注释是使用“//”，凡是在“//”之后的语句都被视作注释，Flash 在执行的时候会自动跳过这条语句并运行下面的代码。如：

```
var someNumber:Number = 3; // a single line comment
```

使用“//”只能注释掉一行代码，如果要注释掉多行代码，可以使用“/*”和“*/”，使用“/*”和“*/”可以将括在其中的多行代码注释掉，如：

```
/* This is multiline comment that can span
more than one line of code. */
```

9.2.5 函数

函数简单地说就是一段代码，这段代码可以实现某一种特定的功能，并且将其使用特殊的方式定义、封装和命名。函数在程序中可以重复地使用，这样就可以大大减少代码的数量，增加了效率，同时通过传递参数的方法，还可以让函数处理各个不同的数据，从而返回不同的值。

1．定义函数

Flash CS6 允许用户自己定义函数来满足程序设计的需要，同内置的函数一样，自定义函数可以返回值、传递参数，也可以在定义函数后再被任意调用。

在 Flash CS6 中定义函数时，需要使用 Function 关键字来声明一个函数，具体语法如下：

```
function 函数名（参数，……）
```

例如：

```
function attachLabel(tx,ty,side,size)
{
    newlbl="label"+this.fdepth++;
    this.attachMovie("label",newlbl,this.fdepth);
    this[newlbl]._x=tx;
    this[newlbl]._y=ty;
    this[newlbl]._xscale=size*100;
    this[newlbl]._yscale=size*100;
    this[newlbl].txt=String(random(10000000));
    this[newlbl].gotoAndPlay(side);
    return newlbl;
}
```

在上面的例子中定义了一个名称为 attachLable 的函数，该函数有 4 个参数，分别为 tx、ty、side 与 size。

在 Flash 中可以在任何需要的地方定义函数，但是一定要在函数被调用之前定义；否则，Flash 动作脚本将会出错。

2．传递参数

参数是用于装载数据的代码，在函数中会将参数当作具体的值来执行，如下面的例子：

```
function pic(name,size)
{
    pic1.x=name;
    pic1.y=size;
}
```

在上面的例子中，pic1 是一个影片剪辑的实例名称，在这个影片剪辑中定义了两个变量 x 和 y，现在使用这个函数就可以分别为它们赋值了，如：

```
pic("bird",500);
```

3．使用函数返回数值

在 Flash 中，如果想要让函数返回需要的数值，可以使用 return 语句来实现，但在后面需要跟上一个返回的表达式，如下脚本所示：

```
function area (length,width)
{
return lenth*width;
}
```

在以上例子中，length 和 width 是变量，area 是函数，定义函数后可以按照下面的方法来返回一个值，如：

```
x=area(10,20);
```

9.3 对象

ActionScript 3.0 是面向对象编程（OPP）的脚本语言。所谓对象，就是将所有一类物品的相关信息组织起来，放在一个称作类（class）的集合里，这些信息被称为属性（Properties）和方法（Method），然后为这个类创建实体（Instance），这些实体就被称为对象（Object）。如 Flash 中创建的影片剪辑实例就可以看作一个对象，单击这个影片剪辑就可以看作这个对象的事件，影片剪辑的位置则可以看作对象的属性，而改变影片剪辑的方式则可看作对象的方法。

9.3.1 属性

属性是对象的基本特性，如影片剪辑的大小、位置、颜色等。它表示某个对象中绑定在一起的若干数据块中的一个。对象的属性通用结构为：

对象名称（变量名）.属性名称;

如下面的语句：

```
mc.x=200;
mc.y=300;
```

上面两个语句中的 mc 为影片剪辑对象，x 和 y 就是对象的属性，通过这两个语句可以设置名称为 mc 的影片剪辑对象的 x 与 y 轴属性的坐标值分别为 200 与 300 像素。

9.3.2 方法

方法是指可以由对象执行的操作。如 Flash 中创建的影片剪辑元件，使用播放或停止命令来控制影片剪辑的播放与停止，这个播放与停止就是对象的方法。对象的方法通用结构为：

对象名称（变量名）.方法名();

对象的方法中的小括号用于指示对象执行的动作，可以将值或变量放入小括号中，这些值或变量称为方法的“参数”，如下面的语句：

```
mymovie.gotoAndPlay(15);
```

上面语句中的 mymovie 为影片剪辑对象，gotoAndPlay 就是控制影片剪辑跳转并播放的方法，小括号中的“15”则是执行方法的参数。

9.3.3 事件

事件是指触发程序的某种机制，例如单击某个按钮，然后就会执行跳转播放帧的操作，这个单击按钮的过程就是一个“事件”，通过单击按钮的事件激活了跳转播放帧的这项程序。在 ActionScript 3.0 中，每个事件都由一个事件对象表示。事件对象是 Event 类或其某个子类的实例。事件对象不但存储有关特定事件的信息，还包含便于操作事件对象的方法。例如，当 Flash Player 检测到鼠标单击时，它会创建一个事件对象（MouseEvent 类的实例）以表示该特定鼠标单击事件。

为响应特定事件而执行的某些动作的技术称为“事件处理”。在执行事件处理的 ActionScript 代码中，包含 3 个重要元素：

- 事件源：发生该事件的是哪个对象？例如，哪个按钮会被单击，或哪个 loader 对象正在加载图像？这个按钮或 loader 就称之为事件源。
- 事件：将要发生的什么事情，以及希望响应什么事情？如单击按钮或鼠标指针移到按钮上，这个单击或鼠标移到就是一个事件。
- 响应：当事件发生时，希望执行哪些步骤。

在 ActionScript 3.0 中编写事件侦听器代码会采用以下基本结构：

```
function eventResponse(eventObject:EventType):void
{
   // 此处是为响应事件而执行的动作。
}
eventTarget.addEventListener(EventType.EVENT_NAME, eventResponse);
```

此代码执行两个操作：首先，它定义一个函数，这是指定为响应事件而执行的动作的方法。接下来，调用源对象的 addEventListener()方法，实际上就是为指定事件“订阅”该函数，以便当该事件发生时，执行该函数的动作。当事件实际发生时，事件目标将检查其注册为事件侦听器的所有函数和方法的列表，然后依次调用每个对象，以将事件对象作为参数进行传递。

在以上代码中，eventResponse 为函数的名称，用户可以自己定义。EventType 是为所调度的事件对象指定相应的类名称。EVENT_NAME 为指定事件相应的常量。EventTarget 为事件目标的名称，如为按钮实例 but 设置事件，则上面代码中的 EventTarget 写为 but。如下面代码是单击按钮实例 but 后执行跳转播放当前场景第 20 帧的操作。

```
function playmovie(a_event:MouseEvent):void
{
   gotoAndPlay(20);
}
but.addEventListener(MouseEvent.MOUSE_UP, playmovie);
```

9.4 “动作”面板

在 ActionScript 1.0 和 ActionScript 2.0 中，ActionScript 脚本可以输入到时间轴、选择的按钮或影片剪辑中。但在 ActionScript 3.0 中，所有的 ActionScript 脚本只能添加到时间轴或将 ActionScript 脚本输入到外部文件中。在 Flash CS6 中，如果想要创建嵌入到 FLA 动画文件中的 ActionScript 脚本，可以直接将 ActionScript 脚本输入到“动作”面板中。“ 动作”面板可以通过单击菜单栏中的“窗口”/“动作”命令或按键盘上的 F9 键来打开，如图 9-1 所示。

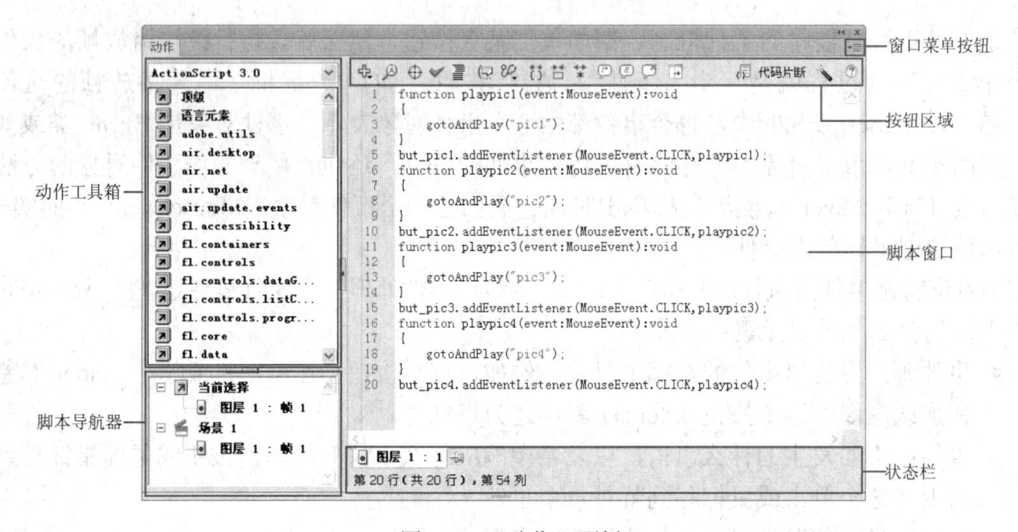

图 9-1 “动作”面板

- 动作工具箱：其中包含了 Flash 中所使用的所有 ActionScript 脚本语言，在此窗口中将不同的动作脚本分类存放，需要使用什么动作命令可以直接从此窗口中选择。
- 脚本导航器：此窗口中可以显示 Flash 中所有添加动作脚本的对象，而且还可以显示当前正在编辑的脚本的对象。
- 窗口菜单按钮：单击此按钮可以弹出关于“动作”面板的命令菜单。
- 按钮区域：提供了进行添加 ActionScript 脚本以及相关操作的按钮。
- 脚本窗口：此窗口是编辑 ActionScript 动作脚本的场所，在其中可以直接输入所选对象的 ActionScript 动作脚本，也可以通过选择“动作工具箱”中相应的动作脚本命令添加到此窗口中。
- 状态栏：用于显示当前添加脚本的对象以及光标所在的位置。

在编辑动作脚本时，如果熟悉 ActionScript 脚本语言，可以直接在“脚本窗口”中输入动作脚本；如果对 ActionScript 脚本语言不是很熟悉，则可以单击“脚本助手”按钮，激活“脚本助手”模式，如图 9-2 所示。在脚本助手

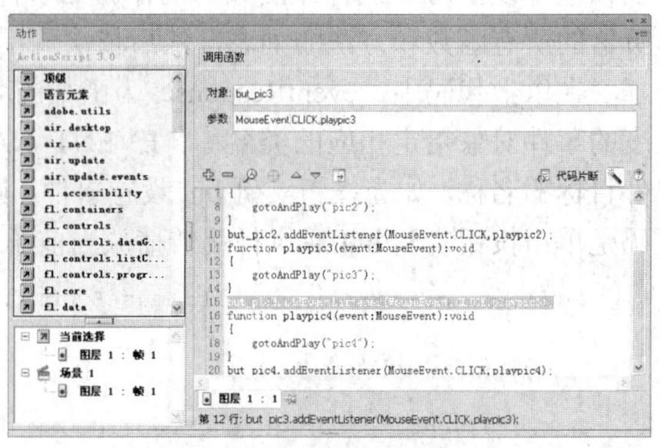

图 9-2 脚本助手模式

模式中，提供了对脚本参数的有效提示，可以帮助新用户避免可能出现的语法和逻辑错误。

9.5 基本的 ActionScript 动作命令

Flash 除了它的动画特性外，还有重要的一点就是它的交互性，Flash 的交互性是通过 ActionScript 脚本编程语言来实现的。对于动画设计者来说，没有必要完全掌握复杂的 ActionScript 脚本语言，只需了解一些比较简单、常用的 ActionScript 动作命令，就足以应付平时动画创作的需要。

9.5.1 控制影片回放

如果在 Flash 动画中不设置任何 ActionScript 动作脚本，Flash 是从开始到结尾播放动画的每一帧。如果想自由地控制动画的播放、停止以及跳转，可以通过 ActionScript 动作脚本中的"Play"、"Stop"、"goto"等命令完成。这些命令是 Flash 中最基础的 ActionScript 动作脚本应用，都是用于控制影片播放，本节中对这些命令进行详细讲解。

1．播放及停止播放影片

在 Flash 中可以使用 play()和 stop()动作命令来控制影片的播放与停止，它们通常与按钮结合使用，控制影片剪辑或控制主时间轴的播放与停止。例如，舞台上有一个影片剪辑元件，其中包含一个汽车开动的动画，其实例名称设置为 car，如果要控制 car 影片剪辑实例停止播放，则可以输入如下的脚本：

```
car.stop();
```

如果想通过单击一个名称为 but_play 的按钮，实现汽车动画的播放，这时就可以使用 play()方法来实现。与 stop()控制方法一样，也要将代码添加到时间轴的关键帧中，添加的代码如下所示：

```
function playmovie(event:MouseEvent):void  // 创建名称为playmovie的函数
{
    car.play(); //播放实例名称为car的影片剪辑
}
but_play.addEventListener(MouseEvent.CLICK, playmovie); //为按钮添加单击的事件
```

上面的代码是指创建一个名称为"playmovie"的函数，在函数参数中设置了鼠标事件，并在函数中为 car 的影片剪辑实例设置 play()方法，然后通过 addEventListener 侦听事件，设置单击名称为 but_play 的按钮执行"playmovie"函数中的内容。

2．快进和后退

使用 nextFrame()和 prevFrame()动作命令可以控制 Flash 动画向后或向前播放一帧后停止播放，但是播放到影片的最后一帧或最前一帧后，则不能再循环回来继续向后或向前播放。如下面的代码，就是控制单击名称为 but_mov 的按钮后 car 的影片剪辑向后播放一帧并停止播放：

```
function playmovie(event:MouseEvent):void
{
    car. nextFrame();
}
but_mov.addEventListener(MouseEvent.CLICK, playmovie);
```

3．跳到不同帧播放或停止播放

使用 goto 命令可以跳转到影片指定的帧或场景，跳转后执行的命令有两种——gotoAndPlay

和 gotoAndStop，这两个命令用于控制动画跳转播放或跳转停止播放指定的帧或场景中的帧。

它们的语法形式为：

```
gotoAndPlay（场景，帧）；
gotoAndStop（场景，帧）；
```

如下面的语句：

```
function playmovie(event:MouseEvent):void
{
   gotoAndStop ("end");
}
but_mov.addEventListener(MouseEvent.CLICK, playmovie);
```

上面的语句表示单击实例名称为 but_mov 的按钮后，动画跳转到名称为 end 的帧标签处并停止播放。

9.5.2 实例指导：制作“飞速机车”动画

通过 Play 与 Stop 命令可以控制动画的播放与停止，这两个命令应用的对象可以是时间轴，也可以是按钮。下面便通过制作“飞速机车”的动画实例来学习为按钮添加 Play 与 Stop 语句的方法，其最终效果如图 9-3 所示。

图 9-3 “飞速机车”动画的最终效果

制作“飞速机车”动画的步骤如下：

① 打开本书配套光盘“第 9 章/素材”目录下的“飞速机车.fla”文件，如图 9-4 所示。

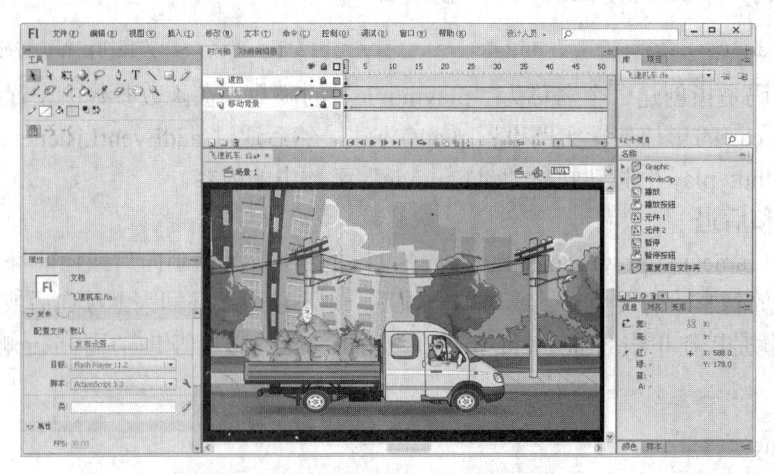

图 9-4 打开的“飞速机车.fla”文件

② 选择“机车”图层中的“卡车”影片剪辑元件，在“属性”面板中设置“实例名称”为“car”，如图 9-5 所示。

图 9-5 设置实例的名称

图 9-6 舞台中“播放按钮”与“暂停按钮”的位置

③ 在“机车”图层之上创建新图层，设置新图层名称为“按钮”，然后将“库”面板中的“播放按钮”与“暂停按钮”按钮元件拖曳到舞台右下角的位置，如图 9-6 所示。

④ 选择舞台中的“播放按钮”按钮实例，在“属性”面板中设置“实例名称”为“butplay”。再选择舞台中的“暂停按钮”按钮实例，在“属性”面板中设置“实例名称”为“butstop”。

⑤ 在“遮挡”图层之上创建新图层，设置新图层名称为“action”，然后选择“action”图层的第一帧，在“动作”面板中输入如下的动作脚本：

```
function playmovie(event:MouseEvent):void
{
    play();
    car.play();
}
butplay.addEventListener(MouseEvent.CLICK,playmovie);
function stopmovie(event:MouseEvent):void
{
    stop();
    car.stop();
}
butstop.addEventListener(MouseEvent.CLICK,stopmovie);
```

⑥ 按键盘上的 Ctrl+Enter 组合键，将弹出测试影片窗口，在此窗口中可以看到机车开动，旁边的高楼迅速倒退的动画效果。此时，按右下角的“暂停”按钮，动画便停止播放，同时机车也同时停止运动；再次单击右下角的“播放”按钮，动画又开始继续播放。

⑦ 单击菜单栏中的“文件”/“保存”命令，将所制作的动画文件保存。

9.5.3 实例指导：制作“卡通相册”动画

通过 goto 命令可以控制动画的跳转，通常这个命令会与按钮结合使用。下面通过制作一个

“卡通相册”的动画实例来学习使用 goto 命令控制影片跳转的方法，其最终效果如图 9-7 所示。

图 9-7 “卡通相册”动画的最终效果

制作卡通相册动画的步骤如下：

1 打开本书配套光盘“第 9 章/素材”目录下的“卡通相册.fla”文件，如图 9-8 所示。

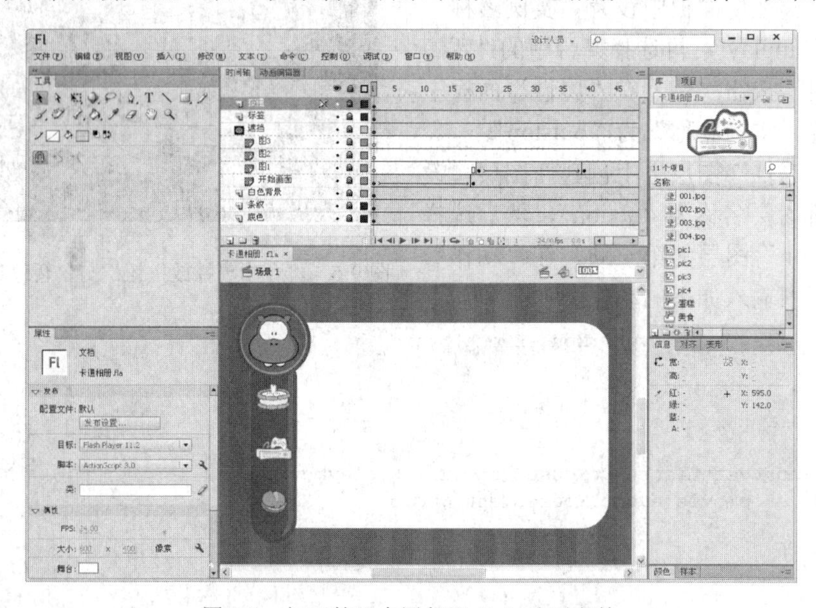

图 9-8 打开的“卡通相册.fla”动画文件

提示

如果此时测试影片，可以看到几个图像交替显示的动画，这是因为没有为其设置 ActionScript 脚本命令。如果设置相应的 ActionScript 脚本命令后，则可以控制影片的播放与跳转。

2 在“属性”面板中设置“按钮”图层中“蛋糕”按钮实例的“实例名称”为“but_pic1”，如图 9-9 所示。

3 按照上述的方法在“属性”面板中设置“按钮”图层中 “游戏”、“美食”按钮实例的“实例名称”分别为 “but_pic2”、“but_pic3”。

图 9-9　设置“蛋糕”按钮实例的实例名称

4. 在“按钮”图层之上创建新图层，设置新图层名称为“帧标签”，然后在“帧标签”图层的第 20 帧、第 60 帧、第 100 帧分别插入关键帧，如图 9-10 所示。

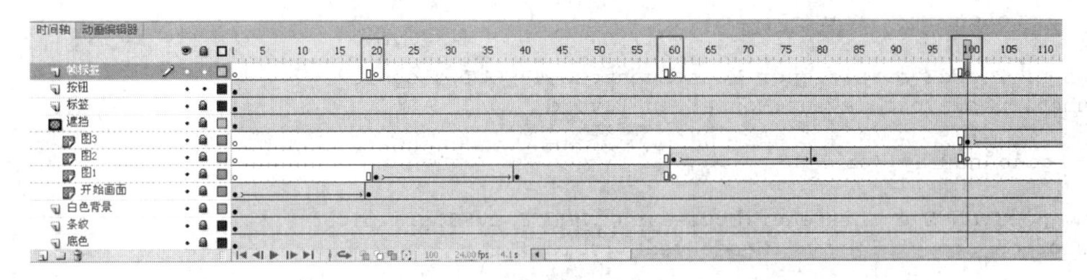

图 9-10　“帧标签”图层之上插入的关键帧

5. 选择“帧标签”图层的第 1 帧，然后在“属性”面板“标签”选项的“名称”输入栏中输入“start”，设置“帧标签”图层第 1 帧帧标签的名称为“start”，如图 9-11 所示。

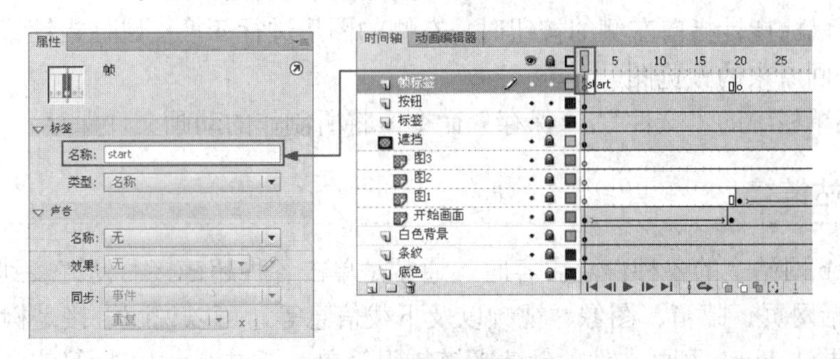

图 9-11　设置帧标签的名称

6. 按照上述方法，分别为“帧标签”图层的第 20 帧、第 60 帧、第 100 帧设置帧标签名称为“pic1”、“pic2”、“pic3”。

7. 在“帧标签”图层之上创建新图层，设置新图层名称为“action”，然后在“action”图层的第 19 帧、第 59 帧、第 99 帧、第 150 帧分别插入关键帧。

8. 分别选择“action”图层的第 19 帧、第 59 帧、第 99 帧、第 150 帧，在“动作”面板中输入“stop();”命令，分别设置动画播放到这些关键帧时停止播放，如图 9-12 所示。

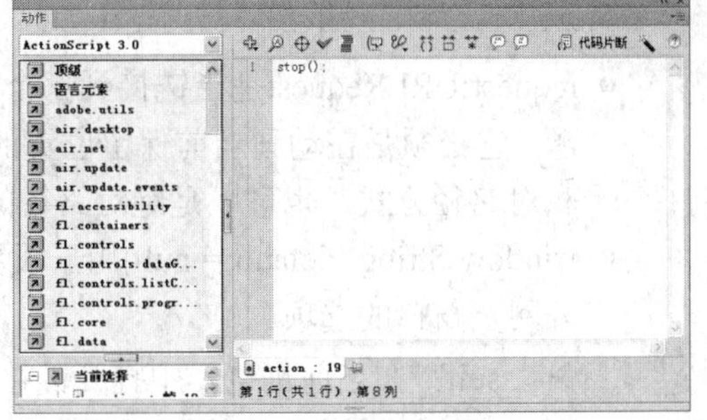

图 9-12　“动作”面板

⑨ 选择“action”图层的第 1 帧，在“动作”面板中输入如下的动作脚本：

```
function playpic1(event:MouseEvent):void
{
    gotoAndPlay("pic1");
}
but_pic1.addEventListener(MouseEvent.MOUSE_OVER,playpic1);
function stoppic1(event:MouseEvent):void
{
    gotoAndPlay("start");
}
but_pic1.addEventListener(MouseEvent.MOUSE_OUT,stoppic1);
function playpic2(event:MouseEvent):void
{
    gotoAndPlay("pic2");
}
but_pic2.addEventListener(MouseEvent.MOUSE_OVER,playpic2);
function stoppic2(event:MouseEvent):void
{
    gotoAndPlay("start");
}
but_pic2.addEventListener(MouseEvent.MOUSE_OUT,stoppic2);
function playpic3(event:MouseEvent):void
{
    gotoAndPlay("pic3");
}
but_pic3.addEventListener(MouseEvent.MOUSE_OVER,playpic3);
function stoppic3(event:MouseEvent):void
{
    gotoAndPlay("start");
}
but_pic3.addEventListener(MouseEvent.MOUSE_OUT,stoppic3);
```

⑩ 按键盘上的 Ctrl+Enter 组合键，将弹出测试影片窗口，在此窗口中可以看有一张预览图，当鼠标指针指向左侧的按钮时，右侧的图形进行变换；鼠标指针移出按钮时，图像又变回原来的预览图。

⑪ 单击菜单栏中的“文件”/“保存”命令，将所制作的动画文件保存。

9.5.4 网站链接

在浏览 Web 网站上的各种信息内容时，通常是单击各种超链接后便链接到所需的内容。这些超链接包括网页、邮箱、图像、视频以及下载信息等，可以说超链接是构成互联网中的基础元素。如果是 html 网页文件，创建超链接很简单，通过<a></a>标签的嵌套即可创建出超链接。而在 Flash 中如果需要创建超链接，则需要通过 ActionScript 动作脚本 flash.net 包中的函数 navigateToURL 来完成。navigateToURL 函数的书写格式为：

```
public function navigateToURL(request:URLRequest, window:String = null):void;
```

- request:URLRequest是指链接到哪个站点的 URL。URL 是用来获得文档的统一定位资源，它必须是在动画当前保留位置的统一定位子域资源。在设置 URL 链接时，可以是相对路径方式，也可以是绝对路径的方式。
- window:String (default = null)用于设置所要链接的网页窗口打开的方式，主要有 4 种打开网页窗口的选项。
  - ➢ _self：在当前浏览器中打开链接。
  - ➢ _blank：在新窗口中打开网页。

- _parent：在当前位置的上一级浏览器窗口中打开链接。
- _top：在当前浏览器上方打开链接。

如下面的语句：

```
function playmovie(event:MouseEvent):void
{
    navigateToURL(new URLRequest("http://www.51-site.com"),"_blank");
}
but_mov.addEventListener(MouseEvent.CLICK,playmovie);
```

上面的语句表示单击实例名称为“but_mov”的按钮后，跳转到在新的浏览器窗口中打开 http://www.51-site.com 这个网页。

9.5.5 载入外部图像与动画

对于 Flash 软件而言，可以通过绘图工具来创建动画对象，也可以将外部的文件导入到 Flash 中进行动画创建；同时还可以通过 ActionScript 动作脚本将外部的对象载入到 Flash 中进行动画的创建，载入的文件包括.jpg、.gif、.png 图像文件以及.swf 动画文件。外部载入的 ActionScript 动作脚本就是 Loader 语句。

ActionScript 3.0 中创建 Loader 实例的方法与创建其他可视对象（display object）一样，使用 new 来构建对象，然后使用 addChild()方法把实例添加到可视对象列表（display list）中，加载是通过 load()方法处理一个包含外部文件地址的 URLRequest 对象来实现的。有的 DisplayObject 实例包含一个 loadInfo 属性，这个属性关联到一个 LoaderInfo 对象，此对象提供加载外部文件时的相关信息。Loader 实例除了这个属性外，还包含另外一个 contentLoaderInfo 属性，指向被加载内容的 LoaderInfo 属性。当把外部元素加载到 Loader 时，可以通过侦听 contentLoadInfo 属性来判断加载进程，例如加载开始或者完成事件。

如下面的语句：

```
var request:URLRequest = new URLRequest("mypic.jpg");
var loader:Loader = new Loader();
loader.load(request);
addChild(loader);
```

上面的语句表示构建一个名称为 loader 的对象，然后将与制作动画同一个目录中的 mypic.jpg 图像文件加载到当前舞台当中。

9.5.6 实例指导：制作“立方体”动画

使用 Loader 对象与 addChild()方法可以把外部的图像或.swf 动画文件载入到 Flash 中作为影片剪辑元件参与动画的创建。在使用 Loader 对象与 addChild()方法载入外部文件时，需要注意确保正确的文件路径。如果文件路径错误，则不能将外部文件加载到 Flash 动画中。接下来通过制作“立方体”的动画实例讲解载入外部图像与.swf 动画的方法，其最终效果如图 9-13 所示。

提示

读者在制作本实例时需注意，需要动画将载入的外部“挖掘机动画.swf”动画文件与实例导出的动画文件放置到同一个目录中。本实例调用的“挖掘机动画.swf”文件放置在本书配套光盘“第 9 章/素材”目录下。

图 9-13 “立方体”动画的最终效果

制作“立方体”动画的步骤如下：

① 打开本书配套光盘“第 9 章/素材”目录下的“立方体.fla”文件，如图 9-14 所示。

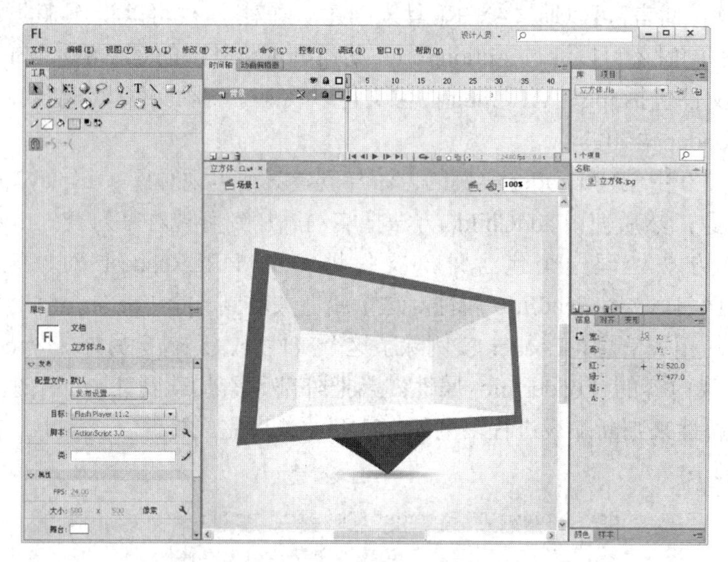

图 9-14 打开的“立方体.fla”动画文件

② 在”时间轴”面板“背景”图层之上创建新图层，并设置新图层的名称为“动画”。

③ 创建一个名称为“mov”的影片剪辑元件，并切换到此元件的编辑窗口中，然后在元件编辑窗口中绘制一个无笔触颜色的矩形，并在“信息”面板中设置矩形的“宽”参数值为“590”，“高”参数值为“300”，“注册点”为左顶点，“X”、“Y”坐标参数值都为“0”，如图 9-15 所示。

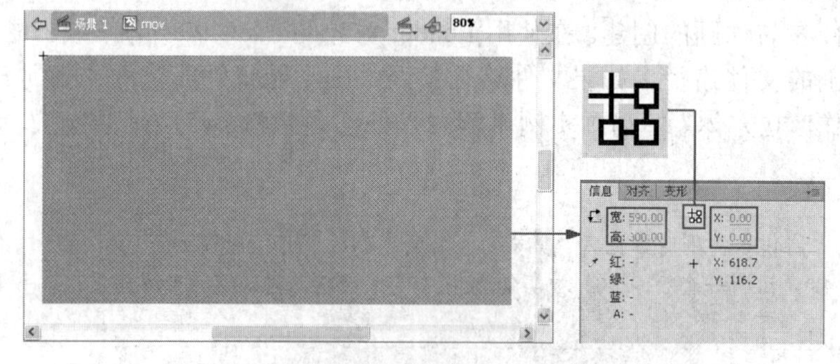

图 9-15 元件编辑窗口中绘制的矩形

提示

"mov"影片剪辑元件中绘制的矩形大小，和需要将载入的外部"挖掘机动画.swf"动画文件尺寸大小相同，这样可以保证载入的画面保持正常的大小。

4 单击 场景 1 按钮来切换到场景编辑窗口中，选择"动画"图层，然后将"库"面板中的"mov"影片剪辑元件拖曳到舞台中，再将其略微缩小并进行变形；然后其放置在立方体图形中间的位置处，并在"属性"面板中设置"实例名称"为"mov"，如图 9-16 所示。

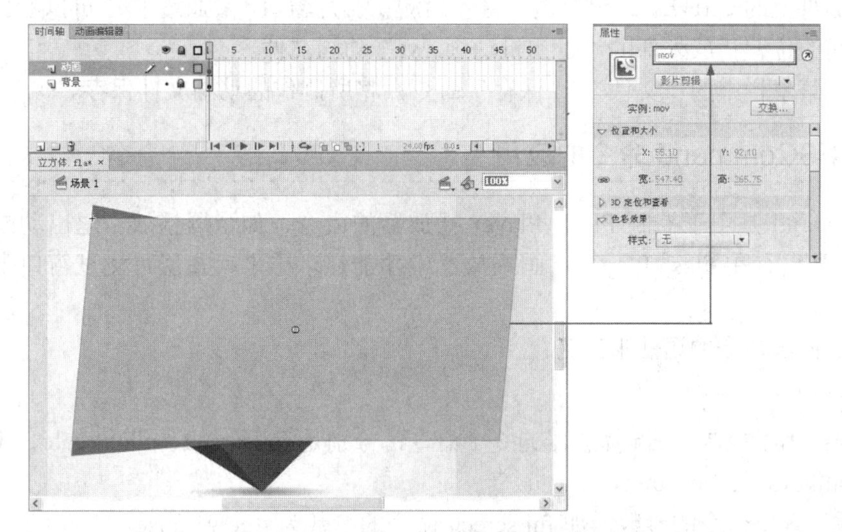

图 9-16 "mov"影片剪辑实例的位置

5 在"时间轴"面板的"动画"图层上创建新图层，并设置新图层的名称为"遮盖"。

6 在"遮盖"图层之中绘制一个与立方体中间空白处同样大小的图形，如图 9-17 所示。

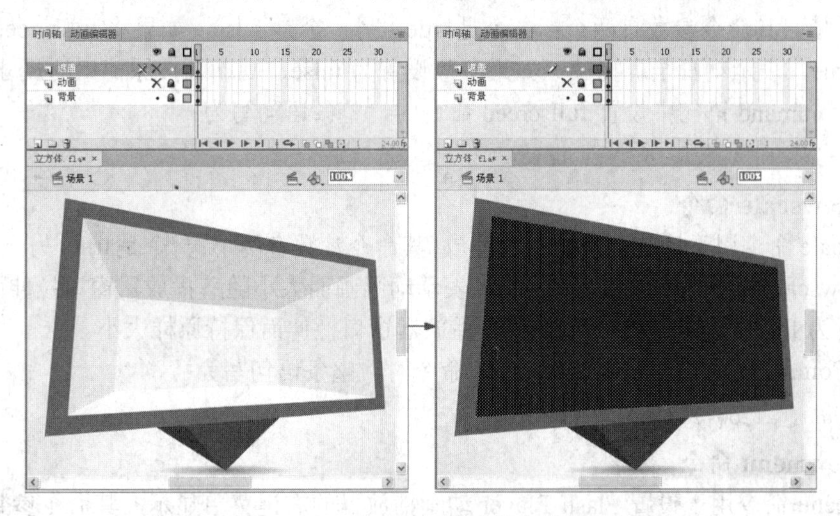

图 9-17 "遮盖"图层中绘制的图形

7 选择"时间轴"面板的"遮盖"图层，然后单击鼠标右键，从弹出的菜单中选择"遮罩层"命令，将"遮盖"图层转换为遮罩层，其下的"动画"图层相应转换为被遮罩层，如图 9-18 所示。

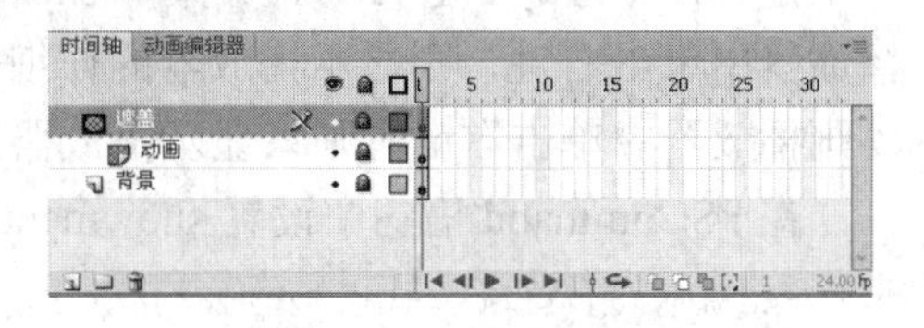

图 9-18 创建的遮罩图层

8 在“时间轴”面板的“遮罩”图层上创建新图层，并设置新图层的名称为“action”。

9 选择“action”图层的第一帧，打开“动作”面板，在其中输入如下的动作脚本：

```
var request:URLRequest = new URLRequest("挖掘机动画.swf");
var loader:Loader = new Loader();
loader.load(request);
mov.addChild(loader);
```

10 按键盘上的 Ctrl+Enter 组合键，将弹出测试影片窗口，在此窗口中可以看到在立方体中间的位置播放外部的“挖掘机动画.swf”动画文件。

11 单击菜单栏中的“文件”/“保存”命令，将所制作的动画文件保存。

9.5.7 FSCommand 命令的应用

FSCommand 是用于控制 Flash Player 播放器的命令，如全屏播放、退出动画等。该动作脚本的效果只有在 Flash Player 动画播放器中才能显示出来，在影片测试窗口中是看不到效果的。

FSCommand 命令的语法形式为：

```
fscommand(命令，参数);
```

- 命令：用于控制 Flash 播放器的 6 个命令，分别是 fullscreen、allowscale、showmenu、trapallkeys、exec、quit。
- 参数：各个命令的参数，如 fullscreen 命令的参数为 true 或 false。

下面将对 FSCommand 语句中的各个命令进行讲解。

1．fullscreen 命令

fullscreen 是一个全屏控制命令，可以使动画影片占满整个屏幕。通常此命令放在 Flash 影片的第 1 帧，其命令参数有两个：一个是 true，另一个是 false。如果将 fullscreen 命令的参数设置为 true，表示动画全屏播放；如果参数设置为 false，则动画按原窗口的尺寸播放。

在 FSCommand 语句中设置 fullscreen 命令时，整条语句写为：

```
fscommand("fullscreen", "true");
```

2．allowscale 命令

allowscale 命令用于控制电影画面的缩放。其命令参数有两个：一个是 true，另一个是 false。如果将 allowscale 命令的参数设置为 true，表示动画画面大小随着播放器窗口拉伸而拉伸；如果参数设置为 false，则动画画面大小随着播放器窗口拉伸而保持原样大小。

在 FSCommand 语句中设置 allowscale 命令时，整条语句写为：

```
fscommand("allowscale", "true");
```

3．showmenu 命令

showmenu 命令用于设置 Flash Player 动画播放器的右键菜单显示，其命令参数有两个：一个是 true，另一个是 false。如果将 showmenu 命令的参数设置为 true，在 Flash Player 动画播放器中单击右键，则显示播放器的详细信息设置；如果参数设置为 false，在 Flash Player 动画播放器中单击右键，则只显示播放器的基本设置和版本信息，如图 9-19 所示。

在 FSCommand 语句中设置 showmenu 命令时，整条语句写为：

```
fscommand("showmenu", "true");
```

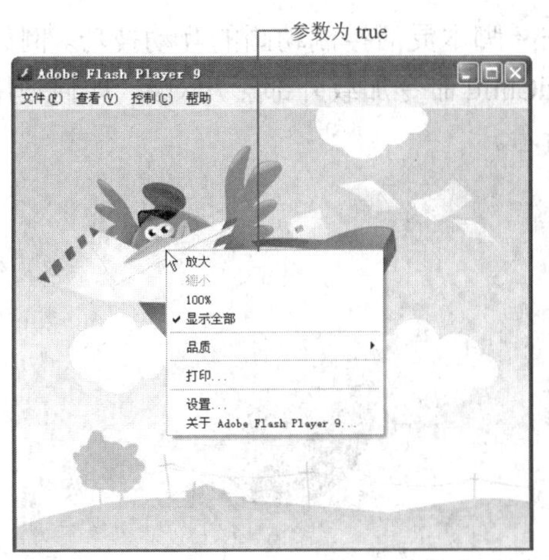

图 9-19 弹出的右键菜单

4．trapallkeys 命令

trapallkeys 命令用于锁定键盘输入，使所有设定的快捷键都无效，这样 Flash Player 动画播放器不会接受键盘的输入，但是 Ctrl+Alt+Del 组合键除外。trapallkeys 命令参数有两个：一个是 true，另一个是 false。如果将 trapallkeys 命令的参数设置为 true，则键盘的输入无效；如果参数设置为 false，则键盘输入有效。

在 fscommand 语句中设置 trapallkeys 命令时，整条语句写为：

```
fscommand("trapallkeys", "true");
```

5．exec 命令

exec 命令用于打开一个可执行文件，文件类型可以是.exe、.com 或.bat 格式。exec 命令的参数是打开文件的路径，使用此条语句可以将多个 Flash 动画文件连接到一起，有效地解决 Flash 不能制作大文件的问题。

在 fscommand 语句中设置 exec 命令时，整条语句可写为：

```
fscommand("exec", "movie_1.exe");
```

movie_1.exe 为打开的外部文件。

提示

Flash CS6 版本的软件出于对文件加密的考虑，在使用 fscommand 语句设置 exec 命令调用.exe 文件时，需要将调用.exe 文件放置在 fscommand 文件夹中，否则无法调用此.exe 文件。

6．quit 命令

quit 命令用于退出 Flash 影片，执行此命令后放映 Flash 动画的 Flash Player 播放器窗口将会被关闭，此命令不需要任何参数。

在 fscommand 语句中设置 quit 命令时，整条语句可写为：

```
fscommand("quit");
```

9.6 综合应用实例：制作“多媒体”动画

本节将制作一个“多媒体”的动画实例，此实例中对前面所讲解的 ActionScript 脚本命令进行了综合应用，读者可以学习使用 ActionScript 脚本灵活控制动画的互动技巧。例如如何使用 goto 命令控制按钮动画、如何使用 load 与 addChild 命令加载外部影片对象、如何使用 unload 命令卸载外部对象等，其最终效果如图 9-20 所示。

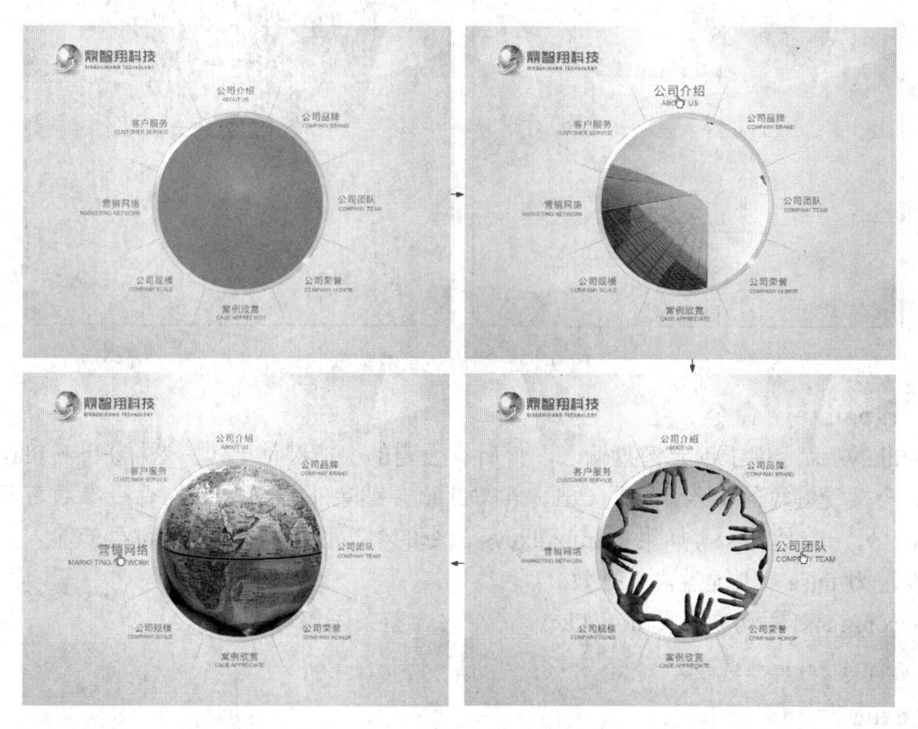

图 9-20　“多媒体”动画的效果

本实例的步骤提示：

1. 打开“多媒体.fla”动画文件。
2. 设置各个文字菜单元件的 action 脚本。
3. 将各个文字菜单放置到舞台中，呈圆形摆放，并为各个文字菜单设置不同的实例名称。
4. 创建出载入外部动画与外部图像的影片剪辑元件。
5. 将载入外部动画与外部图像的影片剪辑放置到舞台中，并通过遮罩，使其在中间圆形区域内显示。
6. 创建出透明按钮，为各个文字菜单以及 logo 图像上放置透明按钮。
7. 为各个透明按钮设置不同的实例名称
8. 创建 action 图层，并在 action 图层中输入动作脚本。
9. 在场景时间轴上添加动作脚本命令。
10. 测试与保存 Flash 动画文件。

提示

读者在制作本实例时需注意，将载入的外部“guang.swf”动画文件、“001.jpg”～“008.jpg”图像文件与实例导出的动画文件放置到同一个目录中。本实例调用的“guang.swf”动画文件、“001.jpg”～“008.jpg”图像文件放置在本书配套光盘“第 9 章/素材”目录下。

制作“多媒体”动画的步骤如下：

① 打开本书配套光盘“第 9 章/素材”目录下的“多媒体.fla”文件，如图 9-21 所示。

② 在“库”面板中双击“公司介绍文字动画”影片剪辑元件，切换到此元件的编辑窗口中；然后在元件编辑窗口“图层 1”图层之上创建一个新图层，设置新图层的名称为“as”，然后在“as”图层的第 11 帧插入关键帧，如图 9-22 所示。

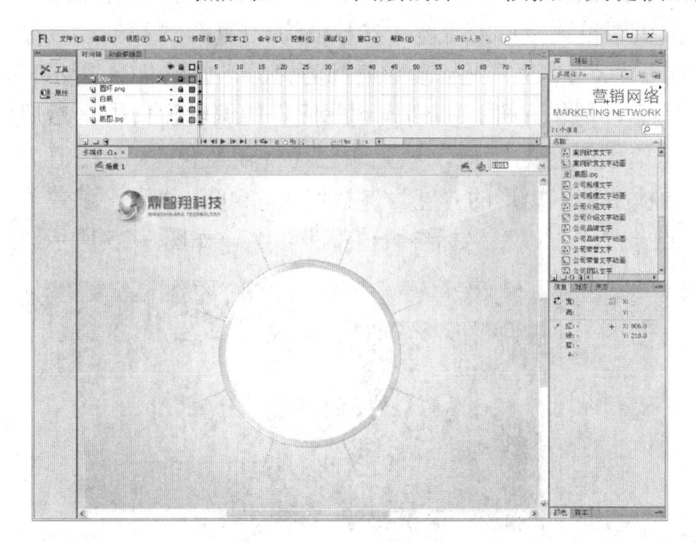

图 9-21 打开的动画文件

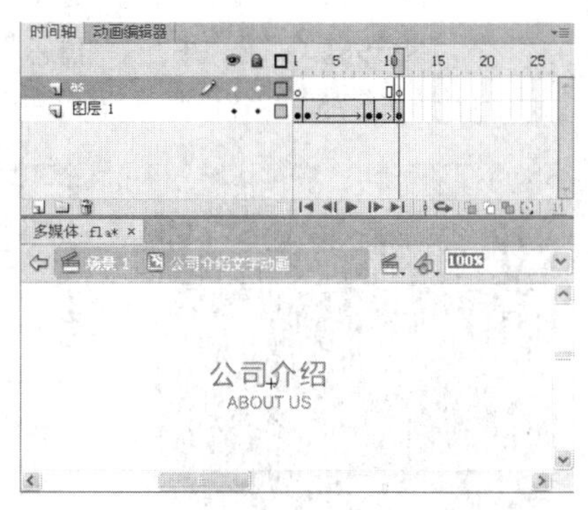

图 9-22 元件编辑窗口中插入的关键帧

③ 分别选择“as”图层的第 1 帧与第 11 帧，在“动作”面板中输入“stop();”命令，分别设置动画播放到这些关键帧时停止播放。

④ 按照相同方法，分别通过“库”面板打开“公司品牌文字动画”、“公司团队文字动画”、“公司荣誉文字动画”、“案例欣赏文字动画”、“公司规模文字动画”、“营销网络文字动画”、“客户服务文字动画”影片剪辑元件，并在元件编辑窗口中创建新图层“as”，在“as”图层的第 1 帧和第 11 帧输入“stop();”命令。

⑤ 单击“场景 1”按钮，切换到主场景编辑窗口中，然后在“logo”图层之上创建新图层，设置新图层的名称为“文字”，然后将“库”面板中的“公司介绍文字动画”、“公司品牌文字动画”、“公司团队文字动画”、“公司荣誉文字动画”、“案例欣赏文字动画”、“公司规模文字动画”、“营销网络文字动画”、“客户服务文字动画”影片剪辑元件拖曳到舞台中，并依照顺时针方向将这些影片剪辑实例沿着舞台中的圆形依次排列，如图 9-23 所示。

⑥ 依次在“属性面板”中设置“文字”图层中“公司介绍文字动画”、“公司品牌文字动画”、“公司团队文字动画”、“公司荣誉文字动画”、“案例欣赏文字动画”、“公司规模文字动画”、“营销网络文字动画”、“客户服务文字动画”影片剪辑实例的“实例名称”为“wenzi1”、“wenzi2”、“wenzi3”、

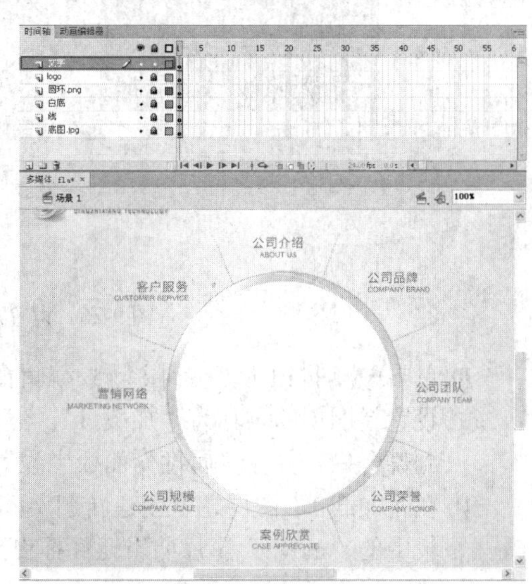

图 9-23 “文字”图层中各个文字菜单的位置

"wenzi4"、"wenzi5"、"wenzi6"、"wenzi7"、"wenzi8"。

7 创建一个名称为"mov1"的影片剪辑元件，并切换到此元件的编辑窗口中，然后在元件编辑窗口中绘制一个无笔触颜色的矩形，填充颜色为"淡蓝色"（颜色值为"#3399CC"），并在"信息"面板中设置矩形的"宽"参数值为"640"，"高"参数值为"480"，"注册点"为左顶点，"X"、"Y"坐标参数值都为"0"，如图 9-24 所示。

8 再创建一个名称为"mov2"的影片剪辑元件，并切换到此元件的编辑窗口中，然后在元件编辑窗口中绘制一个无笔触颜色的矩形，填充颜色为"淡蓝色"（颜色值为"#3399CC"），并在"信息"面板中设置矩形的"宽"参数值为"500"，"高"参数值为"375"，"注册点"为左顶点，"X"、"Y"坐标参数值都为"0"，如图 9-25 所示。

图 9-24 "mov1"影片剪辑元件中绘制的矩形

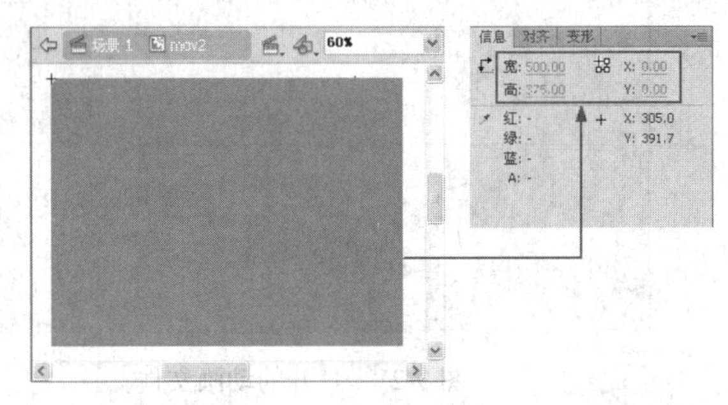

图 9-25 "mov2"影片剪辑元件中绘制的矩形

9 选择"mov2"影片剪辑元件中绘制的矩形，在"属性"面板中设置"填充颜色"的"Alpha"参数值为"0%"，则"mov2"影片剪辑元件中绘制的矩形将透明显示，如图 9-26 所示。

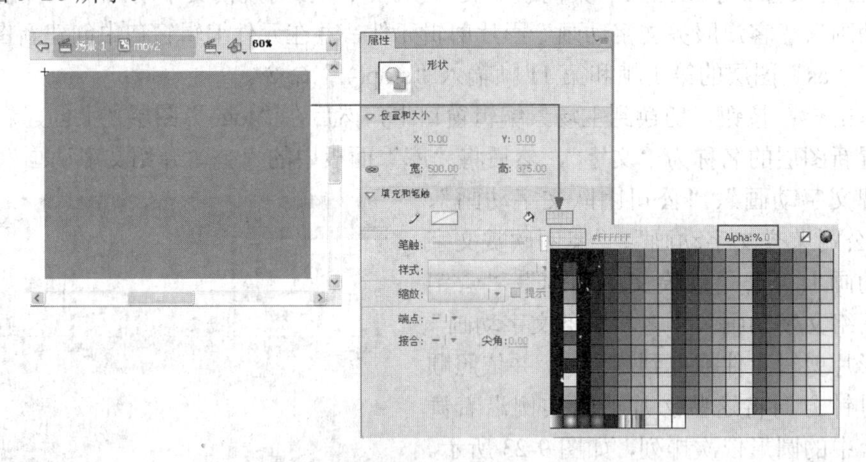

图 9-26 设置矩形的 Alpha 参数值

10 单击场景 1按钮，切换到主场景编辑窗口中，然后在"圆环.png"图层之上创建新图层，设置新图层的名称为"加载 1"，然后将"库"面板中的"mov1"影片剪辑元件拖曳到舞台中，并在"属性"面板中设置"实例名称"为"mov1"，如图 9-27 所示。

11 在"加载 1"图层之上创建新图层，设置新图层的名称为"加载 2"，然后将"库"面板中的"mov2"影片剪辑元件拖曳到舞台中，并在"属性"面板中设置"实例名称"为"mov2"，如图 9-28 所示。

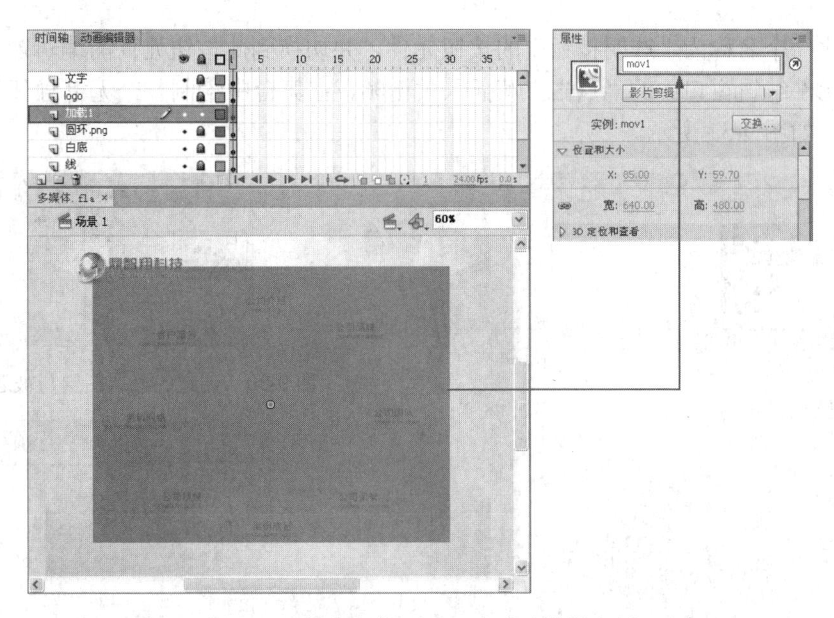

图 9-27　舞台中的“mov1”影片剪辑实例

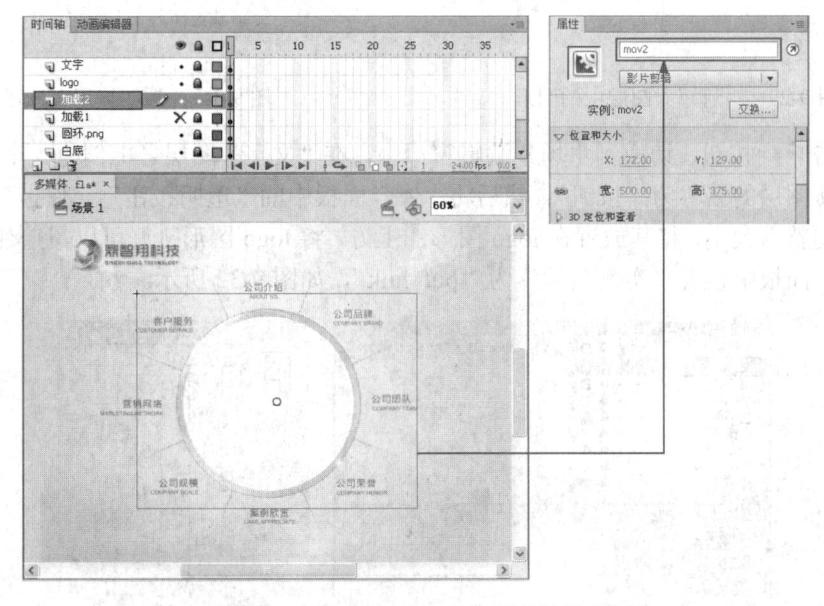

图 9-28　舞台中的“mov2”影片剪辑实例

⑫ 在“加载 2”图层之上创建新图层，设置新图层的名称为“遮罩”，然后选择“白底”图层中的白色圆形，按键盘上的 Ctrl+C 组合键将其复制；再选择“遮罩”图层，按键盘上的 Ctrl+Shift+V 组合键将复制的白色圆形粘贴到“遮罩”图层中，并保持原来的位置。为了与“白底”图层中的白色圆形区分出来，将“遮罩”图层中白色圆形的颜色设置为“橙色”（颜色值为“#FF9900”），如图 9-29 所示。

⑬ 在“遮罩”图层上方单击鼠标右键，从弹出的菜单中选择“遮罩层”命令，将“遮罩”图层转换为遮罩图层，下方的“加载 2”图层转换为被遮罩图层；再将“加载 1”图层向上拖曳，也将其转换为被遮罩图层，如图 9-30 所示。

⑭ 创建一个名称为“透明按钮”的按钮元件，并切换到此按钮元件的编辑窗口中；然后在元件编辑窗口中的“点击”帧插入关键帧，在舞台中绘制一个无笔触任意颜色的矩形，如图 9-31 所示。

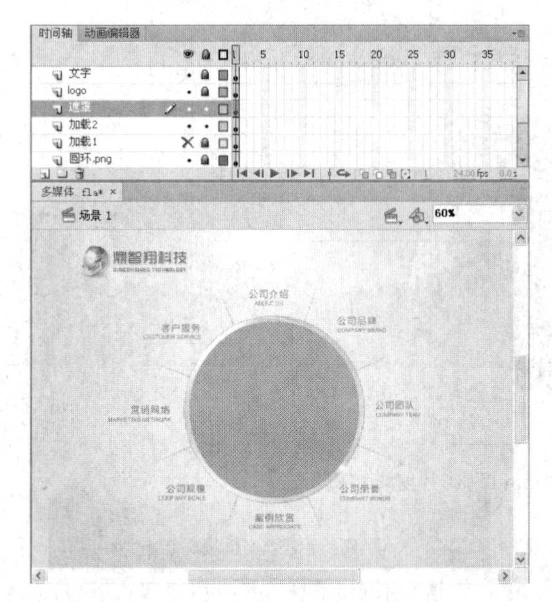

图 9-29　“遮罩”图层中的圆形

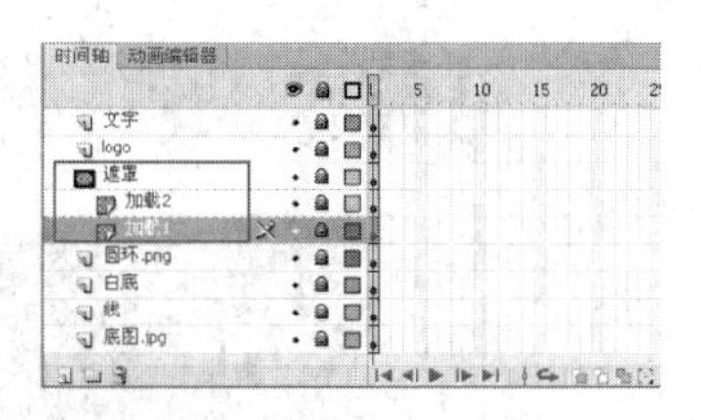

图 9-30　创建的遮罩图层与被遮罩图层

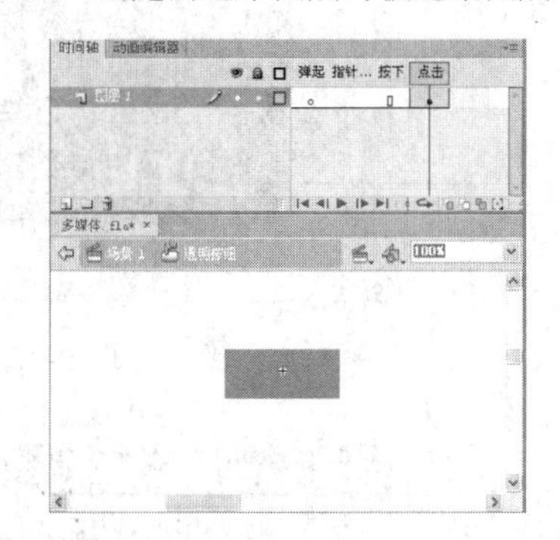

图 9-31　“透明按钮”按钮元件

⑮ 单击 场景 1 按钮，切换到主场景编辑窗口中，在“文字”图层之上创建一个新图层，设置新图层的名称为“按钮”；然后将“库”面板中的“透明按钮”元件拖曳到舞台中，并调整其大小，将其放置在 logo 图形的上方，将 logo 图形刚好可以覆盖住，并在“属性”面板中设置“实例名称”为“but_link”，如图 9-32 所示。

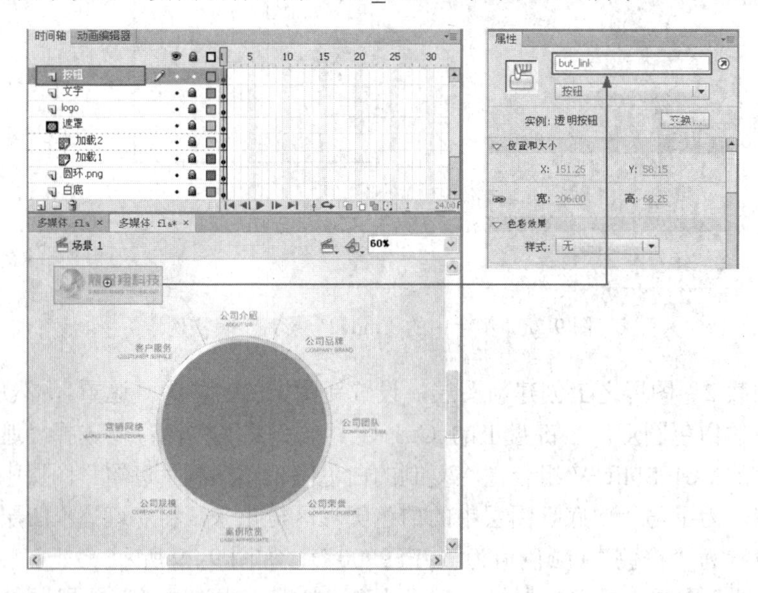

图 9-32　设置按钮元件的属性

⑯ 按照相同的方法，再将“库”面板中的“透明按钮”元件依次拖曳放置到各个文字菜单上，并依次为其设置“实例名称”为“but1”~“but8”，如图 9-33 所示。

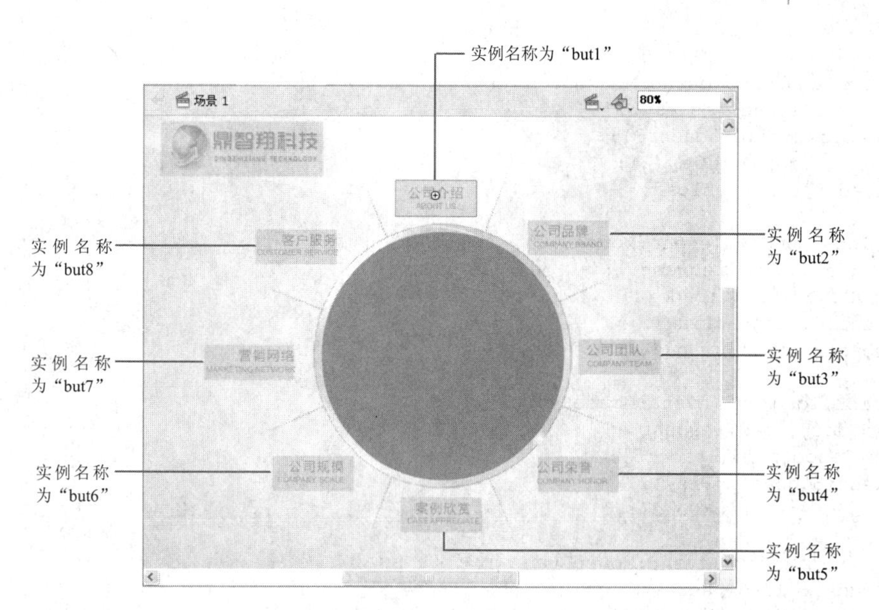

图 9-33　各个"透明按钮"按钮实例的位置

⑰ 在"按钮"图层之上创建一个新图层，设置新图层的名称为"action"，然后选择"action"图层的第 1 帧，在"动作"面板中输入如下的脚本：

```
//定义加载的外部swf文件与外部的jpg图像文件
var request_start:URLRequest = new URLRequest("guang.swf");
var request1:URLRequest = new URLRequest("001.jpg");
var request2:URLRequest = new URLRequest("002.jpg");
var request3:URLRequest = new URLRequest("003.jpg");
var request4:URLRequest = new URLRequest("004.jpg");
var request5:URLRequest = new URLRequest("005.jpg");
var request6:URLRequest = new URLRequest("006.jpg");
var request7:URLRequest = new URLRequest("007.jpg");
var request8:URLRequest = new URLRequest("008.jpg");
var loader_start:Loader = new Loader();
var loader1:Loader = new Loader();
var loader2:Loader = new Loader();
var loader3:Loader = new Loader();
var loader4:Loader = new Loader();
var loader5:Loader = new Loader();
var loader6:Loader = new Loader();
var loader7:Loader = new Loader();
var loader8:Loader = new Loader();
//定义刚刚运行影片时加载外部的swf动画到mov1影片剪辑元件上
loader_start.load(request_start);
mov1.addChild(loader_start);
//定义鼠标指针指向各个菜单按钮上时所加载的外部图像，卸载外部的swf动画，以及各个文字菜单元件内部的时间轴跳转
function loadmov1(event:MouseEvent ) {
    loader1.load(request1);
   mov2.addChild(loader1);
    wenzi1.gotoAndPlay(2);
    loader_start.unload();
}
function loadmov2(event:MouseEvent ) {
    loader2.load(request2);
   mov2.addChild(loader2);
    wenzi2.gotoAndPlay(2);
    loader_start.unload();
```

```
}
function loadmov3(event:MouseEvent ) {
    loader3.load(request3);
   mov2.addChild(loader3);
    wenzi3.gotoAndPlay(2);
    loader_start.unload();
}
function loadmov4(event:MouseEvent ) {
    loader4.load(request4);
   mov2.addChild(loader4);
    wenzi4.gotoAndPlay(2);
    loader_start.unload();
}
function loadmov5(event:MouseEvent ) {
    loader5.load(request5);
   mov2.addChild(loader5);
    wenzi5.gotoAndPlay(2);
    loader_start.unload();
}
function loadmov6(event:MouseEvent ) {
    loader6.load(request6);
   mov2.addChild(loader6);
    wenzi6.gotoAndPlay(2);
    loader_start.unload();
}
function loadmov7(event:MouseEvent ) {
    loader7.load(request7);
   mov2.addChild(loader7);
    wenzi7.gotoAndPlay(2);
    loader_start.unload();
}
function loadmov8(event:MouseEvent ) {
    loader8.load(request8);
   mov2.addChild(loader8);
    wenzi8.gotoAndPlay(2);
    loader_start.unload();
}
but1.addEventListener(MouseEvent.MOUSE_OVER,loadmov1);
but2.addEventListener(MouseEvent.MOUSE_OVER,loadmov2);
but3.addEventListener(MouseEvent.MOUSE_OVER,loadmov3);
but4.addEventListener(MouseEvent.MOUSE_OVER,loadmov4);
but5.addEventListener(MouseEvent.MOUSE_OVER,loadmov5);
but6.addEventListener(MouseEvent.MOUSE_OVER,loadmov6);
but7.addEventListener(MouseEvent.MOUSE_OVER,loadmov7);
but8.addEventListener(MouseEvent.MOUSE_OVER,loadmov8);
//定义鼠标指针移出各个菜单按钮上时所卸载的外部图像，加载外部的swf动画，以及各个文字菜单元件内部的时间轴跳转回第1帧
function unloadmov1(event:MouseEvent ) {
    loader1.unload();
    wenzi1.gotoAndStop(1);
    loader_start.load(request_start);
   mov1.addChild(loader_start);
}
function unloadmov2(event:MouseEvent ) {
    loader2.unload();
    wenzi2.gotoAndStop(1);
    loader_start.load(request_start);
   mov1.addChild(loader_start);
}
function unloadmov3(event:MouseEvent ) {
    loader3.unload();
    wenzi3.gotoAndStop(1);
```

```
        loader_start.load(request_start);
       mov1.addChild(loader_start);
}
function unloadmov4(event:MouseEvent ) {
        loader4.unload();
        wenzi4.gotoAndStop(1);
        loader_start.load(request_start);
       mov1.addChild(loader_start);
}
function unloadmov5(event:MouseEvent ) {
        loader5.unload();
        wenzi5.gotoAndStop(1);
        loader_start.load(request_start);
       mov1.addChild(loader_start);
}
function unloadmov6(event:MouseEvent ) {
        loader6.unload();
        wenzi6.gotoAndStop(1);
        loader_start.load(request_start);
       mov1.addChild(loader_start);
}
function unloadmov7(event:MouseEvent ) {
        loader7.unload();
        wenzi7.gotoAndStop(1);
        loader_start.load(request_start);
       mov1.addChild(loader_start);
}
function unloadmov8(event:MouseEvent ) {
        loader8.unload();
        wenzi8.gotoAndStop(1);
        loader_start.load(request_start);
       mov1.addChild(loader_start);
}
but1.addEventListener(MouseEvent.MOUSE_OUT,unloadmov1);
but2.addEventListener(MouseEvent.MOUSE_OUT,unloadmov2);
but3.addEventListener(MouseEvent.MOUSE_OUT,unloadmov3);
but4.addEventListener(MouseEvent.MOUSE_OUT,unloadmov4);
but5.addEventListener(MouseEvent.MOUSE_OUT,unloadmov5);
but6.addEventListener(MouseEvent.MOUSE_OUT,unloadmov6);
but7.addEventListener(MouseEvent.MOUSE_OUT,unloadmov7);
but8.addEventListener(MouseEvent.MOUSE_OUT,unloadmov8);
//定义鼠标单击logo上方的按钮时跳转的超链接
function link(event:MouseEvent):void
{
       navigateToURL(new URLRequest("http://www.51-site.com"),"_blank");
}
but_link.addEventListener(MouseEvent.CLICK,link);
```

18 按键盘上的 Ctrl+Enter 组合键，将弹出测试影片窗口。在此窗口中鼠标指针指向文字菜单上，可以进行图像的切换；鼠标指针移出，恢复到初始状态；鼠标点击 logo，会跳转到一个网站上。

19 关闭影片测试窗口，然后单击菜单栏中的“文件”/“保存”命令，将所制作的动画文件保存。

至此，“多媒体”动画全部制作完成。在本实例中主要讲解了使用 goto 命令创建按钮动画，使用 load 与 unload 命令加载与卸载外部影片的方法。这些命令是制作 Flash 网站以及多媒体软件常用的命令，如制作下拉菜单、加载网站的某个栏目等。所以，对于创建 Flash 网站的动画设计者来说，这几个命令是必须要掌握的。

第 10 章 组件的应用

ActionScript 3.0 组件是带有参数的影片剪辑。通过组件，用户可以方便而快速地构建功能强大且具有一致外观和行为的 ActionScript 应用程序。本章将详细讲述 Flash CS6 中组件的概念以及操作方法，并讲解如何使用脚本对这些组件进行综合应用。

本章内容

- 关于 ActionScript 3.0 组件
- 使用组件
- 常用组件简介
- 实例指导：制作“视频播放”动画
- 综合应用实例：制作“网站会员注册”动画

10.1 关于 ActionScript 3.0 组件

组件，通俗地讲就是带有参数的影片剪辑，用户可以修改这个剪辑的外观以及参数，通过组件的应用可以快速地构建出一些应用控件，如比较常见的用户界面控件“单选按钮（RadioButton）”、“复选框（CheckBox）”等。在 Flash 中使用组件非常方便，只需将这些组件从“组件”面板拖到应用程序文档中即可，而不用自己创建这些自定义按钮、组合框和列表。

在 Flash 中应用组件后，可以通过 ActionScript 3.0 来修改组件的行为或实现新的行为。每个组件都有惟一的一组 ActionScript 方法、属性和事件，它们构成了该组件的“应用程序编程接口”（API），API 允许用户在应用程序运行时创建并操作组件。另外，借助使用 API，用户还可以创建出自己自定义的组件。

提示

Flash CS6 中包括 ActionScript 2.0 组件以及 ActionScript 3.0 组件。用户不能混合使用这两组组件，如何选择使用哪种组件，取决于用户创建的是基于 ActionScript 2.0 的文档还是基于 ActionScript 3.0 的文档。如果创建的是基于 ActionScript 2.0 的文档，则使用的是 ActionScript 2.0 组件，如果创建的是基于 ActionScript 3.0 的文档，则使用的是 ActionScript 3.0 组件。

10.1.1 使用组件的优点

组件可以将应用程序的设计过程和编码过程分开，其目的是为了让开发人员重复使用和共享代码，以及封装复杂的功能。通过使用组件，开发人员可以创建设计人员在应用程序中能够用到的功能，使设计人员无需编写 ActionScript 就能够使用和自定义这些功能，而且还可以通过更改组件的参数来自定义组件的大小、位置和行为，从而进一步地简化设计人员的操作，大大提高了工作效率。下面介绍一些关于 ActionScript 3.0 组件的优点。

- ActionScript 3.0 的强大功能：提供了强大的基于 ActionScript 3.0 的动作脚本，可在重用代码的基础上构建丰富的 Internet 应用程序。
- 基于 FLA 的用户界面组件：可以像编辑影片剪辑一样快速地改变组件的外观，还可以使用组件提供的样式轻松地对组件的外观进行编辑，以便在创作时进行方便的定义。
- 新的 FVLPlayback 组件：添加了 FLVPlaybackCaptioning 组件及全屏支持，改进了实时预览功能，允许用户添加颜色和 Alpha 设置的外观，以及改进的 FLV 下载和布局功能。
- “属性”检查器和“组件”检查器：允许用户在 Flash 中进行创作时通过这两个面板来更改组件参数。
- ComboBox、List 和 TileList 组件的新的集合对话框：允许用户通过用户界面填充它们的 dataProvider 属性。
- ActionScript 3.0 事件模型：允许应用程序侦听事件并调用事件处理函数进行响应。
- 管理器类：提供了一种在应用程序中处理焦点和管理样式的简便方法。
- UIComponent 基类：为扩展它的组件提供核心方法、属性和事件。所有的 ActionScript 3.0 用户界面组件都继承自 UIComponent 类。
- 在基于 UI FLA 的组件中使用 SWC：可提供 ActionScript 定义（作为组件的时间轴

内部的资源），用以加快编译速度。

- 便于扩展的类层次结构：可以按需要导入类，使用 ActionScript 3.0 创建惟一的命名空间，并且可以方便地创建子类来扩展组件。

10.1.2 组件的类型

Flash CS6 中内置了 3 种类型的组件，分别为 Flex 组件、用户界面（User Interface）组件和 Video（视频）组件，这 3 类组件被放置在“组件”面板中。如果需在文档中使用组件，只需将其中的组件从“组件”面板拖曳到舞台中即可，如图 10-1 所示。

- 用户界面（User Interface）组件：用于设置用户的界面，并通过界面使用户与应用程序进行交互操作。该类组件类似于网页中的表单元素，如 Button（按钮）组件、RadioButton（单选按钮）组件等。
- Video 组件：主要用于对播放器中的播放状态和播放进度等属性进行交互操作。

10.1.3 组件的体系结构

Flash CS6 中的组件具有两种体系结构，分别为“FLA”与“SWC”。其中，用户界面（User Interface）组件是基于 FLA（.fla）的组件，FLVPlayback和 FLVPlaybackCaptioning组件是基于 SWC 的组件。

1．基于 FLA 的组件

ActionScript 3.0 用户界面（User Interface）组件是具有内置外观的基于 FLA（.fla）的文件，用户可以在舞台中双击组件来切换到组件的影片剪辑编辑模式中对组件的外观进行编辑。这种组件的外观及其他资源位于时间轴的第 2 帧上。双击这种组件时，Flash 将自动跳到第 2 帧并打开该组件外观的调色板，如图 10-2 所示。

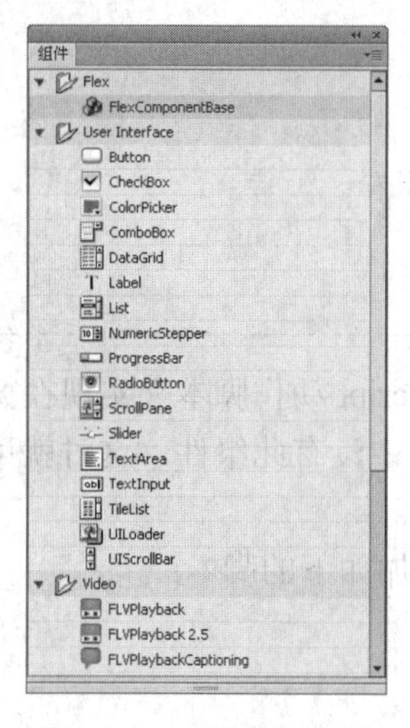

图 10-1 “组件”面板

图 10-2 组件编辑窗口

2．基于 SWC 的组件

基于 SWC 的组件由一个 FLA 文件和一个 ActionScript 类文件构成，但它们已被编译并导出为 SWC 文件。SWC 文件是一个由预编译的 Flash 元件和 ActionScript 代码组成的包，使用它可避免重新编译不会更改的元件和代码。“组件”面板中的 FLVPlayback和 FLVPlaybackCaptioning组件就是基于 SWC 的组件，它们具有外部外观，而不是内置外观。在舞台中双击这两个组件，不会切换到组件的编辑窗口中。

SWC 组件包含编译剪辑、此组件的预编译 ActionScript 定义以及描述此组件的其他文件。如果用户创建自己的组件，则可以将其导出为 SWC 文件以便使用。

10.2 使用组件

在 Flash CS6 中可以通过“组件”面板来添加组件，在“组件”面板中，各组件按照类别进行管理，便于用户查找。当需要使用某个组件时，直接将此组件拖曳到舞台中即可。在舞台中添加组件后，就会自动存放到“库”面板中，以后使用组件就可以像使用影片剪辑一样，从“库”面板重复调用。这样从“组件”面板中添加一次组件后，此组件就可以在影片中被多次使用，从而节省动画的文件大小，如图 10-3 所示。

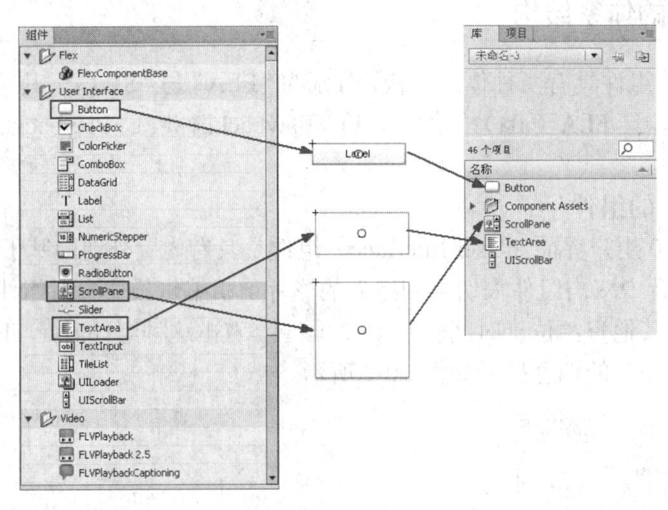

图 10-3 从“组件”面板拖曳出的组件

10.2.1 使用 ActionScript 来调用组件

对于“库”面板中已有调用的组件，还可以通过 ActionScript 动作脚本来实现在舞台中的调用。例如在“库”面板中有一个 button 组件，但是在场景中没有此组件，这时就可以通过 ActionScript 动作脚本将 button 组件添加到场景中。

此时可以选择场景的第 1 帧，然后在“动作”面板中添加如下的脚本：

```
import fl.controls.Button;
//设置按钮上的文字字体样式及字体大小样式
var myTextFormat:TextFormat = new TextFormat();
myTextFormat.bold = true;
myTextFormat.font = "Comic Sans MS";
myTextFormat.size = 14;
//设置按钮上显示的文字，按钮位置及大小，显示样式
var myButton:Button = new Button();
myButton.label = "LabelText";
myButton.move(10, 10);
myButton.setSize(140, 40);
```

```
myButton.setStyle("textFormat", myTextFormat);
addChild(myButton);
```

添加脚本后，可以看到在场景中没有任何组件，然后按键盘上的 Ctrl+Enter 组合键，在测试影片窗口中就可以看到创建出的 button 组件。

从上面的实例可以看出，使用 ActionScript 动作脚本来添加组件的方法，要比手动将组件放置到舞台中更加灵活，而且在程序控制上更加方便。

10.2.2 组件参数的设置

在舞台中添加组件后，可以通过“属性”面板中的“组件参数”选项对其进行参数的相关设置，如图 10-4 所示。

- 属性：在属性这一列中罗列了所选组件的各个属性名称。
- 值：在值这一列中显示了所选组件的各个属性参数值。通过改变这些参数值，可以对组件的外观进行调整。

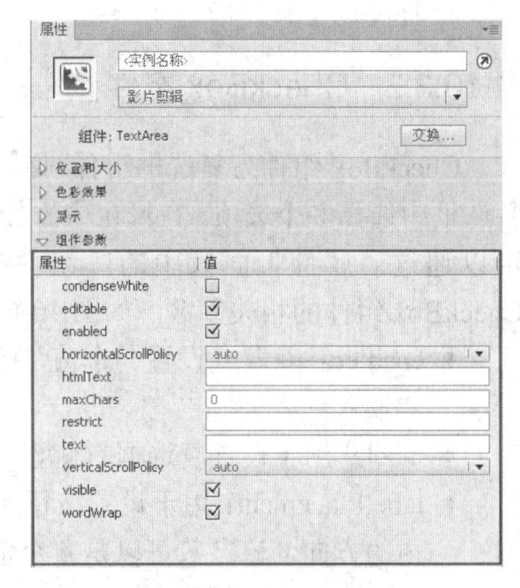

图 10-4 “属性”面板中的“组件参数”选项

10.3 常用组件简介

Flash CS6 中的组件由 Flex 组件、用户界面（User Interface）组件（简称为 UI 组件）与 Video 组件构成。其中，UI 组件用于设置用户界面，实现动画的交互操作；Video 组件用于对视频播放进行控制。下面对这两个类别中常用的组件分别进行介绍。

10.3.1 Button 组件

Button 组件为一个按钮，它是许多表单和 Web 应用程序的基础部分。例如，可以将 Button 组件作为表单的“提交”按钮。在舞台中添加 Button 组件后，可以通过“属性”面板中的“组件参数”选项来设置 Button 组件的相关参数，如图 10-5 所示。

图 10-5 Button 组件的参数

- emphasized：设置当按钮处于弹起状态时，Button 组件周围是否绘有边框。
- enabled：获取或设置一个值，指示组件能否接受用户输入。
- label：用于设置按钮上文本的值。
- labelPlacement：用于设置按钮上的文本在按钮图标内的方向。该参数可以是 4 个值之一：left、right、top 或 bottom，默认值为 right。
- selected：该参数指定按钮是处于按下状态还是释放状态，默认值为释放状态。
- toggle：将按钮转变为切换开关。如果勾选此选项，则按钮在单击后保持按下状态，并在再次单击时便返回到弹起状态。如果不勾选此选项，则按钮行为与一般按钮相同，默认为此种状态。

- visible：设置组件是否显示，勾选此选项表示显示组件，不勾选此选项表示不显示组件。

10.3.2 CheckBox 组件

CheckBox 组件为复选框组件，使用该组件可以在一组复选框中选择多个选项。在舞台中添加 CheckBox 组件后，可以通过“属性”面板中的“组件参数”选项来设置 CheckBox 组件的相关参数，如图 10-6 所示。

图 10-6 CheckBox 组件的参数

- enabled：获取或设置一个值，指示组件能否接受用户输入。
- label：用于设置复选框右侧显示的文本内容。
- labelPlacement：用于设置按钮上的文本在按钮图标内的方向。该参数可以是 4 个值之一：left、right、top 或 bottom，默认值为 right。
- selected：用于设置复选框的初始值为被选中或取消选中。勾选此选项，复选框会被选中；不勾选此选项，会取消选择复选框。
- visible：设置组件是否显示，其参数为布尔值，true 值表示显示组件，false 值表不显示组件。

10.3.3 ColorPicker 组件

ColorPicker 组件为包含一个或多个颜色的调色板，用户可以从中选择颜色。在舞台中添加 ColorPicker 组件后，可以通过“属性”面板中的“组件参数”选项来设置 ColorPicker 组件的相关参数，如图 10-7 所示。

图 10-7 ColorPicker 组件的参数

- enabled：获取或设置一个值，指示组件能否接受用户输入。
- selectedColor：用于设置 ColorPicker 组件的调色板中当前加亮显示的颜色。
- showTextField：用于设置是否显示 ColorPicker 组件中选择颜色的颜色值，默认为显示。
- visible：设置组件是否显示，默认为显示。

10.3.4 ComboBox 组件

ComboBox 组件为下拉菜单的形式，用户可以在弹出的下拉菜单中选择其中一项。在舞台中添加 ComboBox 组件后，可以通过“属性”面板中的“组件参数”选项来设置 ComboBox 组件的相关参数，如图 10-8 所示。

- dataProvider：用于设置下拉菜单当中显示的内容，以及传送的数据。

图 10-8 ComboBox 组件的参数

- editable：用于设置下拉菜单中显示的内容是否为可编辑的状态。
- enabled：获取或设置一个值，指示组件能否接受用户输入。
- prompt：设置对 ComboBox 组件开始显示时的初始内容。
- restrict：设置用户可以在文本字段中输入的字符。
- rowcount：用于设置下拉菜单中可显示的最大行数。
- visible：设置组件是否显示，默认为显示。

10.3.5 List 组件

List 组件为列表框的形式，用户可以从列表框中选择一项或多项。在舞台中添加 List 组件后，可以通过“属性”面板中的“组件参数”选项来设置 List 组件的相关参数，如图 10-9 所示。

图 10-9 List 组件的参数

- allowMultipleSelection：设置能否一次选择多个列表项目，勾选此选项表示可以一次选择多个项目；不勾选此选项表示一次只能选择一个项目。
- dataProvider：设置列表框中显示的内容，以及传送的数据。
- enabled：获取或设置一个值，指示组件能否接受用户输入。
- horizontalLineScrollSize：设置当单击水平方向上的滚动箭头时，水平移动的数量。其单位为像素，默认值为 4。
- horizontalPageScrollSize：设置按滚动条轨道时，水平滚动条上滚动滑块要移动的像素数。当该值为 0 时，该属性检索组件的可用宽度。
- horizontalScrollPolicy：设置水平滚动条是否始终打开。
- verticalLineScrollSize：设置当单击垂直方向上的滚动箭头时，垂直移动的数量。其单位为像素，默认值为 4。
- verticalPageScrollSize：设置按滚动条轨道时，垂直滚动条上滚动滑块要移动的像素数。当该值为 0 时，该属性检索组件的可用高度。
- verticalScrollPolicy：设置垂直滚动条是否始终打开。
- visible：设置组件是否显示，默认为显示。

10.3.6 RadioButton 组件

RadioButton 组件为单选按钮组件，可以让用户从一组单选按钮中选择一项。在舞台中添加 RadioButton 组件后，可以通过“属性”面板中的“组件参数”选项来设置 RadioButton 组件的相关参数，如图 10-10 所示。

- enabled：获取或设置一个值，指示组件能否接受用户输入。

- groupName：单选按钮的组名称，一组单选按钮有一个统一的名称。
- label：设置单选按钮上的文本内容。
- labelPlacement：确定单选按钮上文本的方向。该参数可以是 4 个值之一：left、right、top 或 bottom，其默认值为 right。
- selected：设置单选按钮的初始值为被选中或取消选中。被选中的单选按钮中会显示一个圆点，同一组单选按钮内只有一个可以被选中。
- value：设置选择单选按钮后要传递的数据值。
- visible：设置组件是否显示，默认为显示。

图 10-10　RadioButton 组件的参数

10.3.7　ScrollPane 组件

ScrollPane 组件用于设置一个可滚动的窗格，在此区域内能显示.jpeg、.gif 与.png 文件以及.swf 文件。在舞台中添加 ScrollPane 组件后，可以通过“属性”面板中的“组件参数”选项来设置 ScrollPane 组件的相关参数，如图 10-11 所示。

- enabled：获取或设置一个值，指示组件能否接受用户输入。
- horizontalLineScrollSize：设置当单击水平方向上的滚动箭头时，水平移动的数量。其单位为像素，默认值为 4。
- horizontalPageScrollSize：设置按滚动条轨道时，水平滚动条上滚动滑块要移动的像素数。当该值为 0 时，该属性检索组件的可用宽度。

图 10-11　ScrollPane 组件的参数

- horizontalScrollPolicy：设置水平滚动条是否始终打开。
- scrollDrag：设置当用户在滚动窗格中拖动内容时是否发生滚动。
- source：设置滚动区域内显示的图像文件或.swf 文件。
- verticalLineScrollSize：设置当单击垂直方向上的滚动箭头时，垂直移动的数量。其单位为像素，默认值为 4。
- verticalPageScrollSize：设置按滚动条轨道时，垂直滚动条上滚动滑块要移动的像素数。当该值为 0 时，该属性检索组件的可用高度。
- verticalScrollPolicy：设置垂直滚动条是否始终打开。
- visible：设置组件是否显示，默认为显示。

10.3.8　TextArea 组件

TextArea 组件为多行文本框，如果需要使用单行文本框，可以使用 TextInput 组件。在舞台中添加 TextArea 组件后，可以通过“属性”面板中的“组件参数”选项来设置 TextArea 组件的相关参数，如图 10-12 所示。

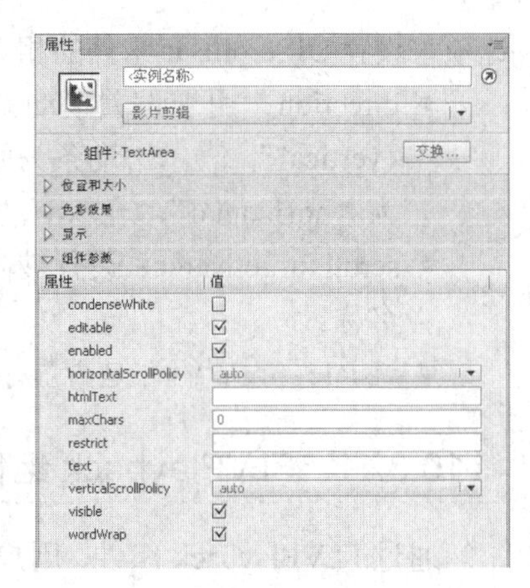

图 10-12　TextArea 组件的参数

- condenseWhite：设置是否从包含 HTML 文本的 TextArea 组件中删除额外空白。
- editable：设置 TextArea 组件是否为可编辑状态。默认为勾选状态，表示为可以编辑状态。
- enabled：获取或设置一个值，指示组件能否接受用户输入。
- horizontalScrollPolicy：设置水平方向的滚动条，有 3 个参数值——auto、on 和 off。auto 设置自动出现水平方向的滚动条；on 设置始终出现水平方向的滚动条；off 设置没有水平方向的滚动条。
- htmlText：设置文本框中输入的文本内容，可以输入 html 格式文本。
- maxChars：设置用户可以在文本字段中输入的最大字符数。
- restrict：设置文本字段从用户处接受的字符串。
- text：设置 TextArea 组件中的文本内容。
- verticalScrollPolicy：设置垂直方向的滚动条，有 3 个参数值——auto、on 和 off。auto 设置自动出现垂直方向的滚动条；on 设置始终出现垂直方向的滚动条；off 设置没有垂直方向的滚动条。
- visible：设置组件是否显示，默认为显示。
- wordWrap：设置文本是否自动换行。默认为勾选状态，表示可以自动换行。

10.3.9　TextInput 组件

TextInput 组件为单行文本框。在舞台中添加 TextInput 组件后，可以通过“属性”面板中的“组建参数”选项来设置 TextInput 组件的相关参数，如图 10-13 所示。

图 10-13　TextInput 组件的参数

- displayAsPassword：设置单行文本输入框内输入的文本信息是否以密码的形式显示。勾选此选项则输入框以密码方式显示，默认为非勾选状态。
- editable：设置 TextInput 组件是否为可编辑状态。默认为勾选状态，表示 TextInput 组件为可编辑状态。
- enabled：获取或设置一个值，指示组件能否接受用户输入。
- maxChars：设置用户可以在文本字段中输入的最大字符数。
- restrict：设置文本字段从用户处接受的字符串。
- text：设置 TextInput 组件中显示的文本内容。
- visible：设置组件是否显示，默认为显示。

10.3.10　UIScrollBar 组件

UIScrollBar 组件包括所有滚动条功能，此组件通过 scrollTarget()方法可以被附加到 TextField 组件实例。在舞台中添加 UIScrollBar 组件后，可以通过“属性”面板中的“组件参数”

选项来设置 UIScrollBar 组件的相关参数，如图 10-14 所示。

- direction：用于设置滚动条的方向，默认参数值为“vertical”，表示滚动条为垂直方向；如果参数设置为“horizontal”，表示滚动条为水平方向。
- scrollTargetName：设置被附加滚动条的对象的实例名称。
- visible：设置组件是否显示，默认为显示。

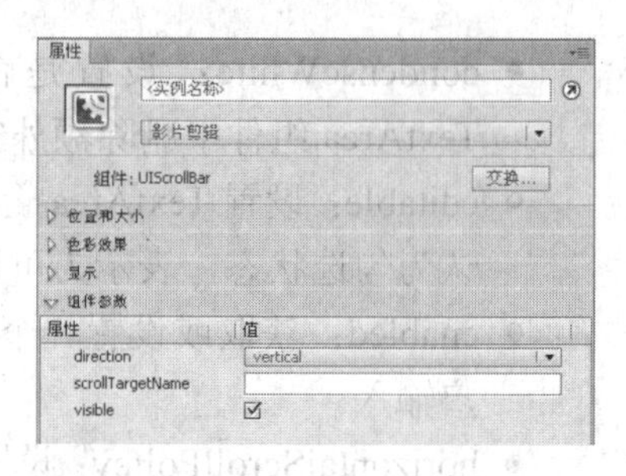

图 10-14 UIScrollBar 组件的参数

10.3.11 FLVPlayback 组件

通过 FLVPlayback 组件，用户可以轻松地在 Flash CS6 中创建视频播放器，以便播放通过 HTTP 渐进式下载的视频文件，或者播放来自 Adobe 的 Macromedia Flash Media Server 或 Flash Video StreamingService（FVSS）的流视频文件。

随着 Adobe Flash Player 11 的发布，Flash Player 中的视频内容播放功能得到了显著改进。本次更新包括对 FLVPlayback 组件的更改，这些更改利用用户的系统视频硬件来提供更好的视频播放性能。对 FLVPlayback 组件的更改还提高了视频文件在全屏模式下的保真度。

此外，Flash Player 11 增加了对采用业界标准 H.264 编码的高清 MPEG-4 视频格式的支持，从而改善了 FLVPlayback 组件的功能。这些格式包括.mp4、.m4a、.mov、.mp4v、.3gp 和.3g2。易于使用的 FLVPlayback 组件具有以下特性和优点：

- 可快捷方便地拖到 Flash 应用程序中。
- 支持全屏大小。
- 提供预先设计的视频播放器的外观集合，用户可以选择合适的外观应用给视频播放器。
- 允许用户为所选择的视频播放器外观来设置颜色和 Alpha 值。
- 允许高级用户创建他们自己的视频播放器外观。
- 在创作过程中提供实时预览的功能。
- 提供布局属性，以便在调整视频播放器大小时使视频文件保持居中。
- 允许在下载足够的渐进式下载视频文件时开始播放。
- 提供可用于将视频与文本、图形和动画同步的提示点。
- 保持合理大小的.swf 文件。

对于添加到舞台中的 FLVPlayback 组件，可以通过“属性”面板中的“组件参数”选项来设置相关参数，如图 10-15 所示。

- align：设置载入 FLV 视频相对于舞台 x 或 y 轴方向的位置。
- autoPlay：设置载入 FLV 视频文件后是开始播放还是停止播放。如果勾选此选项，则该组件在加载 FLV 视频文件后立即播放；如果不勾选此选项，则该组件加载 FLV 视频文件第 1 帧后暂停。
- cuePoints：设置 FLV 视频文件的提示点。提示点允许用户同步包含 Flash 动画、图形或文本的 FLV 文件中的特定点。
- isLive：设置视频是否为实时视频流。
- preview：设置载入的 FLV 视频文件实时预览。
- scaleMode：设置载入的 FLV 视频文件加载后如何调整其大小。

● skin：设置 FLVPlayback 组件的外观，双击右侧的此参数，可以打开“选择外观”对话框，从该对话框中可以选择组件的外观，如图 10-16 所示。默认值是最初选择的设计外观，但它在以后将成为上次选择的外观。

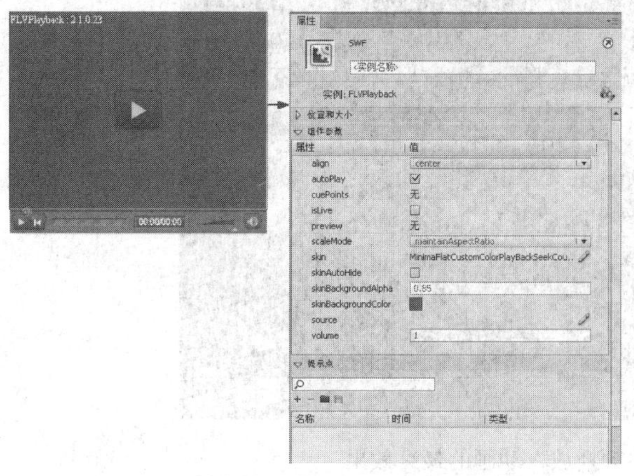

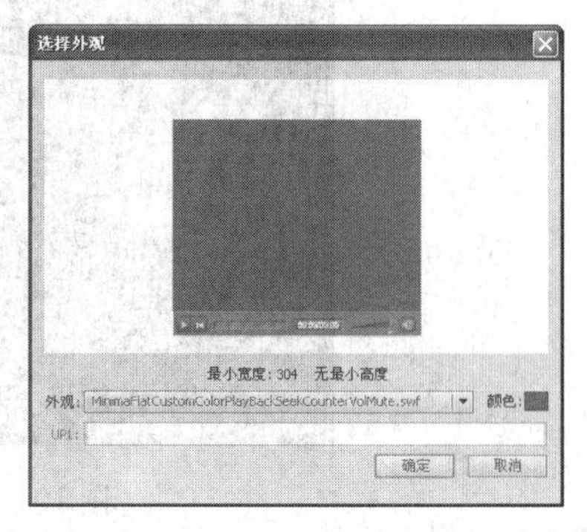

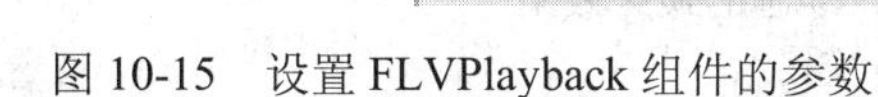

图 10-15 设置 FLVPlayback 组件的参数　　　　图 10-16 “选择外观”对话框

● skinAutoHide：设置鼠标指针在 FLV 视频文件下方控制器外时，是否隐藏外观。如果勾选此选项，则当鼠标指针不在 FLV 视频文件下方的控制器区域时隐藏外观。如果不勾选此项，则不隐藏。
● skinBackgroundAlpha：设置 FLVPlayback 组件外观背景的 Alpha 透明度。
● skinBackgroundColor：设置 FLVPlayback 组件外观背景的颜色。
● source：指定加载 FLV 视频文件的 URL，或者指定描述如何播放一个或多个 FLV 文件的 XML 文件。FLV 视频文件的 URL 可以是本地计算机上的路径、HTTP 路径或实时消息传输协议（RTMP）路径。单击此选项右侧的按钮，可以打开“内容路径”对话框，单击按钮，可以弹出“浏览源文件”对话框，从中可以选择所需要播放的 FLV 视频文件，如图 10-17 所示。

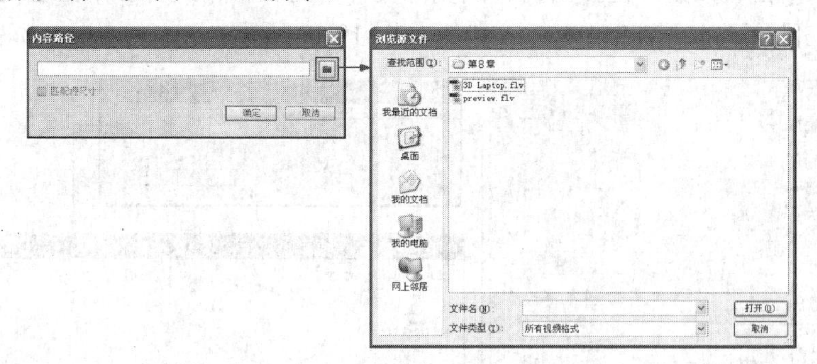

图 10-17 选择 FLV 视频文件

● volume：用于表示相对于最大音量的百分比。

10.4 实例指导：制作“视频播放”动画

通过 FLVPlayback 组件，可以将外部 FLV 视频文件加载到 Flash 文件中播放。为了使读者更好地理解 FLVPlayback 组件，下面通过“视频播放”的实例来讲解 FLVPlayback 组件的应用方法。其最终效果如图 10-18 所示。

图 10-18　“视频播放”动画的最终效果

制作“视频播放”动画的步骤如下：

(1) 启动 Flash CS6，创建出一个新的文档。在“属性”面板中设置舞台的“宽度”参数为“960 像素”，“高度”参数为“540 像素”，“背景颜色”为默认“白色”。

提示

在此设置的舞台宽度和高度与加载到 Flash 内视频文件的宽度和高度相同。如果不知道视频文件的宽度与高度，也可以先将视频导入到舞台中，再通过“信息”面板来查看其宽度与高度，然后再设置文档属性。

(2) 展开“组件”面板，将 FLVPlayback 组件拖曳到舞台中。

(3) 选择舞台中的 FLVPlayback 组件，在“属性”面板的“组件参数”中取消 autoPlay 复选框的勾选状态；在“source”参数栏右侧单击按钮，在弹出的“内容路径”对话框中单击按钮，在弹出的“浏览源文件”对话框中选择本书配套光盘“第 10 章/素材”目录下的“Video.f4v”文件，如图 10-19 所示。

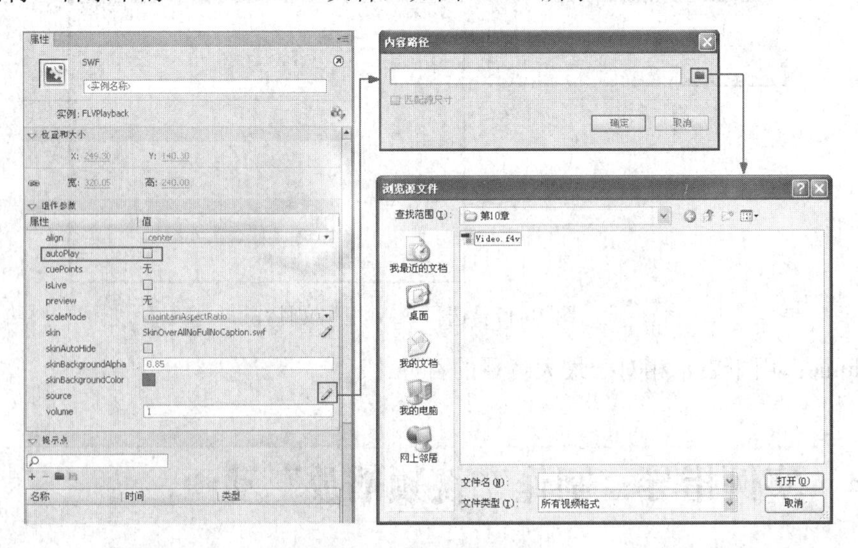

图 10-19　选择的视频文件

提示

"Video.f4v"是外部载入的 FLV 视频文件。读者在制作此动画时，必须将此文件粘贴到与所制作文件相同的目录下。

④ 选择舞台中的 FLVPlayback 组件，在"属性"面板的"组件参数"中"skin"参数栏右侧单击按钮，在弹出的"选择外观"对话框中打开"外观"下拉列表，然后选择其中的"SkinOverAllNoFullNoCaption.swf"选项，如图 10-20 所示。

⑤ 单击 确定 按钮，关闭"选择外观"对话框，然后选择舞台中的 FLVPlayback 组件，在"属性"面板中设置 X、Y 轴坐标值全部为"0"，这样加载的视频与舞台大小重合，如图 10-21 所示。

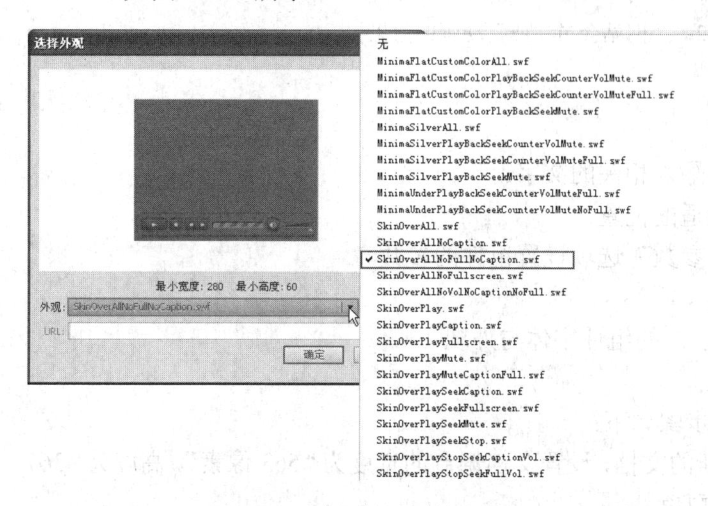

图 10-20　选择的视频播放外观

图 10-21　"属性"面板中的参数设置

⑥ 按键盘上的 Ctrl+Enter 组合键，在测试窗口中可以通过下方的控制栏观看外部的"Video.f4v"视频文件在动画窗口中的播放，同时通过控制栏还可以控制视频的暂停、停止、前进、后退以及音量等。

在使用 FLVPlayback 组件播放 FLV 视频文件时，会自动将 FLVPlayback 组件的 Skin 文件放置在动画文件所在的同级目录下，如在制作上例时就会将 SkinOverAllNoFullNoCaption.swf 文件放置在与生成的动画的同级目录下。所以，在发布包含有 FLVPlayback 组件的动画文件时，需要将其 Skin 文件一起发布。

10.5　综合应用实例：制作"网站会员注册"动画

会员注册是网站中常用的用户交互形式，通常由各种表单元素所构成，用户可以在线填写表单信息，然后服务器会根据用户填写的表单内容再反馈给用户相应的信息，从而实现用户与网站的交互。在 Flash 中制作会员注册页面也是如此，可以用组件来创建会员注册的表单元素，然后再由 ActionScript 脚本控制表单内容的提交。本节将制作一个"网站会员注册"的动画实例，通过多个组件构成了会员注册的各个表单元素，使用"组件参数"为其设置了相关参数，并为这些组件设置了统一的外观，从而创建出精美的会员注册界面，其最终效果如图 10-22 所示。

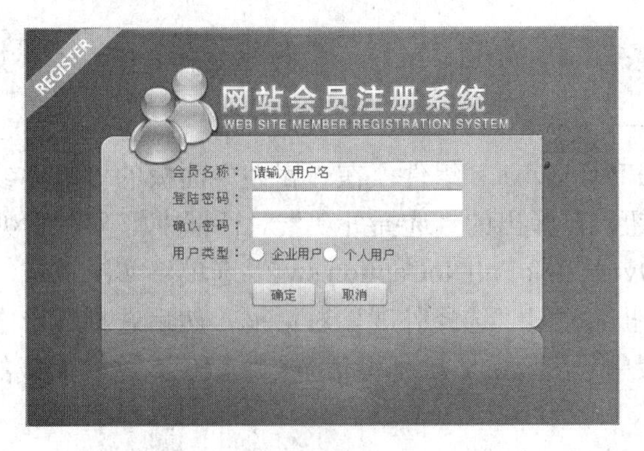

图 10-22 “网站会员注册”动画的效果

本实例的步骤提示：

1. 创建新的文档。
2. 将界面图导入到舞台中，并输入相关的文字。
3. 将所需的组件拖曳到舞台合适的位置。
4. 使用“属性”面板的“组件参数”选项设置组件的参数。
5. 改变组件的颜色外观。
6. 使用 ActionScript 脚本设置统一的组件字体与外观。
7. 测试与保存 Flash 动画文件。

制作“网站会员注册”动画的步骤如下：

① 启动 Flash CS6，创建一个新的文档，设置文档舞台的宽度为“563 像素”，高度为“367 像素”，背景颜色为默认的白色。

② 将“图层 1”的图层名称改为“界面底图”，然后导入本书配套光盘“第 10 章/素材”目录下的“注册界面.jpg”图像文件，设置导入的背景图与舞台重合，如图 10-23 所示。

③ 在“界面底图”图层之上创建新图层，设置新图层的名称为“组件”，然后选择“工具”面板中的“文本工具” T，在“属性”面板中设置“文本引擎”为“传统文本”，“文本类型”为“静态文本”，“系列”设置为“宋体”，“大小”为“12”，“字母间距”为“2”，“颜色”为“深绿色”（颜色值为“#256213”），“消除锯齿”为“位图文本”，如图 10-24 所示。

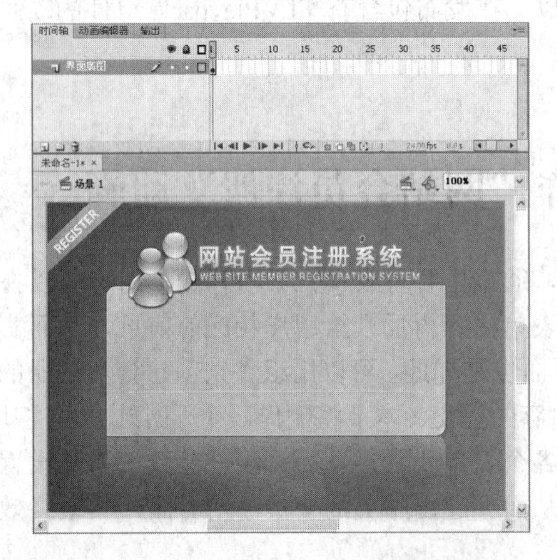

图 10-23 导入的“注册界面.jpg”图像文件

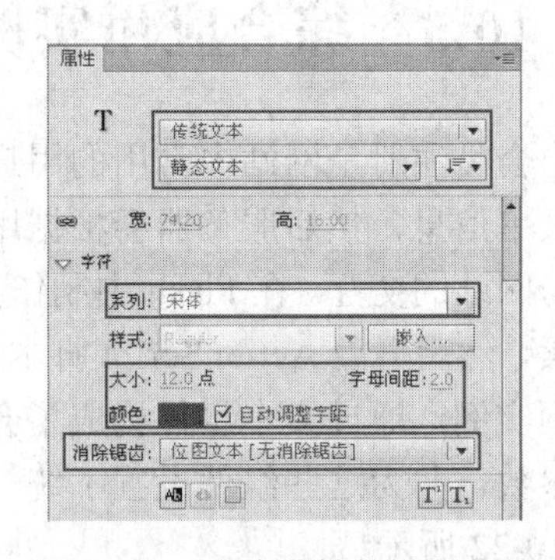

图 10-24 文本属性的设置

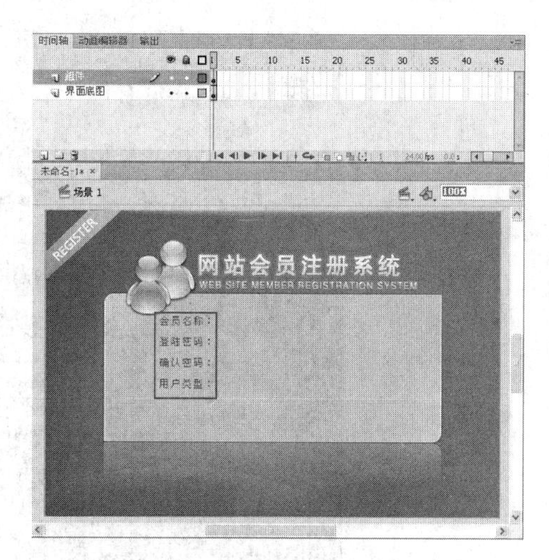

图 10-25 舞台中输入的文字

④ 使用“文本工具”T在舞台中输入各个文字，并将其摆放整齐，如图 10-25 所示。

⑤ 打开“组件”面板，将“组件”面板中的 TextInput 组件拖曳到舞台中“会员名称：”文字的右侧，在“信息”面板中设置“宽”为“200”，“高”为“20”；然后在“属性”面板的“组件参数”选项设置“maxChars”参数为“16”；“text”的参数为“请输入用户名”，如图 10-26 所示。

⑥ 将“组件”面板中的 TextInput 组件拖曳到舞台中“登陆密码：”与“确认密码：”文字的右侧，在“信息”面板中设置“宽”为“200”，“高”为“20”；然后在“属性”面板的“组件参数”选项设置“displayAsPassword”复选框为勾选，“maxChars”参数为“16”，如图 10-27 所示。

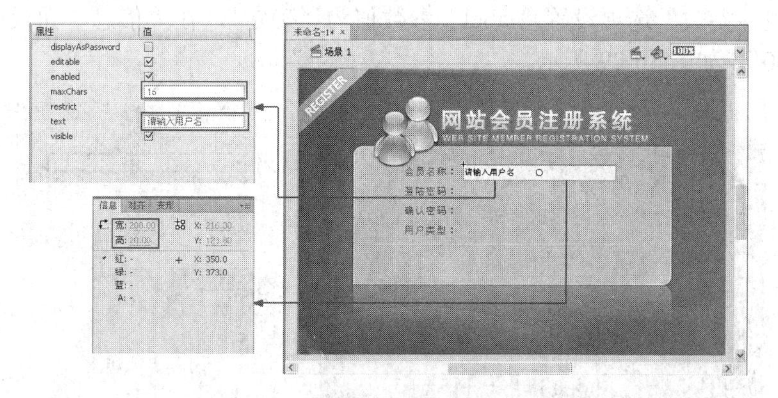

图 10-26 舞台中 TextInput 组件

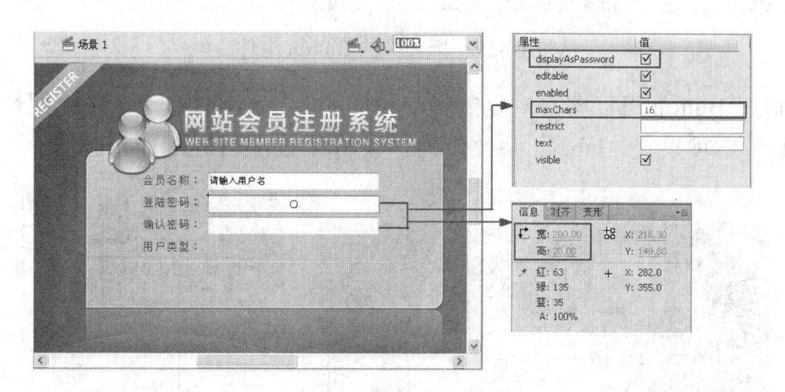

图 10-27 TextInput 组件的参数

⑦ 将“组件”面板中的 RadioButton 组件拖曳到舞台中“用户类型：”文字的右侧，接着在右侧继续复制出一个相同的 RadioButton 组件，然后在“属性”面板的“组件参数”选项设置左边的 RadioButton 组件“label”参数值为“企业用户”，右边的 RadioButton 组件“label”参数值为“个人用户”，如图 10-28 所示。

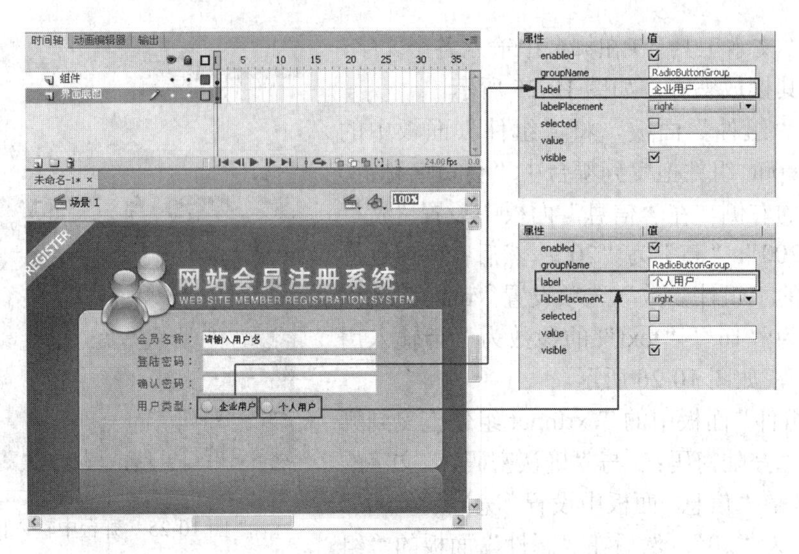

图 10-28　舞台中的 RadioButton 组件

⑧ 将“组件”面板中的 Button 组件拖曳到舞台登陆框白色横线的下方，在“属性”面板的“组件参数”选项设置“label”参数值为“确定”，在“信息”面板中设置“宽”为“60”，如图 10-29 所示。

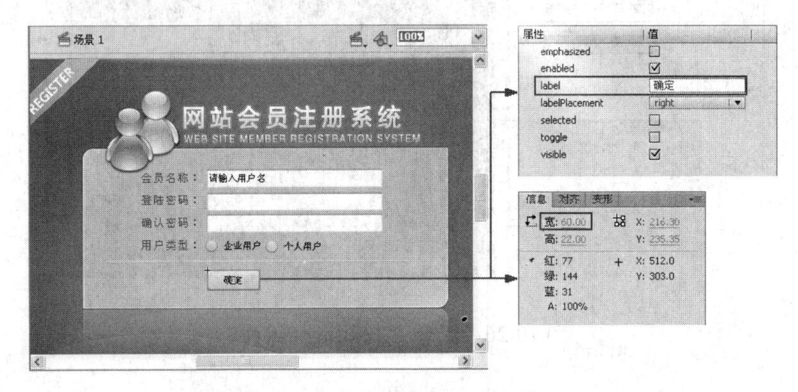

图 10-29　舞台中的 Button 组件

⑨ 将“确定”Button 组件向右侧复制一个相同的 Button 组件，然后在“属性”面板的“组件参数”选项设置“label”参数值为“取消”，如图 10-30 所示。

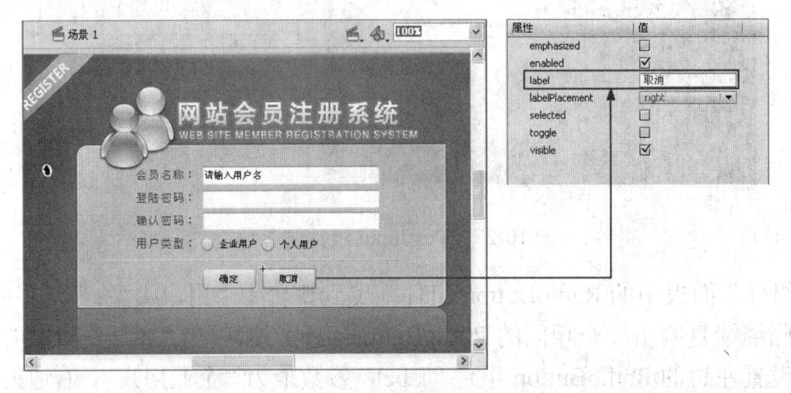

图 10-30　舞台中的第 2 个 Button 组件

⑩ 在舞台中双击名称为“企业用户”的 RadioButton 组件，切换到 RadioButton 组件的编辑窗口中，如图 10-31 所示。

⑪ 在 RadioButton 组件编辑窗口中双击“up”文字左侧的“RadioButton_upIcon”影片剪辑实例，切换至“RadioButton_upIcon”影片剪辑元件的编辑窗口中，在此窗口中修改“fill”图层中圆形的填充颜色为“白色”，如图 10-32 所示。

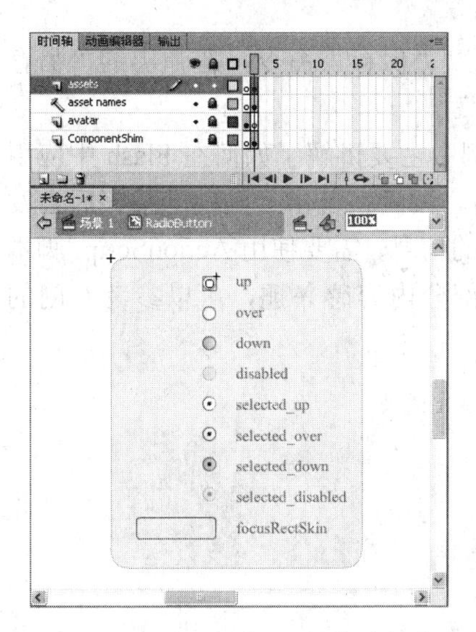

图 10-31 RadioButton 组件的编辑窗口

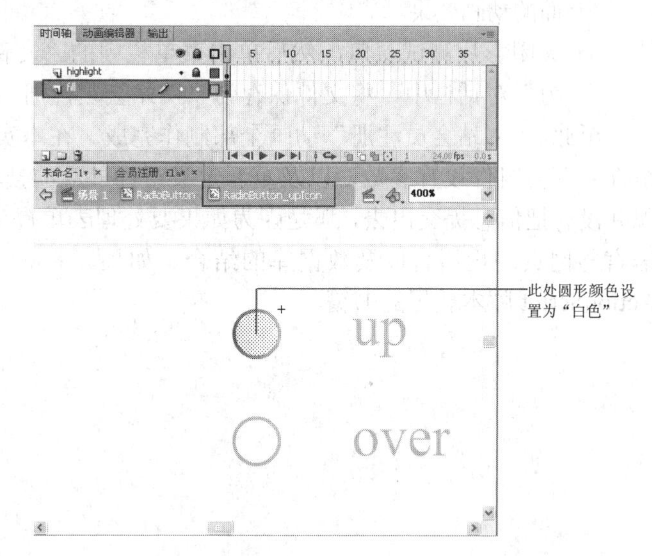

图 10-32 “RadioButton_upIcon”影片剪辑元件的编辑窗口

⑫ 单击 RadioButton 按钮来切换至 RadioButton 组件的编辑的窗口中，然后双击“selected_up”文字左侧的“RadioButton_selectedupIcon”影片剪辑实例，切换至“RadioButton_selectedupIcon”影片剪辑元件的编辑窗口中，在此窗口中修改“fill”图层中圆形的填充颜色为“白色”，如图 10-33 所示。

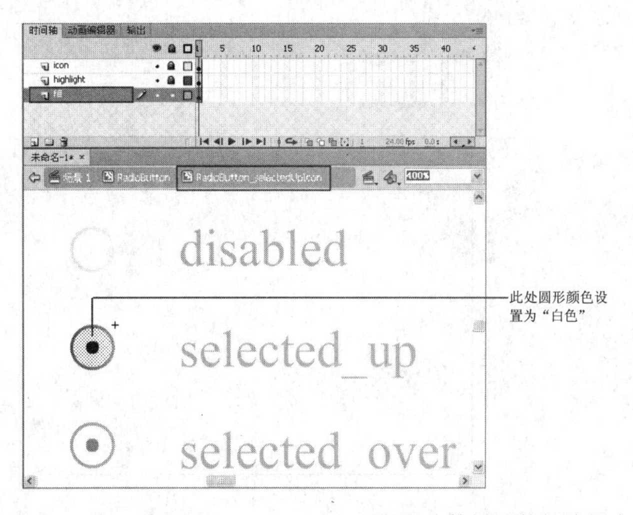

图 10-33 “RadioButton_selectedupIcon”影片剪辑元件的编辑窗口

⑬ 单击 场景 1 按钮，切换至场景舞台中，然后在“组件”图层之上创建一个新图层，设置新图层的名称为“action”，然后选择“action”图层的第 1 帧，在“动作”面板中输入如下的脚本：

```
import fl.managers.StyleManager;
var tf:TextFormat = new TextFormat();
tf.color = 0x256213;
tf.size = 12;
StyleManager.setStyle("textFormat", tf);
```

⑭ 按键盘上的 Ctrl+Enter 组合键，在弹出的影片测试窗口中可以看到所制作的用户注册界面的动画效果。

⑮ 关闭影片测试窗口，然后单击菜单栏中的“文件”/“保存”命令，在弹出的“另存为”对话框中，将文件保存为“网站会员注册.fla”。

至此，“网站会员注册”动画全部制作完成。在本实例中主要讲解了如何在 Flash 中应用组件，并为组件设置参数，以及重新定义组件外观的技巧。读者在单击“确定”按钮后会发现并没有把信息提交出去，那是因为如果要处理表单提交的信息，需要使用 ActionScript 脚本语言与网页编程语言以及数据库的结合。如果读者对这部分内容感兴趣，可以参考专门的 ActionScript 脚本教程的书籍。

第 11 章

文件的优化、导出与发布

文件的优化、导出与发布，是动画制作完成后不可缺少的步骤。动画文件制作完成后，Flash 软件允许将其同时发布为多种格式的文件，包括 SWF、HTML、GIF、JPEG、PNG 文件等，也可以将其导出为单个文件，以便在其他的环境中或者融入到其他的作品中一起使用。不过，要注意的是，在导出和发布之前需对动画进行优化，在保证播放质量的前提下尽可能地对生成的动画进行压缩，使动画的体积达到最小，从而能够方便用户的观看；虽然看似简单，但是其重要性不容忽视。本章将对 Flash 动画文件的优化、导出和发布相关知识进行介绍。

- Flash 影片的优化
- 导出动画作品
- 实例指导：制作 .exe 格式的动画
- 影片发布
- 为 Adobe AIR 发布

11.1 Flash 影片的优化

Flash 影片的大小将直接影响到下载和回放时间的长短，如果所制作的 Flash 影片很大，那么往往会使欣赏者在不断等待中失去耐心，因此优化操作就显得十分有必要。值得注意的是优化的前提，需要在不影响播放质量的同时尽可能地对生成的动画进行压缩，使动画的体积达到最小。同时，在优化过程中还可以随时测试影片的优化结果，包括电影的播放质量、下载情况和优化后的动画文件大小等。

11.1.1 优化对象

在 Flash 动画中，可优化的对象有多种，包括元件、图形、颜色、字体、位图、音频等，常用的优化方法如下：

- 元件的优化
  - 在制作影片时，对于使用一次以上的对象，尽量将其转换为元件再使用，因为在 Flash 软件中，重复使用元件的实例不会增加文件的大小，还简化了文件的编辑，这是优化对象的一个很好的方法。
- 图形的优化
  - 多采用实线笔触样式，因为其构图最简单；少用虚线、点状线、斑马线等笔触样式，否则将增大文件的体积。
  - 多用矢量图形，少用位图图像。矢量图可以任意缩放而不影响 Flash 的画质，位图图像一般只作为静态元素或背景图。Flash 并不擅长处理位图图像，应避免制作位图图像元素的动画。
  - 多使用构图简单的矢量图形。对于复杂的矢量图形，最好使用菜单栏中的“修改”/“形状”/“优化”命令，删除一些不必要的线条，从而减小文件的体积。
  - 尽量少使用渐变填充颜色，这样会增大文件的体积。
  - 尽量少用 Alpha 透明度，这样会减慢回放速度。
- 动画播放速度的优化
  - 尽量使用补间动画，少用逐帧动画。因为关键帧越多，文件的体积就越大。
  - 尽量避免在同一帧内安排多个对象同时运动，需要设置动画的对象不要与静止对象处于同一图层中。不同的运动对象需要处于不同的图层中，从而便于操作。
- 字体的优化
  - 限制字体和字体样式的数量。尽量少用嵌入字体，因为它们会增加文件体积的大小。
  - 对于“嵌入字体”选项，只选择需要的字体，而不要包括全部字体。
- 位图的优化
  - 导入的位图图像文件应尽可能小一点，并通过“位图属性”对话框对其进行再次压缩。
  - 动画中需要使用多少宽高尺寸的位图，最好将位图事先通过图像处理软件进行缩放设置，然后再导入到 Flash 软件中，这样比导入较大尺寸的位图然后再将其缩小所生成的文件的体积要小。

- 音频的优化
  - ➢ 音频文件最好以 MP3 方式压缩，MP3 是使声音最小化的格式，且音质要比 WAV 文件更好。
  - ➢ 对于 Flash 中的背景音乐，尽量使用声音中的一部分让其循环播放以减小文件的体积。

11.1.2 影片测试

在前面的动画制作过程中，已经接触到了影片测试，具体操作是通过单击菜单栏中的“控制”/“测试影片”/“测试”命令，或者按键盘上的 Ctrl+Enter 组合键，在弹出的影片测试窗口中观看影片的动画效果。除了单纯地在本机上展示影片制作的动画效果外，通过影片测试还可以在 Flash 中模拟影片在网络中的下载速度、优化情况等。下面以“火枪手”动画为例来学习具体操作，其动画效果如图 11-1 所示。

图 11-1 “火枪手”动画的效果

对“火枪手”动画进行影片测试的步骤如下：

① 首先打开需要进行测试的 Flash 动画影片，单击菜单栏中的“文件”/“打开”命令，打开本书配套光盘“第 11 章/素材”目录下的“火枪手.fla”文件，如图 11-2 所示。

图 11-2 打开的“火枪手.fla”文件

② 单击菜单栏中的“控制”/“测试影片”/“测试”命令，或按键盘上的 Ctrl+Enter 组合键，在弹出的影片测试窗口中可以看到底图慢慢淡出，然后火枪手人物从小到大出

现的动画效果。

③ 在影片测试窗口中单击菜单栏中的“视图”/“下载设置”命令，在弹出的子菜单中可以选择在影片测试窗口中模拟的动画下载速度，如图 11-3 所示。

④ 再次按键盘上的 Ctrl+Enter 组合键，在影片测试窗口中以刚才设置的下载速度开始模拟下载影片。

⑤ 如果对下载影片所需时间感觉不满意的话，还可以在影片测试窗口中通过单击菜单栏中的“视图”/“带宽设置”命令，在显示带宽的检测图中观看下载的详细内容，如图 11-4 所示，左侧用于显示各种信息，右侧用于图表显示。

图 11-3 模拟动画下载速度的弹出菜单

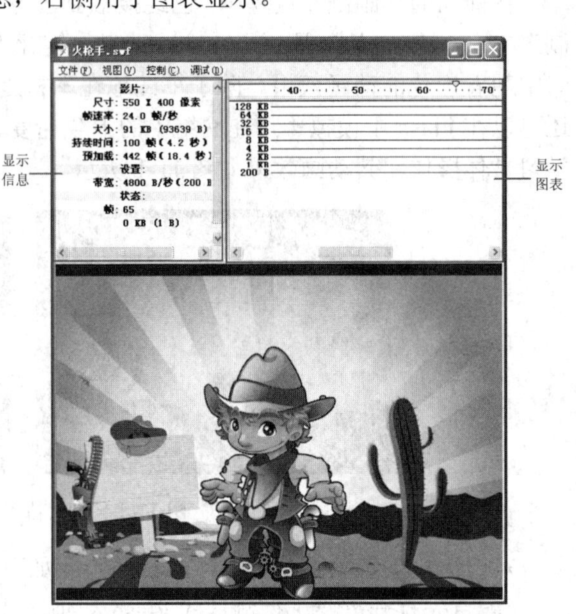

图 11-4 显示带宽的检测图

11.2 导出动画作品

在 Flash 软件中所制作的动画只是源文件，即 fla 格式，如果想将所制作的动画供别人观看欣赏，这时就需要将其进行导出。Flash 导出的动画格式通常为“swf”格式，这是 Flash 动画的特有的动画文件格式。在 Flash 软件中不仅可以导出为常用的“swf”格式，还可以导出为其他图像、图形、声音和视频格式。

11.2.1 导出图形和图像文件

在 Flash 软件中，允许将所制作的动画导出为单个的图形和图像文件，可以是位图，也可以是矢量图。通过单击菜单栏中的“文件”/“导出”/“导出图像”命令，在弹出的“导出图像”对话框进行文件格式的设置。下面将以导出 JPG 图像为例，来学习导出图形和图像的具体操作：

① 单击菜单栏中的“文件”/“打开”命令，打开本书配套光盘“第 11 章/素材”目录下的“火枪手.fla”文件，并在“时间轴”面板中将播放头拖曳到最后一帧处。

② 单击菜单栏中的“文件”/“导出”/“导出图像”命令，弹出如图 11-5 所示的“导出

图像”对话框。

3 在“保存在”下拉列表中可以选择所要导出图像的保存路径，在“文件名”文本框中可以输入图像的名称，在此使用默认的“火枪手”。

4 在“保存类型”下拉列表中可以选择所要导出图像的文件类型，在此选择“JPEG 图像（*.jpg，*.jpeg）”，如图 11-6 所示。

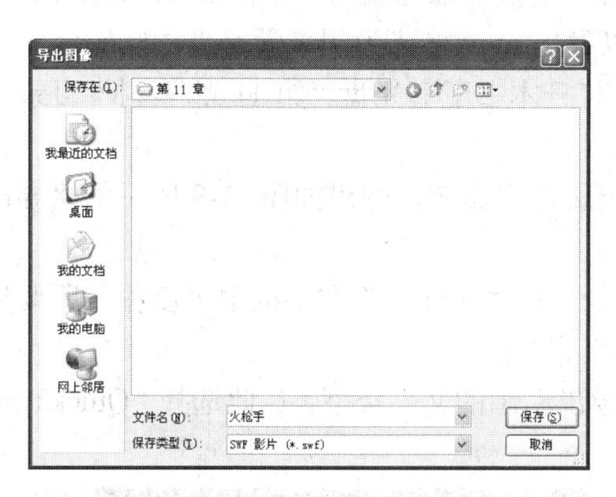

图 11-5 “导出图像”对话框

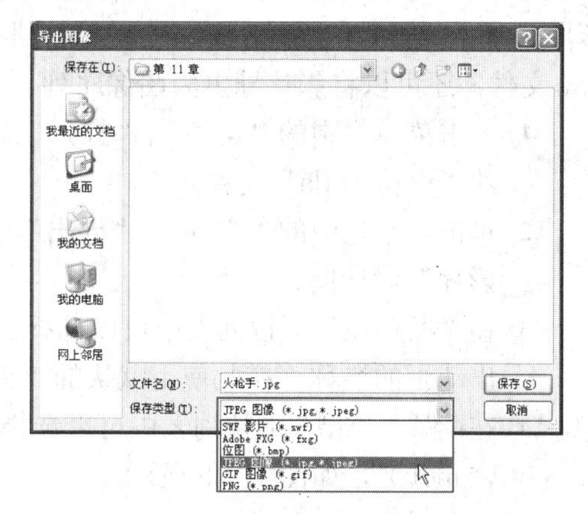

图 11-6 选择保存类型

- “Adobe FXG（*.fxg）”：FXG 格式是适用于 Flash 平台的图形交换文件格式，FXG 基于 MXML（Flex 框架使用的基于 XML 的编程语言）的子集，该格式使设计人员和开发人员可以使用较高的保真度交换图形内容，有助于他们更有效地进行协作。创建 FXG 文件时，会直接将矢量图形存储在文件中，而 FXG 中没有对应标记的元素将导出为位图图形，然后在 FXG 文件中引用这些图形，这些元素包括位图、某些滤镜、某些混合模式、渐变、蒙版和 3D。其中的某些效果也许能够导出为 FXG 格式，但是可能无法由打开 FXG 文件的应用程序导入。使用 FXG 导出功能导出包含矢量图像和位图图像的文件时，会随同 FXG 文件创建一个单独的文件夹。该文件夹的名称为 <filename.assets>，其中包含与 FXG 文件关联的位图图像。
- “位图（*.bmp）”、“JPEG 图像（*.jpg，*.jpeg）”、“GIF 图像（*.gif）”、“PNG 图像（*.png）：这些都是使用非常广泛的位图图像，选择这些选项后，在弹出的相对应的对话框中可以设置导出图像的不同选项。

5 单击 保存(S) 按钮，弹出如图 11-7 所示的“导出 JPEG”对话框，在其中可以设置导出图像的尺寸、分辨率、品质以及是否渐进式显示等。

6 单击 确定 按钮，将动画以“导出 JPEG”对话框中的设置参数导出为.jpg 图像，此时会出现一个如图 11-8 所示的“正在导出”对话框。

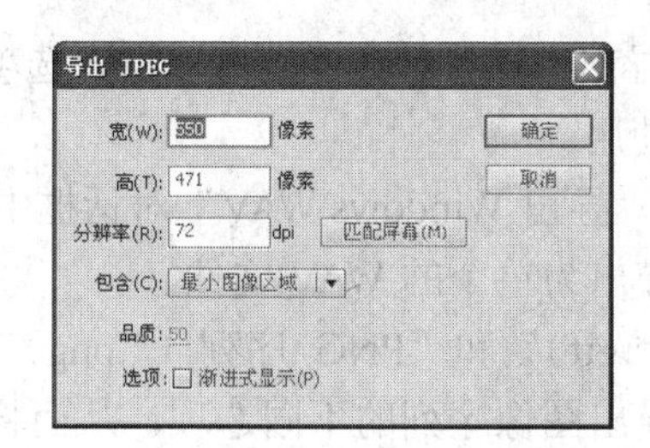

图 11-7 “导出 JPEG”对话框

图 11-8 “正在导出”对话框

⑦ 进度条结束后，完成对图像导出的操作。在指定的保存路径中即可看到刚才所导出的图像文件“火枪手.jpg”。

11.2.2 导出视频和声音文件

将 Flash 动画导出为视频和声音文件之前，要单击菜单栏中的“文件”/“导出”/“导出影片”命令，然后在“导出影片”对话框进行设置。不仅可以导出为常用的 swf、avi、mov、wav 文件，还可以将影片导出为图像序列。下面以导出.mov 格式为例来学习具体操作。

① 单击菜单栏中的“文件”/“打开”命令，打开本书配套光盘“第 11 章/素材”目录下的“火枪手.fla”文件。

② 单击菜单栏中的“文件”/“导出”/“导出影片”命令，弹出如图 11-9 所示的“导出影片”对话框。

③ 在“保存在”下拉列表中可以选择保存路径，在“文件名”文本框中可以输入所要导出动画的名称，在此使用默认的“火枪手”。

④ 在“保存类型”下拉列表中可以选择所要导出动画的文件类型，在此选择“QuickTime (*.mov)”，如图 11-10 所示。

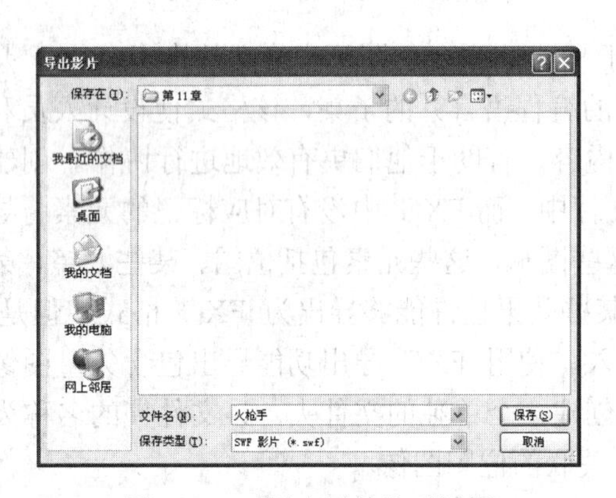

图 11-9 “导出影片”对话框

图 11-10 选择保存类型

- “Windows AVI（*.avi)”：选择该项，在弹出的“导出 Windows AVI”对话框中可以设置选项，从而将动画导出为 Windows 视频，但是会丢弃所有的交互性。如果要在视频编辑应用程序中打开 Flash 动画，这是一个好的选择。
- “QuickTime（*.mov)”：选择该项，可以将动画导出为 QuickTime 文件，使之可以以视频流的形式或通过 DVD 进行分发，或者可以在视频编辑应用程序（如 Adobe Premiere Pro）中使用。
- “GIF 动画（*.gif)”：选择该项，在弹出的“导出 GIF”对话框中可以设置选项，从而将动画导出为 GIF 简单动画，以便在网页中使用。
- “WAV 音频（*.wav)”：选择该项，在弹出的“导出 Windows WAV”对话框中可以设置声音格式，从而将当前动画中的声音文件导出为单个的 WAV 文件。
- “JPEG 序列（*.jpg，*.jpeg)”、“GIF 序列（*.gif)”和“PNG 序列（*.png)”：选择该项，在弹出的相对应的对话框中可以设置导出图像序列的不同选项，从而将当前动画导出为.jpg、.gif 和.png 格式的图像序列文件。

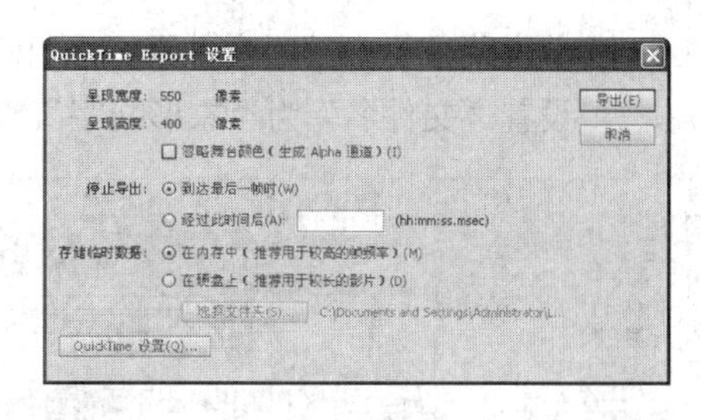

图 11-11 “QuickTime Export 设置”对话框

⑤ 单击保存(S)按钮，弹出如图 11-11 所示的“QuickTime Export 设置”对话框，在其中可以显示导出宽高度、设置是否忽略舞台颜色以及其他 QuickTime 设置等。

⑥ 单击导出(E)按钮，将动画以“QuickTime Export 设置”对话框中所设置的参数导出为.mov 动画视频，此时会出现一个如图 11-12 所示的“正在导出 QuickTime 影片”对话框。

⑦ 进度条结束后，弹出一个用于显示 QuickTime 影片导出完成的提示框，如图 11-13 所示。

图 11-12 “正在导出 QuickTime 影片”对话框

图 11-13 提示框

⑧ 单击确定按钮，完成.mov 动画的导出操作。在指定的保存路径中即可看到刚才所导出的视频文件“火枪手.mov”。

11.3 实例指导：制作.exe 格式的动画

播放 Flash 动画需要专门的 Flash 动画播放器，即 Flash Player。如果大家的计算机中安装了 Flash 软件，就会自动安装 Flash Player，从而方便大家观看 Flash 动画效果；但是如果观看动画的用户没有安装 Flash Player，也没有安装用于播放 Flash 动画的其他插件，则相应地观看不到动画效果。针对这一情况，我们就可以将所制作的.swf 格式的动画转换为.exe 格式。下面以“象形文字.fla”为例来学习具体操作，其动画效果如图 11-14 所示。

图 11-14 “象形文字”动画的效果

制作“象形文字.exe”动画的步骤如下：

① 单击菜单栏中的“文件”/“打开”命令，打开本书配套光盘“第 11 章/素材”目录下的“象形文字.fla”文件，如图 11-15 所示。

2 单击菜单栏中的“文件”/“导出”/“导出影片”命令，在弹出的“导出影片”对话框中设置“文件名”为“象形文字”，“保存类型”为“SWF 影片（*.swf)”，如图 11-16 所示。

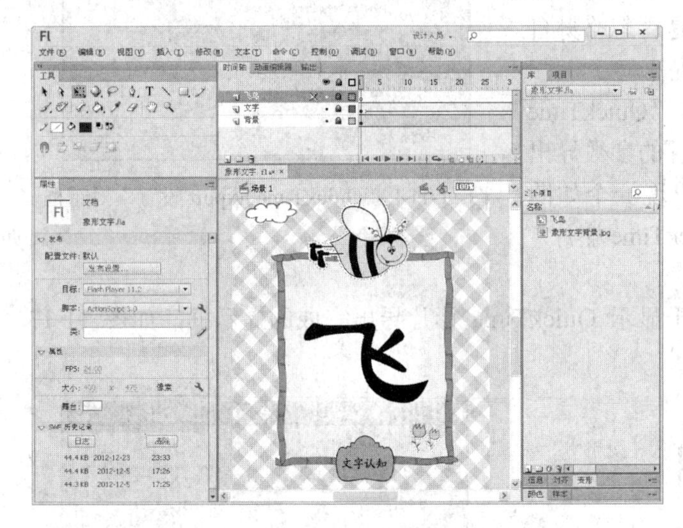

图 11-15 打开的“象形文字.fla”文件

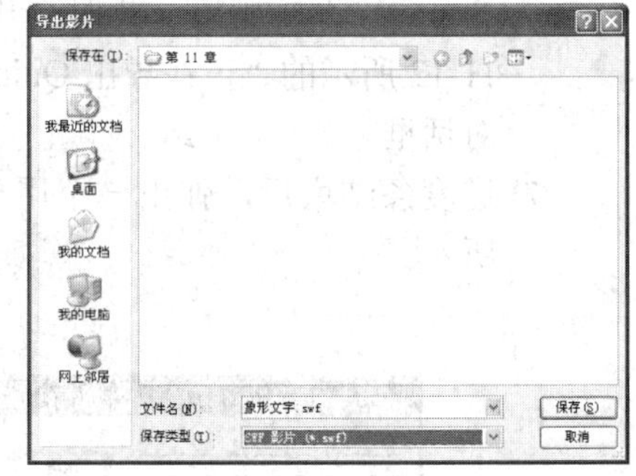

图 11-16 “导出影片”对话框

3 单击 保存(S) 按钮，将所制作的动画文件导出为“象形文字.swf”，并保存在与 fla 文件相同的目录中。

4 通过资源管理器找到刚才导出的“象形文字.swf”动画文件，双击它，此时打开 Flash Player 动画播放器并且进行动画的播放，可以看到“飞”字变换为飞鸟的动画效果，如图 11-17 所示。

5 在 Flash Player 动画播放器中，单击菜单栏中的“文件”/“创建播放器”命令，弹出“另存为”对话框，在其中的“文件名”输入框中输入“象形文字”，如图 11-18 所示。

图 11-17 通过 Flash Player 观看的动画效果

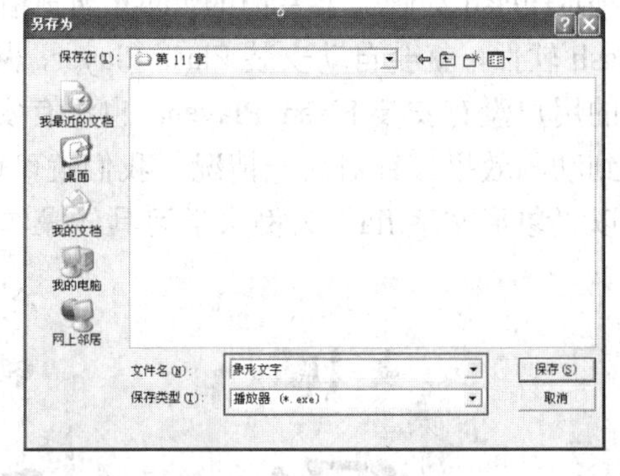

图 11-18 “另存为”对话框

6 单击 保存(S) 按钮，即可将“象形文字.swf”动画文件转换为“象形文字.exe”文件。这样，就可以在任何一台计算机中进行动画的播放与观看了。

11.4 影片发布

完成了动画的优化并测试无误后，除了可以将所制作的动画进行导出操作外，还可以将其进行发布。Flash 影片的发布格式有多种，可以直接将影片发布为.swf 格式，也可以将影片发布为.html、.gif、.jpg、.png 等格式。

11.4.1 通过“发布设置”命令发布动画

在影片发布之前，可以进一步对发布的文件格式、所处的位置、发布文件的名称等进行设置。具体步骤如下：

① 单击菜单栏中的“文件”/“发布设置”命令，可弹出一个用于进行发布设置的“发布设置”对话框，如图 11-19 所示。

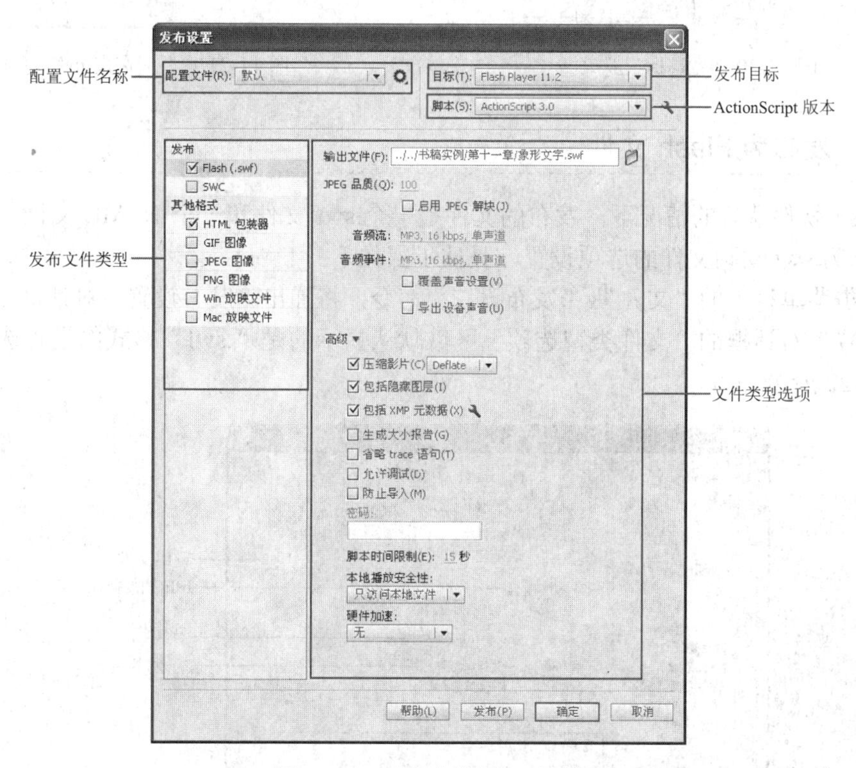

图 11-19 “发布设置”对话框

- “配置文件”：可以将发布设置保存为一个名称。需要使用相同的发布设置时，直接调用即可；若不做设置，将保持 Flash CS6 默认的设置。
- “目标”：用于设置 Flash 文件播放器的版本，包括跨媒体应用的 AIR 程序以及手机应用 Flash Lite 播放器，如图 11-20 所示。
- “脚本”：用于设置 Flash 动画文件应用的 ActionScript 脚本，包括“ActionScript 1.0”、“ActionScript 2.0”及“ActionScript 3.0”版本。
- “发布文件类型”：用于设置 Flash 动画发布的文件格式，默认为“.swf”及“.html”格式。还可以选择其他的文件格式，如“SWC”、“GIF”、“JPEG”、“PNG”等。
- “文件类型选项”：在“发布文件类型”区域选择不同的文件格式，在此区域将显示不同文件格式发布的选项设置，默认为“.swf”文件格式的选项。

② 单击对话框中的 发布(P) 按钮，此时会出现一个如图 11-21 所示“正在发布”对话框。

③ 进度条结束后，从而将影片以“发布设置”对话框中所设置的文件格式进行发布。

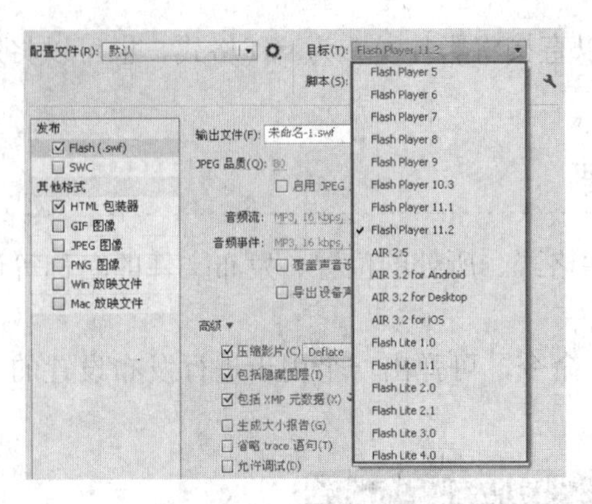

图 11-20 “目标”选项

图 11-21 “正在发布”对话框

11.4.2 发布为 Flash 文件

在 Flash 软件默认的情况下，发布的文件是一个.swf 文件和一个 HTML 文档。下面学习将影片发布为.swf 动画文件的选项设置，具体步骤如下：

① 单击菜单栏中的“文件”/“发布设置”命令，将弹出“发布设置”对话框。在“发布设置”对话框的“文件类型选项”区域默认显示的是“.swf”格式的设置选项，如图 11-22 所示。

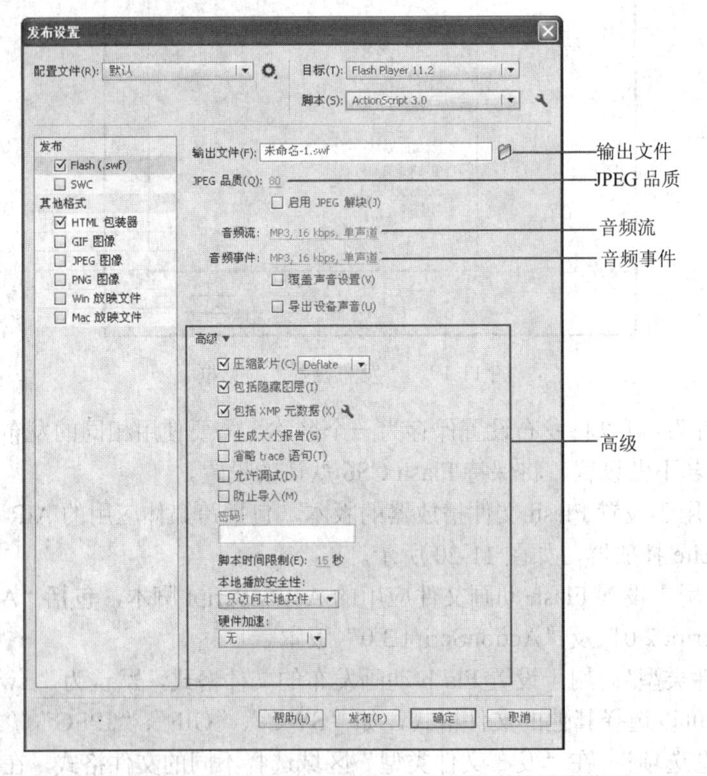

图 11-22 “发布设置”对话框的.swf 格式的设置选项

- “输出文件”：单击右侧的“选择发布目标”按钮，在弹出的“选择发布目标”对话框中可以设置发布的.swf 文件的目标路径以及文件名称，如图 11-23 所示。

- “JPEG 品质”：用于压缩影片中所使用的 JPEG 位图图像，从而设置其品质。通过拖动右侧的滑杆或者直接输入数值进行设置，数值越小，品质越低，生成的文件的体积就越小；反之则品质越高，文件的体积越大。

图 11-23 “选择发布目标”对话框

- “音频流”/“音频事件”：用于为影片中所有音频流和音频事件设置采样率和压缩。单击右侧的设置...按钮，在弹出的“声音设置”对话框中可以设置导出动画中声音的压缩格式、比特率与品质等。
  - “覆盖声音设置”：勾选该项，则不再使用在库中设定好了的各种音频属性，而统一使用在这里设置的属性。
  - “导出设备声音”：勾选该项，可以导出适合于设备（包括移动设备）的声音而不是原始库声音。
- “高级”：用于设置导出.swf 文件的一些高级选项设置。
  - “压缩影片”：勾选该项，压缩.swf 文件以减小文件大小和缩短下载时间。系统默认时该项处于勾选状态。
  - “包括隐藏图层”：勾选该项，则发布 Flash 文档中所有隐藏的图层。反之，则不发布隐藏图层。
  - “包括 XMP 元数据”：用于设置发布的.swf 的文档信息。默认情况下，将在“文件信息”对话框中发布输入的所有元数据。如果想要对其进行设置，可以单击右侧的按钮，在弹出的“文件信息”对话框中进行设置。
  - “生成大小报告”：勾选该项，可以按文件列出最终 Flash 内容中的数据量生成一个扩展名为“txt”的报告。
  - “省略 trace 动作”：勾选该项，测试影片时，会使 Flash 忽略当前.swf 文件中的跟踪动作。
  - “允许调试”：勾选该项，可以激活调试器并允许远程调试.swf 文件。
  - “防止导入”：勾选该项，将无法利用 Flash 应用程序将.swf 文件导入到其他文件中。勾选该项后，可以在下方的选项中设置密码从而保护文件。
  - “密码”：通过在下面的文本输入框中输入密码从而保护文件。
  - “脚本时间限制”：用于设置 ActionScript 脚本中各个主要语句间的时间间隔不能超过的秒数，默认为 15 秒。
  - “本地回放安全性”：单击该处，在弹出的下拉列表中指定设置已发布的.swf 文件的本地安全性访问权，还是网络安全性访问权。
  - “硬件加速”：用于设置.swf 文件能够使用的硬件加速，有“无”、“第 1 级 - 直接”和“第 2 级 - GPU”3 个选项。

② 设置完成后，单击对话框下方的发布(P)按钮，将文件发布为.swf 文件。

11.4.3 发布为 HTML 文件

在发布 Flash 文件的同时，还可以将其输出成网页的形式。将影片发布为 HTML 文件的步骤如下：

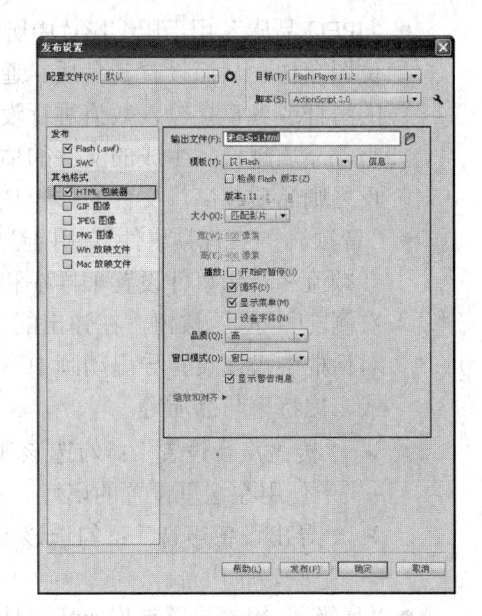

图 11-24 “发布设置”对话框 HTML 文件选项

① 单击菜单栏中的“文件”/“发布设置”命令，将弹出“发布设置”对话框。

② 选择“HTML 包装器”复选框，在“文件类型选项”区域将显示的是“HTML”文件格式的设置选项，如图 11-24 所示。

- “输出文件”：单击右侧的“选择发布目标”按钮，在弹出的“选择发布目标”对话框中可以设置发布的 HTML 文件的目标路径以及文件名称。
- “模板”：用于选择 HTML 文件所使用的模板，有多种模板方式可供选择。用户可以根据输出的需要选择不同的选项，单击右侧的信息...按钮，在弹出的“HTML 模板信息”对话框中可以查看每一种模板的说明，
- “大小”：用于设置 HTML 文件的尺寸，共有 3 种选择。
  - ➢“匹配影片”：系统默认时的选项，使用当前影片的大小。
  - ➢“像素”：在“宽”与“高”选项中输入数值，从而设置动画文件的宽度与高度，以像素为单位。
  - ➢“百分比”：根据浏览器窗口的百分比比例来确定动画文件的百分比比例，以百分比为单位。
- “播放”：用于设置浏览器中 Flash 播放器的相关属性。
  - ➢“开始时暂停”：勾选该项，一直暂停播放影片，直到要求播放时才会取消暂停。系统默认时不勾选该项。
  - ➢“循环”：勾选该项，影片播放到最后一帧后会重复播放。
  - ➢“显示菜单”：勾选该项，在发布的影片中单击鼠标右键，可以弹出一个用于放大、缩小、选择品质以及打印等设置的快捷菜单。
  - ➢“设备字体”：勾选该项，用消锯齿的系统字体来替换未安装在用户系统上的字体，只适用于 Windows 环境。
- “品质”：用于设置 Flash 动画的播放质量，单击该处，在弹出的下拉列表中可以进行不同品质的设置。
- “窗口模式”：用于决定 HTML 页面中 Flash 动画背景透明的方式，有“窗口”、“不透明无窗口”、“透明无窗口”和“直接”4 个选项。
- “缩放和对齐”：用于设置 Flash 动画在 HTML 页面中的缩放方式以及对齐方式，包括“缩放”、“HTML 对齐”、“Flash 水平对齐”、“Flash 垂直对齐”4 个选项。

③ 设置完成后，单击对话框下方的发布(P)按钮，即可将文件发布为 HTML 文件。

11.4.4 发布为 GIF 文件

GIF 文件是支持 256 色的位图文件格式，采用无损压缩存储；在不影响图像质量的情况

下，可以生成很小的文件，并且支持透明色，可以使图像浮现在背景之上。基于其众多优点，使得 GIF 文件成为浏览器普遍支持的图形文件格式。将影片发布为 GIF 文件的具体步骤如下：

① 单击菜单栏中的“文件”/“发布设置”命令，将弹出“发布设置”对话框。

② 选择“GIF 图像”复选框，在“文件类型选项”区域将显示的是“GIF”文件格式的设置选项，如图 11-25 所示。

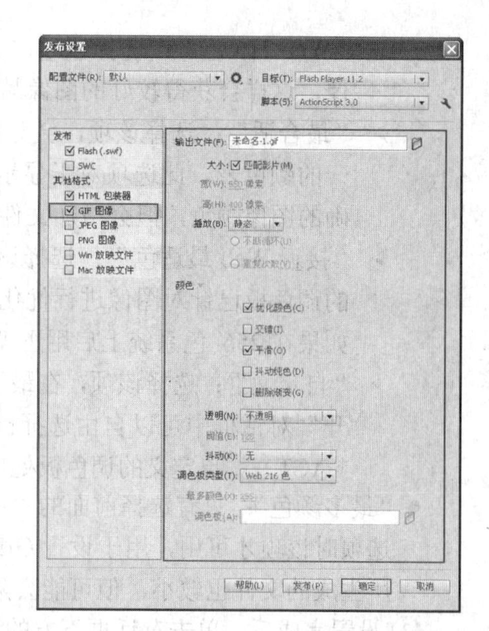

图 11-25 “发布设置”对话框的“GIF 图像”设置选项

- “输出文件”：单击右侧的“选择发布目标”按钮，在弹出的“选择发布目标”对话框中可以设置发布的 GIF 图像文件的目标路径以及文件名称。
- “匹配影片”：勾选该项，则所发布的文件与影片大小相同或保持相同的宽高比。
- “播放”：用于决定播放的为静止图像还是 Gif 动画。
  - “静态”：勾选该项，则创建的为静止图像。
  - “动画”：勾选该项，则创建的为 Gif 动画，并且在下方可以设置创建动画“不断循环”以及“重复次数”的次数。
- “颜色”：单击此选项，将展开下拉列表，可以显示出 GIF 图像的相关颜色设置选项。
  - “优化颜色”：勾选该项，将从 GIF 文件的颜色表中删除所有不使用的颜色。此选项会使文件大小减小，而且不影响图像品质，只是稍稍提高了内存要求。该选项不影响最适色彩调色板（最适色彩调色板会分析图像中的颜色，并为选定的 GIF 文件创建一个惟一的颜色表）。
  - “交错”：勾选该项，下载导出的 GIF 文件时，会在浏览器中逐步显示该文件，使用户能在文件完全下载之前就能看到基本的图形内容，并能在较慢的网络连接中以更快的速度下载。
  - “平滑”：勾选该项，消除导出位图的锯齿，从而生成较高品质的位图图像，并改善文本的显示品质。但是，勾选该项可能导致彩色背景上已消除锯齿的图像周围出现灰色像素的光晕，并且会增加 GIF 文件的大小。如果出现光晕，或者如果要将透明的 GIF 放置在彩色背景上，那么在导出图像时不要使用平滑操作。
  - “抖动纯色”：勾选该项，用于抖动纯色和渐变色。
  - “删除渐变”：勾选该项，用渐变色中的第一种颜色将.swf 文件中的所有渐变填充转换为纯色。默认情况下，处于关闭状态。
  - “透明”：用于确定应用程序背景的透明度以及将 Alpha 设置转换为 GIF 的方式。其中包含 3 个选项设置——“不透明”、“透明”、“Alpha”。选择“不透明”选项，会将背景变为纯色；选择“透明”选项，使背景透明；选择“Alpha”选项，设置局部透明度。可以输入一个介于 0～255 之间的参数值，值越低，透明度越高。
- “调色板类型”：用于定义图像的调色板。

➢ “Web 216 色”：选择该项，使用标准的 216 色浏览器安全调色板来创建 GIF 图像，这样会获得较好的图像品质，并且在服务器上的处理速度最快。

➢ “最合适”：选择该项，会分析图像中的颜色，并为选定的 GIF 文件创建一个惟一的颜色表。此选项对于显示成千上万种颜色的系统而言最佳；它可以创建最精确的图像颜色，但会增加文件的大小。

➢ “接近 Web 最适色”：选择该项，将接近的颜色转换为 Web 216 色调色板。生成的调色板已针对图像进行优化，但 Flash 会尽可能使用 Web 216 色调色板中的颜色。如果在 256 色系统上启用了 Web 216 色调色板，此选项将使图像的颜色更出色。

➢ “自定义”：选择该项，在最下方的“调色板”选项中单击按钮，在弹出的“打开”对话框中可以自由选择已经针对图像优化的调色板（也称颜色表，其格式为 *.ACT）。自定义的调色板处理速度与 Web 216 色调色板的处理速度相同。

- “最多颜色”：只有选择前面的“调色板类型”中的“最合适”或“接近 Web 最适色”选项时该项才可用，用于设置 GIF 图像中使用的颜色数量。选择的颜色数量较少，则所生成的文件也较小，但可能会降低图像的颜色品质。

③ 设置完成后，单击对话框下方的 发布(P) 按钮，即可将文件发布为 GIF 文件。

11.4.5 发布为 JPEG 文件

JPEG 文件是一种比较成熟的图像有损压缩格式，可以将图像保存为高压缩比的 24 位位图。通常，GIF 格式对于导出线条绘画效果较好，而 JPEG 格式更适合显示包含连续色调（如照片、渐变色或是嵌入位图）的图像。将影片发布为 JPEG 文件的具体步骤如下：

① 单击菜单栏中的“文件”/“发布设置”命令，将弹出“发布设置”对话框。

② 选择“JPEG 图像”复选框，在“文件类型选项”区域将显示的是“JPEG”文件格式的设置选项，如图 11-26 所示。

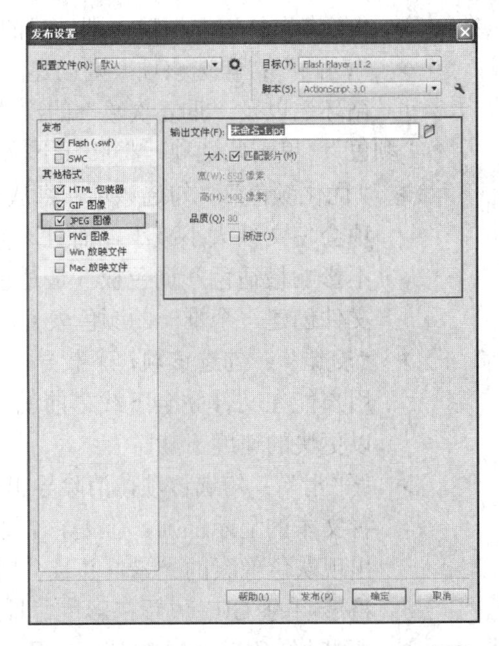

图 11-26 “发布设置”对话框的“JPEG 图像”设置选项

- “输出文件”：单击右侧的“选择发布目标”按钮，在弹出的“选择发布目标”对话框中可以设置发布的 JPEG 图像文件的目标路径以及文件名称。
- “匹配影片”：勾选该项，则所发布的文件与影片大小相同或保持相同的宽高比。
- “品质”：用于拖动或输入一个值，从而控制 JPEG 文件的压缩量。图像品质越低，则文件的体积越小；反之，文件的体积就越大。
- “渐进”：勾选该项，可以在 Web 浏览器中逐步显示渐进的 JPEG 图像，因此可在低速的网络连接上以较快的速度显示所加载的图像，与前面介绍的“交错”选项类似。

③ 设置完成后，单击对话框下方的 发布(P) 按钮，即可将文件发布为 JPEG 文件。

11.4.6 发布为 PNG 文件

PNG 文件是一种常用的跨平台位图格式，支持高级别无损耗压缩，支持 Alpha 通道透明度。将影片发布为 PNG 文件的具体步骤如下：

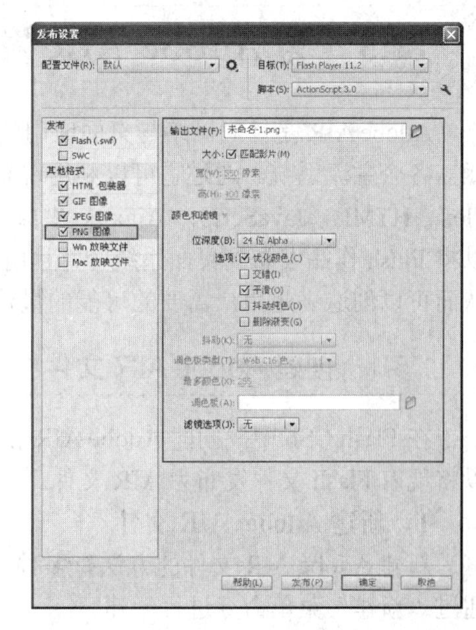

图 11-27 “发布设置”对话框的“PNG 图像”设置选项

1. 单击菜单栏中的“文件”/“发布设置”命令，将弹出“发布设置”对话框。
2. 选择“PNG 图像”复选框，在“文件类型选项”区域将显示的是“PNG”文件格式的设置选项，如图 11-27 所示。

- “输出文件”：单击右侧的“选择发布目标”按钮，在弹出的“选择发布目标”对话框中可以设置发布的 PNG 图像文件的目标路径以及文件名称。
- “匹配影片”：勾选该项，则所发布的文件与影片大小相同或保持相同的宽高比。
- “位深度”：用于设置创建图像时要使用的每个像素的位数和颜色数。位深度越高，文件的体积就越大。
  - “8 位”：选择该项，用于 256 色图像。
  - “24 位”：选择该项，用于数千种颜色的图像。
  - “24 位 Alpha”：选择该项，用于数千种颜色并带有透明度 (32 bpc) 的图像。
  - 其余的选项设置，与 GIF 图像选项的设置相同，这里不再赘述。

3. 设置完成后，单击对话框下方的发布(P)按钮，即可将文件发布为 PNG 文件。

11.4.7 发布预览

发布预览是指在进行文件发布之前，通过默认的浏览器进行预览。单击菜单栏中的“文件”/“发布预览”命令，在弹出的子菜单中即可选择想要预览的文件格式，共有 7 个选项，如图 11-28 所示。系统默认时，“默认（D）－（HTML）”、“Flash”和“HTML”为可用状态，其他选项为灰色，为不可用状态；如果想要发布预览这些灰色不可用的文件格式，可以通过在“发布设置”对话框左侧的“发布文件类型”列表框中进行发布文件格式的设置。

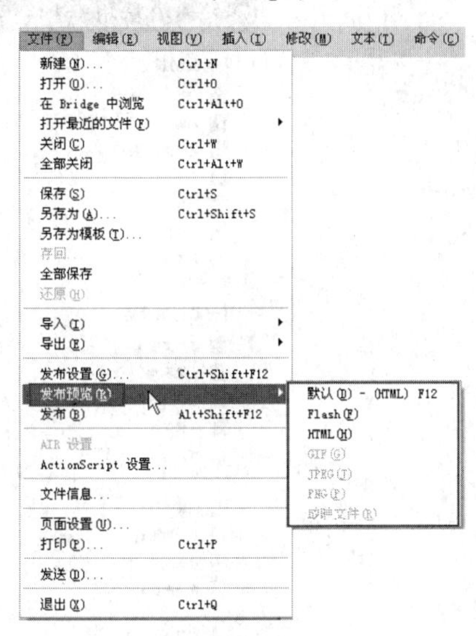

图 11-28 “发布预览”命令

11.5 为 Adobe AIR 发布

Adobe AIR 是针对网络与桌面应用的结合所开发出来的技术，它最大的特点就是跨平台，涵盖各个主流系统。通过它可以利用现有的 Web 开发技术（Adobe Flash Professional、Adobe Flex、HTML、JavaScript、Ajax），生成丰富的 Internet 应用程序（RIA）。借助 AIR，用户可以将 Flash 作品发布到桌面系统，并且由于它支持 Flash、Flex、HTML、JavaScript 和 Ajax，从而可以创造满足用户需要的可能的最佳体验。

11.5.1 创建 Adobe AIR 文件

在 Flash CS6 中，创建 Adobe AIR 文件的方法有多种，可以新建 Adobe AIR 文件，也可以将现有 Flash 文件发布为 AIR 文件。

1．新建 Adobe AIR 文件

新建 Adobe AIR 文件的方法有多种，可以通过启动向导来新建 Adobe AIR 文件，也可以通过“新建”菜单命令进行创建。

- 从启动向导来新建 Adobe AIR 文件：启动 Flash CS6 后，首先弹出 Flash 启动向导界面（如图 11-29 所示），通过单击“新建”一栏中的“AIR”选项，从而创建一个 Adobe AIR 文件。

图 11-29　启动向导界面

- 通过菜单命令来创建 Adobe AIR 文件：如果想在当前编辑的工作文档中创建一个新的 Flash 文档，可以单击菜单栏中的“文件”/“新建”命令，在弹出的“新建文档”对话框中选择“AIR”文档类型文件，如图 11-30 所示，即可创建一个 Adobe AIR 文件。

2. 将现有 Flash 文件发布为 AIR 文件

除了通过以上方法来创建 Adobe AIR 文件外，还可以将现有 Flash 文件发布为 AIR 格式。首先打开一个现有 Flash 文件，然后单击菜单栏中的“文件”/“发布设置”命令，在弹出的“发布设置”对话框中打开“目标”下拉列表，在其中选择合适的 AIR 格式，如图 11-31 所示。

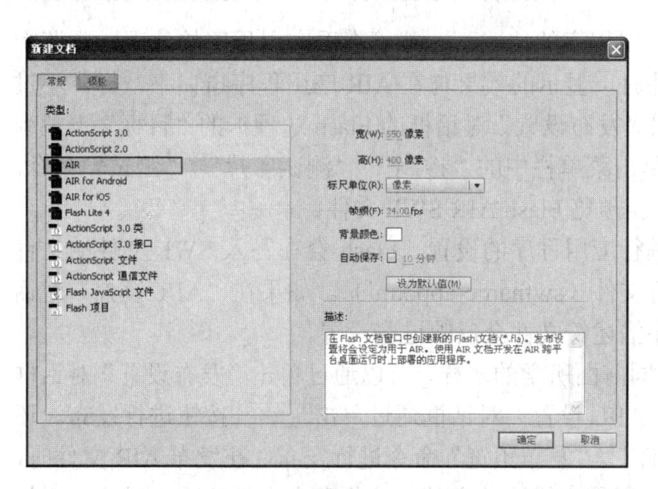

图 11-30 “新建文档”对话框

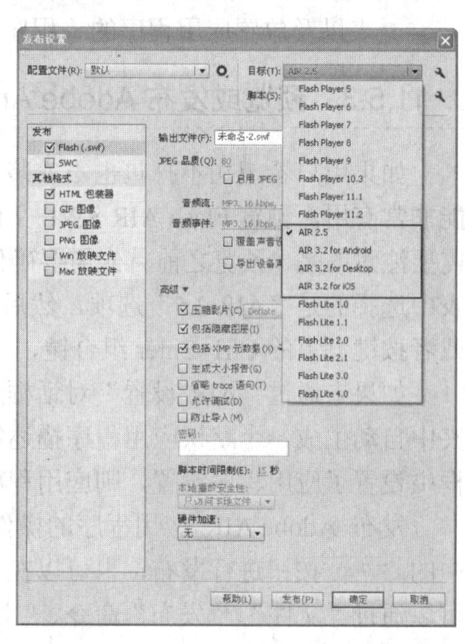

图 11-31 选择发布的 Adobe AIR 格式

11.5.2 创建 AIR 应用程序和安装程序文件

创建完 Adobe AIR 文件后，可以为 AIR 应用程序描述符文件以及部署该文件所需的安装程序文件指定设置，从而在发布 AIR 文件时创建描述符和安装程序文件以及 SWF 文件。通过单击菜单栏中的“文件”/“AIR 2.5 设置”命令，在弹出的“AIR 设置”对话框中进行设置，如图 11-32 所示。

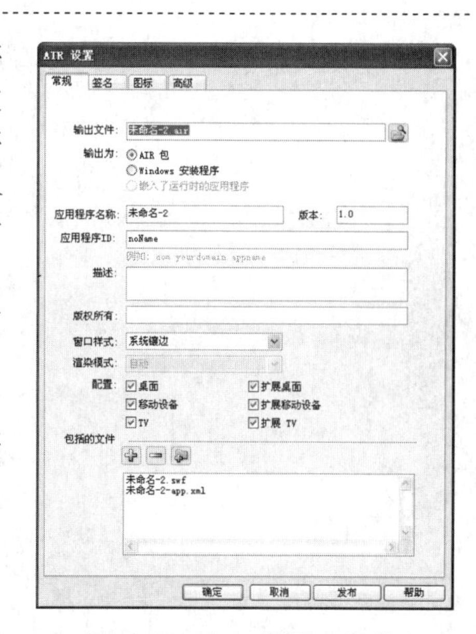

图 11-32 “AIR 设置”对话框

由此图可以看出，“AIR 设置”对话框共分为 4 个选项卡：“常规”、“签名”、“图标”和“高级”。

- “常规”：通过该选项卡可以设置输出 AIR 文件的名称和位置、应用程序名称及版本、应用程序的惟一的 ID 标识及描述说明、版权声明、窗口样式、构建 AIR 文件时要包括的配置文件，指定应用程序包中包括的其他文件和文件夹等常规设置。
- “签名”：通过该选项卡可以为应用程序指定代码签名证书。
- “图标”：通过该选项卡可以为应用程序指定图标，可以为其指定 4 种不同的大小（16×16、32×32、48×48 或 128×128），以使图标显示在不同的视图中，这些文件必须为 PNG

（可移植网络图形）格式。如果未指定其他图标文件，则图标图像默认为范例 AIR 应用程序的图标。

- “高级”：通过该选项卡可以为应用程序描述符文件指定其他设置，包括指定 AIR 应用程序应该处理的所有关联文件类型、初始窗口的大小和位置、安装应用程序的文件夹以及放置应用程序的“程序”菜单文件夹等。

11.5.3 预览或发布 Adobe AIR 应用程序

如果用户希望在不打包也不安装应用程序的情况下，就可查看应用程序的外观，预览功能非常有用，预览 Flash AIR SWF 文件时，显示的效果与在 AIR 应用程序窗口中一样。不过需要注意的是，预览之前首先需要确保“发布设置”对话框的 Flash 选项卡的“目标”下拉列表中选择的是“AIR 2.5”选项，然后单击菜单栏中的“控制”/“测试影片”/“测试”命令，或者按键盘上的 Ctrl+Enter 组合键，才能预览 Flash AIR SWF 文件。

如果未通过“AIR 设置”对话框进行应用程序的设置，Flash 会在写入 SWF 文件的文件夹中自动生成一个默认应用程序描述符文件（swfname-app.xml）。如果在“AIR 设置”对话框中设置了应用程序设置，则应用程序描述符文件会反映这些设置。

发布 Adobe AIR 应用程序的操作同前面所学的一样，可以通过单击“发布设置”对话框中的发布(P)按钮进行发布，也可以在“AIR 设置”对话框通过单击发布按钮进行发布，还可以通过“文件”/“发布”命令、“文件”/“发布预览”命令进行发布。在发布 AIR 文件时，Flash 会创建一个 SWF 文件和 XML 应用程序描述符文件，并将两个文件的副本以及已添加到应用程序中的其他任何文件都打包到一个 AIR 安装程序文件（swfname.air）中。

第 12 章

Flash 动画综合应用实例

由于 Flash 所制作的动画文件具有容量小、交互性强、速度快、支持声音 / 视频多媒体元素等特性，所以 Flash 动画在网络与移动领域得到广泛应用，如使用Flash制作的网络广告、教师使用的课件、网上喜闻乐见的 Flash 小游戏等。本章中将通过实例来讲解 Flash 在网络与移动媒体领域的几个重要应用，包括 Flash 广告、Flash 贺卡、Android 手机应用程序、Flash 课件以及 Flash 网站。

本章内容

- Flash 广告的制作
- Flash 贺卡的制作
- Android 手机应用程序的制作
- Flash 课件的制作
- Flash 网站的制作

12.1 Flash 广告的制作

Flash 广告与其他广告相比，具有很好的视觉冲击力，它能够将整体节奏控制得恰到好处，让人过目不忘。此外，Flash 天生就具有交互性的优势，这与网络的开放性有着密不可分的关系。采用 Flash 制作广告可以在满足受众需要的同时，还能让欣赏者参与到其中，通过点击、选择等动作来决定动画的运行过程和结果，使广告信息的传达更加人性化，更具有趣味性。

12.1.1 创意与构思

使用 Flash 制作广告能够将完美的创意及生动幽默的动画效果、视觉表现手法和声音有效地融合在一起，不仅弥补了传统广告中画面设计单一的不足，而且还给人留下深刻的印象。由于 Flash 制作成本少、周期短，制作效果引人入胜，使得越来越多的公司开始用它来制作广告。

本节将以“旅游广告.fla”为例来学习 Flash 广告的制作方法，其动画效果如图 12-1 所示。这是一个旅游线路的宣传广告，整个页面采用天蓝色为基调，配以旅游线路上的著名风景，让人可以马上就知道要旅行的地点。在动画制作方面，让著名景点建筑逐个跳跃出来，让人的眼球可以先固定在这些景点上，然后辅助出现飞机的动画，表示行程比较遥远；同时，为广告标语文字制作独特的动画效果，让人们可以自然而然地转到突出的广告主题上。

图 12-1　Flash 广告的动画效果

12.1.2 开始画面动画的制作

在本实例中，开始画面的制作很简单，主要包括创建文档以及导入制作动画的素材文件。操作步骤如下：

① 启动 Flash CS6，创建出一个新的文档。在“属性”面板中设置舞台的“宽度”参数为“400 像素”，“高度”参数为“250 像素”，“背景颜色”为默认“淡蓝色”（颜色值为“#00CCFF”），然后将 Flash 文件命名为“旅游广告”。

② 将“图层 1”图层的名称重新命名为“背景”，然后绘制一个没有笔触颜色与舞台大小相同，且位置刚好覆盖住舞台的矩形，然后为矩形填充由上至下“淡蓝色”（颜色值“#B0D3E2”）至“白色”的线性渐变，如图 12-2 所示。

③ 在“背景”图层之上创建新图层，设置新图层的名称为“地球”，然后导入本书配套光盘“第 12 章/素材”目录下的“地球.png”图像文件，将其调整到舞台中的下方位置处，如图 12-3 所示。

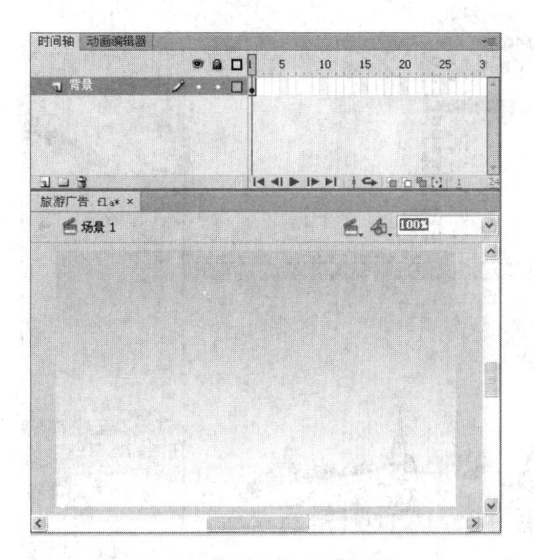

图 12-2　绘制的背景图形

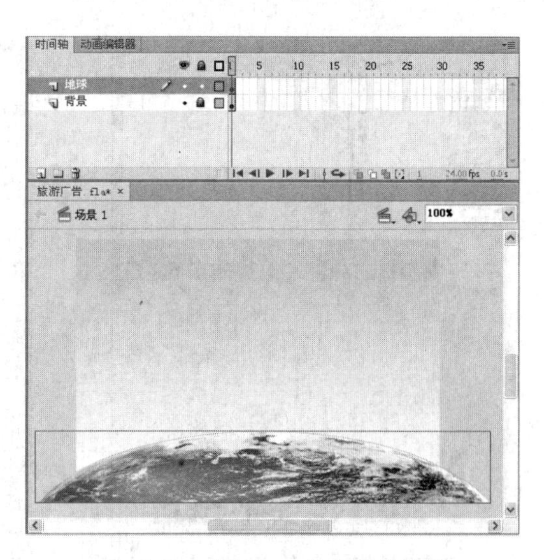

图 12-3　“地球.png”图像的位置

④ 在“地球”图层之上创建一个新图层，单击菜单栏中的“文件”/“导入”/“导入到舞台”命令，在弹出的“导入”对话框中选择本书配套光盘“第 12 章/素材”目录下“1.psd”图像文件，在弹出的“导入到舞台”对话框中，取消最下方的“Background”与最上方的“earth”图层的勾选，如图 12-4 所示。

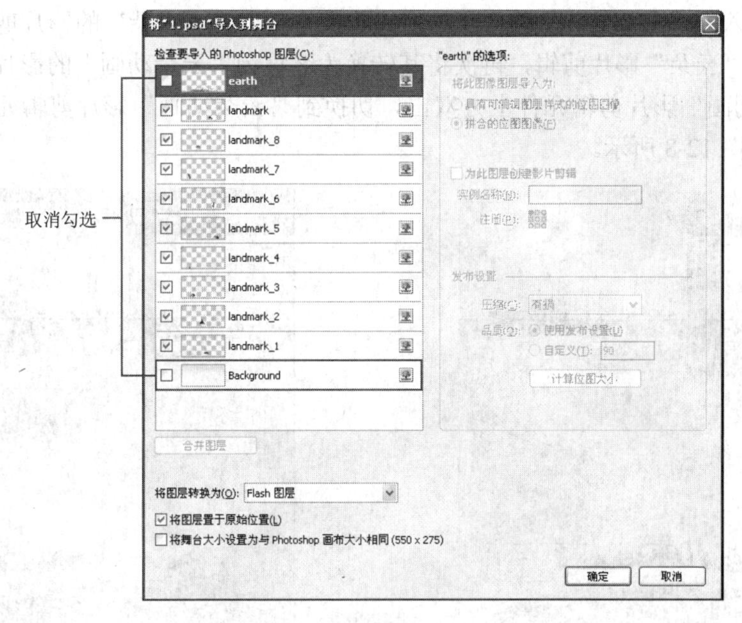

图 12-4　“导入到舞台”对话框

⑤ 单击 确定 按钮，将“1.psd”图像文件中所选择的图层导入到舞台中，并将导入的图形沿着地球图形环形摆放，并将“地球”图层拖曳到这些图层的上方，如图 12-5 所示。

⑥ 将导入的图形中 6 个矮一些的建筑由左至右依次命名为“pic1”~“pic6”的图形元件，再将 3 个高一些的建筑由左至右依次命名为“pic7”~“pic9”的图形元件，并将这些图层的名称修改为与元件相同的名称，如图 12-6 所示。

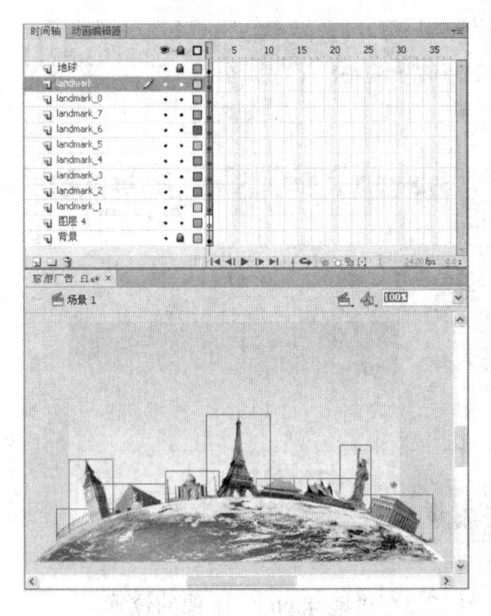

图 12-5　导入“1.psd”图像文件中的各个图形

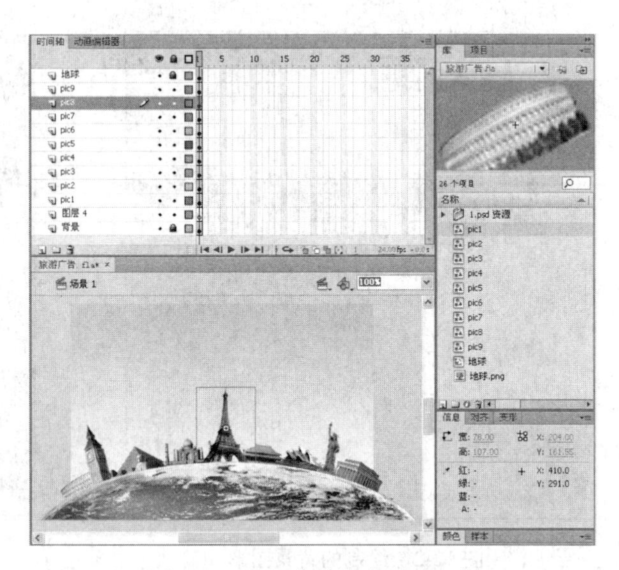

图 12-6　将图像转换为图形元件

7 在“地球”图层之上创建一个新图层，设置新图层的名称为“云”，然后导入本书配套光盘“第 12 章/素材“目录下的“云.png”图像文件，将其调整到舞台中的上方位置处，如图 12-7 所示。

8 选择导入的“云.png”图像文件，将其转换为名称为“云朵”的影片剪辑元件，然后再选择“云朵”影片剪辑，再次将其转换为名称为“云朵动画”的影片剪辑元件。在“云朵动画”影片剪辑元件上方双击，切换到“云朵动画”影片剪辑元件的编辑窗口中，如图 12-8 所示。

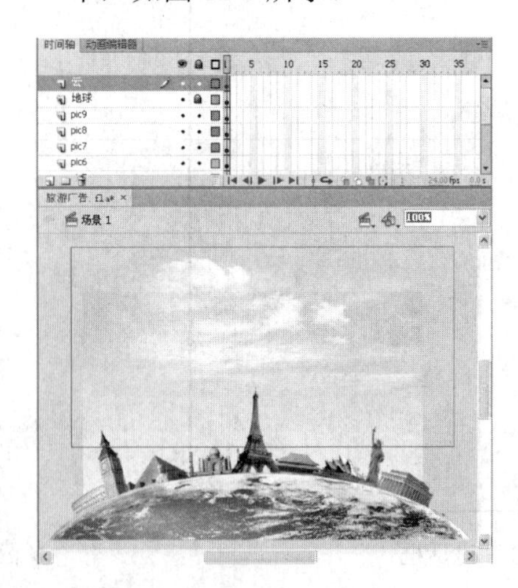

图 12-7　导入的云图形

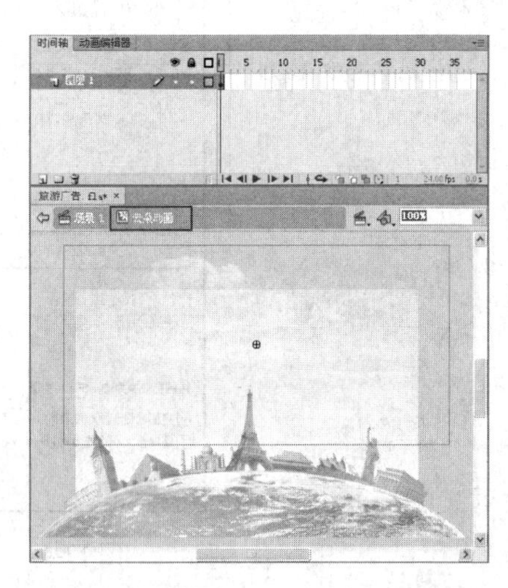

图 12-8　“云朵动画”影片剪辑元件的编辑窗口

9 在“云朵动画”影片剪辑元件的编辑窗口中新建一个名称为“图层 2”的图层，在“图层 2”图层中拷贝一个“云朵”影片剪辑实例，并将其放置在“图层 1”图层中“云朵”影片剪辑实例的右侧，如图 12-9 所示。

10 在“图层 1”与“图层 2”图层的第 150 帧处插入关键帧，然后将第 150 帧处两个图层中的“云朵”影片剪辑实例全部选择，并同时向左水平移动，大致将第二个“云朵”

影片剪辑实例移到原来第一个“云朵”影片剪辑实例的位置，如图 12-10 所示。

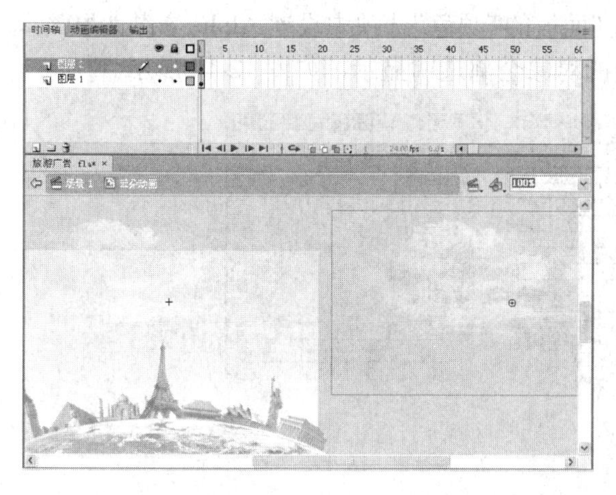

图 12-9　复制的“云朵”影片剪辑实例

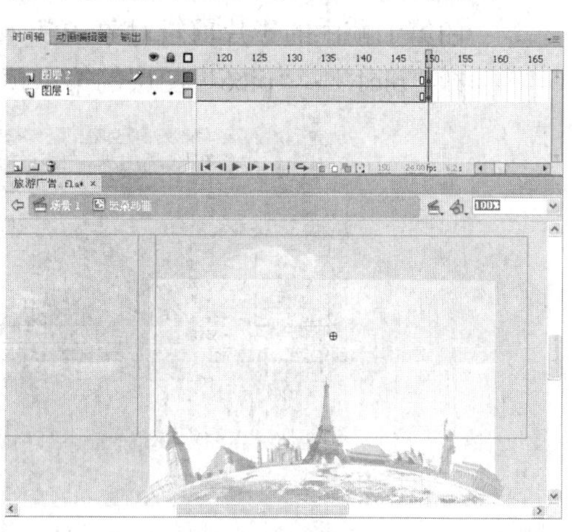

图 12-10　第 150 帧处两个“云朵”影片剪辑实例的位置

⑪ 在“图层 1”与“图层 2”图层的第 1 帧与第 150 帧之间创建传统补间动画，如图 12-11 所示。

⑫ 单击 场景 1 按钮来切换到主场景舞台中。至此，Flash 广告的开始画面制作完成，单击菜单栏中的”文件”/“保存”命令，将动画文件保存。

图 12-11　创建的传统补间动画

12.1.3　Flash 广告内容动画的制作

前一节主要讲解了 Flash 广告静态背景以及动态背景的制作，接下来制作 Flash 广告中动画的内容，包括广告的建筑物逐个出现、飞机飞过天空、广告文字的动画。

操作步骤如下：

① 继续前面的操作，在“pic9”图层之上创建一个图层文件夹，设置图层文件夹的名称为“景点图”，然后将“pic1”~“pic9”图层全部拖曳进“景点图”图层文件夹中，如图 12-12 所示。

② 选择所有图层的第 160 帧，在这些图层的第 160 帧处插入帧，从而设置动画的播放时间为 160 帧的时间，如图 12-13 所示。

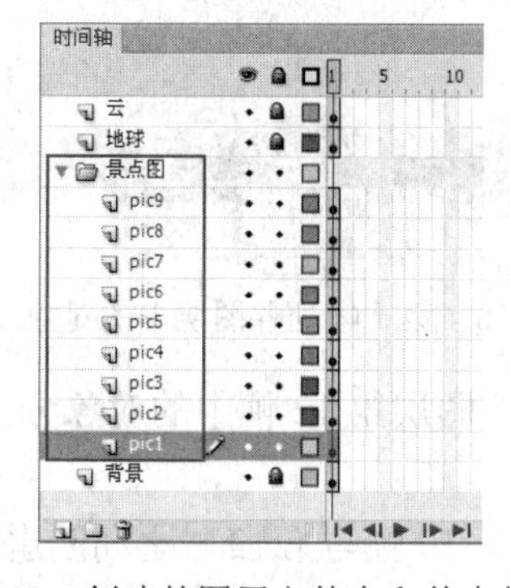

图 12-12　创建的图层文件夹和其中的图层

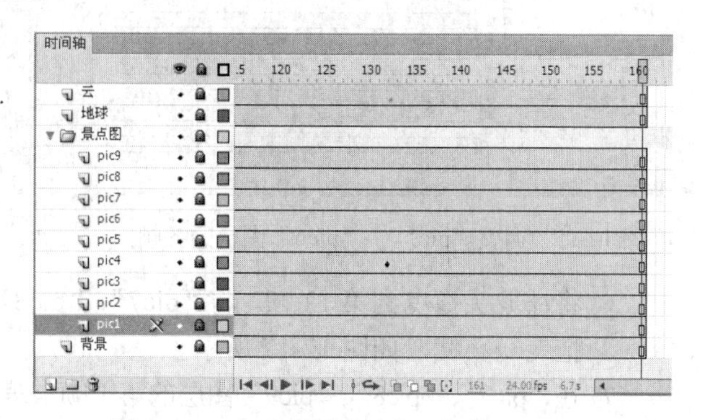

图 12-13　在所有图层的第 160 帧处插入帧

③ 在“pic1”~“pic6”图层的第 20 帧处插入关键帧，然后选择“pic1”~“pic6”图层的第 1 帧中的影片剪辑对象，在“属性”面板的“颜色”选项中设置 Alpha 参数为“0%”，即“pic1”~“pic6”图层的第 1 帧中的对象全部透明显示，如图 12-14 所示。

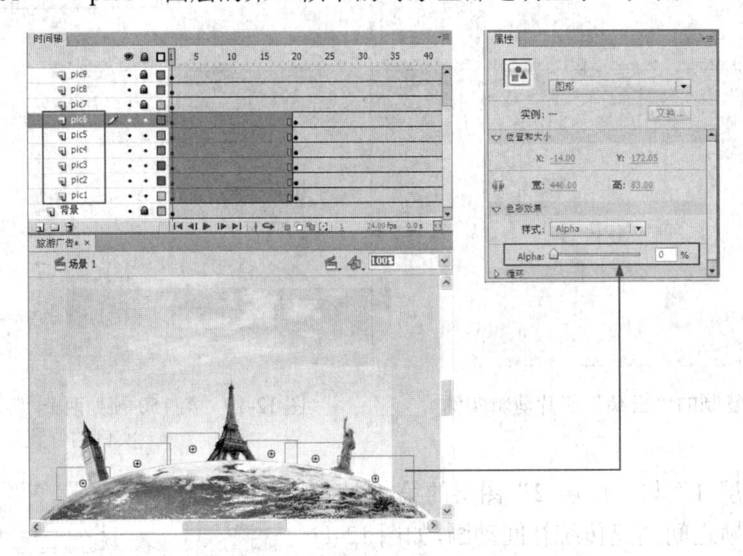

图 12-14　“pic1”~“pic6”图层中对象的属性设置

④ 在“pic1”~“pic6”图层的第 1 帧与第 20 帧之间创建传统补间动画，并将“pic1”~“pic6”图层中的传统补间动画依次向后拖曳一段距离，使“pic1”~“pic6”图层的第 1 帧与第 20 帧之间所创建的传统补间动画不同时出现，如图 12-15 所示。

⑤ 分别在“pic7”、“pic8”、“pic9”图层的第 10 帧、第 12 帧、第 13 帧处插入关键帧，然后将播放头拖曳到第 1 帧，将“pic7”、“pic8”、“pic9”图层第 1 帧中的对象分别向下拖曳一大截，如图 12-16 所示。

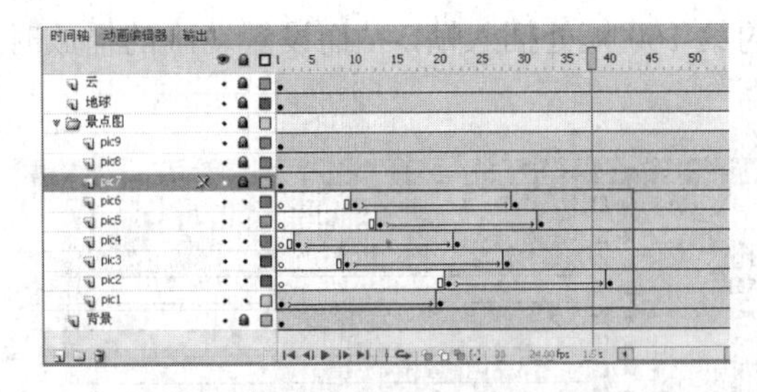

图 12-15　调整“pic1”~“pic6”图层的各帧

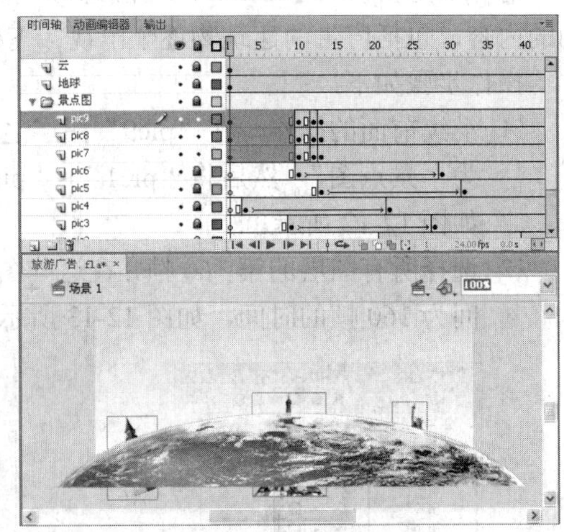

图 12-16　第 1 帧处各图层中的对象

⑥ 将播放头拖曳到第 12 帧，将“pic7”、“pic8”、“pic9”图层第 12 帧中的对象分别向上拖曳一小截，如图 12-17 所示。

⑦ 在“pic7”、“pic8”、“pic9”图层的第 1 帧与第 10 帧，第 10 帧与第 12 帧之间创建传统补间动画，然后将“pic7”、“pic8”、“pic9”图层的第 1 帧到第 13 帧之间的所有帧，拖曳到

第 40 帧以后，并将“pic8”、“pic9”图层中的帧依次向后拖曳一小段距离，如图 12-18 所示。

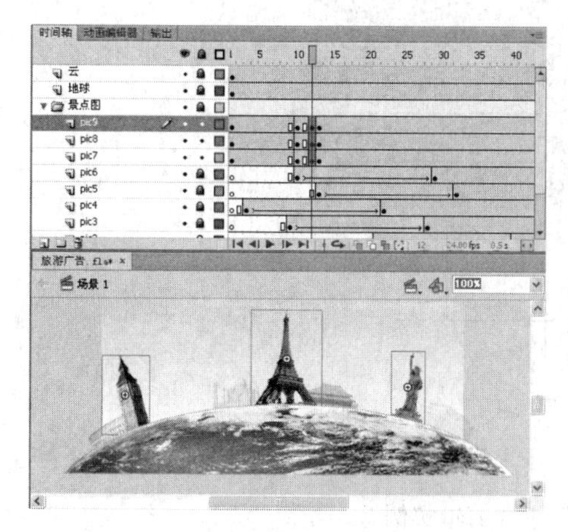

图 12-17　第 12 帧处各图层中的对象

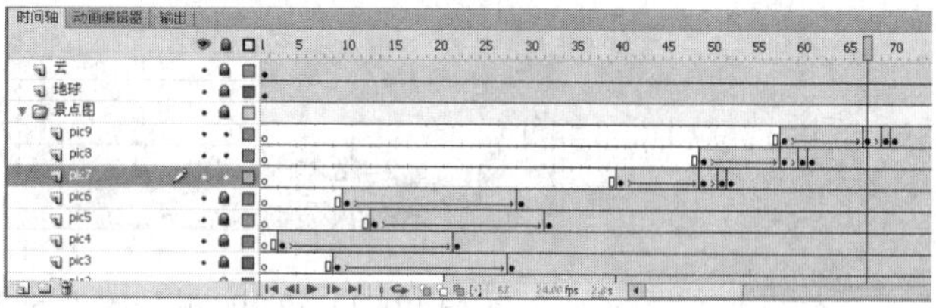

图 12-18　“pic7”、“pic8”、“pic9”图层中的帧

⑧ 在“云”图层之上创建一个新图层，设置新图层的名称为“飞机”，然后导入本书配套光盘“第 12 章/素材”目录下的“飞机.png”图像文件，将其调整到舞台的右上方，如图 12-19 所示。

⑨ 选择导入的“飞机”图形，将其转换成名称为“飞机”的影片剪辑实例，然后在“飞机”图层之上创建一个运动引导层，同时将“飞机”图层转换为被引导层，并在“运动引导层”中绘制一条线段，作为飞机飞行的轨迹，如图 12-20 所示。

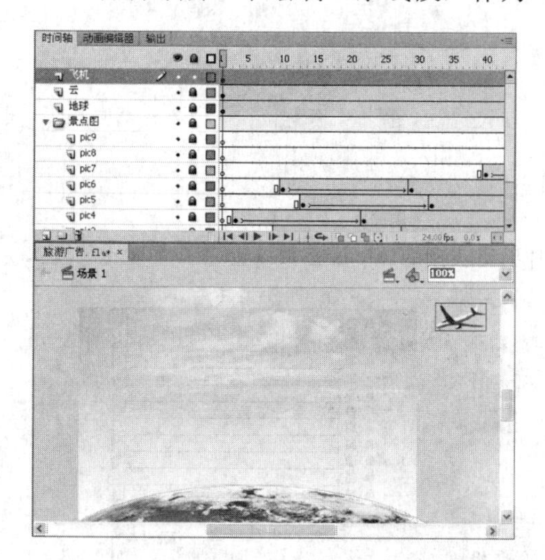

图 12-19　第 1 帧处“飞机”的位置

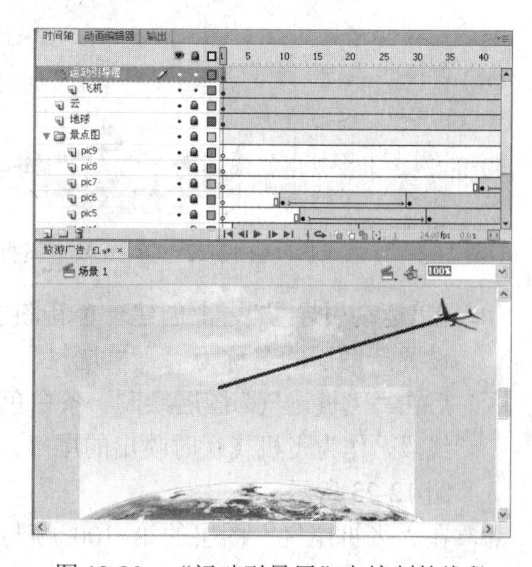

图 12-20　“运动引导层”中绘制的线段

⑩ 在“飞机”图层将第 1 帧处的“飞机”影片剪辑实例的中心点与运动引导线右侧的端点重合，然后在“飞机”图层的第 100 帧插入关键帧，将此帧处的“飞机”影片剪辑元件拖曳到运动引导线左侧端点与其重合，并将其缩小，设置其“Alpha”参数值为“0%”，如图 12-21 所示。

⑪ 在“飞机”图层的第 1 帧与第 100 帧之间创建传统补间动画，然后在“飞机”图层的第 60 帧处插入关键帧，设置此帧处的“飞机”影片剪辑实例的“Alpha”参数值为“70%”，如图 12-22 所示。

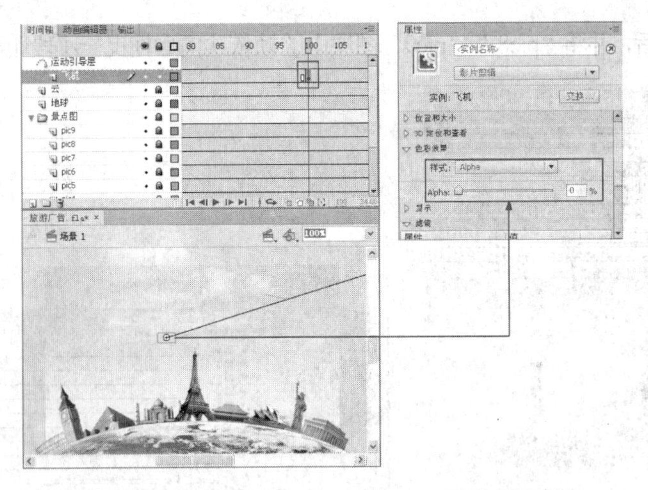

图 12-21　第 100 帧处的“飞机”影片剪辑实例

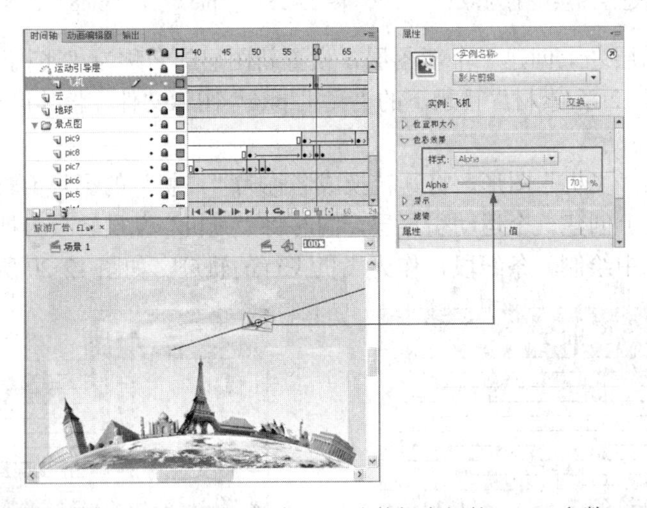

图 12-22　第 60 帧“飞机”影片剪辑实例的 Alpha 参数

⑫ 在“运动引导层”之上创建一个新图层，设置新图层的名称为“飞机尾气”，然后在“飞机尾气”图层绘制一条白色的线段，作为飞机飞行时喷出的尾气，如图 12-23 所示。

⑬ 在“飞机尾气”图层的第 100 帧与第 130 帧处插入关键帧，然后将第 1 帧处的白色线段缩短至飞机的机尾处，将第 130 帧处的白色线段图形只保留前半部分，如图 12-24 所示。

⑭ 在“笔触颜色”中设置第 100 帧处的白色线段的“Alpha”参数值为“50%”，第 130 帧处的白色线段的“Alpha”参数值为“0%”，如图 12-25 所示。

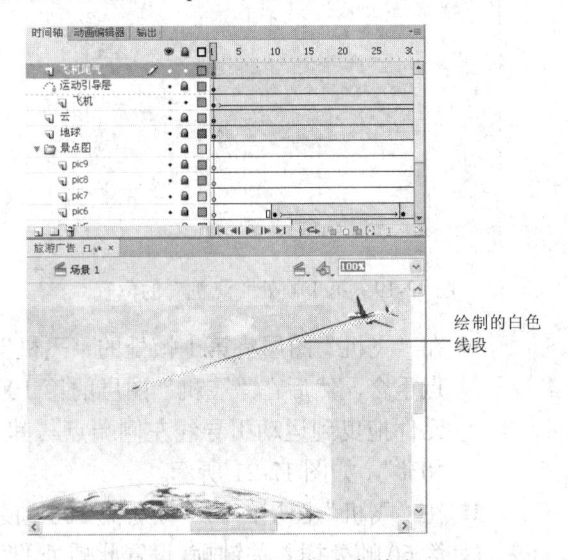

图 12-23　绘制的白色线段

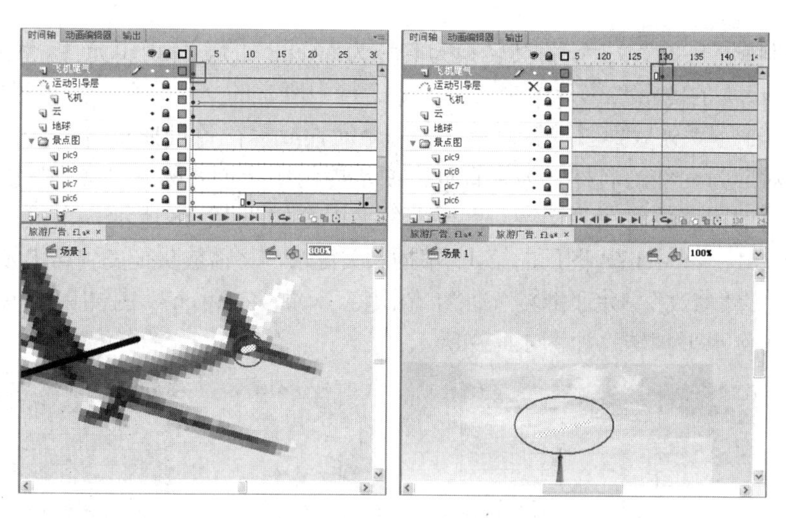

图 12-24　第 1 帧与第 130 帧处的白色线段

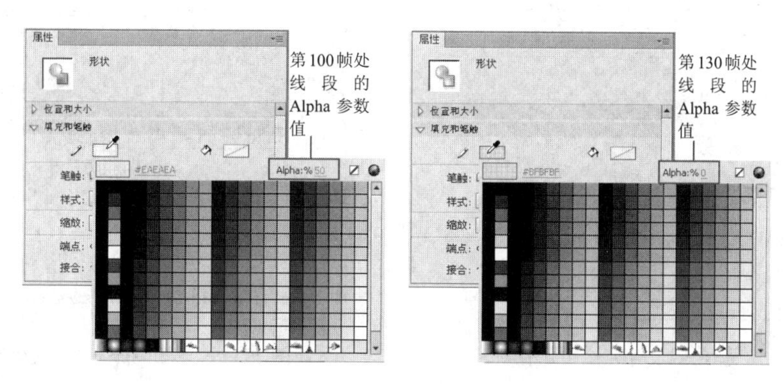

图 12-25　线段的 Alpha 参数值

15 在“飞机尾气”图层的第 1 帧与第 100 帧，第 100 帧与第 130 帧之间创建补间形状动画，如图 12-26 所示。

16 在“飞机尾气”图层之上创建新图层，在舞台左上方输入黑色的“环球世界豪华游”的文字，设置合适的字体大小，然后在刚刚输入的文字右下方继续输入“特价 8888 元”的文字，其中“8888”数字设置为红色，如图 12-27 所示。

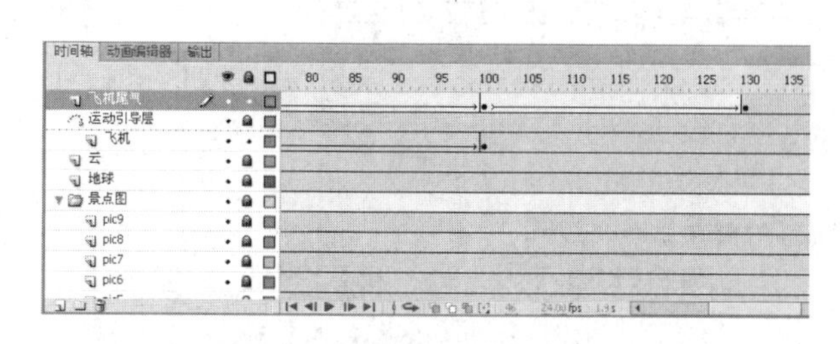

图 12-26　创建的补间形状动画

图 12-27　舞台中输入的文字

17 选择“环球世界豪华游”文字，按键盘上的 Ctrl+B 组合键将其打散为单独的文字，然后按照从左至右的顺序依次转换成名称为“wen1”~“wen7”的图形元件，如将“环”文字转换成名称为“wen1”的图形元件，“球”文字转换成名称为“wen2”的图形元件。

⑱ 选择“特价 8888”文字，将其转换为名称为“wen8”的影片剪辑元件，然后选择“wen1”~“wen8”的图形与影片剪辑实例，即舞台中所有的文字，单击菜单栏中的“修改”/“时间轴”/“分散到图层”命令，将每个元件放置在各自独立的图层中，各个图层的名称对应为元件的名称。为了管理方便，再创建一个名称为“文字”的图层文件夹，将分散的图层放置在“文字”图层文件夹中，如图 12-28 所示。

⑲ 在“wen1”~“wen7”图层的第 15 帧插入关键帧，将播放头拖曳到第 1 帧，然后通过菜单栏中的“修改”/“水平翻转”命令，依次将“wen1”~“wen7”图层中的“wen1”~“wen7”图形实例水平翻转，如图 12-29 所示。

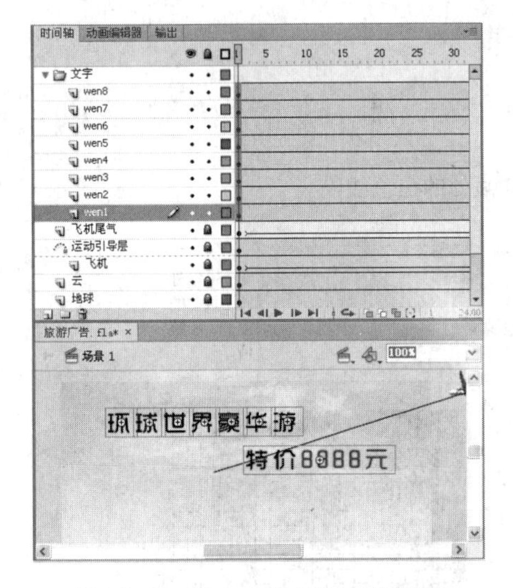

图 12-28　舞台中文字所在的图层

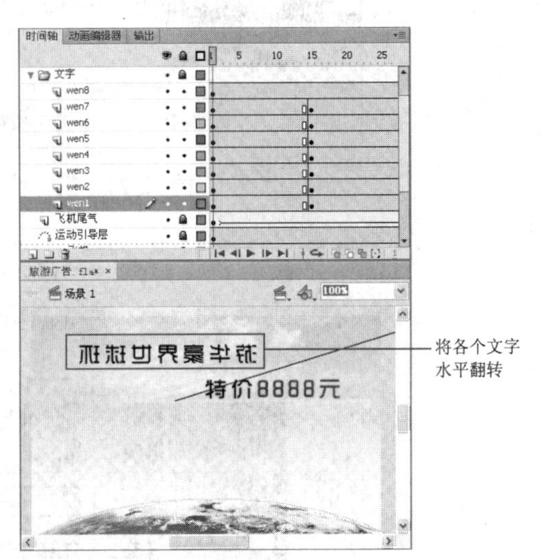

图 12-29　第 1 帧中水平翻转的文字

⑳ 将“wen1”~“wen7”图层的第 1 帧中的图形实例的“Alpha”参数值设置为“0%”，然后在“wen1”~“wen7”图层的第 1 帧与第 15 帧之间创建传统补间动画，并依次将各个图层中的补间动画向后拖曳一段距离，使“wen1”~“wen7”图层中的文字依次水平翻转出现，如图 12-30 所示。

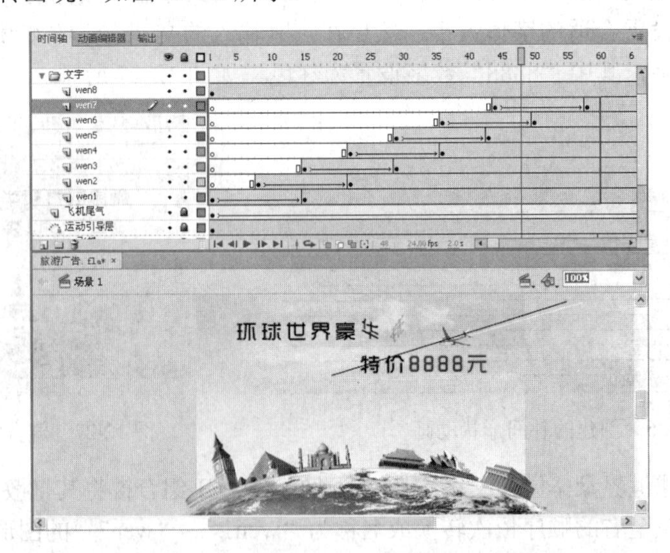

图 12-30　“wen1”~“wen7”图层中的帧

㉑ 选择“wen8”图层中的“wen8”影片剪辑实例，在“属性”面板的“滤镜”选项中设置“模糊”滤镜，在其中设置“模糊 X”参数值为“40”，“模糊 Y”参数值为“5”，如图 12-31 所示。

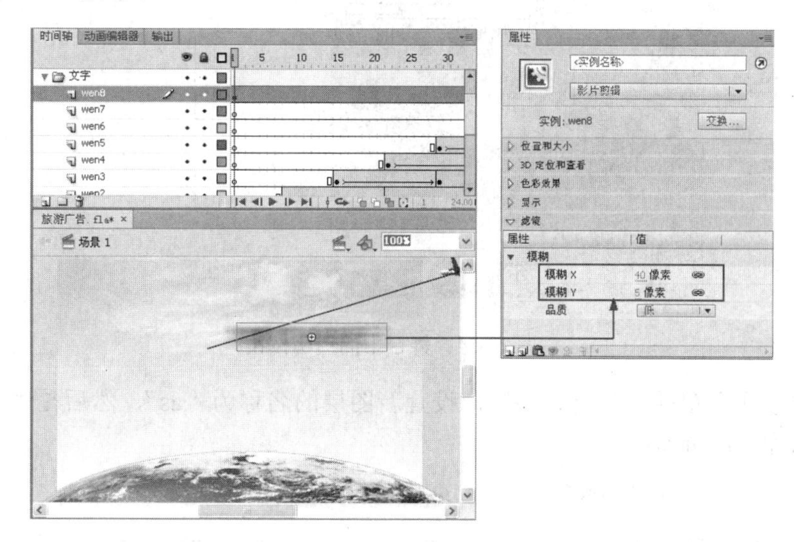

图 12-31　为“wen8”影片剪辑实例设置“模糊”滤镜

㉒ 在“wen8”图层的第 10 帧、第 37 帧分别插入关键帧，然后将第 1 帧中的“wen8”影片剪辑实例水平拖曳到舞台右侧，如图 12-32 所示。

㉓ 将“wen8”图层第 37 帧中的“wen8”影片剪辑实例的滤镜效果删除，然后在“wen8”图层的第 1 帧与第 10 帧，第 10 帧与第 37 帧之间创建传统补间动画，最后将第 1 帧与第 37 帧之间所有帧拖曳到第 59 帧位置处，让“wen1”~“wen7”图层中的动画播放完毕后再播放“wen8”图层中的文字动画，如图 12-33 所示。

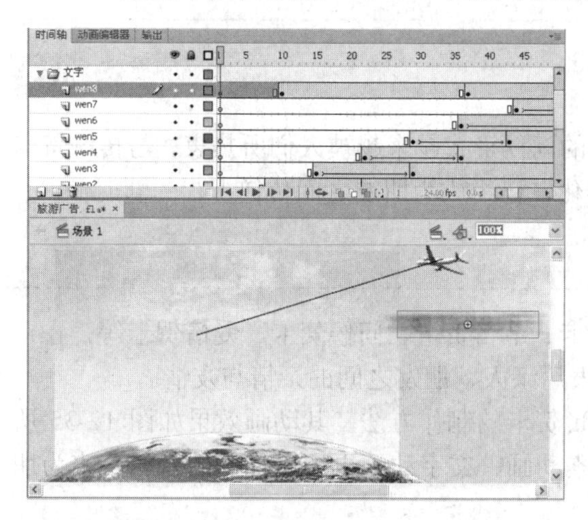

图 12-32　第 1 帧中的“wen8”影片剪辑实例的位置

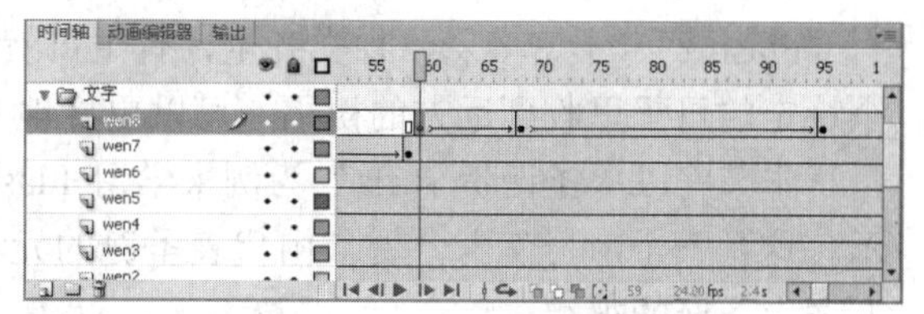

图 12-33　“wen8”图层中的帧

㉔ 在“文字”图层文件夹之上创建一个新图层，设置新图层的名称为“按钮”，然后创建一个与舞台同样大小，并刚好覆盖住舞台的透明按钮，并在“属性”面板中设置实例名称为“but”，如图 12-34 所示。

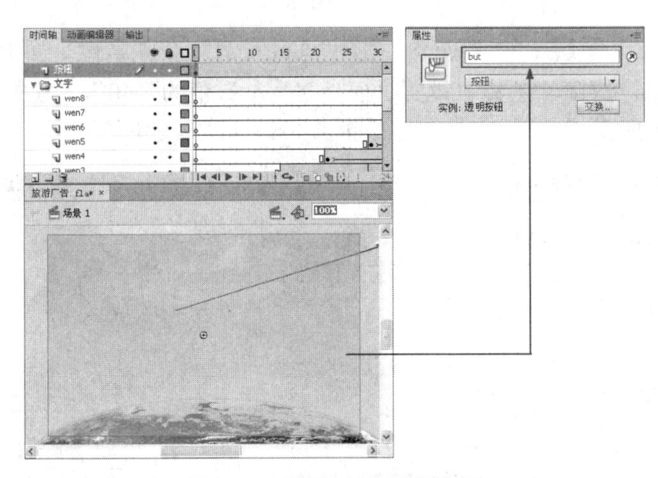

图 12-34　舞台中的透明按钮

㉕ 在“按钮”图层上创建新图层，设置新图层的名称为“as”，然后在“动作”面板中输入如下的脚本：

```
function link(event:MouseEvent):void
{
    navigateToURL(new URLRequest("http://www.51-site.com"),"_blank");
}
but.addEventListener(MouseEvent.CLICK,link);
```

通过舞台中的透明按钮与 as 脚本，可以让 Flash 广告在网页中播放的时候，如果有人点击此广告，则可以链接到广告的宣传网址上，这样才能达到广告宣传的作用。

㉖ 至此，动画全部制作完成。按键盘上的 Ctrl+Enter 组合键对影片进行测试。如果影片测试无误，则可单击菜单栏中的“文件”/“保存”命令，将文件进行保存。

12.2　Flash 贺卡的制作

随着网络的推广，Flash 贺卡作为一种全新的问候形式越来越被人们所热衷。与传统贺卡相比，Flash 贺卡互动性更强，表现形式更多样化，已经成为朋友之间传递祝福的新时尚。

12.2.1　创意与构思

Flash 贺卡丰富多彩，种类齐全，有生日贺卡、节日贺卡、问候贺卡、爱情贺卡等，在一个特定的日子里收到远方的祝福，可以更好地表达亲人、朋友之间的亲情与友情。

本节将以“圣诞贺卡.fla”为例来学习 Flash 贺卡的制作方法，其动画效果如图 12-35 所示。这是一个节日贺卡，贺卡由代表圣诞的元素动画、文字动画再配以优美的音乐，来为朋友送上圣诞的祝福。

与上一个实例不同，在本实例的动画制作过程中，全部使用补间动画来创建动画元素，相对于传统补间动画，补间动画对动画的控制会更加精细。在“圣诞贺卡.fla”这个实例中，只有一副背景图片，主要是通过局部的几个小动画元素来烘托圣诞的节日氛围，如放光的星星、窗外一掠而过的圣诞老人，再使用主题文字的动画传达出贺卡要表达的信息，最后再添加一首与主题相关的背景音乐，让动画的效果更加生动。

图 12-35　Flash 贺卡的动画效果

12.2.2　贺卡动画的制作

在本实例的贺卡动画制作比较简单，主要由几个小的动画元素构成，再由背景音乐来烘托动画整体效果。

操作步骤如下：

① 启动 Flash CS6，创建出一个新的文档。在“属性”面板中设置舞台的“宽度”参数为“600 像素”，“高度”参数为“355 像素”，“背景颜色”为“黑色”，然后将 Flash 文件命名为“圣诞贺卡”。

② 将“图层 1”图层的名称修改为“背景”，然后导入本书配套光盘“第 12 章/素材”目录下的“圣诞背景.jpg”图像文件，将导入的图像与舞台重合，如图 12-36 所示。

③ 在“背景”图层之上创建新图层，设置新图层的名称为“圣诞树”，然后导入本书配套光盘“第 12 章/素材”目录下的“圣诞树.png”图像文件，将导入的图像文件放置到舞台的右下方，如图 12-37 所示。

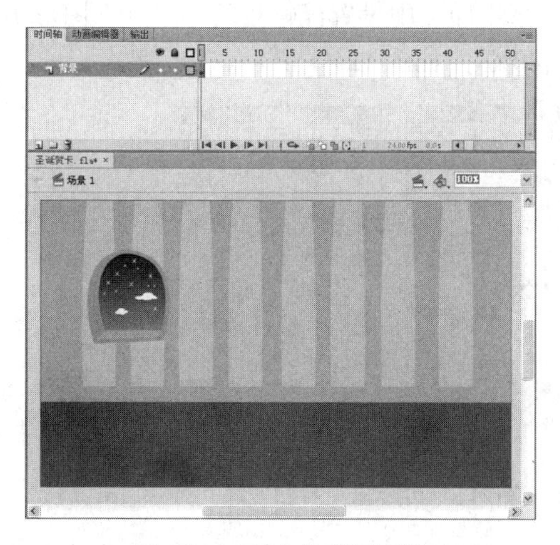

图 12-36　导入的背景图像

图 12-37　导入的“圣诞树”图像

④ 在“圣诞树”图层之上创建新图层，设置新图层的名称为“星星”，导入本书配套光盘“第 12 章/素材”目录下的“星星.swf”文件，并将其转换成名称为“星星”的图形元件，然后将“星星”图形元件放置到舞台圣诞树图形的上方，如图 12-38 所示。

⑤ 选择“星星”图形实例，再将其转换成名称为“星星动画”的影片剪辑元件，双击此元件，切换到“星星动画”影片剪辑元件的编辑窗口中；然后在“星星”图形元件上方单击鼠标右键，从弹出的菜单中选择“创建补间动画”命令，从而创建出补间动画，如图 12-39 所示。

图 12-38　导入的星星图形

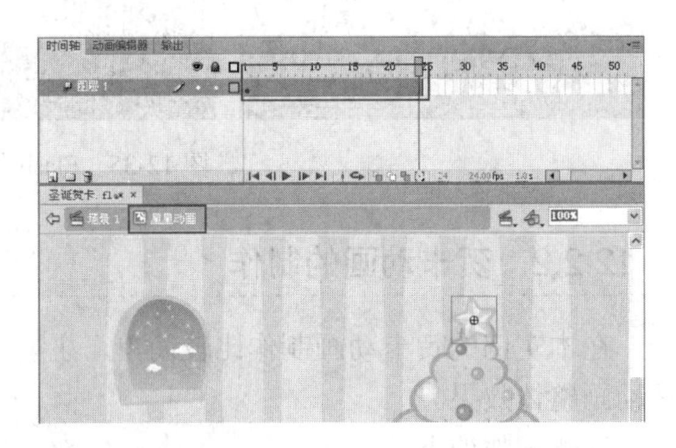

图 12-39　“星星动画”影片剪辑元件的编辑窗口

⑥ 在“星星动画”影片剪辑元件编辑窗口中“图层 1”图层的第 40 帧处插入帧，从而设置此影片剪辑的播放时间为 40 帧的时间；然后分别在第 20 帧与第 40 帧位置处单击鼠标右键，从弹出的菜单中选择“插入关键帧”/“全部”命令，从而在“图层 1”图层的第 20 帧与第 40 帧处插入属性关键帧，如图 12-40 所示。

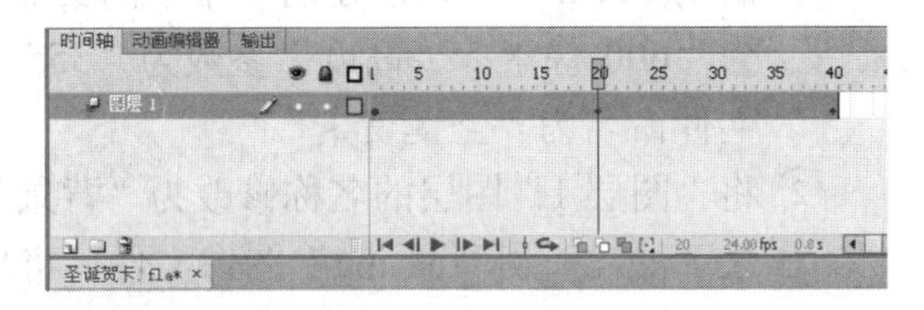

图 12-40　插入的属性关键帧

⑦ 选择第 20 帧处的属性关键帧，然后在“变形”面板中设置此帧处的“星星”图形实例的“缩放宽度”与“缩放高度”均为“120%”，如图 12-41 所示。

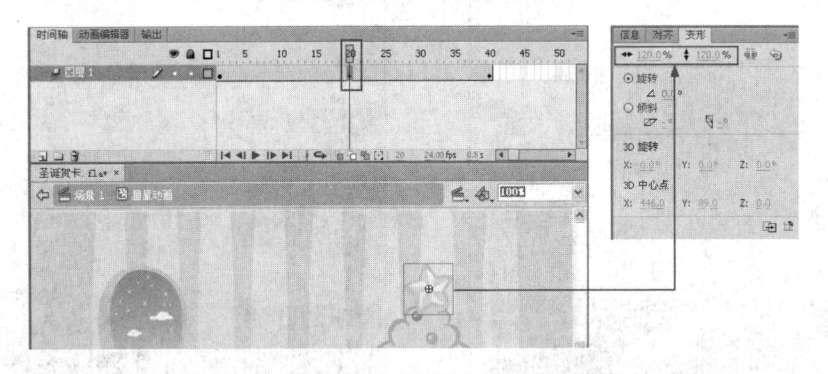

图 12-41　第 20 帧处“星星”图形实例的大小

⑧ 单击 场景 1 按钮来切换回场景舞台中，然后在“星星”图层之上创建名称为“发光”的图层，然后在“发光”图层中绘制一个圆形发散状的白色图形，如图 12-42 所示。

⑨ 选择绘制的白色发散状圆形，在“颜色”面板中设置“填充颜色”为“径向渐变”，然后设置径向渐变为白色 Alpha 参数“15%”到白色 Alpha 参数“0%”的渐变，如图 12-43 所示。

⑩ 选择白色发散状圆形，然后将其转换成名称为“发光”的图形元件；选择“发光”图形元件，再将其转换成名称为“发光动画”的影片剪辑元件；双击此影片剪辑元件，切换到“发光动画”影片剪辑元件的编辑窗口中。

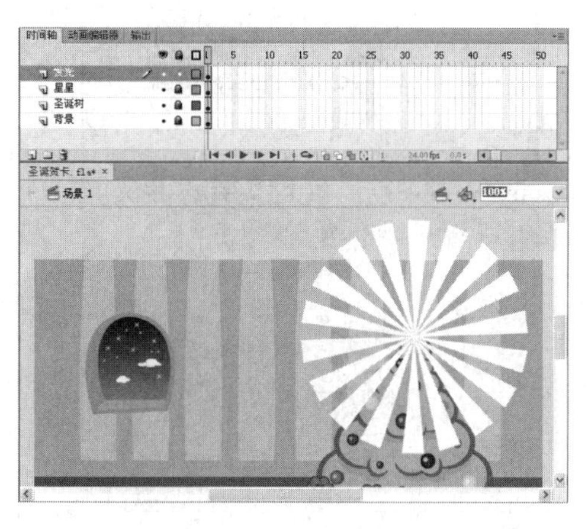

图 12-42 “发光”图层中绘制的图形

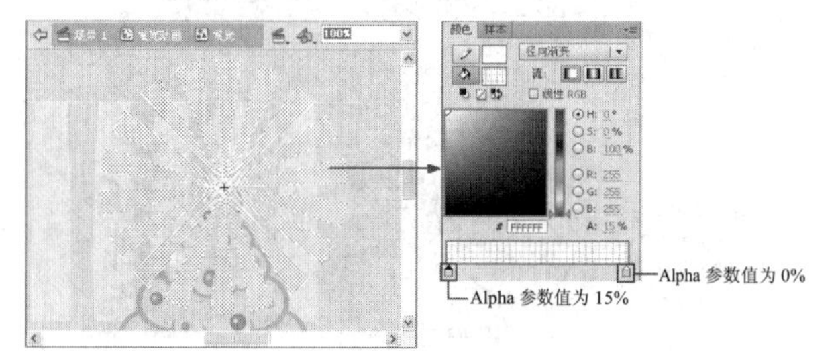

图 12-43 白色发散状圆形设置的径向渐变

⑪ 在“发光动画”影片剪辑元件的编辑窗口中，选择“发光”图形元件，在其上方单击鼠标右键，从弹出的菜单中选择“创建补间动画”命令，然后在“图层 1”图层的第 100 帧插入帧。如图 12-44 所示。

⑫ 选择“图层 1”图层中的任意一帧，在“属性”面板的“旋转”选项中设置“方向”的选项为“顺时针”，从而在“发光动画”影片剪辑元件中制作出旋转动画，如图 12-45 所示。

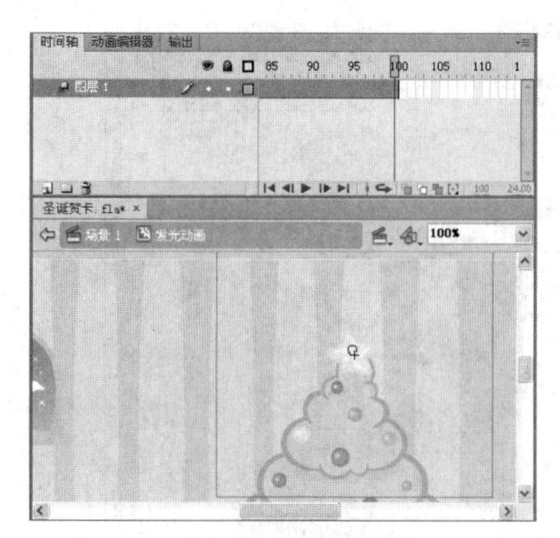

图 12-44 创建的补间动画

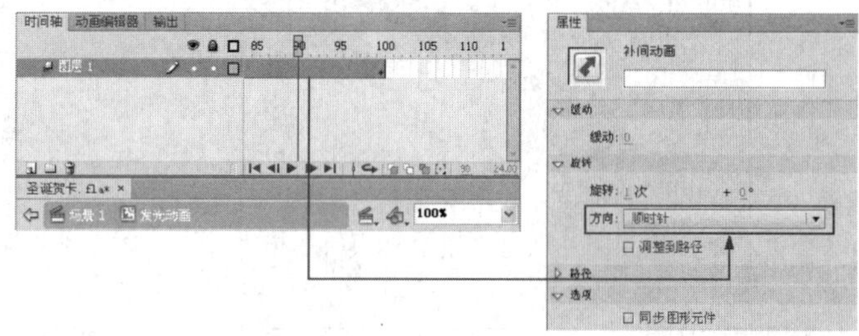

图 12-45 “发光动画”影片剪辑元件中制作旋转动画

⑬ 单击场景 1按钮来切换回场景舞台中，将“发光”图层拖曳到“圣诞树”图层下方；然后在“星星”图层之上创建出“圣诞老人”图层，导入本书配套光盘“第 12 章/素材”目录下的“圣诞老人.ai”图像文件，将其进行旋转变形，放置在舞台中窗户图形的左下方，并将其转换成名称为“圣诞老人”的图形元件，如图 12-46 所示。

⑭ 选择“圣诞老人”图形实例，再将其转换成名称为“圣诞老人动画”的影片剪辑元件；双击此元件，切换到“圣诞老人动画”影片剪辑元件的编辑窗口中，然后在“圣诞老人”图形元件上方单击鼠标右键，从弹出的菜单中选择“创建补间动画”命令，从而创建出补间动画，如图 12-47 所示。

⑮ 在“圣诞老人动画”影片剪辑元件编辑窗口“图层 1”图层的第 35 帧处插入属性关键帧，然后将此帧处的“圣诞老人”图形实例拖曳到窗户图形中间靠右的位置，如图 12-48 所示。

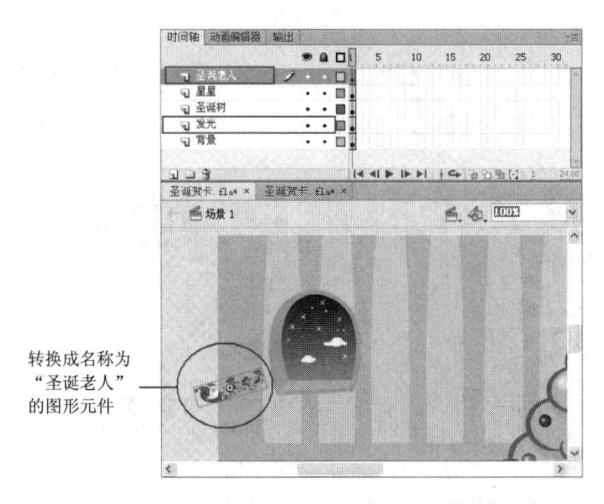

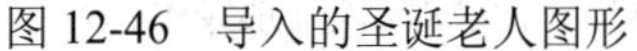
图 12-46 导入的圣诞老人图形

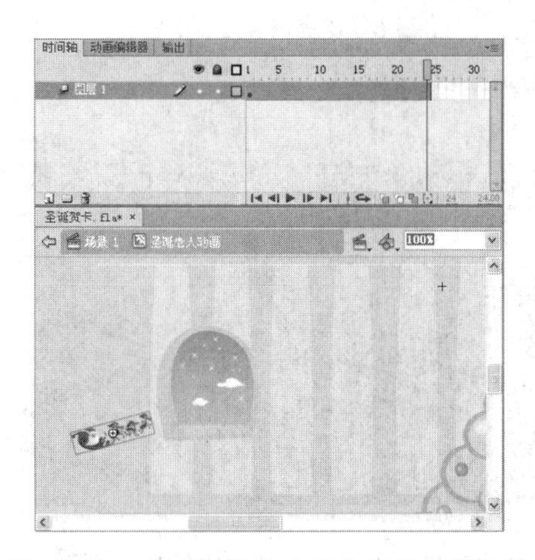
图 12-47 “圣诞老人动画”影片剪辑元件

⑯ 选择舞台中的“圣诞老人”图形元件，按键盘上的 Ctrl+C 组合键将其复制，然后在“图层 1”之上创建新图层，默认名称为“图层 2”；在“图层 2”图层的第 35 帧插入关键帧，然后按键盘上的 Ctrl+V 组合键将其粘贴到“图层 2”图层的第 35 帧位置，并将所粘贴的“圣诞老人”图形元件进行水平翻转及旋转，将其放置在“图层 1”图层的第 35 帧处“圣诞老人”图形实例的下方，如图 12-49 所示。

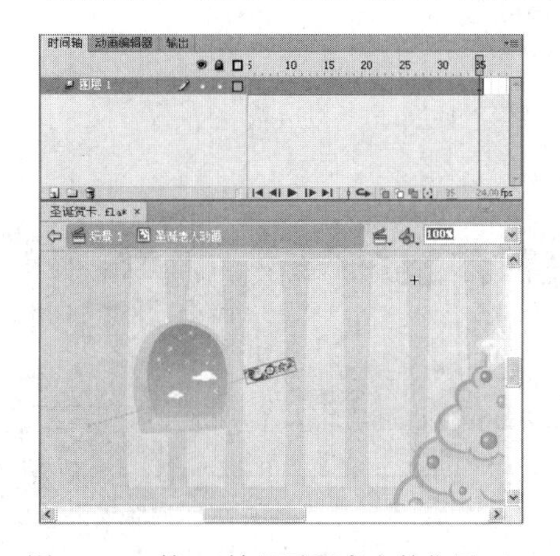
图 12-48 第 35 帧处圣诞老人的位置

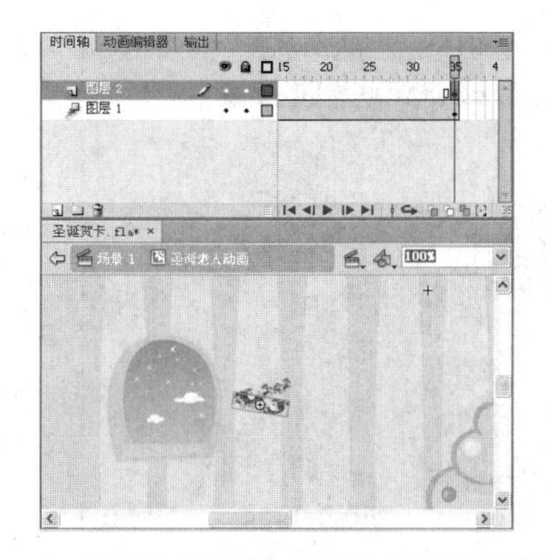
图 12-49 粘贴的“圣诞老人”图形实例的位置

⑰ 选择“图层 2”图层中的“圣诞老人”图形实例，在其上方单击鼠标右键，从弹出的菜单中选择“创建补间动画”命令，从而创建出补间动画；然后在“图层 2”图层的第 70 帧插入属性关键帧，将此帧处的“圣诞老人”图形实例拖曳至窗户图形的左上方，如图 12-50 所示。

⑱ 在“图层 1”与“图层 2”图层的第 120 帧处插入帧，从而“圣诞老人动画”影片剪辑元件的播放时间为 120 帧的时间，如图 12-51 所示。

⑲ 单击场景 1按钮来切换回场景舞台中，在“圣诞老人”图层之上创建名称为“窗户”的图层，在“窗户”图层中绘制一个与窗户大小相同的图形，如图 12-52 所示。

⑳ 在“窗户”图层之上单击鼠标右键，从弹出的菜单中选择”遮罩层”命令，将“窗户”图层转换为遮罩层，其下方的“圣诞老人”图层转换为被遮罩层，从而制作出遮罩动画，如图 12-53 所示。

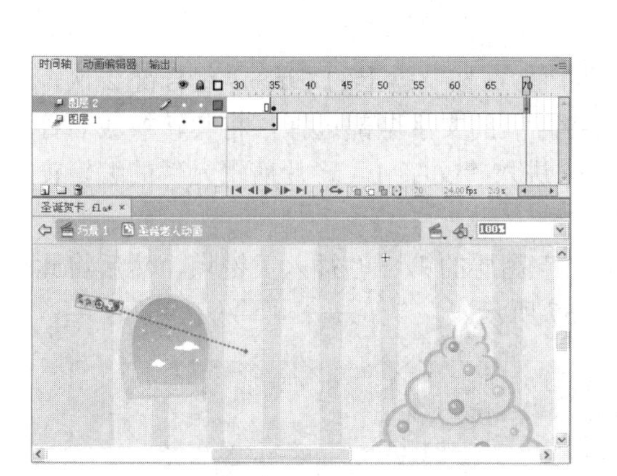

图 12-50　第 70 帧处圣诞老人的位置

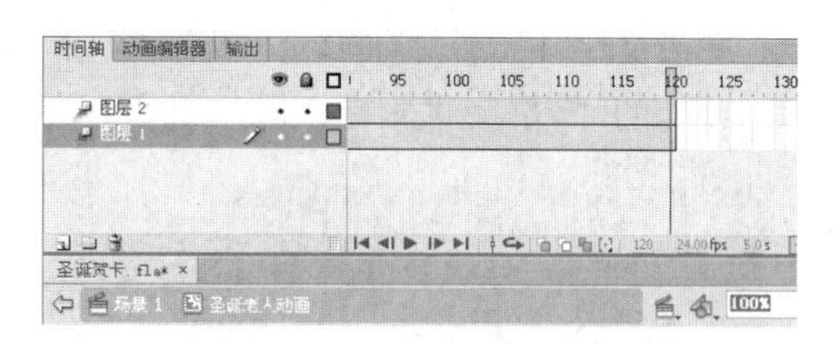

图 12-51　在“图层 1”与“图层 2”图层的第 120 帧处插入帧

图 12-52　绘制的窗户图形

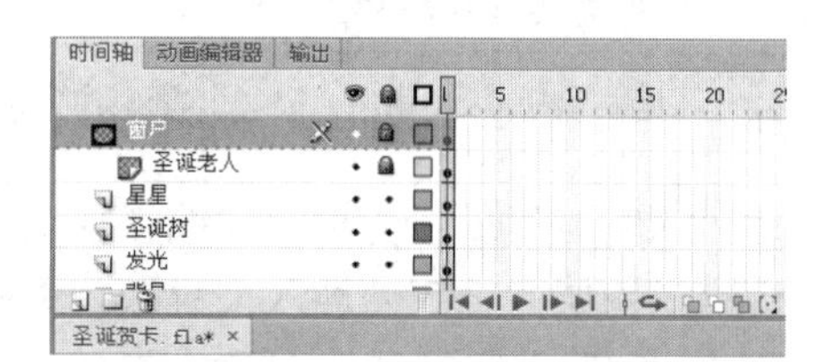

图 12-53　创建的遮罩动画

㉑ 在“背景”图层之上创建新图层，设置新图层的名称为“文字动画”；在“文字动画”图层中输入两行文字，上面一行为白色的“Merry”文字，下面一行为黄色的“Christmas”文字，如图 12-54 所示。

㉒ 选择输入的文字，然后将其转换成名称为“文字动画”的影片剪辑元件；双击此元件来切换到“文字动画”影片剪辑元件的编辑窗口中，然后在元件编辑窗口“图层 1”图层之上创建新图层，默认为“图层 2”，将黄色的“Christmas”文字剪切到“图层 2”图层中，如图 12-55 所示。

图 12-54　“文字动画”图层中的文字

图 12-55　“文字动画”影片剪辑元件的编辑窗口

㉓ 选择“图层 1”图层中白色的“Merry”文字，然后按键盘上的 Ctrl+B 组合键 2 次，将白色的“Merry”文字打散为图形；然后将打散的文字全部选择，将其转换成名称为“文字 1”的影片剪辑元件，双击此元件来进入“文字 1”影片剪辑元件的编辑窗口中，如图 12-56 所示。

㉔ 在“文字 1”影片剪辑元件编辑窗口“图层 1”图层的第 2 帧插入关键帧，然后将此帧处的“y”文字末端擦除一部分，如图 12-57 所示。

图 12-56 “文字 1”影片剪辑元件的编辑窗口

图 12-57 第 2 帧被擦除的文字一部分

㉕ 在“文字 1”影片剪辑元件编辑窗口“图层 1”图层的第 3 帧插入关键帧，将此帧处的“y”文字末端再擦除一部分，如图 12-58 所示。

图 12-58 在第 3 帧中擦除的文字

㉖ 按照上述的方法，依次插入关键帧，然后在各个关键帧中按照文字笔画的倒序依次删除一部分，直至将所有文字都删除，如图 12-59 所示。

㉗ 选择“图层 1”图层上所有的关键帧，在选择的帧上方单击鼠标右键，从弹出的菜单中选择“翻转帧”命令，从而将所选择的帧按照先后顺序进行调转，即最后一帧变为第 1 帧，倒数第 2 帧变为第 2 帧。最后在“图层 1”图层的第 150 帧处插入帧，从而设置动画的播放时间为 150 帧，如图 12-60 所示。

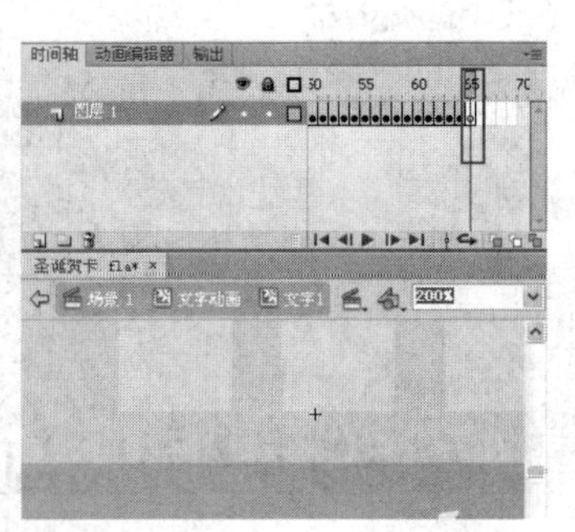

图 12-59 不同帧擦除的文字效果

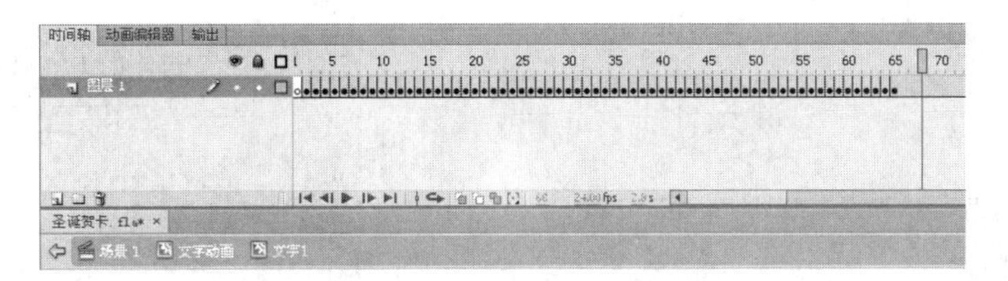

图 12-60　翻转的关键帧

提示　通过上述的操作，可以制作出文字书写的动画效果，这是一种常见的动画制作技巧，采用按照文字书写顺序倒序删除，然后将所有关键帧翻转来实现。读者掌握这种技巧后，可以将其应用到很多场合中。

28 单击“文字动画”按钮来切换到“文字动画”影片剪辑元件的编辑窗口中；在“图层 1”与“图层 2”图层的第 150 帧插入帧，将“图层 2”图层的第 1 帧拖曳到第 66 帧处，如图 12-61 所示。

29 选择“图层 2”图层第 66 帧处的黄色“Christmas”文字，在”属性”面板的“滤镜”选项中为其设置“发光”的滤镜效果，设置其中的“模糊 X”与“模糊 Y”参数为“3”，“强度”为“1000%”，“品质”为“高”，“颜色”为“紫色”（颜色值为“#5B1E5B”），如图 12-62 所示。

图 12-61　“文字动画”影片剪辑元件中帧的操作

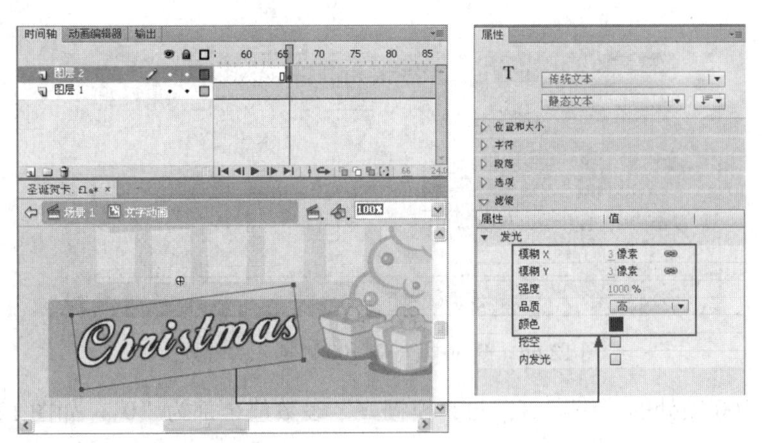

图 12-62　文字的滤镜效果

30 选择黄色的“Christmas”文字，将其转换成名称为“文字 2”的影片剪辑实例；在“文字 2”影片剪辑实例上方单击鼠标右键，从弹出的菜单中选择”创建补间动画”命令，从而创建出动作补间动画；然后在“图层 2”图层的第 80 帧插入属性关键帧，如图 12-63 所示。

31 选择第 66 帧处的“文字 2”影片剪辑实例，将其拖曳至原位置的左侧略偏下的位置，如图 12-64 所示。

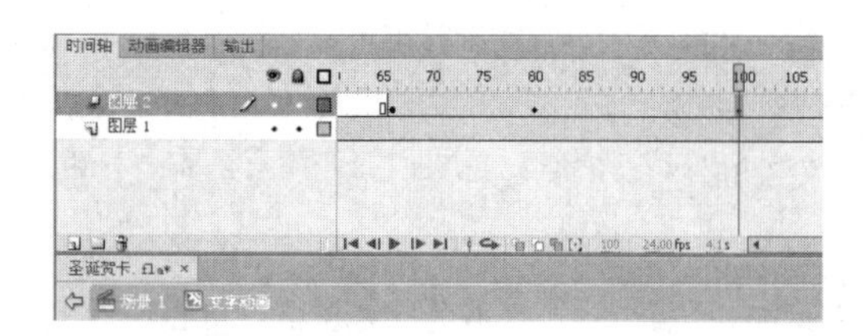

图 12-63　创建的补间动画

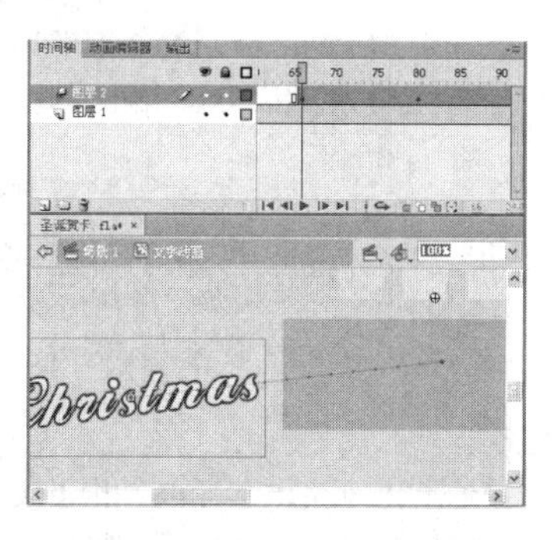

图 12-64　第 66 帧处“文字 2”影片剪辑实例的位置

32 切换到“动画编辑器”面板，在“滤镜”标签中单击“添加颜色、滤镜或缓动”按钮，然后从弹出的菜单中选择“模糊”滤镜，接着设置“模糊 X”参数为“50”，“模糊 Y”参数为“5”，“品质”为“高”，如图 12-65 所示。

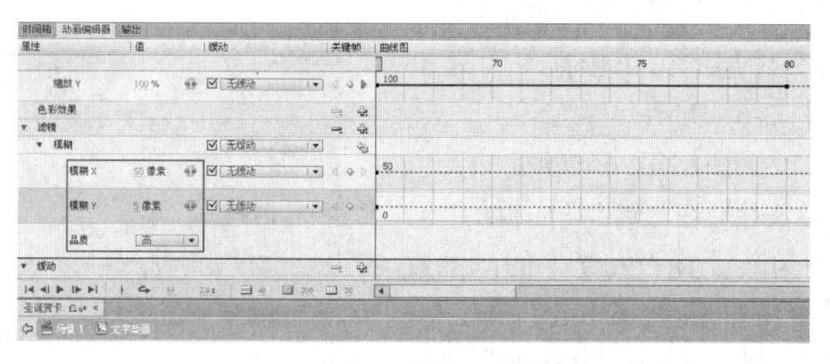

图 12-65　在“动画编辑器”面板中设置滤镜效果

33 在“模糊 X”与“模糊 Y”时间轴的第 80 帧与第 100 帧位置处创建关键帧，如图 12-66 所示。

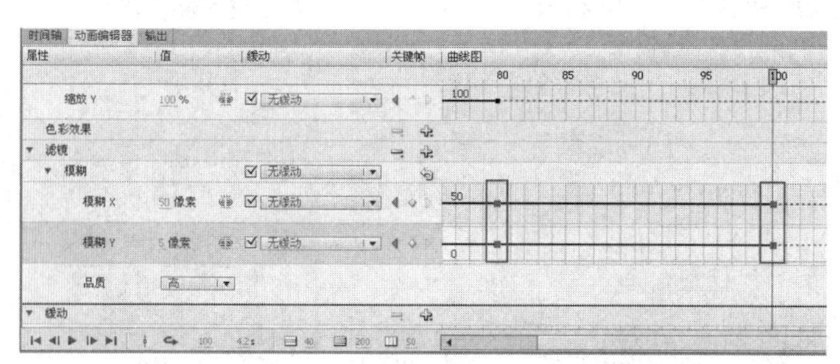

图 12-66　第 80 帧与第 100 帧插入关键帧

34 设置第 100 帧处的“模糊 X”与“模糊 Y”参数值全部为“0”，如图 12-67 所示。

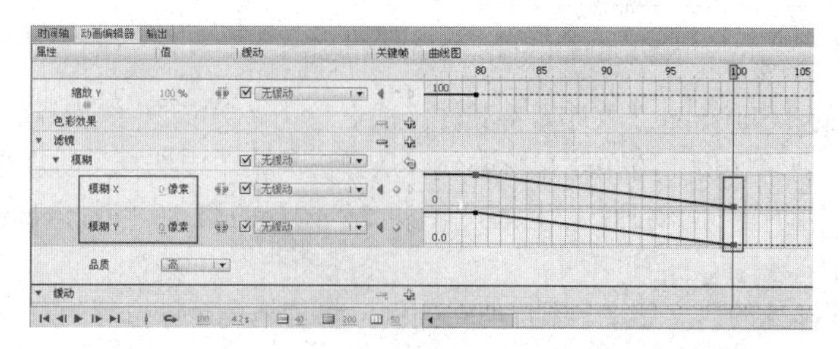

图 12-67　第 100 帧设置的参数

35 切换回"时间轴"面板，单击[场景 1]按钮，从而回到场景舞台中；然后在"窗户"图层之上创建一个名称为"音乐"的图层，如图 12-68 所示。

36 创建一个名称为"music"的影片剪辑元件，导入本书配套光盘"第 12 章/素材"目录下的"sound5.mp3"声音文件；选择"图层 1"图层的第 1 帧，在"属性"面板的"声音"区域设置"名称"选项为"sound5.mp3"，"同步"选项为"数据流"，并在"图层 1"图层的第 3510 帧处插入帧，如图 12-69 所示。

图 12-68 创建的"音乐"图层

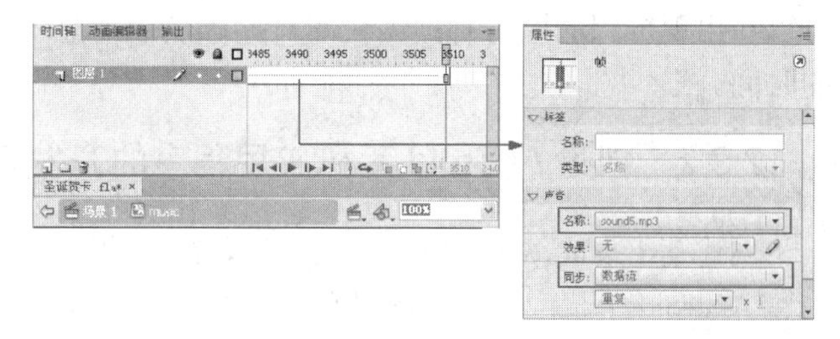

图 12-69 "music"影片剪辑元件中插入的声音

37 单击[场景 1]按钮来回到场景舞台中，选择"音乐"图层，然后将"库"面板中的"music"影片剪辑元件拖曳到舞台中，如图 12-70 所示。

38 至此，动画全部制作完成。按键盘上的 Ctrl+Enter 组合键对影片进行测试。如果影片测试无误，则可单击菜单栏中的"文件"/"保存"命令，将文件进行保存。

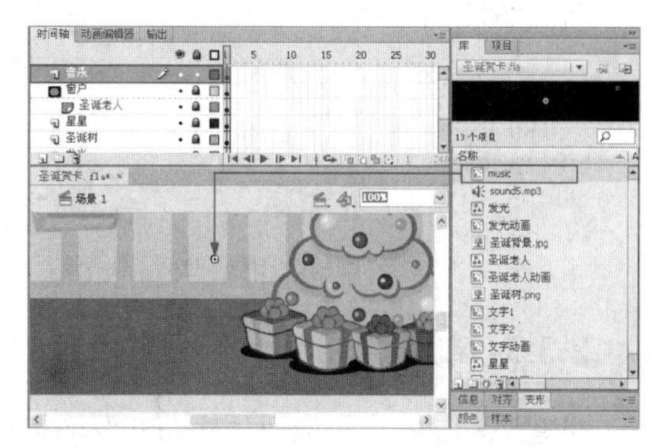

图 12-70 将"music"影片剪辑拖曳到舞台中

12.3 Android 手机应用程序的制作

Flash 技术最早兴起在家用电脑上，由于当时的手机功能比较单一，而且从屏幕颜色、处理速度、压缩技术等方面都不能实现手机对 Flash 的支持。但随着手机功能增强以及智能手机的普及，Flash 技术在桌面与移动领域获得了广泛应用。Flash CS6 中集成移动版的 Flash 播放器——Flash Lite，以及专为 Android 手机提供的开发程序。

使用 Android 手机的朋友都知道，Android 手机上的应用程序安装格式为".apk"。在 Flash CS6 中，可以通过 AIR 技术将 AIR 应用程序以及 Flash 开发的应用程序一起打包为".apk"文件，然后在 Android 手机中安装使用，这样就实现了使用 Flash CS6 开发 Android 手机应用程序的目的。同时，由于 AIR 程序的跨平台特性，如果将 Flash CS6 开发的应用程序在 PC 电脑以及苹果 ISO 系统中应用，不必再进行二次开发，只需进行简单的调整即可将所开发的应用程序用到不同的系统中，真正地实现了跨平台的操作。

12.3.1 创意与构思

随着新型 Android 手机对 Flash 应用程序的支持，相信很多朋友都想自己制作富有个性的

Flash 软件并放置到自己的手机上。接下来通过一个实例——“安卓手机应用程序.fla”来制作一个简单的Flash 屏保程序，从而了解一些关于制作手机屏保的基本流程与方法，其动画效果如图 12-71 所示。该实例动画是展示一幅漂亮的图像，在其中有点点星星飞过，关键是还有一个非常实用的功能，即具有时钟的效果，可以在出现屏保的同时看到当天的日期以及当前显示的时间。

图 12-71　安卓手机应用程序的动画效果

12.3.2　创建 Android 手机应用程序的开发环境

创建基于 Android 手机的应用程序，需要通过 AIR 程序创建。Flash CS6 中提供了快捷的创建 Android 手机应用程序的菜单，不必再手工操作。

操作步骤如下：

1. 启动 Flash CS6，在启动向导界面中单击“新建”列表中的“Air for Android”选项，此时会创建一个舞台宽度为“480 像素”，高度为“800 像素”，背景颜色为“白色”的 Flash 文档。
2. 在“文档设置”对话框中更改舞台宽度为“240 像素”，高度为“320 像素”，这样即完成手机应用程序的创建，然后单击菜单栏中的“文件”/“保存”命令，将 Flash 文件保存为“安卓手机应用程序.fla”。

12.3.3　制作 Android 手机应用程序动画

创建 Android 手机应用程序的开发环境后，接下来需要制作其中的动画以及程序内容，包括展现的背景、飘动的星星，以及数字时钟的动画效果。

操作步骤如下：

1. 将“图层 1”图层的名称改为“背景”，在第 120 帧插入帧，然后导入本书配套光盘“第 12 章/素材”目录下的“手机背景.jpg”图像文件，并设置导入的图像与舞台重合，如图 12-72 所示。
2. 在“背景”图层之上创建一个名称为“文字底”的图层，然后在背景图形的上方和下方创建两个半透明的黑色矩形，如图 12-73 所示。
3. 在下方半透明黑色矩形的上方，绘制一半高度的半透明白色渐变的矩形，并在矩形上方绘制两条半透明的黑白线段，如图 12-74 所示。

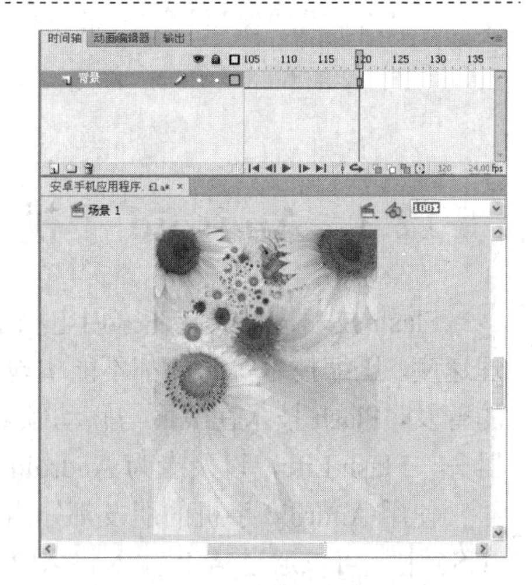

图 12-72　导入的图像

4. 在上方半透明黑色矩形上方偏下一些的位置处，绘制一半大小的半透明白色渐变的矩形，如图 12-75 所示。
5. 在“文字底”图层之上创建一个名称为“图标”的图层，然后导入本书配套光盘“第 12 章/素材”目录下的“图标 1.png”~“图标 4.png”，将所导入的图像依次命名为“tubiao1”~“tubiao4”的影片剪辑元件，然后将其分别放置在背景图的最顶端，如图 12-76 所示。

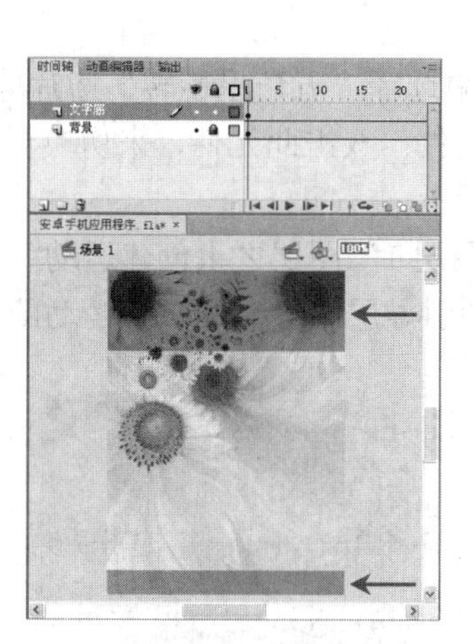

图 12-73　绘制的半透明矩形

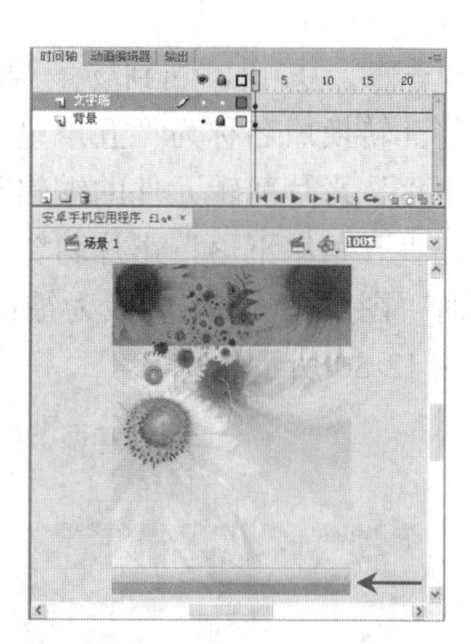

图 12-74　绘制的白色半透明矩形

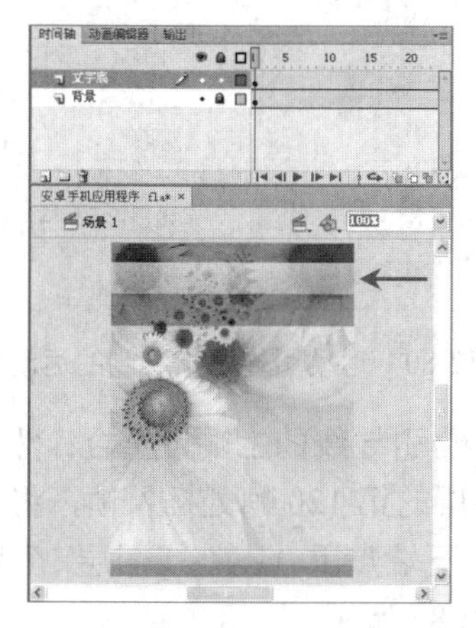

图 12-75　在上方绘制另一个白色半透明矩形

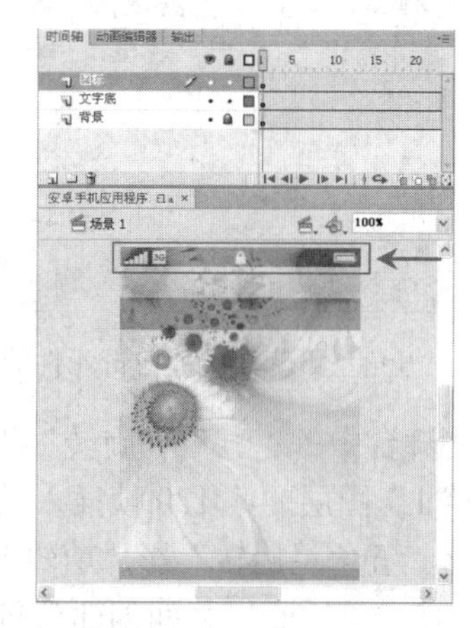

图 12-76　导入的图标图形

⑥ 在“背景”图层之上创建一个名称为“五角星”的图层，然后在“五角星”图层中绘制一个白色的五角星图形，将其转换成名称为“五角星”的图形元件，如图 12-77 所示。

⑦ 选择“五角星”图形元件，将其转换成名称为“五角星旋转”的影片剪辑元件；双击此元件来切换至“五角星旋转”影片剪辑元件的编辑窗口，在此元件“图层 1”图层的第 90 帧插入关键帧，然后在第 1 帧与第 90 帧之间创建传统补间动画；选择第 1 帧与第 90 帧之间的任意一帧，在“属性”面板的“补间”区域设置“旋转”的选项为“顺时针”，从而在“五角星旋转”影片剪辑元件中制作出五角星旋转的动画，如图 12-78 所示。

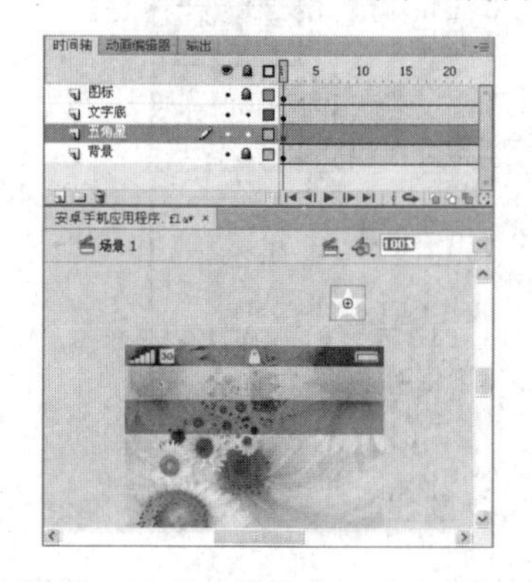

图 12-77　绘制的白色五角星图形

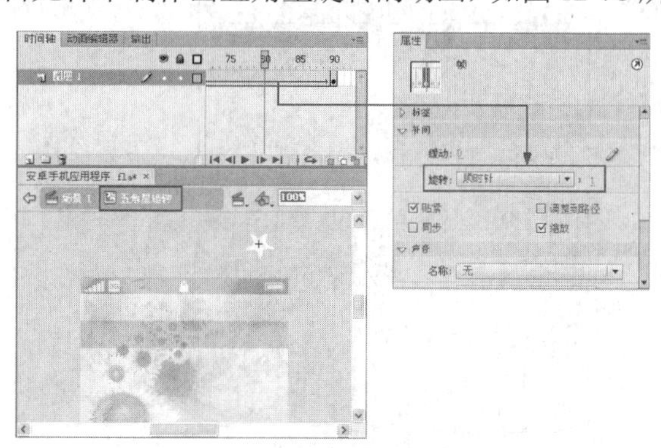

图 12-78　“五角星旋转”影片剪辑元件的编辑窗口

8 单击场景 1按钮，回到场景舞台中；在场景舞台中选择“五角星旋转”影片剪辑实例，将其转换成名称为“五角星下落”的影片剪辑元件；双击此元件，来切换至“五角星下落”影片剪辑元件的编辑窗口，如图 12-79 所示。

9 在“五角星下落”影片剪辑元件编辑窗口的“图层 1”图层之上创建运动引导层，同时“图层 1”图层转换为被引导层，然后在运动引导层中绘制出一条运动的轨迹，如图 12-80 所示。

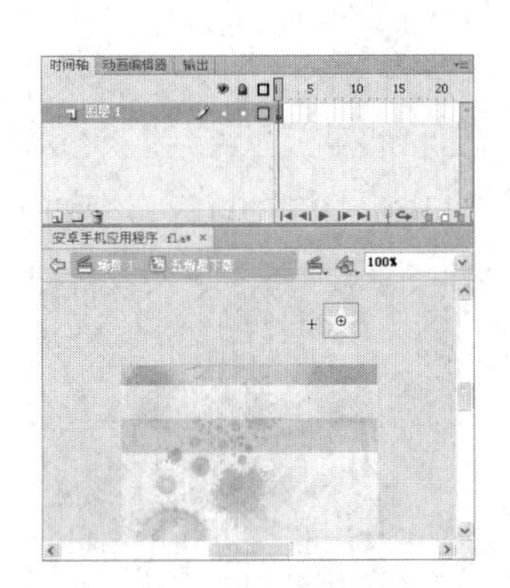

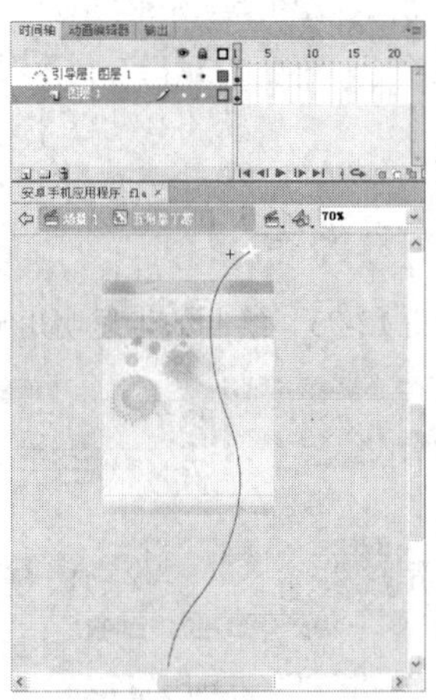

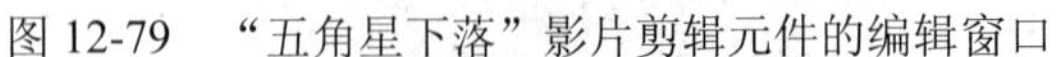

图 12-79 “五角星下落”影片剪辑元件的编辑窗口　　图 12-80 运动引导层中绘制的运动轨迹

10 将舞台中的“五角星旋转”影片剪辑实例的中心与引导线的上端点重合；然后在“图层 1”图层的第 120 帧插入关键帧，在运动引导层的第 120 帧处插入帧，将第 120 帧处“五角星旋转”影片剪辑实例与运动引导线的下端点重合；在“图层 1”图层的第 1 帧与第 120 帧之间创建传统补间动画，如图 12-81 所示。

11 单击场景 1按钮，回到场景舞台中；在场景舞台中将“五角星下落”影片剪辑元件复制多个，并设置不同的大小与 Alpha 参数值；然后选择所有的“五角星下落”影片剪辑实例，单击菜单栏中的“修改”/“时间轴”/“分散到图层”命令，将各个“五角星下落”影片剪辑实例放置在不同的图层中，并创建一个图层文件夹，再将这些图层放置在图层文件夹中，将多余的图层删除，如图 12-82 所示。

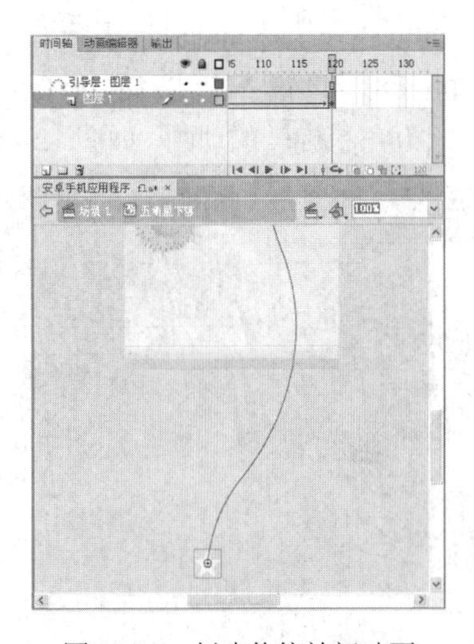

图 12-81 创建传统补间动画

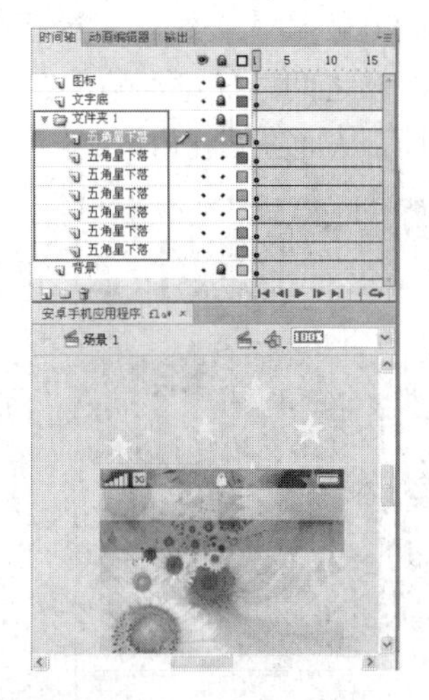

图 12-82 复制的多个“五角星下落”影片剪辑实例

⑫ 将不同“五角星下落”影片剪辑实例所在图层的各个起始帧拖曳到各个图层不同的位置，使各个“五角星下落”影片剪辑实例在不同的时间出现，如图 12-83 所示。

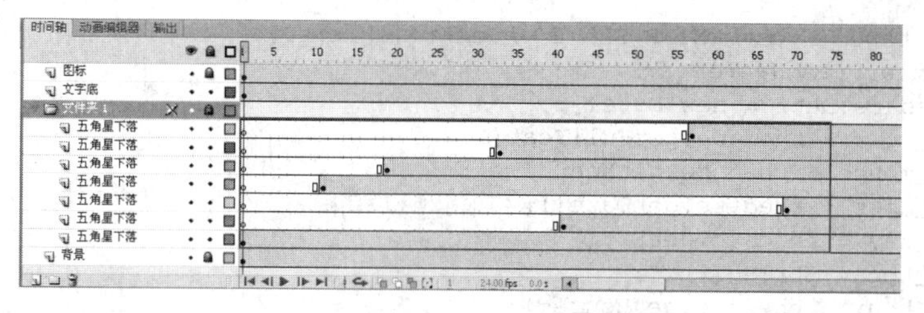

图 12-83　为各个“五角星下落”影片剪辑实例设置不同的起始帧

⑬ 在“图标”图层之上创建名称为“文本框”的图层，在上方半透明黑色矩形上方创建一个传统文本的文本框，在“属性”面板中设置“实例名称”为“time_text”，“文本类型”为“动态文本”，“系列”为“Arial”字体，“大小”为“58”点，“颜色”为“白色”，如图 12-84 所示。

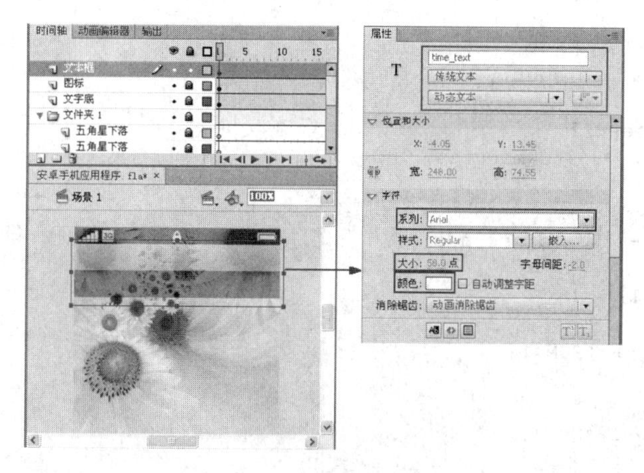

图 12-84　创建的动态文本框

⑭ 按照相同的方法，在舞台下方黑色半透明矩形上方再创建一个动态文本框，在“属性”面板中设置“实例名称”为“date_text”，“文本类型”为“动态文本”，“系列”为“Arial”字体，“大小”为“18”点，“颜色”为“白色”，如图 12-85 所示。

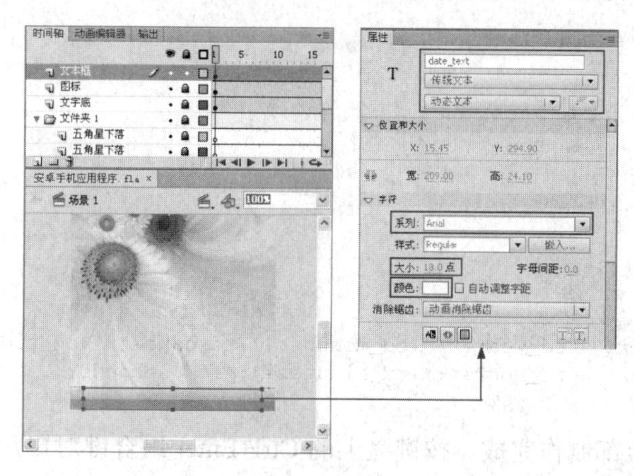

图 12-85　在下方创建的动态文本框

⑮ 在“文本框”图层之上创建名称为“as”的新图层，然后在“动作”面板中输入如下的脚本：

```
addEventListener(Event.ENTER_FRAME,enterFrameHanler);
function enterFrameHanler(e:Event){
    var thedate:Date = new Date();
    var td_year = thedate.getFullYear();
    var td_month = thedate.getMonth()+1;
    var td_date = thedate.getDate();
    var td_day = thedate.getDay();
    var td_today:String = "";
    var td_hour = thedate.getHours();
    var js_hour:Number;
    var td_minutes = thedate.getMinutes();
    var td_seconds = thedate.getSeconds();
    if (td_month<10) {
     td_month = "0"+td_month;
    }
    if (td_date<10) {
     td_date = "0"+td_date;
    }
    if (td_hour<10) {
     td_hour = "0"+td_hour;
    }
    if (td_minutes<10) {
     td_minutes = "0"+td_minutes;
    }
    if (td_seconds<10) {
     td_seconds = "0"+td_seconds;
    }
    switch (td_day) {
     case 0 :
         td_today = "SUN";
         break;
     case 1 :
         td_today = "MON";
         break;
     case 2 :
         td_today = "TUE";
         break;
     case 3 :
         td_today = "WED";
         break;
     case 4 :
         td_today = "THU";
         break;
     case 5 :
         td_today = "FRI";
         break;
     case 6 :
         td_today = "SAT";
         break;
     default :
         td_today = "";
     }
     date_text.text = td_year+"/"+td_month+"/"+td_date+"/"+td_today;
     time_text.text = td_hour+":"+td_minutes+":"+td_seconds;
};
```

⑯ 至此，动画全部制作完成。按键盘上的 Ctrl+Enter 组合键对影片进行测试。如果影片测试无误，则可单击菜单栏中的“文件”/“保存”命令，将文件进行保存。

12.3.4 发布 Android 手机应用程序

通过上面的操作，完成了 Android 手机应用软件的制作。制作完成的动画需要将其发布为 Android 手机支持的 apk 格式，然后才能在 Android 手机上安装使用。

操作步骤如下：

① 继续前面的操作，在本地计算机中创建一个文件夹，用于放置发布的文件，如在本地硬盘 E 盘下创建一个名称为 android 的文件夹，如图 12-86 所示。

② 切换回 Flash 软件中，单击菜单栏中的“文件”/“AIR 3.2 for Android 设置”命令，将弹出“AIR for Android 设置”对话框，在此对话框中单击“部署”标签，切换到“部署”选项卡中，如图 12-87 所示。

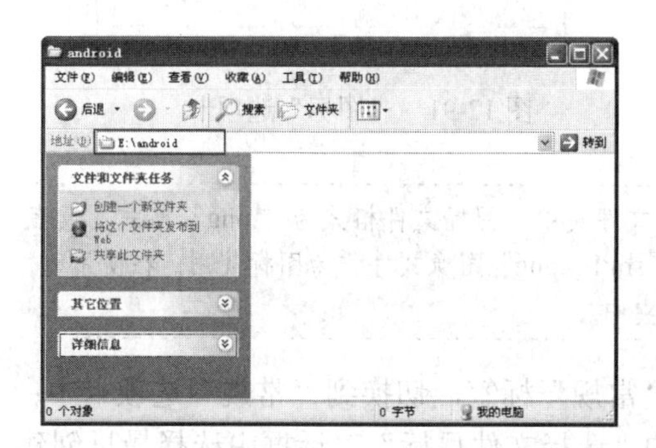

图 12-86 创建的空文件夹

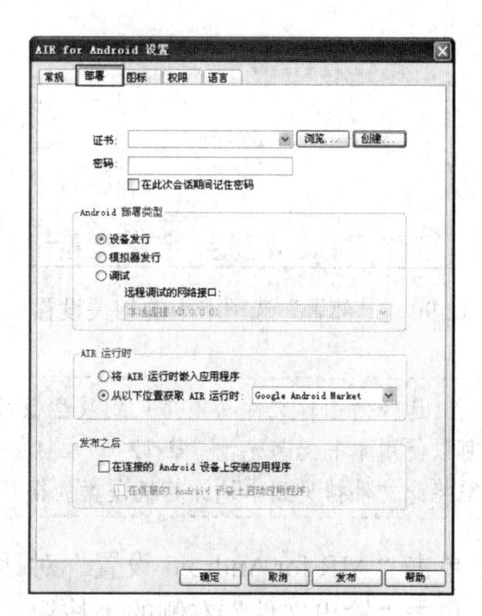

图 12-87 “部署”选项卡

③ 单击 创建... 按钮，将弹出“创建自签名的数字证书”对话框，在此对话框中填写各个输入框的内容，如图 12-88 所示。

④ 填写完毕后单击 确定 按钮，弹出“已创建自签名的证书”的提示，如图 12-89 所示。

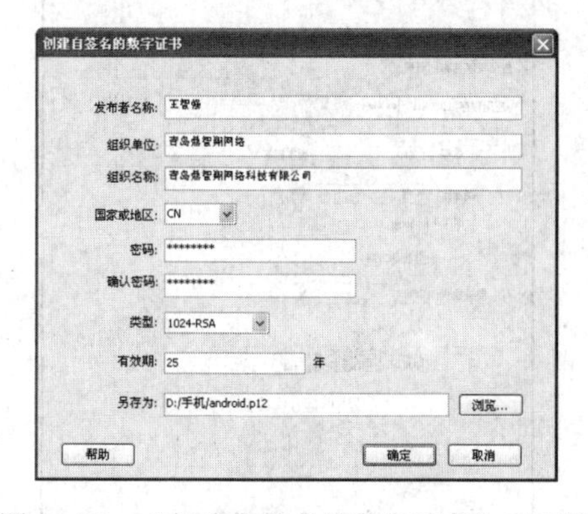

图 12-88 “创建自签名的数字证书”对话框

图 12-89 “已创建自签名的证书”提示

⑤ 在“部署”选项卡“Android 部署类型”区域选择“设备发行”选项，在“AIR 运行时”区域选择“将 AIR 运行时嵌入应用程序”选项，如图 12-90 所示。

⑥ 单击“AIR for Android 设置”对话框中的“图标”标签，切换到“图标”选项卡中，在其中选择“图标 48x48”，单击按钮，在弹出的“打开”对话框中选择合适的 Android 应用软件合适的图标文件，如图 12-91 所示。

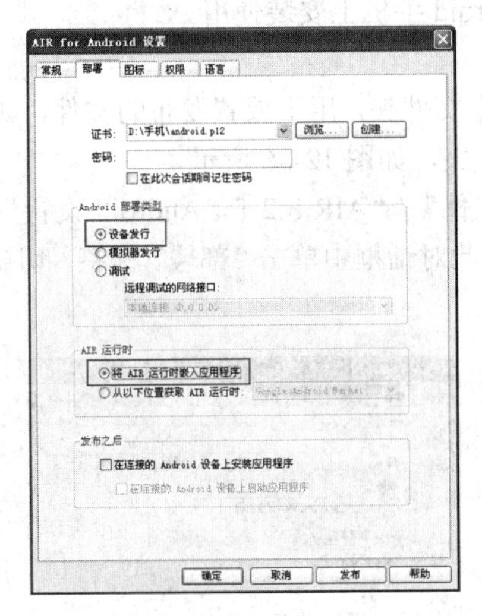

图 12-90　“部署”选项卡中的相关设置

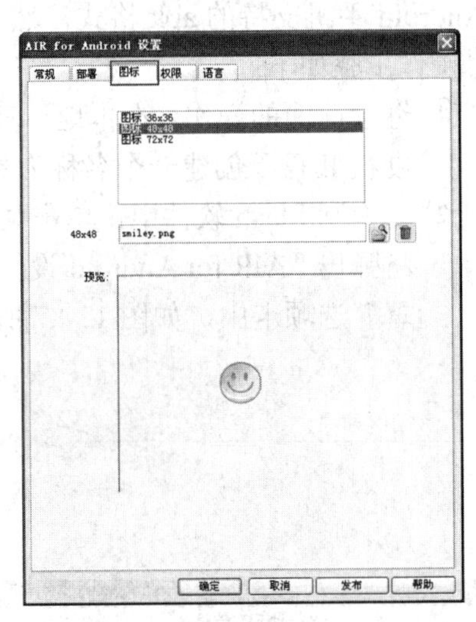

图 12-91　“图标”选项卡

提示　选择的图标文件必须拷贝到硬盘根目录的一个文件夹中，图标文件格式为“.png”格式，读者可以使用本书配套光盘“第 12 章/素材”目录下的“smiley.png”图像文件作为图标使用。在使用时，需将此文件拷贝到本地计算机硬盘的根目录的文件夹中。

⑦ 单击“AIR for Android 设置”对话框中的“常规”标签，切换到“常规”选项卡中；单击“输出文件”右侧的按钮，在弹出的“选择文件目标”对话框中选择最早创建的名称为 android 的文件夹，设置文件名称为“时钟”，如图 12-92 所示。

⑧ 单击 保存(S) 按钮，即为 Android 应用程序设置了文件名称。回到“常规”标签中，在其中设置“应用程序名称”为“时钟”，其他保持默认选项，如图 12-93 所示。

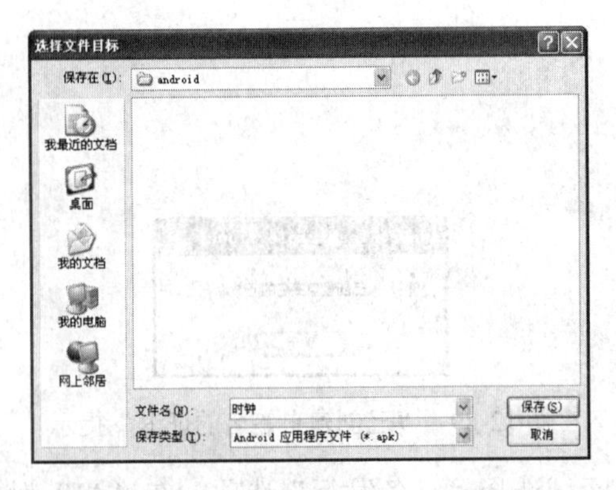

图 12-92　“选择文件目标”对话框

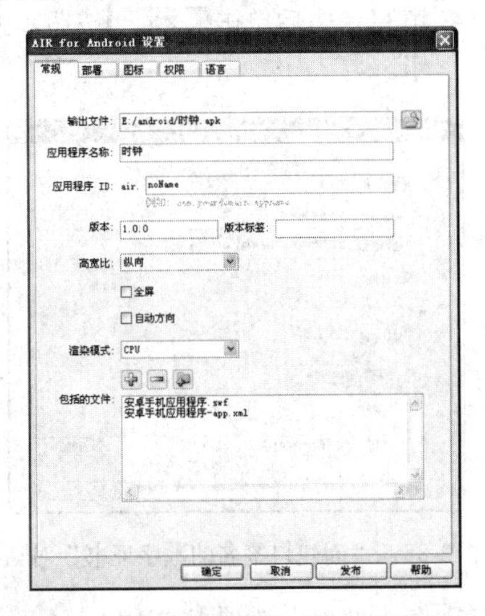

图 12-93　“常规”选项卡中的设置

⑨ 单击 发布 按钮，即可将所制作的 Flash 文件发布为 Android 手机的安装文件，如图 12-94 所示。

至此，Android 的应用程序制作完毕。读者可以将“时钟.apk”文件拷贝到 Android 系统的手机中进行安装，即可在手机中使用自己所制作的 Android 应用程序。

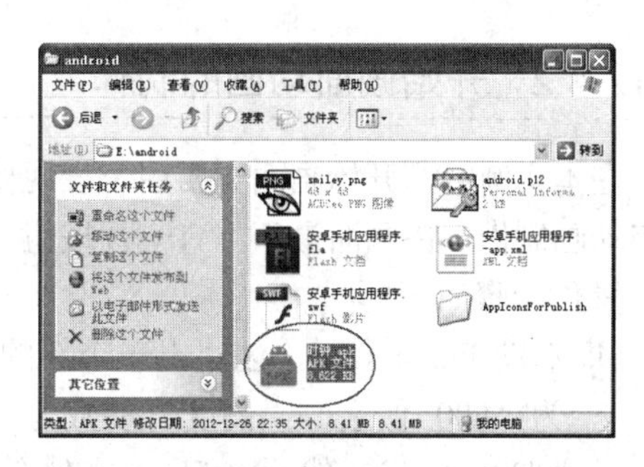

图 12-94　发布的 Android 手机安装文件

12.4　Flash 课件的制作

Flash 是目前最流行的课件制作软件之一，它可以将抽象的知识以动画的形式生动地表现出来，帮助学生理解抽象的内容，利用 Flash 中内置的 ActionScript 语言，可制作出各类交互性课件，极大地丰富和增强了课件的教学功能。采用 Flash 制作课件的优点很多，包括文件小、无级缩放不变形、学习简单、修改容易、交互式多媒体集成、使用非常方便的素材库和可以打包成可执行文件等。集众多优点于一身的 Flash，已经成为众多教育从业人员制作课件的首选软件之一。

12.4.1　创意与构思

根据科目的不同，Flash 课件的种类也不同。本节通过一个“汉字学习课件.fla”实例来学习 Flash 课件的制作方法，其动画效果如图 12-95 所示。因为这是一个汉字认知的教学课件，在其中包含了汉字文字的读音、书写笔画顺序、字义解释等，通过点击不同的按钮可以进行切换。本例只是课件的一种简单类型，希望读者能够熟练掌握，并举一反三，根据自己的喜好来制作出其他的课件。

图 12-95　Flash 课件的动画效果

12.4.2 开始画面动画的制作

在本实例中，开始画面主要用于表现要学习的汉字和课件的标题；标题为了突出用红色的文字动画制作，在画面最下方有一行按钮，单击各个按钮可以进入到相应的课件内容画面中。

操作步骤如下：

① 启动 Flash CS6，创建出一个新的文档。在“属性”面板中设置舞台的“宽度”参数为“600 像素”，“高度”参数为“600 像素”，“背景颜色”为“深蓝色”（颜色值为“#003366”），然后将 Flash 文件命名为“汉字学习课件”。

② 导入本书配套光盘“第 12 章/素材”目录下的“方格图.jpg”、“框.png”、“圆盘.png”与“蝴蝶结.png”图像文件；将导入的图像全部选择，然后单击菜单栏中的“修改”/“时间轴”/“分散到图层”命令，将导入的图形放置在不同的图层中，图层的名称为所导入图像的名称；自下而上调整图层的顺序为“方格图.jpg”、“框.png”、“圆盘.png”、“蝴蝶结.png”，并将各个图层中的图像摆放至合适的位置，如图 12-96 所示。

③ 在“圆盘.png”图层之上创建名称为“线”的新图层，选择“线条工具”，在“属性”面板中设置“笔触颜色”为“灰绿色”（颜色值为“#ADB369”），“笔触”为“1”像素，“样式”为“虚线”，然后使用“线条工具”在圆盘位置处绘制一个十字交叉的线段图形，如图 12-97 所示。

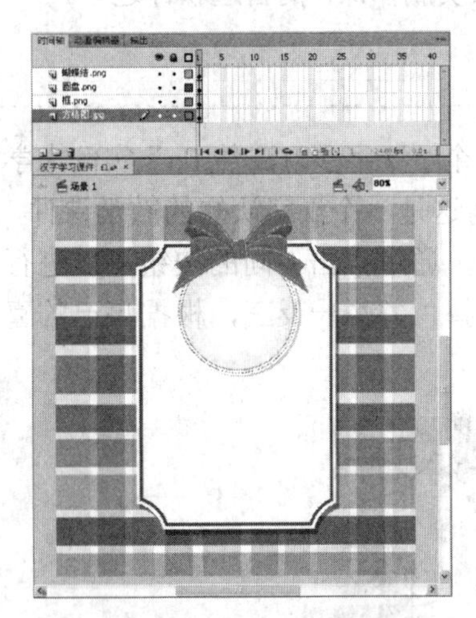

图 12-96　导入的图像及其位置

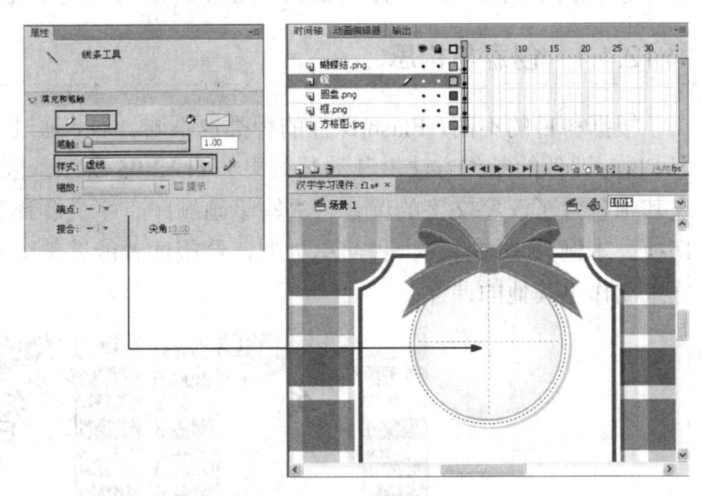

图 12-97　绘制的虚线线段

④ 在“蝴蝶结.png”图层之上创建一个名称为“按钮底色”的新图层，在舞台底部绘制一个半透明黑色水晶质感的矩形，如图 12-98 所示。

⑤ 在“按钮底色”图层之上创建一个名称为“按钮”的新图层，然后在“按钮”图层中创建 8 个按钮元件，分别是“笔顺”、“拼音”、“部首”、“笔画”、“结构”、“词组”、“字义”和“返回”按钮，将这些按钮从左至右依次排列在按钮底色之上，如图 12-99 所示。

⑥ 在“线”图层之上创建一个名称为“动画”的图层文件夹，接着在“动画”图层文件夹中创建一个名称为“文字”的图层，然后在舞台中输入一个“智”的文字，选择所输入的文字，将其放置在十字虚线的中心位置处；在“属性”面板中设置“文本引擎”为“传统文本”，“文本类型”为“静态文本”，“系列”为“Adobe 楷体 Std”字体，“大小”为“160”点，“颜色”为“黑色”，如图 12-100 所示。

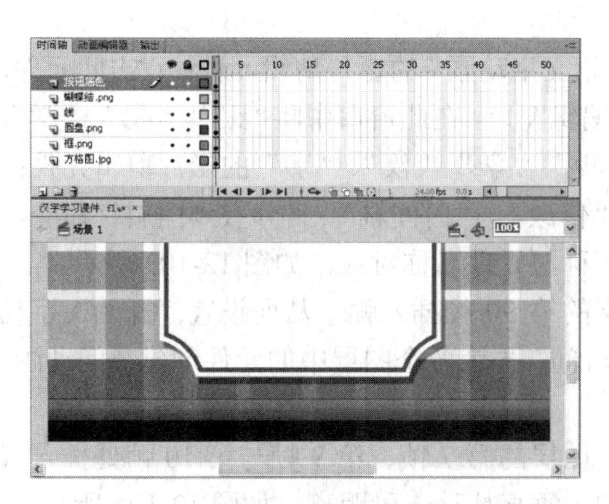

图 12-98　绘制的黑色水晶质感矩形

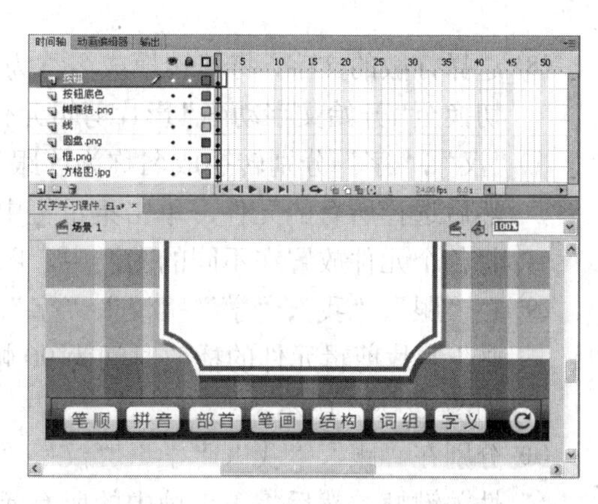

图 12-99　创建的各个按钮元件

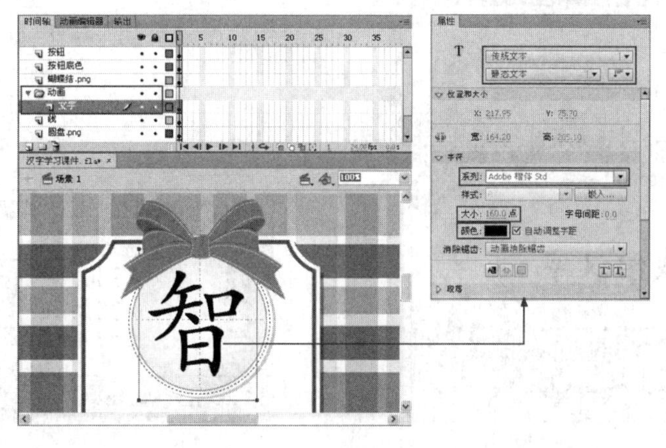

图 12-100　舞台中输入的文字

⑦ 在“文字”图层之上创建名称为“开始动画”的新图层，然后输入红色的“跟我学汉字”文字；在“属性”面板中设置“文本引擎”为“传统文本”，“文本类型”为“静态文本”，“系列”为“Adobe 楷体 Std”字体，“大小”为“50”点，“颜色”为“红色”（颜色值为“#CC0000”）；将所输入的文字放置在舞台白色框的下方，并按键盘上的 Ctrl+B 组合键来将其打散为单独的文字，如图 12-101 所示。

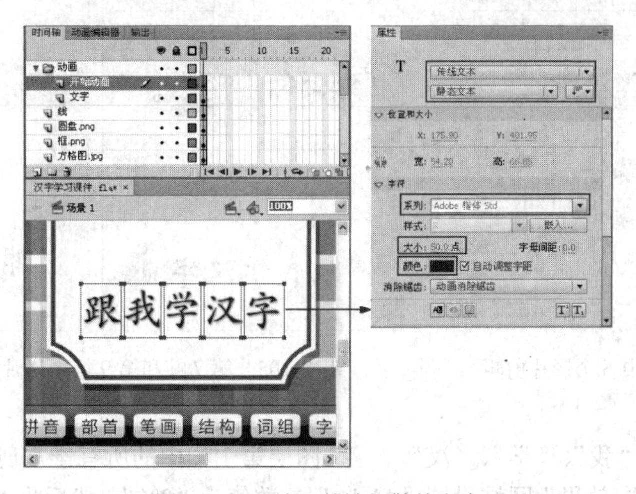

图 12-101　输入并被打散的文字

8 选择打散的文字，将其转换成名称为“开始文字动画”的影片剪辑元件；双击此元件，切换至“开始文字动画”影片剪辑元件的编辑窗口，在此窗口中将“跟”、“我”、“学”、“汉”、“字”分别转换成名称为“跟”、“我”、“学”、“汉”、“字”的影片剪辑元件；然后选择所有的元件，单击菜单栏中的“修改”/“时间轴”/“分散到图层”命令，将各个元件放置在不同的图层中，图层名称与元件名称对应，如图 12-102 所示。

9 在“跟”、“我”、“学”、“汉”、“字”图层的第 90 帧插入帧，从而设置“开始文字动画”影片剪辑元件的播放时间为 90 帧的时间，再为各个图层中的元件创建补间动画，如图 12-103 所示。

10 分别在“跟”、“我”、“学”、“汉”、“字”图层的第 7 帧、第 9 帧与第 10 帧处插入属性关键帧，然后将第 1 帧中的所有元件向上垂直位移一段距离，如图 12-104 所示。

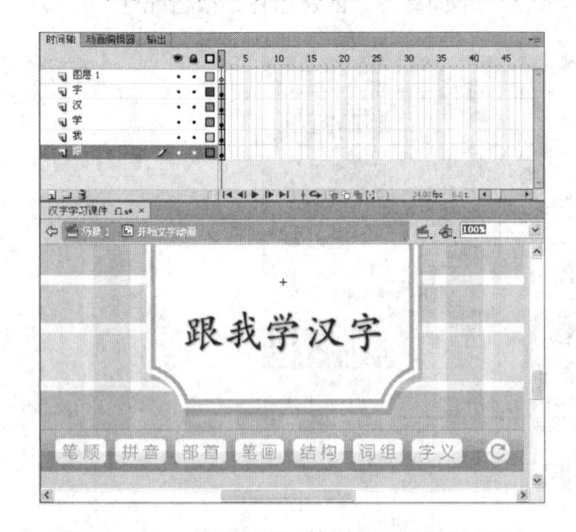

图 12-102　将汉字元件放置在不同的图层

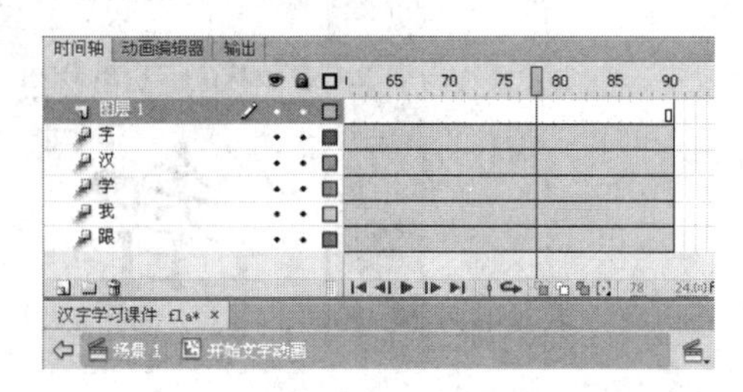

图 12-103　创建补间动画

11 选择“跟”、“我”、“学”、“汉”、“字”图层的第 7 帧中的所有影片剪辑实例，按键盘上的 Shift+“↓”组合使其向下位移 10 个像素。再选择“跟”、“我”、“学”、“汉”、“字”图层的第 9 帧中的所有影片剪辑实例，将它们在垂直方向上位移 5 个像素，如图 12-105 所示。

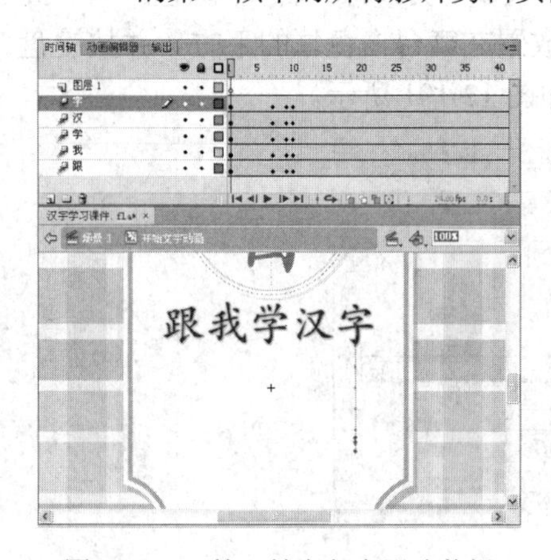

图 12-104　第 1 帧中各个影片剪辑实例的位置

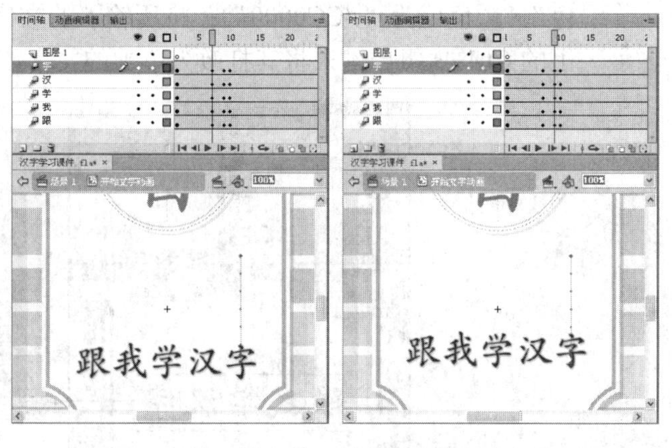

图 12-105　第 7 帧和第 9 帧中影片剪辑实例的位置

12 选择“跟”、“我”、“学”、“汉”、“字”图层第 1 帧中的所有影片剪辑实例，在“属性”面板的“色彩效果”区域设置“Alpha”参数值为“0%”；然后将“我”、“学”、“汉”、

“字”图层的第 1 帧至第 10 帧依次向后拖曳一段距离，再把各个图层第 90 帧后面的帧全部删除，这样各个图层中的动画就可以不同时播放，如图 12-106 所示。

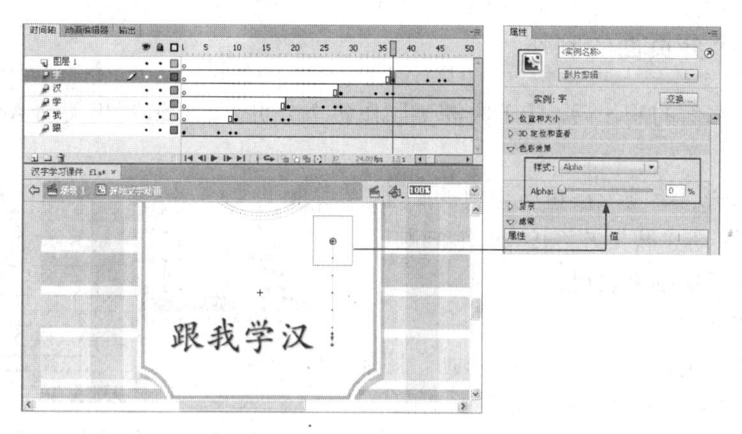

图 12-106　设置各个图层起始帧的位置

⑬ 单击场景 1按钮来切换回场景舞台中，在所有图层的第 80 帧插入帧，从而设置动画播放的时间为 80 帧的时间；然后在“按钮”图层之上创建出“帧标签”图层，如图 12-107 所示。

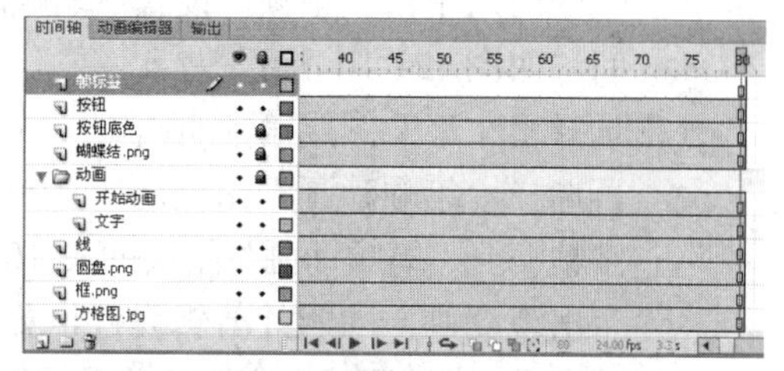

图 12-107　所有图层第 80 帧插入帧

⑭ 在“帧标签”图层的第 10 帧、第 20 帧、第 30 帧、第 40 帧、第 50 帧、第 60 帧、第 70 帧处插入关键帧，然后设置第 1 帧“帧标签”的名称为“start”，然后依次设置第 10 帧、第 20 帧、第 30 帧、第 40 帧、第 50 帧、第 60 帧、第 70 帧关键帧“帧标签”的名称为“a1”、“a2”、“a3”、“a4”、“a5”、“a6”、“a7”，如图 12-108 所示。

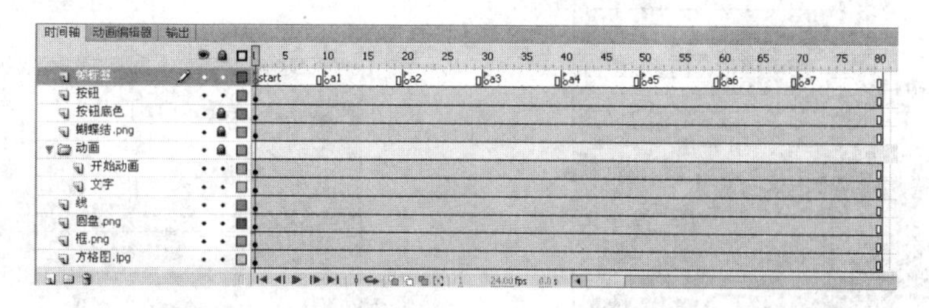

图 12-108　“帧标签”图层中各个关键帧的名称

⑮ 在“文字”与“开始动画”图层的第 10 帧处插入空白关键，这样“文字”与“开始动画”图层中的对象播放到第 10 帧便结束播放，如图 12-109 所示。

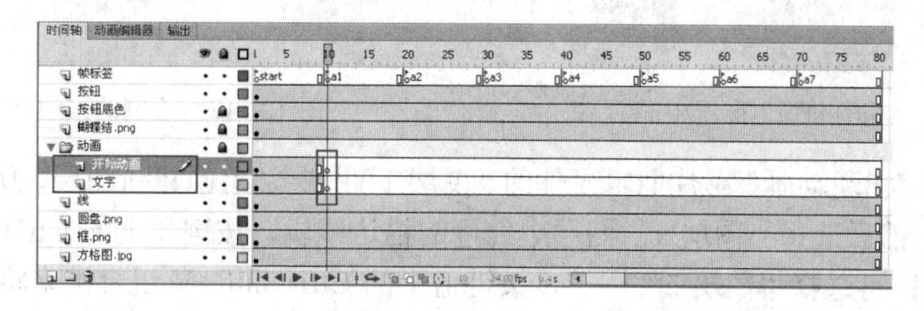

图 12-109　“文字”与“开始动画”图层的第 10 帧

至此，开始画面制作完成。开始画面中包括了背景画面，黑色的“智”文字以及“跟我学汉字”的文字动画，下面将制作点击按钮所要跳转的各个页面。

12.4.3 各个分页面的制作

完成了开始画面的制作后，接下来需要制作各个分页面，并编写相关的 ActionScript 动作脚本。

首先制作单击“笔顺”按钮所出现的画面，在此画面中表现的是“智”文字书写的笔画顺序，主要使用到了逐帧动画来表现。

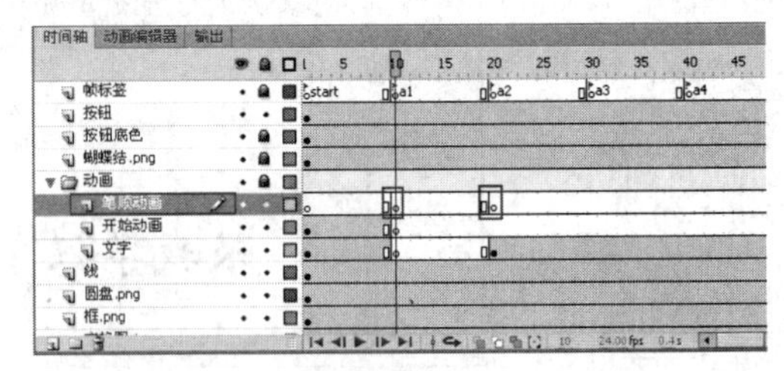

图 12-110 创建的“笔顺动画”图层

操作步骤如下：

1. 继续前面的操作，在“开始动画”图层之上创建名称为“笔顺动画”的新图层，并在“笔顺动画”图层的第 10 帧与第 20 帧处插入空白关键帧，设置“笔顺动画”图层中动画的显示时间为 10 帧到 19 帧的时间，如图 12-110 所示。
2. 选择“文字”图层第 1 帧中的“智”文字，按键盘上的 Ctrl+C 组合键来将其复制；再选择“笔顺动画”图层的第 10 帧，按键盘上的 Ctrl+Shift+V 组合键来将复制的文字粘贴到“笔顺动画”图层的第 10 帧，并保持原来位置，然后将其转换成名称为“文字出现动画”的影片剪辑元件，如图 12-111 所示。
3. 双击“文字出现动画”影片剪辑元件，切换到此元件的编辑窗口中；在此元件窗口中选择“智”文字，按键盘上的 Ctrl+B 组合键来将其打散为图形的形式；然后使用“墨水瓶工具”为打散的填充 1 个像素的红色线段，从而制作出描边文字的效果，如图 12-112 所示。

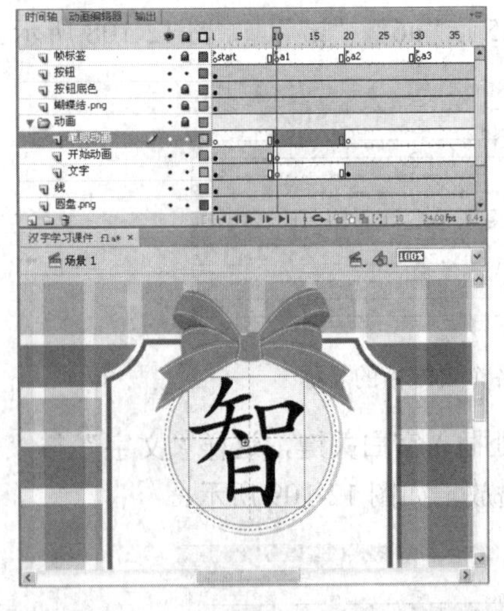

图 12-111 “笔顺动画”图层中的文字

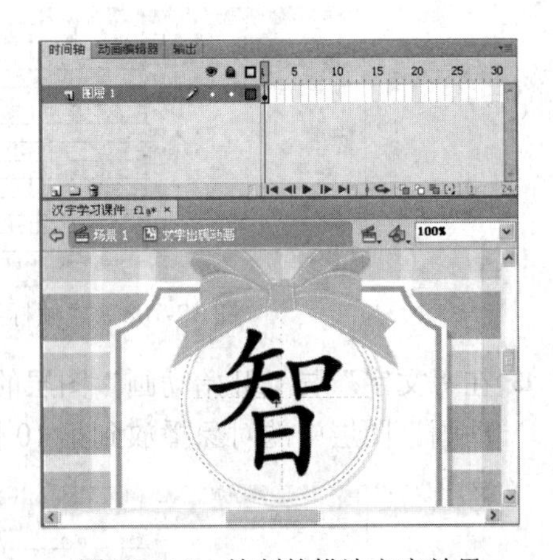

图 12-112 绘制的描边文字效果

4. 在“文字出现动画”影片剪辑元件的“图层 1”图层之上创建新图层，默认名称为“图层 2”；然后选择“图层 1”图层中红色的描边线段，按键盘上的 Ctrl+X 组合键来将其剪切；再选择“图层 2”图层，按键盘上的 Ctrl+Shift+V 组合键来将剪切的红色描边线段粘贴到“图层 2”图层中，如图 12-113 所示。

⑤ 将“图层 2”图层锁定隐藏，然后在“图层 1”图层的第 4 帧插入关键帧，将第 4 帧中的“智”文字，按照文字书写笔画倒序删除一小部分，如图 12-114 所示。

⑥ 在“图层 1”图层的第 7 帧插入关键帧，将第 7 帧中的“智”文字，按照文字书写笔画倒序再删除一小部分，如图 12-115 所示。

⑦ 按照相同的方法，依次在“图层 1”图层间隔两帧的位置插入关键帧，在每个关键帧上按照文字倒序将文字删除一小部分，最后直至将整个文字删除，如图 12-116 所示。

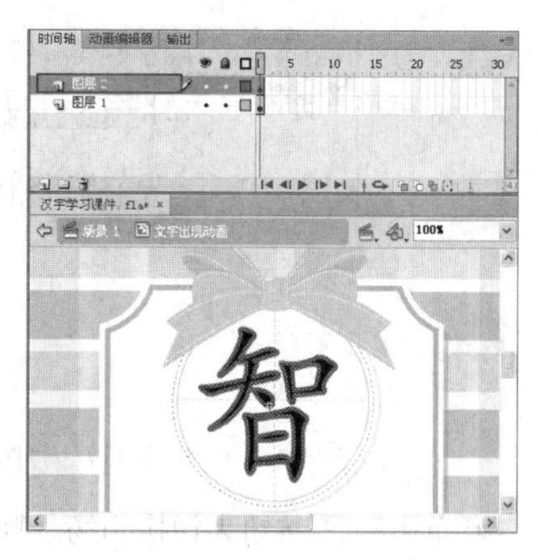

图 12-113　红色描边剪切到“图层 2”图层中

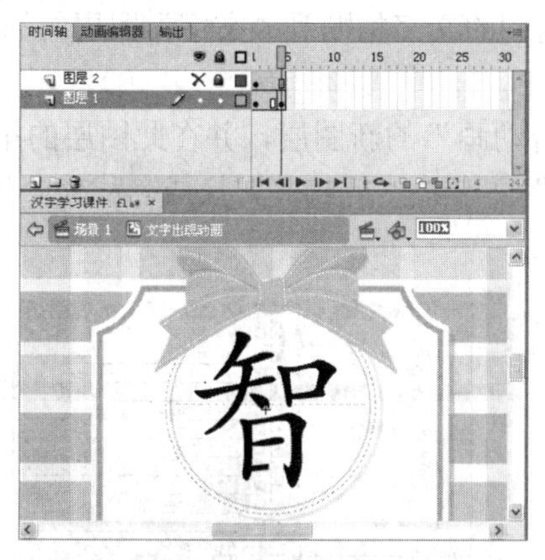

图 12-114　第 4 帧文字删除的一小部分

图 12-115　第 7 帧文字删除的一小部分

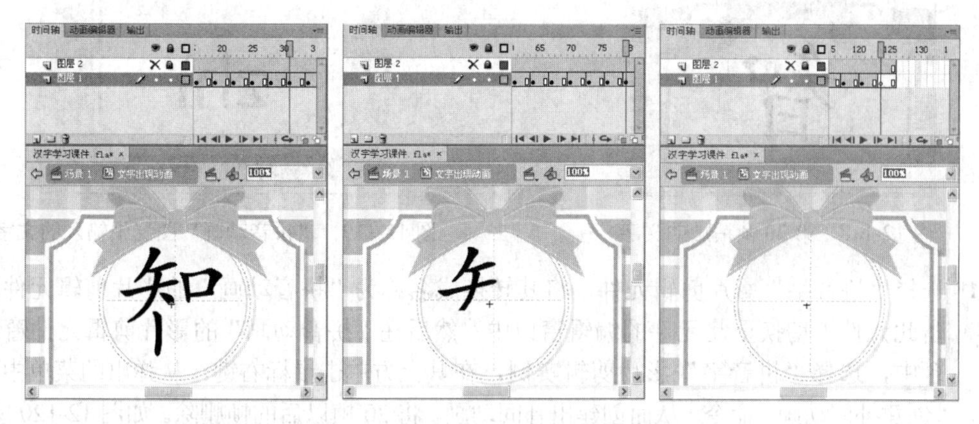

图 12-116　各个关键帧中删除的文字部分

⑧ 选择“图层 1”图层中的所有帧，在其上方单击鼠标右键并从弹出的菜单中选择“翻转帧”命令，将选择的帧倒转过来；然后在“图层 2”图层之上创建新图层，图层默认名称为“图层 3”；在“图层 3”图层的最后一帧插入关键帧，在“动作”面板中输入“stop();”命令，设置播放到最后一帧便停止播放，如图 12-117 所示。

这样，点击“笔顺”按钮所出现的画面就制作完成。接下来制作点击“拼音”按钮所出现的画面，在此画面中表现的是“智”文字的拼音写法，并配以正确的读音。

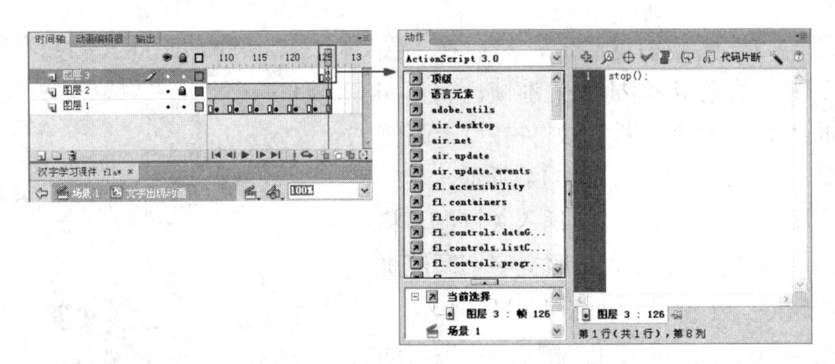

图 12-117 “图层 3”中最后一帧创建的动作脚本

9 单击场景1按钮来切换到场景舞台中，选择“文字”图层第 1 帧中的“智”文字，按键盘上的 Ctrl+C 组合键将所选文字进行复制；然后在“文字”图层的第 20 帧插入关键帧，按键盘上的 Ctrl+Shift+V 组合键将复制的文字粘贴到“文字”图层的第 20 帧，并保持原来的位置，如图 12-118 所示。

10 在“笔顺动画”图层之上创建名称为“拼音动画”的新图层，并在此图层的第 20 帧插入关键帧，在舞台下方输入黑色的“zhì”文字，然后将其转换成名称为“拼音字”的影片剪辑元件，如图 12-119 所示。

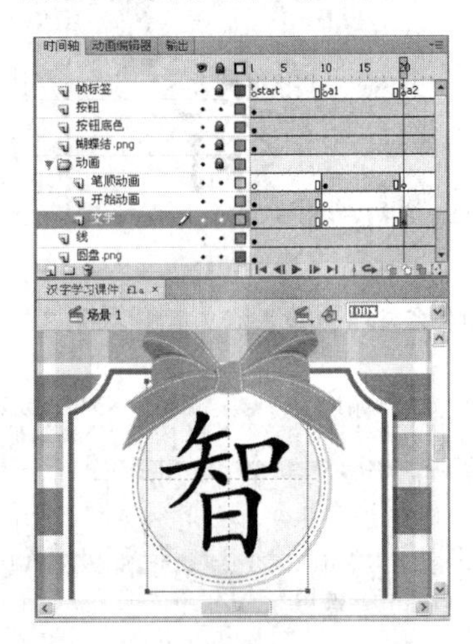

图 12-118 第 20 帧粘贴的文字

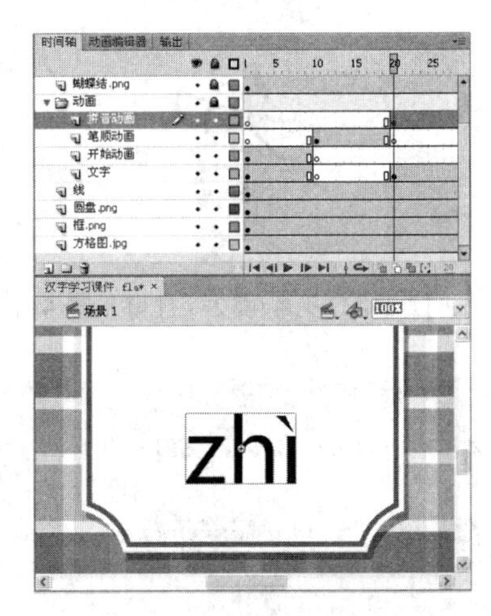

图 12-119 “拼音动画”图层中输入的文字

11 选择“拼音字”影片剪辑元件，将其转换成名称为“拼音动画”的影片剪辑元件，双击此元件来切换至此元件的编辑窗口中；然后在“拼音动画”的影片剪辑元件窗口舞台中，选择“拼音字”影片剪辑实例，在其上方单击鼠标右键，从弹出的菜单中选择“创建补间动画”命令，从而创建出补间动画，将 20 帧以后的帧删除。如图 12-120 所示。

12 在“拼音动画”影片剪辑元件编辑窗口“图层 1”图层的第 20 帧插入属性关键帧，然后选择第 1 帧中的“拼音字”影片剪辑实例，在“属性”面板中设置“颜色”的“Alpha”参数值为“0%”，如图 12-121 所示。

13 在“图层 1”图层之上创建新图层，默认名称为“图层 2”；然后在“图层 2”图层的第 20 帧插入关键帧，在“动作”面板中输入“stop();”命令，设置播放 20 帧后停止播放。

14 选择“图层 1”中的“拼音字”影片剪辑实例，在其上方单击鼠标右键并从弹出的菜单中选择“复制动画”命令，将“图层 1”中所制作的动画进行复制，以留备用。

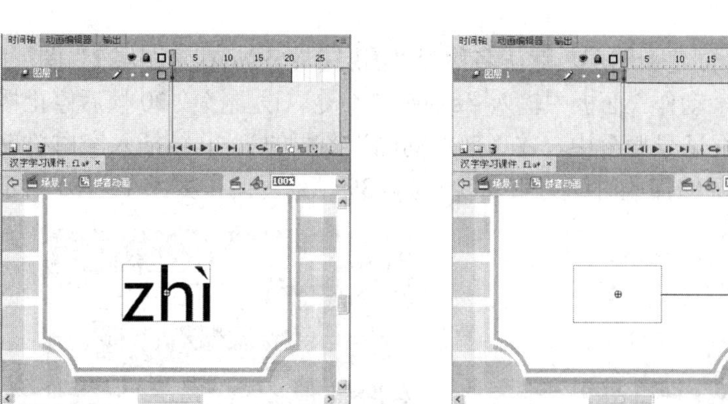

图 12-120　创建的补间动画

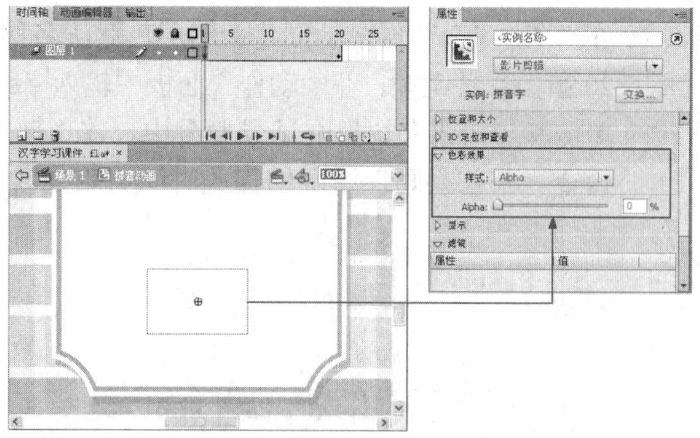

图 12-121　“拼音字”影片剪辑实例的 Alpha 参数值

提示

在后面制作的动画中，有很多都和“拼音字”影片剪辑实例的淡入动画效果相同，这样将动画效果复制后，后面的动画对象直接粘贴即可创建出相同的动画效果，不必再进行动画的创建，避免了重复操作。

15 单击按钮来切换到场景舞台中，在“拼音动画”图层的第 30 帧处插入空白关键帧，然后选择“拼音动画”图层的第 20 帧，导入本书配套光盘“第 12 章/素材”目录下的“zhi4.mp3”声音文件，将其导入到“库”中，在“属性”面板的“声音”选项中设置“名称”选项为“zhi4.mp3”，“同步”选项为“事件”，这样就在“拼音动画”图层中添加了声音效果，如图 12-122 所示。

这样，点击“拼音”按钮所出现的画面就制作完成。接下来制作点击“部首”按钮所出现的画面，在此画面中表现的是“智”文字中部首文字出现的动画效果。

16 在“拼音动画”图层之上创建名称为“部首动画”的新图层，并在此图层的第 30 帧插入关键帧，在舞台下方输入黑色的“日”文字，然后将其转换成名称为“部首文字”的影片剪辑元件，如图 12-123 所示。

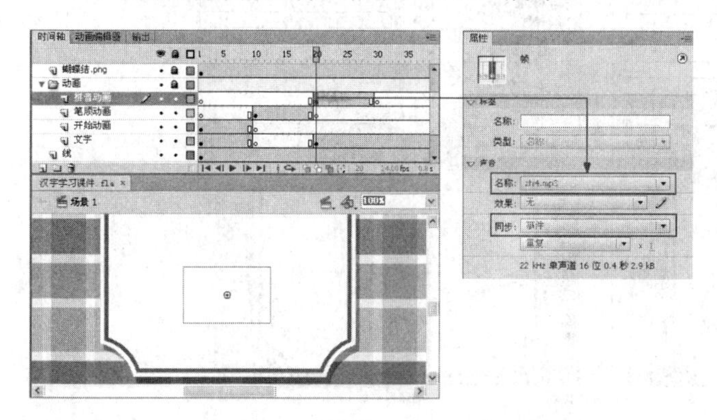

图 12-122　第 20 帧添加的声音文件

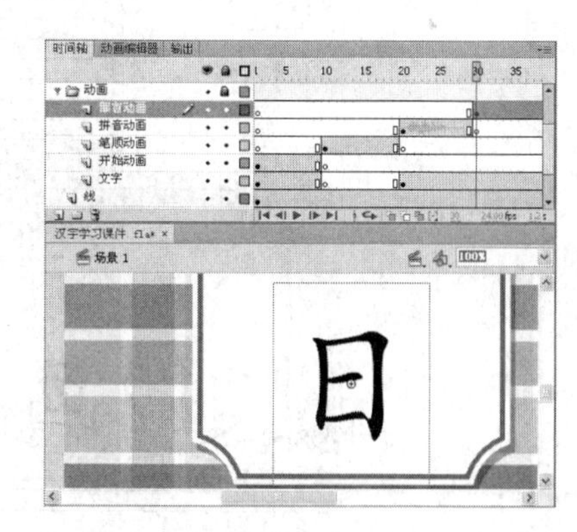

图 12-123　“部首动画”图层中的文字

17 选择“部首文字”影片剪辑元件，将其转换成名称为“部首动画”的影片剪辑元件，双击此元件来切换至此元件的编辑窗口中；然后在“部首动画”的影片剪辑元件窗口舞台中，选择“部首文字”影片剪辑实例，在其上方单击鼠标右键，从弹出的菜单中选择“粘贴动画”命令，将“拼音动画”影片剪辑元件中所复制的动画粘贴到“部首动画”影片剪辑元件中。如图 12-124 所示。

⑱ 在“图层 1”图层之上创建新图层，默认名称为“图层 2”；然后在“图层 2”图层的第 20 帧插入关键帧，在“动作”面板中输入“stop();”命令，设置播放 20 帧后停止播放。

⑲ 单击 场景 1 按钮来切换回场景舞台中，在“部首动画”图层的第 40 帧插入空白关键帧，设置“部首动画”图层的播放时间为第 30 帧到第 39 帧的时间，如图 12-125 所示。

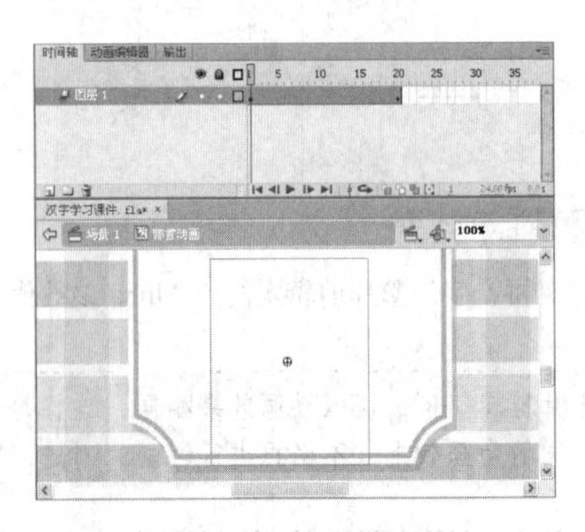

图 12-124 粘贴的动画

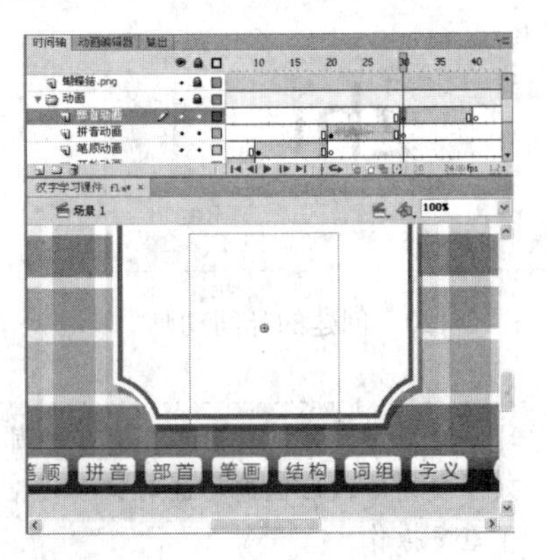

图 12-125 “部首动画”图层中的帧

这样，点击“部首”按钮所出现的画面就制作完成。接下来制作点击“笔画”、“结构”按钮所出现的画面，这两个画面中表现的是“智”文字中笔画与文字结构出现的动画效果。

⑳ 在“部首动画”图层之上创建名称为“笔画动画”的新图层，并在此图层的第 40 帧插入关键帧，在舞台下方输入黑色的“12 画”文字；然后按照制作“部首动画”影片剪辑元件的方法，制作出“12 画”文字的淡入动画，并在“笔画动画”图层的第 50 帧插入空白关键帧，设置“笔画动画”图层的播放时间为第 40 帧到第 49 帧的时间，如图 12-126 所示。

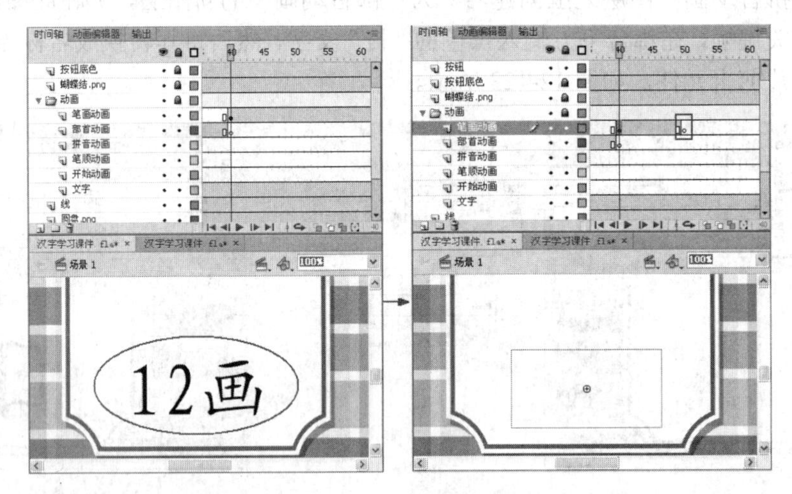

图 12-126 “笔画动画”图层中制作的动画

㉑ 在“笔画动画”图层之上创建名称为“结构动画”的新图层，并在此图层的第 50 帧插入关键帧，在舞台下方输入黑色的“上下结构”文字；然后按照制作“部首动画”影片剪辑元件的方法，制作出“上下结构”文字的淡入动画，并在“结构动画”图层的第 60 帧插入空白关键帧，设置“结构动画”图层的播放时间为第 50 帧到第 59 帧的时间，如图 12-127 所示。

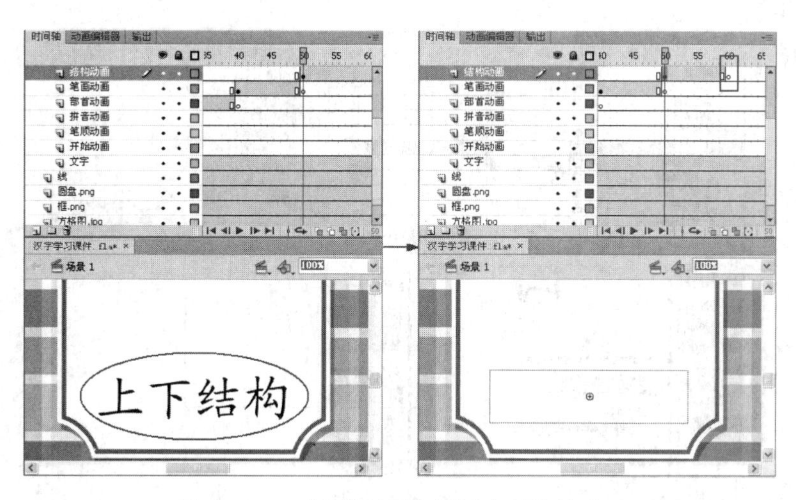

图 12-127 “结构动画”图层中制作的动画

这样，点击“笔画”、“结构”按钮所出现的画面就制作完成。接下来制作点击“词组”按钮所出现的画面，这个画面中表现的是“智”文字的相关词组的文字动画效果。

㉒ 在“结构动画”图层之上创建名称为“词组动画”的新图层，并在此图层的第 60 帧插入关键帧，在舞台中创建一个文本输入框，在“属性”面板中设置“实例名称”为“txt”，“文本引擎”为“TLF 文本”，“文本类型”为“只读”，“系列”为“微软雅黑”，“大小”为“12”，“颜色”为“黑色”，然后打开本书配套光盘“第 12 章/素材”目录下的“词组.txt”文本文件，将其中的文字拷贝到所创建的输入框中，如图 12-128 所示。

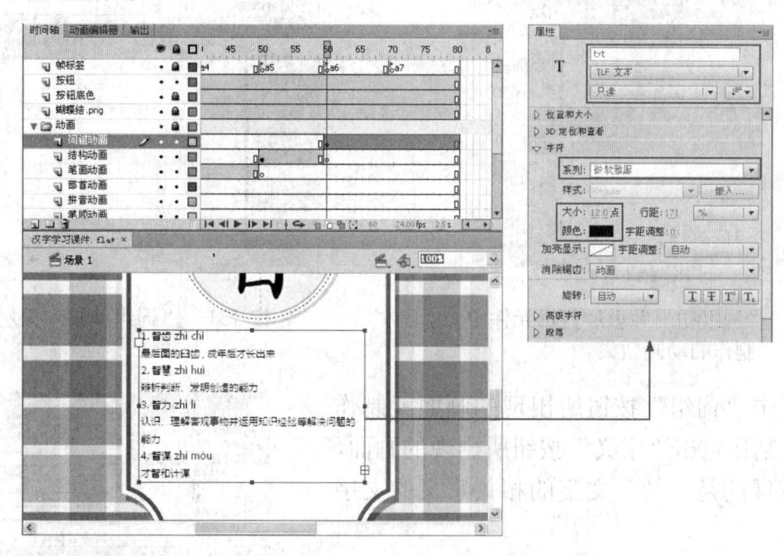

图 12-128 创建的段落文字

㉓ 打开“组件”面板，将其中的“UIScrollBar”组件拖曳到舞台中文字框的右侧，然后选择舞台中的“UIScrollBar”组件，在“属性”面板中设置“scrollTargetName”参数为“txt”，将其绑定到段落文字中，如图 12-129 所示。

㉔ 选择文本框与“UIScrollBar”组件，将其转换成名称为“词组文字”，然后再转换成“词组动画”的影片剪辑元件，在“词组动画”的影片剪辑元件中制作与“部首动画”影片剪辑元件相同的淡入动画效果，如图 12-130 所示。

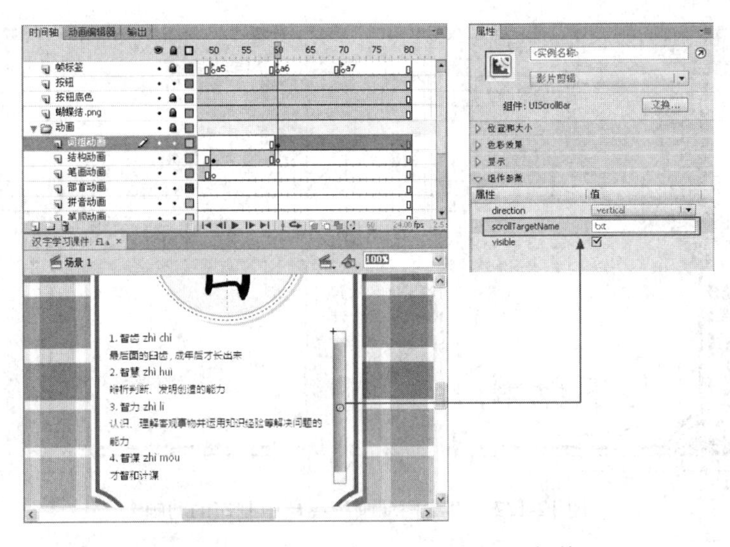

图 12-129　舞台中的“UIScrollBar”组件

㉕ 单击按钮来切换回场景舞台中，在“词组动画”图层的第 70 帧插入空白关键帧，设置“词组动画”图层的播放时间为第 60 帧到第 69 帧的时间，如图 12-131 所示。

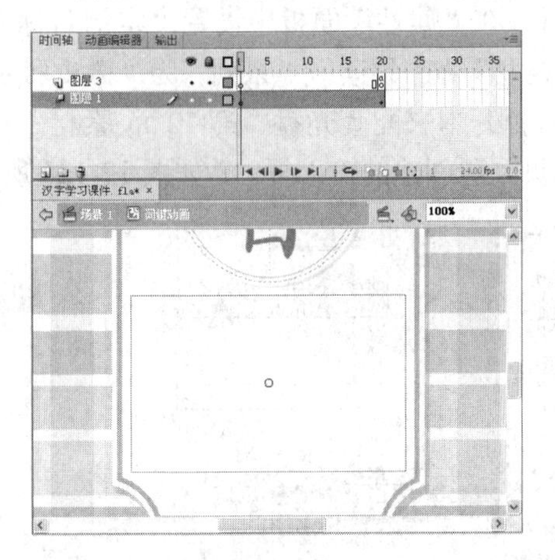

图 12-130　“词组动画”影片剪辑元件中制作的动画效果

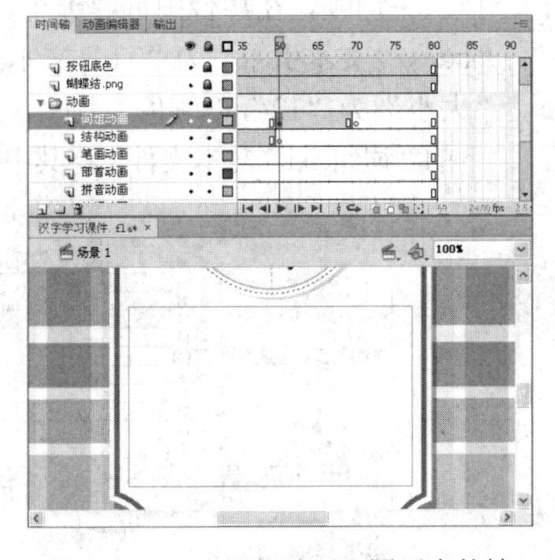

图 12-131　“词组动画”图层中的帧

这样，点击“词组”按钮所出现的画面就制作完成。接下来制作点击“字义”按钮所出现的画面，这个画面中表现的是“智”文字的相关字义的文字动画效果。

㉖ 在“词组动画”图层之上创建名称为“字义动画”的新图层，并在此图层的第 70 帧插入关键帧，在舞台中创建一个文本输入框，在其中输入相关的文本，将其转换成名称为“字义文字”的影片剪辑元件，如图 12-132 所示。

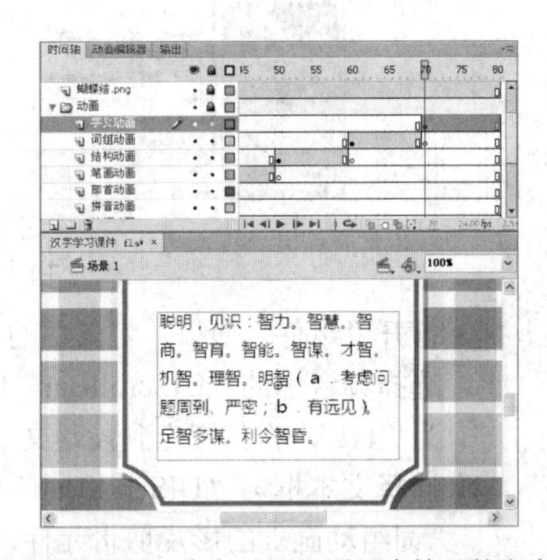

图 12-132　“字义动画”图层中输入的文字

㉗ 选择“字义文字”影片剪辑实例，将其转换成名称为“字义动画”的影片剪辑元件，在

“字义动画”的影片剪辑元件中制作与“部首动画”影片剪辑元件相同的淡入动画效果，然后回到场景舞台中。

这样，课件中的所有页面都制作完成，该进行最后一步操作，即进行 ActionScript 脚本的创建，这样才能实现点击按钮后画面的跳转。

28 通过“属性”面板依次为“按钮”图层中的“笔顺”、“拼音”、“部首”、“笔画”、“结构”、“词组”、“字义”和“返回”按钮设置实例名称，实例名称分别为“but1”、“but2”、“but3”、“but4”、“but5”、“but6”、“but7”、“but_return”。

29 在“帧标签”图层之上创建名称为“action”的新图层，并在此图层的第 9 帧、第 19 帧、第 29 帧、第 39 帧、第 49 帧、第 59 帧、第 69 帧、第 80 帧插入关键帧，分别在这些关键帧中输入“stop();”的动作脚本，如图 12-133 所示。

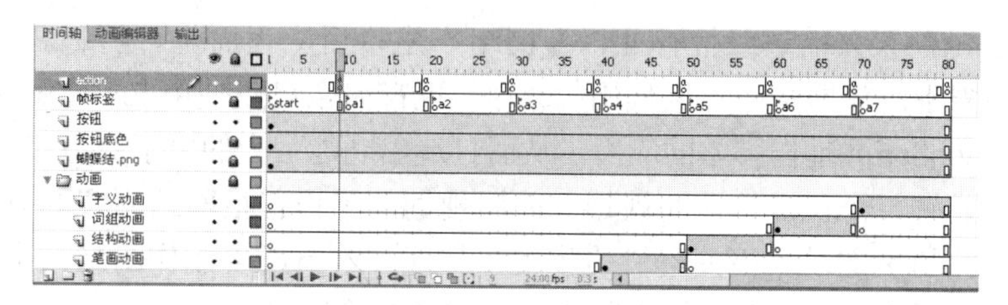

图 12-133 “action”图层中的关键帧

30 选择“action”图层的第 1 帧，在“动作”面板中输入如下的脚本：

```
function playa1(event:MouseEvent):void
{
    gotoAndPlay("a1");
}
but1.addEventListener(MouseEvent.CLICK,playa1);
function playa2(event:MouseEvent):void
{
    gotoAndPlay("a2");
}
but2.addEventListener(MouseEvent.CLICK,playa2);
function playa3(event:MouseEvent):void
{
    gotoAndPlay("a3");
}
but3.addEventListener(MouseEvent.CLICK,playa3);
function playa4(event:MouseEvent):void
{
    gotoAndPlay("a4");
}
but4.addEventListener(MouseEvent.CLICK,playa4);
function playa5(event:MouseEvent):void
{
    gotoAndPlay("a5");
}
but5.addEventListener(MouseEvent.CLICK,playa5);
function playa6(event:MouseEvent):void
{
    gotoAndPlay("a6");
}
but6.addEventListener(MouseEvent.CLICK,playa6);
function playa7(event:MouseEvent):void
{
    gotoAndPlay("a7");
}
```

```
but7.addEventListener(MouseEvent.CLICK,playa7);
function playreturn(event:MouseEvent):void
{
    gotoAndPlay("start");
}
but_return.addEventListener(MouseEvent.CLICK,playreturn);
```

31 至此，动画全部制作完成。按键盘上的 Ctrl+Enter 组合键对影片进行测试。如果影片测试无误，则可单击菜单栏中的“文件”/“保存”命令，将文件进行保存。

12.5 Flash 网站的制作

网站设计是一门新兴的边缘性行业，在网络产生以后应运而生。随着 Flash 的发展，其应用范围不再局限于制作网站中点缀作用的动画，现在完全可以使用 Flash 独自构建站点，并结合 Flash 的 ActionScript 动作脚本的应用，从而打造出功能强大的电子商务应用平台。

所有网站都要有一个良好的前期规划，前期规划的工作包括网站内容的设置、栏目的确定、网站整体颜色的设定以及相关资料的收集、整理。本节所要制作的网站也不例外，不过素材已经整理出来，不用读者自己再去收集，只需要制作即可。

12.5.1 创意与构思

人们在创建网站时，会依据不同的目的创建出不同类型的网站。不同类型的网站具有不同的作用，针对不同的网站也会有不同的用户群。如个人可以依据自己的爱好，创建出展现自己个性的网站；企业会为了展示企业形象以及让外人了解企业，在互联网上创建出企业自己的网站。按照网页应用的类型，通常可以将网站划分为“个人网站”、“企业网站”、“电子商务网站”、“门户网站”、“娱乐网站”、“教育网站”、“政务网站”等几大类型。

在本节中将通过一个“企业网站.fla”实例来学习 Flash 网站的制作方法，其动画效果如图 12-134 所示。该网站是企业展示的一个平台，要求简洁大方；在配色方面，采用淡淡的咖啡色为主色调，再辅助以绿色，给人以华贵、清新、自然、和谐的感觉；网站中配以动感的音乐，在浏览页面的同时可以听到悦耳的音乐，同时对音乐设置了开关，可以控制音乐是否播放。同时，浏览者可以通过点击导航条中的按钮来跳转到相应的栏目中，各个网站栏目都做成了独立的Flash，减小了网站的体积；另外，对内容的修改也十分方便。

图 12-134　Flash 网站的动画效果

12.5.2 网站主界面的制作

传统的网站通常先用 Photoshop 软件来制作界面，而在制作纯 Flash 网站时，由于 Flash 强大的图形编辑功能，完全可以使用 Flash 来代替 Photoshop 构建界面。在本例中需要先将主界面制作出来。

操作步骤如下：

1. 启动 Flash CS6，创建出一个新的文档。在“属性”面板中设置舞台的“宽度”参数为“900 像素”，“高度”参数为“560 像素”，“背景颜色”为“深蓝色”（颜色值为“#003366”），然后将 Flash 文件命名为“企业网站”。
2. 将“图层 1”图层的名称设置为“底图”，然后在舞台中绘制左右两个无笔触颜色的矩形图形，左侧矩形图形的宽度为 230 像素，高度为 560 像素，填充颜色值为“#EDDDC3”；右侧矩形图形大小与舞台相同即可，让其居于左侧矩形图形的下方，填充颜色值为“#FCF8F5”，两个矩形刚好覆盖住舞台，如图 12-135 所示。
3. 在刚刚绘制的两个矩形下方绘制出导航条的背景，宽度与舞台宽度相同，高度为 48 像素，其中左侧为灰绿色的渐变，右侧为绿色的渐变，如图 12-136 所示。

图 12-135　舞台中绘制的两个矩形

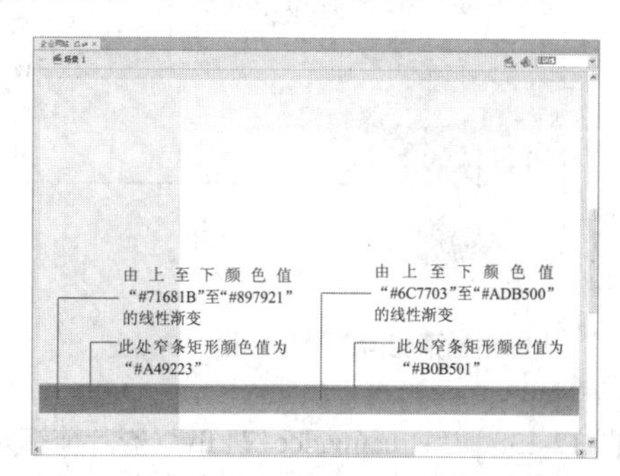

图 12-136　绘制的导航条背景图形

4. 在“底图”图层的第 50 帧插入帧，从而设置动画的播放时间为 50 帧时间；然后在之上创建名称为“地球”的新图层，在“地球”图层中导入本书配套光盘“第 12 章/素材”目录下的“streamvideo174.flv”视频文件，在导入选项中设置“在 SWF 中嵌入 FLV 并在时间轴上播放”以及“符号类型”为“影片剪辑”，这样可以将视频导入到 Flash 文件中，并且导入的视频是影片剪辑的形式，影片剪辑的名称为“streamvideo174.flv”。
5. 双击“地球”图层中的“streamvideo174.flv”影片剪辑元件，切换到此元件编辑窗口中；然后在导入的视频所在图层之上创建新图层，并在新图层中绘制一个圆形，刚好将导入视频中的地球图形遮罩；然后设置新图层为遮罩层，视频所在图层转换为被遮罩层，如图 12-137 所示。
6. 单击场景1按钮来切换回场景舞台中，将“地球”图层中的“streamvideo174.flv”影片剪辑实例放置到底图中两个矩形交界的中心处，将其缩放至合适的大小，并为其设置“投影”的滤镜效果，如图 12-138 所示。
7. 在“地球”图层之上创建一个名称为“logo”的新图层，在其中输入咖啡色（颜色值为“#442C26”）的“GLOBAL BUSINESS”文字，并在输入文字上方导入本书配套光盘“第 12 章/素材”目录下的“树苗.ai”图像文件将其缩放至合适的大小与位置，这样网站的 logo 图形就制作出来了，如图 12-139 所示。

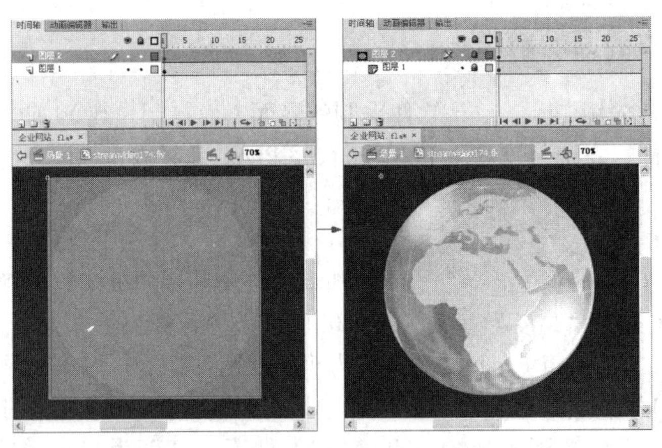

图 12-137　创建的遮罩动画

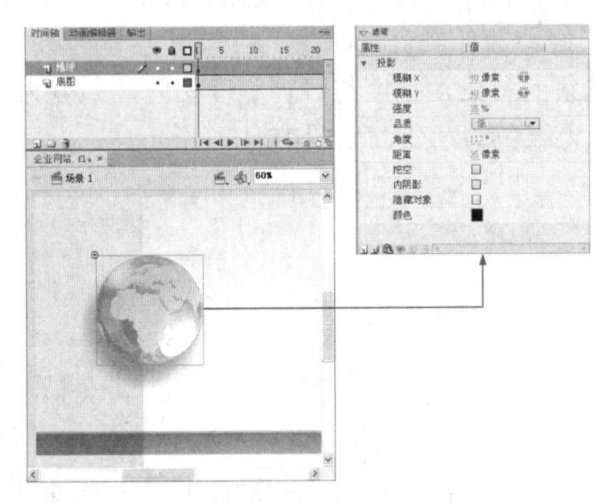

图 12-138　“streamvideo174.flv”影片剪辑实例的大小、位置及滤镜效果

图 12-139　绘制的网站 logo

8. 在“地球”图层之上创建一个名称为“线”的新图层，在其中绘制一条宽度为 480 像素，笔触粗细为 2 像素，颜色值为“#C0B7B6”的线段，通过此线段将 logo 与下面的内容间隔出来，如图 12-140 所示。
9. 在“logo”图层之上创建一个名称为“底部信息”的新图层，然后在舞台下方输入小一些且颜色值为“#BD9D86”的“Copyright © Global Business”版权信息文字，如图 12-141 所示。

图 12-140　绘制的线段

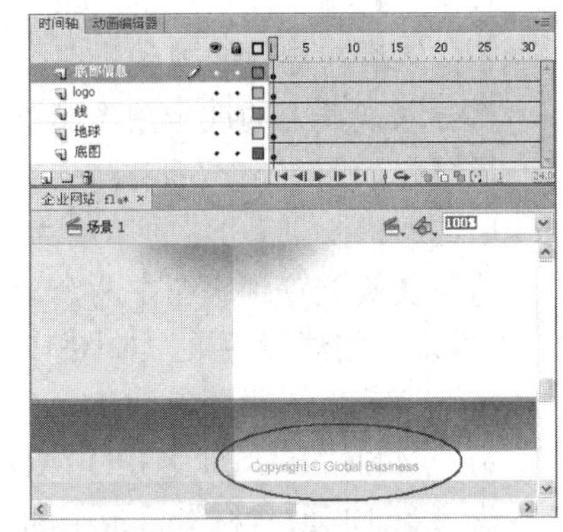

图 12-141　版权信息文字

⑩ 在“底部信息”图层之上创建一个名称为“视频”的新图层，将“组件”面板中的“FLVPlayback”组件拖曳到 logo 图形的下方，在“属性”面板的“组件参数”区域将“autoPlay”复选框勾选去掉，在“source”选项中选择“Video.f4v”视频文件，然后将舞台中的播放器缩放至合适大小，如图 12-142 所示。

提示　“Video.f4v”视频文件是外部的文件，在本书配套光盘“第 12 章/素材”目录下。制作此实例时，需将“Video.f4v”视频文件拷贝到与制作文件相同的目录中。

⑪ 在“底部信息”图层之上创建一个名称为“欢迎文字”的新图层，然后在舞台视频下方输入颜色值为“#7C4105”咖啡色的“Welcome to visit our website”文字，如图 12-143 所示。

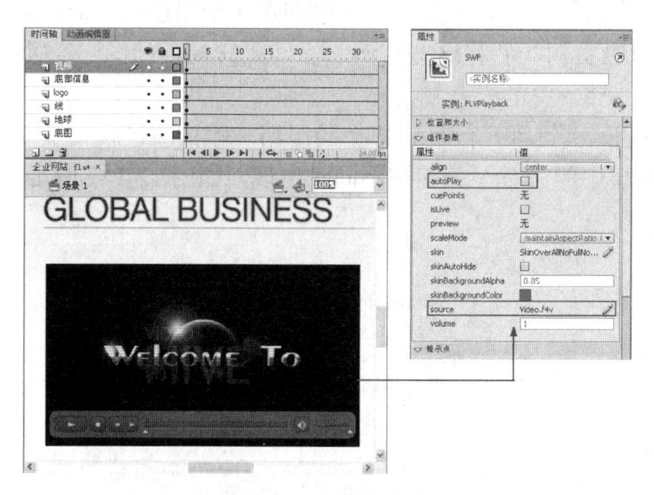

图 12-142　外部调用的视频

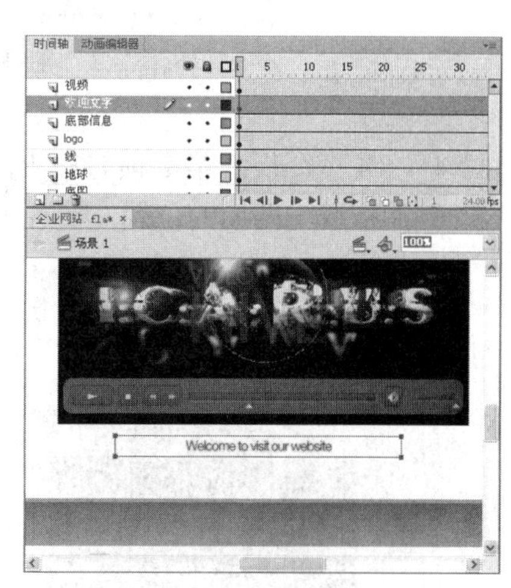

图 12-143　舞台中输入的文字

至此，主界面中的静态画面都制作完成。

12.5.3 背景音乐的制作

接下来需要为网站添加背景音乐。一首好的背景音乐可以很好地烘托网站的气氛，但是背景音乐也需要根据用户的需要，可以选择播放或者停止播放，这就还需要加个对背景音乐的控制按钮。

操作步骤如下：

① 继续前面的操作，创建一个名称为“音乐符号”的影片剪辑元件，然后在元件编辑窗口的舞台中心处绘制一个宽度 4 像素，高度 12 像素，填充颜色值为“#BD9D86”的无笔触的矩形，如图 12-144 所示。

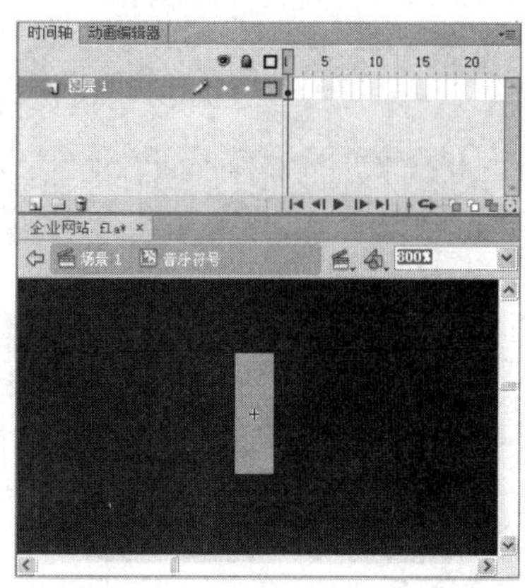

图 12-144　“音乐符号”影片剪辑元件中绘制的矩形

② 分别在“音乐符号”影片剪辑元件编辑窗口的“图层 1”图层的第 6 帧、第 8 帧、第 10 帧、第 13 帧、第 17 帧插入关键帧，将第 1 帧中的矩形向下缩短使其高度为 1.5 像素，第 8 帧中的为 6 像素，第 13 帧中的为 3 像素，然后在各个关键帧之间创建出补间形状动画，如图 12-145 所示。

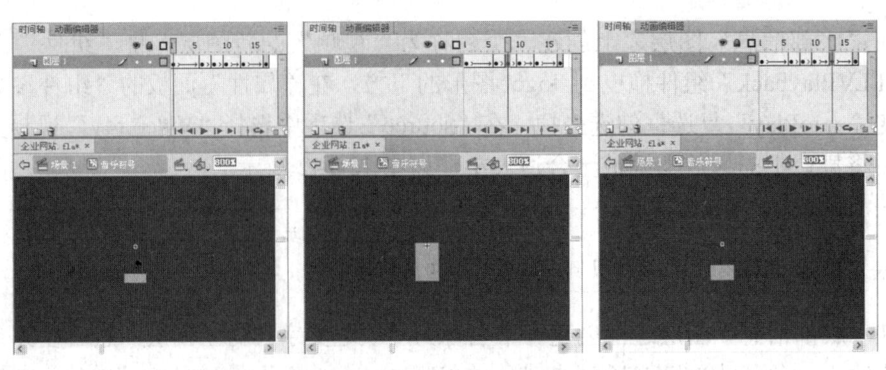

图 12-145　各个关键帧中的矩形大小

③ 创建一个名称为“音乐符号动画”的影片剪辑元件，在其中创建 4 个图层，每个图层中放置一个“音乐符号”影片剪辑实例，并将这些实例水平间隔排列，如图 12-146 所示。

④ 在 4 个图层的第 2 帧与第 10 帧插入关键帧，然后将各个图层第 2 帧的关键帧依次向后拖曳一两帧的位置，使各个图层中的第 2 个关键帧不同时出现，如图 12-147 所示。

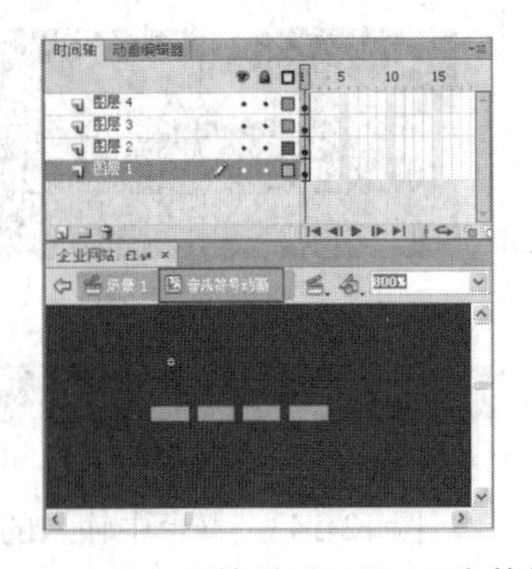

图 12-146　“音乐符号动画”影片剪辑元件

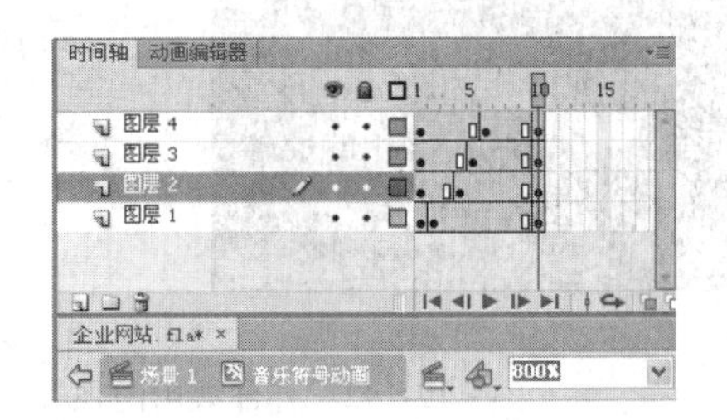

图 12-147　各个图层中的关键帧

⑤ 选择所有图层第 1 帧中的对象，在“属性”面板中将“实例行为”设置为“图形”，“循环”选项中“选项”设置为“单帧”，“第一帧”参数为“1”，这样，第 1 帧中的影片剪辑实例变为了图形实例，同时只播放第 1 帧的内容，如图 12-148 所示。

⑥ 按照上述的方法，将所有图层第 10 帧中的对象也转换为只显示第 1 帧内容的图形实例，然后在这些图层之上创建一个新图层，默认图层名称为“图层 5”，在“图层 5”中创建一个名称为“透明按钮”的透明的按钮元件，缩放其大小，直到可以将 4 个“音乐符号”影片剪辑实例覆盖住，如图 12-149 所示。

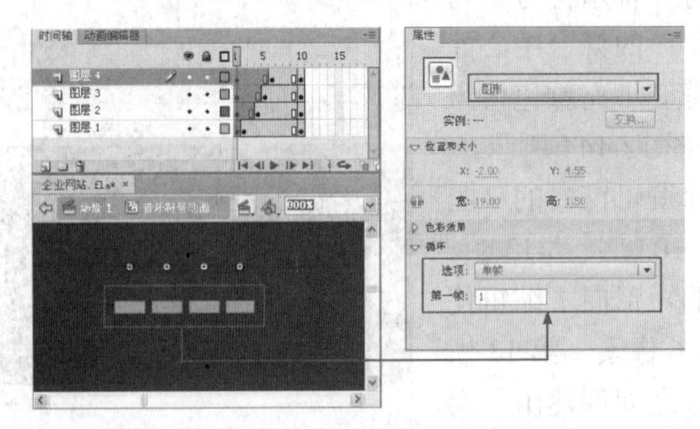

图 12-148　第 1 帧中的对象转换为图形实例

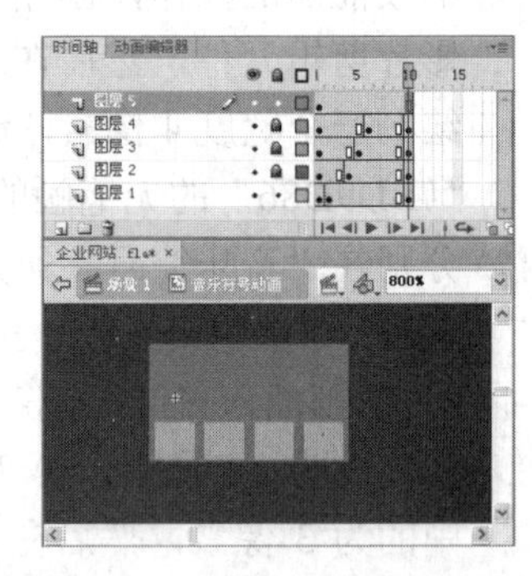

图 12-149　透明按钮的大小和位置

> 这里说的透明按钮，即是只在“点击帧”中有绘制的对象，其他帧没有，这样制作出来的按钮只有相应区域大小，在实际动画中并不显示，但是按钮状态存在，就像透明的按钮一样，这也是制作动画中，设置响应区域的常用技巧。

⑦ 在“图层 5”图层的第 10 帧插入关键帧，选择“图层 5”第 1 帧中的“透明按钮”按钮实例，在“属性”面板中设置“实例名称”为“but_music2”；选择“图层 5”第 10 帧中的“透明按钮”按钮实例，在“属性”面板中设置“实例名称”为“but_music1”。

在本实例中 Flash 的背景音乐做成外部导入的方式，并且声音文件要放置到 swf 文件中进行载入，接下来进行介绍

⑧ 创建出一个新的文档。在“属性”面板中设置舞台的“宽度”参数为“10 像素”，“高度”参数为“10 像素”，然后将 Flash 文件命名为“music”，保存在与“企业网站.fla” Flash 文件相同的目录。

⑨ 在“music.fla” Flash 文件中导入本书配套光盘“第 12 章/素材”目录下的“sound1.mp3”音乐文件；然后选择“图层 1”图层，将“库”面板中“sound1.mp3”放置到“图层 1”图层中，并在“属性”面板中设置“同步”选项为“数据流”，最后在“图层 1”图层的第 452 帧插入帧，如图 12-150 所示。

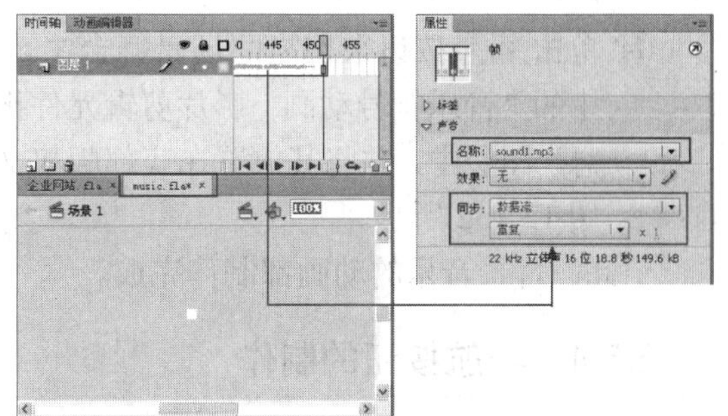

图 12-150 “music.fla”文件中导入的声音

⑩ 此时可以按键盘上的 Ctrl+Enter 组合键，在影片测试窗口中进行测试，可以听到背景音乐，同时在 Flash 文件相同的目录中创建出“music.swf”的动画文件。

⑪ 将所制作的“music.fla” Flash 文件保存并将其关闭，切换回“企业网站.fla” Flash 文档中，在“音乐符号动画”影片剪辑元件最上层创建一个新图层，默认名称为“图层 6”，在“图层 6”图层的第 9 帧、第 10 帧插入关键帧，然后在第 9 帧中输入“stop();”的动作脚本，如图 12-151 所示。

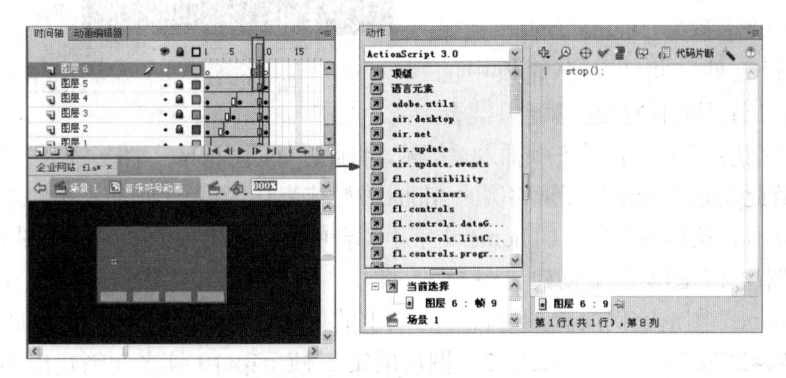

图 12-151 第 9 帧输入的动作脚本

⑫ 选择“图层 6”图层的第 1 帧，在“动作”脚本中输入如下的脚本：

```
var request_start:URLRequest = new URLRequest("music.swf");
var loader_start:Loader = new Loader();
loader_start.load(request_start);
```

```
addChild(loader_start);
function stopmusic(event:MouseEvent):void
{
    gotoAndStop(10);
    }
but_music2.addEventListener(MouseEvent.CLICK,stopmusic);
```

⑬ 选择“图层 6”图层的第 10 帧，在“动作”脚本中输入如下的脚本：

```
stop();
loader_start.unloadAndStop();
function playmusic(event:MouseEvent):void
{
    gotoAndPlay(1);
}
but_music1.addEventListener(MouseEvent.CLICK,playmusic);
```

⑭ 单击场景 1按钮来切换回场景舞台中，将“库”面板中的“音乐符号动画”影片剪辑元件拖曳到“底部信息”图层中，并将其放置在底部版权文字的右侧，如图 12-152 所示。

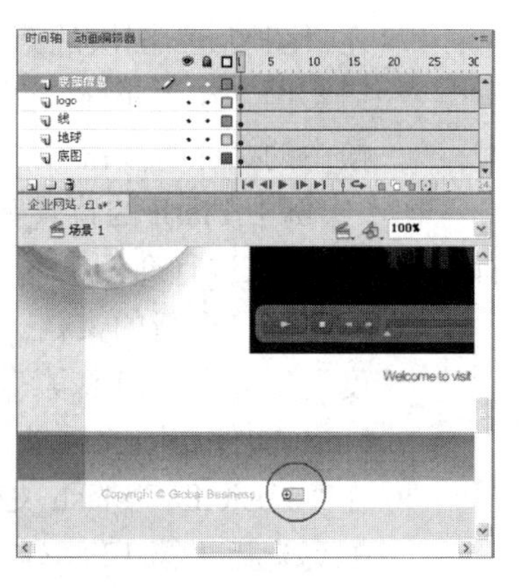

图 12-152 “音乐符号动画”影片剪辑实例的位置

至此，背景音乐的动画都制作完成。

12.5.4 导航按钮的制作

接下来需要制作 Flash 网站中重要的元素——导航按钮。

制作导航按钮的操作步骤如下：

① 继续前面的操作，创建一个名称为“home”的图形元件，然后在元件编辑窗口的舞台中心处输入白色的“HOME”文字，设置“系列”为“Arial”字体，“大小”为“14 点”，如图 12-153 所示。

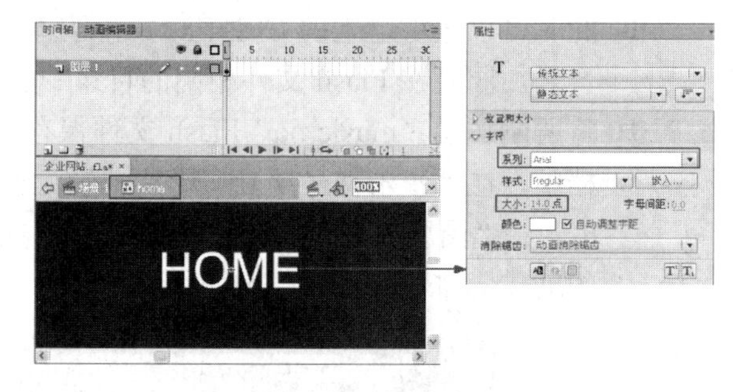

图 12-153 白色的“HOME”文字

② 创建一个名称为“home 动画”的影片剪辑元件，将“库”面板中的“home”图形元件拖曳到舞台中，然后在“图层 1”图层的第 5 帧插入关键帧，将此帧处的“home”图形实例下移一小段距离，并设置此帧处“home”图形实例的 Alpha 参数值为 0，在第 1 帧与第 5 帧之间创建出传统补间动画，这样制作出白的 home 文字由舞台中心下落消失的动画，如图 12-154 所示。

③ 在“图层 1”图层之上创建“图层 2”图层，在“图层 2”图层的第 5 帧插入关键帧，将“home”图形实例放置到舞台中心靠上的位置，将实例颜色调整为咖啡色（颜色值为“#442C26”），并在“图层 2”图层的第 5 帧至第 10 帧之间创建出 HOME 文字由舞台上方下落至舞台中心的传统补间动画，如图 12-155 所示。

④ 在“图层 2”图层的第 11 帧至第 15 帧之间创建出 HOME 文字上升消失的传统补间动画，在“图层 1”图层的第 15 帧至第 20 帧之间创建出 HOME 文字上升至舞台中心并完全显示出来保持原来位置的传统补间动画，如图 12-156 所示。

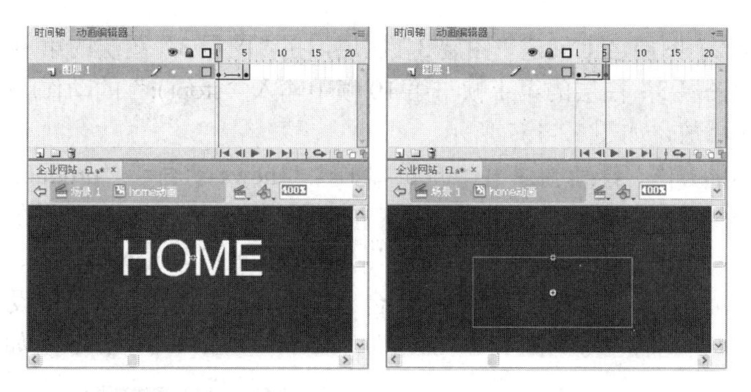

图 12-154　“home”图形实例第 1 帧和第 5 帧的位置

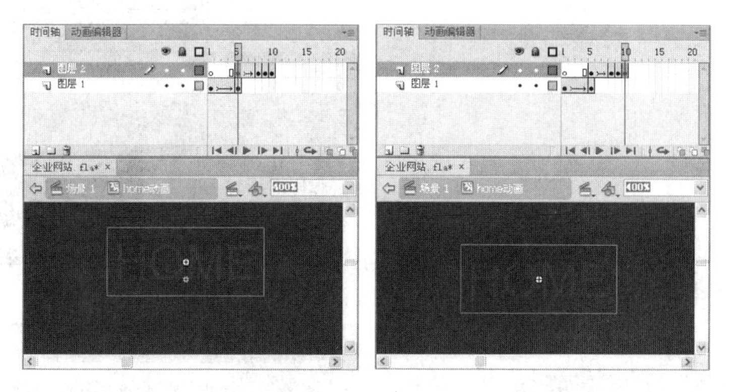

图 12-155　第 5 帧至第 10 帧之间的传统补间动画

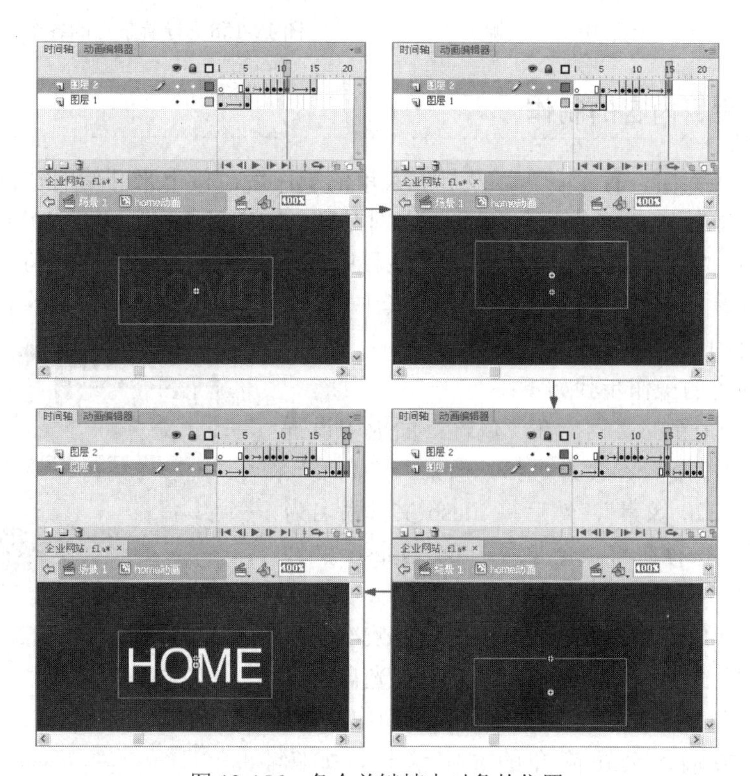

图 12-156　各个关键帧中对象的位置

⑤ 在“图层 2”图层之上创建“图层 3”图层，在“图层 3”图层的第 10 帧插入关键帧，然后在“图层 3”图层的第 1 帧与第 10 帧中输入“stop();”的动作脚本，设置到这两帧时停止播放，如图 12-157 所示。

⑥ 按照上述的方法，继续创建出“about 动画”、“news 动画”、“product 动画”、“contact 动画”的影片剪辑元件，然后单击[场景 1]按钮来切换回场景舞台中；在“地球”图层之上创建出“按钮”图层，将“home 动画”、“about 动画”、“news 动画”、“product 动画”、“contact 动画”影片剪辑元件拖曳到舞台导航条背景的上方，并依次设置这些影片剪辑实例的”实例名称”为“nav1”、“nav2”、“nav3”、“nav4”、“nav5”，如图 12-158 所示。

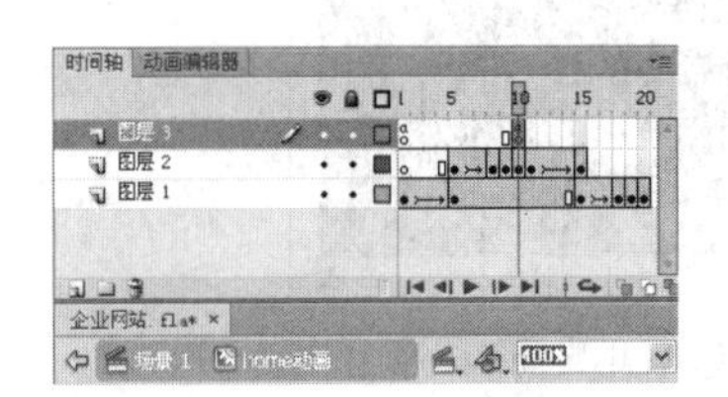

图 12-157 “图层 3”图层中的关键帧

图 12-158 导航条上的各个导航按钮

12.5.5 子栏目内容的制作

完成了网站主界面、背景音乐以及导航菜单的制作后，接下来开始网站各子栏目内容的制作。在本实例中共有 4 个子栏目，分别是“ABOUT US”、“COMPANY NEWS”、“PRODUCTS”和“CONTACT US”。各个子栏目中只是表现的内容不一样，其他的出场动画，以及整体外观都是一致的，所以本节只介绍其中“ABOUT US”一个栏目的制作方法，其他栏目参照此栏目的制作即可。

制作栏目内容的操作步骤如下：

① 创建出一个新的文档。在“属性”面板中设置舞台的“宽度”参数为“430 像素”，“高度”参数为“320 像素”，然后将 Flash 文件命名为“about”，保存在与“企业网站.fla”Flash 文件相同的目录。

② 在“about.fla”文档舞台中，由上至下依次创建出子栏目的标题文字，导入本书配套光盘“第 12 章/素材”目录下的“banner1.jpg”图像文件，并在下方输入公司简介的文字信息，如图 12-159 所示。

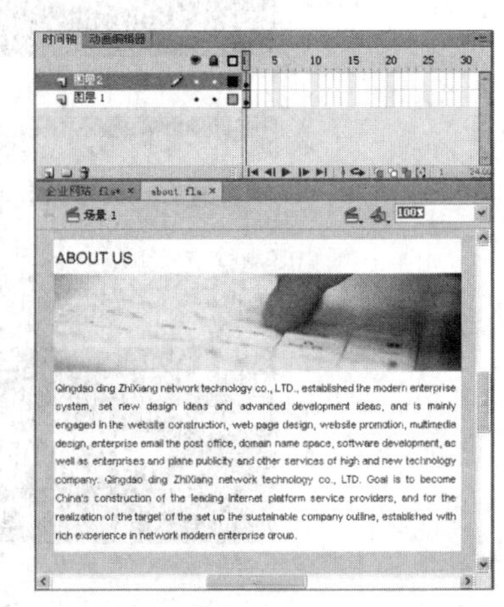

图 12-159 “about.fla”文档中的排版效果

③ 按键盘上的 Ctrl+Enter 组合键，在影片测试窗口中进行测试，同时在 Flash 文件相同的目录中创建出“about.swf”的动画文件。

④ 按照相同的方法，制作出名称为“news.fla”、“product.fla”、“contact.fla”的文档，保存在与“企业网站.fla”Flash 文件相同的目录，各个 Flash 文档的效果如图 12-160 所示。

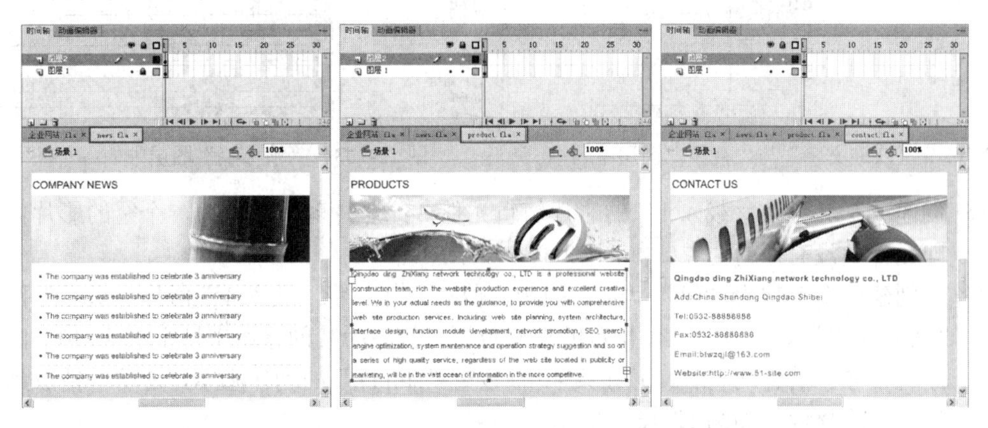

图 12-160 各个 Flash 文档的排版效果

至此，全部的 Flash 动画制作完成。

12.5.6 整合网站栏目

接下来便通过 ActionScript 动作命令将主界面与各个栏目串联起来，互相之间可以通过点击按钮进行链接。

整合网站栏目的操作步骤如下：

① 继续前面的操作，切换回“企业网站.fla”Flash 文档中，在主场景舞台“按钮”图层之上创建名称为“透明按钮”的新图层，将“库”面板中的“透明按钮”按钮元件拖曳到舞台中，并将其复制，为每个导航条菜单覆盖一个“透明按钮”按钮实例，从左至右依次为每个“透明按钮”按钮实例设置“实例名称”为“but1”、“but2”、“but3”、“but4”、“but5”，如图 12-161 所示。

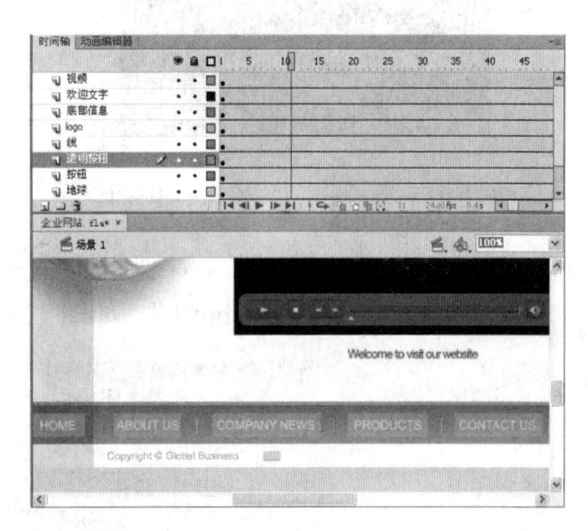

图 12-161 “透明按钮”图层中各个透明按钮

② 在“欢迎文字”与“视频”图层的第 11 帧插入空白关键帧，设置这两个图层中的动画播放到第 11 帧后便结束，如图 12-162 所示。

③ 在“视频”图层之上创建一个新图层“帧标签”，然后在“帧标签”图层的第 11 帧、第 21 帧、第 31 帧、第 41 帧处插入关键帧，然后分别设置第 1 帧、第 11 帧、第 21 帧、第 31 帧、第 41 帧的帧标签名称为“home”、“about”、“news”、“product”、“contact”如图 12-163 所示。

④ 在“帧标签”图层之上创建一个新图层“action”，然后在“action”图层的第 10 帧、

第 20 帧、第 30 帧、第 40 帧、第 50 帧处插入关键帧，并在这些关键帧中设置“stop();”的动作脚本。

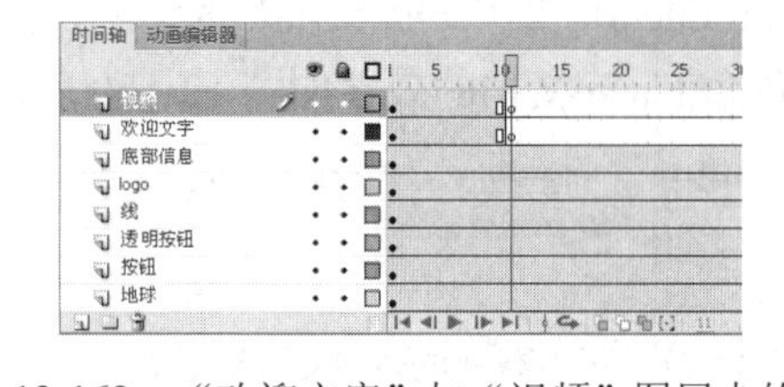

图 12-162 “欢迎文字”与“视频”图层中的帧

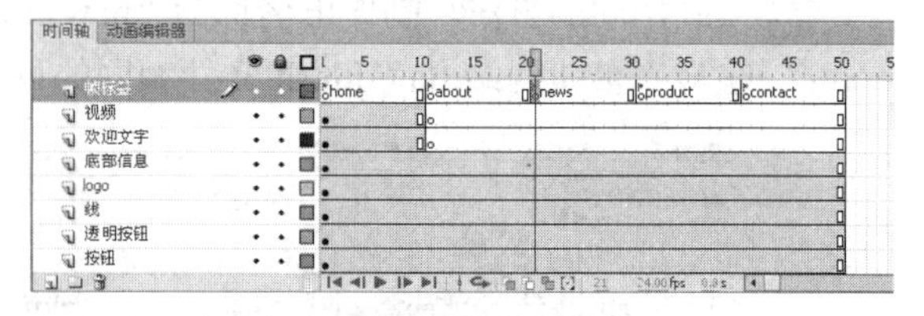

图 12-163 “帧标签”图层中的各个帧

5 创建一个名称为“载入 1”的影片剪辑元件，此影片剪辑元件为一个空的影片剪辑，即元件中没有任何对象，如图 12-164 所示。

6 再创建一个名称为“载入动画”的影片剪辑元件，将“载入 1”影片剪辑元件拖曳到“载入动画”影片剪辑元件舞台的中心位置，然后为其创建第 1 帧至第 40 帧，由透明到完全显示的补间动画，并在第 40 帧设置“stop();”的动作脚本，使动画播放到这一帧便停止播放，如图 12-165 所示。

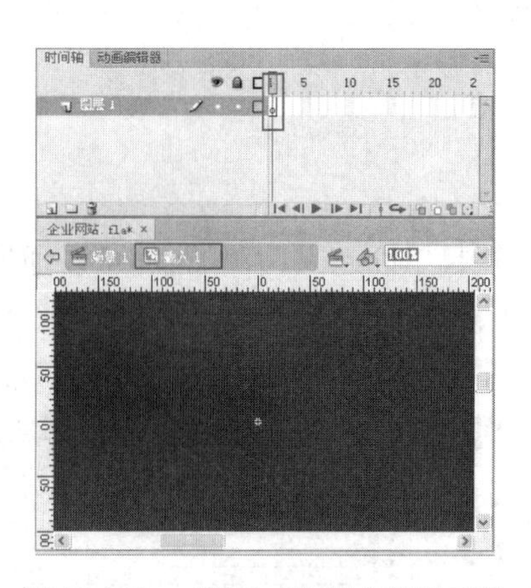

图 12-164 “载入 1”影片剪辑元件

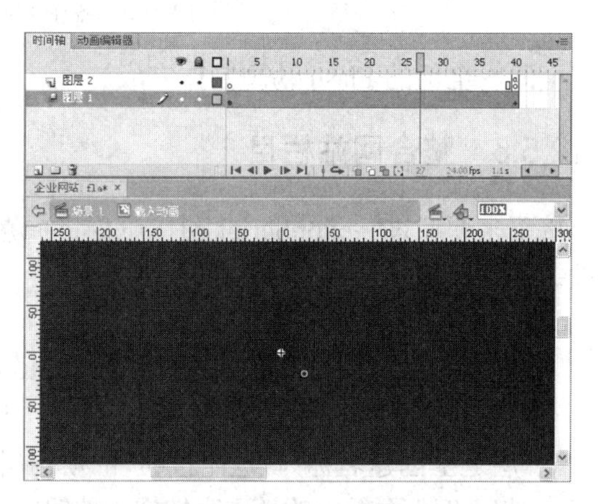

图 12-165 “载入动画”影片剪辑元件

7 选择“载入动画”影片剪辑元件中的“载入 1”影片剪辑实例，在“属性”面板设置“实例名称”为“mov1”，如图 12-166 所示。

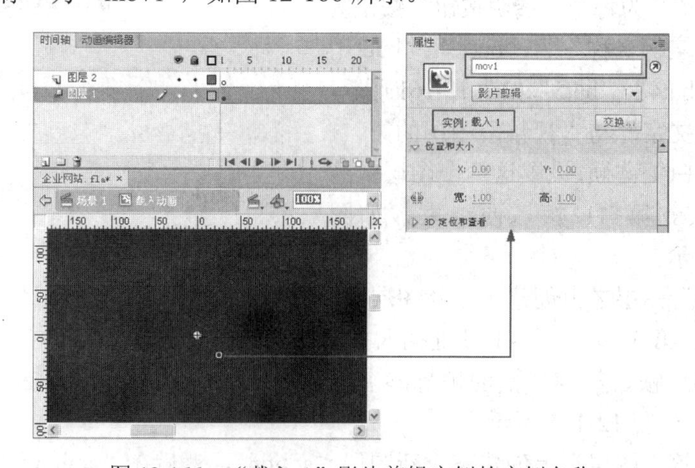

图 12-166 “载入 1”影片剪辑实例的实例名称

8 在“视频”图层之上创建名称为“about 加载层”的新图层，并在此图层的第 11 帧与第 21 帧插入关键帧。然后选择“about 加载层”图层的第 11 帧，将“载入动画”影片剪辑元件放置在 logo 标志的左下方位置，在“属性”面板中设置“载入动画”影片剪辑元件的“实例名称”为“mov”，如图 12-167 所示。

9 将“about 加载层”第 11 帧中的“载入动画”影片剪辑实例复制，在“about 加载层”图层之上创建名称为“news 加载层”的新图层，并在此图层的第 21 帧与第 31 帧插入关键帧。然后在“news 加载层”图层的第 21 帧将“载入动画”影片剪辑实例粘贴到这一帧，如图 12-168 所示。

图 12-167 “about 加载层”中的帧

图 12-168 “news 加载层”中的帧

10 在“news 加载层”图层之上创建名称为“product 加载层”的新图层，并在此图层的第 31 帧与第 41 帧插入关键帧。然后在“product 加载层”图层的第 31 帧将“载入动画”影片剪辑实例粘贴到这一帧，如图 12-169 所示。

11 在“product 加载层”图层之上创建名称为“contact 加载层”的新图层，并在此图层的第 41 帧插入关键帧。然后在“contact 加载层”图层的第 41 帧将“载入动画”影片剪辑实例粘贴到这一帧，如图 12-170 所示。

图 12-169 “product 加载层”中的帧

图 12-170 “contact 加载层”中的帧

12 选择“as”图层的第 1 帧，在“动作”面板中输入如下的动作脚本：

```
var request1:URLRequest = new URLRequest("about.swf");
```

```
var request2:URLRequest = new URLRequest("news.swf");
var request3:URLRequest = new URLRequest("product.swf");
var request4:URLRequest = new URLRequest("contact.swf");
var loader1:Loader = new Loader();
var loader2:Loader = new Loader();
var loader3:Loader = new Loader();
var loader4:Loader = new Loader();
//home 按钮动作
function play1(event:MouseEvent):void
{
    nav1.gotoAndPlay(1);
}
but1.addEventListener(MouseEvent.MOUSE_OVER,play1);
function stop1(event:MouseEvent):void
{
    nav1.gotoAndPlay(11);
}
but1.addEventListener(MouseEvent.MOUSE_OUT,stop1);
function home(event:MouseEvent):void
{
    gotoAndPlay("home");
    loader1.unload();
    loader2.unload();
    loader3.unload();
    loader4.unload();
}
but1.addEventListener(MouseEvent.CLICK,home);
//about us按钮动作
function play2(event:MouseEvent):void
{
    nav2.gotoAndPlay(1);
}
but2.addEventListener(MouseEvent.MOUSE_OVER,play2);
function stop2(event:MouseEvent):void
{
    nav2.gotoAndPlay(11);
}
but2.addEventListener(MouseEvent.MOUSE_OUT,stop2);
function about(event:MouseEvent):void
{
    gotoAndPlay("about");
    loader1.load(request1);
   mov.mov1.addChild(loader1);
}
but2.addEventListener(MouseEvent.CLICK,about);
//company news按钮动作
function play3(event:MouseEvent):void
{
    nav3.gotoAndPlay(1);
}
but3.addEventListener(MouseEvent.MOUSE_OVER,play3);
function stop3(event:MouseEvent):void
{
    nav3.gotoAndPlay(11);
}
but3.addEventListener(MouseEvent.MOUSE_OUT,stop3);
function news(event:MouseEvent):void
{
    gotoAndPlay("news");
    loader2.load(request2);
   mov.mov1.addChild(loader2);
}
```

```
but3.addEventListener(MouseEvent.CLICK,news);
//product按钮动作
function play4(event:MouseEvent):void
{
    nav4.gotoAndPlay(1);
}
but4.addEventListener(MouseEvent.MOUSE_OVER,play4);
function stop4(event:MouseEvent):void
{
    nav4.gotoAndPlay(11);
}
but4.addEventListener(MouseEvent.MOUSE_OUT,stop4);
function product(event:MouseEvent):void
{
    gotoAndPlay("product");
    loader3.load(request3);
   mov.mov1.addChild(loader3);
}
but4.addEventListener(MouseEvent.CLICK,product);
//contact us按钮动作
function play5(event:MouseEvent):void
{
    nav5.gotoAndPlay(1);
}
but5.addEventListener(MouseEvent.MOUSE_OVER,play5);
function stop5(event:MouseEvent):void
{
    nav5.gotoAndPlay(11);
}
but5.addEventListener(MouseEvent.MOUSE_OUT,stop5);
function contact(event:MouseEvent):void
{
    gotoAndPlay("contact");
    loader4.load(request4);
   mov.mov1.addChild(loader4);
}
but5.addEventListener(MouseEvent.CLICK,contact);
```

⑬ 按键盘上的 Ctrl+Enter 组合键，可以在影片测试窗口中测试输入的动作脚本是否正确，此时出现网站主界面动画后会定格在最终的画面，单击各个栏目按钮能跳转到相应的栏目中，在相关栏目中单击“返回”按钮又会回到主界面中。

⑭ 至此，网站栏目的全部整合完成。单击菜单栏中的“文件”/“保存”命令，将文件保存。

12.5.7 网站的发布

Flash 网站全部制作完成后，接下来就可以将其发布到互联网上。不过在发布时需要注意，所要发布的 Flash 与 Html 文件名必须为英文；否则，在互联网中无法识别，该网页无法打开。

发布网站的操作步骤如下：

① 继续前面的操作，单击菜单栏中的“文件”/“发布设置”命令，在弹出的“发布设置”对话框中设置“输出文件”的文件名称为“index.swf”，其他保持默认选项，如图 12-171 所示。

② 勾选“发布设置”对话框左侧的“HTML 包装器”，在右侧切换至 HTML 的相关选项。在“输出文件”输入框中设置文件名称为“index.html”，“大小”中选择“百分比”选项，这样网页中的 Flash 动画将随着浏览器窗口的大小而变化，如图 12-172 所示。

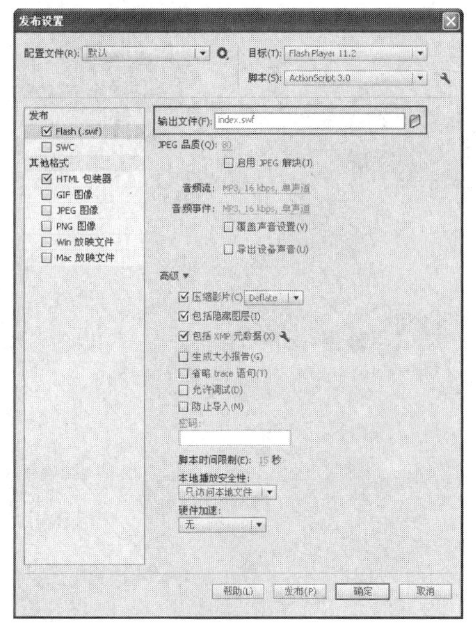

图 12-171 “发布设置”对话框

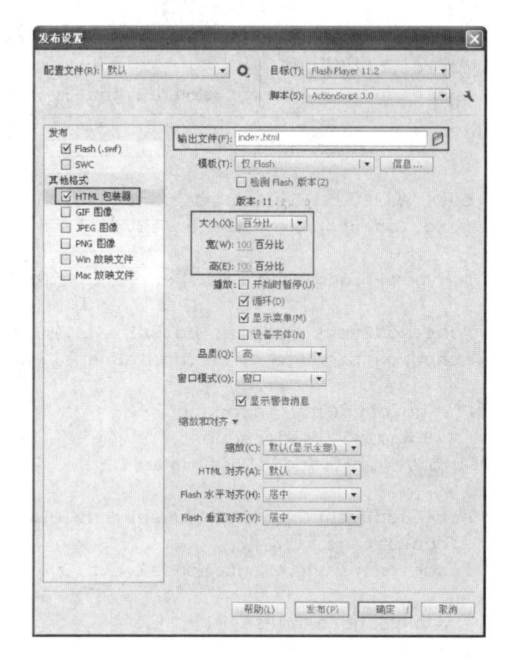

图 12-172 HTML 选项设置

③ 设置完成后，单击下方的 发布(P) 按钮，将文件发布为一个.swf 文件和一个.html 文件。

至此，该 Flash 企业网站全部制作完成。双击刚才发布的“index.html”文件，即可在默认浏览器里看到所制作的 Flash 网站效果。如果希望让更多的朋友看到自己的成就，也可以将它上传到互联网中，然后通过固定的网址进行访问。